实用建筑工程预算

杨德富　编著

中国建筑工业出版社

图书在版编目（CIP）数据

实用建筑工程预算/杨德富编著. —北京：中国建筑工业出版社，2020.12

ISBN 978-7-112-26059-1

Ⅰ. ①实… Ⅱ. ①杨… Ⅲ. ①建筑预算定额 Ⅳ. ①TU723.34

中国版本图书馆 CIP 数据核字（2021）第 065043 号

本书以国家现行的《建设工程工程量清单计价规范》GB 50500—2013、《房屋建筑与装饰工程工程量计算规范》GB 50854—2013、《房屋建筑与装饰工程消耗量定额》TY 01-31-2015 为蓝本，详细介绍了建筑工程定额和清单计价规范的有关规定和工程量计算规则，尽量按节、计价项目逐一进行比较，阐述了两者的区别和内在联系，使两者有机联系起来，一目了然，便于读者学习和应用。本书阐述了建筑工程预算编制的基本方法，并列举例题，注重培养读者实际操作能力。本书详细介绍了编制建筑工程预算应具备的基本理论和基本知识，内容相当丰富；基础知识所采用的工程建设标准、规范、规程、工法基本上采用现行的版本，着重体现了内容的“新”。

责任编辑：封 毅 朱晓瑜

责任校对：焦 乐

实用建筑工程预算

杨德富 编著

*

中国建筑工业出版社出版、发行（北京海淀三里河路 9 号）

各地新华书店、建筑书店经销

霸州市顺浩图文科技发展有限公司制版

北京中科印刷有限公司印刷

*

开本：787 毫米×1092 毫米 1/16 印张：27 字数：616 千字

2021 年 5 月第一版 2021 年 5 月第一次印刷

定价：**88.00** 元

ISBN 978-7-112-26059-1

（36710）

序　　言

展现在您面前的这本书，是一位40余年一直从事建筑工程造价工作的注册造价师、高级工程师所编著。该书作者杨德富先生先后在建筑施工企业、建设工程造价管理机构、房地产企业、工程造价咨询企业工作，具有编制建筑工程预算和定额的丰富经验，并兼任南宁业余大学莆田市教学辅导站建筑工程预算专业（中专）《建筑工程定额与预算》《建筑工程技术定额原理》教师、福建省莆田市全国中级施工员培训班《定额与预算》教师，具有一定的建筑工程预算教学经验。在长期的工作实践中，总结编著了本书《实用建筑工程预算》。

《实用建筑工程预算》这本书共5章，包括概论、建筑工程预算的费用构成、建筑工程预算编制依据、建筑工程预算、建筑工程计量。建筑工程预算是确定建筑工程造价的文件，合理地确定建筑工程造价，是工程建设管理的重要组成部分。建筑工程预算是一门界于技术与经济之间的边缘学科，它涉及《建筑工程预算定额》《建筑工程工程量清单计价规范》和《建筑施工技术》《建筑构造》《建筑识图》《建筑材料》《建筑机械》等学科的知识。做好建筑工程预算工作，必须具备以上各方面的基础知识，同时，还必须具有《政治经济学》的基础理论知识。基于以上的理论和认知，并结合多年的实践经验，编者按需进行了章节内容的设置编写。

本书区别于其他同类书的特点：一是内容"新"且全面，二是实用性强。

本书以国家现行的《建设工程工程量清单计价规范》GB 50500—2013、《房屋建筑与装饰工程工程量计算规范》GB 50854—2013、《房屋建筑与装饰工程消耗量定额》TY 01-31-2015为蓝本，详细介绍了建筑工程定额和清单计价规范的有关规定和工程量计算规则，尽量按节、计价项目逐一进行比较，并阐述了两者的区别和内在联系，使两者有机联系起来，一目了然，便于读者学习和应用。本书阐述了建筑工程预算编制的基本方法，并列举例题，注重培养读者实际操作能力。本书详细介绍了编制建筑工程预算应具备的基本理论和基本知识，内容相当丰富；基础知识所采用的工程建设标准、规范、规程、工法基本上采用现行的版本，着重体现了内容的“新”。

最具有特色的是本书除理论知识的系统性和全面性外，还有很强的实用性，有许多如何解决实际问题的例题。著者有着40余年的工作经验，在工程造价各个岗位有很多年的实践经验，本书针对工作中容易产生争议的问题，以及如何在工作中解决实际问题，把相关部分基础知识在广度和深度上加以拓展，不求面面俱到，力求有的放矢，实用性强，便于读者提高解决问题的能力。

因此，这本书可供从事建筑工程造价的工作人员学习、使用，同时也是初学建筑工程预算人员的良师益友。

周文军

上海交通大学建筑系

前　言

建筑工程预算是确定建筑工程造价的文件。合理地确定建筑工程造价，是工程建设管理的重要组成部分。建筑工程预算是一门界于技术与经济之间的边缘学科，它涉及《建筑工程预算定额》《建设工程工程量清单计价规范》和《建筑识图》《建筑构造》《建筑施工技术》《建筑工程项目管理》《建筑材料》《建筑机械》等学科的知识。本课程的理论基础是《政治经济学》。做好建筑工程预算工作，必须具备以上各方面的基础知识。

本书以国家现行的《建设工程工程量清单计价规范》GB 50500—2013、《房屋建筑与装饰工程工程量计算规范》GB 50854—2013、《房屋建筑与装饰工程消耗量定额》TY 01-31-2015 为蓝本，详细介绍了建筑工程定额和清单计价计量规范的有关规定和工程量计算规则，尽量按节、计价项目逐一进行比较，并阐述了两者的区别和内在联系，使两者有机联系起来，一目了然，便于读者学习和应用。同时，本书阐述了建筑工程预算编制的基本方法，并列举例题，注重培养读者实际操作能力，详细介绍了编制建筑工程预算应具备的基本理论和基本知识，基础知识所采用的工程建设标准、规范、规程、工法基本上采用现行的版本，着重体现了内容的“新”。本书既注重内容的系统性和全面性，又根据本人在工程造价行业各个岗位的实践和针对工作中容易产生争议问题的需要，把相关部分基础知识在广度和深度上加以拓展，不求面面俱到，力求有的放矢，实用性强，便于读者提高解决问题的能力。

《实用建筑工程预算》共 5 章，包括概论、建筑工程预算的费用构成、建筑工程预算编制依据、建筑工程预算、建筑工程计量等。

编写此书，希望对从事建筑工程造价工作的同行们有所帮助。由于本人的水平及力量有限，不当之处，恳请读者指正。

马文军同志为本书作了序言，蔡丽媛同志和黄德欣同志参与本书校对，在此表示衷心的感谢。

著　者

2020 年 5 月

目　　录

第一章　概　论

第一节　建筑工程预算的概念

一、建筑工程预算课程的内容

建筑工程预算课程的内容主要包括建筑工程定额与建筑工程预算两大部分。

建筑工程定额部分主要研究建筑工程定额的编制水平、编制原则、编制程序、编制方法以及建筑工程定额的应用。

建筑工程预算部分主要研究建筑工程预算的编制程序、编制方法以及编制技巧，研究建筑产品价格的组成。

二、建筑工程预算的概念

建筑，狭义上为“建筑物和构筑物的统称”，是供人们生活、生产、研习或观赏以及培育动植物等各种活动所需要的房屋或场所；广义上包括各类土木工程，如桥梁、道路、铁路和隧道等，又指建筑或土木工程的建造活动。

建筑工程预算，也称施工图预算，是根据建筑工程的施工图纸、工程量清单计价规范与工程量计算规范、工程量计算规则、预算定额、费用定额和地区人工、材料、设备、机械台班等生产要素价格（或单位估价表）及施工方案或施工组织设计，按照规定的计算程序计算直接工程费、措施费，并计取管理费、利润、规费和税金等费用，是确定单位工程造价的文件。

三、建筑工程造价的含义

工程造价本质上属于价格范畴。在市场经济条件下，工程造价有两种含义。

（一）工程造价的第一含义

工程造价的第一种含义，是从投资者或业主的角度来定义。

建设工程造价是指有计划地建设某项工程，预期开支或实际开支的全部固定资产投资和流动资产投资的费用，即有计划地进行某建设工程项目的固定资产再生产建设，形成相应的固定资产、无形资产和铺底流动资金的一次性投资的总和。

工程建设的范围，不仅包括了固定资产的新建、改建、扩建、恢复工程及与之连带的工程，而且还包括整体或局部性固定资产的恢复、迁移、补充、维修、装饰装修等内容。固定资产投资所形成的固定资产价值的内容包括：建筑安装工程费，设备、工器具的购置费和工程建设其他费用等。

工程造价的第一种含义表明，投资者选定一个投资项目，为了获得预期的效益，就要通过项目评估后进行决策，然后进行设计、工程施工直至竣工验收等一系列投资管理活动。在投资管理活动中，要支付与工程建造有关的全部费用，才能形成固定资产和无形资产。所有这些开支就构成了工程造价。从这个意义上说，工程造价就是工程投资费用。非生产性建设项目的工程总造价就是建设项目固定资产投资的总额。而生产性建设项目的总造价是固定资产投资和铺底流动资金投资的总和。

（二）工程造价的第二含义

工程造价的第二种含义，是从承包商、供应商、设计市场供给主体的角度来定义。

建设工程造价是指为建设某项工程，预计或实际在土地市场、设备市场、技术劳务市场、承包市场等的交易活动中形成的工程承发包（交易）价格。

工程造价的第二种含义是以市场经济为前提的，是以工程、设备、技术等特定商品形式作为交易对象，通过招投标或其他交易方式，在各方进行反复测算的基础上，最终由市场形成的价格。其交易的对象，可以是一个建设项目、一个单项工程，也可以是建设的某一个阶段，如可行性研究报告阶段、设计工作阶段等，还可以是某个建设阶段的一个或几个组成部分，如建设前期的土地开发工程、安装工程、装饰工程、配套设施工程等。随着经济的发展和技术的进步，分工更加细化，市场更加完善，工程建设的中间产品也会越来越多，商品交易会更加频繁，工程造价的种类和形式也会更为丰富。特别是投资体制的改革，投资主体多元化和资金来源的多渠道使相当一部分建筑产品作为商品开始流通。住宅作为商品已为人们所接受，普通工业厂房、仓库、写字楼、公寓、商业设施等建筑产品，一旦投资者将其推向市场，就会成为真实的商品而流通。无论是采取购买、抵押、拍卖、租赁还是企业兼并的形式，其性质都是相同的。

工程造价的第二种含义通常把工程造价认定为工程承发包价格。它是在建筑市场通过招标，由需求主体——投资者和供给主体——建筑商共同认可的价格。建筑安装工程造价在项目固定资产投资中占有的份额，是工程造价中最活跃的部分，也是建筑市场交易的主要对象之一。设备采购过程中，经过招投标形成的价格，土地使用权拍卖或设计招投标等所形成的承包合同价，也属于第二种含义的工程造价。

上述工程造价的两种含义：一种是从项目建设投资角度提出的建设项目工程造价，它是一个广义的概念；另一种是从工程交易或工程承包、设计范围角度提出的建筑安装工程造价，它是一个狭义的概念。

四、建筑产品价格的基础理论

建筑产品的价格，与其他产品价格一样，由生产这个产品的社会必要劳动量确定，即由商品价值理论所描述的 C＋V＋M 三部分价值组成。

“C”是指生产资料的转移价值。

“V”是指劳动者为自己劳动所创造的价值。

“M”是指劳动者为社会劳动所创造的价值。

五、支配工程造价运动的经济规律

支配工程造价运动的经济规律有价值规律、货币流通规律、商品供求规律。

（1）价值规律是商品生产的经济规律。价值规律的表述是：社会必要劳动时间决定商品的价值量。商品的价格要以价值为基础。

（2）货币流通规律。一定时期流通中所需要的货币量和投入流通的商品价格总额成正比，和货币流通的速度成反比。一定时期流通中所需要的货币量＝商品价格总额/货币的流通速度。

（3）商品供求规律。商品的价格与供求的关系是相互影响，相互制约的关系。从短时期看，是供求决定价格；但从长期看，实际上是价格决定供求，是价格调节着供求的平衡。如果商品的价格发生变动，需求就会向价格变动的反方向变动：价格下降，需求增加；价格上升，需求减少。商品的需求也会影响价格。当供不应求时，价格就会上涨到价值之上；当供过于求时，价格又会下跌到价值之下。

六、工程造价管理

（一）工程造价管理的概念

工程造价管理是指综合运用管理学、经济学和工程技术等方面的知识与技能，对工程造价进行预测、计划、控制、核算等的过程。工程造价管理涵盖了宏观层次的工程建设投资管理，也涵盖了微观层次的工程项目费用管理。

1. 工程造价的宏观管理

工程造价的宏观管理是指政府部门根据社会经济发展的实际需要，利用法律、经济和行政等手段，规范市场主体的价格行为，监控工程造价的系统活动。

2. 工程造价的微观管理

工程造价的微观管理是指工程参建主体根据工程有关计价依据和市场价格信息等预测、计划、控制、核算工程造价的系统活动。

（二）工程造价管理的内容

建设工程造价管理包括全寿命期造价管理、全过程造价管理、全要素造价管理和全方位造价管理。

1. 全寿命期造价管理

建设工程全寿命期造价是指建设工程初始建造成本和建成后的日常使用成本之和，它包括建设前期、建设期、使用期及拆除期各个阶段的成本。由于在实际管理过程中，在工程建设及使用的不同阶段，工程造价存在诸多不确定性，因此，全寿命期造价管理主要是作为一种实现建设工程全寿命期造价最小化的指导思想，指导建设工程的投资决策及设计方案的选择。

2. 全过程造价管理

全过程造价管理是指覆盖建设工程策划决策及建设实施各个阶段的造价管理。包括：前期决策阶段的项目策划、投资估算、项目经济评价、项目融资方案分析；设计阶段的限额设计、方案比选、概预算编制；招投标阶段的标段划分、发承包模式及合同形式的选择、招标控制价或标底编制；施工阶段的工程计量与结算、工程变更控制、索赔管理；竣工验收阶段的结算与决算等。

3. 全要素造价管理

影响建设工程造价的因素有很多。为此，控制建设工程造价不仅仅是控制建设工程本身的建造成本，还应同时考虑工期成本、质量成本、安全与环境成本的控制，从而实现工程成本、工期、质量、安全、环境的集成管理。全要素造价管理的核心是按照优先性原则，协调和平衡工期、质量、安全、环保与成本之间的对立统一关系。

4. 全方位造价管理

建设工程造价管理不仅仅是业主或承包单位的任务，而应该是政府建设主管部门、行业协会、建设单位、设计单位、施工单位以及有关咨询机构的共同任务。尽管各方的地位、利益、角度等有所不同，但必须建立完善的协同工作机制，才能实现建设工程造价的有效控制。

第二节　基本建设项目与程序

一、基本建设项目

（一）基本建设项目的组成

基本建设工程项目可分为单项工程、单位工程、分部工程、分项工程。

一个基本建设项目可以包括若干个单项工程，也可以是一个单项工程。一个单项工程是由若干个单位工程组成的。一个单位工程可以划分为若干个分部工程，一个分部工程可以进一步划分为若干个分项工程。

（二）项目的概念

1. 基本建设项目的概念

基本建设项目是指按一个总体设计进行施工的一个或几个单项工程的总体。凡属于一个总体中分期分批进行建设的工程都作为一个建设项目；不能把不属于一个总体设计的工程，按各种方式归算为一个建设项目；也不能把一个总体设计内的工程，按地区或施工单位分为几个建设项目。

2. 工程项目的概念

工程项目也称单项工程，是指具有独立的设计文件，在竣工后可以独立发挥效益或生产能力的一组配套齐全的工程项目。

3. 单位工程的概念

单位工程是指具备独立施工条件并能形成独立使用功能的建筑物或构筑物。

只有建设项目、单项工程、单位工程才能称为项目，而建筑工程的分部、分项工程就不能称为项目。

4. 分部工程的划分

分部工程可以按工种来划分，例如土石方工程、脚手架工程、砌筑工程、混凝土及钢筋混凝土工程、木结构工程、金属结构工程等。也可以按单位工程的组成部位来划分，例如基础工程、墙体工程、梁柱工程、楼地面工程、门窗工程、屋面工程等。一般建筑工程预算定额中分部工程的划分综合了上述两种划分方法。

《房屋建筑与装饰工程消耗量定额》TY01—31—2015 中分部工程划分如下：土石方工程，地基处理与基坑支护工程，桩基础工程，砌筑工程，混凝土及钢筋混凝土工程，金属结构工程，木结构工程，门窗工程，屋面及防水工程，保温、隔热、防腐工程，楼地面装饰工程，墙、柱面装饰与隔断、幕墙工程，顶棚工程，油漆、涂料、裱糊工程，其他装饰工程，拆除工程，措施项目。

5. 分项工程的划分

分项工程一般按材料、施工工艺、设备类型等来划分，分项工程是计算工、料及资金消耗的最基本的构造要素。

二、基本建设程序

（一）基本建设程序的概念

基本建设程序是指建设项目从策划、评估、决策、设计、施工到竣工验收、投入生产或交付使用的整个建设过程中，各项工作必须遵循的先后工作次序。

（二）基本建设程序的内容

1. 投资决策阶段

（1）编报项目建议书。项目建议书是拟建项目单位向国家提出的要求建设某一项目的建议文件，是对建设项目的轮廓设想。因此，投资者对拟兴建的项目要论证兴建的必要性、建设条件的可行性和获利的可能性，供国家选择并确定是否进行下一步工作。

对于政府投资项目，应根据建设规模和限额划分分别报送有关部门审批。根据《国务院关于投资体制改革的决定》（国发〔2004〕20 号），对于企业不使用政府资金投资建设的项目，政府不再进行投资决策性质的审批，项目实行核准制或登记备案制，企业不需要编制项目建议书，可直接编制可行性研究报告。

（2）编报可行性研究报告。项目建议书批准后，应着手进行可行性研究。可行性研究是对建设项目在技术上和经济上是否可行而进行科学分析和论证，为项目决策提供科学依据。可行性研究阶段须同步编制项目投资估算。

（3）项目投资决策审批制度

根据《国务院关于投资体制改革的决定》，政府投资项目和非政府投资项目分别实行审批制、核准制或备案制。

1）政府投资项目

对于采用直接投资和资本金注入方式的政府投资项目，政府需要从投资决策的角度审批项目建议书和可行性研究报告，除特殊情况外，不再审批开工报告，同时还要严格审批其初步设计和概算；对于采用投资补助、转贷和贷款贴息方式的政府投资项目，则只审批资金申请报告。

2）非政府投资项目

对于企业不使用政府资金投资建设的项目，一律不再实行审批制，区别不同情况实行核准制或登记备案制。

a. 核准制。企业投资建设《政府核准的投资项目目录》中的项目时，仅需向政府提交项目申请报告，不再需要审批项目建议书、可行性研究报告和开工报告的程序。

b. 备案制。对于“政府核准的投资项目目录”以外的企业投资项目，实行备案制。除国家另有规定外，由企业按照属地原则向地方政府投资主管部门备案。

2. 实施阶段

（1）工程设计

1）工程设计阶段及其内容

工程设计工作一般划分为两个阶段，即初步设计和施工图设计。重大项目和技术复杂项目，可根据需要增加技术设计阶段。

① 初步设计是为了阐明在指定地点、时间和投资数额内，拟建项目在技术上的可行性、经济上的合理性，并对工程项目作出基本技术经济规定，编制项目总概算。

如果初步设计提出的总概算超过可行性研究报告总投资的 10%以上或其他主要指标需要变更时，应说明原因和计算依据，并重新向原审批单位报批可行性研究报告。

② 技术设计是进一步解决初步设计的重大技术问题，如工艺流程、建筑结构、设备选型及数量确定等，同时对初步设计进行补充和修正，然后编制修正总概算。

③ 施工图设计是在初步设计的基础上制定的，能完整地表现建筑物外形、内部空间尺寸、结构体系、构造状况以及建筑群的组成和周围环境的配合，还包括各种运输、通信、管道系统、建筑设备的设计。在工艺方面，应具体确定各种设备的型号、规格及各种非标准设备的制造加工图。在施工图设计中，还应编制施工图预算。

2）施工图设计文件的审查

根据《房屋建筑和市政基础设施工程施工图设计文件审查管理办法》（中华人民共和国住房和城乡建设部令第 13 号），建设单位应当将施工图送施工图审查机构审查。施工图审查机构按照有关法律、法规，对施工图涉及公共利益、公众安全和工程建设强制性标准的内容进行审查。审查的主要内容包括：①是否符合工程建设强制性标准；②地基基础和主体结构的安全性；③是否符合民用建筑节能强制性标准，对执行绿色建筑标准的项目，还应当审查是否符合绿色建筑标准；④勘察设计企业和注册执业人员以及相关人员是否按规定在施工图上加盖相应的图章和签字；⑤法律、法规、规章规定必须审查的其他内容。

任何单位或者个人不得擅自修改审查合格的施工图。确需修改的，凡涉及上述审查内容的，建设单位应当将修改后的施工图送原审查机构审查。

（2）建设准备

1）建设准备工作

① 征地、拆迁和场地平整；

② 完成施工用水、电、通信、道路等接通工作；

③ 组织招标选择工程监理单位、施工承包单位及设备、材料供应商；

④ 准备必要的施工图纸。

2）办理工程质量监督手续和施工许可证

建设单位完成工程建设准备工作并具备工程开工条件后，应及时办理工程质量监督手续和施工许可证。

（3）施工

工程项目经批准开工，即进入施工安装阶段。新开工建设的时间是指工程项目设计文件中规定的任何一项永久性工程第一次正式破土开槽开始施工的日期；不需要开槽的工程，正式开始打桩的日期就是开工日期。工程地质勘察、平整场地、旧建筑物的拆除、临时建筑、施工用临时道路和水电等工程开始施工的日期不能算正式开工日期。分期建设的项目，分别按各期工程开工的日期计算。

施工活动应根据施工图、施工合同及施工组织设计进行。在施工前，施工单位需编制施工预算。

（4）生产准备

对于生产性建设工程项目而言，生产准备是项目投产前由建设单位进行的一项重要工作。

1）招收、培训生产人员；

2）组织准备，包括生产管理机构设置，管理制度和有关规定的制定，生产人员配备；

3）技术准备，包括资料收集，生产方案、岗位操作法的编制以及新技术的准备等；

4）物资准备，包括落实生产用的项目投产前的原材料、协作产品、燃料、水、电、气等的来源和其他需协作配合的条件，并组织工装、器具、备品、备件等的制造或订货。

3. 交付使用阶段

（1）竣工验收

当工程项目按设计文件规定内容和施工图纸的要求全部施工完成后，便可组织验收。

1）竣工验收的范围和标准

按照国家现行规定，工程项目按批准的设计文件所规定的内容建成，符合验收标准。

2）竣工验收的准备工作

建设单位应认真做好工程竣工验收的准备工作，主要包括：①整理技术资料；②绘制竣工图；③编制竣工决算。

3）竣工验收的程序和组织

根据国家现行规定，规模较大、较复杂的工程建设项目应先进行初验，然后进行正式验收。规模较小、较简单的工程项目，可以一次进行全部项目的竣工验收。

工程项目全部建完，经过各单位工程的验收，符合设计要求，并具备竣工图、竣工决算、工程总结等必要文件资料，由项目主管部门或建设单位向负责验收的单位提出竣工验收申请报告。

4）竣工验收备案

《房屋建筑工程和市政基础设施工程竣工验收备案管理暂行办法》（建设部第78号令）规定，建设单位应当自工程竣工验收合格之日起15日内，向工程所在地县级以上地方人民政府建设主管部门备案。

《建设工程施工合同》GF—2017—0201第14.1条款“竣工结算申请”：除专用合同条款另有约定外，承包人应在工程竣工验收合格后28天内向发包人和监理人提交竣工结算申请单，并提交完整的结算资料。

（2）项目后评估

项目后评价是工程项目实施阶段管理的延伸。工程项目竣工验收交付使用，只是工程建设完成的标志，而不是建设工程项目管理的终结。工程项目建设和运营是否达到投资决策时所确定的目标，只有在经过生产经营或使用取得实际投资效果后，才能进行正确的判断；也只有在这时，才能对建设工程项目进行总结和评估，才能综合反映工程项目建设和工程项目管理各环节工作的成效和存在的问题，并为以后改进建设工程项目管理、提高建设工程项目管理水平、制定科学的工程项目建设计划提供科学依据。

在建设工程的各个阶段，建设工程造价分别采用投资估算、设计概算、施工图预算、竣工结算、竣工决算的方法进行确定与控制。工程建设各阶段工程造价的关系如图1-1所示。

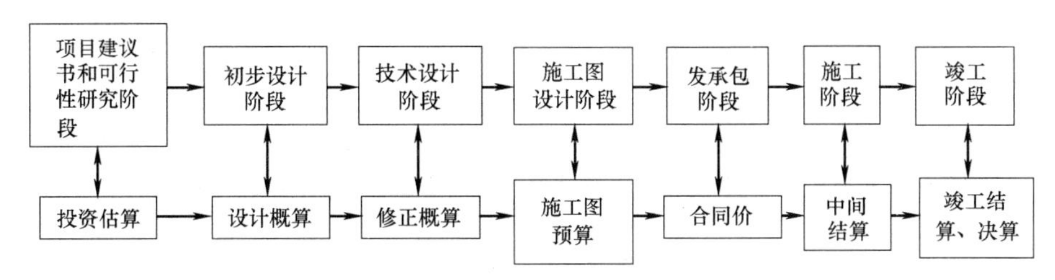

图 1-1　工程建设各阶段工程造价的关系示意图

第二章　建筑工程预算的费用构成

第一节　建设项目投资及工程造价的构成

建设项目总投资为完成工程项目建设并达到使用要求或生产条件，在建设期内预计或实际投入的全部费用总和。生产性建设项目总投资包括建设投资、建设期利息和流动资金三部分；非生产性建设项目总投资包括建设投资、建设期利息两部分。其中建设投资、建设期利息之和对应于固定资产投资，固定资产投资与建设项目的工程造价在量上相等。工程造价基本构成包括用于购买工程项目所含设备的费用、用于建筑施工和安装施工所需支出的费用、用于委托工程勘察设计应支付的费用、用于购置土地所需的费用，也包括用于建设单位自身进行项目筹建和项目管理所花费的费用等。

工程造价的主要构成部分是建设投资。建设投资是为完成工程项目建设，在建设期内投入且形成现金流出的全部费用。根据国家发改委、建设部发布的《建设项目经济评价方法与参数》(第三版)（发改投资〔2006〕1325 号）的规定，建设投资由工程费用、工程建设其他费用和预备费三部分构成。工程费用是指建设期内直接用于工程建造、设备购置及其安装的建设投资，可以分为建筑安装工程费和设备购置费（含工器具及生产家具购置费）。工程建设其他费用是指建设期发生的与土地使用权取得、整个工程项目建设以及未来生产经营有关的构成建设投资但不包括在工程费用中的费用。预备费是在建设期内为各种不可预见因素的变化而预留的可能增加的费用，包括基本预备费和涨价预备费。

第二节　建筑安装工程费用的组成

根据《住房城乡建设部　财政部关于印发〈建筑安装工程费用项目组成〉的通知》（建标〔2013〕44 号）的规定，建筑安装工程费用按照费用构成要素和工程造价形成两种方法划分。

一、建筑安装工程费按照费用构成要素组成划分

建筑安装工程费按照费用构成要素划分：由人工费、材料（包含工程设备，下同）费、施工机具使用费、企业管理费、利润、规费和税金组成。其中人工费、材料费、施工机具使用费、企业管理费和利润包含在分部分项工程费、措施项目费、其他项目费中，见图 2-1。

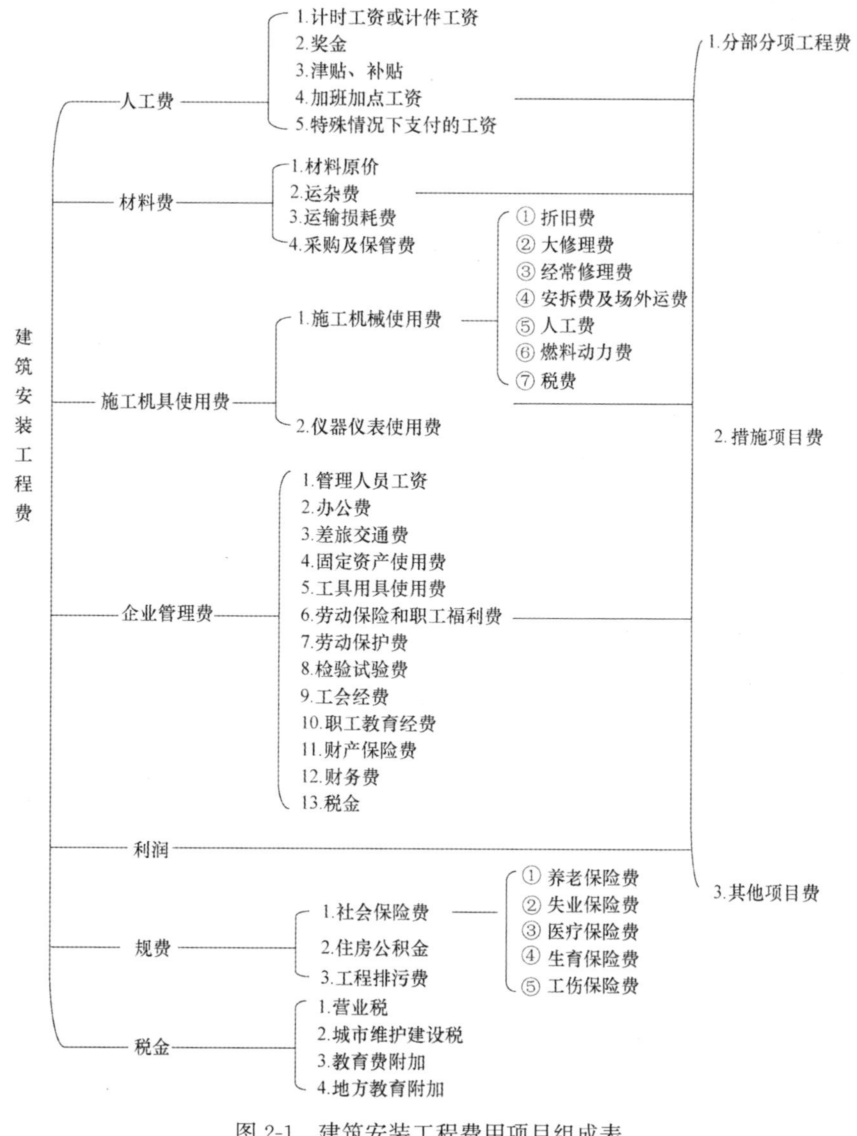

图 2-1 建筑安装工程费用项目组成表

（按费用构成要素划分）

（一）人工费

按工资总额构成规定，支付给从事建筑安装工程施工的生产工人和附属生产单位工人

的各项费用。内容包括：

（1）计时工资或计件工资：按计时工资标准和工作时间或对已做工作按计件单价支付给个人的劳动报酬。

（2）奖金：针对超额劳动和增收节支支付给个人的劳动报酬，如节约奖、劳动竞赛奖等。

（3）津贴补贴：为了补偿职工特殊或额外的劳动消耗和因其他特殊原因支付给个人的津贴以及为了保证职工工资水平不受物价影响支付给个人的物价补贴，如流动施工津贴、特殊地区施工津贴、高温（寒）作业临时津贴、高空津贴等。

（4）加班加点工资：按规定支付的在法定节假日工作的加班工资和在法定工作时间外延时工作的加点工资。

（5）特殊情况下支付的工资：根据国家法律、法规和政策规定，因病、工伤、产假、计划生育假、婚丧假、事假、探亲假、定期休假、停工学习、执行国家或社会义务等原因按计时工资标准或计时工资标准的一定比例支付的工资。

（二）材料费

施工过程中耗费的原材料、辅助材料、构配件、零件、半成品或成品、工程设备的费用。内容包括：

（1）材料原价：材料、工程设备的出厂价格或商家供应价格。

（2）运杂费：材料、工程设备自来源地运至工地仓库或指定堆放地点所发生的全部费用。

（3）运输损耗费：材料在运输装卸过程中不可避免的损耗。

（4）采购及保管费：组织采购、供应和保管材料、工程设备的过程中所需要的各项费用，包括采购费、仓储费、工地保管费、仓储损耗。

工程设备是指构成或计划构成永久工程一部分的机电设备、金属结构设备、仪器装置及其他类似的设备和装置。

（三）施工机具使用费

施工作业所发生的施工机械、仪器仪表使用费或其租赁费。

（1）施工机械使用费：以施工机械台班耗用量乘以施工机械台班单价表示，施工机械台班单价应由下列七项费用组成：

1）折旧费：施工机械在规定的使用年限内，陆续收回其原值的费用。

2）大修理费：施工机械按规定的大修理间隔进行必要的大修理，以恢复其正常功能所需的费用。

3）经常修理费：施工机械除大修理以外的各级保养和临时故障排除所需的费用。包括为保障机械正常运转所需替换设备与随机配备工具附具的摊销和维护费用，机械运转中日常保养所需润滑与擦拭的材料费用及机械停滞期间的维护和保养费用等。

4）安拆费及场外运费：安拆费指施工机械（大型机械除外）在现场进行安装与拆卸所需的人工、材料、机械和试运转费用以及机械辅助设施的折旧、搭设、拆除等费用；场外运费指施工机械整体或分体自停放地点运至施工现场或由一施工地点运至另一施工地点的运输、装卸、辅助材料及架线等费用。

5）人工费：机上司机（司炉）和其他操作人员的人工费。

6）燃料动力费：施工机械在运转作业中所消耗的各种燃料及水、电等。

7）税费：施工机械按照国家规定应缴纳的车船使用税、保险费及年检费等。

（2）仪器仪表使用费：工程施工所需使用的仪器仪表的摊销及维修费用。

（四）企业管理费

建筑安装企业组织施工生产和经营管理所需的费用。内容包括：

（1）管理人员工资：按规定支付给管理人员的计时工资、奖金、津贴补贴、加班加点工资及特殊情况下支付的工资等。

（2）办公费：企业管理办公用的文具、纸张、账表、印刷、邮电、书报、办公软件、现场监控、会议、水电、烧水和集体取暖降温（包括现场临时宿舍取暖降温）等费用。

（3）差旅交通费：职工因公出差、调动工作的差旅费、住勤补助费，市内交通费和误餐补助费，职工探亲路费，劳动力招募费，职工退休、退职一次性路费，工伤人员就医路费，工地转移费以及管理部门使用的交通工具的油料、燃料等费用。

（4）固定资产使用费：管理和试验部门及附属生产单位使用的属于固定资产的房屋、设备、仪器等的折旧、大修、维修或租赁费。

（5）工具用具使用费：企业施工生产和管理使用的不属于固定资产的工具、器具、家具、交通工具和检验、试验、测绘、消防用具等的购置、维修和摊销费。

（6）劳动保险和职工福利费：由企业支付的职工退职金、按规定支付给离休干部的经费，集体福利费、夏季防暑降温、冬季取暖补贴、上下班交通补贴等。

（7）劳动保护费：企业按规定发放的劳动保护用品的支出，如工作服、手套、防暑降温饮料以及在有碍身体健康的环境中施工的保健费用等。

（8）检验试验费：施工企业按照有关标准规定，对建筑以及材料、构件和建筑安装物进行一般鉴定、检查所发生的费用，包括自设试验室进行试验所耗用的材料等费用。不包括新结构、新材料的试验费，对构件做破坏性试验及其他特殊要求检验试验的费用和建设单位委托检测机构进行检测的费用，此类检测发生的费用，由建设单位在工程建设其他费用中列支，但对施工企业提供的具有合格证明的材料进行检测不合格的，该检测费用由施工企业支付。

（9）工会经费：企业按《工会法》规定的全部职工工资总额比例计提的工会经费。

（10）职工教育经费：按职工工资总额的规定比例计提，企业为职工进行专业技术和职业技能培训，专业技术人员继续教育、职工职业技能鉴定、职业资格认定以及根据需要对职工进行各类文化教育所发生的费用。

(11) 财产保险费：施工管理用财产、车辆等的保险费用。

(12) 财务费：企业为施工生产筹集资金或提供预付款担保、履约担保、职工工资支付担保等所发生的各种费用。

(13) 税金：企业按规定缴纳的房产税、车船使用税、土地使用税、印花税等。

(14) 其他：包括技术转让费、技术开发费、投标费、业务招待费、绿化费、广告费、公证费、法律顾问费、审计费、咨询费、保险费等。

(五) 利润

施工企业完成所承包工程获得的盈利。

(六) 规费

按国家法律、法规规定，由省级政府和省级有关权力部门规定必须缴纳或计取的费用。包括：

(1) 社会保险费：

1) 养老保险费：企业按照规定标准为职工缴纳的基本养老保险费。

2) 失业保险费：企业按照规定标准为职工缴纳的失业保险费。

3) 医疗保险费：企业按照规定标准为职工缴纳的基本医疗保险费。

4) 生育保险费：企业按照规定标准为职工缴纳的生育保险费。

5) 工伤保险费：企业按照规定标准为职工缴纳的工伤保险费。

(2) 住房公积金：企业按规定标准为职工缴纳的住房公积金。

(3) 工程排污费：按规定缴纳的施工现场工程排污费。

其他应列而未列入的规费，按实际发生计取。

(七) 税金

国家税法规定的应计入建筑安装工程造价内的营业税、城市维护建设税、教育费附加以及地方教育附加或增值税。

二、建筑安装工程费按照工程造价形成划分

建筑安装工程费按照工程造价形成由分部分项工程费、措施项目费、其他项目费、规费、税金组成，分部分项工程费、措施项目费、其他项目费包含人工费、材料费、施工机具使用费、企业管理费和利润，见图 2-2。

(一) 分部分项工程费

各专业工程的分部分项工程应予列支的各项费用。

(1) 专业工程：按现行国家计量规范划分的房屋建筑与装饰工程、仿古建筑工程、通用安装工程、市政工程、园林绿化工程、矿山工程、构筑物工程、城市轨道交通工程、爆破工程等各类工程。

(2) 分部分项工程：按现行国家计量规范对各专业工程划分的项目，如房屋建筑与装

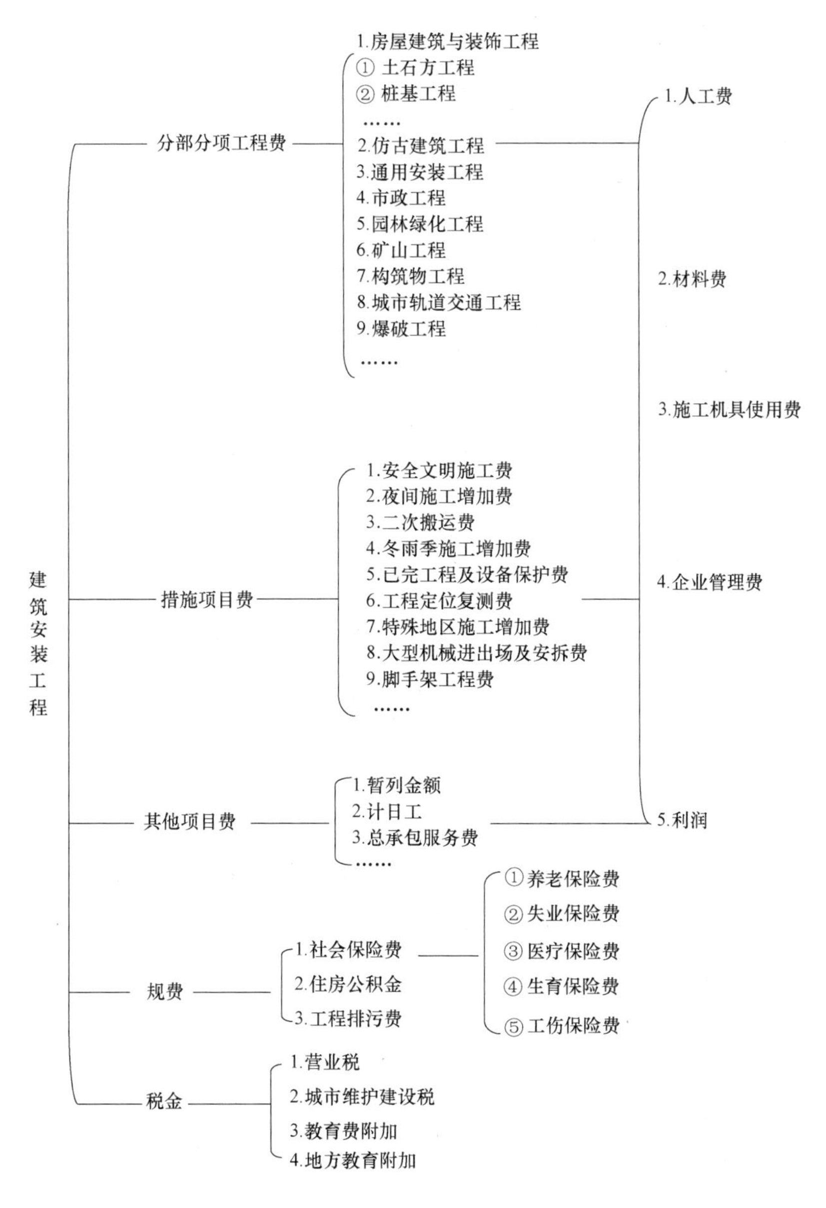

图 2-2　建筑安装工程费用项目组成表
（按造价形成划分）

饰工程划分的土石方工程、地基处理与桩基工程、砌筑工程、钢筋及钢筋混凝土工程等。

各类专业工程的分部分项工程划分见现行国家或行业计量规范。

（二）措施项目费

为完成建设工程施工，发生于该工程施工前和施工过程中的技术、生活、安全、环境保护等方面的费用。内容包括：

（1）安全文明施工费：

1）环境保护费：施工现场为达到环保部门要求所需要的各项费用。

2）文明施工费：施工现场文明施工所需要的各项费用。

3）安全施工费：施工现场安全施工所需要的各项费用。

4）临时设施费：施工企业为进行建设工程施工所必须搭设的生活和生产用的临时建筑物、构筑物和其他临时设施的费用，包括临时设施的搭设、维修、拆除、清理费或摊销费等。

(2) 夜间施工增加费：因夜间施工所发生的夜班补助费、夜间施工降效、夜间施工照明设备摊销及照明用电等费用。

(3) 二次搬运费：因施工场地条件限制而发生的材料、构配件、半成品等一次运输不能到达堆放地点，必须进行二次或多次搬运所发生的费用。

(4) 冬雨季施工增加费：在冬季或雨季施工需增加的临时设施、防滑、排除雨雪，人工及施工机械效率降低等费用。

(5) 已完工程及设备保护费：竣工验收前，对已完工程及设备采取的必要保护措施所发生的费用。

(6) 工程定位复测费：工程施工过程中进行全部施工测量放线和复测工作的费用。

(7) 特殊地区施工增加费：工程在沙漠或其边缘地区，高海拔、高寒、原始森林等特殊地区施工增加的费用。

(8) 大型机械设备进出场及安拆费：机械整体或分体自停放场地运至施工现场或由一个施工地点运至另一个施工地点所发生的机械进出场运输和转移费用及机械在施工现场进行安装、拆卸所需的人工费、材料费、机械费、试运转费和安装所需的辅助设施的费用。

(9) 脚手架工程费：施工需要的各种脚手架搭、拆、运输费用以及脚手架购置费的摊销（或租赁）费用。

措施项目及其包含的内容详见各类专业工程的现行国家或行业计量规范。

（三）其他项目费

(1) 暂列金额：建设单位在工程量清单中暂定并包括在工程合同价款中的一笔款项。用于施工合同签订时尚未确定或者不可预见的所需材料、工程设备、服务的采购，施工中可能发生的工程变更、合同约定调整因素出现时的工程价款调整以及发生的索赔、现场签证确认等的费用。

(2) 计日工：在施工过程中，施工企业完成建设单位提出的施工图纸以外的零星项目或工作所需的费用。

(3) 总承包服务费：总承包人为配合、协调建设单位进行的专业工程发包，对建设单位自行采购的材料、工程设备等进行保管以及施工现场管理、竣工资料汇总整理等服务所需的费用。

（四）规费

定义同上（一、建筑安装工程费按照费用构成要素划分）。

（五）税金

定义同上（一、建筑安装工程费按照费用构成要素划分）。

三、建筑安装工程费用参考计算方法

（一）各费用构成要素参考计算方法

1. 人工费

$$人工费=\sum(工日消耗量\times日工资单价) \tag{2-1}$$

$$日工资单价=\frac{生产工人平均月工资(计时、计件)+平均月(奖金+津贴补贴+特殊情况下支付的工资)}{年平均每月法定工作日} \tag{2-2}$$

注：式（2-1）、式（2-2）主要适用于施工企业投标报价时自主确定人工费，也是工程造价管理机构编制计价定额时确定定额人工单价或发布人工成本信息的参考依据。

$$人工费=\sum(工程工日消耗量\times日工资单价) \tag{2-3}$$

日工资单价是指施工企业平均技术熟练程度的生产工人在每个工作日（国家法定工作时间内）按规定从事施工作业应得的日工资总额。

工程造价管理机构确定日工资单价应通过市场调查、根据工程项目的技术要求、参考实物工程量人工单价综合分析确定，最低日工资单价不得低于工程所在地人力资源和社会保障部门所发布的最低工资标准的：普工 1.3 倍、一般技工 2 倍、高级技工 3 倍。

工程计价定额不可只列一个综合工日单价，应根据工程项目技术要求和工种差别适当划分多种日人工单价，确保各分部工程人工费的合理构成。

注：式（2-3）适用于工程造价管理机构编制计价定额时确定定额人工费，是施工企业投标报价的参考依据。

2. 材料费

（1）材料费

$$材料费=\sum(材料消耗量\times材料单价) \tag{2-4}$$

$$材料单价=\{(材料原价+运杂费)\times[1+运输损耗率(\%)]\}\times[1+采购保管费率(\%)] \tag{2-5}$$

（2）工程设备费

$$工程设备费=\sum(工程设备量\times工程设备单价) \tag{2-6}$$

$$工程设备单价=(设备原价+运杂费)\times[1+采购保管费率(\%)] \tag{2-7}$$

3. 施工机具使用费

（1）施工机械使用费

$$施工机械使用费=\sum(施工机械台班消耗量\times机械台班单价) \tag{2-8}$$

$$\begin{aligned}机械台班单价=&台班折旧费+台班大修费+台班经常修理费+\\&台班安拆费及场外运费+台班人工费+台班燃料动力费+台班车船税费\end{aligned} \tag{2-9}$$

注：工程造价管理机构在确定计价定额中的施工机械使用费时，应根据《建筑施工机械台班费用计算规则》结合市场调查编制施工机械台班单价。施工企业可以参考工程造价管理机构发布的台班单价，自主确定施工机械使用费的报价，如租赁施工机械，公式为：施工机械使用费＝∑（施工机械台班消耗量×机械台班租赁单价）。

（2）仪器仪表使用费

$$仪器仪表使用费=工程使用的仪器仪表摊销费+维修费 \tag{2-10}$$

4. 企业管理费费率

（1）以分部分项工程费为计算基础

$$企业管理费费率(\%)=\frac{生产工人年平均管理费}{年有效施工天数\times人工单价}\times人工费占分部分项工程费比例(\%) \tag{2-11}$$

（2）以人工费和机械费合计为计算基础

$$企业管理费费率(\%)=\frac{生产工人年平均管理费}{年有效施工天数\times(人工单价+每一工日机械使用费)}\times100\% \tag{2-12}$$

（3）以人工费为计算基础

$$企业管理费费率(\%)=\frac{生产工人年平均管理费}{年有效施工天数\times人工单价}\times100\% \tag{2-13}$$

注：上述公式适用于施工企业投标报价时自主确定管理费，是工程造价管理机构编制计价定额时确定企业管理费的参考依据。

工程造价管理机构在确定计价定额中的企业管理费时，应以定额人工费或（定额人工费＋定额机械费）作为计算基数，其费率根据历年工程造价积累的资料，辅以调查数据确定，列入分部分项工程和措施项目中。

5. 利润

（1）施工企业根据企业自身需求并结合建筑市场实际自主确定，列入报价中。

（2）工程造价管理机构在确定计价定额中的利润时，应以定额人工费或定额人工费＋定额机械费作为计算基数，其费率根据历年工程造价积累的资料，并结合建筑市场实际确定，以单位（单项）工程测算，利润在税前建筑安装工程费的比重可按不低于5%且不高于7%的费率计算。利润应列入分部分项工程和措施项目中。

6. 规费

（1）社会保险费和住房公积金

社会保险费和住房公积金应以定额人工费为计算基础，根据工程所在地省、自治区、直辖市或行业建设主管部门规定的费率计算。

$$社会保险费和住房公积金=\sum(工程定额人工费\times社会保险费和住房公积金费率) \tag{2-14}$$

式中：社会保险费和住房公积金费率可以根据每万元发承包价的生产工人人工费和管理人员工资含量与工程所在地规定的缴纳标准综合分析取定。

（2）工程排污费

工程排污费等其他应列而未列入的规费应按工程所在地环境保护等部门规定的标准缴纳，按实计取列入。

7. 税金

税金计算公式：

$$税金=税前造价\times综合税率(\%) \tag{2-15}$$

综合税率根据纳税地点不同分为如下三种：

（1）纳税地点在市区的企业

$$税率(\%)=\frac{1}{1-3\%-(3\%\times7\%)-(3\%\times3\%)-(3\%\times2\%)}-1 \tag{2-16}$$

（2）纳税地点在县城、镇的企业

$$税率(\%)=\frac{1}{1-3\%-(3\%\times5\%)-(3\%\times3\%)-(3\%\times2\%)}-1 \tag{2-17}$$

（3）纳税地点不在市区、县城、镇的企业

$$税率(\%)=\frac{1}{1-3\%-(3\%\times1\%)-(3\%\times3\%)-(3\%\times2\%)}-1 \tag{2-18}$$

实行营业税改增值税的，按纳税地点现行税率计算。

（二）建筑安装工程计价参考公式

1. 分部分项工程费

$$分部分项工程费=\sum(分部分项工程量\times综合单价) \tag{2-19}$$

式中：综合单价包括人工费、材料费、施工机具使用费、企业管理费和利润以及一定范围的风险费用（下同）。

2. 措施项目费

（1）国家计量规范规定应予计量的措施项目，其计算公式为：

$$措施项目费=\sum(措施项目工程量\times综合单价) \tag{2-20}$$

（2）国家计量规范规定不宜计量的措施项目计算方法如下

1）安全文明施工费

$$安全文明施工费=计算基数\times安全文明施工费费率(\%) \tag{2-21}$$

计算基数应为定额基价（定额分部分项工程费＋定额中可以计量的措施项目费）、定额人工费或（定额人工费＋定额机械费），其费率由工程造价管理机构根据各专业工程的特点综合确定。

2）夜间施工增加费

$$夜间施工增加费=计算基数\times夜间施工增加费费率(\%) \tag{2-22}$$

3）二次搬运费

$$二次搬运费=计算基数\times二次搬运费费率(\%) \tag{2-23}$$

4）冬雨季施工增加费

$$冬雨季施工增加费=计算基数\times冬雨季施工增加费费率(\%) \tag{2-24}$$

5）已完工程及设备保护费

$$已完工程及设备保护费=计算基数\times已完工程及设备保护费费率(\%) \tag{2-25}$$

上述2）～5）项措施项目的计费基数应为定额人工费或（定额人工费＋定额机械费），其费率由工程造价管理机构根据各专业工程特点和调查资料综合分析后确定。

3. 其他项目费

（1）暂列金额由建设单位根据工程特点，按有关计价规定估算，施工过程中由建设单位掌握使用、扣除合同价款调整后如有余额，归建设单位。

（2）计日工由建设单位和施工企业按施工过程中的签证计价。

（3）总承包服务费由建设单位在招标控制价中根据总包服务范围和有关计价规定编制，施工企业投标时自主报价，施工过程中按签约合同价执行。

4. 规费和税金

建设单位和施工企业均应按照省、自治区、直辖市或行业建设主管部门发布的标准计算规费和税金，不得作为竞争性费用。

（三）《住房城乡建设部　财政部关于印发〈建筑安装工程费用项目组成〉的通知》（建标〔2013〕44号）对相关问题的说明

（1）各专业工程计价定额的编制及其计价程序，均按本通知实施。

（2）各专业工程计价定额的使用周期原则上为5年。

（3）工程造价管理机构在定额使用周期内，应及时发布人工、材料、机械台班价格信息，实行工程造价动态管理，如遇国家法律、法规、规章或相关政策变化以及建筑市场物价波动较大时，应适时调整定额人工费、定额机械费以及定额基价或规费费率，使建筑安装工程费能反映建筑市场实际。

（4）建设单位在编制招标控制价时，应按照各专业工程的计量规范和计价定额以及工程造价信息编制。

（5）施工企业在使用计价定额时，除不可竞争费用外，其余仅作参考，由施工企业投标时自主报价。

四、建筑安装工程计价程序

参见表2-1～表2-3。

建设单位工程招标控制价计价程序　　**表 2-1**

工程名称：　　　　标段：

序号	内容	计算方法	金额(元)
1	分部分项工程费	按计价规定计算	
1.1			
1.2			
1.3			
1.4			
1.5			
2	措施项目费	按计价规定计算	
2.1	其中：安全文明施工费	按规定标准计算	
3	其他项目费		
3.1	其中：暂列金额	按计价规定估算	
3.2	其中：专业工程暂估价	按计价规定估算	
3.3	其中：计日工	按计价规定估算	
3.4	其中：总承包服务费	按计价规定估算	
4	规费	按规定标准计算	
5	税金(扣除不列入计税范围的工程设备金额)	(1＋2＋3＋4)×规定税率	
招标控制价合计＝1＋2＋3＋4＋5			

施工企业工程投标报价计价程序　　**表 2-2**

工程名称：　　　　标段：

序号	内容	计算方法	金额(元)
1	分部分项工程费	自主报价	
1.1			
1.2			
1.3			
1.4			
1.5			

续表

序号	内容	计算方法	金额(元)
2	措施项目费	自主报价	
2.1	其中:安全文明施工费	按规定标准计算	
3	其他项目费		
3.1	其中:暂列金额	按招标文件提供金额计列	
3.2	其中:专业工程暂估价	按招标文件提供金额计列	
3.3	其中:计日工	自主报价	
3.4	其中:总承包服务费	自主报价	
4	规费	按规定标准计算	
5	税金(扣除不列入计税范围的工程设备金额)	(1+2+3+4)×规定税率	
投标报价合计=1+2+3+4+5			

竣工结算计价程序 **表 2-3**

工程名称： 标段：

序号	汇总内容	计算方法	金额(元)
1	分部分项工程费	按合同约定计算	
1.1			
1.2			
1.3			
1.4			
1.5			
2	措施项目	按合同约定计算	
2.1	其中:安全文明施工费	按规定标准计算	
3	其他项目		
3.1	其中:专业工程结算价	按合同约定计算	
3.2	其中:计日工	按计日工签证计算	

续表

序号	汇总内容	计算方法	金额(元)
3.3	其中:总承包服务费	按合同约定计算	
3.4	索赔与现场签证	按发承包双方确认数额计算	
4	规费	按规定标准计算	
5	税金(扣除不列入计税范围的工程设备金额)	(1+2+3+4)×规定税率	
竣工结算总价合计=1+2+3+4+5			

第三节　设备及工器具购置费的构成

设备及工器具费由设备购置费和工器具、生产家具购置费组成。它是固定资产投资中的组成部分。在生产性工程建设中，设备、工器具费用与资本的有机构成相联系。设备、工器具费用占工程造价比重的增大，意味着生产技术的进步和资本有机构成的提高。

一、设备购置费的构成

设备购置费是指为建设项目购置或自制的达到固定资产标准的设备、工具、器具的购置费用，由设备原价和设备运杂费构成。

$$设备购置费=设备原价+设备运杂费 \tag{2-26}$$

式中，设备原价指国内采购设备的出厂价格，或国外采购设备的抵岸价格；设备运杂费指除设备原价之外的设备采购、运输、途中包装及仓库保管等方面支出费用的总和。

(一) 国产设备原价的构成及计算

国产设备原价一般指的是设备制造厂的交货价，或订货合同价。它一般根据生产厂或供应商的询价、报价、合同价确定，或采用一定的方法计算确定。国产设备原价分为国产标准设备原价和国产非标准设备原价。

1. 国产标准设备原价

国产标准设备是指按照主管部门颁布的标准图纸和技术要求，由我国设备生产厂批量生产的，符合国家质量检测标准的设备。国产标准设备原价有两种，即带有备件的原价和不带有备件的原价。在计算时，一般采用带有备件的原价。国产标准设备一般有完善的设备交易市场，因此可通过查询相关交易市场价格或向设备生产厂家询价得到国产标准设备原价。

2. 国产非标准设备原价

国产非标准设备是指国家尚无定型标准，各设备生产厂不可能在工艺过程中采用批量生产，只能按订货要求并根据具体的设计图纸制造的设备。非标准设备由于单件生产、无定型标准，所以无法获取市场交易价格，只能按其成本构成或相关技术参数估算其价格。非标准设备原价有多种不同的计算方法，如成本计算估价法、系列设备插入估价法、分部组合估价法、定额估价法等。但无论采用哪种方法，都应该使非标准设备计价接近实际出厂价，并且计算方法要简便。成本计算估价法是一种比较常用的估算非标准设备原价的方法。按照成本计算估价法，非标准设备的原价由以下各项组成：

（1）材料费。其计算公式如下：

$$材料费＝材料净重×(1＋加工损耗系数)×每吨材料综合价 \tag{2-27}$$

（2）加工费，包括生产工人工资和工资附加费、燃料动力费、设备折旧费、车间经费等。其计算公式如下：

$$加工费＝设备总重量(t)×设备每吨加工费 \tag{2-28}$$

（3）辅助材料费（简称辅材费），包括焊条、焊丝、氧气、氩气、氮气、油漆、电石等费用。其计算公式如下：

$$辅助材料费＝设备总重量×辅助材料费指标 \tag{2-29}$$

（4）专用工具费，按（1）～（3）项之和乘以一定百分比计算。

（5）废品损失费，按（1）～（4）项之和乘以一定百分比计算。

（6）外购配套件费，按设备设计图纸所列的外购配套件的名称、型号、规格、数量、重量，根据相应的价格加运杂费计算。

（7）包装费，按（1）～（6）项之和乘以一定百分比计算。

（8）利润，可按（1）～（5）项加第（7）项之和乘以一定利润率计算。

（9）税金，主要指增值税。计算公式为：

$$增值税＝当期销项税额－进项税额 \tag{2-30}$$

$$当期销项税额＝销售额×适用增值税率 \tag{2-31}$$

$$销售额＝(1)～(8)项之和 \tag{2-32}$$

（10）非标准设备设计费，按国家规定的设计费收费标准计算。

综上所述，单台非标准设备原价可用下列公式表达：

$$\begin{aligned}单台非标准设备原价＝&\{[(材料费＋加工费＋辅助材料费)×(1＋专用工具费率)×\\&(1＋废品损失费率)＋外购配套件费]×(1＋包装费率)－外购配套件费\}×\\&(1＋利润率)＋外购配套件费＋销项税额＋非标准设备设计费\end{aligned} \tag{2-33}$$

（二）进口设备原价的构成及计算

进口设备的原价是指进口设备的抵岸价，即设备抵达买方边境港口或边境车站，且交纳完各种手续费、关税等税费后形成的价格。抵岸价通常是由进口设备到岸价（CIF）和进口从属费构成，即：

$$进口设备的原价＝进口设备到岸价(CIF)＋进口从属费 \tag{2-34}$$

进口设备的到岸价，即设备抵达买方边境港口或边境车站的价格。进口从属费包括银行财务费、外贸手续费、进口关税、消费税、进口环节增值税，进口车辆还需缴纳车辆购置税。

进口设备抵岸价的构成与进口设备的交货方式有关。交货方式不同，则交易价格的构成内容也不同。

1. 进口设备的交易价格

在国际贸易中，较为广泛使用的交易价格术语有 FOB、CFR 和 CIF。

（1）FOB 即 free on board，意为装运港船上交货，习惯称离岸价格。FOB 是指当货物在指定的装运港越过船舷，卖方即完成交货义务。买卖双方的风险转移以指定的装运港货物越过船舷时为分界点。费用划分与风险转移的分界点相一致。

在 FOB 交货方式下，卖方的基本义务有：办理出口清关手续，自负费用和风险，领取出口许可证及其官方文件；在约定的日期或期限内，在合同规定的装运港口，按港口惯常的方式将货物装上买方指定的船只并及时通知买方；承担货物在装运港越过船舷之前的一切费用和风险；向买方提供商业发票和证明货物已交至船上的装运单据或具有同等效力的电子单据。买方的基本义务有：负责租船订舱，按时派船到合同约定的装运港接运货物，支付运费，并将船期、船名及装船地点及时通知卖方；负担货物在装运港越过船舷时的各种费用以及货物灭失或损坏的一切风险；负责获取进口许可证或其他官方文件以及办理货物入境手续；受领卖方提供的各种单据，按合同规定支付货款。

（2）CFR 即 cost and freight，意为成本加运费，或称之为运费在内价。CFR 是指货物在装运港被装上指定船时即完成交货，卖方还必须支付将货物运至指定的目的港所需的运费和费用，但交货后货物灭失或损坏的风险以及由于各种事件造成的任何额外费用，即由卖方转移到买方。与 FOB 价格相比，CFR 的费用划分与风险转移的分界点是不一致的。

在 CFR 交货方式下，卖方的基本义务有：提供合同规定的货物，负责订立运输合同，并租船订舱，在合同规定的装运港和规定的期限内，将货物装上船并及时通知买方，支付运至目的港的运费；负责办理出口清关手续，提供出口许可证或其他官方批准的证件；承担货物在装运港越过船舷之前的一切费用和风险；按合同规定提供正式有效的运输单据、发票或具有同等效力的电子单据。买方的基本义务有：承担货物在装运港越过船舷以后的一切风险及运输途中因遭遇风险所引起的额外费用；在合同规定的目的港受领货物，办理进口清关手续，缴纳进口税；受领卖方提供的各种约定的单据，并按合同规定支付货款。

（3）CIF 即 cost insurance and freight，意为成本加保险费、运费，习惯称到岸价格。在 CIF 中，卖方除负有与 CFR 相同的义务外，还应办理货物在运输途中最低险别的海运保险，并应支付保险费。如买方需要更高的保险险别，则需要与卖方明确地达成协议，或者自行作出额外的保险安排。除保险这项义务之外，买方的义务也与 CFR 相同。

2. 进口设备到岸价的构成及计算

进口设备到岸价的计算公式如下：

$$
\begin{aligned}
\text{进口设备到岸价(CIF)} &= \text{离岸价(FOB)} + \text{国际运费} + \text{运输保险费} \\
&= \text{运费在内价(CFR)} + \text{运输保险费}
\end{aligned}
\tag{2-35}
$$

（1）货价。一般指装运港船上交货价（FOB）。设备货价分为原币货价和人民币货价，原币货价一律折算为美元表示，人民币货价按原币货价乘以外汇市场美元兑换人民币汇率中间价确定。进口设备货价按有关生产厂商询价、报价、订货合同价计算。

(2) 国际运费。从装运港（站）到达我国目的港（站）的运费。我国进口设备大部分采用海洋运输，小部分采用铁路运输，个别采用航空运输。进口设备国际运费计算公式为：

$$国际运费(海、陆、空)=原币货价(FOB)\times运费率 \tag{2-36}$$

或：

$$国际运费(海、陆、空)=运量\times单位运价 \tag{2-37}$$

其中，运费率或单位运价参照有关部门或进出口公司的规定执行。

(3) 运输保险费。对外贸易货物运输保险是由保险人（保险公司）与被保险人（出口人或进口人）订立保险契约，在被保险人交付议定的保险费后，保险人根据保险契约的规定对货物在运输过程中发生的承保责任范围内的损失给予经济上的补偿。这是一种财产保险。计算公式为：

$$运输保险费=\frac{原币货价(FOB)+国际运费}{1-保险费率}\times保险费率 \tag{2-38}$$

其中，保险费率按保险公司规定的进口货物保险费率计算。

3. 进口从属费的构成及计算

进口从属费的计算公式如下：

$$进口从属费=银行财务费+外贸手续费+关税+消费税+进口环节增值税+车辆购置税 \tag{2-39}$$

(1) 银行财务费。一般是指在国际贸易结算中，中国银行为进出口商提供金融结算服务所收取的费用，可按下式简化计算：

$$银行财务费=离岸价格(FOB)\times人民币外汇汇率\times银行财务费率 \tag{2-40}$$

(2) 外贸手续费。委托具有外贸经营权的经贸公司采购而发生的按规定的外贸手续费率计取的费用，外贸手续费率一般取 1.5%。计算公式为：

$$外贸手续费=到岸价格(CIF)\times人民币外汇汇率\times外贸手续费率 \tag{2-41}$$

(3) 关税。由海关对进出国境或关境的货物和物品征收的一种税。计算公式为：

$$关税=到岸价格(CIF)\times人民币外汇汇率\times进口关税税率 \tag{2-42}$$

其中，到岸价格（CIF）作为关税的计征基数时，通常称为关税完税价格。进口关税税率分为优惠和普通两种。优惠税率适用于与我国签订关税互惠条款的贸易条约或协定的国家的进口设备；普通税率适用于与我国未签订关税互惠条款的贸易条约或协定的国家的进口设备。进口关税税率按我国海关总署发布的进口关税税率计算。

(4) 消费税。对部分进口设备（如轿车、摩托车等）征收，一般计算公式为：

$$应纳消费税税额=\frac{到岸价格(CIF)\times人民币外汇汇率+关税}{1-消费税税率}\times消费税税率 \tag{2-43}$$

其中，消费税税率根据规定的税率计算。

(5) 进口环节增值税。对从事进口贸易的单位和个人，在进口商品报关进口后征收的税种。我国增值税条例规定，进口应税产品均按组成计税价格和增值税税率直接计算应纳税额，即：

进口环节增值税税额＝组成计税价格×增值税税率　(2-44)

组成计税价格＝关税完税价格＋关税＋消费税　(2-45)

增值税税率根据规定的税率计算。

(6) 车辆购置税：进口车辆需缴车辆购置税。其计算公式如下：

进口车辆购置税＝(关税完税价格＋关税＋消费税)×车辆购置税率　(2-46)

(三) 设备运杂费的构成及计算

1. 设备运杂费的构成

设备运杂费是指国内采购设备自来源地、国外采购设备自到岸港运至工地仓库或指定堆放地点发生的采购、运输、运输保险、保管、装卸等费用。通常由下列各项构成：

(1) 运费和装卸费。国产设备由设备制造厂交货地点起至工地仓库（或施工组织设计指定的需要安装设备的堆放地点）止所发生的运费和装卸费；进口设备则由我国到岸港口或边境车站起至工地仓库（或施工组织设计指定的需安装设备的堆放地点）止所发生的运费和装卸费。

(2) 包装费。在设备原价中没有包含的，为运输而进行的包装支出的各种费用。

(3) 设备供销部门的手续费：按有关部门规定的统一费率计算。

(4) 采购与仓库保管费。采购、验收、保管和收发设备所发生的各种费用，包括设备采购人员、保管人员和管理人员的工资、工资附加费、办公费、差旅交通费，设备供应部门办公和仓库所占固定资产使用费、工具用具使用费、劳动保护费、检验试验费等这些费用可按主管部门规定的采购与保管费费率计算。

2. 设备运杂费的计算

设备运杂费按设备原价乘以设备运杂费率计算，其公式为：

设备运杂费＝设备原价×设备运杂费率　(2-47)

其中，设备运杂费率按各部门及省、市等的规定计取。

二、工器具及生产家具购置费的构成

工具、器具及生产家具购置费，是指新建或扩建项目初步设计规定的，保证初期正常生产必须购置的没有达到固定资产标准的设备、仪器、工卡模具、器具、生产家具和备品备件等的购置费用。一般以设备费为计算基数，按照部门或行业规定的工具、器具及生产家具费率计算。计算公式为：

工具、器具及生产家具购置费＝设备购置费×定额费率　(2-48)

第四节　工程建设其他费用的构成

工程建设其他费用，是指建设期发生的与土地使用权取得、整个工程建设以及未来生产经营有关的构成建设投资但不包括在工程费用中的费用。

工程建设其他费用分为三类：第一类指土地使用权购置或取得的费用，第二类指与整个工程建设有关的各类其他费用，第三类指与未来企业生产经营有关的其他费用。

（一）建设用地费

建设用地费是指为获得工程项目建设土地的使用权而在建设期内发生的各种费用，包括通过划拨方式取得土地使用权而支付的土地征用及迁移补偿费，或者通过土地使用权出让方式取得土地使用权而支付的土地使用权出让金。

1. 建设用地取得的基本方式

建设用地的取得，实质是依法获取国有土地的使用权。《中华人民共和国房地产管理法》规定，获取国有土地使用权的基本方式有两种：一是出让方式，二是划拨方式。建设土地取得的基本方式还包括租赁和转让。

（1）通过出让方式获取国有土地使用权。

国有土地使用权出让，是指国家将国有土地使用权在一定年限内出让给土地使用者，由土地使用者向国家支付土地使用权出让金的行为。土地使用权出让最高年限按下列用途确定：①居住用地 70 年；②工业用地 50 年；③教育、科技、文化、卫生、体育用地 50 年；④商业、旅游、娱乐用地 40 年；⑤综合或者其他用地 50 年。

通过出让方式获取土地使用权又可以分成两种具体方式：一是通过招标、拍卖、挂牌等竞争出让方式获取国有土地使用权，二是通过协议出让方式获取国有土地使用权。

通过竞争出让方式获取国有土地使用权。按照国家相关规定，工业（包括仓储用地，但不包括采矿用地）、商业、旅游、娱乐和商品住宅等各类经营性用地，必须以招标、拍卖或者挂牌等方式；上述规定以外用途的土地的供地计划公布后，同一宗地有两个以上意向用地者的，也应当采用招标、拍卖或者挂牌等方式出让。

通过协议出让方式获取国有土地使用权。按照国家相关规定，出让国有土地使用权，除依照法律、法规和规章的规定应当采用招标、拍卖或者挂牌等方式外，方可采用协议出让方式。以协议方式出让国有土地使用权的出让金不得低于按国家规定所确定的最低价。协议出让底价不得低于拟出让地块所在区域的协议出让最低价。

（2）通过划拨方式获取国有土地使用权。

国有土地使用权划拨，是指县级以上人民政府依法批准，在土地使用者缴纳补偿、安置等费用后将该幅土地交付其使用，或者将土地使用权无偿交付给土地使用者使用的行为。

国家对划拨用地有着严格的规定，下列建设用地经县级以上人民政府依法批准，可以以划拨方式取得：①国家机关用地和军事用地；②城市基础设施用地和公益事业用地；③国家重点扶持的能源、交通、水利的基础设施用地；④法律、行政法规规定的其他用地。

依法以划拨方式取得土地使用权的，除法律、行政法规另有规定外，没有使用期限的

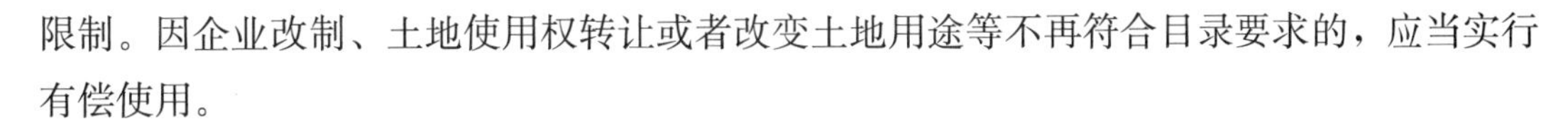

限制。因企业改制、土地使用权转让或者改变土地用途等不再符合目录要求的，应当实行有偿使用。

2. 建设用地取得的费用

建设用地如通过行政划拨方式取得，则须承担征地补偿费用或对原用地单位或个人的拆迁补偿费用；若通过市场机制取得，则不但承担以上费用，还须向土地所有者支付有偿使用费，即土地出让金。

（1）征地补偿费。

建设征地土地费用由以下几个部分构成：

1）土地补偿费。土地补偿费是对农村集体经济组织因土地被征用而造成的经济损失的一种补偿。征用耕地的补偿费为该耕地被征用前三年平均年产值的6～10倍。征用其他土地的补偿费标准由省、自治区、直辖市参照征用耕地的土地补偿费制定。土地补偿费归农村集体经济组织所有。

2）青苗补偿费和地上附着物补偿费。青苗补偿费是因征地时对其正在生长的农作物造成损害而作出的一种赔偿。在农村实行承包责任制后，农民自行承包土地的青苗补偿费应付给本人，属于集体种植的青苗补偿费可纳入当年集体收益。凡在征地方案协商、发布后抢种的农作物、树木等，一律不予补偿。地上附着物是指房屋、水井、树木、涵洞、桥梁、公路、水利设施、林木等地面建筑物、构筑物、附着物等，视协商征地方案前地上附着物价值与折旧情况确定，应根据“拆什么，补什么；拆多少，补多少，不低于原来水平”的原则确定。如附着物产权属个人，则该项补助费付给个人。地上附着物补偿标准由省、自治区、直辖市规定。

3）安置补助费。安置补助费应支付给被征地单位和安置劳动力的单位，作为劳动力安置与培训的支出以及作为不能就业人员的生活补助。征收耕地的安置补助费按照需要安置的农业人口数计算。需要安置的农业人口数，按照被征收的耕地数量除以征地前被征收单位平均每人占有耕地的数量计算。每一个需要安置的农业人口的安置补助费标准，为该耕地被征收前三年平均年产值的4～6倍。但是，每公顷被征收耕地的安置补助费，最高不得超过被征收前三年平均年产值的15倍。土地补偿费、安置补偿费尚不能使需要安置的农民保持原有生活水平的，经省、自治区、直辖市人民政府批准，可以增加安置补偿费。但是，土地补偿费、安置补偿费的总和不得超过土地被征收前三年平均年产值的30倍。

4）新菜地开发建设基金。新菜地开发建设基金是指征用城市郊区商品菜地时支付的费用。这项费用交给地方财政，作为开发建设新菜地的投资。菜地是指城市郊区为供应城市居民蔬菜，连续3年以上常年种菜或者养殖鱼、虾等商品菜地和精养鱼塘。一年只种一茬或因调整茬口安排种植蔬菜的，均不作为需要收取开发基金的菜地。征用尚未开发的规划菜地，不缴纳新菜地开发建设基金。在蔬菜产销放开后，能够满足供应，不再需要开发新菜地的城市，不收取新菜地开发建设基金。

5）耕地占用税。耕地占用税是对占用耕地建房或者从事其他非农业建设的单位和个人征收的一种税收。目的是合理利用土地资源、节约用地、保护农用耕地。耕地占用税征收范围，不仅包括占用耕地，还包括占用鱼塘园地、菜地及其他农业用地建房或者从事其他非农业建设，均按实际占用的面积和规定的税额一次性征收。其中，耕地是指用于种植农作物的土地。占用前三年曾用于种植农作物的土地也视为耕地。

6）土地管理费。土地管理费主要作为征地工作中所发生的办公、会议、培训、宣传、差旅、借用人员工资等必要的费用。土地管理费的收取标准，一般是在土地补偿费、青苗补偿费和地上附着物补偿费、安置补助费四项费用之和的基础上提取2%～4%作为土地管理费。

（2）拆迁补偿费用。

在城市规划区内国有土地上实施房屋拆迁，拆迁人应当对被拆迁人给予补偿、安置。

1）拆迁补偿。拆迁补偿的方式，可以实行货币补偿，也可以实行房屋产权调换。

货币补偿的金额根据被拆迁房屋的区位、用途、建筑面积等因素，以房地产市场评估价格确定。具体办法由省、自治区、直辖市人民政府制定。

实行房屋产权调换的，拆迁人与被拆迁人按照计算得到的被拆迁房屋的补偿金额和所调换房屋的价格，结清产权调换的差价。

2）搬迁、安置补助费。

拆迁人应当向被拆迁人或者房屋承租人支付搬迁补助费，对于在规定的搬迁期限届满前搬迁的，拆迁人可以付给提前搬家奖励费；在过渡期限内，被拆迁人或者房屋承租人自行安排住处的，拆迁人应当支付临时安置补偿费；被拆迁人或者房屋承租人使用拆迁人提供的周转房的，拆迁人不支付临时安置补助费。

搬迁补助费和临时安置补助费的标准，由省、自治区、直辖市人民政府规定。有些地区规定，拆除非住宅房屋，造成停产、停业引起经济损失的，拆迁人可以根据被拆迁房屋的区位和使用性质，按照一定标准给予一次性停产、停业综合补助费。

（3）出让金、土地转让金。土地使用权出让金为用地单位向国家支付的土地所有权收益，出让金标准一般参考城市基准地价并结合其他因素制定。基准地价由市土地管理局会同市物价局、市国有资产管理局、市房地产管理局等部门综合平衡后报市级人民政府审定通过，它以城市土地综合定级为基础，用某一地价或地价幅度表示某一类别用地在某一土地级别范围的地价，以此作为土地所有权出让价格的基础。

在有偿出让和转让土地时，政府对地价不作统一规定，但应坚持以下原则：地价对目前的投资环境不产生大的影响，地价与当地的社会经济承受能力相适应，地价要考虑已投入的土地开发费用、土地市场供求关系、土地用途、所在区类、容积率和使用年限等。有偿出让和转让使用权，要向土地受让者征收契税；转让土地如有增值，要向转让者征收土地增值税；土地使用者每年应按规定的标准缴纳土地使用费。土地使用权出让或转让应先由地价评估机构进行价格评估后，再签订土地使用权出让和转让合同。

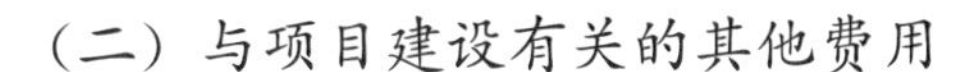

（二）与项目建设有关的其他费用

1. 建设管理费

建设管理费是指建设单位从项目筹建开始直至工程竣工验收合格或交付使用为止发生的项目建设管理费用。费用内容包括：

（1）建设单位管理费，是指建设单位发生的管理性质的开支。包括：工作人员工资、工资性补贴、施工现场津贴、职工福利费、住房基金、基本养老保险费、基本医疗保险费、失业保险费、工伤保险费、办公费、差旅交通费、劳动保护费、工具用具使用费、固定资产使用费、必要的办公及生活用品购置费、必要的通信设备及交通工具购置费、零星固定资产购置费、招募生产工人费、技术图书资料费、业务招待费、设计审查费、工程招标费（含招标代理费，招标代理费是指建设单位委托招标代理单位进行工程、设备材料和服务招标支付的服务费用。）、合同契约公证费、法律顾问费、咨询费、完工清理费、竣工验收费、印花税和其他管理性质开支。

建设单位管理费按照工程费用之和（包括设备工器具购置费和建筑安装工程费用）乘以建设单位管理费费率计算。

$$建设单位管理费=工程费用\times建设单位管理费费率 \tag{2-49}$$

建设单位管理费费率按照建设项目的不同性质、不同规模确定。有的建设项目按照建设工期和规定的金额计算建设单位管理费。如采用监理，建设单位部分管理工作量转移至监理单位。监理费应根据委托的监理工作范围和监理深度在监理合同中商定或按当地或所属行业部门有关规定计算。如建设单位采用工程总承包方式，其总包管理费由建设单位与总包单位根据总包工作范围在合同中商定，从建设管理费中支出。

（2）工程监理费：指工程监理机构接受委托，提供建设工程施工阶段的质量、进度、费用控制管理和安全生产监督管理、合同、信息等方面协调管理等服务收取的费用。按照国家发展改革委关于《进一步开放建设项目专业服务价格的通知》（发改价格〔2015〕299号）规定，此项费用实行市场调节价。

（3）工程代理费：指招标代理机构接受委托，提供代理工程、货物、服务招标，编制招标文件、审查投标人资格，组织投标人踏勘现场并答疑，组织开标、评标、定标，以及提供招标前期咨询、协调合同的签订等服务收取的费用。按照国家发展改革委关于《进一步开放建设项目专业服务价格的通知》（发改价格〔2015〕299号）规定，此项费用实行市场调节价。

（4）工程造价咨询费，是建设单位委托具有相应资质的工程造价咨询企业代为进行工程建设项目的投资估算、设计概算、施工图预算、标底或招标控制价、工程结算等或进行工程建设全过程造价控制与管理所发生的费用。

2. 可行性研究费

可行性研究费是指在建设项目投资决策阶段，对有关建设方案、技术方案或生产经营方案进行的技术经济论证以及编制、评审可行性研究报告所需的费用。按照国家发展改革委关于《进一步开放建设项目专业服务价格的通知》（发改价格〔2015〕299号）规定，此项费用实行市场调节价。

3. 研究试验费

研究试验费是指为建设项目提供或验证设计数据、资料等进行必要的研究试验及按照相关规定在建设过程中必须进行试验、验证所需的费用，包括自行或委托其他部门研究试验所需人工费、材料费、试验设备及仪器使用费等。这项费用按照设计单位根据本工程项目的需要提出的研究试验内容和要求计算。在计算时要注意不应包括以下项目：

（1）应由科技三项费用（即新产品试制费、中间试验费和重要科学研究补助费）开支的项目。

（2）应在建筑安装费用中列支的施工企业对建筑材料、构件和建筑物进行一般鉴定、检查所发生的费用及技术革新的研究试验费。

（3）应在勘察设计费或工程费用中开支的项目。

4. 勘察设计费

工程勘察设计费，包括工程勘察收费和工程设计收费。工程勘察收费，指工程勘察机构接受委托，提供收集已有的资料、现场踏勘、制定勘察纲要，进行测绘、勘探、取样、试验、测试、检测、监测等勘察作业，以及编制工程勘察文件和岩土工程设计文件等服务收取的费用；工程设计收费，指工程设计机构接受委托，提供编制建设项目初步设计文件、施工图设计文件、非标准设备设计文件、施工图预算文件、竣工图文件等服务收取的费用。按照国家发展改革委关于《进一步开放建设项目专业服务价格的通知》（发改价格〔2015〕299号）规定，此项费用实行市场调节价。

5. 环境影响评价费

环境影响评价及验收费是指按照《中华人民共和国环境保护法》《中华人民共和国环境影响评价法》等规定，在工程项目投资决策过程中，为评价本建设项目对环境可能产生的污染或造成的影响所需的费用，包括编制环境影响报告书（含大纲）、环境影响报告表和评估环境影响报告书（含大纲）、评估环境影响报告表等所需的费用。可参照《国家计委、国家环境保护总局关于规范影响咨询收费有关问题的通知》（计价格〔2002〕125号）的规定计算。

6. 安全预评价费

安全预评价费是指为预测和分析建设项目存在的危险因素种类和危险危害程度，提出先进、科学、合理可行的安全技术和管理对策，而编制评价大纲、编写安全评价报告书和评估等所需的费用。

7. 场地准备及临时设施费

（1）场地准备及临时设施费的含义

场地准备及临时设施费包括建设项目场地准备费和建设单位临时设施费。

1）建设项目场地准备费是指为使建设项目的建设场地达到开工条件，由建设单位组

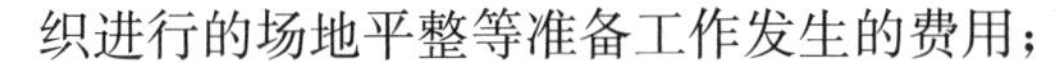

织进行的场地平整等准备工作发生的费用；

2）建设单位临时设施费是指建设单位为满足工程项目建设、生活和办公的需要而供应到场地界区的、未列入工程费用的临时水、电、路、通信、气等其他工程费用和建设单位的现场临时建（构）筑物的搭设、维修、拆除、摊销或建设期间租赁费用以及施工期间专用公路养护费、维修费。

（2）场地准备及临时设施费的计算

1）场地准备及临时设施应尽量与永久性工程统一考虑。建设场地的大型土石方工程应计入工程费用中的总图费用中。

2）新建项目的场地准备及临时设施费应根据实际工程量估算，或按工程费用的比例计算。改扩建项目一般只计算拆除清理费。

$$\text{场地准备及临时设施费}=\text{工程费用}\times\text{费率}+\text{拆除清理费} \tag{2-50}$$

3）发生拆除清理费时可按新建同类工程造价或主材费、设备费的比例计算。凡可回收材料的拆除工程采用以料抵工方式冲抵拆除清理费。

4）此项费用不包括已列入建筑安装工程费用中的施工单位临时设施费用。

8. 引进技术和引进设备其他费

引进技术和引进设备其他费是指引进技术和设备发生的但未计入设备购置费中的费用，内容包括：

（1）引进项目图纸资料翻译复制费、备品备件测绘费。可根据引进项目的具体情况计列或按引进货价（FOB）的比例估列，引进项目发生备品备件测绘费时按具体情况估列。

（2）出国人员费用。包括买方人员出国设计联络、出国考察、联合设计、监造、培训等所发生的旅费、生活费等。依据合同或协议规定的出国人次、期限以及相应的费用标准计算。生活费按照财政部、外交部规定的现行标准计算，旅费按中国民航公布的票价计算。

（3）来华人员费用。包括卖方来华工程技术人员的现场办公费用、往返现场交通费用、接待费用等。依据引进合同或协议有关条款及来华技术人员派遣计划计算。来华人员接待费用可按每人次费用指标计算。引进合同价款中已包括的费用内容不得重复计算。

（4）银行担保及承诺费。引进项目由国内外金融机构出面承担风险和责任担保所发生的费用以及支付给贷款机构的承诺费用。应按担保或承诺协议计算。投资估算和概算编制时可以担保金额或承诺金额为基数乘以费率计算。

9. 工程保险费

工程保险费是指为转移工程项目建设的意外风险，在建设期内对建筑工程、安装工程、机器设备和人身安全进行投保而发生的保险费用，包括建筑安装工程一切险、引进设备财产保险和人身意外伤害险等。

根据不同的工程类别，分别以其建筑、安装工程费乘以建筑、安装工程保险费率计算。民用建筑（住宅楼、综合性大楼、商场、旅馆、医院、学校）占建筑工程费的2‰～

4‰；其他建筑（工业厂房、仓库、道路、码头、水坝、隧道、桥梁、管道等）占建筑工程费的3‰～6‰；安装工程（农业、工业、机械、电子、电器、纺织、矿山、石油、化学及钢铁工业、钢结构桥梁）占建筑工程费的3‰～6‰。

10. 特殊设备安全监督检验费

特殊设备安全监督检验费是指安全监察部门对在施工现场组装的锅炉及压力容器、压力管道、消防设备、燃气设备、电梯等特殊设备和设施实施安全检验收取的费用。此项费用按照建设项目所在省（市、自治区）安全监察部门的规定标准计算。无具体规定的，在编制投资估算和概算时可按受检设备现场安装费的比例估算。

11. 市政公用设施费

市政公用设施费是指使用市政公用设施的工程项目，按照项目所在地省级人民政府有关规定建设或缴纳的市政公用设施建设配套费用以及绿化工程补偿费用。此项费用按工程所在地人民政府规定标准计算。

（三）与未来生产经营有关的其他费用

1. 联合试运转费

联合试运转费是指新建项目或新增加生产能力的工程，在交付生产前按照设计文件规定的工程质量标准和技术要求，对整个生产线或装置进行负荷联合试运转所发生的费用净支出（试运转支出大于收入的差额部分费用）。试运转支出包括试运转所需原材料、燃料及动力消耗、低值易耗品、其他物料消耗、工具用具使用费、机械使用费、保险金、施工单位参加试运转人员工资以及专家指导费等；试运转收入包括试运转期间的产品销售收入和其他收入。联合试运转费不包括应由设备安装工程费用开支的调试及试车费用以及在试运转中暴露出来的因施工原因或设备缺陷等发生的处理费用。

2. 专利及专有技术使用费

（1）专利及专有技术使用费的主要内容：

1）国外设计及技术资料费、引进有效专利、专有技术使用费和技术保密费。

2）国内有效专利、专有技术使用费。

3）商标权、商誉和特许经营权费等。

（2）专利及专有技术使用费的计算。

在专利及专有技术使用费计算中应注意以下问题：

1）按专利使用许可协议和专有技术使用合同的规定计算。

2）专有技术的界定应以省、部级鉴定批准为依据。

3）项目投资中只计需在建设期支付的专利及专有技术使用费。协议或合同规定在生产期支付的使用费应在生产成本中核算。

4）一次性支付的商标权、商誉及特许经营权费按协议或合同规定计算。协议或合同规定在生产期支付的商标权或特许经营权费应在生产成本中核算。

5）为项目配套的专用设施投资，包括专用铁路线、专用公路、专用通信设施、送变

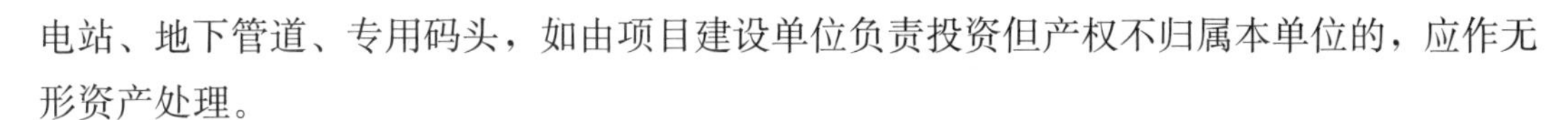

电站、地下管道、专用码头，如由项目建设单位负责投资但产权不归属本单位的，应作无形资产处理。

3. 生产准备及开办费

（1）生产准备及开办费的内容。

在建设期内，建设单位为保证建设项目正常生产而发生的人员培训费、提前进场费以及投产使用必备的生产办公、生活家具用具及工器具等的购置费用。包括：

1）人员培训费及提前进厂费，包括自行组织培训或委托其他单位培训的人员工资、工资性补贴、职工福利费、差旅交通费、劳动保护费、学习资料费等。

2）为保证初期正常生产（或营业、使用）所必需的生产办公、生活家具用具购置费。

3）为保证初期正常生产（或营业、使用）所必需的第一套不够固定资产标准的生产工具、器具、用具购置费。不包括备品备件费。

（2）生产准备及开办费的计算。

1）新建项目以设计定员为基数计算，改扩建项目以新增设计定员为基数计算：

$$生产准备＝设计定员\times生产准备费指标(元/人) \tag{2-51}$$

2）可采用综合的生产准备费指标进行计算，也可以按费用内容的分类指标计算。

对于不同行业或地区，工程建设其他费用还要根据各行业、各省（自治区、直辖市）的规定计算，如移民安置费、水资源费、水土保持评价及验收费、安全预评价及验收费、地震安全性评价费、地质灾害危险性评价费、压覆矿产资源评价费、河道占用补偿费、航道维护费、植被恢复费、职业病危害预评价及控制效果评价费等。如石油建设工程中，还要考虑安全预评价及验收费、职业病危害预评价及控制效果评价费、地震安全性评价费、地质灾害危险性评价费、水土保持评价及验收费和压覆矿产资源评价费等。

（四）预备费

预备费是指在建设期内因各种不可预见因素的变化而预留的可能增加的费用，包括基本预备费和价差预备费两种。

1. 基本预备费

基本预备费是指在投资估算或设计概算内预留的难以预料的工程费用，费用内容包括：

（1）在批准的初步设计范围内，技术设计、施工图设计、设计变更、局部地基处理及施工过程中所增加的工程费用。

（2）一般自然灾害造成的损失和预防自然灾害所采取措施的费用。实行工程保险的工程项目费用应适当降低。

（3）竣工验收时为鉴定工程质量，对隐蔽工程进行必要的挖掘和修复的费用。

（4）超规超限设备运输过程中可能增加的费用。

基本预备费估算，一般是以建设项目的工程费用和工程建设其他费用之和为基础，乘以基本预备费率进行计算。基本预备费率的大小，应根据建设项目的设计阶段和具体的设计深度以及在估算中所采用的各项估算指标与设计内容的贴近度、项目所属行业主管部门的具体规定确定。

2. 价差预备费

价差预备费是指建设项目在建设期间，由于价格等变化引起工程造价变化而预留的费用。

费用内容包括：人工、设备、材料、施工机械的价差费，建筑安装工程费及工程建设其他费用调整，利率、汇率调整等增加的费用。

价差预备费的测算方法，一般根据国家规定的投资综合价格指数，以估算年份价格水平的投资额为基数，根据价格变动趋势，预测价格上涨率，采用复利方法计算。

（五）建设期资金利息

建设期资金利息是指建设项目在建设期内发生的为工程项目筹措资金的融资费用及债务资金利息。债务资金包括向国内银行和金融机构贷款、出口信贷、外国政府贷款、国际商业银行贷款以及在境内外发行的债券等。融资费用和应计入固定资产原值的利息包括借款（或债券）利息及手续费、承诺费、管理费等。建设期资金利息，构成了项目投资的一部分，计入固定资产原值。

建设期贷款利息的估算，根据建设期资金用款计划，可按当年借款在当年年中支用考虑，即当年借款按半年计息，上年借款按全年计息。利用国外贷款的利息计算中，还应包括国外贷款银行根据贷款协议向贷款方以年利率方式收取的手续费、管理费、承诺费以及国内代理机构经国家主管部门批准的以年利率的方式向货款方收取的转贷费、担保费和管理费等。

第三章　建筑工程预算编制依据

建筑工程预算编制依据是用以计算建筑工程预算造价的各类基础资料的总称。包括：

(1)《建筑工程建筑面积计算规范》;

(2)《建设工程工程量清单计价规范》;

(3)《房屋建筑与装饰工程工程量计算规范》;

(4)《建筑工程消耗量定额》或预算定额;

(5) 生产要素价格：人工、材料、机械台班、工程设备单价;

(6)《建筑安装工程费用定额》;

(7)《建设项目施工图预算编审规程》;

(8)《建设项目工程结算编审规程》;

(9)《全国统一建筑安装工程工期定额》;

(10) 施工组织设计或施工方案;

(11)《建设工程施工合同》;

(12)《建筑工程施工发包与承包计价管理办法》;

(13) 施工图设计图纸和资料。

从我国现状来看，在工程建设交易阶段，工程造价的最终确定，由发承包双方通过招投标在市场竞争中按价值规律通过合同确定，工程定额通常只能作为建设产品价格形成的辅助依据。工程量清单计价依据主要适用于合同价格形成以及后续的合同价格管理阶段。计价规章适用于不同阶段的计价活动。

第一节　工程量清单计价与工程量计算规范

一、工程量清单计价与工程量计算规范概述

(一) 工程量清单计价和工程量计算规范的组成

目前，工程量清单计价和工程量计算规范由《建设工程工程量清单计价规范》

GB 50500—2013、《房屋建筑与装饰工程工程量计算规范》GB 50854—2013、《仿古建筑工程工程量计算规范》GB 50855—2013、《通用安装工程工程量计算规范》GB 50856—2013、《市政工程工程量计算规范》GB 50857—2013、《园林绿化工程工程量计算规范》GB 50858—2013、《矿山工程工程量计算规范》GB 50859—2013、《构筑物工程工程量计算规范》GB 50860—2013、《城市轨道交通工程工程量计算规范》GB 50861—2013、《爆破工程工程量计算规范》GB 50862—2013 等组成。

（二）工程量清单计价的适用范围

工程量清单计价规范适用于建设工程发承包及实施阶段的计价活动。使用国有资金投资的建设工程发承包，必须采用工程量清单计价。非国有资金投资的建设工程，宜采用工程量清单计价；不采用工程量清单计价的建设工程，应执行工程量清单计价规范中除工程量清单等专门性规定外的其他规定。

（三）工程量清单计价的作用

1. 提供一个平等的竞争条件

采用施工图招标，由于施工图的缺陷导致投标人计算的工程量不同而报价不同，也容易产生纠纷。而采用工程量清单招标，由于采用同一的工程量，为投标人提供了一个平等的竞争条件。

2. 适应市场经济条件下竞争的需要

采用定额计价方式，由于定额量反映的是社会平均消耗水平，不能准确地体现企业技术装备水平、管理水平和劳动生产率，不能准确地反映各个企业的实际消耗量，因此不能体现市场公平竞争。采用工程量清单计价方式，投标人根据自身的技术装备水平、管理水平和劳动生产率等情况确定投标价，使投标人的优势充分体现在投标价中。

3. 提高工程计价效率

采用工程量清单招标方式，避免了传统施工图招标方式下招标人和各投标人在工程量计算上的重复劳动。投标人以招标人提供的工程量清单为统一平台，直接进行投标报价。

4. 实行工程量清单计价适应国际惯例的需要

工程量清单计价是目前国际上通行的做法。随着我国改革开放的进一步加快，建筑市场也将进一步开放。外国的建筑企业越来越多地进入国内市场，我国的建筑企业越来越多地走出国门进入国外市场。为了适应这种对外开放的需要，就必须与国际通行的计价方法相适应。

（四）工程量清单计价规范的特点

1. 强制性

主要表现在：一是由建设主管部门按照强制性国家标准的要求批准颁布，规定使用国有资金投资的建设工程发承包必须按照工程量清单计价和工程量计算规范执行；二是明确工程量清单是招标文件的组成部分，并规定了招标人在编制工程量清单时必须遵守的规

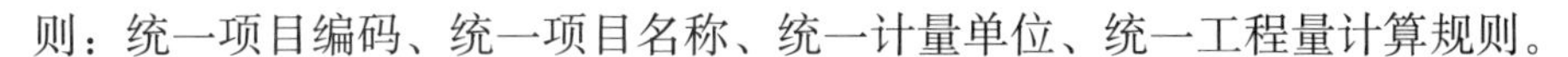

则：统一项目编码、统一项目名称、统一计量单位、统一工程量计算规则。

2. 实用性

工程量计算规范附录中工程量清单项目及计算规则的项目名称表现的是工程实体项目，项目名称明确清晰，工程量计算规则一一对应工程量清单项目简洁明了；还特别列有项目特征和工作内容，易于编制工程量清单时确定具体项目名称和投标报价。

3. 竞争性

工程量清单计价规范中的人工、材料和施工机械没有具体消耗量，投标人可以依据本企业的定额和市场价格信息进行报价，工程量清单计价规范将报价权交给了企业。

4. 通用性

采用工程量清单计价与国际惯例接轨，符合工程量计算方法标准化、工程量计算规则统一化、工程造价确定市场化的要求。

二、工程量清单计价和工程量计算规范的内容

（一）建设工程工程量清单计价规范的内容

《建设工程工程量清单计价规范》GB 50500—2013（以下简称“清单计价规范”），包括总则、术语、一般规定、工程量清单编制、招标控制价、投标报价、合同价款约定、工程计量（工程实施过程中的计量）、合同价款调整、合同价款期中支付、竣工结算与支付、合同解除的价款结算与支付、合同价款争议的解决、工程造价鉴定、工程计价资料与档案、工程计价表格以及附录。

工程计价表格包括：

1. 招标工程量清单表格

（1）招标工程量清单封面（封-1，见清单计价规范，下同）

（2）招标工程量清单扉页（扉-1）

（3）工程计价总说明（表-01）

（4）分部分项工程和措施项目计价表

1）分部分项工程和单价措施项目计价表（表-08）

2）总价措施项目清单与计价表（表-11）

（5）其他项目清单与计价汇总表（表-12）

1）暂列金额明细表（表-12-1）

2）材料（工程设备）暂估单价及调整表（表-12-2）

3）专业工程暂估价及结算价表（表-12-3）

4）计日工表（表-12-4）

5）总承包服务费计价表（表-12-5）

（6）规费、税金项目计价表（表-13）

（7）主要材料和工程设备一览表

1）发包人提供材料和工程设备一览表（表-20）

2）承包人提供材料和工程设备一览表（表-21，适用于造价信息差额调整法）

3）承包人提供材料和工程设备一览表（表-22，适用于价格指数差额调整法）

2. 招标控制价表格

（1）招标控制价封面（封-2）

（2）招标控制价扉页（扉-2）

（3）工程计价总说明（表-01）

（4）工程计价汇总表

1）建设项目招标控制价/投标报价汇总表（表-02）

2）单项工程招标控制价/投标报价汇总表（表-03）

3）单位工程招标控制价/投标报价汇总表（表-04）

（5）分部分项工程和措施项目计价表

1）分部分项工程和单价措施项目清单与计价表（表-08）

a. 综合单价分析表（表-09）

2）总价措施项目清单与计价表（表-11）

（6）其他项目清单与计价汇总表（表-12）

1）暂列金额明细表（表-12-1）

2）材料（工程设备）暂估单价及调整表（表-12-2）

3）专业工程暂估价及结算价表（表-12-3）

4）计日工表（表-12-4）

5）总承包服务费计价表（表-12-5）

（7）规费、税金项目计价表及综合单价分析表（表-13）

（8）主要材料和工程设备一览表

1）发包人提供材料和工程设备一览表（表-20）

2）承包人提供材料和工程设备一览表（表-21，适用于造价信息差额调整法）

3）承包人提供材料和工程设备一览表（表-22，适用于价格指数差额调整法）

3. 投标报价表格

（1）投标报价封面（封-3）

（2）投标报价扉页（扉-3）

（3）工程计价总说明（表-01）

（4）工程计价汇总表

1）建设项目招标控制价/投标报价汇总表（表-02）

2）单项工程招标控制价/投标报价汇总表（表-03）

3）单位工程招标控制价/投标报价汇总表（表-04）

（5）分部分项工程和措施项目计价表

1）分部分项工程和单价措施项目清单与计价表（表-08）

a. 综合单价分析表（表-09）

2）总价措施项目清单与计价表（表-11）

（6）其他项目清单与计价汇总表（表-12）

1）暂列金额明细表（表-12-1）

2）材料（工程设备）暂估单价及调整表（表-12-2）

3）专业工程暂估价及结算价表（表-12-3）

4）计日工表（表-12-4）

5）总承包服务费计价表（表-12-5）

（7）规费、税金项目计价表（表-13）

（8）总价措施项目和总价规费项目进度款支付分解表（表-16）

（9）主要材料和工程设备一览表

1）发包人提供材料和工程设备一览表（表-20）

2）承包人提供材料和工程设备一览表（表-21，适用于造价信息差额调整法）

3）承包人提供材料和工程设备一览表（表-22，适用于价格指数差额调整法）

4. 竣工结算表格

（1）竣工结算书封面（封-4）

（2）竣工结算总价扉页（扉-4）

（3）工程计价总说明（表-01）

（4）工程计价汇总表

1）建设项目竣工结算汇总表（表-05）

2）单项工程竣工结算汇总表（表-06）

3）单位工程竣工结算汇总表（表-07）

（5）分部分项工程和措施项目计价表

1）分部分项工程和单价措施项目清单与计价表（表-08）

a. 综合单价分析表（表-09）

b. 综合单价调整表（表-10）

2）总价措施项目清单与计价表（表-11）

（6）其他项目清单与计价汇总表（表-12）

1）暂列金额明细表（表-12-1）

2）材料（工程设备）暂估单价及调整表（表-12-2）

3）专业工程暂估价及结算价表（表-12-3）

4）计日工表（表-12-4）

5）总承包服务费计价表（表-12-5）

6）索赔与现场签证计价汇总表（表-12-6）

a. 费用索赔申请（核准）表（表-12-7）

b. 现场签证表（表-12-8）

（7）规费、税金项目计价表（表-13）

（8）工程计量申请（核准）表（表-14）

（9）合同价款支付申请（核准）表

1）预付款支付申请（核准）表（表-15）

2）总价措施项目和总价规费项目进度款支付分解表（表-16）

3）进度款支付申请（核准）表（表-17）

4）竣工结算款支付申请（核准）表（表-18）

5）最终结清支付申请（核准）表（表-19）

（10）主要材料和工程设备一览表

1）发包人提供材料和工程设备一览表（表-20）

2）承包人提供材料和工程设备一览表（表-21，适用于造价信息差额调整法）

3）承包人提供材料和工程设备一览表（表-22，适用于价格指数差额调整法）

5. 工程造价鉴定意见书表格

（1）工程造价鉴定意见书封面（封-5）

（2）工程造价鉴定意见书扉页（扉-5）

（3）工程计价总说明（表-01）

（4）工程计价汇总表

1）建设项目竣工结算汇总表（表-05）

2）单项工程竣工结算汇总表（表-06）

3）单位工程竣工结算汇总表（表-07）

（5）分部分项工程和措施项目计价表

1）分部分项工程和单价措施项目清单与计价表（表-08）

a. 综合单价分析表（表-09）

b. 综合单价调整表（表-10）

2）总价措施项目清单与计价表（表-11）

（6）其他项目清单与计价汇总表（表-12）

1）暂列金额明细表（表-12-1）

2）材料（工程设备）暂估单价及调整表（表-12-2）

3）专业工程暂估价及结算价表（表-12-3）

4）计日工表（表-12-4）

5）总承包服务费计价表（表-12-5）

6）索赔与现场签证计价汇总表（表-12-6）

a. 费用索赔申请（核准）表（表-12-7）

b. 现场签证表（表-12-8）

（7）规费、税金项目计价表（表-13）

（8）工程计量申请（核准）表（表-14）

（9）合同价款支付申请（核准）表

1）预付款支付申请（核准）表（表-15）

2）总价措施项目和总价规费项目进度款支付分解表（表-16）

3）进度款支付申请（核准）表（表-17）

4）竣工结算款支付申请（核准）表（表-18）

5）最终结清支付申请（核准）表（表-19）

（10）主要材料和工程设备一览表

1）发包人提供材料和工程设备一览表（表-20）

2）承包人提供材料和工程设备一览表（表-21，适用于造价信息差额调整法）

3）承包人提供材料和工程设备一览表（表-22，适用于价格指数差额调整法）

附录 A　物价变化合同价款调整方法（详见清单计价规范）

（二）房屋建筑与装饰工程工程量计算规范的内容

《房屋建筑与装饰工程工程量计算规范》GB 50854—2013，包括总则、术语、工程计量、工程量清单编制以及附录。

附录的内容和附录表的格式：

1. 附录的内容

附录 A　土石方工程；

附录 B　地基处理与边坡支护工程；

附录 C　桩基工程；

附录 D　砌筑工程；

附录 E　混凝土及钢筋混凝土工程；

附录 F　金属结构工程；

附录 G　木结构工程；

附录 H　门窗工程；

附录 J　屋面及防水工程；

附录 K　保温、隔热、防腐工程；

附录 L　楼地面装饰工程；

附录 M　墙、柱面装饰与隔断、幕墙工程；

附录 N　顶棚工程；

附录 P　油漆、涂料、裱糊工程；

附录 Q　其他装饰工程；

附录 R　拆除工程；

附录S　措施项目。

2. 附录表的格式

附录表的格式如表3-1所示。

土方工程（编号010101） **表3-1**

项目编号	项目名称	项目特征	计量单位	工程量计算规则	工作内容

第二节　预算定额

一、概述

（一）定额的概念

定额是指在一定社会生产力水平下，生产某一建筑产品所需消耗的人力、物力和财力的数量标准。

（二）定额的分类

1. 按生产要素分类

（1）劳动定额

（2）材料消耗定额

（3）机械台班定额

2. 按用途分类

（1）施工定额

（2）预算定额

（3）概算定额

（4）概算指标

（5）估算指标

3. 按管理和执行范围分类

（1）全国统一定额：由国家建设行政主管部门编制，在全国范围内执行的定额，如《全国统一安装工程预算定额》。

（2）地区统一定额：按照国家定额分工管理的规定，由各省建设行政主管部门编制的在其管辖区域内执行的定额，如《建筑工程预算定额》。

（3）行业定额：按照国家定额分工管理的规定，由各行业部门编制的在本行业和相同

专业执行的定额，如《公路工程预算定额》。

(4) 企业定额：施工企业根据本企业的施工技术、机械装备和管理水平而编制的人工、材料和施工机械台班等的消耗标准。

(5) 补充定额：当现行定额项目不能满足生产需要时，根据现场情况一次性补充定额，并报当地造价管理部门批准或备案。

4. 按专业分类

(1) 建筑工程定额；

(2) 安装工程定额。

(三) 预算定额的概念

预算定额是指在一定社会生产力水平下，为完成质量合格的工程项目，所必须消耗的人工工日、材料数量和机械台班等数量标准。

预算定额是建筑工程预算定额和安装工程预算定额的总称。随着我国推行工程量清单计价，出现了工程量清单计价定额、工程消耗量定额等，但其本质仍归于预算定额一类。

(四) 预算定额的作用

(1) 预算定额是编制施工图预算、确定工程造价的依据；

(2) 预算定额是编制招标控制价的依据和施工企业投标报价的基础；

(3) 预算定额是支付工程款和工程结算的依据；

(4) 预算定额是编制施工组织设计的基础；

(5) 预算定额是编制概算定额的基础。

(五) 预算定额的编制原则

1. 社会平均水平原则

预算定额应当遵循价值规律的要求，按生产该产品的社会平均必要劳动时间来确定其价值。这就是说，在正常施工条件、平均的劳动强度、平均的技术熟练程度、平均的技术装备条件下，完成单位合格产品所需的劳动消耗量就是预算定额的消耗量水平，也就是通常所说的社会平均水平。

2. 简明适用原则

简明适用：一是指在编制预算定额时，对于那些主要的、常用的、价值量大的项目，分项工程划分宜细；次要的、不常用的价值量小的项目则可以粗一些。二是指预算定额要项目齐全，项目不全，就会使计价工作缺少依据；尽量减少定额附注和换算系数。三是要合理确定预算定额的计量单位，简化工程量的计算。

(六) 预算定额的编制依据

(1) 现行的全国统一劳动定额；

(2) 现行的施工定额；

(3) 现行的设计规范、技术规范、施工验收规范、质量评定标准、安全操作规程和施工工法；

(4) 具有代表性的典型工程施工图及有关标准图；

(5) 推广的新技术、新结构、新材料、新工艺；

(6) 施工现场测定资料、实验资料、统计资料；

(7) 现行的预算定额及基础资料。

二、预算定额各消耗量的确定

确定预算定额消耗量之前，首先必须确定预算定额分项工程的计量单位。预算定额计量单位的选择，与预算定额的准确性、简明适用性及预算工作的繁简有着密切的关系。

确定预算定额计量单位，首先应考虑该单位能否反映单位产品的工、料消耗量，保证预算定额的准确性；其次，要有利于减少定额项目，保证定额的综合性；然后，要有利于预算定额的编制工作，既要保证预算定额编制的准确性，又要保证预算定额的及时性；最后，要有利于简化工程量计算。

由于各分项工程的形体不同，预算定额的计量单位应根据上述原则和要求，按照分项工程的形体特征和变化规律来确定。凡物体的长、宽、高三个度量都在变化时，应采用“m”为计量单位。当物体有一相对固定的厚度，而它的长和宽两个度量所决定的面积不固定时，宜采用“m^2”为计量单位。当物体截面形状大小固定，但长度不固定时，应以“m”为计量单位。有的分部分项工程体积、面积相同，但重量和价格差异很大（如金属结构的制作、运输、安装等），应当以重量单位“kg”或“t”计算。有的分项工程还可以按“个”“组”“座”“套”等自然计量单位计算。

预算定额单位确定以后，在预算定额项目表中，常采用所取单位的10倍、100倍等倍数的计量单位来编制预算定额。

预算定额中人、材、机消耗量根据劳动定额、材料消耗量定额和机械台班定额来确定。

（一）预算定额中人工消耗量指标的确定

预算定额中的人工消耗量指标根据劳动定额确定。

预算定额中的人工消耗指标是指完成该分项工程必须消耗的各种用工，包括基本用工、材料超运距用工、辅助用工和人工幅度差。

1. 基本用工

基本用工指完成该分项工程的主要用工。

2. 材料超运距用工

预算定额中的材料、半成品的平均运距要比劳动定额的平均运距远，因此超过劳动定额运距的材料要计算超运距用工。

3. 辅助用工

辅助用工指施工现场发生的加工材料等的用工，如筛砂子、淋石灰膏的用工。

4. 人工幅度差

人工幅度差主要指正常施工条件下，劳动定额中没有包含的用工因素，如各工种交叉作业配合工作的停歇时间，工程质量检查和工程隐蔽、验收等所占的时间。

（二）预算定额中材料消耗指标的确定

预算定额的材料用量需要综合计算。

（三）预算定额中机械台班消耗指标的确定

预算定额中的机械台班消耗指标的计量单位是台班。按现行规定，每个工作台班按机械工作 8h 计算。

预算定额中的机械台班消耗指标应按全国统一劳动定额中各种机械施工项目所规定的台班产量进行计算。

预算定额中以使用机械为主的项目（如机械挖土、空心板吊装等），其工人组织和台班产量应按劳动定额中的机械施工项目综合而成。此外，还要相应增加机械幅度差。

预算定额项目中的施工机械是配合工人班组工作的，其施工机械要按工人小组配置使用。比如砌墙按工人小组配置塔吊、卷扬机、砂浆搅拌机等。配合工人小组的施工机械不增加机械幅度差。

计算公式为：

$$\text{分项定额机械台班使用量}=\frac{\text{分项定额计量单位值}}{\text{小组总人数}\times\sum(\text{分项计数的取定比重}\times\text{劳动定额综合产量})} \tag{3-1}$$

或：

$$\text{分项定额机械台班使用量}=\frac{\text{分项定额计量单位值}}{\text{小组总产量}} \tag{3-2}$$

三、消耗量定额

消耗量定额以劳动定额、材料消耗量定额、机械台班消耗量定额的形式来表现，它是工程计价最基础的定额，是地方和行业部门编制预算定额的基础，也是个别企业依据其自身的消耗水平编制企业定额的基础。

（一）劳动定额

1. 劳动定额的分类

劳动定额分为时间定额和产量定额。

（1）时间定额

时间定额是指某一等级的工人或工人小组在合理的劳动组织等施工条件下，完成单位合格产品所必须消耗的工作时间。

（2）产量定额

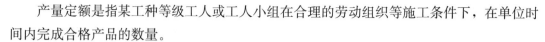

产量定额是指某工种等级工人或工人小组在合理的劳动组织等施工条件下，在单位时间内完成合格产品的数量。

2. 时间定额与产量定额的关系

时间定额与产量定额是互为倒数的关系，即：

$$时间定额=\frac{1}{产量定额} \tag{3-3}$$

3. 工作时间

完成任何施工过程都必须消耗一定的工作时间。要研究施工过程中的工时消耗量，就必须对工作时间进行分析。

工作时间的研究，是将劳动者整个生产过程中所消耗的工作时间，根据其性质、范围和具体情况进行科学划分、归类，明确规定哪些属于定额时间，哪些属于非定额时间，找出非定额时间损失的原因，以便拟定技术组织措施，消除产生非定额时间的因素，以充分利用工作时间，提高劳动生产率。

对工作时间消耗的研究，可以分为两个系统进行，即工人工作时间的消耗和工人所使用的机械工作时间的消耗。

（1）工人工作时间

工人工作时间可以分为必须消耗的时间和损失时间两大类。

1）必须消耗的时间

必须消耗的时间是指工人在正常施工条件下，为完成一定数量的产品或任务所必须消耗的工作时间。包括：

① 有效工作时间：从生产效果来看，与产品生产直接有关的时间消耗，包括基本工作时间、辅助工作时间、准备与结束工作时间的消耗。

a. 基本工作时间：工人完成与产品生产直接有关的工作时间，如砌砖施工过程中的挂线、铺灰浆、砌砖等工作时间。基本工作时间一般与工作量的大小成正比。

b. 辅助工作时间：为了保证基本工作顺利完成而同技术操作无直接关系的辅助性工作时间，如修磨校验工具、移动工作梯、工人转移工作地点等所需时间。

c. 准备与结束工作时间：工人在执行任务前的准备工作（包括工作地点、劳动工具、劳动对象的准备）和完成任务后的整理工作时间。

② 休息时间：工人为恢复体力所必需的休息时间。

③ 不可避免的中断时间：由于施工工艺特点所引起的工作中断时间，如汽车司机等候装货的时间，安装工人等候构件起吊的时间等。

2）损失时间

损失时间是与产品生产无关，而与施工组织和技术上的缺点有关，与工人在施工过程中的个人过失或某些偶然因素有关的时间消耗。包括：

① 多余和偶然工作时间：在正常施工条件下不应发生的时间消耗，如拆除超过图示

高度的多余墙体的时间。

② 停工时间：分为施工本身造成的停工时间和非施工本身造成的停工时间，如材料供应不及时，由于气候变化和水、电源中断而引起的停工时间。

③ 违反劳动纪律的损失时间：在工作班内工人迟到、早退、闲谈、办私事等原因造成的工时损失。

（2）机械工作时间

机械工作时间的分类与工人工作时间的分类相比有一些不同点，如在必须消耗的时间中所包含的有效工作时间的内容不同。通过分析可以看到，两种时间的不同点是由机械本身的特点所决定的。

1）必须消耗的时间

① 有效工作时间：包括正常负荷下的工作时间、有根据的降低负荷下的工作时间。

② 不可避免的无负荷工作时间：由施工过程的特点所造成的无负荷工作时间，如推土机到达工作段终端后的倒车时间，起重机吊完构件后返回构件堆放地点的时间等。

③ 不可避免的中断时间：与工艺过程的特点、机械使用中的保养、工人休息等有关的中断时间，如汽车装卸货物的停车时间，给机械加油的时间，工人休息时的停机时间。

2）损失时间

① 机械多余的工作时间：机械完成任务时无须包括的工作占用时间，如灰浆搅拌机搅拌时多运转的时间，工人没有及时供料而使机械空运转的延续时间。

② 机械停工时间：由于施工组织不好及气候条件影响所引起的停工时间，如未及时给机械加水、加油而引起的停工时间。

③ 违反劳动纪律的停工时间：由于工人迟到、早退等原因引起的机械停工时间。

④ 低负荷下工作时间：由于工人或技术人员的过错所造成的施工机械在降低负荷的情况下工作的时间。

4. 劳动定额的编制方法

（1）经验估计法

经验估计法是根据定额员、技术员、生产管理人员和老工人的实际工作经验，对生产某一产品或完成某项工作所需的人工、施工机具、材料数量进行分析、讨论和估算，并最终确定定额耗用量的一种方法。

经验估计法的主要特点是方法简单、工作量小，便于及时制定和修订定额。但制定的定额准确性较差，难以保证定额编制质量。经验估计法一般适用于多品种生产或单件、小批量生产的企业以及新产品试制和临时性生产。

（2）统计分析法

统计分析法就是根据过去生产同类型产品、零件的实作工时或统计资料，经过整理和分析，考虑今后企业生产技术组织条件的可能变化来制定定额的方法。

统计分析法具体又可细分为简单平均法和加权平均法两种。统计分析法的主要特点是方法简便易行，工作量也比较小，由于有一定的资料作依据，制定定额的质量较之估工定额要准确些。但如果原始记录和统计资料不准确，将会直接影响定额的质量。统计分析法适用于大量生产或成批生产的企业。一般生产条件比较正常、产品较固定、原始记录和统计工作比较健全的企业均可采用统计分析法。

（3）技术测定法

技术测定法是通过对施工过程中的具体活动进行实地观察，详细记录工人和机械的工作时间消耗、完成产品数量及有关影响因素，并对记录结果予以研究、分析，去伪存真，整理出可靠的原始数据资料，为制定定额提供科学依据的一种方法。

技术测定法是一种较为先进和科学的方法。它的主要优点是重视现场调查研究和技术分析，有一定的科学技术依据，制定定额的准确性较好，定额水平易达到平衡，可发现和揭露生产中的实际问题；缺点是费时费力，工作量较大，没有一定的文化和专业技术水平难以胜任此项工作。

（4）比较类推法

比较类推法也叫典型定额法。比较类推法是在相同类型的项目中，选择有代表性的典型项目，然后根据测定的定额用比较类推法编制其他相关定额的一种方法。

比较类推法应具备的条件是：结构上的相似性、工艺上的同类性、条件上的可比性、变化的规律性。比较类推法制定定额因有一定的依据和标准，其准确性和平衡性较好。缺点是制定典型零件或典型工序的定额标准时，工作量较大。同时，如果典型代表件选择不准，就会影响工时定额的可靠性。

（二）材料消耗定额

1. 材料消耗定额的概念

材料消耗定额：在正常的施工条件和合理使用材料的情况下，生产质量合格的单位产品所必须消耗的建筑安装材料的数量标准。

材料消耗定额包括：

（1）直接用于建筑安装工程的材料；

（2）不可避免产生的施工废料；

（3）不可避免的施工操作损耗。

净用量定额：直接构成建筑安装工程实体的材料称为材料消耗净用量定额。

损耗量定额：不可避免的施工废料和施工操作损耗量定额。

材料消耗定额与材料消耗净用量定额之间具有下列关系：

$$
\begin{aligned}
\text{材料消耗定额(材料总消耗量)} &= \text{材料消耗净用量} + \text{材料损耗量} \\
&= \text{材料消耗净用量} + \text{材料消耗定额} \times \text{材料损耗率} \\
&= \frac{\text{材料消耗净用量}}{(1-\text{损耗率})}
\end{aligned}
\tag{3-4}
$$

为了简化计算，通常使用下列公式：

$$材料损耗量=材料净用量\times损耗率 \tag{3-5}$$

$$材料消耗定额=材料消耗净用量\times(1+损耗率) \tag{3-6}$$

2. 编制材料消耗定额的基本方法

（1）现场技术测定法

用该方法主要是为了取得编制材料消耗定额的资料。材料消耗中的净用量比较容易确定，但材料消耗中的损耗量不能随意确定，需通过现场技术测定来区分哪些属于难以避免的损耗，哪些属于可以避免的损耗，从而确定出较准确的材料损耗量。

（2）试验法

试验法是在实验室内采用专用的仪器设备，通过试验的方法来确定材料消耗定额的一种方法，用这种方法提供的数据，虽然精确度高，但容易脱离现场实际情况。

（3）统计法

统计法是通过对现场用料的大量统计资料进行分析计算的一种方法。用该方法可获得材料消耗的各项数据，用以编制材料消耗定额。

（4）理论计算法

理论计算法是运用一定的计算公式计算材料消耗量，确定消耗定额的一种方法。这种方法较适于计算块状、板状、卷状等材料的消耗量。

1）砖砌体材料用量计算：

标准砖砌体中的标准砖、砂浆用量计算公式：

$$每立方米砌体标准砖净用量(块)=\frac{2\times墙厚的砖数}{墙厚\times(砖长+灰缝)\times(砖厚+灰缝)} \tag{3-7}$$

注：墙厚的砖数指1砖墙、0.5砖墙、1.5砖墙等。

$$每立方米砌体砂浆净用量(m^3)=1m^3-1块砖的体积\times砖的净用量 \tag{3-8}$$

2）各种块料面层的材料用量计算：

$$每100m^2块料面层中块料净用量(块)=\frac{100}{(块料长+灰缝)\times(块料宽+灰缝)} \tag{3-9}$$

$$每100m^2块料面层中灰缝砂浆净用量(m^3)=(100-块料净用量\times块料长\times块料宽)\times块料厚 \tag{3-10}$$

$$每100m^2块料面层中结合层砂浆净用量(m^3)=100\times结合层厚 \tag{3-11}$$

$$各种材料总耗量=净用量\times(1+损耗率) \tag{3-12}$$

3）周转性材料消耗量计算。建筑安装工程施工中除了耗用直接构成工程实体的各种材料、成品、半成品外，还需要耗用一些工具性的材料，如挡土板、脚手架及模板等。这类材料在施工中不是一次消耗完，而是随着使用次数的增加逐渐消耗的，故称为周转性材料。

周转性材料在定额中按照多次使用、多次摊销的方法计算。定额表中规定的数量是使用一次摊销的实物量。

① 考虑模板周转使用补充和回收量的计算：

$$摊销量=周转使用量-回收量 \tag{3-13}$$

$$周转使用量=\frac{一次使用量+一次使用量\times(周转次数-1)\times损耗率}{周转次数} \tag{3-14}$$

② 不考虑周转使用补充和回收量的计算公式：

$$摊销量=\frac{一次使用量}{周转次数} \tag{3-15}$$

（三）施工机械台班定额

施工机械台班定额是施工机械生产率的反映，编制高质量的施工机械台班定额是合理组织机械化施工，有效地利用施工机械，进一步提高机械生产率的必备条件。编制施工机械台班定额，主要包括以下的内容：

1. 拟定正常的施工条件

机械操作与人工操作相比，劳动生产率在更大的程度上受施工条件的影响，所以更要重视拟定正常的施工条件。

2. 确定施工机械纯工作 1h 的正常生产率

确定施工机械的正常生产率必须先确定施工机械纯工作 1h 的劳动生产率。因为只有先取得施工机械纯工作 1h 的正常生产率，才能根据施工机械利用系数计算出施工机械台班定额。

施工机械纯工作时间，就是指施工机械必须消耗的净工作时间，它包括正常负荷下的工作时间、有根据的降低负荷下的工作时间、不可避免的无负荷时间和不可避免的中断时间。施工机械纯工作 1 小时的正常生产率，就是在正常施工条件下，由具备一定技能的技术工人操作施工机械净工作 1h 的劳动生产率。

确定机械纯工作 1h 的正常劳动生产率可以分为三步进行：

第一步：计算施工机械一次循环的正常延续时间；

第二步：计算施工机械纯工作 1h 的循环次数；

第三步：计算施工机械纯工作 1h 的正常生产率。

3. 确定施工机械的正常利用系数

机械的正常利用系数，是指机械在工作班内工作时间的利用率。机械正常利用系数与工作班内的工作状况有着密切的关系。

确定机械正常利用系数。首先，要计算工作班在正常状况下，准备与结束工作、机械开动、机械维护等工作所必需消耗的时间以及机械有效工作的开始与结束时间；然后，再计算机械工作班的纯工作时间；最后确定机械正常利用系数。

$$机械正常利用系数=\frac{工作班内机械纯工作时间}{机械工作班延续时间} \tag{3-16}$$

4. 计算机械台班定额

计算机械台班定额是编制机械台班定额的最后一步。在确定了机械工作正常条件、机

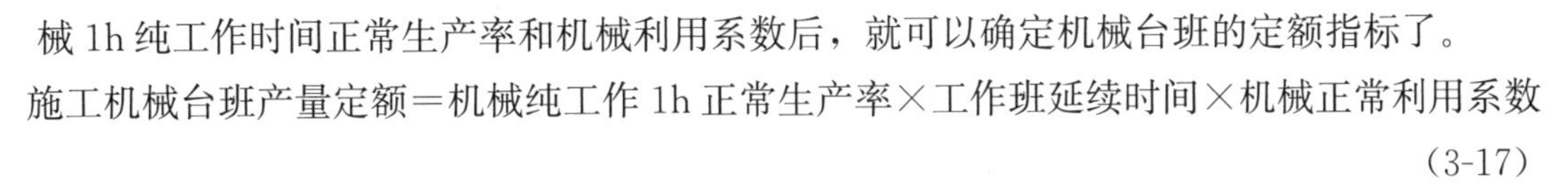

械 1h 纯工作时间正常生产率和机械利用系数后，就可以确定机械台班的定额指标了。

施工机械台班产量定额＝机械纯工作 1h 正常生产率×工作班延续时间×机械正常利用系数 (3-17)

目前，国家现行的《房屋建筑与装饰工程消耗量定额》TY01-31-2015 的内容包括：土石方工程、地基处理与边坡支护工程、桩基工程、砌筑工程、混凝土及钢筋混凝土工程、金属结构工程、木结构工程、门窗工程、屋面及防水工程、保温、隔热、防腐工程、楼地面装饰工程、柱面装饰与隔断、幕墙工程、顶棚工程、油漆、涂料、裱糊工程、其他装饰工程、拆除工程和措施项目共十七章；每章包括说明、工程量计算规则和定额项目表三个部分。

四、预算定额基价

预算定额基价，是指完成定额项目规定的单位建筑安装产品，在定额编制基期所需的人工费、材料费、施工机械使用费或其总和。

预算定额基价是由人工费、材料费、机械费构成的，计算公式为：

定额项目基价＝人工费＋材料费＋机械费 (3-18)

人工费＝定额项目工日数×人工单价 (3-19)

材料费＝∑(定额项目材料用量×材料单价) (3-20)

机械费＝∑(定额项目台班用量×台班单价) (3-21)

五、单位估价表

单位估价表是根据预算定额、建筑安装工人日工资单价、建筑安装工程材料预算价格、建筑机械台班费用以及其他有关规定编制的，是以货币金额表示的分项工程单位价格。

第三节 人工、材料、机械台班单价

一、人工单价

人工单价是指施工企业平均技术熟练程度的生产工人在每个工作日（国家法定工作时间内）按规定从事施工作业应得的工资总额。合理确定人工工日单价是正确计算人工费和工程造价的前提和基础。

（一）人工单价组成内容

人工单价由计时工资或计件工资、奖金、津贴补贴以及特殊情况下支付的工资组成。

1. 计时工资或计件工资

按计时工资标准和工作时间或对已做工作按计件单价支付给个人的劳动报酬。

2. 奖金

针对超额劳动和增收节支支付给个人的劳动报酬，如节约奖、劳动竞赛奖等。

3. 津贴补贴

为了补偿职工特殊或额外的劳动消耗和因其他原因支付给个人的津贴，以及为了保证职工工资水平不受物价影响支付给个人的物价补贴。

4. 特殊情况下支付的工资

根据国家法律、法规和政策规定，因病、工伤、产假、计划生育假、婚假、丧假、事假、探亲假、定期休假、停工学习、执行国家或社会义务等原因按计时工资标准或计件工资标准的一定比例支付的工资。

（二）人工日工资单价确定方法

1. 年平均每月法定工作日

$$\text{年平均每月法定工作日}=\frac{\text{全年日历日}-\text{法定假日}}{12} \tag{3-22}$$

式中，法定假日指双休日和法定节日。

2. 日工资单价的计算

确定了年平均每月法定工作日后，将上述工资总额进行分摊，即形成了人工日工资单价。计算公式如下：

$$\text{日工资单价}=\frac{\text{生产工人平均月工资(计时、计件)}+\text{平均月(奖金}+\text{津贴补贴}+\text{特殊情况下支付的工资)}}{\text{年平均每月法定工作日}} \tag{3-23}$$

注：式（3-23）主要适用于施工企业投标报价时自主确定人工费，也是工程造价管理机构编制计价定额时确定定额人工单价或发布人工成本信息的参考依据。

$$\text{人工费}=\sum(\text{工程工日消耗量}\times\text{日工资单价}) \tag{3-24}$$

日工资单价是指施工企业平均技术熟练程度的生产工人在每个工作日（国家法定工作时间内）按规定从事施工作业应得的日工资总额。

工程造价管理机构确定日工资单价应通过市场调查，根据工程项目的技术要求，参考实物工程量人工单价综合分析确定，最低日工资单价不得低于工程所在地人力资源和社会保障部门所发布的最低工资标准的：普工 1.3 倍、一般技工 2 倍、高级技工 3 倍。

工程预算定额不可只列一个综合工日单价，应根据工程项目技术要求和工种差别适当划分多种日人工单价，确保各分部工程人工费的合理构成。

注：式（3-24）适用于工程造价管理机构编制预算定额时确定定额人工费，是施工企业投标报价的参考依据。

二、材料单价

（一）材料单价的概念

材料单价是建筑材料从其来源地运到施工工地仓库，直至出库形成的综合平均单价。

（二）材料单价的组成

材料预算单价由材料原价（含包装费）、运输费、运输损耗费、采购保管费组成。

（三）材料单价中各项费用的确定

1. 材料原价（或供应价格）

材料原价是指材料、工程设备的出厂价格或商家供应价格。

在确定材料原价时，如同一种材料因来源地、供应单位或生产厂家不同有几种价格时，要根据不同来源地的供应数量比例，采用加权平均的方法计算其材料的原价。

2. 运杂费

运杂费是指材料、工程设备自来源地运至工地仓库或指定堆放地点所发生的全部费用。

3. 运输损耗费

材料运输损耗是指材料在运输和装卸过程中不可避免的损耗。一般通过损耗率来规定损耗标准。

运输损耗费计算公式：

运输损耗费＝(材料原价＋材料运杂费)×运输损耗率　　(3-25)

4. 采购及保管费

材料采购及保管费是指在为组织采购、供应和保管材料、工程设备的过程中所需要的各项费用，包括采购费、仓储费、工地保管费和仓储损耗。

采购及保管费计算公式：

采购及保管费＝(材料原价＋运杂费＋运输损耗费)×采购及保管费费率　　(3-26)

（四）材料预算单价的确定

材料预算单价的计算公式如下：

材料预算单价＝[(材料原价＋运杂费)×(1＋运输损耗费(%)]×[1＋采购保管费率(%)]　　(3-27)

工程设备单价＝(设备原价＋运杂费)×[1＋采购保管费率(%)]　　(3-28)

注：工程设备是指构成或计划构成永久工程一部分的机电设备、金属结构设备、仪器装置及其他类似的设备和装置。

三、施工机械台班单价

（一）施工机械台班单价的概念

施工机械台班单价亦称施工机械台班使用费，它是指单位工作台班中为使机械正常运转所分摊和支出的各项费用。

（二）施工机械台班单价的组成

施工机械台班单价按有关规定由七项费用组成，这些费用按其性质分为第一类费用和第二类费用。

1. 第一类费用

第一类费用亦称不变费用，是指属于分摊性质的费用，包括折旧费、大修理费、经常修理费和机械安拆费及场外运费。

2. 第二类费用

第二类费用亦称可变费用，是指属于支出性质的费用，包括人工费、燃料动力费和台班车船税费（车船使用税、保险费及年检费）。

（三）机械台班费用的计算

1. 折旧费

折旧费是指施工机械在规定的使用期限（即耐用总台班）内，陆续收回其原值及购置资金的费用。

$$台班折旧费=\frac{机械价格\times(1-残值率)\times时间价值系数}{耐用总台班} \tag{3-29}$$

2. 大修理费

大修理费是指施工机械在规定的大修理间隔台班进行必要的大修理，以恢复其正常功能所需的费用。

$$台班大修理费=\frac{一次大修理费\times寿命期内大修理次数}{耐用总台班} \tag{3-30}$$

3. 经常修理费

经常修理费是指施工机械除大修理以外的各级保养及临时故障排除所需的费用，包括为保障机械正常运转所需替换设备与随机配备工具附具的摊销及维护费用，机械运转及日常保养所需润滑与擦拭的材料费用及机械停置期间的维护保养费用等。

$$\begin{aligned}台班经常修理费=&[\sum(各级保养一次费用\times寿命期内大修理次数)+临时故障\\&排除费+替换设备与工具附具台班摊销费+例保辅料费]\div耐用总台班\end{aligned} \tag{3-31}$$

4. 安拆费及场外运费

安拆费是指施工机械在现场进行安装与拆卸所需的人工、材料、机械和试运转费用以及机械辅助设施的折旧、搭设、拆除等费用。

场外运费是指施工机械整体或分体自停放地点运至施工现场或由一施工地点运至另一施工地点的运输、装卸、辅助材料以及架线费用。

$$台班安拆费及场外运费=\frac{一次安拆费及场外运费\times年平均安拆次数}{年工作台班} \tag{3-32}$$

（1）人工费

人工费是指机上司机（司炉）和其他操作人员的人工费。

$$台班人工费=人工消耗量\times[1+(年度工作日-年工作台班)\div年工作台班]\times人工单价 \tag{3-33}$$

（2）燃料动力费

燃料动力费是指施工机械在运转作业中所消耗的各种燃料及水、电等。

台班燃料动力费＝台班燃料动力消耗量×相应单价　（3-34）

（3）台班车船税费

台班车船税费是指按照国家规定应缴纳的车船使用税、保险费及年检费。

（4）施工机械台班单价

机械台班单价＝台班折旧费＋台班大修费＋台班经常修理费＋台班安拆费及场外运费＋台班人工费＋台班燃料动力费＋台班车船税费　（3-35）

注：工程造价管理机构在确定计价定额中的施工机械使用费时，应根据《建筑施工机械台班费用计算规则》，结合市场调查，编制施工机械台班单价。施工企业可以参考工程造价管理机构发布的台班单价，自主确定施工机械使用费的报价，如租赁施工机械，公式为：施工机械使用费＝∑（施工机械台班消耗量×机械台班租赁单价）。

第四节　建筑安装工程费用定额

一、建筑安装工程费用定额的编制原则

（一）合理确定定额水平的原则

建筑安装工程费用定额的水平应按照社会必要劳动量确定。建筑安装工程费用定额的编制工作是一项政策性很强的技术经济工作。合理的定额水平，应该从实际出发。一方面要及时、准确地反映企业技术和施工管理水平，促进企业管理水平不断完善、提高，并且对建筑安装工程费用支出的减少产生积极的影响；另一方面也应考虑由于材料价格、人工费的变化会使建筑安装工程费用定额有关费用支出发生变化的因素。各项费用开支标准应符合国务院、行业部门以及各省、直辖市、自治区人民政府的有关规定。

（二）简明、适用性的原则

确定建筑安装工程费用定额，应在尽可能地反映实际消耗水平的前提下，做到形式简明、方便适用。要结合工程建设的技术经济特点，在认真分析各项费用属性的基础上，理顺费用定额的项目划分。有关部门可以按照统一的费用项目划分，制定相应的费率。费率的划分应与不同类型的工程和不同等级企业承担工程的范围相适应。按工程类型划分费率，实行同一工程，同一费率。运用定额计取各项费用的方法应力求简单易行。

（三）定性与定量分析相结合的原则

建筑安装工程费用定额的编制，要充分考虑可能对工程造价造成影响的各种因素。在确定各种费率（如总价措施项目费、企业管理费费率）时，既要充分考虑现场的施工条件对某个具体工程的影响，要对各种因素进行定性、定量的分析研究后制定出合理的费用标

准，又要贯彻勤俭节约的原则，在满足施工生产和经营管理需要的基础上，尽量压缩非生产人员的人数，以节约企业管理费中的有关费用支出。

二、规费与企业管理费费率的确定

（一）规费费率

1. 以分部分项工程费为计算基础

$$规费费率(\%)=\frac{\sum 规费缴纳标准\times 每万元发承包价计算基数}{每万元发承包价中的人工费含量}\times 人工费占人材机费的比例(\%) \tag{3-36}$$

2. 以人工费和机械费合计为计算基础

$$规费费率(\%)=\frac{\sum 规费缴纳标准\times 每万元发承包价计算基数}{每万元发承包价中的人工费含量和机械费含量}\times 100\% \tag{3-37}$$

3. 以人工费为计算基础

$$规费费率(\%)=\frac{\sum 规费缴纳标准\times 每万元发承包价计算基数}{每万元发承包价中的人工费含量}\times 100\% \tag{3-38}$$

（二）企业管理费费率

1. 以分部分项工程费为计算基础

$$企业管理费费率(\%)=\frac{生产工人年平均管理费}{年有效施工天数\times 人工单价}\times 人工费占分部分项工程费的比例(\%) \tag{3-39}$$

2. 以人工费和机械费合计为计算基础

$$企业管理费费率(\%)=\frac{生产工人年平均管理费}{年有效施工天数\times(人工单价+每一工日机械使用费)}\times 100\% \tag{3-40}$$

3. 以人工费为计算基础

$$企业管理费费率(\%)=\frac{生产工人年平均管理费}{年有效施工天数\times 人工单价}\times 100\% \tag{3-41}$$

注：上述公式适用于施工企业投标报价时自主确定管理费，是工程造价管理机构编制计价定额时确定企业管理费的参考依据。

工程造价管理机构在确定计价定额中的企业管理费时，应以定额人工费或（定额人工费＋定额机械费）作为计算基数，其费率根据历年工程造价积累的资料，辅以调查数据确定，列入分部分项工程和措施项目中。

三、利润

利润的计算公式如下：

1. 以分部分项工程费为计算基础

利润=(分部分项工程费+企业管理费)×相应利润率　　(3-42)

2. 以人工费与机械费之和为计算基础

利润=(人工费+施工机具使用费)×相应利润率　　(3-43)

3. 以人工费为计算基础

利润=人工费×相应利润率　　(3-44)

四、税金

国务院国发〔1984〕125 号通知发布的《中华人民共和国营业税条例（草案）》规定，对建筑、修缮、安装及其他工程作业所得的收入都应征收营业税。根据财政部、国家税务总局《关于全面推开营业税改征增值税试点的通知》（财税〔2016〕36 号），从 2016 年 5 月 1 日起，建筑业征收的营业税改征增值税。

1. 增值税的含义

增值税是对销售货物或者提供加工、修理修配劳务以及进口货物的单位和个人就其实现的增值额征收的一个税种。

2. 建筑安装工程税金

建筑安装工程税金是指国家税法规定的应计入建筑安装工程费用的增值税。

3. 税金的计算公式

税金=税前造价×增值税税率(%)　　(3-45)

4. 增值税的计税方法

建筑业增值税的计税方法及其适用范围、税率根据《营业税改征增值税试点实施办法》《营业税改征增值税试点有关事项的规定》的规定确定。增值税的计税方法，包括一般计税方法和简易计税方法。

（1）一般计税方法

1）一般计税方法的适用范围：一般纳税人发生应税行为适用一般计税方法计税。

2）一般计税方法增值税的税率：《财政部 国家税务总局关于全面推开营业税改征增值税试点的通知》（财税〔2016〕36 号）的规定，建筑业增值税税率为 11%，自 2016 年 5 月 1 日起执行；《财政部　税务总局关于调整增值税税率的通知》（财税〔2018〕32 号）的规定，增值税税率调整为 10%，自 2018 年 5 月 1 日起执行；《关于深化增值税改革有关政策的公告》（财政部 税务总局 海关总署公告 2019 年第 39 号）的规定，增值税税率调整为 9%，自 2019 年 4 月 1 日起执行。

3）简易计税方法增值税的计算公式：

增值税=税前造价×9(%)　　(3-46)

一般计税方法税前造价为人工费、材料费、施工机具使用费、企业管理费、利润和规费之和，各费用项目均以不包含增值税可抵扣进项税额的价格计算。

（2）简易计税方法

1）一般计税方法的适用范围：

① 小规模纳税人发生应税行为适用简易计税方法计税。

小规模纳税人通常是指纳税人提供建筑服务的年应征增值税销售额未超过 500 万元，并且会计核算不健全，不能按规定报送有关税务资料的增值税纳税人。年应税销售额超过 500 万元，但不经常发生应税行为的单位也可选择按照小规模纳税人计税。

② 一般纳税人以清包工方式提供的建筑服务，可以选择使用简易计税方法计税。

以清包工方式提供的建筑服务，是指施工方不采购建筑工程所需的材料或只采购辅助材料，并收取人工费、管理费或者其他费用的建筑服务。

③ 一般纳税人为甲供工程提供的建筑服务，可以选择使用简易计税方法计税。

甲供工程，是指全部或部分设备、材料、动力由工程发包方自行采购的建筑工程。

④ 一般纳税人为建筑工程老项目提供的建筑服务，可以选择使用简易计税方法计税。

建筑工程老项目，是指：

a.《建筑工程施工许可证》注明的合同开工日期在 2016 年 4 月 30 日前的建筑工程项目；

b. 未取得《建筑工程施工许可证》，建筑工程承包合同注明的开工日期在 2016 年 4 月 30 日前的建筑工程项目。

2）简易计税方法增值税的税率：建筑业增值税税率为 3%。

3）简易计税方法增值税的计算公式：

$$增值税=税前造价\times 3\% \tag{3-47}$$

简易计税方法税前造价为人工费、材料费、施工机具使用费、企业管理费、利润和规费之和，各费用项目均以包含增值税进项税额的含税价格计算。

第五节　工程造价信息

一、工程造价信息的含义

工程造价信息是指工程造价管理机构发布的建设工程人工、材料、工程设备、施工机械台班的价格信息以及各类工程的造价指数、指标等。

二、工程造价信息的主要内容

从广义上说，所有对工程造价的确定和控制过程起作用的资料都可以称为工程造价信息，如各种定额资料、标准规范、政策文件等。但最能体现工程造价信息变化特征，并且在工程价格的市场机制中起重要作用的工程价格信息主要包括以下几类：

（1）人工单价，包括各类技术工人、普工的月工资、日工资、时工资标准，各工程实物量人工单价等。

（2）材料、设备价格，包括各个品种、规格、型号、质量等级的建筑材料、装修材料、安装材料和设备等的市场价格。

（3）机械台班价格，包括各种施工机械台班价格，或其租赁价格。

（4）综合单价，包括各种分部分项工程量清单和措施项目清单评标后中标的综合单价。

（5）各种脚手架、模板等周转性材料的租赁价格等。

（6）招标投标项目工程中标造价。

（7）工程竣工结算造价。

第四章　建筑工程预算

第一节　确定建筑工程预算造价的基本原理

建筑工程系非标准产品，由于用途不一，类型不一，需按照特定的要求进行设计和施工，其建筑规模、工程内容、结构特点等各不相同，使得建筑产品不能像一般工业产品那样，采取对同类产品规定统一的定价办法，而是根据建筑产品的技术经济特点，通过特殊的计价程序，采取编制工程预算的办法，来计算和确定建筑产品的价格。

第一，建筑工程具有单件生产性质。建筑工程，一般都是由设计单位和施工单位根据建设单位的委托，按特定的要求进行设计和施工，每个工程都有它指定的专门用途。为了适应不同的用途，房屋和构筑物就须有不同的造型、不同的结构，采用不同的材料、不同的建筑标准、不同的体积和面积，在建筑艺术上的要求也有所不同，有不同的实物形态。即便是同一类型工程，采用标准设计，但其基础构造也会因建设地点等条件的不同而产生差异。

第二，建筑工程具有产品固定性的特点。建筑产品固定不能移动，建筑业必须在指定的建设地点进行组织施工，受到建设地点气候、地质、地形、水文等自然条件和材料资源、交通运输等社会条件的影响，从而影响建筑产品的实物形态和构成建筑产品价格的各种价值因素。影响比较显著的是建筑材料的费用，建筑材料因地区不同而有不同的价格，运输条件和运输距离不同而有不同的价格；再则，建筑安装工人的工资标准和某些费用的取费标准也有地区性的差异，这些都直接影响建筑产品的价格。

第三，建筑工程体积庞大，结构复杂，建筑技术飞速发展，建筑结构、建筑风格日新月异，造成建筑产品在实物形态上千差万别。实物形态不同的产品，必然消耗不同的劳动量，有不同的价值，因此不能规定统一的价格。

综上所述，建筑产品在实物形态上的差别和产品价格中各种价值要素的变化，使得各项建筑产品价值不同，也就不能采取统一规定产品价格的办法。但是，建筑产品是由许多分部分项工程组成的有机整体。分部分项工程，是工程施工的基础单位，施工过程较为简单，是构成工程的基本要素，可以用适当的计量单位逐项计算其人工、材料、机械台班消耗数量和它们的货币表现。因此，在一定的意义上，通常把分部分项工程视同建筑产品。这是一种假定产品，并不是现实的、能够独立存在的产品。但就编制工程预算确定工程造价来说，可以首先确定单位假定产品的消耗量定额，其次考虑价格因素，再根据费用定额和工程造价计算程序计算管理费、利润、规费和税金，然后计算出单位假定产品价格（全费用单价），最终计算出分项工程假定产品的合价并汇总得出建筑工程的造价。这种由部分到整体，由分解而综合，异中求同的办法，解决了确定建筑产品价格的困难，奠定了确定建筑产品价格的基本原理。可用下列基本计算式表达：

$$\text{工程造价}=\sum_{i=1}^{n}(\text{工程量}\times\text{单位价格}) \tag{4-1}$$

式中：i——第一个工程计价项目；

n——建筑产品分解得到的工程计价项目数。

第二节　建筑工程预算的组成

建筑工程预算由建设项目总预算、单项工程综合预算和单位工程预算组成。建设项目总预算由单项工程综合预算汇总而成，单项工程综合预算由本单项工程的各单位工程预算汇总而成。

建筑工程预算根据建设项目实际情况可采用三级预算编制或二级预算编制形式。当建设项目有多个单项工程时，采用三级预算编制形式，当建设项目只有一个单项工程时，则采用二级预算编制形式。三级预算编制形式由建设项目总预算、单项工程综合预算和单位工程预算组成。二级预算编制形式由建设项目总预算和单位工程预算组成。

建设项目总预算是反映施工图设计阶段建设项目投资总额的造价文件，由该建设项目的各个单项工程综合预算和费用组成。具体包括：建筑安装工程费、设备及工器具购置费、工程建设其他费用、预备费、建设期利息及铺底流动资金。

单项工程综合预算是反映施工图设计阶段一个单项工程造价的文件，是总预算的组成部分，由该单项工程的各个单位工程预算组成。

单位工程预算是根据单位工程施工图设计文件、现行预算定额以及人工、材料和施工机具台班价格等，按照规定的计价方法编制的工程造价文件，包括单位建筑工程预算和单位设备及安装工程预算。

建筑工程预算造价的形成，可用下列公式表达：

(1) 每一计量单位假定建筑安装产品价格（计价项目）的直接费单价＝人工费＋材料费＋施工机具使用费　　(4-2)

式中：人工费＝Σ(人工工日数量×人工单价)

材料费＝Σ(材料消耗量×材料单价)＋工程设备费

施工机具使用费＝∑(施工机械台班消耗量×机械台班单价)＋
∑(仪器仪表台班消耗量×仪器仪表台班单价)

(2) 单位工程直接费＝∑(假定建筑安装产品工程量×直接费单价) (4-3)

(3)单位工程预算造价＝单位工程直接费＋管理费＋利润＋税金 (4-4)

若采用全费用单价法编制预算，单位工程预算的编制只需将各计价项目的工程量乘以各计价项目的全费用单价汇总而成即可。

(4) 单项工程预算造价＝∑单位工程预算造价
＝单位建筑工程预算造价＋单位设备及安装工程预算造价 (4-5)

(5) 建设项目预算总造价＝∑单项工程预算造价＋预备费＋工程建设其他费＋建设期利息＋流动资金 (4-6)

第三节　单位工程预算的编制

单位工程预算编制的方法有多种，我国现行的编制方法主要有两种：工程量清单计价法和定额计价法。单位工程预算编制的环节有两个：工程计量和工程计价。

工程量的计算，在第五章“建筑工程计量”中详细叙述。下面重点介绍工程计价部分。

一、定额计价法

目前我国工程造价计价推行工程量清单计价模式，但仍然保留了传统的定额计价模式。从工程量清单计价法综合单价的组价看，定额计价法是工程量清单计价法的基础。

(一) 定额计价法的概念

定额计价法是指根据施工图或竣工图、施工合同或招标文件，按照国家或省、行业建设行政主管部门发布的建设工程预算定额、费用定额或企业定额、工程量计算规则等计价依据和办法，按照建设行政主管部门发布的人工工日单价、机械台班单价、材料以及设备价格信息或市场价格，以规定的计价程序计算工程造价的计价方式。

(二) 定额计价工程造价的编制

1. 编制的主要依据

(1) 施工图设计文件或竣工图。

(2) 建设行政主管部门颁发的预算定额或企业定额。

(3) 建设行政主管部门发布的人工工日单价、机械台班单价、材料以及设备价格信息或市场价格。

(4) 招标文件或施工合同。

(5) 施工组织设计或施工方案。

2. 列出分项工程名称并计算工程量

（1）根据施工图图示的工程内容和定额项目的工作内容，列出需计算工程量的分部分项工程名称。

（2）根据定额的工程量计算规则计算分部分项工程的工程量。

3. 套用预算定额编号

（1）直接套用预算定额。

当施工图的设计要求与预算定额的项目内容一致时，可直接套用预算定额。套用时应注意以下几点：

1）根据施工图纸、设计说明和做法说明选择定额项目；

2）要从工程内容、技术特征和施工方法上仔细核对，才能准确地确定相对应的定额项目；

3）分项工程项目名称、计量单位、材料的品种和规格要与预算定额相一致。

任何定额的制定都是按照一般情况综合考虑的，存在许多不完全符合施工图纸要求和缺项的地方。因此，需要对定额进行换算和补充。

（2）预算定额的换算。

当施工图纸的某些设计要求与定额项目特征不同时，是否允许换算，应按照预算定额的规定执行。如有的预算定额项目在制定时已综合考虑的因素不允许换算，有的预算定额项目在制定时未综合考虑的因素允许换算。

1）换算原则

保持定额的水平不变。

① 砂浆、混凝土强度等级，当设计与预算定额不同时，允许按预算定额附录中的强度等级换算，但定额附录砂浆、混凝土配合比中的材料用量不得调整。

② 预算定额中抹灰项目已考虑常用的厚度，各层砂浆的厚度一般不作调整。如果设计有特殊要求，定额中的工、料可以按厚度的比例换算。

③ 必须按预算定额中的规定换算。

2）换算类型

预算定额的换算类型有以下四种：

① 混凝土、砂浆半成品换算。

a. 混凝土强度等级或种类不同、砌筑砂浆强度等级不同、抹灰砂浆配合比或种类不同，混凝土或砂浆的单价换算，人工费、机械费不变。

b. 抹灰砂浆厚度不同，抹灰砂浆的数量换算，人工费、机械费相应换算。

② 材料换算。材料的品种、规格不同，材料的单价换算，人工费、机械费一般不变。

③ 乘系数的换算。按预算定额规定对定额中的人工费、材料费、机械费乘以各种系数的换算。

④ 其他换算。除上述三种情况以外的换算，如混凝土增加 UEA 外加剂的费用，换算

增加 UEA 外加剂的费用，减少 UEA 外加剂等量水泥的费用，人工费、机械费不变。

3）换算的基本思路

根据某一相关定额项目，按预算定额规定换入增加的费用，扣除减少的费用。这一思路用下列表达式表述：

换算后的定额基价＝原定额基价＋换入的费用－换出的费用 (4-7)

（3）补充定额。当施工图纸的设计要求与定额项目特征相差甚远，既不能直接套用定额，也不易定额换算时，可以编制补充定额。

熟练的预算人员，往往在计算工程量划分项目时，就标明分项工程的特征，考虑与定额项目的符合性，是直接套用定额，还是进行定额换算或补充。

【例 4-1】 换算现浇 C25 混凝土有梁板的直接费单价。已知使用福建省 2005 年定额和人工、材料、机械单价，混凝土采用现场搅拌，石子采用碎石。

解：

（1）换算原因：设计要求的混凝土强度等级为 C25，定额采用的混凝土强度等级为 C20，因此产生了混凝土强度等级不同的单价换算。

（2）换算依据：《福建省建筑工程消耗量定额》“总说明”第七条第 6 款：“本定额取定的混凝土、砂浆等半成品与设计不同时，按《福建省建设工程混凝土、砂浆等半成品配合比》调整。”

（3）确定换算的预算定额号码和项目名称。查定额项目表，定额号码：04021，项目名称：C25 混凝土有梁板、现场搅拌混凝土。

（4）确定混凝土单价。根据定额规定，C20、C25 混凝土均采用 42.5 级水泥配制。套用福建省建设工程混凝土、砂浆等半成品配合比定额单价见表 4-1。

C20 与 C25 混凝土单价表 **表 4-1**

定额项目编号	定额项目名称	单价(元/m^3)
122	普通混凝土 C25 碎石 40mm 42.5 级水泥 坍落度 30～50mm	172.47
121	普通混凝土 C20 碎石 40mm 42.5 级水泥 坍落度 30～50mm	158.42

（5）换算 C25 混凝土有梁板单价，见表 4-2。

C25 混凝土有梁板单价换算表 **表 4-2**

定额项目编号	定额项目名称	单位	数量	单价(元/m^3)	合计(元)
04021 换	C25 混凝土有梁板	m^3			216.19
04021	C20 混凝土有梁板	m^3			201.93
配-121	(减)普通混凝土 C20 碎石 40mm 42.5 级水泥 坍落度 30～50mm	m^3	−1.015	158.42	−160.80
配-122	(加)普通混凝土 C25 碎石 40mm 42.5 级水泥 坍落度 30～50mm	m^3	1.015	172.47	175.06

（6）换算后材料用量分析

每立方米C25混凝土有梁板的材料消耗量计算如下：

1）42.5级水泥　　1.015×361.00=366.42（kg）

2）5～40mm碎石　　1.015×0.836=0.849（m^3）

3）中（粗）砂　　1.015×0.436=0.443（m^3）

4）水　　1.015×0.175+1.16=1.334（m^3）

5）草袋　　1.00（m^2）

4. 分项工程单价的确定

分项工程单价是根据计价定额、建筑安装工人日工资单价、建筑安装工程材料预算价格、建筑机械台班费用以及其他有关规定编制的。

分项工程单价根据组成的不同可分为直接费单价、综合单价和全费用单价三种形式。

（1）直接费单价法

如果工程分项单位价格仅仅考虑人工、材料、施工机械资源要素的消耗量和价格形成，则该单位价格是直接费单价。

（2）综合单价法

如果在工程分项单位价格中还考虑直接费以外的其他费用，则构成的是综合单价。综合单价是由完成一个规定计量单位项目所需的人工费、材料费、机械使用费、企业管理费和利润以及一定范围的风险费用组成的。综合单价的数学模型如下：

$$综合单价=分项直接工程费+企业管理费+利润 \tag{4-8}$$

$$建筑综合单价=(分项工程量\times直接费单价)\times(1+企业管理费)\times(1+风险费率+利润率) \tag{4-9}$$

$$安装综合单价=[\Sigma(分项工程量\times直接费单价)+\Sigma(分项工程量\times定额基价中人工费单价)\times(1+企业管理费率)]\times(1+风险费率+利润率) \tag{4-10}$$

（3）全费用单价法

全费用单价法与国际上通用的工程估价方法接近。

分项工程全费用单价是根据预算定额单位的人材机消耗量和人材机的市场价格及其与预算定额配套的费用定额，直接计算出每一个分项工程单位的工程造价。分项工程全费用单价包括分项工程单位的全部费用和税金。

我国现行的综合单价属于非完全综合单价，将规费和税金计入非完全综合单价后，即形成全费用单价，也称完全综合单价。

5. 分部分项工程费的确定

分部分项工程费应由各单位工程的分项工程工程量乘以其相应的分项工程单价并汇总而成。计算公式为：

$$分部分项工程费=\Sigma(分项工程工程量\times分项工程单价) \tag{4-11}$$

6. 单位工程预算造价的确定

在分部分项工程费的基数上，根据工程造价计算程序、各项费率和取费基数分别计算各种费用和税金，最后再汇总成单位工程造价。

根据分项工程单价组成的不同，单位工程预算编制的方法相应地分别称为直接费单价法、综合单价法和全费用单价法。

(1) 直接费单价法

直接费单价法是根据施工图和预算定额，计算分项工程的工程量，将工程量乘以对应的定额单位单价，求出分项工程直接费，接着汇总为单位工程直接费，然后再根据工程造价计算程序、各项费率和取费基数分别计算企业管理费、利润、规费和税金等，最后再汇总成单位工程造价的方法。该方法的数学模型如下：

$$\text{建筑安装工程造价}=\text{直接工程费}+\text{企业管理费}+\text{利润}+\text{规费}+\text{税金} \tag{4-12}$$

$$\text{建筑工程造价}=[\Sigma(\text{分项工程量}\times\text{直接费单价})]\times(1+\text{企业管理费})\times(1+\text{风险费率}+\text{利润率})\times(1+\Sigma\text{规费率})\times(1+\text{税率}) \tag{4-13}$$

$$\text{安装工程造价}=\{[\Sigma(\text{分项工程量}\times\text{直接费单价})]+[\Sigma(\text{分项工程量}\times\text{定额基价中人工费单价})]\times(1+\text{企业管理费率})\}\times(1+\text{风险费率}+\text{利润率})\times(1+\Sigma\text{规费率})\times(1+\text{税率}) \tag{4-14}$$

(2) 综合单价法

综合单价法是根据施工图和预算定额，计算分项工程工程量，将工程量乘以对应的定额综合单价，求出分项工程费，接着汇总为单位工程费，然后再根据工程造价计算程序、规费和税金的费率以及取费基数分别计算规费和税金等，最后再汇总成单位工程造价的方法。该方法的数学模型如下：

$$\text{建筑安装工程造价}=\text{工程费}+\text{规费}+\text{税金} \tag{4-15}$$

$$\text{建筑安装工程造价}=[\Sigma(\text{分项工程量}\times\text{定额综合单价})]\times(1+\Sigma\text{规费})\times(1+\text{税率}) \tag{4-16}$$

(3) 全费用单价法

分项工程全费用单价法是以建筑安装分项工程的工程量乘以全费用单价，直接计算出每一个分项工程的造价，然后，再将各分项工程的造价汇总成单位工程的造价。其数学模型如下：

$$\text{建筑安装工程造价}=\Sigma\text{各分项工程完全造价} \tag{4-17}$$

$$\text{建筑分项工程完全造价}=\text{分项工程量}\times\text{直接费单价}\times(1+\text{企业管理费})\times(1+\text{风险费率}+\text{利润率})\times(1+\Sigma\text{规费率})\times(1+\text{税率}) \tag{4-18}$$

$$\text{安装分项工程完全造价}=[\text{分项工程量}\times\text{直接费单价}+(\text{分项工程量}\times\text{定额人工费单价})\times(1+\text{企业管理费率})]\times(1+\text{风险费率}+\text{利润率})\times(1+\Sigma\text{规费率})\times(1+\text{税率}) \tag{4-19}$$

【例 4-2】 某工程如图 4-1 所示，内墙裙采用 16mm 厚 1∶3 水泥砂浆打底，6mm 厚 1∶2.5 水泥砂浆面层；内墙面按照国标 11J930-H3 抹 9mm 厚 1∶0.5∶3 水泥石灰砂浆底，5mm 厚 1∶0.5∶2.5 水泥石灰砂浆面层。请计算内墙裙、内墙面的抹灰工程量并套用定额和单价（福建省 2005 年定额和单价）。已知：工程结构形式为砖混结构，工程所在地为市区，工程类别为二类，风险费为 2%，企业劳保类别为甲类。

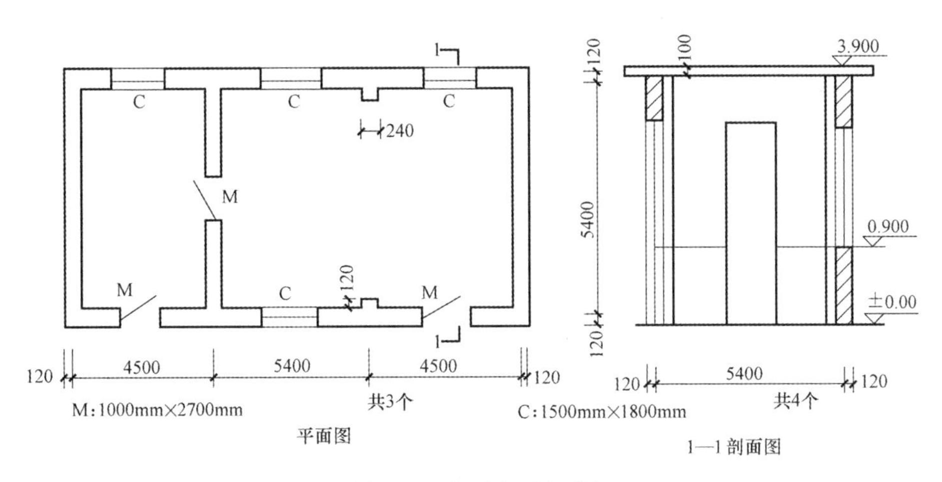

图 4-1 平面图、剖面图

解：

1. 内墙裙

（1）列出分项工程定额项目名称

定额项目名称：砖内墙裙采用 16mm 厚 1∶3 水泥砂浆打底，6mm 厚 1∶2.5 水泥砂浆面层

（2）计算工程量

$S=[(4.5\times2+5.4-0.24\times2)\times2+(5.40-0.24)\times4+0.12\times4]\times0.90-1.0\times4\times0.9=40.46(m^2)$

（3）套用定额编号：02038

（4）套用定额单价：11.66 元/m^2

2. 内墙面

（1）列出分项工程定额项目名称

定额项目名称：砖内墙面抹 9mm 厚 1∶0.5∶3 水泥石灰砂浆底，5mm 厚 1∶0.5∶2.5 水泥石灰砂浆面层（国标 11J930-H3）。

（2）计算工程量

$S=[(4.5\times2+5.4-0.24\times2)\times2+(5.40-0.24)\times4+0.12\times4]\times(3.90-0.10-0.90)-1.00\times(2.70-0.90)\times4-1.50\times1.80\times4$

$=123.98(m^2)$

(3) 套用定额编号：02001 换算

(4) 单价换算

1) 补充 1∶0.5∶2.5 水泥石灰砂浆半成品定额单价。

a. 计算每立方米 1∶0.5∶2.5 水泥石灰砂浆的材料用量。

(a) 净用量：

依据《全国统一建筑工程基础定额(GJD-101-1995) 编制说明》附录三，抹灰砂浆的配合比(体积比)材料用量计算公式为：

$$\text{砂用量}(\text{m}^3)=\frac{\text{砂比例数}}{\text{配合比总的比例数}-\text{砂比例数}\times\text{砂孔隙率}} \tag{4-20}$$

(砂用量超过 1.0m^3 时，因其空隙容积已大于灰浆数量，按 1.0m^3 取定)

$$\text{水泥用量}(\text{kg})=\frac{\text{水泥比例数}\times\text{水泥容重}}{\text{砂比例数}}\times\text{砂用量} \tag{4-21}$$

$$\text{石灰膏用量}(\text{m}^3)=\frac{\text{石灰膏的比例数}}{\text{砂比例数}}\times\text{砂用量} \tag{4-22}$$

$$\text{黏土用量}(\text{m}^3)=\text{黏土膏}\times0.7(\text{系数}) \tag{4-23}$$

$$\text{砂空隙率}(\%)=\left(1-\frac{\text{砂容重}}{\text{砂比重}}\right)\times100\% \tag{4-24}$$

已知水泥容重 1200kg/m^3，砂容重 1550kg/m^3，砂比重 2.65。

则：$\text{砂空隙率}=\left(1-\frac{\text{砂容重}}{\text{砂比重}}\right)\times100\%=\left(1-\frac{1550}{2650}\right)\times100\%=41\%$

$$\text{砂用量}(\text{m}^3)=\frac{\text{砂比例数}}{\text{配合比总的比例数}-\text{砂比例数}\times\text{砂孔隙率}}$$

$$=\frac{2.5}{(1+0.5+2.5)-2.5\times0.41}=0.84(\text{m}^3)$$

$$\text{水泥用量}(\text{kg})=\frac{\text{水泥比例数}\times\text{水泥容重}}{\text{砂比例数}}\times\text{砂用量}$$

$$=\frac{1\times1200}{2.5}\times0.84=403(\text{kg})$$

$$\text{石灰膏用量}(\text{m}^3)=\frac{\text{石灰膏的比例数}}{\text{砂比例数}}\times\text{砂用量}=\frac{0.5}{2.5}\times0.84$$

$$=0.168(\text{m}^3)$$

(b) 定额消耗量：

依据《全国统一建筑工程基础定额(GJD-101-1995) 编制说明》附表 2，材料、半成品损耗率为：水泥 2%，石灰膏 2%，砂 3%，混合砂浆顶棚 3%，墙面 2%。

$$\text{定额消耗量}=\text{净用量}\times(1+\text{损耗率})$$

水泥用量(kg)=403×(1+2%)=411(kg)

石灰膏用量(m^3)=0.168×(1+2%)=0.171(m^3)

砂用量(m^3)=0.84×(1+3%)=0.86(m^3)

b. 补充1∶0.5∶2.5水泥石灰砂浆半成品定额单价：

1∶0.5∶2.5水泥石灰砂浆半成品定额单价补充见表4-3。

1∶0.5∶2.5水泥石灰砂浆单价补充表　　**表4-3**

编号			B001	
项目			混合砂浆	
			1∶0.5∶2.5	
名称	单位	单价	数量	合价
水泥32.5	kg	0.32	411.0000	131.52
中(细)砂(损耗2%+膨胀1.18)	m^3	22.2	0.8600	19.09
石灰膏	m^3	146.37	0.1710	25.03
水	m^3	1.95	0.6000	1.17
合计	元			176.81

2）换算内墙面9mm厚1∶0.5∶3水泥石灰砂浆打底，5mm厚1∶0.5∶2.5水泥石灰砂浆面层定额直接费单价：

a. 计算每平方米水泥石灰砂浆的材料用量。

（a）净用量：a）1∶0.5∶3水泥石灰砂浆：0.009×1.0=0.009（m^3）

b）1∶0.5∶2.5水泥石灰砂浆：0.005×1.0=0.005（m^3）

（b）定额消耗量：

定额消耗量=净用量×(1+损耗率)

a）1∶0.5∶3水泥石灰砂浆：0.009×1.02=0.0092（m^3）

b）1∶0.5∶2.5水泥石灰砂浆：0.005×1.02=0.0051（m^3）

b. 换算单价：

（a）定额编号02001内墙面普通抹灰（砖墙）原价8.09元/m^2

（b）减1∶2∶8混合砂浆：0.0186×77.03=1.43（元）

减纸筋石灰筋：0.0021×187.91=0.39（元）

（c）加1∶0.5∶3水泥石灰混合砂浆：0.0092×173.69=1.6（元）

加1∶0.5∶2.5水泥石灰混合砂浆：0.0051×176.81=0.9（元）

（d）合计8.77（元/m^2）

c. 换算后的定额直接费单价见表4-4。

3）计算定额综合单价和全费单价。

换算后的定额综合单价和全费单价计算见表4-5。

换算后的定额直接费单价表 表 4-4

定额编号				02001 换	
项目				内墙面普通抹灰(砖墙) 混合砂浆底面	
名称		单位	单价	数量	合价
人工	综合人工	工日	43.00	0.1428	6.14
材料单价	水泥砂浆 1∶2	m^3	237.20	0.0003	0.07
	混合砂浆 1∶0.5∶3	m^3	173.69	0.0092	1.60
	混合砂浆 1∶0.5∶2.5	m^3	176.81	0.0051	0.90
	水	m^3	1.95	0.0070	0.01
机械	灰浆搅拌机 200L	台班	14.33	0.0029	0.04
	直接费合计	元			8.76

换算后的定额综合单价和全费单价计算表 表 4-5

序号	定额编号					02001 换	
	项目					内墙面普通抹灰(砖墙) 混合砂浆底面	
	名称			单位	单价	数量	合价
1	人工		综合人工	工日	43.00	0.1428	6.14
2	材料单价		水泥砂浆 1∶2	m^3	237.20	0.0003	0.07
			混合砂浆 1∶0.5∶3	m^3	173.69	0.0092	1.60
			混合砂浆 1∶0.5∶2.5	m^3	176.81	0.0051	0.90
			水	m^3	1.95	0.0070	0.01
3	机械		灰浆搅拌机 200L	台班	14.33	0.0029	0.04
4	直接费合计		(1)+(2)+(3)	元			8.76
5	企业管理费		[(1)+(3)]×11%				0.68
6	风险费		[(4)+(5)]×2%				0.19
7	利润		[(4)+(5)]×5%				0.47
8	综合单价		(4)+(5)+(6)+(7)				10.10
9	规费	劳保费用	(8)×4.86%				0.49
		意外伤害保险	(8)×0.19%				0.02
10	税金		[(8)+(9)]×3.445%				0.37
11	全费单价		(8)+(9)+(10)				10.98

【例 4-3】 某工程的防水保温屋面设计采用国标《平屋面建筑构造》12J201Ⓐ②d25 的构造做法，保温层 d25 为挤塑聚苯乙烯泡沫塑料厚 25mm，防水层采用 4mm 厚 SBS 弹性体改性沥青防水卷材，细石混凝土保护层配 ϕ6 双向@150 钢筋网，保护层分格缝采用建

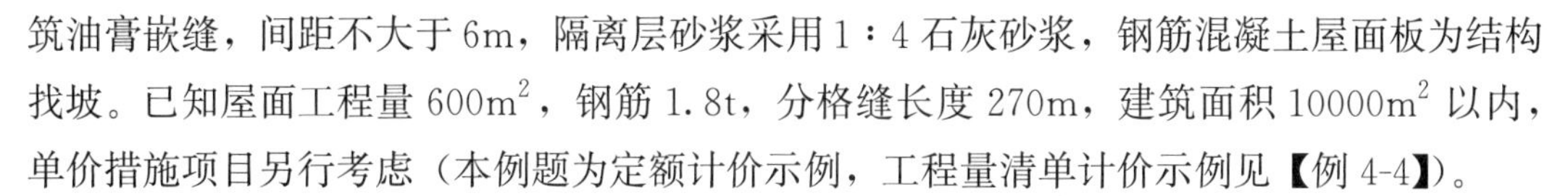

筑油膏嵌缝，间距不大于 6m，隔离层砂浆采用 1∶4 石灰砂浆，钢筋混凝土屋面板为结构找坡。已知屋面工程量 600m^2，钢筋 1.8t，分格缝长度 270m，建筑面积 10000m^2 以内，单价措施项目另行考虑（本例题为定额计价示例，工程量清单计价示例见【例 4-4】）。

计价依据如下：

(1)《福建省房屋建筑与装饰工程预算定额》FJYD-101-2017；

(2)《福建省建筑安装工程费用定额》(2017 年版)；

(3) 人工单价：预算定额基价的人工单价；

(4) 施工机械台班单价：《2018 年第一季度福建省施工机械台班单价》；

(5) 材料单价：主要材料采用福建省建设工程工料机信息网发布的 2018 年 4 月莆田市信息价，其他材料采用预算定额基价的材料单价。

请计算其工程造价。

解：

1. 列出分项工程名称并套用预算定额编号，见表 4-6。

工程量计算表　　　　**表 4-6**

工程名称：某工程防水保温屋面　　　标段：　　　　　第 1 页　　共 1 页

序号	定额编号	项目名称	单位	数量	计算公式
	10105 混凝土及钢筋混凝土工程				
1	10105065	Φ6 钢筋网	t		
	10109 屋面及防水工程				
2	国家(2015)9-89	40mm 厚 C20 细石混凝土保护层	m^2		
3	国家(2015)9-101	弹性密封胶 40mm 厚细石混凝土保护层分格缝	m		
4	10109045 换	4mm 厚弹性体 SBS 改性沥青防水卷材	m^2		
	10110 保温、隔热防腐工程				
5	10110016	保温隔热屋面(25mm 厚挤塑板)	m^2		
	10111 楼地面装饰工程				
6	10111001	20mm 厚 1∶3 水泥砂浆找平层	m^2		
7	10111002 换	10mm 厚低强度等级砂浆(1∶4 石灰砂浆)隔离层	m^2		

2. 定额分项工程综合单价的确定。

将人工单价、材料单价、施工机械台班单价与预算定额的消耗量相乘，求出分项工程直接费，然后再根据工程造价计算程序、各项费率和取费基数分别计算企业管理费、利润，最后汇总生成分项工程综合单价。

(1) 40mm 厚 C20 细石混凝土保护层的定额综合单价分析，见表 4-7。

定额综合单价分析 表 4-7

序号	定额编号				国家(2015)9-89	
	项目				C20 细石混凝土厚 40mm	
	名称		单位	单价	数量	合价
1	人工	综合人工	工日	151.38	0.09922	15.02
2	材料单价	预拌细石混凝土 C20	m^3	373.51	0.0404	15.09
		木模板	m^3	1432.48	0.00069	0.99
		水	m^3	2.52	0.0964	0.24
3	直接费合计	(1)+(2)	元			31.34
4	企业管理费	(3)×6.8%				2.13
5	利润	[(3)+(4)]×6%				2.01
6	综合单价	(3)+(4)+(5)				35.48

(2) 同理分析出各项目定额综合单价。

各项目定额综合单价分析见表 4-8。

定额综合单价分析表 表 4-8

序号	定额编号	项目名称	单位	综合单价(元)	备注
1	国家(2015)9-89	40mm 厚 C20 细石混凝土保护层	m^2	35.48	
2	10105065	Φ6 钢筋网	t	5429.04	
3	10111002 换	10mm 厚低强度等级砂浆(1∶4 石灰砂浆)隔离层		13.98	
4	国家(2015)9-101	弹性密封胶 40mm 厚细石混凝土保护层分格缝	m	21.14	
5	10109045 换	4mm 厚弹性体 SBS 改性沥青防水卷材	m^2	38.29	
6	10111001	20mm 厚 1∶3 水泥砂浆找平层	m^2	24.44	
7	10110016	保温隔热屋面(25mm 厚挤塑板)	m^2	19.22	

3. 分部分项工程和措施项目费的确定

分部分项工程费=Σ(分项工程工程量×分项工程综合单价)

根据题目已知的工程量和综合单价，计算分部分项工程费。分部分项工程费计算见表 4-9。

分部分项工程和措施项目计价表 表 4-9

序号	定额编号	项目名称	单位	数量	综合单价(元)	合计(元)
一	分部分项工程					
	10105 混凝土及钢筋混凝土工程					
1	10105065	Φ6 钢筋网	t	1.800	5429.04	9772
小计						9772

续表

序号	定额编号	项目名称	单位	数量	综合单价(元)	合计(元)
	10109 屋面及防水工程					
2	国家(2015)9-89	40mm 厚 C20 细石混凝土保护层	m^2	600.00	35.48	21288
3	国家(2015)9-101	弹性密封胶 40mm 厚细石混凝土保护层分格缝	m	270.00	21.14	5708
4	10109045 换	4mm 厚弹性体 SBS 改性沥青防水卷材	m^2	600.00	38.29	22974
小计						49970
	10110 保温、隔热防腐工程					
5	10110016	保温隔热屋面(25mm 厚挤塑板)	m^2	600.00	19.22	11532
小计						11532
	10111 楼地面装饰工程					
6	10111001	20mm 厚 1：3 水泥砂浆找平层	m^2	600.00	24.44	14664
7	10111002 换	10mm 厚低强度等级砂浆(1：4 石灰砂浆)隔离层	m^2	600.00	13.98	8388
	小计					23052
	(一)分部分项工程费合计					94326
二	单价措施项目(另行考虑)					0
三	合计(一)+(二)					94326
四	总价措施项目					
8	安全文明施工费			(四、分部分项工程费+单价措施项目费)	3.58%	3377
9	其他总价措施费				0.35%	330
	总价措施合计					3707
五	分部分项工程和措施项目费总计					98033

4. 规费、税金项目的编制。

规费、税金的计算见表 4-10。

规费、税金项目计价表　　表 4-10

工程名称：某工程防水保温屋面　　标段：　　第 1 页　共 1 页

序号	项目名称	计算基础	计算基数	计算费率(%)	金额(元)
1	规费	分部分项工程费+措施项目费+其他项目费－按规定不计税的工程设备费	94326+3707+0－0	福建省目前规费费率为 0	0
2	税金	分部分项工程费+措施项目费+其他项目费+规费－按规定不计税的工程设备费	98033	10	9803

5. 单位工程预算造价汇总。

单位工程预算造价的汇总见表4-11。

单位工程预算造价汇总表 **表4-11**

工程名称：某工程防水保温屋面　　　标段：　　　　第1页　共1页

序号	汇总内容	金额(元)
1	分部分项工程费	94326
1.1	10105 混凝土及钢筋混凝土工程	9772
1.2	10109 屋面及防水工程	49970
1.3	10110 保温、隔热防腐工程	11532
1.4	10111 楼地面装饰工程	23052
2	措施项目费	3707
2.1	其中：安全文明施工费	3377
3	其他项目费	0
3.1	其中：暂列金额	0
3.2	其中：专业工程暂估价	0
3.3	其中：总承包服务费(另行考虑)	0
4	规费	0
5	税金	9803
预算造价合计=1+2+3+4+5		107836

二、工程量清单计价法

（一）工程量清单计价的概念

（1）工程量清单计价法，是建设工程招标投标中，招标人按照国家统一的工程量清单计价规范和工程量计算规范的规定提供招标工程量清单，并编制招标控制价；由投标人依据招标人提供的工程量清单自主报价；按照招标文件设定的评标方法选择中标人、签约合同价；按照合同约定的工程造价确定条款（即合同价、合同价款调整）确定竣工结算价的计价方式。

（2）工程量清单是载明建设工程分部分项工程项目、措施项目、其他项目的名称和相应数量以及规费、税金项目等内容的明细清单。工程量清单是一个工程计价中反映工程量的特定内容的概念，在不同阶段，又可分别称为“招标工程量清单”“已标价工程量清单”“结算工程量清单”。

（3）招标工程量清单，是招标人依据国家标准、招标文件、设计文件以及施工现场实际情况编制的，随招标文件发布供投标报价的工程量清单，包括其说明和表格。

（4）已标价工程量清单，是构成合同文件组成部分的投标文件中已标明价格，经算术性错误修正（如有）且承包人已确认的工程量清单，包括其说明和表格。

(5) 结算工程量清单，是在已标价工程量清单的基础上，根据清单计价规范，按照合同约定对合同价款进行调整的工程结算中的工程量清单，包括其说明和表格。

(6) 招标控制价是招标人根据国家或省、行业建设主管部门颁发的有关计价依据和办法以及拟定的招标文件和招标工程量清单，结合工程具体情况编制的招标工程的最高投标限价。

(7) 投标价是投标人投标时响应招标文件要求，依据招标人提供的工程量清单所报出的工程造价。

(8) 签约合同价是发承包双方在工程合同中约定的工程造价，即包括了分部分项工程费、措施项目费、其他项目费、规费和税金的合同总金额。

(9) 竣工结算价是发承包双方依据国家有关法律、法规和标准规定，按照合同约定（即合同价、合同价款调整）确定的，承包人按合同约定完成了全部承包工作后，发包人应付给承包人的合同总金额。

(10) 工程量清单计价的模式

1) 招标人根据建设工程工程量计算规范和国家标准、招标文件、设计文件以及施工现场实际情况编制的载明建设工程分部分项工程项目、措施项目、其他项目的名称和相应数量以及规费、税金项目等明细内容的招标工程量清单。

招标工程量清单是招标文件的组成部分，其准确性和完整性应由招标人负责。

2) 招标人根据建设工程工程量清单计价规范，国家或省、行业建设主管部门颁发的计价依据和办法以及拟定的招标文件和招标工程量清单，结合工程具体情况编制招标控制价。

招标控制价是招标工程的最高投标报价。招标控制价按照有关规定复查，若误差大于±3%，应当责成招标人改正。

3) 招标工程量清单和招标控制价随招标文件发布供投标人投标报价。

4) 投标人根据建设工程工程量清单计价规范，国家或省、行业建设主管部门颁发的计价办法，企业定额（或参照国家或省、行业建设主管部门颁发的计价定额），市场价格信息（或参照工程造价管理机构发布的工程造价信息），建设工程设计文件及相关资料，与建设项目相关的标准、规范等技术资料以及招标文件和招标工程量清单，结合施工现场情况、工程特点及投标时拟定的施工组织设计或施工方案编制投标价。

5) 招标人依法组建评标委员会。评标委员会按照招标文件确定的评标标准和方法进行评标，向招标人提出书面评标报告，并推荐合格的中标候选人。招标人根据评标委员会提出的书面评标报告和推荐的中标候选人确定中标人。

6) 合同价款由发承包双方依据招标文件和中标人的投标文件在书面合同中约定（招标文件与中标人的投标文件不一致的地方，应以投标文件为准）。

工程量清单计价应采用综合单价法，不论是分部分项工程项目、措施项目、其他项目，还是以单价或以总价形式表现的项目，其综合单价的组成内容包括人工费、材料和工程设备费、施工机具使用费和企业管理费、利润以及一定范围内的风险费用，但不包括规费和税金。

（二）工程量清单的编制

工程量清单项目包括分部分项工程项目、措施项目、其他项目以及规费、税金项目等内容。

1. 分部分项工程项目清单

分部分项工程是分部工程和分项工程的总称。分部分项工程项目清单是拟建工程分部分项工程项目名称和相应数量的明细清单。

（1）分部分项工程项目、单价措施项目清单的内容

分部分项工程项目、单价措施项目清单必须载明分项工程的项目编号、项目名称、项目特征、计量单位和工程量等五个要件。分部分项工程项目清单的项目编码、项目名称、项目特征、计量单位必须根据相关专业工程量计算规范的规定，并结合拟建工程的实际确定。

1）项目编码

项目编码是分部分项工程、措施项目清单名称的阿拉伯数字标识，采用12位阿拉伯数字表示。第一至九位为全国统一编码，应按工程量计算规范附录的规定设置，其中第一、二位为专业工程代码（01-房屋建筑与装饰工程，02-仿古建筑，03-通用安装工程，04-市政工程，05-园林绿化工程，06-矿山工程，07-构筑物工程，08-城市轨道交通工程，09-爆破工程），第三、四位为附录分类顺序码，第五、六位为分部工程顺序码，第七至九位为分项工程项目名称顺序码；第十至十二位为清单项目名称顺序码，应根据拟建工程的工程量清单项目名称设置，并应从001起顺序编制。

同一招标工程的项目编码不得有重码。例如一个招标项目的工程量清单中含有三个单位工程，每个单位工程中都有项目特征相同的实心砖墙砌体，在工程量清单中又需反映三个不同单位工程的实心砖墙砌体工程量时，则第一个单位工程的实心砖墙的项目编码应为010401003001，第二个单位工程的实心砖墙的项目编码应为010401003002，第三个单位工程的实心砖墙的项目编码应为010401003003，并分别列出各单位工程实心砖墙的工程量。

随着科学技术的发展，新材料、新技术、新工艺等的不断涌现，对于工程量计算规范附录中的缺项，编制工程量清单时可作补充。补充项目的编码由规范的代码（如《房屋建筑与装饰工程工程量计算规范》的代码为01）01与B和三位阿拉伯数字组成，并从01B001起顺序编制。补充项目应排列在工程量清单相应分部工程项目之后。

2）项目名称

分部分项工程项目清单的项目名称应按相关专业工程量计算规范附录中的项目名称结合拟建工程的实际确定。附录表中的“项目名称”为分项工程项目名称。分部分项工程项目清单的项目名称是以附录表中的分项工程项目名称为基础，考虑该项目的规格、型号、

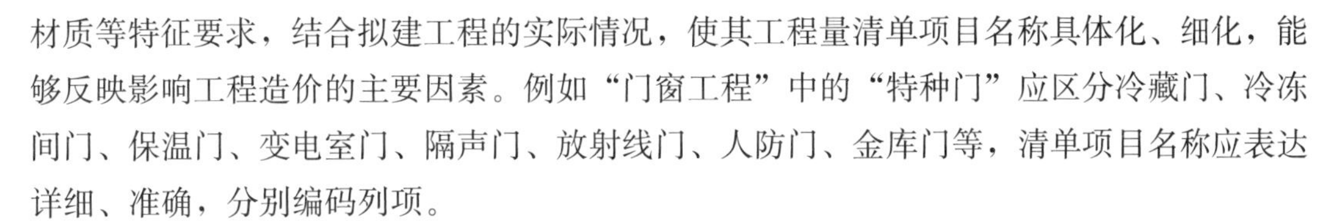

材质等特征要求，结合拟建工程的实际情况，使其工程量清单项目名称具体化、细化，能够反映影响工程造价的主要因素。例如“门窗工程”中的“特种门”应区分冷藏门、冷冻间门、保温门、变电室门、隔声门、放射线门、人防门、金库门等，清单项目名称应表达详细、准确，分别编码列项。

3）项目特征

项目特征是构成分部分项工程量清单项目、措施项目自身价值的本质特征。项目特征描述的是分部分项工程量清单项目的实质内容，是区分工程量清单项目的依据；是确定工程量清单项目综合单价的前提，准确地描述工程量清单项目特征，对于准确地确定工程量清单项目综合单价具有决定性的作用；是履行合同义务的基础，因为实行工程量清单计价方式的工程量清单及其综合单价是施工合同的组成部分，如果工程量清单的项目特征描述不清，履行合同时会产生分歧，导致纠纷。

由此可见，工程量清单项目特征的描述，应根据工程量计算规范附录中有关项目特征的要求，结合技术规范、标准图集、施工图纸，按照工程结构、使用材质及规格或安装位置等，予以详细而准确的表述和说明。

例如砖砌体的实心砖墙“项目特征”的描述。砖的品种、规格、强度等级，砂浆的种类、强度等级直接关系到砖和砂浆的价格；墙体的厚度、类型直接影响砌砖的工效以及砖、砂浆的消耗量，还有清水墙砖缝做法，这其中任何一项因素都影响了实心砖墙项目的综合单价。因此，实心砖墙“项目特征”必须描述如下内容：砖的品种：是页岩砖还是煤灰砖。砖的规格：是标准砖还是非标准砖；如果是非标准砖，还应注明规格尺寸。砖的强度等级：是 MU10 还是 MU15。砂浆的种类：是混合砂浆还是水泥砂浆。砂浆的强度等级：是 M5 还是 M7.5 等。墙体的厚度：是一砖还是一砖半。墙体的类型：是混水墙还是清水墙；清水墙是单面清水墙还是双面清水墙。清水墙砖缝做法：是原浆勾缝还是加浆勾缝；如果是加浆勾缝，还需注明砂浆配合比。

但应注意，在编制分部分项工程项目清单时，工程量计算规范附录中关于各清单项目的“工作内容”通常无需描述，因为在工程量计算规范中，工程量清单项目与工程量计算规则、工程内容是一一对应关系，当采用工程量计算规范这一标准时，工作内容均有规定。

4）计量单位

a. 计量单位应采用基本单位，除另有特殊规定外，均按以下单位计量：

(a) 以重量计算的项目——吨或千克（t 或 kg）；

(b) 以体积计算的项目——立方米（m^3）；

(c) 以面积计算的项目——平方米（m^2）；

(d) 以长度计算的项目——米（m）；

(e) 以自然单位计算的项目——个、件、根、组、套、樘、台、座、榀……

(f) 没有具体数量的项目——项、系统……

当计量单位有两个或两个以上时，应结合拟建工程项目的实际情况，选择既能表现该项目特征又方便计量的单位。例如：门窗工程量有“樘/m^2”两个计量单位、桩基工程量有“m/m^3/根”三个计量单位，编制工程量清单时就应选择适合该项目特征且计量和组价方便的单位来表示。同一工程项目的计量单位应一致。

b. 工程计量中每一项目汇总的有效位数应遵守下列规定：

(a) 以“t”为单位，保留小数点后三位数字，第四位小数四舍五入。

(b) 以“m”“m^2”“m^3”“kg”为单位，保留小数点后两位数字，第三位小数四舍五入。

(c) 以“个”“件”“根”“组”“系统”为单位，应取整数。

5）工程量的计算

工程量的计算，在第五章“建筑工程计量”中详细叙述。

(2) 分部分项工程、单价措施项目清单的格式

分部分项工程、单价措施项目清单的格式见表 4-12。

分部分项工程和单价措施项目清单 **表 4-12**

工程名称： 标段： 第 页 共 页

序号	项目编号	项目名称	项目特征描述	计量单位	工程量

(3) 分部分项工程、单价措施项目清单计价表的格式

分部分项工程、单价措施项目清单计价表的格式见表 4-13。

分部分项工程和单价措施项目清单计价表 **表 4-13**

工程名称： 标段： 第 页 共 页

序号	项目编号	项目名称	项目特征描述	计量单位	工程量	金额		
						综合单价	合价	其中：暂估价

注：为计取规费等的使用，可在表中增设“定额人工费”。

2. 措施项目清单

(1) 措施项目的概念

措施项目是指为完成工程项目施工，发生于该工程施工准备和施工过程中的技术、生活、安全、环境保护等方面的项目。

(2) 措施项目清单的类别和计价方式

1）措施项目清单的类别

措施项目清单分为单价措施项目清单和总价措施项目清单两类。

2）措施项目清单的计价方式

有些措施项目是可以计算工程量的项目，如脚手架工程、混凝土模板及支架（撑）、垂直运输、超高施工增加、大型机械设备进出场及安拆、施工排水降水等。这类措施项目按照分部分项工程项目清单的方式采用综合单价计价，更有利于措施费的合理确定、进度款拨付和工程结算的调整，称为单价措施项目。有些措施项目的发生与施工方案、施工方法、整个工程项目或者两个以上的工序相关，如安全文明施工（含环境保护、文明施工、安全施工、临时设施），夜间施工增加费，非夜间施工照明，材料二次搬运，冬雨季施工增加费，地上、地下设施和建筑物的临时保护设施，已完工程及设备保护等。这类措施项目不能精确计算工程量，以“项”为计量单位，以“定额人工费”或“定额人工费+定额机械费”为“计算基础”，安全文明施工费也可以“定额基价”为“计算基础”，按“费率”计算总价，称为“总价措施项目”。

总价措施项目清单的格式见表4-14。

总价措施项目清单与计价表　　　　**表4-14**

工程名称：　　　　标段：　　　　第　页　共　页

序号	项目编码	项目名称	计算基础	费率（%）	金额（元）	调整费率（%）	调整后金额（元）	备注
		安全文明施工费						
		夜间施工增加费						
		二次搬运费						
		冬雨季施工增加费						
		已完工程及设备保护费						
合计								

注：1.“计算基础”中，安全文明施工费可为“定额基价”“定额人工费”或“定额人工费+定额机械费”，其他项目可为“定额人工费”或“定额人工费+定额机械费”。

2. 按施工方案计算的措施费，若无“计算基础”和“费率”的数值，也可只填“金额”数值，但应在备注栏中说明施工方案出处或计算方法。

（3）措施项目清单的编制依据

措施项目清单必须根据现行国家计量规范的规定编制，并应根据拟建工程的实际情况列项。

措施项目清单的编制需考虑多种因素，除工程本身的因素外，还涉及水文、气象、环境、安全等因素。在编制措施项目清单时，出现计量规范附录中未列的措施项目，可根据拟建工程的具体情况而对发生的措施项目进行补充。

3. 其他项目清单

其他项目清单是指分部分项工程项目清单、措施项目清单所包含的内容以外，招标人设定的与拟建工程有关的其他费用项目和相应数量的清单。

其他项目清单的具体内容与工程建设标准的高低、工程的工期长短、工程的组成内容、发包人对工程管理的要求等因素有关。清单计价规范提供了暂列金额、暂估价、计日工和总承包服务费等四项内容，不足部分，可根据工程的具体情况进行补充。

其他项目清单与计价汇总表的格式见表 4-15。

其他项目清单与计价汇总表 **表 4-15**

工程名称： 标段： 第 页 共 页

序号	项目名称	金额(元)	结算金额(元)	备注
1	暂列金额			
2	暂估价			
2.1	材料(工程设备)暂估价/结算价			
2.2	专业工程暂估价/结算价			
3	计日工			
4	总承包服务费			
5	索赔与现场签证			
合计				

注：材料（工程设备）暂估单价计入清单项目综合单价，此处不汇总。

（1）暂列金额

暂列金额是招标人在工程量清单中暂定并包括在合同价款中的一笔款项。用于工程合同签订时不可预见或者尚未确定的工程所需的材料、设备，施工过程中发生的工程变更，合同约定的合同价款调整以及索赔等费用的开支。因为不管采用何种合同形式，理想是其合同的价格就是最终的竣工结算价格，但是，工程合同签订时还会存在一些不能预见、不能确定的因素，业主的需要可能会随工程建设进展而出现变化，工程建设这种自身的特性决定了工程的设计需要根据工程进展不断地进行优化和调整，消化这些因素必然会影响合同价格的调整。暂列金额正是为这类不可避免的价格调整而设立，以达到合理确定和有效控制工程造价的目标。因此，我国规定对政府投资过程实行投资管理，经项目审批部门批复的设计概算是工程投资控制的刚性指标，即使是商业性开发项目也有成本的预先控制问题，否则，无法相对准确地预测投资的效益和有效地进行投资控制。

暂列金额明细表的格式见表 4-16。

暂列金额明细表 **表 4-16**

工程名称： 标段： 第 页 共 页

序号	项目名称	计量单位	暂定金额(元)	备注
1				
2				
3				
4				
合计				

注：此表由招标人填写，如不能详列，也可只列暂定金额总额，投标人应将上述暂定金额计入投标总价中。

（2）暂估价

暂估价是指招标人在招标文件工程量清单中提供的用于支付必然要发生但暂时不能确定价格的材料、工程设备以及专业工程费用的金额。暂估价类似于 FIDIC 合同条款中的 Prime Cost Items，在招标阶段预见肯定要发生，只是因为标准不明确或者需要由专业承包人完成，暂时无法确定价格。暂估价数量和拟用项目应当结合工程量清单中的“暂估价表”予以补充说明。为方便合同管理，需要纳入分部分项工程项目清单综合单价中的暂估价应只是材料、工程设备暂估单价，以方便投标人组价。

专业工程的暂估价一般应是综合暂估价，包括人工费、材料费、施工机具使用费、企业管理费和利润等，不包括规费和税金。总承包招标时，专业工程设计深度往往是不够的，一般需要交由专业设计人设计，出于提高可建造性的考虑，国际惯例一般是由专业承包人负责设计，以发挥其专业技能和专业施工经验的优势。这类专业工程交由专业分包人完成在国际工程施工发承包中有良好的实践，目前在我国工程建设领域也已经比较普遍采用。

暂估价中的材料、工程设备暂估单价应根据工程造价信息或参照市场价格估算，列出明细表；专业工程暂估价应分不同专业，按有关计价规定估算，列出明细表。

暂估价可按表 4-17、表 4-18 的格式列示。

材料（工程设备）暂估单价及调整表 **表 4-17**

工程名称： 标段： 第 页 共 页

序号	材料(工程设备)名称、规格、型号	计量单位	数量		暂估(元)		确认(元)		差额±(元)		备注
			暂估	确认	单价	合价	单价	合价	单价	合价	
合 价											

注：此表由招标人填写“暂估单价”，并在备注栏中说明暂估价的材料、工程设备拟用在哪些清单项目中；投标人应将上述材料、工程设备暂估价计入工程量清单综合单价报价中。

专业工程暂估价及结算价表 **表 4-18**

工程名称： 标段： 第 页 共 页

序号	工程名称	工程内容	暂估金额(元)	结算金额(元)	差额±(元)	备注
合 价						

注：此表中“暂估金额”由招标人填写，投标人应将“暂估金额”计入投标总价中。结算时按合同约定结算金额填写。

(3) 计日工表

计日工是为了解决现场发生的零星工作的计价而设立的一种计价方式。国际上常见的标准合同条款中，大多数都设立了计日工（Daywork）计价机制。计日工对完成零星工作所消耗的人工工日、材料数量、施工机具台班进行计量，并按照计日工表中填报的适用项目的单价进行计价支付。计日工适用的所谓零星工作一般是指合同约定之外或者因变更而产生的工程量清单中没有相应项目的额外工作，尤其是那些时间上不允许事先商定价格的额外工作。

计日工应列出项目名称、计量单位和暂估数量。

计日工可按表 4-19 的格式列示。

计日工表 **表 4-19**

工程名称： 标段： 第 页 共 页

<table>
<tr><th rowspan="2">编号</th><th rowspan="2">项目名称</th><th rowspan="2">单位</th><th rowspan="2">暂定数量</th><th rowspan="2">实际数量</th><th rowspan="2">综合单价
(元)</th><th colspan="2">合价(元)</th></tr>
<tr><th>暂定</th><th>实际</th></tr>
<tr><td>一</td><td>人工</td><td></td><td></td><td></td><td></td><td></td><td></td></tr>
<tr><td>1</td><td></td><td></td><td></td><td></td><td></td><td></td><td></td></tr>
<tr><td>2</td><td></td><td></td><td></td><td></td><td></td><td></td><td></td></tr>
<tr><td>…</td><td></td><td></td><td></td><td></td><td></td><td></td><td></td></tr>
<tr><td colspan="6">人工小计</td><td></td><td></td></tr>
<tr><td>二</td><td>材料</td><td></td><td></td><td></td><td></td><td></td><td></td></tr>
<tr><td>1</td><td></td><td></td><td></td><td></td><td></td><td></td><td></td></tr>
<tr><td>2</td><td></td><td></td><td></td><td></td><td></td><td></td><td></td></tr>
<tr><td>…</td><td></td><td></td><td></td><td></td><td></td><td></td><td></td></tr>
<tr><td colspan="6">材料小计</td><td></td><td></td></tr>
<tr><td>三</td><td>施工机械</td><td></td><td></td><td></td><td></td><td></td><td></td></tr>
<tr><td>1</td><td></td><td></td><td></td><td></td><td></td><td></td><td></td></tr>
<tr><td>2</td><td></td><td></td><td></td><td></td><td></td><td></td><td></td></tr>
<tr><td>…</td><td></td><td></td><td></td><td></td><td></td><td></td><td></td></tr>
<tr><td colspan="6">施工机械小计</td><td></td><td></td></tr>
<tr><td>四</td><td colspan="5">企业管理费和利润</td><td></td><td></td></tr>
<tr><td colspan="6">总　　计</td><td></td><td></td></tr>
</table>

注：此表中项目名称、暂定数量由招标人填写。编制招标控制价时，单价由招标人按有关计价规定确定。投标时，单价由投标人自主报价，按暂定数量计算合价，计入投标总价中。结算时，按发承包双方确认的实际数量计算合价。

(4) 总承包服务费

总承包服务费是招标人为了解决在法律、法规允许的条件下进行专业工程发包以及自行供应材料、工程设备，需要总承包对发包的专业工程提供协调和配合服务，并对甲供材料、工程设备提供收发和保管服务以及进行施工现场管理的问题，向总承包人支付的费用。招标人应预计该项费用，并按投标人的投标报价向投标人支付该项费用。

总承包服务费可按表 4-20 的格式列示。

总承包服务费计价表 **表 4-20**

工程名称：　　　　　　　　　　标段：　　　　　　　　　　第　页　共　页

序号	项目名称	项目价值(元)	服务内容	计算基础	费率(%)	金额(元)
1	发包人发包专业工程					
2	发包人提供材料					
…						
	合价	—				

注：此表中项目名称、服务内容由招标人填写。编制招标控制价时，费率及金额由招标人按有关计价规定确定。投标时，费率及金额由投标人自主报价，计入投标总价中。

4. 规费、税金项目清单

（1）规费项目清单

规费项目清单应按照下列内容列项：

1）住房城乡建设部、财政部印发的《建筑安装工程费用项目组成》（建标〔2013〕44 号）规定的社会保险费，包括养老保险费、失业保险费、医疗保险费、工伤保险费、生育保险费，住房公积金，工程排污费。

2）省级政府或省级有关权力部门规定必须缴纳的费用。

（2）税金项目清单

税金项目清单应包括增值税，出现其他的税负项目，应根据税务部门的规定列项。

规费、税金项目计价表如表 4-21 的格式所示。

规费、税金项目计价表 **表 4-21**

工程名称：　　　　　　　　　　标段：　　　　　　　　　　第　页　共　页

序号	项目名称	计算基础	计算基数	计算费率(%)	金额(元)
1	规费	定额人工费			
1.1	社会保险费	定额人工费			
(1)	养老保险费	定额人工费			
(2)	失业保险费	定额人工费			
(3)	医疗保险费	定额人工费			
(4)	工伤保险费	定额人工费			
(5)	生育保险费	定额人工费			

续表

序号	项目名称	计算基础	计算基数	计算费率(%)	金额(元)
1.2	住房公积金	定额人工费			
1.3	工程排污费	按工程所在地环境保护部门收取标准,按实计入			
2	税金	分部分项工程费+措施项目费+其他项目费+规费−按规定不计税的工程设备金额			
合　价					

编制人：　　　　　　　　　　　　　　复核人（造价工程师）：

（三）工程量清单费用（造价）的编制

工程量清单费用应按现行的《建设工程工程量清单计价规范》GB 50500—2013 有关规定确定。

工程量清单费用包括分部分项工程项目、措施项目、其他项目及规费、税金项目等费用。分部分项项目、措施项目、其他项目的工程量清单费用应是除规费和税金以外的全部费用。

1. 分部分项工程项目工程量清单费用的编制

（1）分项工程项目工程量清单综合单价确定

我国现行的《建设工程工程量清单计价规范》GB 50500—2013 规定：工程量清单应采用综合单价计价。

1）分项工程项目工程量清单综合单价确定的方法

分项工程项目工程量清单综合单价应按照分项工程项目清单的项目名称、工程量、项目特征描述，依据计价定额和人工、材料、机具台班价格等进行组价确定。分项工程量清单项目一般是按建筑物的部位（综合实体）进行划分的，计价定额项目一般是按施工工序进行划分的。当工程量清单项目的工作内容比较简单，与计价定额项目的工作内容相同，且清单计量规范与计价定额中的工程量计算规则相同时，工程量清单综合单价只需套用一个计价定额项目，便可得到工程量清单项目综合单价；当清单项目的工作内容比较复杂时，完成工程量清单项目的工作内容有多个施工工序，因而，分析工程量清单综合单价时需要套用多个计价定额项目，当工程量清单与计价定额的单位不同或工程量计算规则不同时，则需要按计价定额的工程量计算规则重新计算工程量，套用计价定额项目，才能求得工程量清单项目综合单价。

当工程量清单的分项工程内容比较简单，与单一计价定额项目的工作内容相同，且清单计量规范与所组价计价定额的工程量计算规则相同时，清单综合单价的确定只需确定计价定额的综合单价，即以相应计价定额项目中的人、材、机费用作为基数计算管理费、利润，再考虑相应的风险费即可。

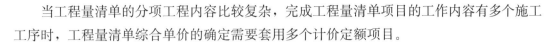

当工程量清单的分项工程内容比较复杂，完成工程量清单项目的工作内容有多个施工工序时，工程量清单综合单价的确定需要套用多个计价定额项目。

a. 计价定额项目的确定

计价定额项目可根据工程量清单项目的特征、工作内容和计价定额项目的工作内容确定。工程量清单项目特征描述的工程量清单项目工作内容与计价定额项目工作内容所完成的工程内容应当相同。例如挖一般土方：

工程量计算规范的清单项目工作内容：排地表水，土方开挖，围护（挡土板）及拆除，基底钎探，土方运输。

工程量计算规范的清单项目对应的定额项目工作内容：

a）排地表水：抽水、值班、降水设备维修等；

b）人工挖土方：挖土，弃土于5m以内或装土，修整边底；

c）挡土板：制作、运输、安装及拆卸（围护见有关定额项目表头）；

d）基底钎探：钎孔布置、打钎、拔钎、灌砂堵眼；

e）土方运输：装土、运土、弃土，清理道路。

工程量清单综合单价相应套用排地表水，土方开挖，围护（挡土板）及拆除，基底钎探，土方运输相关的定额项目。如果工程量清单项目特征描述的工程量清单项目工作内容没有排地表水，则工程量清单综合单价仅套用土方开挖，围护（挡土板）及拆除，基底钎探，土方运输相关的定额项目。

注：基底钎探，就是在基础土方开挖达到设计标高后，按规定对基础底面以下的土层进行探察，探察是否存在坑穴、古墓、古井、防空掩体及地下埋设物等。

b. 工程量清单综合单价的确定

（a）当清单计量规范与所组价的计价定额的工程量计算规则相同时，清单综合单价的确定可先分别确定所组价的计价定额项目的综合单价，然后，将所组价的计价定额项目合价相加，便可得到工程量清单项目综合单价。

（b）当工程量清单分项计量规范与所组价的计价定额的单位不同或工程量计算规则不同时，则需按照计价定额的工程量计算规则重新计算工程量，再确定清单综合单价。方法有两种：

a）采用定额项目单价法分析清单综合单价

首先，按照计价定额的工程量计算规则计算所组价的计价定额项目工程量。

其次，计算清单单位含量：

$$清单单位含量=\frac{定额项目的工程量}{清单工程量} \tag{4-25}$$

每一单位的清单项目所含的定额项目的工程量，即清单单位含量。

再分别确定各个相应计价定额项目的综合单价，将计价定额项目的综合单价与清单单位含量相乘计算出所组价的计价定额项目的合价，见式（4-26）。

然后，将所组价的计价定额项目的合价相加，便可得到工程量清单项目综合单价，见式（4-27）。

$$\text{定额项目合价}=\text{清单单位含量}\times[\Sigma(\text{定额人工消耗量}\times\text{人工单价})+\Sigma(\text{定额材料消耗量}\times\text{材料单价})+\Sigma(\text{定额机械台班消耗量}\times\text{机械台班单价})+\text{管理费和利润}] \tag{4-26}$$

$$\text{工程量清单项目综合单价}=\Sigma\text{定额项目合价} \tag{4-27}$$

b）采用定额项目总价法分析清单综合单价

首先，按照计价定额的工程量计算规则计算所组价的计价定额项目工程量。

其次，分别确定各个相应计价定额项目的综合单价，按照规定程序计算出所组价的定额项目的合价，见式（4-28）。

然后，将所组价的定额项目的合价相加，除以工程量清单项目的工程量，便可得到工程量清单项目综合单价，见式（4-29）。

$$\text{定额项目合价}=\text{定额项目工程量}\times[\Sigma(\text{定额人工消耗量}\times\text{人工单价})+\Sigma(\text{定额材料消耗量}\times\text{材料单价})+\Sigma(\text{定额机械台班消耗量}\times\text{机械台班单价})+\text{管理费和利润}] \tag{4-28}$$

$$\text{工程量清单项目综合单价}=\frac{\Sigma\text{定额项目合价}+\text{未计价材料费}}{\text{工程量清单项目工程量}} \tag{4-29}$$

2）综合单价中的风险因素

综合单价中应包括招标文件中要求投标人所承担的风险内容及其范围（幅度）产生的风险费用。

a. 对于主要建筑材料、工程机械设备、人工价格的市场风险，应当在招标文件或在合同中明确风险的范围和幅度，进行合理分摊。根据工程的特点和工期要求，一般采用的方式是承包人承担5%以内的建筑材料、工程设备价格风险，10%以内的施工机具使用费风险，0%～100%人工价格风险。

b. 对于技术难度较大和管理复杂的项目，可考虑一定的风险费用，并计入综合单价中。

c. 税金、规费、不可竞争的措施项目等法律、法规、规章和政策变化的风险不应列入风险范围。

3）分项工程项目工程量清单综合单价确定的依据

分项工程项目工程量清单综合单价的确定，在不同的计价阶段，其依据不同。

a. 招标控制价

（a）计价定额，依据工程所在地区颁发的计价定额。

（b）人工、材料、机械台班等生产要素的价格，依据工程造价管理机构发布的人工、材料、机械台班价格信息。

主要的材料，若工程造价管理机构没有发布价格，其价格应通过市场询价确定。没有采用工程造价管理机构发布的材料价格信息时，需在招标文件中对招标控制价采用的与材料价格信息不一致的市场价格予以说明，采用的市场价格应有可靠的信息来源。

（c）管理费和利润，依据工程所在地区颁发的费用标准。

b. 投标报价

（a）计价定额，应采用本企业定额；没有本企业定额或本企业定额缺项时，可参照与本企业生产力水平相近的国家、地区、行业、其他企业定额，并根据本企业的实际消耗量水平和拟定的施工方案来调整确定人工、材料、机械消耗量。

（b）人工、材料、机械台班等生产要素的价格，应根据本企业的实际情况和市场询价综合确定。

（c）管理费和利润，应根据企业自身技术水平及管理、经营状况的实际情况合理确定。

（2）分部分项工程费的确定

分部分项工程项目工程量清单费用应由各单位工程的工程量清单中提供的工程量乘以其相应的工程量清单综合单价并汇总而成。计算公式为：

分部分项工程费＝∑（工程量清单项目工程量×工程量清单项目综合单价）（4-30）

2. 措施项目费的编制

（1）措施项目费确定的方法

措施项目应按招标文件中提供的措施项目清单确定。措施项目分为以“量”计算和以“项”计算两种。

1）对于可计量的措施项目，以“量”计算，即按其工程量用与分部分项工程项目清单单价相同的方式确定综合单价、计算措施项目费。

2）对于不能精确计量的措施项目，则以“项”为单位，采用费率法按有关规定综合取定。采用费率法时，需确定某项费用的计费基数及其费率，结果应是除规费和税金以外的全部费用，计算公式为：

以“项”计算的措施项目清单费＝措施项目计算基数×费率　（4-31）

（2）措施项目费确定的依据

措施项目费中的安全文明施工费应当按照国家、省、行业建设主管部门的规定标准计算，该部分不得作为竞争性费用。招标人不得要求投标人对该项费用进行优惠，投标人也不得以该项费用参与市场竞争。

除安全文明施工费以外的措施项目费的确定，招标人应首先编制常规的施工组织设计或施工方案，经专家论证后，再合理确定措施项目与费用；投标人依据自己拟定的施工组织设计或施工方案自主确定。

3. 其他项目费的编制

（1）暂列金额

暂列金额由招标人根据工程特点、工期长短，按有关计价规定进行估算，一般可以以分部分项工程费的10%～15%为参考。

投标人应按照招标人在其他项目清单中提供的暂列金额填写，不得变动。

(2) 暂估价

招标人暂估价中的材料、工程设备单价应按照工程造价管理机构发布的工程造价信息中的材料、工程设备单价计算，工程造价信息未发布单价的材料，其单价参考市场价格估算；暂估价中的专业工程暂估价应分不同专业，按有关计价规定进行估算。

投标人应按照招标人在其他项目清单中提供的材料、工程设备暂估单价和专业工程暂估价的金额填写，并计算费用，不得变动。

(3) 计日工

招标人在编制招标控制价时，对计日工中的人工单价和施工机具台班单价应按省、行业建设主管部门或授权的工程造价管理机构公布的单价计算费用；材料应按照工程造价管理机构发布的工程造价信息中的材料单价计算费用，工程造价信息未发布单价的材料，应按市场调查确定的单价计算费用。

投标人应按照招标人在其他项目清单中提供计日工的项目和估算的数量，自主确定各项综合单价并计算费用。

(4) 总承包服务费

1) 招标人的总承包服务费应按照省或行业建设主管部门的规定计算，可参考以下标准：

a. 招标人仅要求对分包的专业工程进行总承包管理和协调时，按分包的专业工程估算造价的1.5%计算；

b. 招标人要求对分包的专业工程进行总承包管理和协调，同时要求提供配合服务时，根据招标文件中列出的配合服务内容和提出的要求，按分包的专业工程估算造价的3%～5%计算；

c. 招标人自行供应材料的，按招标人供应材料价值的1%计算。

2) 投标人的总承包服务费应根据招标人在招标文件中列出的分包专业工程内容和供应材料、设备情况，按照招标人提出的管理、协调、配合、服务要求和施工现场管理需要自主确定。

4. 规费和税金的编制

规费和税金必须按国家、省、行业建设主管部门的规定计算，不得作为竞争性费用。其中：

$$税金=(人工费+材料费+施工机具使用费+企业管理费+利润+规费)\times 综合税率 \tag{4-32}$$

(四) 单位工程造价的汇总

将组成工程量清单的分部分项工程费、措施项目费、其他项目费、规费和税金合计，即为单位工程造价（费用）。

单位工程造价汇总表格式如表 4-22 所示。

单位工程造价汇总表　　　　**表 4-22**

工程名称：　　　　标段：　　　　第　页　共　页

序号	汇总内容	金额(元)	招标控制价、投标报价 其中:暂估价(元)
1	分部分项工程		
1.1			
1.2			
1.3			
1.4			
1.5			
2	措施项目		
2.1	其中:安全文明施工费		
3	其他项目		
3.1	招标控制价、投标报价 其中:暂列金额		
3.2	其中:专业工程暂估价		
3.3	其中:计日工		
3.4	其中:总承包服务费		
3.5	竣工结算 其中:索赔与现场签证		
4	规费		
5	税金		
合计=1+2+3+4+5			

【例 4-4】 某工程的防水保温屋面设计采用国标《平屋面建筑构造》12J201 Ⓐ2 d25 的构造做法，保温层 d25 为挤塑聚苯乙烯泡沫塑料厚 25mm，防水层采用 4mm 厚 SBS 弹性体改性沥青防水卷材，细石混凝土保护层配 ϕ6 双向@150 钢筋网，保护层分格缝采用建筑油膏嵌缝，间距≤6m，隔离层砂浆采用 1∶4 石灰砂浆，钢筋混凝土屋面板为结构找坡。已知屋面工程量为 600m^2，钢筋 1.8t，分格缝长度 270m，建筑面积 10000m^2 以内，单价措施项目另行考虑。

计价依据如下：

(1)《福建省房屋建筑与装饰工程预算定额》FJYD -101-2017；

(2)《福建省建筑安装工程费用定额》(2017 年版)；

(3) 人工单价：预算定额基价的人工单价；

(4) 施工机械台班单价：《2018 年第一季度福建省施工机械台班单价》；

（5）材料价格：主要材料采用福建省建设工程工料机信息网发布的 2018 年 4 月莆田市信息价，其他材料采用预算定额基价的材料单价。

请列出其工程量清单并计算招标控制价。

解：

1. 根据工程量清单计价和工程量计算规范，列出工程量清单。

分部分项工程和单价措施项目清单如表 4-23 所示。

分部分项工程和单价措施项目清单 **表 4-23**

工程名称：某工程防水保温屋面　　　标段：　　　第 1 页　共 1 页

序号	项目编号	项目名称	项目特征描述	计量单位	工程量
	0109 屋面防水及其他				
1	010902003001	屋面刚性层	1. 保护层厚度：40mm 2. 混凝土种类、强度等级：C20 细石混凝土 3. 钢筋规格、型号：ϕ6 双向@150 钢筋网 4. 嵌缝材料种类：建筑油膏	m^2	600.00
2	010902001001	屋面卷材防水	1. 卷材品种、规格：SBS 弹性体改性沥青防水卷材，厚度 4mm 2. 防水层做法：SBS 弹性体改性沥青防水卷材防水层；20mm 厚 1∶3 水泥砂浆找平层	m^2	600.00
3	01B001	屋面隔离层	1. 材料品种：1∶4 石灰砂浆 2. 隔离层厚度：10mm	m^2	600.00
	0110 保温、隔热、防腐工程				
4	011001001001	保温隔热屋面	保温隔热材料品种、规格：挤塑板，25mm 厚	m^2	600.00
	0117 措施项目（另行考虑）				

2. 分析工程量清单综合单价。

（1）屋面刚性层工程量清单项目综合单价。

1）计算清单单位含量

$$钢筋网清单单位含量=\frac{定额项目的工程量}{清单工程量}=\frac{1.8}{600}=0.003\ (t/m^2)$$

$$分格缝清单单位含量=\frac{定额项目的工程量}{清单工程量}=\frac{270}{600}=0.45\ (m/m^2)$$

2）屋面刚性层工程量清单项目综合单价分析

屋面刚性层工程量清单项目综合单价分析见表 4-24。

综合单价分析表　　**表 4-24**

工程名称：某工程防水保温屋面　　标段：　　第 1 页　共 3 页

<table>
<tr><td>项目编码</td><td colspan="2">010902003001</td><td colspan="2">项目名称</td><td>屋面刚性层</td><td colspan="2">计量单位</td><td>m^2</td><td colspan="2">工程量</td><td>600.00</td></tr>
<tr><td colspan="12">清单综合单价分析表</td></tr>
<tr><td rowspan="2">定额编号</td><td rowspan="2">定额项目名称</td><td rowspan="2">定额单位</td><td rowspan="2">数量</td><td colspan="4">单价</td><td colspan="4">合价</td></tr>
<tr><td>人工费</td><td>材料费</td><td>机械费</td><td>管理费和利润</td><td>人工费</td><td>材料费</td><td>机械费</td><td>管理费和利润</td></tr>
<tr><td>国家(2015)9-89</td><td>40 厚 C20 细石混凝土保护层</td><td>m^2</td><td>1.00</td><td>15.02</td><td>16.32</td><td></td><td>4.14</td><td>15.02</td><td>16.32</td><td></td><td>4.14</td></tr>
<tr><td>10105065</td><td>钢筋网</td><td>t</td><td>0.003</td><td>1116.41</td><td>3659.42</td><td>19.81</td><td>633.40</td><td>3.35</td><td>10.98</td><td>0.06</td><td>1.90</td></tr>
<tr><td>国家(2015)9-101</td><td>40 厚细石混凝土保护层的分格缝</td><td>m</td><td>0.45</td><td>17.52</td><td>1.15</td><td></td><td>2.47</td><td>7.88</td><td>0.52</td><td></td><td>1.11</td></tr>
<tr><td colspan="3">人工单价</td><td colspan="5">小计</td><td>26.25</td><td>27.82</td><td>0.06</td><td>7.15</td></tr>
<tr><td colspan="3">人工单价</td><td colspan="5">未计价材料费</td><td colspan="4"></td></tr>
<tr><td colspan="8">清单项目综合单价</td><td colspan="4">61.28</td></tr>
<tr><td rowspan="8" colspan="2">材料费明细</td><td colspan="4">主要材料名称、规格、型号</td><td>单位</td><td>数量</td><td>单价(元)</td><td>合价(元)</td><td>暂估单价(元)</td><td>暂估合价(元)</td></tr>
<tr><td colspan="4">圆钢 $\phi 6$</td><td>t</td><td>0.003</td><td>3530.00</td><td>10.80</td><td></td><td></td></tr>
<tr><td colspan="4">预拌非泵送细石混凝土</td><td>m^3</td><td>0.0404</td><td>373.51</td><td>15.09</td><td></td><td></td></tr>
<tr><td colspan="4">木模板</td><td>m^3</td><td>0.00069</td><td>1432.48</td><td>0.99</td><td></td><td></td></tr>
<tr><td colspan="4">镀锌铁丝</td><td>kg</td><td>0.039</td><td>4.49</td><td>0.18</td><td></td><td></td></tr>
<tr><td colspan="4">水</td><td>m^3</td><td>0.0964</td><td>2.52</td><td>0.24</td><td></td><td></td></tr>
<tr><td colspan="4">建筑油膏</td><td>kg</td><td>0.302</td><td>1.72</td><td>0.52</td><td></td><td></td></tr>
<tr><td colspan="6">材料费小计</td><td>—</td><td>27.82</td><td>—</td><td></td></tr>
</table>

(2) 同理分析出屋面卷材防水、屋面隔离层、保温隔热屋面工程量清单项目综合单价。

屋面卷材防水工程量清单项目综合单价为：62.73 元/m^2。

屋面隔离层工程量清单项目综合单价为：13.98 元/m^2。

保温隔热屋面工程量清单项目综合单价为：19.22 元/m^2。

3. 分部分项工程和单价措施项目计价表的编制。

分部分项工程和单价措施项目计价表见表 4-25。

分部分项工程和单价措施项目计价表 **表 4-25**

工程名称：某工程防水保温屋面　　标段：　　第 1 页　共 1 页

序号	项目编号	项目名称	项目特征描述	计量单位	工程量	金额		
						综合单价（元）	合价（元）	其中：暂估价（元）
	0109 屋面防水及其他							
1	010902003001	屋面刚性层	1. 保护层厚度:40mm 2. 混凝土种类、强度等级:C20 细石混凝土 3. 钢筋规格、型号:ϕ6 双向@150 钢筋网 4. 嵌缝材料种类:建筑油膏	m^2	600.00	61.28	36768	
2	010902001001	屋面卷材防水	1. 卷材品种、规格:SBS 弹性体改性沥青防水卷材,厚度 4mm 2. 防水层做法:SBS 弹性体改性沥青防水卷材防水层;20mm 厚 1∶3 水泥砂浆找平层	m^2	600.00	62.73	37638	
3	01B001	屋面隔离层	1. 材料品种:1∶4 石灰砂浆 2. 隔离层厚度:10mm	m^2	600.00	13.98	8388	
小　计							82794	
	0110 保温、隔热、防腐工程							
4	011001001001	保温隔热屋面		m^2	600.00	19.22	11532	
小　计							11532	
	0117 措施项目(另行考虑)						0	
合　计							94326	

4. 总价措施项目计价表的编制。

总价措施项目计价表见表 4-26。

总价措施项目计价表 **表 4-26**

工程名称：某工程防水保温屋面　　标段：　　第 1 页　共 1 页

序号	项目编码	项目名称	计算基础	费率（%）	金额（元）	调整费率（%）	调整后金额（元）	备注
1	011707001001	安全文明施工费	（分部分项工程费＋单价措施项目费）	3.58	3377			
2	011707002001～011707007001	其他总价措施费	（分部分项工程费＋单价措施项目费）	0.35	330			
合　计					3707			

5. 规费、税金项目的编制。

规费、税金的计算见表 4-27。

规费、税金项目计价表　　**表 4-27**

工程名称：某工程防水保温屋面　　标段：　　第 1 页　共 1 页

序号	项目名称	计算基础	计算基数	计算费率(%)	金额(元)
1	规费	分部分项工程费＋措施项目费＋其他项目费－按规定不计税的工程设备费	94326＋3707＋0－0	福建省目前规费费率为 0	0
2	税金	分部分项工程费＋措施项目费＋其他项目费＋规费－按规定不计税的工程设备费	98033	10	9803
合　计					9803

6. 招标控制价的汇总。

招标控制价的汇总见表 4-28。

招标控制价汇总表　　**表 4-28**

工程名称：某工程防水保温屋面　　标段：　　第 1 页　共 1 页

序号	汇总内容	金额(元)	其中:暂估价(元)
1	分部分项工程	94326	
1.1	0109 屋面防水及其他	82794	
1.2	0110 保温、隔热、防腐工程	11532	
2	措施项目	3707	—
2.1	其中:安全文明施工费	3377	—
3	其他项目	0	—
3.1	其中:暂列金额	0	—
3.2	其中:专业工程暂估价	0	—
3.3	其中:计日工	0	—
3.4	其中:总承包服务费(另行考虑)	0	—
4	规费	0	—
5	税金	9803	—
招标控制价合计=1+2+3+4+5		107836	

第五章　建筑工程计量

工程量计算，在工程建设中简称“工程计量”。工程量计算是指建设工程项目以设计图纸、施工组织设计或施工方案及有关技术经济文件为依据，按照相关工程国家标准的计算规则、计量单位等，进行工程数量的计算活动。

工程计量工作包括计价项目的确定和工程量的计算。确定计价项目，采用工程量清单计价法时，主要是按照《建设工程工程量清单计价规范》GB 50500—2013 的规定确定清单项目；采用定额计价法时，主要是按照《房屋建筑与装饰工程消耗量定额》TY01—31—2015 的规定确定定额项目。工程量主要是根据施工图和工程量计算规则进行计算，不同的计价方法依据不同的工程量计算规则：工程量清单计价法的工程量计算依据《房屋建筑与装饰工程工程量计算规范》GB 50854—2013 附录中规定的工程量计算规则，定额计价法的工程量计算依据定额中规定的工程量计算规则。

注：《建设工程工程量清单计价规范》GB 50500—2013，以下简称清单计价规范。《房屋建筑与装饰工程工程量计算规范》GB 50854—2013，以下简称清单计量规范；附录中规定的工程量计算规则，以下简称清单计量规则；清单计量规范附录表中的注，以下简称清单计量规定。《房屋建筑与装饰工程消耗量定额》TY01－31－2015，以下简称定额；定额中规定的工程量计算规则，以下简称定额计量规则；定额的说明，以下简称定额规定。清单计量规则与定额计量规则相同的，以下简称计量规则。

工程计量是一项繁杂而细致的工作，为了计算快速、准确并尽量避免漏算或重算，应当遵循一定的计算原则及方法：

a. 计算口径一致。根据施工图列出的工程量清单，必须与专业工程量计算规范中相应清单项目的口径相一致。

b. 按工程量计算规则计算。工程量计算规则是综合确定各项消耗指标的基本依据，也是具体工程测算和分析资料的基准。

c. 按施工设计图纸计算。工程量按每一分项工程，根据施工设计图纸进行计算，计算时采用的原始数据必须以施工设计图纸所标示的尺寸或施工设计图纸能读出的尺寸为准，不得任意增减。

d. 按一定顺序计算。计算分部分项工程量时，可以按照定额编目顺序、施工先后顺序或统筹法进行计算。对同一张图纸的分项工程量计算，一般采用以下几种顺序：按顺时针或逆时针顺序计算；按先横后纵顺序计算；按轴线编号顺序计算。

第一节　建筑面积的计算

建筑面积的计算是工程计量最基础的工作，它在工程建设中起着非常重要的作用。首先，在工程建设的众多技术经济指标中，大多数以建筑面积为基数，它是核定估算、概算、预算工程造价的一个重要基础数据，是计算和确定工程造价，并分析工程造价和工程设计合理性的一个基础指标；其次，建筑面积是国家进行建设工程数据统计、固定资产宏观调控的重要指标；再次，建筑面积是房地产交易、工程承发包交易、建筑工程有关运营费用核定等的一个关键指标；建筑面积还是工程水平面计量的基础。因此，建筑面积的计算不仅是工程计价的需要，也在加强建设工程科学管理、促进社会和谐等方面起着非常重要的作用。

我国的建筑面积计算以规则的形式出现，始于20世纪70年代制定的《建筑面积计算规则》。1982年国家经委基本建设办公室（82）经基设字58号印发的《建筑面积计算规则》是对原《建筑面积计算规则》的修订。1995年建设部发布了《全国统一建筑工程预算工程量计算规则》土建工程 GJD_{GZ}—101—95，其中第二章为“建筑面积计算规则”，该规则是对1982年修订的《建筑面积计算规则》的再次修订。2005年建设部为了满足工程计价工作的需要，同时与住宅设计规范、房产测量规范的有关内容相协调，对1995年的《建筑面积计算规则》进行了系统的修订，并以国家标准的形式发布了《建筑工程建筑面积计算规范》GB/T 50353—2005，2013年住房和城乡建设部进行修订，发布了《建筑工程建筑面积计算规范》GB/T 50353—2013。

建筑面积的概念：建筑物各层面积的总和，包括有效面积和结构面积。有效面积包括使用面积和辅助面积。①使用面积，建筑物各层平面中直接为生产或生活使用的净面积的总和。例如办公楼的办公室净面积的总和就是使用面积，在居住建筑中，居住面积就是使用面积（居住面积是指住宅建筑中的居室净面积）。②辅助面积，建筑物各层平面中为辅助生产或生活活动所占净面积的总和。例如居住建筑中的楼梯走道、厕所、厨房等。③结构面积，建筑物各层平面中的墙、柱等结构所占面积的总和。

一、建筑工程建设面积计算规范的内容

（一）总则

（1）为规范工业与民用建筑工程建设全过程的建筑面积计算，统一计算方法，制定本规范。

（2）本规范适用于新建、扩建、改建的工业与民用建筑工程建设全过程的建筑面积计算。

（3）建筑工程的建筑面积计算，除应符合本规范外，尚应符合国家现行有关标准的

规定。

（二）术语

1. 建筑面积

建筑物（包括墙体）所形成的楼地面面积。

2. 结构层高

楼面或地面结构层上表面至上部结构层上表面之间的垂直距离，见图 5-1。

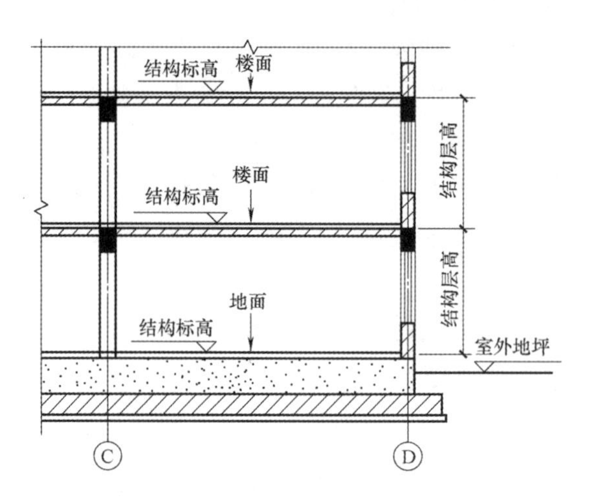

图 5-1　结构层高示意图

3. 结构层

整体结构体系中承重的楼板层。

4. 结构净高

楼面或地面结构层上表面至上部结构层下表面之间的垂直距离，见图 5-2。

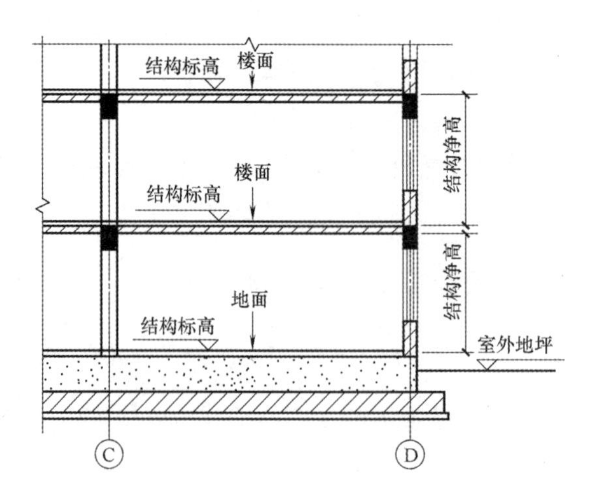

图 5-2　结构净高示意图

5. 自然层

按楼地面结构分层的楼层，见图 5-3。

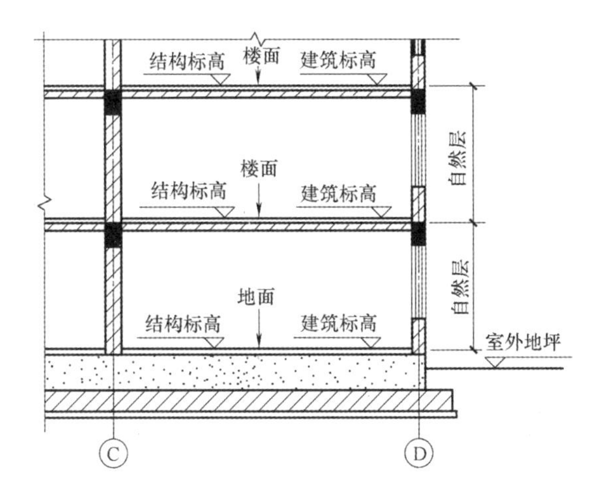

图 5-3　自然层示意图

6. 建筑空间

以建筑界面限定的、供人们生活和活动的场所。

7. 走廊

建筑物中的水平交通空间，见图 5-4。

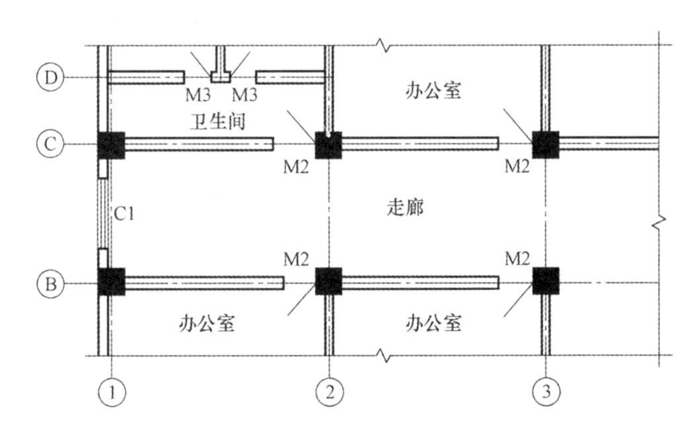

图 5-4　走廊示意图

8. 架空走廊

专门设置在建筑物的二层或二层以上，作为不同建筑物之间水平交通的空间，见图 5-5。

9. 挑廊

挑出建筑物外墙的水平交通空间，见图 5-6。

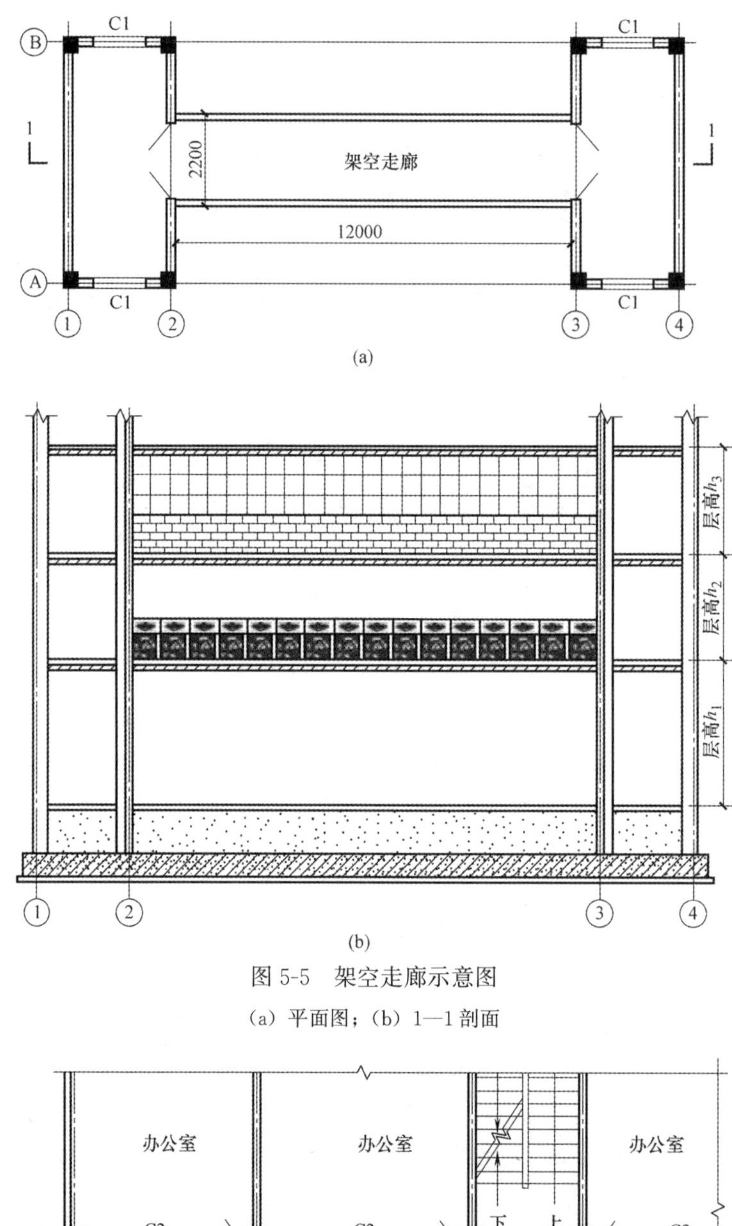

图 5-5 架空走廊示意图

(a) 平面图；(b) 1—1 剖面

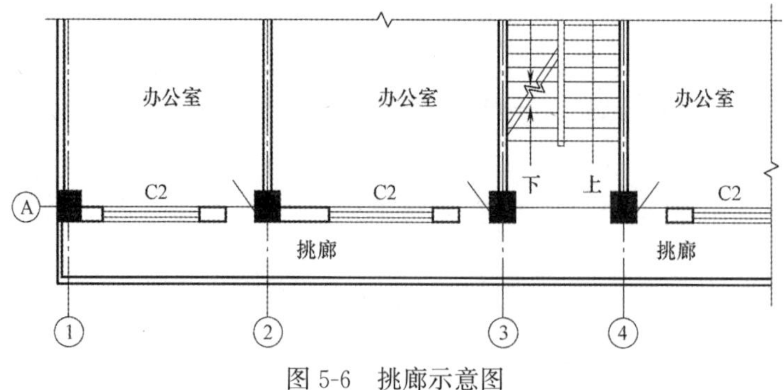

图 5-6 挑廊示意图

10. 檐廊

建筑物挑檐下的水平交通空间，见图 5-7。

11. 门斗

建筑物出入口处两道门之间的空间，见图 5-8。

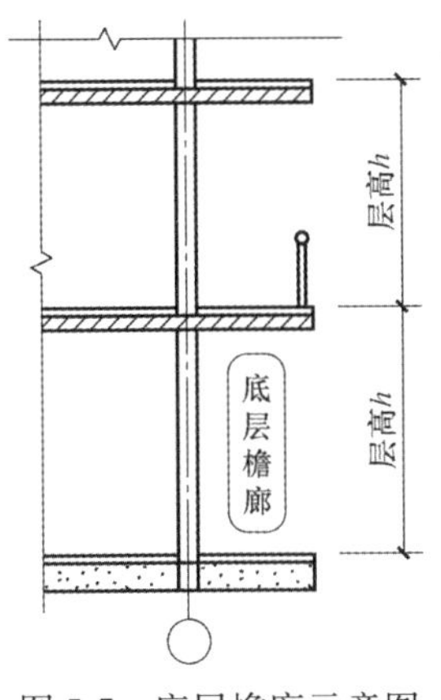

图 5-7　底层檐廊示意图

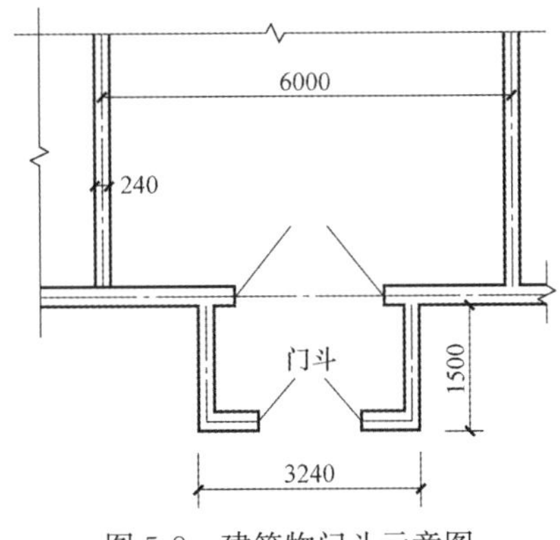

图 5-8　建筑物门斗示意图

12. 门廊

建筑物出入口前有顶棚的半围合空间。

13. 主体结构

接受、承担和传递建设工程所有上部荷载，维持上部结构整体性、稳定性和安全性的有机联系的构造。

14. 围护结构

围合建筑空间四周的墙体、门、窗，见图 5-9。

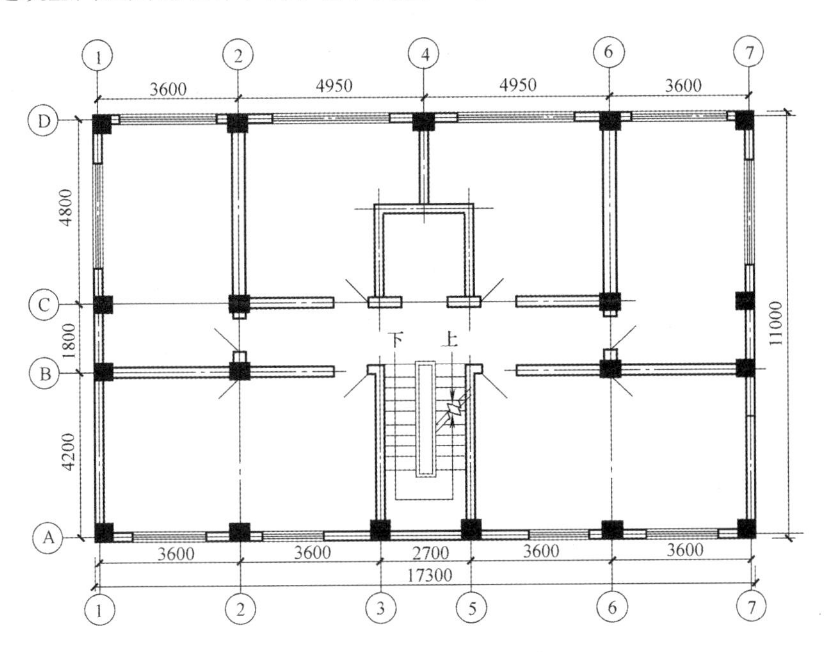

图 5-9　建筑物围护结构示意图

15. 围护设施

为保障安全而设置的栏杆、栏板等围挡。

16. 落地橱窗

突出外墙面且根基落地的橱窗，见图 5-10。

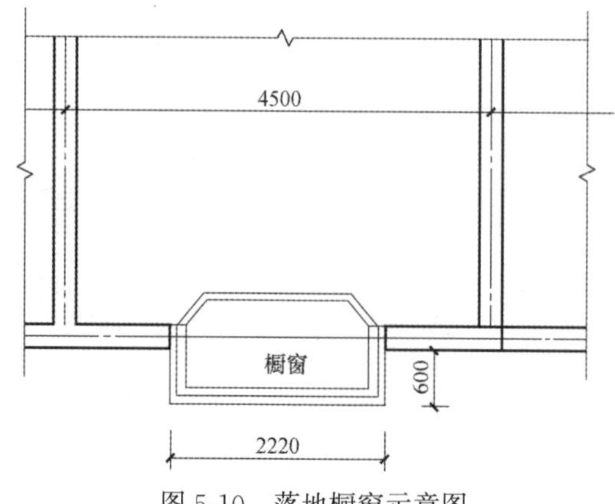

图 5-10　落地橱窗示意图

17. 凸窗（飘窗）

凸出建筑物外墙面的窗户。

18. 楼梯

由连续行走的梯级、休息平台和维护安全的栏杆（或栏板）、扶手以及相应的支托结构组成的作为楼层之间垂直交通使用的建筑部件。

19. 阳台

附设于建筑物外墙，设有栏杆或栏板，可供人活动的室外空间，见图 5-11。

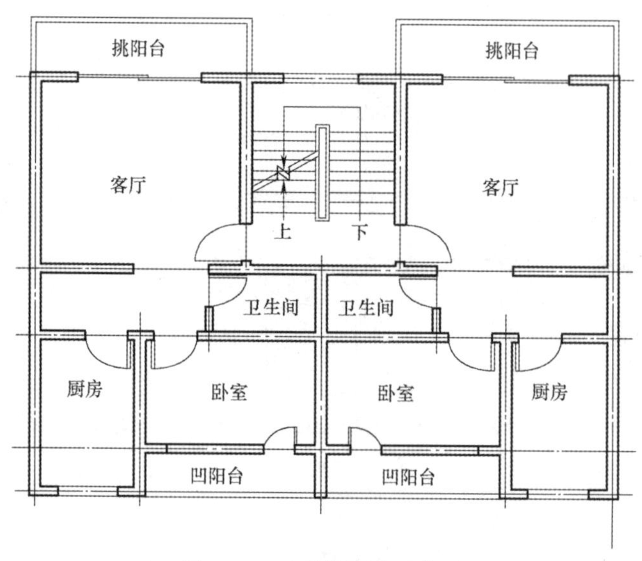

图 5-11　建筑物阳台示意图

20. 雨篷

建筑物出入口上方为遮挡雨水而设置的部件，见图 5-12。

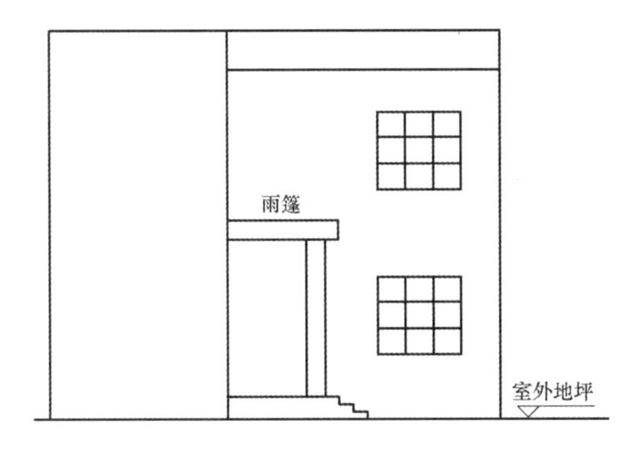

图 5-12　建筑物雨篷示意图

21. 地下室

室内地平面低于室外地平面的高度超过室内净高的 1/2 的房间，见图 5-13。

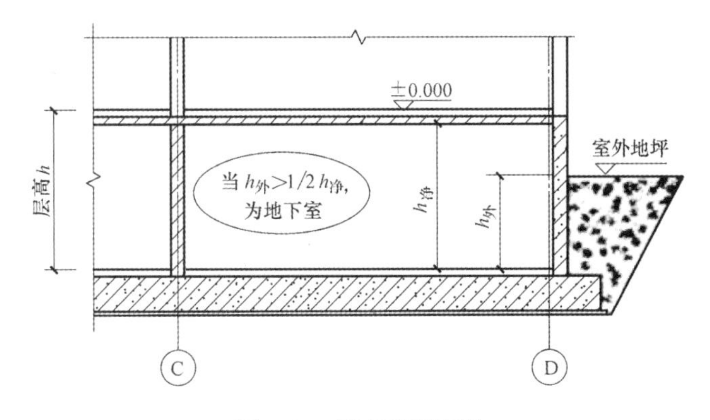

图 5-13　地下室剖面图

22. 半地下室

室内地平面低于室外地平面的高度超过室内净高的 1/3，且不超过 1/2 的房间，见图 5-14。

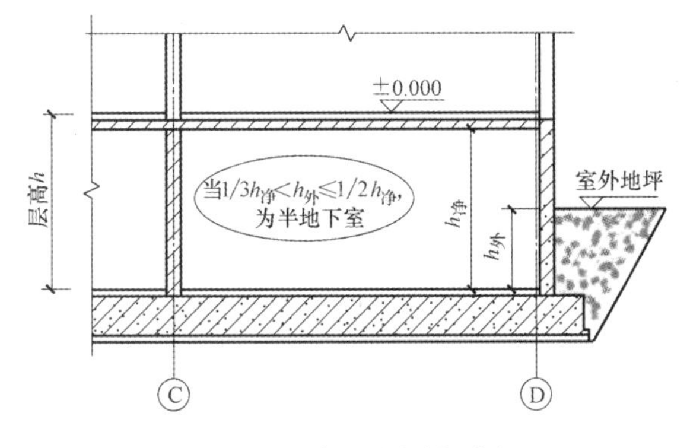

图 5-14　半地下室剖面图

23. 架空层

仅有结构支撑而无外围护结构的开敞空间层。

24. 变形缝

防止建筑物在某些因素作用下引起开裂甚至破坏而预留的构造缝，见图 5-15。

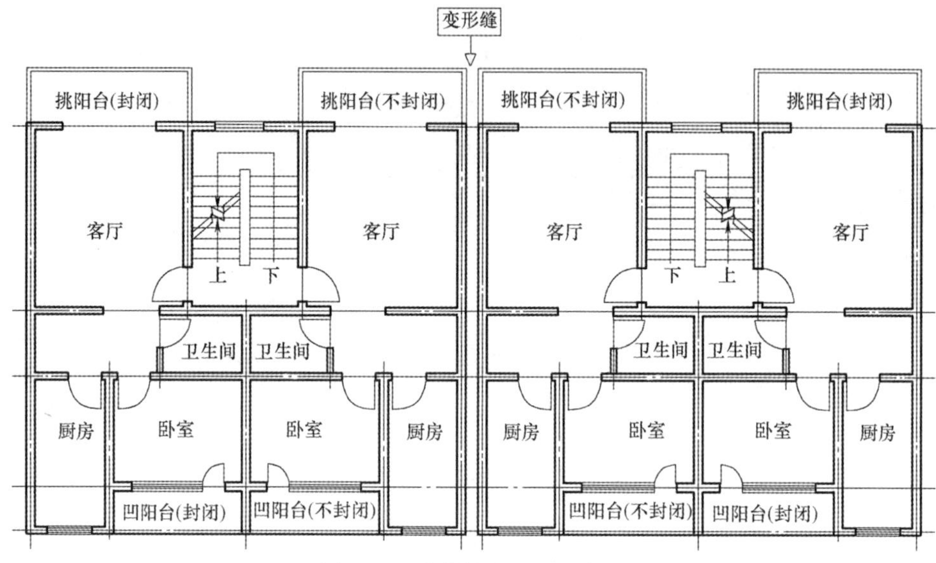

图 5-15　建筑物变形缝示意图

25. 骑楼

建筑底层沿街面后退且留出公共人行空间的建筑物，见图 5-16。

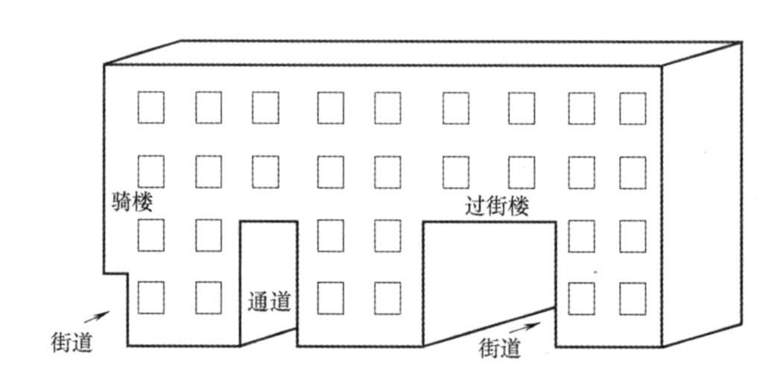

图 5-16　建筑物骑楼、过街楼、通道示意图

26. 过街楼

跨越道路上空并与两边建筑相连接的建筑物，见图 5-16。

27. 建筑物通道

为穿过建筑物而设置的空间。

28. 露台

设置在屋面、首层地面或雨篷上的供人室外活动的有围护设施的平台。

29. 勒脚

在房屋外墙接近地面部位设置的饰面保护构造，见图 5-17。

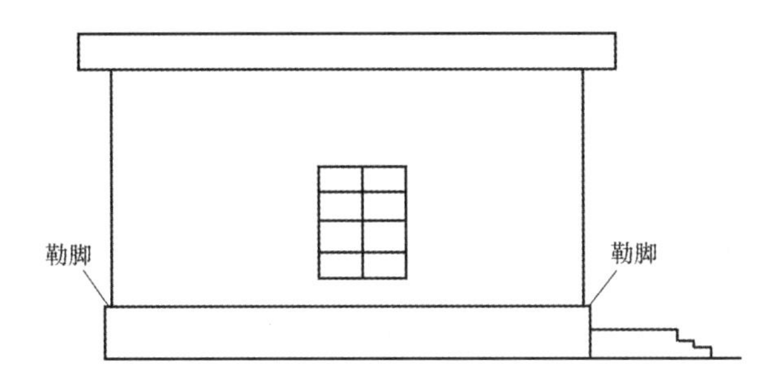

图 5-17　建筑物勒脚示意图

30. 台阶

联系室内外地坪或同楼层不同标高而设置的阶梯形踏步。

（三）计算建筑面积的规定

（1）建筑物的建筑面积应按自然层外墙结构外围水平面积之和计算。结构层高在 2.20m 及以上的，应计算全面积；结构层高在 2.20m 以下的，应计算 1/2 面积。

【例 5-1】 计算图 5-18 的建筑面积。已知二层结构层高为 2.10m，其余各层结构层高为 3.6m。

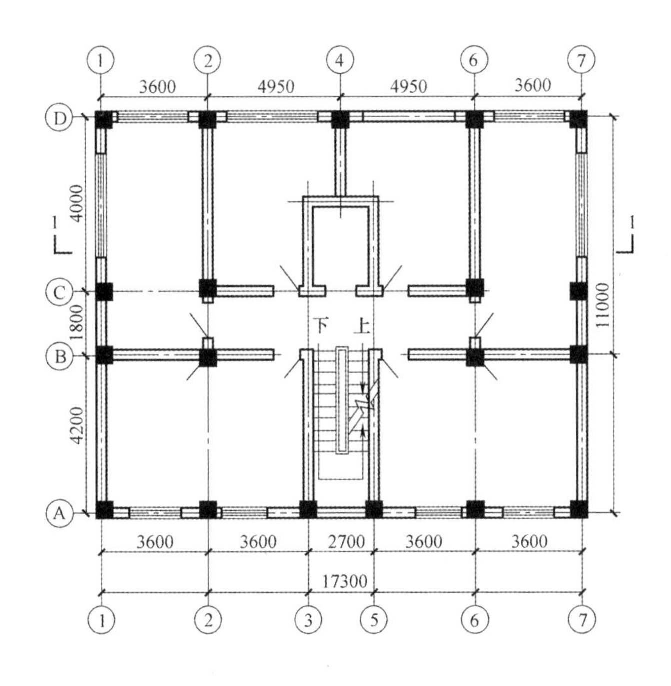

图 5-18　多层建筑物示意图（一）

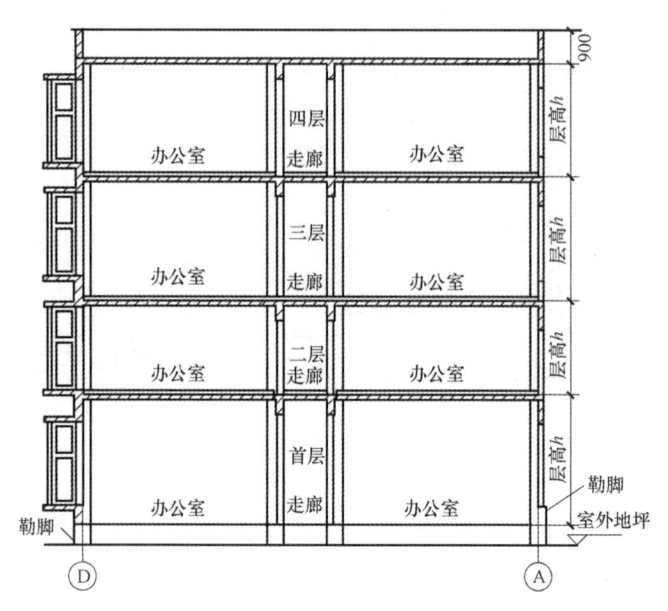

图 5-18　多层建筑物示意图（二）

解：建筑面积 $S=17.3\times11.0\times3+17.3\times11.0\times1/2\times1=666.05$（$m^2$）

（2）建筑物内设有局部楼层时，对于局部楼层的二层及以上楼层，有围护结构的应按其围护结构外围水平面积计算，无围护结构的应按其结构底板水平面积计算，结构层高在 2.20m 及以上的，应计算全面积，结构层高在 2.20m 以下的，应计算 1/2 面积。

【例 5-2】 计算图 5-19 的建筑面积。

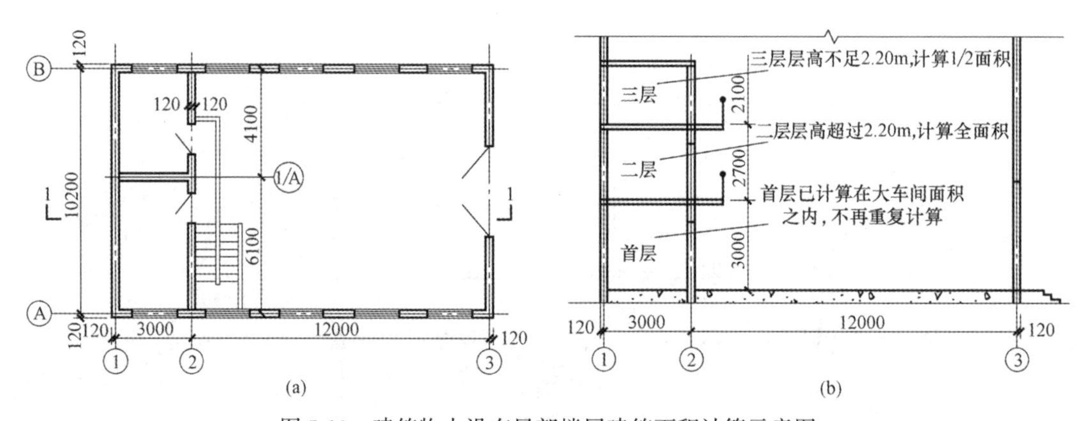

图 5-19　建筑物内设有局部楼层建筑面积计算示意图

（a）平面；（b）1—1 剖面

解：建筑面积 $S=10.440\times15.240+3.240\times10.440+3.240\times10.440\times1/2=209.84$（$m^2$）

（3）形成建筑空间的坡屋顶，结构净高在 2.10m 及以上的部位应计算全面积；结构净高在 1.20m 及以上至 2.10m 以下的部位应计算 1/2 面积；结构净高在 1.20m 以下的部位不应计算建筑面积。

【例 5-3】 计算图 5-20 的建筑面积。

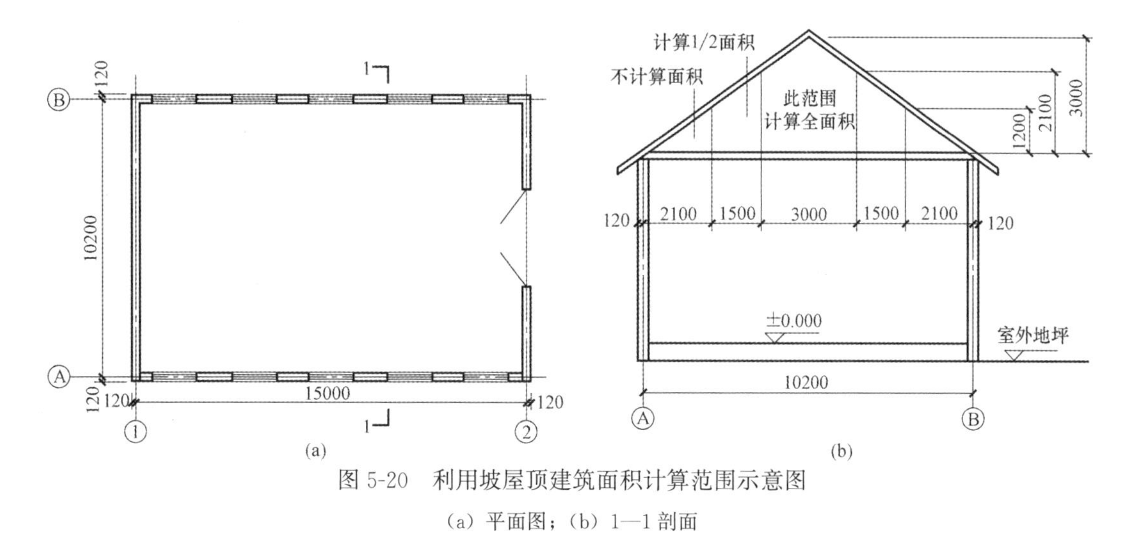

图 5-20　利用坡屋顶建筑面积计算范围示意图

（a）平面图；（b）1—1 剖面

解： 建筑面积 S＝10.440×15.240 ＋3.000×15.240＋（1.500×15.240）×1/2×2＝227.68（m^2）

（4）场馆看台下的建筑空间，结构净高在 2.10m 及以上的部位应计算全面积；结构净高在 1.20m 及以上至 2.10m 以下的部位应计算 1/2 面积；结构净高在 1.20m 以下的部位不应计算建筑面积。室内单独设置的有围护设施的悬挑看台，应按看台结构底板水平投影面积计算建筑面积。有顶盖无围护结构的场馆看台应按其顶盖水平投影面积的 1/2 计算面积。

【例 5-4】 计算图 5-21 中利用的建筑物场馆看台下的建筑面积。

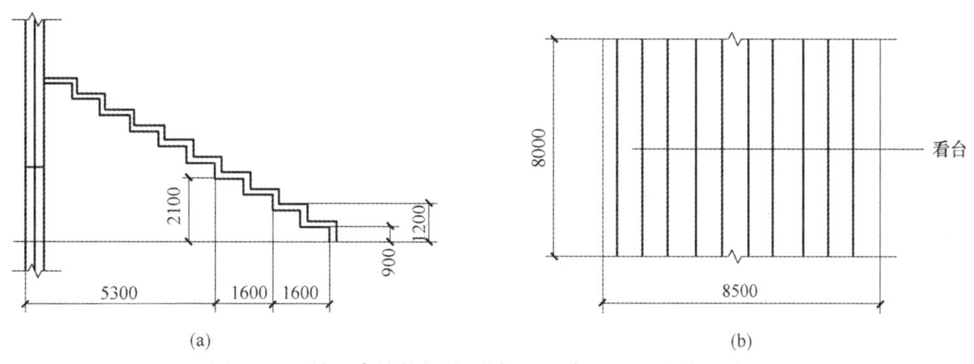

图 5-21　利用建筑物场馆看台下的建筑面积计算示意图

（a）剖面；（b）平面

解： 建筑面积 S＝8.0×（5.3＋1.6×0.5）＝48.8（m^2）

（5）地下室、半地下室应按其结构外围水平面积计算。结构层高在 2.20m 及以上的，应计算全面积；结构层高在 2.20m 以下的，应计算 1/2 面积。

【例 5-5】 计算图 5-22 所示的建筑面积。

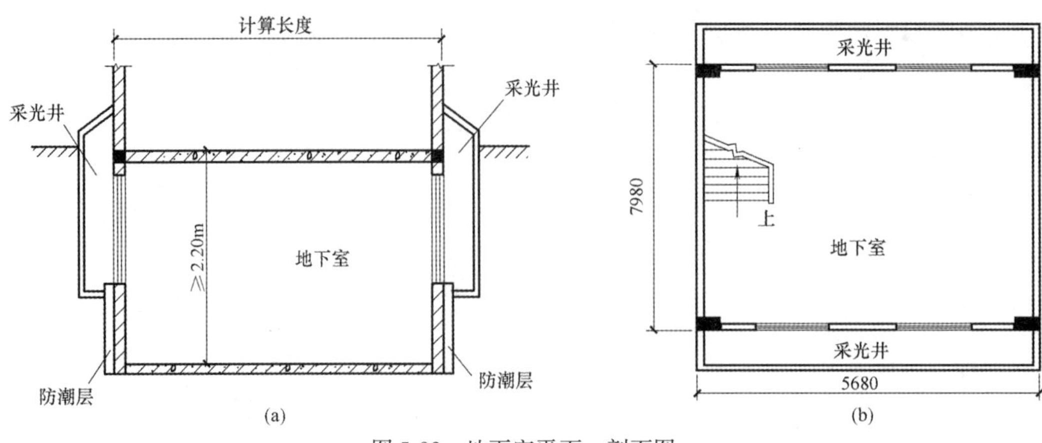

图 5-22　地下室平面、剖面图

（a）剖面；（b）平面

解： 建筑面积 $S=7.98\times5.68=45.33$（m^2）

（6）出入口外墙外侧坡道有顶盖的部位，应按其外墙结构外围水平面积的 1/2 计算面积。

（7）建筑物架空层及坡地建筑物吊脚架空层，应按其顶板水平投影计算建筑面积。结构层高在 2.20m 及以上的，应计算全面积；结构层高在 2.20m 以下的，应计算 1/2 面积。

【例 5-6】 计算图 5-23 中吊脚架空层的建筑面积。

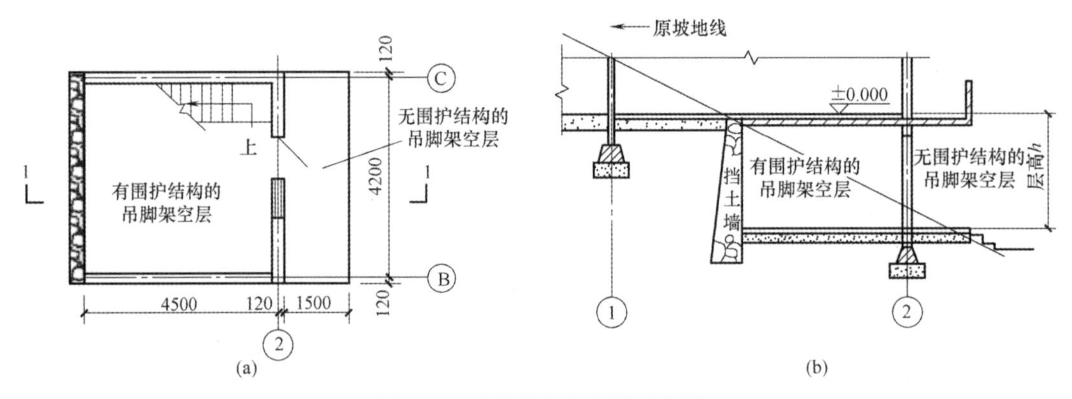

图 5-23　建筑吊脚架空层示意图

（a）平面图；（b）1—1 剖面

解：

层高 $h\geqslant2.20$m 时，有围护结构的应计算全面积，无围护结构的应计算 1/2 面积。架空层建筑面积：

$$S=(4.5+0.12)\times(4.2+0.12\times2)+1.5\times(4.2+0.12\times2)\times0.5=23.84\ (m^2)$$

层高 $h<2.20$m 时，无论有围护结构还是无围护结构，都应计算 1/2 面积。则架空层建筑面积：

$$S=(4.5+0.12)\times(4.2+0.12\times2)\times0.5+1.5\times(4.2+0.12\times2)\times0.5=13.58\ (m^2)$$

（8）建筑物的门厅、大厅应按一层计算建筑面积，门厅、大厅内设置的走廊应按走廊结构底板水平投影面积计算建筑面积。结构层高在 2.20m 及以上的，应计算全面积；结构层高在 2.20m 以下的，应计算 1/2 面积。

【例 5-7】 计算图 5-24 中某建筑物回廊的建筑面积。

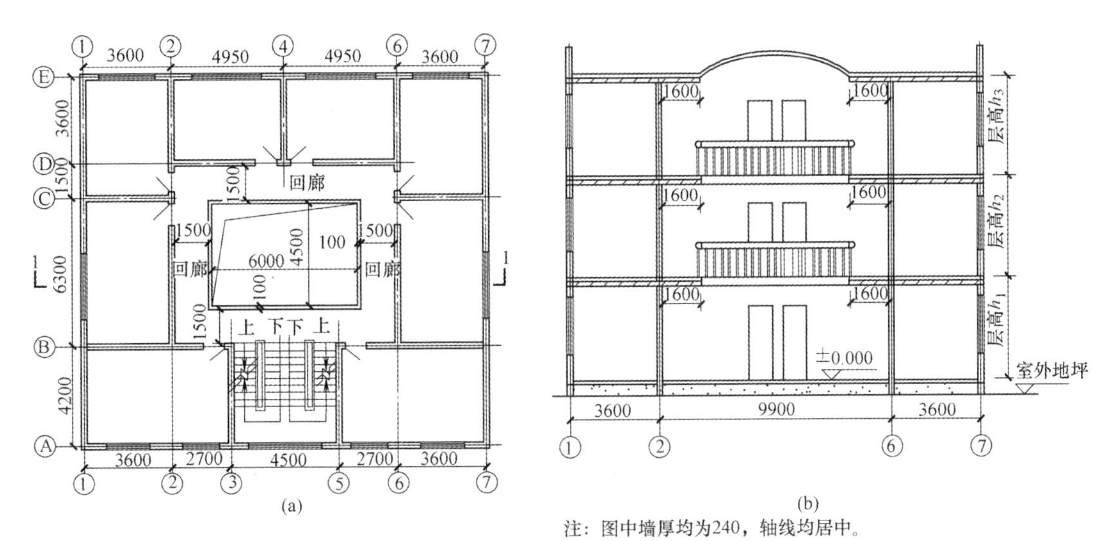

图 5-24 某建筑物回廊平面与剖面图

(a) 平面图；(b) 1—1 剖面

解：

当层高 h_1（或 h_2 或 h_3）≥2.20 时，计算全面积，则回廊建筑面积 S＝(2.7＋4.5＋2.7－0.12×2)×(6.3＋1.5－0.12×2)－6.0×4.5＝46.030（m^2）

当层高 h_1（或 h_2 或 h_3）＜2.20 时，计算 1/2 面积，则回廊建筑面积 S＝[(2.7＋4.5＋2.7－0.12×2)×(6.3＋1.5－0.12×2)－6.0×4.5]×0.5＝23.015（m^2）

（9）建筑物间的架空走廊，有顶盖和围护结构的，应按其围护结构外围水平面积计算全面积；无围护结构、有围护设施的，应按其结构底板水平投影面积计算 1/2 面积。

【例 5-8】 计算图 5-25 中二、三层架空走廊的建筑面积。

解：图中的三层走廊，属于有顶盖和围护结构的架空走廊，当三层层高 h_3≥2.20m 时，架空走廊应计算全面积，则 S＝12.0×2.2＝26.4（m^2）；当三层层高 h_3＜2.20m 时，应计算 1/2 面积，则：S＝12.0×2.2×0.5＝13.2（m^2）

图中的二层架空走廊，属于有顶盖无围护结构、有围护设施的架空走廊，无论二层层高 h_2≥2.20m，还是 h_2＜2.20m，架空走廊面积都应计算 1/2 面积，则：S＝12.0×2.2×0.5＝13.2（m^2）

（10）立体书库、立体仓库、立体车库，有围护结构的，应按其围护结构外围水平面积计算建筑面积；无围护结构、有围护设施的，应按其结构底板水平投影面积计算建筑面积。无结构层的应按一层计算，有结构层的应按其结构层面积分别计算。结构层高在 2.20m 及以上的，应计算全面积；结构层高在 2.20m 以下的，应计算 1/2 面积。

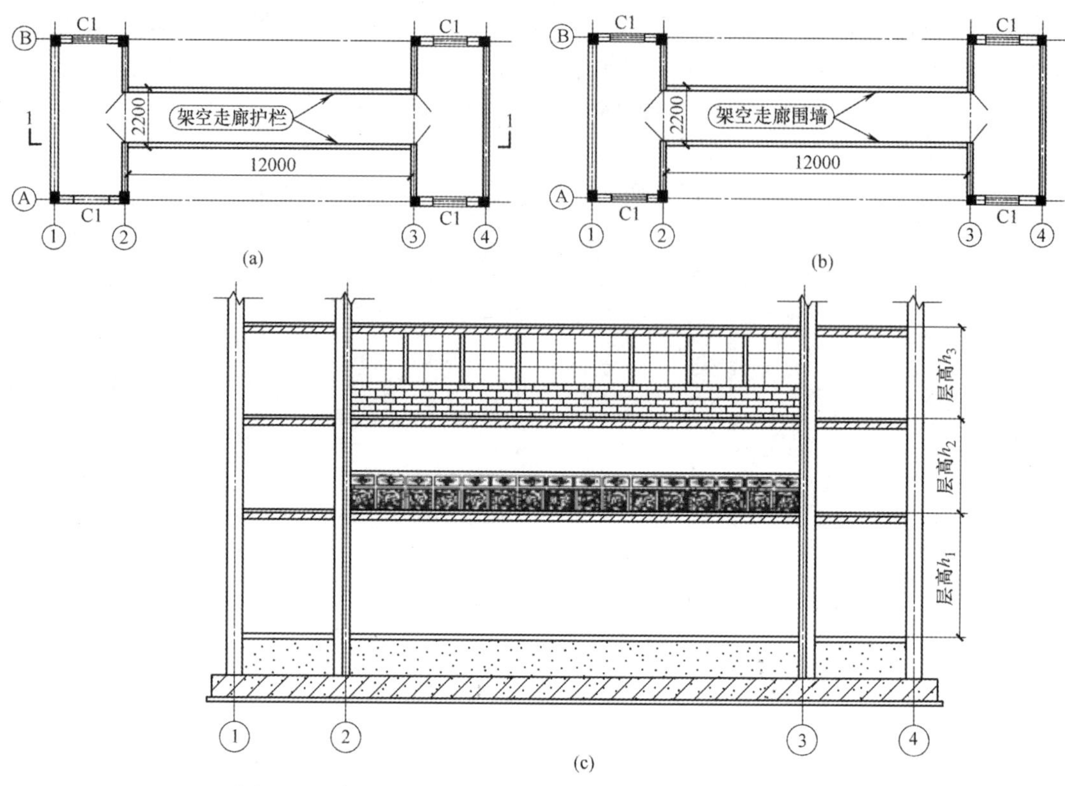

图 5-25　建筑物之间有围护结构的架空走廊平面与剖面图

（a）二层平面图；（b）三层平面图；（c）1—1 剖面

【例 5-9】 计算图 5-26 中立体书架建筑面积。

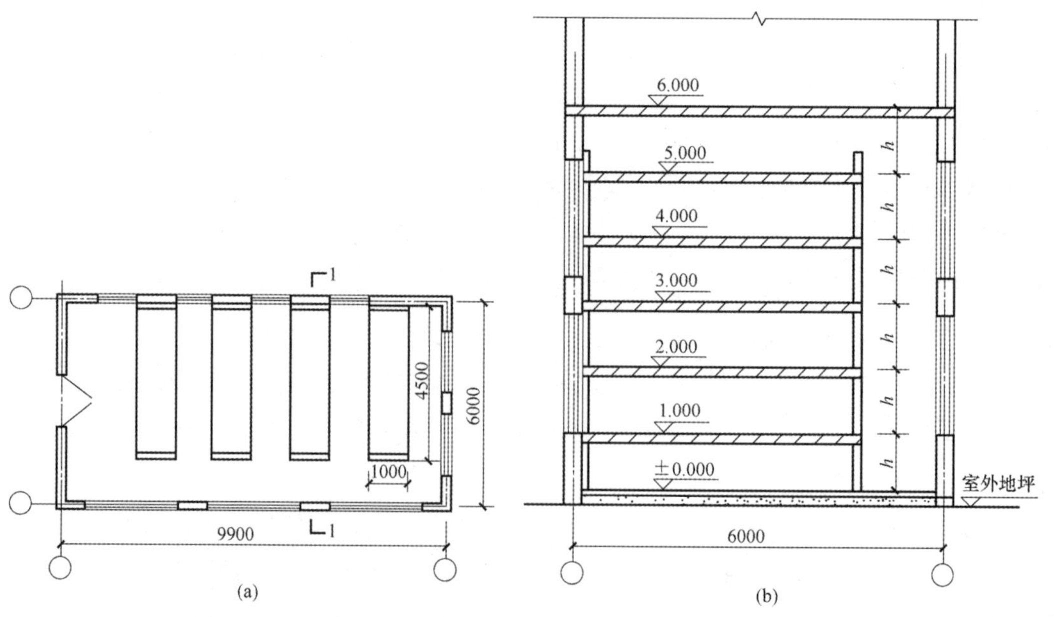

图 5-26　有结构层的立体书库、立体仓库、立体车库平面与剖面图

（a）平面图；（b）1—1 剖面

解：当书架高 $h \geqslant 2.20\text{m}$ 时，计算全面积。

立体书架建筑面积 $S=4.5\times1.0\times5\times4=90.00$（$\text{m}^2$）

当书架高 $h<2.20\text{m}$ 时，计算 1/2 面积。

立体书架建筑面积 $S=4.5\times1.0\times5\times4\times0.5=45.00$（$\text{m}^2$）

（11）有围护结构的舞台灯光控制室，应按其围护结构外围水平面积计算。结构层高在 2.20m 及以上的，应计算全面积；结构层高在 2.20m 以下的，应计算 1/2 面积。

【例 5-10】 计算图 5-27 中某剧院灯光控制室建筑面积。

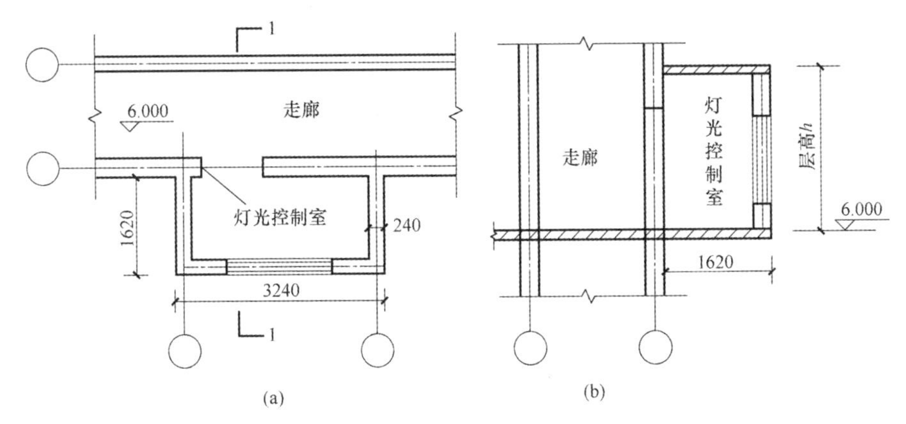

图 5-27　有围护结构的舞台灯光控制室平面与剖面图

（a）平面图；（b）1—1 剖面

解：当有围护结构的灯光控制室层高 $h\geqslant2.20\text{m}$ 时，应计全面积，则 $S=3.24\times1.62=5.25$（m^2）

当有围护结构的灯光控制室层高 $h<2.20$ 时，应计算 1/2 面积，则：$S=3.24\times1.62\times0.5=2.62$（$\text{m}^2$）

（12）附属在建筑物外墙的落地橱窗，应按其围护结构外围水平面积计算。结构层高在 2.20m 及以上的，应计算全面积；结构层高在 2.20m 以下的，应计算 1/2 面积。

【例 5-11】 计算图 5-28 中某建筑物橱窗的建筑面积，橱窗面宽 2.22m、凸出长度 0.6m。

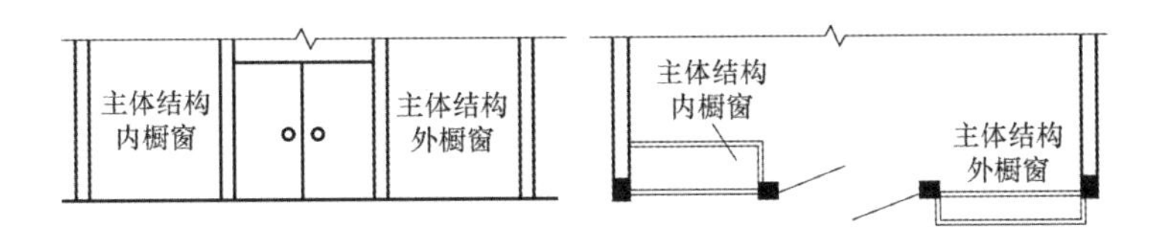

图 5-28　建筑物外有围护结构的橱窗示意图

解：附属在建筑物外墙的落地橱窗理解为：一是附属在建筑物外墙，属于建筑物的附属结构；二是落地的，如没有落地，可按凸（飘）规定执行。

当橱窗层高 $h\geqslant2.20\text{m}$ 时，计算全面积，则：

橱窗面积 $S=2.22\times0.6=1.332$（m^2）

当橱窗层高 $h<2.20$ 时，计算 1/2 面积，则：

橱窗面积 $S=2.22\times0.6\times0.5=0.666$（$m^2$）

（13）窗台与室内楼地面高差在 0.45m 以下且结构净高在 2.10m 及以上的凸（飘）窗，应按其围护结构外围水平面积计算 1/2 面积。

（14）有围护设施的室外走廊（挑廊），应按其结构底板水平投影面积计算 1/2 面积；有围护设施（或柱）的檐廊，应按其围护设施（或柱）外围水平面积计算 1/2 面积。

【例 5-12】 计算图 5-29 中有顶盖和围护设施的挑廊的建筑面积。

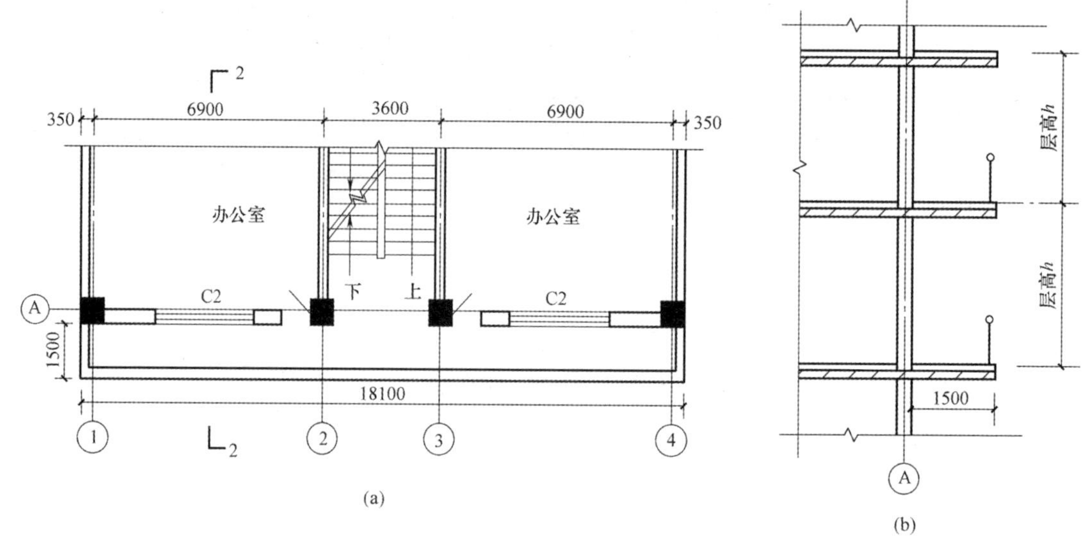

图 5-29 建筑物外有围护结构的挑廊平面与剖面图

（a）平面图；（b）2—2 剖面

解：无论层高 $h\geqslant2.20$m，还是层高 $h<2.20$m，都应计算 1/2 面积。

则每层挑廊建筑面积 $S=1.5\times18.1\times0.5=13.575$（$m^2$）

（15）门斗应按其围护结构外围水平面积计算建筑面积，结构层高在 2.20m 及以上的，应计算全面积；结构层高在 2.20m 以下的，应计算 1/2 面积。

【例 5-13】 计算图 5-30 中某建筑物门斗的建筑面积。

解：当门斗结构层高 $h\geqslant2.20$m 时，计算全面积，则：

门斗面积 $S=3.24\times1.5=4.86$（m^2）

当门斗结构层高 $h<2.20$ 时，计算 1/2 面积，则：

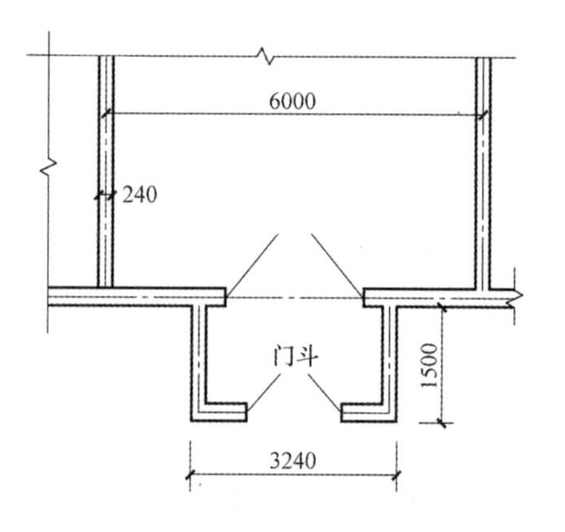

图 5-30 建筑物外有围护结构的门斗平面图

$$门斗面积 S=3.24\times1.5\times0.5=2.43\ (m^2)$$

（16）门廊应按其顶板的水平投影面积的 1/2 计算建筑面积；有柱雨篷应按其结构板水平投影面积的 1/2 计算建筑面积；无柱雨篷的结构外边线至外墙结构外边线的宽度在 2.10m 及以上的，应按雨篷结构板的水平投影面积的 1/2 计算建筑面积。

【例 5-14】 计算图 5-31 中雨篷的建筑面积。

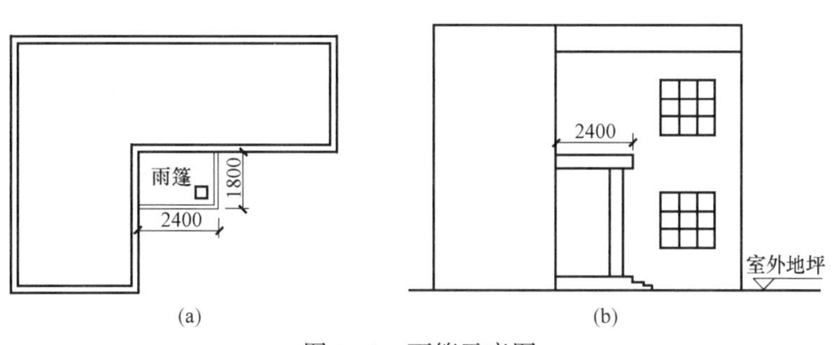

图 5-31 雨篷示意图

（a）平面图；（b）剖面图

解： 如图所示，雨篷有一边距离墙的外边线为 2.4m，超过 2.1m，其建筑面积应按雨篷板的一半计算。

$$雨篷建筑面积 S=2.4\times1.8\times0.5=2.16\ (m^2)$$

（17）设在建筑物顶部的、有围护结构的楼梯间、水箱间、电梯机房等，结构层高在 2.20m 及以上的应计算全面积；结构层高在 2.20m 以下的，应计算 1/2 面积。如图 5-32 所示。

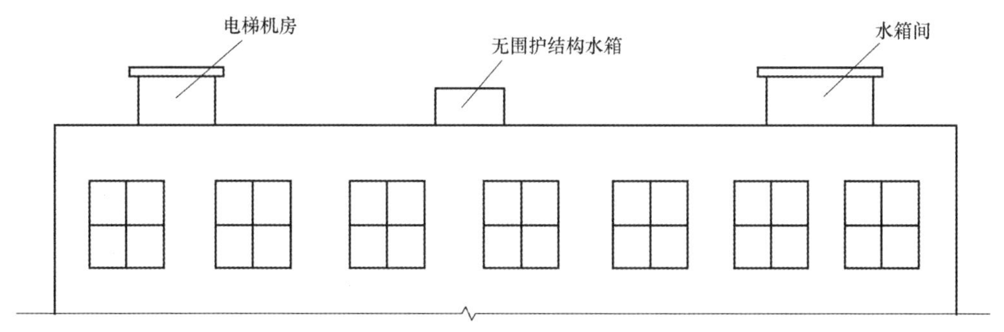

图 5-32 建筑物顶部有围护结构的水箱间、电梯机房示意图

如遇建筑物屋顶的楼梯间是坡屋顶，应按坡屋顶的相关条文计算面积。

（18）围护结构不垂直于水平面的楼层，应按其底板面的外墙外围水平面积计算。结构净高在 2.10m 及以上的部位，应计算全面积；结构净高在 1.20m 及以上至 2.10m 以下的部位，应计算 1/2 面积；结构净高在 1.20m 以下的部位，不应计算建筑面积，如图 5-33 所示。

$$建筑面积 S=L\times B$$

【例 5-15】 图 5-34 中的建筑物下面小上面大，且上一层比下一层大 500mm，计算此建筑物一、二层的建筑面积。

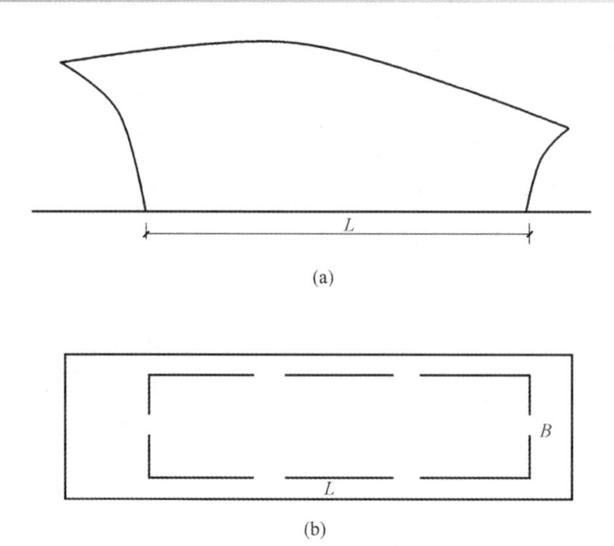

图 5-33　有围护结构不垂直于水平面而超出底板外沿的建筑物屋顶平面与剖面图

（a）剖面图；（b）屋顶平面图

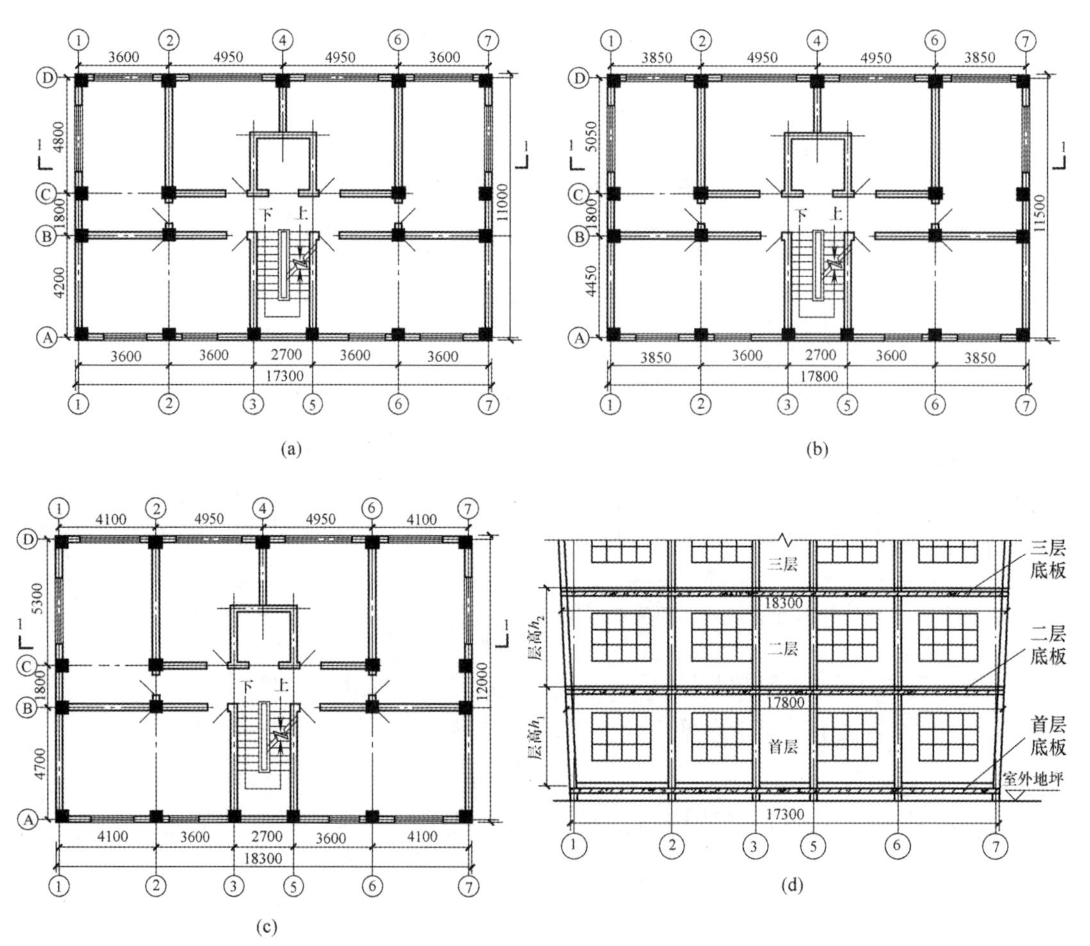

图 5-34　有围护结构不垂直于水平面而超出底板外沿的建筑物平面与剖面图

（a）首层平面图；（b）二层平面图；（c）三层平面图；（d）1—1 剖面

解：

当层高 h_1（或 h_2）≥2.20m 时，应计算底板外围全面积。则

$$首层建筑面积 S=17.3\times11.0=190.3（m^2）$$

$$二层建筑面积 S=17.8\times11.5=204.7（m^2）$$

当层高 h_1（或 h_2）＜2.20m 时，应计算底板外围 1/2 面积。则

$$首层建筑面积 S=17.3\times11.0\times0.5=95.15（m^2）$$

$$二层建筑面积 S=17.8\times11.5\times0.5=102.35（m^2）$$

（19）建筑物的室内楼梯、电梯井、提物井、管道井、通风排气竖井、烟道，应并入建筑物的自然层计算建筑面积。有顶盖的采光井应按一层计算面积，结构净高在 2.10m 及以上的，应计算全面积；结构净高在 2.10m 以下的，应计算 1/2 面积。

遇跃层式建筑，其共用的室内楼梯应按自然层计算面积；上下两错层户室共用的室内楼梯，应选上一层的自然层计算面积。

【例 5-16】 图 5-35 中的电梯井应计算几层建筑面积。

解：图中自然层是 5 层，电梯井虽然只有一层顶盖，也按 5 层计算建筑面积。

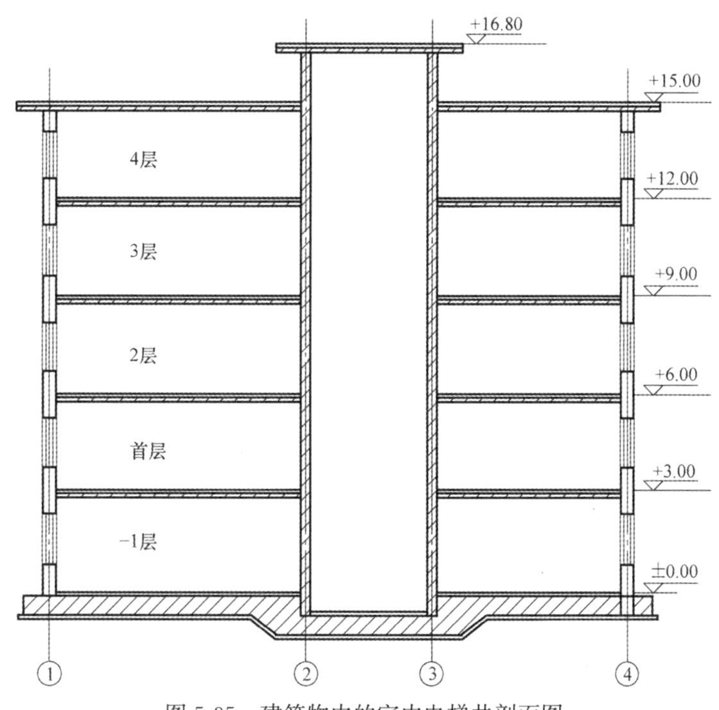

图 5-35　建筑物内的室内电梯井剖面图

【例 5-17】 图 5-36 中的楼梯应计算几层建筑面积。

解：图中上下错层楼梯的建筑面积，应按图中上一层部分自然层的层数计算，上一层部分自然层的层数是 6 层，应按 6 层计算建筑面积。

（20）室外楼梯应并入所依附建筑物自然层，并应按其水平投影面积的 1/2 计算建筑

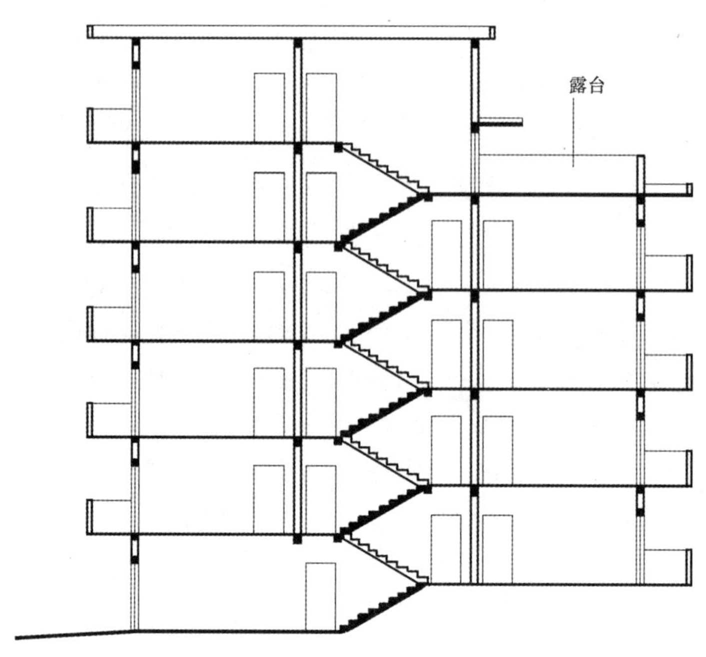

图 5-36　户室错层剖面示意图

面积。

【例 5-18】 计算图 5-37 中室外楼梯的建筑面积。

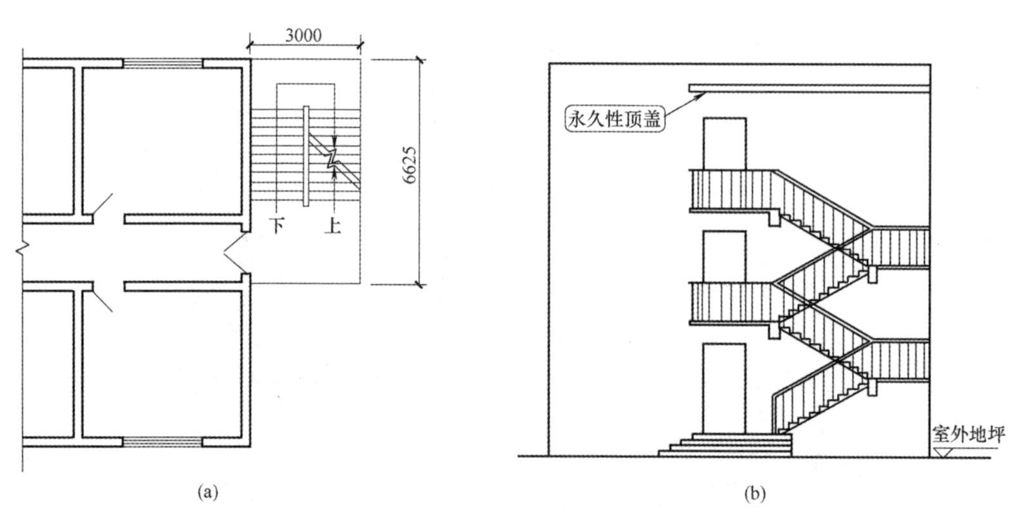

图 5-37　有永久性顶盖的室外楼梯示意图

(a) 平面图；(b) 立面图

解：如图所示，这个建筑物自然层为 3 层，应按 3 层计算建筑面积。

室外楼梯建筑面积 $S=3.0\times6.625\times3\times0.5=29.81$ (m^2)

(21) 在主体结构内的阳台，应按其结构外围水平面积计算全面积；在主体结构外的阳台，应按其结构底板水平投影面积计算 1/2 面积。

【例 5-19】 计算图 5-38 中一层阳台的建筑面积。

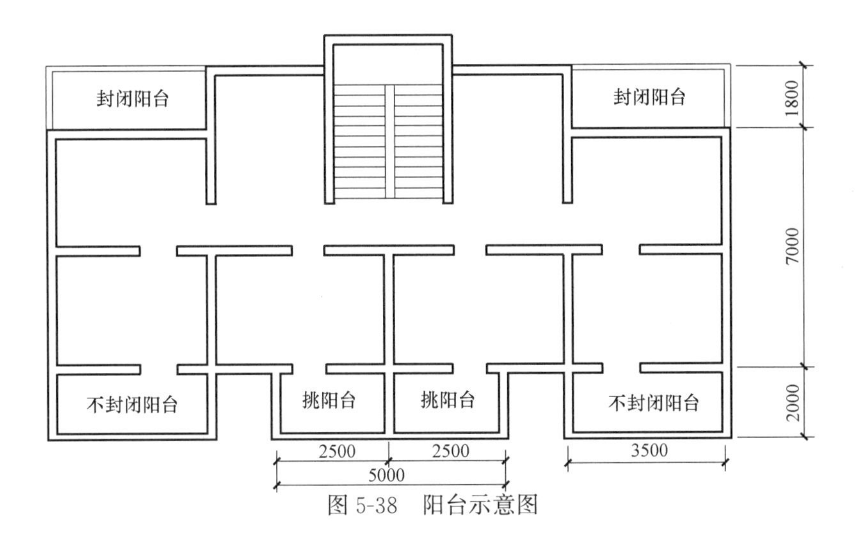

图 5-38　阳台示意图

解： 建筑面积 $S=(3.5+0.24)\times(2.0-0.12)\times0.5\times2+3.5\times(1.8-0.12)\times0.5\times2+(5.0+0.24)\times(2.0-0.12)\times0.5=17.84$（$m^2$）

（22）有顶盖无围护结构的车棚、货棚、站台、加油站、收费站等，应按其顶盖水平投影面积的 1/2 计算建筑面积。

【例 5-20】 计算图 5-39 双排柱站台的建筑面积。

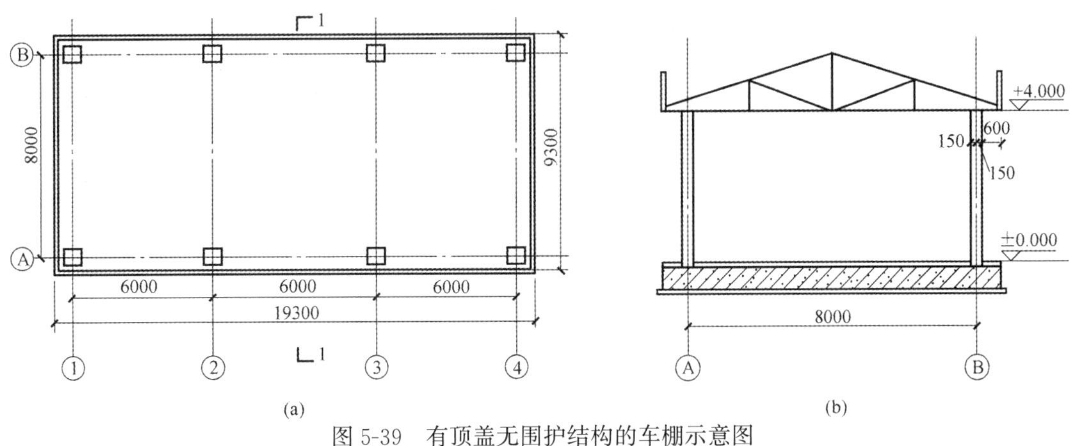

图 5-39　有顶盖无围护结构的车棚示意图

（a）平面图；（b）1—1 剖面

解： 建筑面积 $S=19.3\times9.3\times0.5=89.745$（$m^2$）

【例 5-21】 计算图 5-40 单排柱站台建筑面积。

解： 站台建筑面积 $S=14.6\times7.0\times0.5=51.1$（$m^2$）

（23）以幕墙作为围护结构的建筑物，应按幕墙外边线计算建筑面积。

幕墙通常有两种，围护性幕墙和装饰性幕墙。围护性幕墙计算建筑面积；装饰性幕墙一般贴墙外皮，其厚度不再计算建筑面积，见图 5-41。

（24）建筑物的外墙外保温层，应按其保温材料的水平截面积计算，并计入自然层建筑面积。

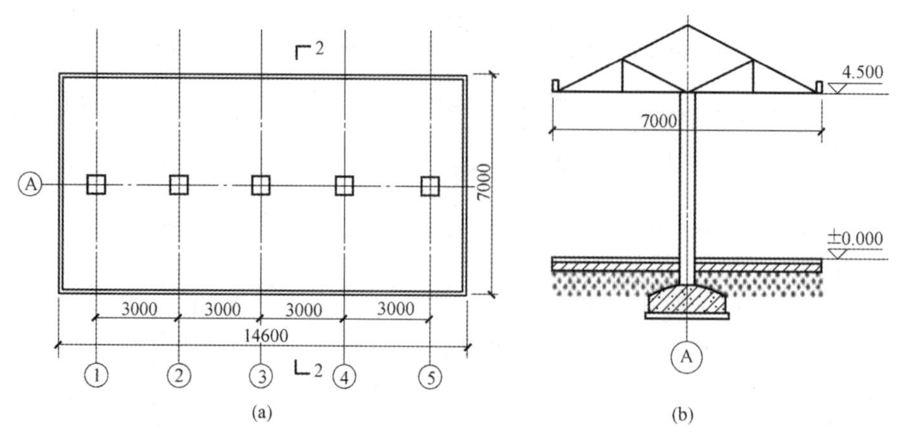

图 5-40　有顶盖无围护结构的站台示意图

（a）平面图；（b）2—2 剖面

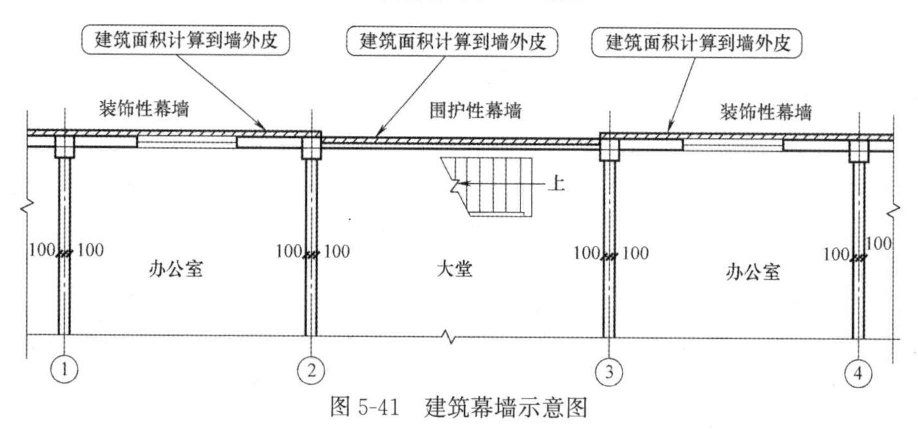

图 5-41　建筑幕墙示意图

图 5-42 中建筑物外墙有外保温层，其建筑面积应计算到保温层外边线，外边线如图粗实线所示。

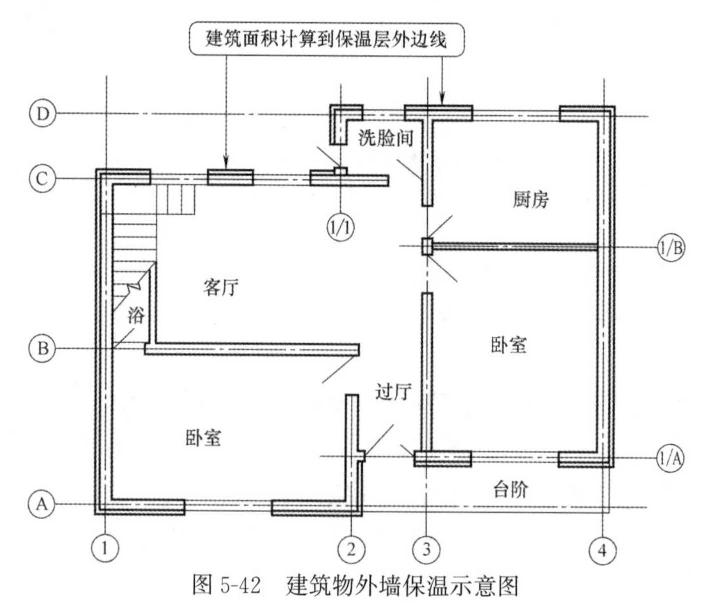

图 5-42　建筑物外墙保温示意图

（25）与室内相通的变形缝，应按其自然层合并在建筑物建筑面积内计算。对于高低联跨的建筑物，当高低跨内部连通时，其变形缝应计算在低跨面积内。

图 5-43 中的变形缝应按自然层计算建筑面积。

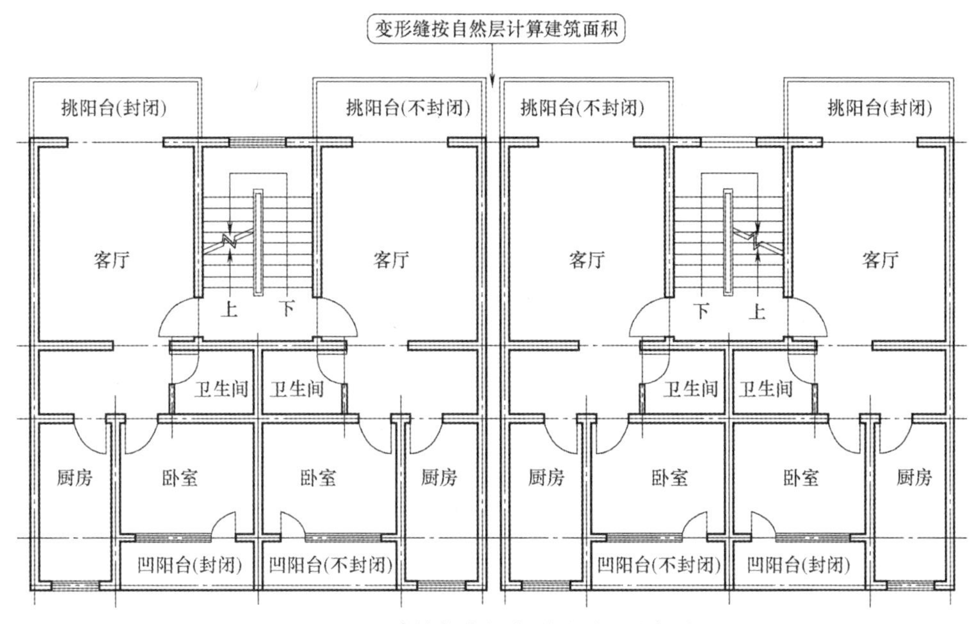

图 5-43　建筑物内的变形缝平面示意图

（26）对于建筑物内的设备层、管道层、避难层等有结构层的楼层，结构层高在 2.20m 及以上的，应计算全面积；结构层高在 2.20m 以下的，应计算 1/2 面积。

（27）下列项目不应计算建筑面积：

1）与建筑物内不相连通的建筑部件；

2）骑楼、过街楼底层的开放公共空间和建筑物通道；

3）舞台及后台悬挂幕布和布景的天桥、挑台等，如图 5-44 所示；

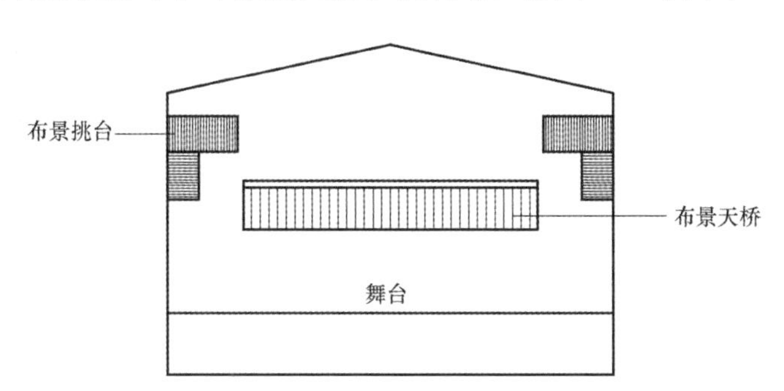

图 5-44　舞台及后台悬挂幕布、布景的天桥、挑台示意图

4）露台、露天游泳池、花架、屋顶的水箱及装饰性结构构件，如图 5-45 所示；

5）建筑物内的操作平台、上料平台、安装箱和罐体的平台，如图 5-46 所示；

6）勒脚、附墙柱、垛、台阶、墙面抹灰、装饰面、镶贴块料面层、装饰性幕墙，主

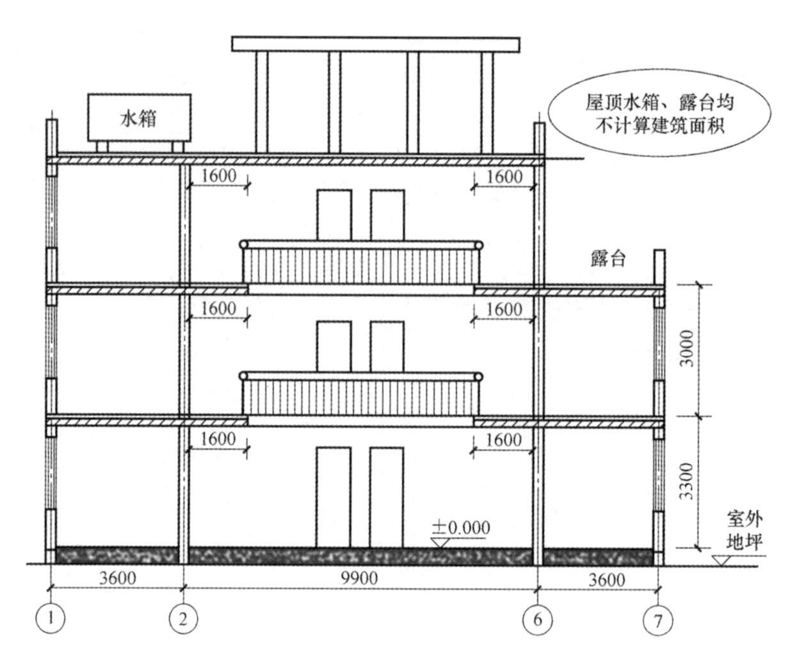

图 5-45　建筑物露台、花架、屋顶水箱示意图

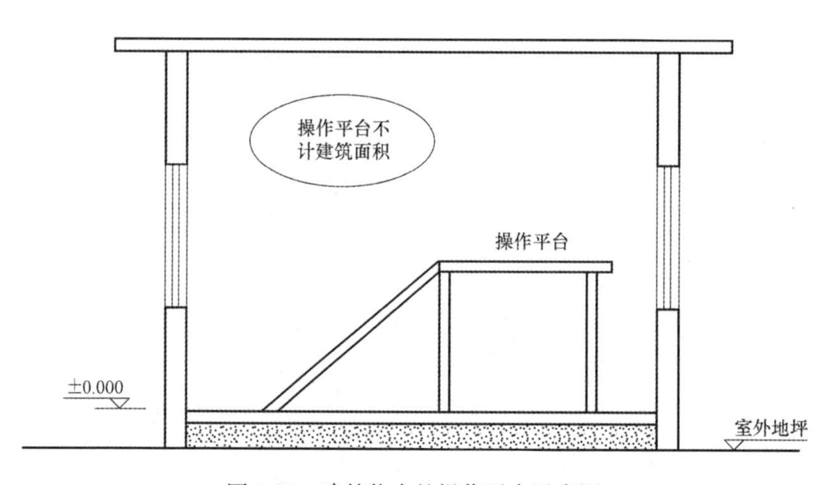

图 5-46　建筑物内的操作平台示意图

体结构外的空调室外机搁板（箱）、构件、配件，挑出宽度在 2.10m 以下的无柱雨篷和顶盖高度达到或超过两个楼层的无柱雨篷；

7）窗台与室内地面高差在 0.45m 以下且结构净高在 2.10m 以下的凸（飘）窗，窗台与室内地面高差在 0.45m 及以上的凸（飘）窗；

8）室外爬梯、室外专用消防钢楼梯；

9）无围护结构的观光电梯；

10）建筑物以外的地下人防通道，独立的烟囱、烟道、地沟、油（水）罐、气柜、水塔、贮油（水）池、贮仓、栈桥等构筑物。

二、《建筑工程建筑面积计算规范》与《房产测量规范》的内容对比

《建筑工程建筑面积计算规范》与《房产测量规范》的内容对比见表5-1。

建筑面积计算规范对比 表5-1

项目	《建筑工程建筑面积计算规范》GB/T 50353—2013	《房产测量规范》GB/T 17986—2000
总则	建筑物的建筑面积应按自然层外墙结构外围水平面积之和计算。结构层高在2.20m及以上的，应计算全面积；结构层高在2.20m以下的，应计算1/2面积(3.0.1条)	(1)永久性结构的单层房屋，按一层计算建筑面积；多层房屋按各层建筑面积的总和计算(8.2.1条a项) (2)房屋内的夹层、插层、技术层及其梯间、电梯间等其高度在2.20m以上部位计算建筑面积(8.2.1条b项)
建筑物内设有局部楼层	建筑物内设有局部楼层时，对于局部楼层的二层及以上楼层，有围护结构的应按其围护结构外围水平面积计算，无围护结构的应按其结构底板水平面积计算，且结构层高在2.20m及以上的，应计算全面积，结构层高在2.20m以下的，应计算1/2面积（3.0.2条）	
形成建筑空间的坡屋顶	形成建筑空间的坡屋顶，结构净高在2.10m及以上的部位应计算全面积；结构净高在1.20m及以上至2.10m以下的部位应计算1/2面积；结构净高在1.20m以下的部位不应计算建筑面积（3.0.3条）	
场馆看台下的建筑空间	场馆看台下的建筑空间，结构净高在2.10m及以上的部位应计算全面积；结构净高在1.20m及以上至2.10m以下的部位应计算1/2面积；结构净高在1.20m以下的部位不应计算建筑面积。室内单独设置的有围护设施的悬挑看台，应按看台结构底板水平投影面积计算建筑面积。有顶盖无围护结构的场馆看台应按其顶盖水平投影面积的1/2计算面积(3.0.4条)	
(1)地下室、半地下室 (2)外墙外侧有顶盖坡道的出入口	地下室、半地下室应按其结构外围水平面积计算。结构层高在2.20m及以上的，应计算全面积；结构层高在2.20m以下的，应计算1/2面积(3.0.5条) 出入口外墙外侧坡道有顶盖的部位，应按其外墙结构外围水平面积的1/2计算面积(3.0.6条)	地下室、半地下室及其相应出入口，层高在2.20以上的，按其外墙(不包括采光井、防潮层及保护墙)外围水平投影面积计算(8.2.1条j项)
建筑物架空层及坡地建筑物吊脚架空层	建筑物架空层及坡地建筑物吊脚架空层，应按其顶板水平投影计算建筑面积。结构层高在2.20m及以上的，应计算全面积；结构层高在2.20m以下的，应计算1/2面积(3.0.7条)	依坡地建筑的房屋，利用吊脚做架空层，有围护结构的，按其高度在2.20m以上部位的外围水平面积计算(8.2.1条n项)
门厅、大厅	建筑物的门厅、大厅应按一层计算建筑面积，门厅、大厅内设置的走廊应按走廊结构底板水平投影面积计算建筑面积。结构层高在2.20m及以上的，应计算全面积；结构层高在2.20m以下的，应计算1/2面积(3.0.8)	穿过房屋的通道，房屋内的门厅、大厅，均按一层计算面积。门厅、大厅内的回廊部分，层高在2.20m以上的，按其水平投影面积计算(8.2.1条c项)

续表

项目	《建筑工程建筑面积计算规范》GB/T 50353—2013	《房产测量规范》GB/T 17986—2000
架空走廊	对于建筑物间的架空走廊，有顶盖和围护设施的，应按其围护结构外围水平面积计算全面积；无围护结构、有围护设施的，应按其结构底板水平投影面积计算1/2面积(3.0.9条)	(1)房屋间永久性的封闭架空通廊，按外围水平投影面积计算。(8.2.1条i项) (2)有顶盖不封闭的永久性的架空通廊，按外围水平投影面积计算的一半计算(8.2.2条e项)
立体书库、立体仓库、立体车库	对于立体书库、立体仓库、立体车库，有围护结构的，应按其围护结构外围水平面积计算建筑面积；无围护结构、有围护设施的，应按其结构底板水平投影面积计算建筑面积。无结构层的应按一层计算，有结构层的应按其结构层面积分别计算。结构层高在2.20m及以上的，应计算全面积；结构层高在2.20m以下的，应计算1/2面积(3.0.10条)	
有围护结构的舞台灯光控制室	有围护结构的舞台灯光控制室，应按其围护结构外围水平面积计算。结构层高在2.20m及以上的，应计算全面积；结构层高在2.20m以下的，应计算1/2面积(3.0.11条)	
落地橱窗	附属在建筑物外墙的落地橱窗，应按其围护结构外围水平面积计算。结构层高在2.20m及以上的，应计算全面积；结构层高在2.20m以下的，应计算1/2面积(3.0.12条)	
凸(飘)窗	窗台与室内楼地面高差在0.45m以下且结构净高在2.10m及以上的凸(飘)窗，应按其围护结构外围水平面积计算1/2面积(3.0.13条)	
走廊、挑廊、檐廊	有围护设施的室外走廊(挑廊)，应按其结构底板水平投影面积计算1/2面积；有围护设施(或柱)的檐廊，应按其围护设施(或柱)外围水平面积计算1/2面积(3.0.14条)	(1)与房屋相连的有柱走廊，两房屋间有上盖和柱的走廊，均按其柱的外围水平投影面积计算(8.2.1条h项) (2)与房屋相连有上盖无柱走廊、檐廊，按其围护结构外围水平投影面积的一半计算(8.2.2条a项) (3)未封闭的阳台、挑廊，按其围护结构外围水平投影面积的一半计算(8.2.2条c项)
门斗	门斗应按其围护结构外围水平面积计算建筑面积，且结构层高在2.20m及以上的，应计算全面积；结构层高在2.20m以下的，应计算1/2面积(3.0.15条)	有柱或有围护结构的门廊、门斗，按其柱或围护结构的外围水平投影面积计算(8.2.1条k项)
门廊	门廊应按其顶板的水平投影面积的1/2计算建筑面积；有柱雨篷应按其结构板水平投影面积的1/2计算建筑面积；无柱雨篷的结构外边线至外墙结构外边线的宽度在2.10m及以上的，应按雨篷结构板的水平投影面积的1/2计算建筑面积(3.0.16条)	(1)有柱或有围护结构的门廊、门斗，按其柱或围护结构的外围水平投影面积计算(8.2.1条k项) (2)独立柱、单排柱的门廊、车棚、货棚等属永久性建筑的，按其上盖水平投影面积的一半计算(8.2.2条b项)

续表

项目	《建筑工程建筑面积计算规范》GB/T 50353—2013	《房产测量规范》GB/T 17986—2000
建筑物顶部的、有围护结构的楼梯间、水箱间、电梯机房等	设在建筑物顶部的、有围护结构的楼梯间、水箱间、电梯机房等，结构层高在 2.20m 及以上的应计算全面积；结构层高在 2.20m 以下的，应计算 1/2 面积(3.0.17 条)	房屋天面上，属永久性建筑，层高在 2.20m 以上的楼梯间、水箱间、电梯机房及斜面结构屋顶高度在 2.20m 以上的部位，按其外围水平投影面积计算(8.2.1 条 e 项)
围护结构不垂直于水平面的楼层	围护结构不垂直于水平面的楼层，应按其底板面的外墙外围水平面积计算。结构净高在 2.10m 及以上的部位，应计算全面积；结构净高在 1.20m 及以上至 2.10m 以下的部位，应计算 1/2 面积；结构净高在 1.20m 以下的部位，不应计算建筑面积(3.0.18 条)	
室内楼梯、电梯井、提物井、管道井、通风排气竖井、垃圾道、烟道	建筑物的室内楼梯、电梯井、提物井、管道井、通风排气竖井、烟道，应并入建筑物的自然层计算建筑面积。有顶盖的采光井应按一层计算面积，且结构净高在 2.10m 及以上的，应计算全面积；结构净高在 2.10m 以下的，应计算 1/2 面积(3.0.19 条)	楼梯间、电梯(观光梯)井、提物井、垃圾道、管道井等均按房屋自然层计算面积(8.2.1 条 d 项)
室外楼梯	室外楼梯应并入所依附建筑物自然层，并应按其水平投影面积的 1/2 计算建筑面积(3.0.20 条)	(1)属永久性结构有上盖的室外楼梯，按各层水平投影面积计算(8.2.1 条 g 项) (2)无顶盖的室外楼梯按各层水平投影面积一半计算(8.2.2 条 d 项)
阳台	在主体结构内的阳台，应按其结构外围水平面积计算全面积；在主体结构外的阳台，应按其结构底板水平投影面积计算 1/2 面积(3.0.21 条)	(1)挑楼、全封闭的阳台按其外围水平投影面积计算(8.2.1 条 f 项) (2)未封闭的阳台、挑廊，按其围护结构外围水平投影面积的一半计算(8.2.2 条 c 项)
车棚、货棚、站台、加油站、收费站等	有顶盖无围护结构的车棚、货棚、站台、加油站、收费站等，应按其顶盖水平投影面积的 1/2 计算建筑面积(3.0.22 条)	(1)属永久性建筑有柱的车棚、货棚等按柱的外围水平投影面积计算(8.2.1 条 m 项) (2)独立柱、单排柱的门廊、车棚、货棚等属永久性建筑的，按其上盖水平投影面积的一半计算(8.2.2 条 b 项)
幕墙	以幕墙作为围护结构的建筑物，应按幕墙外边线计算建筑面积(3.0.23 条)	玻璃幕墙等作为房屋外墙的，按其外围水平投影面积计算(8.2.1 条 l 项)
外墙外保温层	建筑物的外墙外保温层，应按其保温材料的水平截面积计算，并计入自然层建筑面积(3.0.24 条)	
变形缝	与室内相通的变形缝，应按其自然层合并在建筑物建筑面积内计算。对于高低联跨的建筑物，当高低跨内部连通时，其变形缝应计算在低跨面积内(3.0.25 条)	有伸缩缝的房屋，若其与室内相通的，伸缩缝计算建筑面积(8.2.1 条 o 项)

续表

项目	《建筑工程建筑面积计算规范》GB/T 50353—2013	《房产测量规范》GB/T 17986—2000
设备层、管道层、避难层等有结构层的楼层	对于建筑物内的设备层、管道层、避难层等有结构层的楼层，结构层高在 2.20m 及以上的，应计算全面积；结构层高在 2.20m 以下的，应计算 1/2 面积(3.0.26)	
不计算建筑面积的范围	(1)与建筑物内不相连通的建筑部件； (2)骑楼、过街楼底层的开放公共空间和建筑物通道； (3)舞台及后台悬挂幕布和布景的天桥、挑台等； (4)露台、露天游泳池、花架、屋顶的水箱及装饰性结构构件； (5)建筑物内的操作平台、上料平台、安装箱和罐体的平台； (6)勒脚、附墙柱、垛、台阶、墙面抹灰、装饰面、镶贴块料面层、装饰性幕墙，主体结构外的空调室外机搁板(箱)、构件、配件，挑出宽度在 2.10m 以下的无柱雨篷和顶盖高度达到或超过两个楼层的无柱雨篷； (7)窗台与室内地面高差在 0.45m 以下且结构净高在 2.10m 以下的凸(飘)窗，窗台与室内地面高差在 0.45m 及以上的凸(飘)窗； (8)室外爬梯、室外专用消防钢楼梯； (9)无围护结构的观光电梯； (10)建筑物以外的地下人防通道，独立的烟囱、烟道、地沟、油(水)罐、气柜、水塔、贮油(水)池、贮仓、栈桥等构筑物(3.0.27 条)	(1)层高小于 2.20m 以下的夹层、插层、技术层和层高小于 2.20m 的地下室和半地下室(8.2.3 条 a 项) (2)突出墙面的构件、配件、装饰柱、装饰性的玻璃幕墙、垛、勒脚、台阶、无柱雨篷等(8.2.3 条 b 项) (3)房屋之间无上盖的架空通廊(8.2.3 条 c 项) (4)房屋的天面、挑台、天面上的花园、泳池(8.2.3 条 d 项) (5)建筑物内的操作平台、上料平台及利用建筑物的空间安置箱、罐的平台(8.2.3 条 e 项) (6)骑楼、过街楼的底层用作道路街巷通行的部分(8.2.3 条 f 项) (7)利用引桥、高架桥、高架路、路面作为顶盖建造的房屋(8.2.3 条 g 项) (8)活动房屋、临时房屋、简易房屋(8.2.3 条 h 项) (9)独立烟囱、亭、塔、罐、池、地下人防干、支线(8.2.3 条 i 项) (10)与房屋室内不相通的房间伸缩缝(8.2.3 条 j 项)

三、原建设部办公厅关于建筑面积计算标准问题的复函

建设部办公厅关于建筑面积计算标准问题的复函

建办标函〔2001〕403 号

江苏省建设厅：

你厅 12 月 3 日《关于建筑面积计算标准问题的请示》收悉，经研究，现函复如下：

我部 1995 年 12 月颁布的《建筑面积计算规则》与《全国统一建筑工程基础定额》相配套执行，适用于工业与民用建筑的新建、扩建、改建工程，是编制预算、确定工程造价的依据。

房屋产权登记面积测算应当依据 GB/T 179861—2000《房产测量规范》。该规范适用于房产测量，主要为房地产产权、产籍管理服务。

关于规划管理中有关面积计算问题，应由各地规划主管部门负责确定。

特此函复。

建筑部办公厅

二〇〇一年十二月二十四日

四、基础知识

建筑面积相关术语：

（1）建筑密度：一定地块内所有建筑基底总面积占用地面积的比例。

（2）容积率：一定地块内，总建筑面积与建筑用地面积的比值。

第二节　土石方工程

土方工程也称土石方工程。土方工程包括平整场地、挖土、回填土和运土等内容。

在计算工程量前，应确定下列方案和数据：

（1）土壤及岩石类别；

（2）地下水位的标高及排（降）水方法；

（3）挖填土、运土的施工方法和土方运距；

（4）岩石开凿、爆破方法，石渣清运方法及运距；

（5）挖土放坡或支挡土板；

（6）挖土放坡系数；

（7）基础工作面；

（8）确定挖土起点标高。

定额土石方工程按施工方法不同分人工土方和机械土方两种，在编制工程预算时，应根据合理的施工组织设计或施工方案确定。

一、有关规定

1. 土方的分类

土壤和岩石的种类不同，其工程量计算结果和所套用定额或清单项目也不同。因此，在计算工程量前应根据地勘报告并结合定额或清单计量规范中土壤和岩石分类表中的规定对土壤和岩石的种类进行划分。

（1）土壤的分类

土壤的分类应按表 5-2 确定。

土壤分类表　　**表 5-2**

土壤分类	土壤名称	开挖方法
一、二类土	粉土、砂土（粉砂、细沙、中砂、粗砂、砾砂）、粉质黏土、弱中盐渍土、软土（淤泥质土、泥炭、泥炭质土）、软塑红黏土、冲填土	用锹，少许用镐、条锄开挖。机械能全部直接铲挖满载者
三类土	黏土、碎石土（圆砾、角砾）混合土、可塑红黏土、硬塑红黏土、强盐渍土、素填土、压实填土	主要用镐、条锄，少许用锹开挖。机械需部分刨松方能铲挖满载者或可直接铲挖但不能满载者

续表

土壤分类	土壤名称	开挖方法
四类土	碎石土(卵石、碎石、漂石、块石)、坚硬红黏土、超盐渍土、杂填土	全部用镐、条锄挖掘,少许用撬挖掘。机械须普遍刨松方能铲挖满载者

注：本表中土的名称及其含义按国家标准《岩土工程勘察规范》GB 50021—2001（2009 年版）定义。

（2）岩石的分类

岩石的分类应按表 5-3 确定。

岩石分类表 **表 5-3**

岩石分类		代表性岩石	开挖方法
极软岩		1. 全风化的各种岩石 2. 各种半成岩	部分用手凿工具、部分用爆破法开挖
软质岩	软岩	1. 强风化的坚硬岩或较硬岩 2. 中等(弱)风化—强风化的较软岩 3. 未风化—微风化的页岩、泥岩、泥质砂岩等	用风镐和爆破法开挖
	较软岩	1. 中等风化—强风化的坚硬岩或较硬岩 2. 未风化—微风化的凝灰岩、千枚岩、泥灰岩、砂质泥岩等	用爆破法开挖
硬质岩	较硬岩	1. 微风化的坚硬岩 2. 未风化—微风化的大理岩、板岩、石灰岩、白云岩、钙质砂岩等	用爆破法开挖
	坚硬岩	未风化—微风化的花岗岩、闪长岩、辉绿岩、玄武岩、安山岩、片麻岩、石英岩、石英砂岩、硅质砾岩、硅质石灰岩等	用爆破法开挖

注：本表依据国家标准《工程岩体分级标准》GB 50218—94 和《岩土工程勘察规范》GB 50021—2001（2009 年版）整理。《工程岩体分级标准》GB 50218—94 已修订为《工程岩体分级标准》GB 50218—2014，因为现行《房屋建筑与装饰工程工程量计算规范》GB 50854—2013 和《房屋建筑与装饰工程消耗量定额》TY 01-31-2015 均引用 GB 50218—94，所以本书中仍采用 GB 50218—94 的标准，下同。

（3）清单计量规定：土壤的分类应按表 5-2 确定，土壤类别不能准确划分时，招标人可注明为综合，由投标人根据地勘报告决定报价。

2. 干土、湿土和淤泥的划分

定额规定：

（1）干土与湿土的划分以地质勘测资料中的地下常水位为准，地下水位以上为干土，以下为湿土。

（2）地表水排出后，土壤含水率≥25％时为湿土。

（3）含水率超过液限，土和水的混合物呈流动状态时为淤泥。

（4）温度在 0℃及以下，并夹含有冰的土壤为冻土。本定额中冻土指短时冻土和季节冻土。

3. 沟槽、基坑、一般土石方的划分

底宽（设计图示垫层或基础的底宽，下同）不大于 7m，且底长大于 3 倍底宽为沟槽；

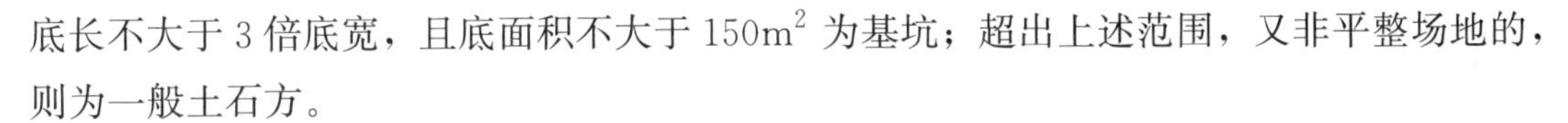

底长不大于3倍底宽，且底面积不大于150m^{2}为基坑；超出上述范围，又非平整场地的，则为一般土石方。

4. 平整场地、一般土方的划分

清单计量规定：建筑物场地厚度≤±30cm的就地挖、填、运、找平，应按平整场地项目列项，厚度>±30cm的竖向布置挖土或山坡切土应按挖一般土方项目列项。厚度>±30cm的竖向布置挖石或山坡凿石应按挖一般石方项目列项。

定额规定：平整场地系指建筑物场地厚度≤±30cm的就地挖、填土及平整。挖、填土方厚度>±30cm时，全部厚度按一般土方相应规定另行计算，但仍应计算平整场地。

5. 土石方开挖深度的确定

清单计量规定：挖土石方平均厚度应按自然地面测量标高至设计地坪标高间的平均厚度确定。基础土方开挖深度应按基础垫层底表面标高至交付施工场地标高确定，无交付施工场地标高时，应按自然地面标高确定。

定额规定：基础土石方的开挖深度，应按基础（含垫层）底标高至设计室外地坪标高确定。交付施工场地标高与设计室外地坪标高不同时，应按交付施工场地标高确定。

6. 弃土、取土、弃渣运距清单计量规定

弃土 、取土、弃渣运距可以不描述，但应注明由投标人根据施工现场实际情况自行考虑，决定报价。

7. 挖掘机挖土方的定额规定

挖掘机（含小型挖掘机）挖土方项目，已综合了挖掘机挖土和挖掘机挖土后，基底和边坡遗留厚度≤0.3m的人工清理和修整。使用时不得调整，人工基底清理和边坡修整不另行计算。

8. 小型挖掘机适用范围的定额规定

小型挖掘机，系指斗容量≤0.30m^{3}的挖掘机，适用于基础（含垫层）底宽≤1.20m的沟槽土方工程或底面积≤8m^{3}的基坑土方工程。

9. 相关系数的定额规定

下列土石方工程，执行相应定额项目时，乘以下列规定的系数。

（1）湿土系数

土方定额按干土编制。人工挖、运湿土时，相应项目定额人工乘以系数1.18；机械挖、运湿土时，相应项目定额人工、机械乘以系数1.15。采用降水措施后，人工挖、运土相应项目定额人工乘以系数1.09；机械挖、运土不再乘以系数。

（2）人工挖土深度系数

人工挖一般土方、沟槽、基坑深度定额按6m以内编制，深度超过6m时，6m<深度≤7m，按深度≤6m的相应项目定额人工乘以系数1.25；7m<深度≤8m，按深度≤6m的相应项目定额人工乘以系数1.25^2；以此类推。

（3）挡土板内人工挖槽坑系数

挡土板内人工挖槽坑时，相应项目定额人工乘以系数 1.43。

(4) 桩间挖土系数

桩间挖土不扣除桩体和空孔所占体积，相应项目定额人工、机械乘以系数 1.50。《全国统一建筑工程基础定额》GJD—101—1995（以下简称“95 定额”）规定：桩间挖土系指桩顶设计标高以下的挖土及设计标高以上 0.5m 范围内的挖土。

(5) 满堂基础垫层底以下局部加深的槽坑系数

满堂基础垫层底以下局部加深的槽坑，按槽坑相应规则计算工程量，相应项目定额人工、机械乘以系数 1.25。

(6) 推土机推土土层平均厚度≤0.30m 的系数

推土机推土土层平均厚度≤0.30m 时，相应项目定额人工、机械乘以系数 1.25。

(7) 挖掘机在垫板上作业系数

挖掘机在垫板上作业时，相应项目定额人工、机械乘以系数 1.25。挖掘机下铺设垫板、汽车运输道路上铺设材料时，其费用另行计算（95 定额规定：其费用包括工料和机械的费用）。

(8) 场区回填系数

场区（含地下室顶板以上）回填，相应项目定额人工、机械乘以系数 0.90。

(9) 推土机、装载机负载上坡系数

推土机、装载机负载上坡时，其降效因素按坡道斜长乘以表 5-4 中相应系数计算。人工、人力车、汽车的负载上坡（坡度≤15%）降效因素，已综合在相应运输项目定额中，不另行计算。

重车上坡降效系数表 **表 5-4**

坡度(%)	5～10	≤15	≤20	≤25
系数	1.75	2.0	2.25	2.5

10. 土石方运输

定额规定：

(1) 本土石方运输定额按施工现场范围内运输标准执行。弃土外运以及弃土处理等其他费用，按各地的有关规定执行。

(2) 土石方运距，按挖土区重心至填方区（或堆放区）重心间的最短距离计算。

11. 基础（地下室）周边回填材料定额规定

基础（地下室）周边回填材料时，执行定额“第二章地基处理与边坡支护工程”中“一、地基处理”相应项目，人工、机械乘以系数 0.90。

12. 其他相关规定

本土石方工程定额未包括现场障碍物清除、地下常水位（建议改为地下水位）以下的施工降水、土石方开挖过程中的地表水排除与边坡支护，实际发生时，另按定额其他章节

相应规定计算。

二、计算规则

1. 土石方开挖、运输的体积

土石方开挖、运输的体积，均按开挖前的天然密实体积计算；回填的体积，按回填后的竣工体积计算。不同状态的土石方体积按表 5-5、表 5-6 换算。

土方体积折算系数表　　表 5-5

天然密实度体积	虚方体积	夯实后体积	松填体积
0.77	1.00	0.67	0.83
1.00	1.30	0.87	1.08
1.15	1.50	1.00	1.25
0.92	1.20	0.80	1.00

注：1. 虚方指未经碾压、堆积时间≤1 年的土壤。
2. 设计密实度超过规定的，填方体积按工程设计要求执行；无设计要求，按各省、自治区、直辖市或行业建设行政主管部门规定的系数执行。

石方体积折算系数表　　表 5-6

石方类别	天然密实度体积	虚方体积	松填体积	码方
石方	1.0	1.54	1.31	—
块石	1.0	1.75	1.43	1.67
砂夹石	1.0	1.07	0.94	—

2. 挖土方工作面宽度和放坡系数

（1）清单计量规定（规则）：挖沟槽、基坑、一般土方因工作面和放坡增加的工程量（管沟工作面增加的工程量）是否并入各土方工程量中，应按各省、自治区、直辖市或行业建设主管部门的规定实施，如并入各土方工程量中，办理工程结算时，按经发包人认可的施工组织设计规定计算，编制工程量清单时，可按表 5-7～表 5-9 计算。

放坡系数表　　表 5-7

土壤类别	放坡起点（m）	人工挖土	机械挖土		
			在坑内作业	在坑上作业	顺沟槽在坑上作业
一、二类土	1.20	1∶0.5	1∶0.33	1∶0.75	1∶0.5
三类土	1.50	1∶0.33	1∶0.25	1∶0.67	1∶0.33
四类土	2.00	1∶0.25	1∶0.10	1∶0.33	1∶0.25

注：1. 沟槽、基坑中土壤类别不同时，分别按其放坡起点、放坡系数，依不同土壤厚度加权平均计算。
2. 计算放坡时，在交接处的重复工程量不予扣除，原槽、坑作基础垫层时，放坡自垫层上表面开始计算。

基础施工所需工作面宽度计算表　　表 5-8

基础材料	每边各增加工作面宽度（mm）
砖基础	200

续表

基础材料	每边各增加工作面宽度(mm)
浆砌毛石、条石基础	150
混凝土基础垫层支模板	300
混凝土基础支模板	300
基础垂直面做防水层	1000(防水层面)

注：本表按《全国统一建筑工程预算工程量计算规则》GJD_{GZ}—101—1995 整理。

管道施工单面工作面宽度计算表 **表 5-9**

管道材质	管道基础外沿宽度(无基础时管道外径)(mm)			
	≤500	≤1000	≤2500	>2500
混凝土管、水泥管	400	500	600	700
其他管道	300	400	500	600

(2) 定额计量规则：

1) 基础土方放坡

a. 土方放坡的起点深度和放坡坡度，按施工组织设计（经过批准，下同）计算；施工组织设计无规定时，按“土方放坡起点深度和放坡坡度表”计算。“土方放坡起点深度和放坡坡度表”内容同表 5-7“放坡系数表”。

b. 基础土方放坡，自基础（含垫层）底标高算起。

c. 混合土质的基础土方，其放坡的起点深度和放坡坡度，按不同土类厚度加权平均计算。

d. 计算基础土方放坡时，不予扣除放坡交叉处的重复工程量。

e. 基础土方支挡土板时，土方放坡不另行计算。

注：放坡是挖土深度较深，土质较差时，为了防止土壁坍塌和施工安全，将土壁修出一定倾斜坡度。放坡的坡度要根据设计挖土深度和土质确定。建筑工程中，坡度通常用 $1:K$ 表示，如图 5-47 所示，K 为放坡系数：

$$K=\frac{B}{H}$$

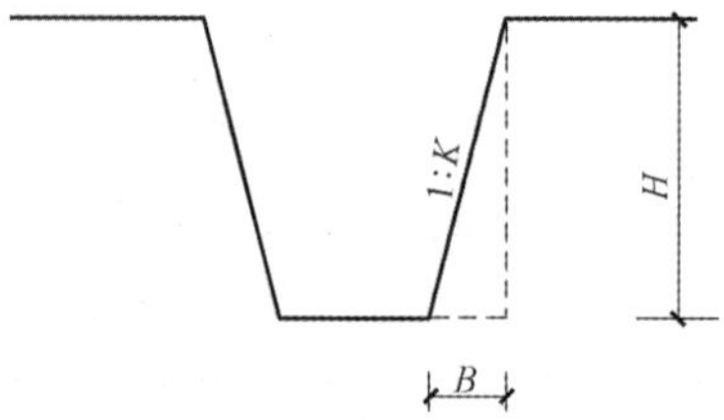

图 5-47 坡度示意

式中，H 为挖土深度，即由设计室外地坪至槽底的深度，B 为放坡的宽度。

2) 基础施工的工作面宽度

基础施工的工作面宽度，按施工组织设计计算；施工组织设计无规定时，按下列规定计算：

a. 当组成基础的材料不同或施工方式不同时，基础施工的工作面宽度按表 5-10 计算。

基础施工单面工作面宽度计算表　　表 5-10

基础材料	每面增加工作面宽度(mm)
砖基础	200
毛石、方整石基础	250
混凝土基础(支模板)	400
混凝土基础垫层(支模板)	150
基础垂直面做砂浆防潮层	400(自防潮层面)
基础垂直面做防水层或防腐层	1000(自防水层或防腐层面)
支挡土板	100(另加)

b. 基础施工需要搭设脚手架时，基础施工的工作面宽度：条形基础按 1.5m 计算（只计算一面）；独立基础按 0.45m 计算（四面均计算）。

c. 基坑土方大开挖需作边坡支护时，基础施工的工作面宽度按 2.00m 计算。

d. 基础内施工各种桩时，基础施工的工作面宽度按 2.00m 计算。

e. 管道施工的工作面宽度，按“管道施工单面工作面宽度计算表”中规定计算。“管道施工单面工作面宽度计算表”同表 5-9。

3. 平整场地

清单计量规则：按设计图示尺寸，以建筑物首层建筑面积计算。

定额计量规则：按设计图示尺寸，以建筑物首层建筑面积计算。建筑物地下室结构外边线凸出首层结构外边线时，其凸出部分的建筑面积合并计算。

4. 挖土（石）方

(1) 清单计量规则：

挖一般土方，按设计图示尺寸以体积计算。

挖基础土方，按设计图示尺寸以基础垫层底面积乘挖土深度计算。

挖管沟土方：以米计量，按设计图示以管道中心线长度计算；以立方米计量，按设计图示管底垫层面积乘以挖土深度计算；无管底垫层，按管外径的水平投影面积乘以挖土深度计算。不扣除各类井的长度，井的土方并入。

挖方出现流砂、淤泥时，如设计未明确，在编制工程量清单时，其工程数量可为暂估量，结算时，应根据实际情况由发包人与承包人双方现场签证确认工程量。

(2) 定额计量规则：

1) 沟槽土石方

沟槽土石方，按设计图示沟槽长度乘以沟槽断面面积，以体积计算。

a. 条形基础的沟槽长度，按设计规定计算；设计无规定时，按下列规定计算：

(a) 外墙沟槽长度，按外墙中心线长度计算。凸出墙面的墙垛，按墙垛凸出墙面的中心线长度，并入相应工程量内计算。

(b) 内墙、框架间墙沟槽长度，按基础底面（含垫层）之间的净长度计算。

b. 管道的沟槽长度，按设计规定计算；设计无规定时，以设计图示管道中心线长度

（不扣除下口直径或边长≤1.5m 的井池）计算。下口直径或边长＞1.5m 的井池的土石方，另按基坑的相应规定计算。

c. 沟槽的断面面积，应包括工作面宽度、放坡宽度和石方允许超挖量的面积。

2）基坑土石方

基坑土石方，按设计图示基础（含垫层）尺寸，另加工作面宽度、土方放坡宽度和石方允许超挖量乘以开挖深度，以体积计算。

3）一般土石方

一般土石方，按设计图示基础（含垫层）尺寸，另加工作面宽度、土方放坡宽度和石方允许超挖量乘以开挖深度，以体积计算。机械施工坡道的土石方工程量，并入相应工程量内计算。

4）挖淤泥流砂

挖淤泥流砂，以实际挖方体积计算。

5）岩石爆破后人工清理基底与修整边坡

岩石爆破后人工清理基底与修整边坡，按岩石爆破的尺寸（工作面宽度和允许超挖量）以面积计算。

5. 回填土

（1）清单计量规则：

回填土按设计图示尺寸以立方米体积计算。场地回填：回填面积乘平均回填厚度；室内回填：主墙间面积乘回填厚度，不扣除间隔墙；基础回填：以挖方清单项目工程量减去自然地坪以下埋设的基础体积（包括基础垫层及其他构筑物）。

（2）定额计量规则：

回填土按下列规定，以立方米体积计算：

1）沟槽、基坑回填，按挖方体积减去设计室外地坪以下埋设建筑物、基础（含垫层）的体积计算。

2）管道沟槽回填，按挖方体积减去管道基础和表 5-11 所示管道折合回填体积计算。管径在 500mm 以下的不扣除管道所占体积。

管道折合回填体积表（m^3/m） **表 5-11**

管道	公称直径（mm 以内）					
	500	600	800	1000	1200	1500
混凝土管及钢筋混凝土管(m)		0.33	0.60	0.92	1.15	1.45
其他材质管道(m^3/m)		0.22	0.46	0.74		

3）房心（含地下室内）回填，按主墙间净面积（扣除 $2m^2$ 以上的设备基础等的面积）乘以回填厚度，以体积计算。

4）场地（含地下室顶板以上）回填，按回填面积乘以平均回填厚度，以体积计算。

6. 土方运输

（1）清单计量规则：

余土弃置按挖方清单项目工程量减利用回填方体积（正数）计算。

（2）定额计量规则：

土方运输，以天然密实体积计算。

挖土总体积减去回填土体积（折合天然密实体积），得数为正，则为余土外运；得数为负，则为取土内运。

7. 基底钎探

基底钎探，以垫层（或基础）底面积计算。

8. 原土夯实与碾压

原土夯实与碾压，按施工组织设计规定的尺寸，以面积计算。

9. 支挡土板

定额计量规则：

支挡土板工程量，以槽的垂直面积计算。

三、工程量计算方法

1. 清单方法

（1）挖沟槽、基坑土方工程量，按下列公式计算：

$$挖沟槽、基坑土方体积=基础垫层的底面积\times挖土深度 \tag{5-1}$$

（2）挖一般土方

挖一般土方工程量按设计图示尺寸，以体积计算。

2. 定额方法

土方工程量应考虑基础施工的工作面、支挡土板的工作面、基础施工需要搭设脚手架的工作面、放坡和不放坡的因素，其因素按施工组织设计计算，施工组织设计无规定时，按定额规定计算。

（1）沟槽土方工程量计算

1）不放坡和不增加工作面的挖沟槽土方工程量，见图5-48，计算公式为：

$$体积=H\times A\times槽长 \tag{5-2}$$

2）增加工作面及放坡的挖沟槽土方工程量，见图5-49，计算公式为：

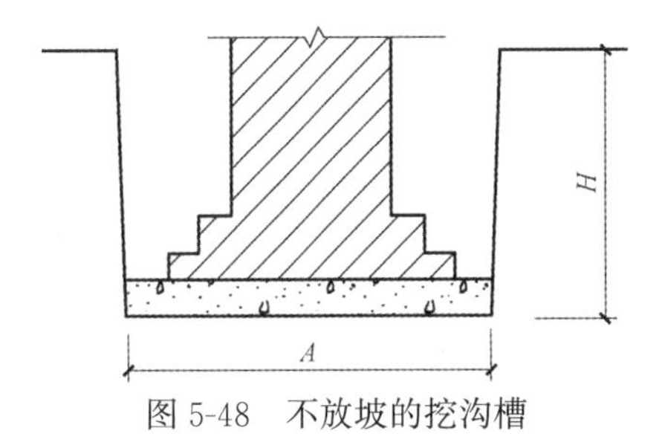

图5-48　不放坡的挖沟槽

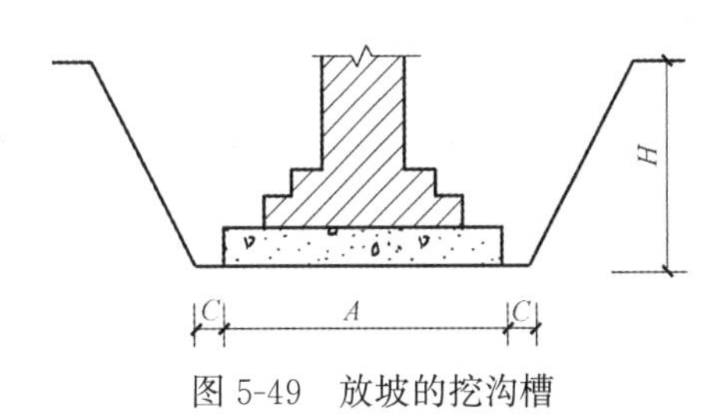

图5-49　放坡的挖沟槽

$$体积=H\times(A+2\times C+K\times H)\times槽长 \tag{5-3}$$

式中：C——工作面宽度；

K——放坡系数。

（2）地坑土方工程量计算

1）不放坡和不增加工作面的地坑土方工程量，计算公式为：

$$体积=坑长\times坑宽\times深度 \tag{5-4}$$

2）增加工作面及放坡的地坑土方工程量的计算

有放坡地坑的几何形状常用的有梯形体、四棱台和正四棱台三种。

梯形体的特征：梯形体的两个面互相平行，侧面都呈梯形。

四棱台的特征：四棱台的两个面互相平行，侧面都呈梯形，上、下两个面相似，各对应边的比值相等，各棱的延长线相交于一点。

正四棱台的特征：正四棱台的两个面互相平行，侧棱相等，侧面是全等的等腰梯形，各棱的延长线相交于一点。

因此，梯形体包含四棱台，四棱台属于梯形体，是梯形体的一种特殊形状。梯形体4条棱的延长线不一定相交于一点，上、下两个面也不一定相似。棱台包含正棱台。不论是正四棱台还是四棱台，或是梯形体，都可以采用梯形体公式计算，而梯形体不一定能采用四棱台体积公式或正四棱台体积公式计算。正四棱台也是四棱台，可以采用四棱台体积公式计算，而四棱台不一定能采用正四棱台体积公式计算。混凝土独立基础的计算公式也适用。

a. 已知基础底面尺寸、基础施工工作面尺寸、地坑土方边坡系数和高度的地坑体积计算公式。

（a）地坑体积计算公式：

$$V=(A+K\times H)\times(B+K\times H)\times H+\frac{1}{3}\times K^2\times H^3 \tag{5-5}$$

或
$$V=(a+2\times C+K\times H)\times(b+2\times C+K\times H)\times H+\frac{1}{3}\times K^2\times H^3 \tag{5-6}$$

式中：C——工作面宽度；

K——放坡系数。

（b）地坑体积计算公式的推导：

如图5-50（a）所示，地坑体积计算公式推导是先将地坑切割成中间矩形体、四边三棱柱、四角四棱锥，然后将这些体积的计算公式相加。

地坑体积：$V=V_1+2\times V_2+2\times V_3+4\times V_4$

中间矩形体：$V_1=A\times B\times H$

四边三棱柱：$V_2=\frac{1}{2}\times A\times（K\times H）\times H=\frac{1}{2}\times A\times K\times H^2$

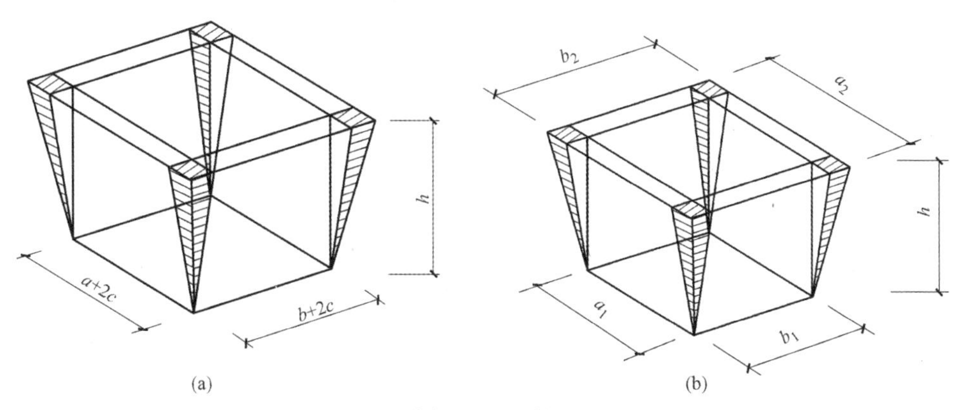

图 5-50　地坑

$$V_3=\frac{1}{2}\times B\times (K\times H)\times H=\frac{1}{2}\times B\times K\times H^2$$

四角四棱锥：　　$V_4=\frac{1}{3}\times (K\times H)\times H^2=\frac{1}{3}K^2\times H^3$

$$V=A\times B\times H+A\times K\times H^2+B\times K\times H^2+\frac{4}{3}K^2\times H^3$$

$$V=A\times B\times H+A\times K\times H^2+B\times K\times H^2+K^2\times H^3+\frac{1}{3}K^2\times H^3$$

$$V=(A\times B+A\times K\times H+B\times K\times H+K^2\times H^2)\times H+\frac{1}{3}K^2\times H^3$$

$$V=(A+K\times H)\times(B+K\times H)\times H+\frac{1}{3}K^2\times H^3$$

令 $A=a+2c,B=b+2c$

$$V=(a+2C+K\times H)(b+2C+K\times H)\times H+\frac{1}{3}K^2\times H^3$$

b. 已知地坑下底、上底尺寸和高度的地坑体积计算公式，见图 5-50（b）。

（a）梯形体地坑体积计算公式：

$$V=\frac{1}{6}\times h\times[a_1\times b_1+a_2\times b_2+(a_1+a_2)(b_1+b_2)] \tag{5-7}$$

梯形体地坑体积计算公式的推导：

地坑体积：　　$V=V_1+2V_2+2V_3+4V_4$

中间矩形体　　$V_1=a_1\times b_1\times h$

四边三棱柱　　$V_2=\frac{1}{2}\times(a_2-a_1)\times b_1\times h$

$$V_3=\frac{1}{2}\times(b_2-b_1)\times a_1\times h$$

四角四棱锥　　$V_4=\frac{1}{3}\times(a_2-a_1)\times(b_2-b_1)\times h$

$$V=a_1\times b_1\times h+\frac{1}{2}\times(a_2-a_1)\times b_1\times h+$$

$$\frac{1}{2}\times(b_2-b_1)\times a_1\times h+\frac{1}{3}\times(a_2-a_1)\times(b_2-b_1)\times h$$

$$=\frac{1}{6}\times h\times[6\times a_1\times b_1+3\times(a_2-a_1)\times b_1+$$

$$3\times(b_2-b_1)\times a_1+2\times(a_2-a_1)\times(b_2-b_1)]$$

$$=\frac{1}{6}\times h\times[6\times a_1\times b_1+3\times a_2\times b_1-3\times a_1\times b_1+3\times a_1\times b_2-$$

$$3\times a_1\times b_1+2\times a_2\times b_2-2\times a_2\times b_1-2\times a_1\times b_2+2\times a_1\times b_1]$$

$$=\frac{1}{6}\times h\times[a_1\times b_1+a_2\times b_2+(a_1\times b_1+a_2\times b_1+a_1\times b_2+a_2\times b_2)]$$

$$=\frac{1}{6}\times h\times[a_1\times b_1+a_2\times b_2+(a_1+a_2)(b_1+b_2)]$$

（b）棱台体地坑体积计算公式：

$$V=\frac{1}{3}h[S_1+S_2+\sqrt{(S_1\cdot S_2)}] \tag{5-8}$$

（c）正棱台体地坑体积计算公式：

$$\text{正棱台(两底正方形)}V=\frac{1}{3}h(a_1^2+a_2^2+a_1\cdot a_2) \tag{5-9}$$

（3）场地土方工程量计算

场地土方工程量的计算方法，通常有方格网法和断面法两种。

1）方格网法

方格网法适用于地形比较平坦或面积比较大的工程项目，如大型工业厂房及住宅区的场地平整、车站、机场、广场等。

a. 一般方法

用方格网控制整个场地。方格边长主要取决于地形变化的复杂程度，一般为 10m、20m、30m、40m 或 50m 等，通常多采用 20m。根据每个方格角点的自然地面标高和实际采用的设计标高，算出相应的角点填挖高度，然后计算每一个方格的土方量（大规模场地土方量的计算可使用专门的土方工程量计算表），并算出场地边坡的土方量，这样即可得到整个场地的挖、填土方总量。

（a）场地诸方格的土方量，一般可分为下述三种不同类型进行计算。

a）方格四个角点全部为填或全部为挖，如图 5-51 所示，其土方工程量计算公式为：

$$V=\frac{a^2}{4}\cdot(h_1+h_2+h_3+h_4) \tag{5-10}$$

式中：　　V——挖方或填方体积（m^3）；

h_1、h_2、h_3、h_4——方格角点填挖高度，均用绝对值（m）。

若 $a=20$m，h 用厘米代入，则上式可写为：

$$V=h_1+h_2+h_3+h_4(\mathrm{m}^3) \tag{5-11}$$

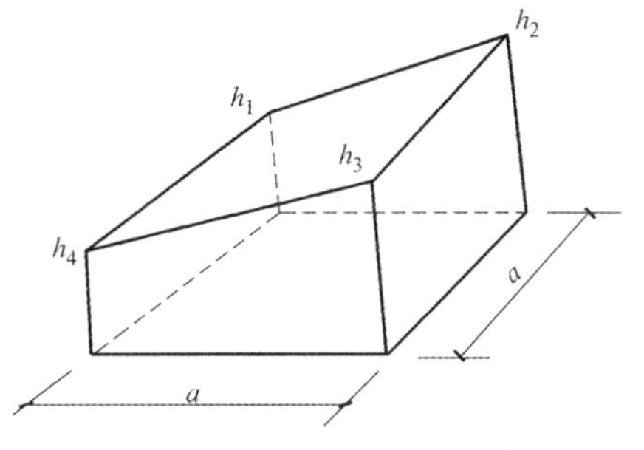

图 5-51　全挖或全填的方格

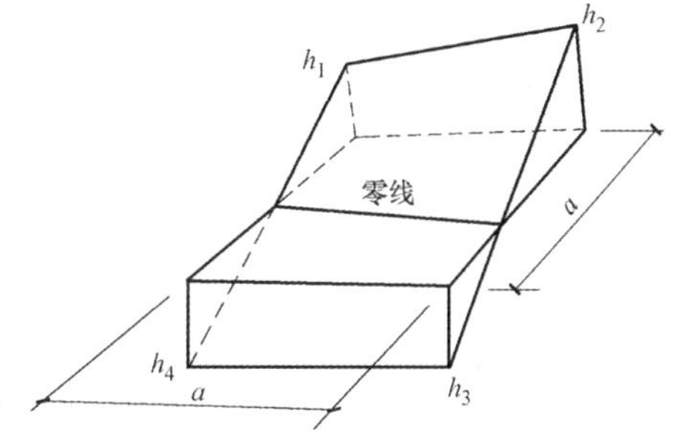

图 5-52　两挖和两填的方格

b）方格的相邻两角点为挖方，另两角点为填方，如图 5-52 所示。

其挖方部分的土方工程量计算公式为：

根据相似三角形性质定理：相似三角形的对应边成比例。

$$\frac{a_1}{h_1}=\frac{(a-a_1)}{h_4}$$

则：

$$a_1=\frac{a\times h_1}{h_1+h_4}$$

$$\frac{a_2}{h_2}=\frac{(a-a_2)}{h_3}$$

则：

$$a_2=\frac{a\times h_2}{h_2+h_3}$$

$$\begin{aligned}V_{1,2}&=\frac{a}{2}(\frac{1}{2}a_1\times h_1+\frac{1}{2}a_2\times h_2)\\&=\frac{a}{2}\left(\frac{1}{2}\frac{a\times h_1}{h_1+h_4}h_1+\frac{1}{2}\frac{a\times h_2}{h_2+h_3}h_2\right)\\&=\frac{a^2}{4}\left(\frac{h_1^2}{h_1+h_4}+\frac{h_2^2}{h_2+h_3}\right)\end{aligned} \tag{5-12}$$

其填方部分的土方工程量计算公式为：

$$V_{3,4}=\frac{a^2}{4}\left(\frac{h_3^2}{h_2+h_3}+\frac{h_4^2}{h_1+h_4}\right) \tag{5-13}$$

c）方格的三个角点为挖方（或填方），另一角点为填方（或挖方）如图 5-53 所示。

其填方部分的土方工程量计算公式为：

$$V_4=\frac{a^2}{6}\times\frac{h_4^3}{(h_1+h_4)(h_3+h_4)} \tag{5-14}$$

其挖方部分的土方工程量计算公式为：

$$V_{1,2,3}=\frac{a^2}{6}\times(2h_1+h_2+2h_3-h_1)+V_4 \tag{5-15}$$

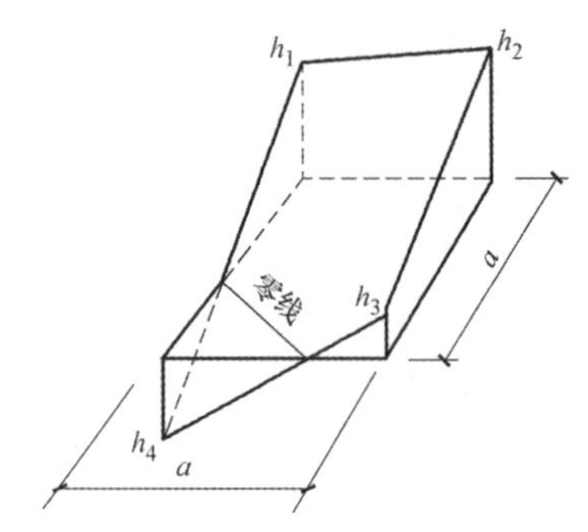

图 5-53　三挖一填（或相反）的方格

（b）边坡土方工程量

图 5-54 是一场地边坡的平面示意图。从图中可以看出，边坡土方工程量，可划分为三角棱锥体和三角棱柱体两种类型的几何形体，按式（5-16）和式（5-17）计算。

a）三角棱锥体体积

如图 5-54 中的①，其体积为：

$$V_1=\frac{1}{3}\times F_1\times l_1 \tag{5-16}$$

式中：l_1——边坡 1 的长度；

F_1——边坡 1 的端面积，即

$$F_1=\frac{h_2(k\times h_2)}{2}=\frac{k\times h_2^2}{2};$$

h_2——角点的挖土高度；

k——边坡的坡度系数。

b）三角棱柱体体积

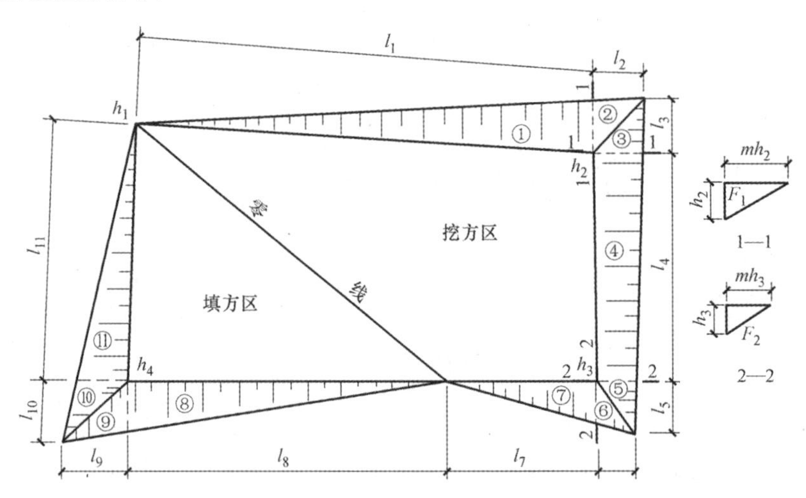

图 5-54　场地边坡平面图

如图 5-54 中的④，其体积为：

$$V_4=\frac{l_4}{6}(F_1+F_2+4F_0) \tag{5-17}$$

式中：　l_4——边坡 4 的长度；

F_1、F_2、F_0——边坡 4 两端及中间的横断面面积，算法同上。

【例 5-22】 场地平整土方量方格网法计算示例

某建筑场地地形图和方格网（$a=20\text{m}$）布置如图 5-55 所示。该场地系硬塑黏性土，地面设计泄水坡度：$i_x=3‰$，$i_y=2‰$。建筑设计、生产工艺和最高洪水位等方面均无特殊要求。试确定场地设计标高（不考虑土的可松性影响，如有余土，用以加宽边坡），并计算挖、填土方工程量。

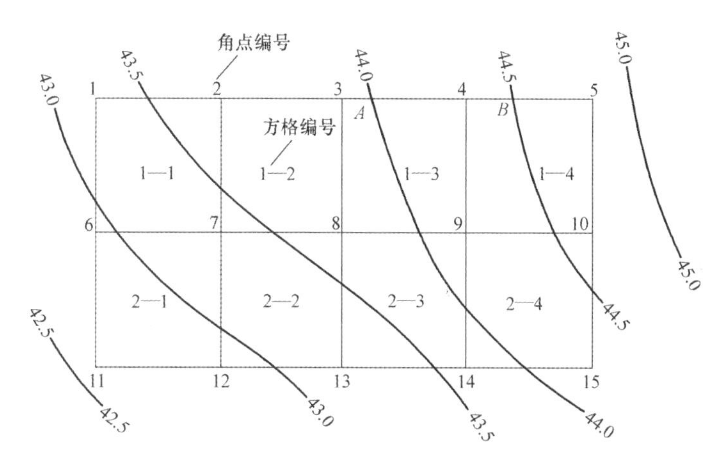

图 5-55　某建筑场地地形图和方格网布置

解：

1. 计算角点的地面标高

根据地形图上所标等高线，用插入法求出各方格角点的地面标高。

采用插入法时，假定每两根等高线之间的地面高低是呈直线变化的。如求角点 4 的地面标高（H_4），图 5-56 中，根据相似三角形特性，有：

$$h_x : 0.5 = x : l$$

则：

$$h_x=\frac{0.5}{l}x$$

得：

$$H_4=44.00+h_x$$

在地形图上只要量出 x 和 l 的长度，便可算出 H_4 的数值。这种计算是很繁琐的，故通常采用图解法（其原理同上述数解法）来求得各角点的地面标高。如图 5-57 所示，在一张透明纸上画 6 根等距离的平行线（线条要尽量画得细，否则影响读数），把该透明纸放到标有方格网的地形图上，将 6 根平行线的最外 2 根分别对准 A 点与 B 点，这时 6 根等距离的平行线将 A、B 之间的 0.5m 的高差分成五等份，于是便可直接读得角点 4 的地

面标高 H_4=44.34。其余各角点标高均可用此法求出。

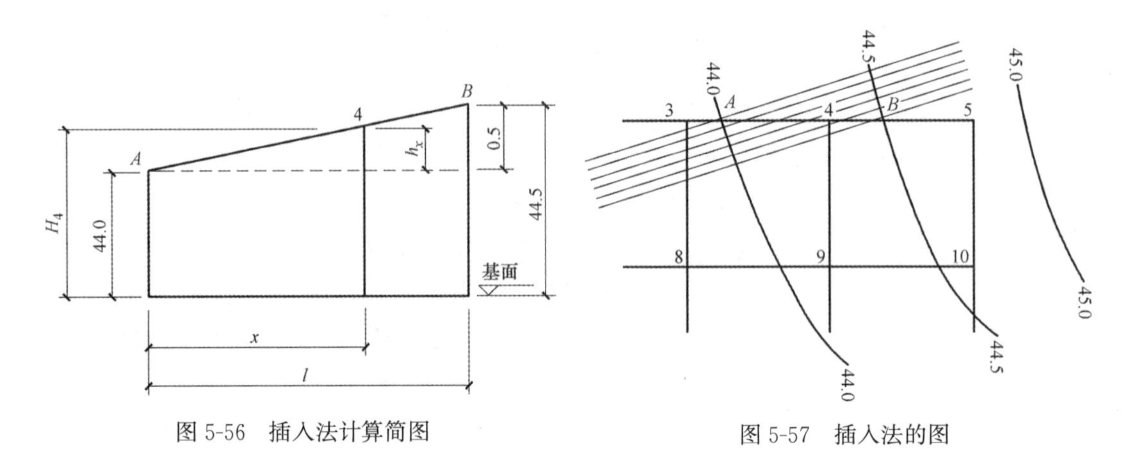

图 5-56 插入法计算简图

图 5-57 插入法的图

用图解法求得的各角点标高见图 5-58 中地面标高诸值。

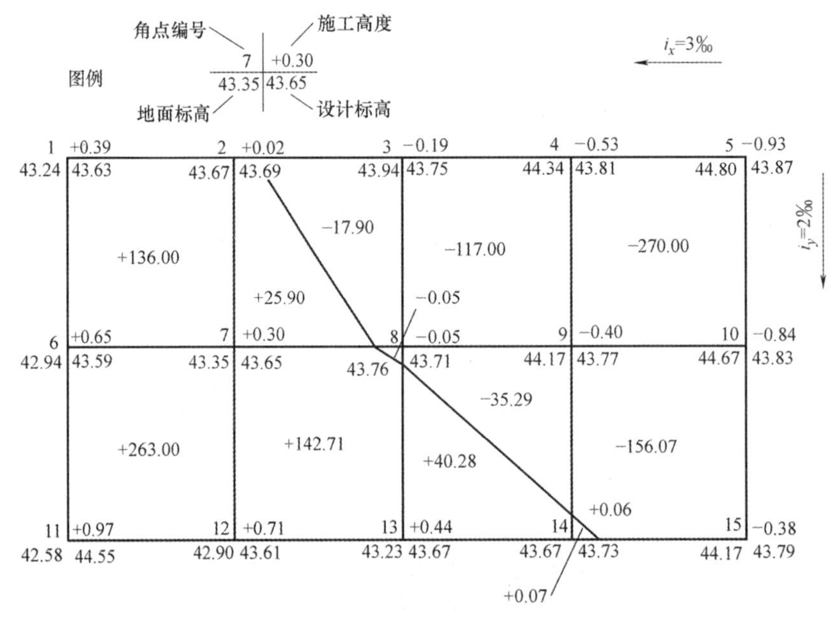

图 5-58 方格网法计算土方工程量图

2. 计算场地设计标高 H_0

理想的场地设计标高，应该使场地内的土方在平整前和平整后相等而达到挖方和填方平衡。

从图 5-58 中可看出，场地设计标高 H_0 与角点标高及其相关的方格数量有关，场地设计标高 H_0 等于所有方格的四个角点标高相加的平均值。设：H_1 为一个方格的角点标高（角点 1、5、11、15），H_2 为两个方格的角点标高（角点 2、3、4、6、10、12、13、14），H_4 为四个方格的角点标高（角点 7、8、9）。如果将所有方格的四个角点标高相加，那么，H_1 这样的角点标高加一次，H_2 这样的角点标高加两次，H_4 这样的角点标高加四次。因此，可得下列场地设计标高 H_0 公式：

$$H_0=\frac{\sum H_1+2\sum H_2+4\sum H_4}{4N}$$

式中：N——方格数。

则：

$$\sum H_1=43.24+44.80+44.17+42.58=174.79\ (\text{m})$$

$$2\sum H_2=2\times(43.67+43.94+44.34+44.67+43.67+43.23+42.90+42.94)=698.72\ (\text{m})$$

$$4\sum H_4=4\times(43.35+43.76+44.17)=525.12\ (\text{m})$$

$$H_0=\frac{\sum H_1+2\sum H_2+4\sum H_4}{4N}=\frac{174.79+698.72+525.12}{4\times 8}=43.71\ (\text{m})$$

3. 根据要求的泄水坡度计算方格角点的设计标高

以场地中心点角点 8 为 H_0（图 5-58），其余各角点设计标高为：

$$H_1=H_0-40\times 3‰+20\times 2‰=43.71-0.12+0.04=43.63\ (\text{m})$$

$$H_2=H_1+20\times 3‰=43.63+0.06=43.69\ (\text{m})$$

$$H_6=H_0-40\times 3‰\pm 0=43.71-0.12=43.59\ (\text{m})$$

$$H_7=H_6-20\times 3‰=43.59+0.06=43.65\ (\text{m})$$

$$H_{11}=H_0-40\times 3‰-20\times 2‰=43.71-0.12-0.04=43.55\ (\text{m})$$

$$H_{12}=H_{11}+20\times 3‰=43.55+0.06=43.61\ (\text{m})$$

其余各角点设计标高均可同样算出，详见图 5-58 中设计标高诸值。

4. 计算角点的施工高度

角点施工高度，习惯以“+”表示填方，“－”表示挖方。

$$h_1=43.63-43.24=+0.39\ (\text{m})$$

$$h_2=43.69-43.67=+0.02\ (\text{m})$$

$$h_3=43.75-43.94=+0.19\ (\text{m})$$

……

各角点施工高度详见图 5-58 中施工高度诸值。

5. 标出“零线”

零线即挖方区和填方区的分界线，也就是不挖不填的线。其确定的方法是：先求出有关的方格边线（此边线的特点是一端为挖，另一端为填）上的“零点”（不挖不填的点），将相邻的零点连接起来，即为零线，详见图 5-58。

确定零点的简便方法是图解法。如图 5-59 所示，用与方格网相应的比例画直线 AB，令其等于方格边长 a，通过 A、B，用另一较大的比例分别绘出 h_1 和 h_2（h_1 为填方角点的填方高度，h_2 为挖方角点的挖方高度），连接 C、D，其直线交 AB 于 0，0 即为零点。

各有关方格边的零点的图解见图 5-60。将得出的各零点的 X 值，以相应的比例分别标到方格网的相应方格边线上，即得零点的位置。

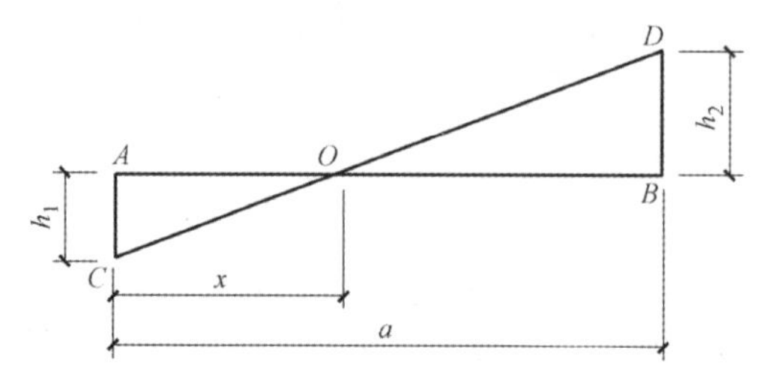

图 5-59　求零点的图解法

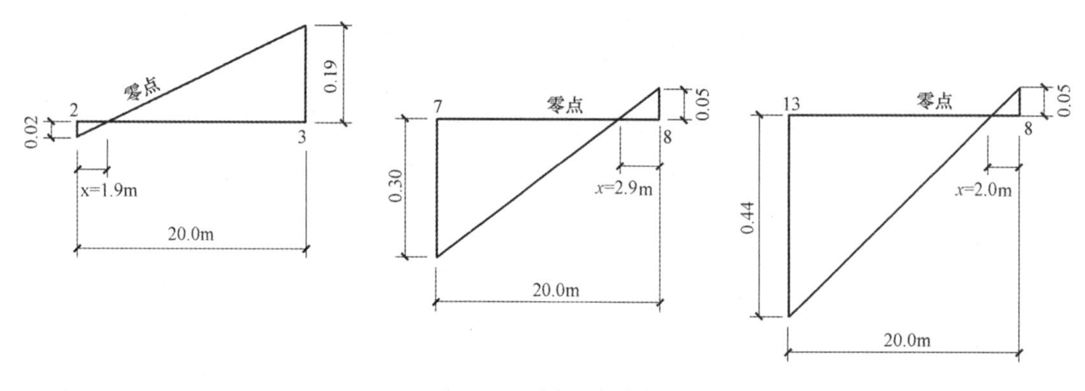

图 5-60　零点图解举例

6. 计算土方工程量

(1) 各方格土方工程量

第一种类型的方格，即全挖或全填的方格，由式（5-11）计算，其土方工程量为：

$$V_{1\text{-}1}=h_1+h_2+h_3+h_4=39+2+30+65=(+)136\ (\text{m}^3)$$

$$V_{2\text{-}1}=65+30+71+97=(+)263\ (\text{m}^3)$$

$$V_{1\text{-}3}=19+53+40+5=(-)117\ (\text{m}^3)$$

$$V_{1\text{-}4}=53+93+84+40=(-)270\ (\text{m}^3)$$

第二种类型的方格，即方格的相邻两角点为挖方，另两角点为填方，由式（5-12）、式（5-13）计算（方格边长 a 用 20m，方格角点填、挖高度 h 用厘米代入，简化为下式），其土方工程量为：

$$v_{1\text{-}2}^{填}=\frac{h_1{}^2}{h_1+h_4}+\frac{h_2^2}{h_2+h_3}=\frac{30^2}{30+5}+\frac{2^2}{2+19}=(+)25.90\ (\text{m}^3)$$

$$v_{1\text{-}2}^{挖}=\frac{h_3^2}{h_2+h_3}+\frac{h_4^2}{h_1+h_4}=\frac{19^2}{2+19}+\frac{5^2}{30+5}=(-)17.90\ (\text{m}^3)$$

$$v_{2\text{-}3}^{填}=\frac{6^2}{6+40}+\frac{44^2}{44+5}=(+)40.28\ (\text{m}^3)$$

$$V_{2-3}^{挖}=\frac{5^2}{44+5}+\frac{40^2}{6+40}=(-)35.29\ (m^3)$$

第三种类型的方格，即方格的三个角点为挖方（或填方），另一角点为填方（或挖方），由式（5-14）、式（5-15）计算（方格边长 a 用 20m，方格角点填、挖高度 h 用厘米代入，简化为下式），其土方工程量为：

$$V_{2-2}^{挖}=\frac{2}{3}\times\frac{h_4^3}{(h_1+h_4)(h_3+h_4)}=\frac{2}{3}\times\frac{5^3}{(44+5)(30+5)}=(-)0.05\ (m^3)$$

$$V_{2-2}^{填}=\frac{2}{3}\ (2h_1+h_2+2h_3-h_4)\ +V_{2-2}^{挖}$$

$$=\frac{2}{3}(2\times44+71+2\times30-5)+0.05=(+)142.71\ (m^3)$$

$$V_{2-4}^{填}=\frac{2}{3}\times\frac{6^3}{(40+6)\times(38+6)}=(+)0.07\ (m^3)$$

$$V_{2-4}^{挖}=\frac{2}{3}(2\times40+84+2\times38-6)+0.07=(-)156.07\ (m^3)$$

将计算出的土方工程量填入相应的方格中，详见图 5-58。

场地各方格土方工程量总计：

挖方为 596.31m^3；填方为 607.96m^3。

（2）边坡土方工程量

首先确定边坡坡度。对于边坡坡度，设计文件未作规定的，根据《土方和爆破工程施工及验收规范》GB 50201—2012 的规定，施工组织设计挖方区边坡坡度采用 1∶1.25，填方区边坡坡度采用 1∶1.50。场地四个角点的挖、填方宽度为：

角点 5 的挖方宽度：　　0.93×1.25=1.16（m）

角点 15 的挖方宽度：　　0.38×1.25=0.48（m）

角点 1 的填方宽度：　　0.39×1.50=0.59（m）

角点 11 的填方宽度：　　0.97×1.50=1.46（m）

按照场地的四个控制角点的边坡宽度，绘出边坡平面轮廓尺寸图（图 5-61）。

边坡土方工程量，按式（5-16）和式（5-17）计算。

挖方区边坡土方量：

$$V_1=\frac{1}{3}\times F_1\times l_1$$

$$V_1=\frac{1}{3}\times\frac{1.16\times0.93}{2}\times58.1=(-)10.45\ (m^3)$$

$$V_2、V_3=2\times\frac{1}{3}\times\frac{1.16\times0.93}{2}\times1.4=(-)0.50\ (m^3)$$

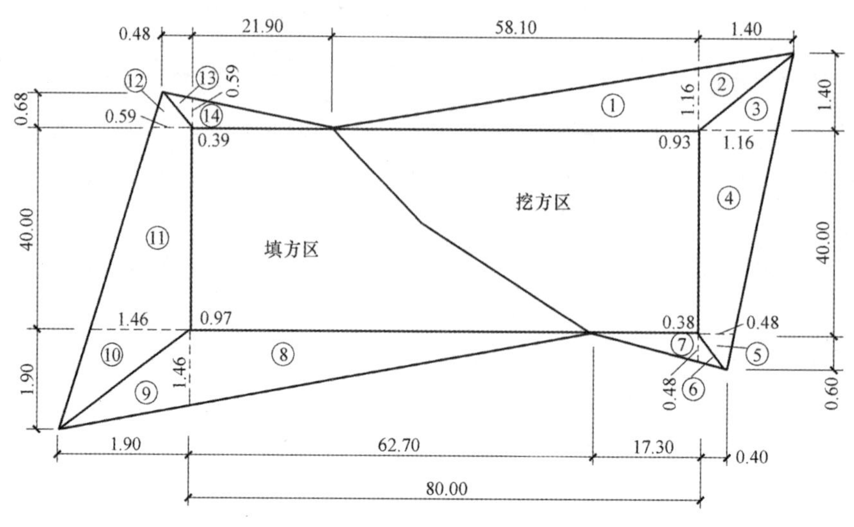

图 5-61 边坡平面轮廓尺寸图

$$V_4=\frac{l_4}{6}(F_1+F_2+4\times F_0)$$

$$=\frac{40.0}{6}\times\left[\frac{1.16\times0.93}{2}+\frac{0.48\times0.38}{2}+4\times\frac{(1.16+0.48)\div2\times(0.93+0.38)\div2}{2}\right]$$

$=(-)\ 11.37$

$$V_5=\frac{1}{3}\times\frac{0.48\times0.38}{2}\times0.6=(-)0.02\ (\mathrm{m}^3)$$

$$V_6=\frac{1}{3}\times\frac{0.48\times0.38}{2}\times0.4=(-)0.01\ (\mathrm{m}^3)$$

$$V_7=\frac{1}{3}\times\frac{0.48\times0.38}{2}\times17.3=(-)0.52\ (\mathrm{m}^3)$$

挖方区边坡土方量合计：22.87（m^3）

填方区边坡土方量：

$$V_8=\frac{1}{3}\times\frac{1.46\times0.97}{2}\times62.7=14.8(\mathrm{m}^3)$$

$$V_9、V_{10}=2\times\frac{1}{3}\times\frac{1.46\times0.97}{2}\times1.9=0.90(\mathrm{m}^3)$$

$$V_{11}=\frac{40.0}{6}\times\left[\frac{1.46\times0.97}{2}+\frac{0.59\times0.39}{2}+4\times\frac{(1.46+0.59)\div2\times(0.97+0.39)\div2}{2}\right]$$

$=14.78$

$$V_{12}=\frac{1}{3}\times\frac{0.59\times0.39}{2}\times0.68=0.03(\mathrm{m}^3)$$

$$V_{13}=\frac{1}{3}\times\frac{0.59\times0.39}{2}\times0.48=0.02(\mathrm{m}^3)$$

$$V_{14}=\frac{1}{3}\times\frac{0.59\times0.39}{2}\times21.9=0.8(m^3)$$

填方区边坡土方量合计：31.33（m^3）

场地及边坡土方量总计：

挖方：596.31+22.87=619.18（m^3）

填方：607.96+31.33=639.29（m^3）

两者相比，填方比挖方大 20.11m^3，除考虑土的可松性，填方尚可满足一部分以外，其不足的部分（尚需考虑挖方区的土中有一部分不能用作填方）可通过加宽挖方区边坡或从场外取土解决；如有困难，可将设计标高 H_0 适当降低，如从 43.71m 降为 43.70m（每降低 0.01m，相当于挖方量增加 40×80×0.01=32m^3）。

b. 加权平均法

(a) 要求按填挖土方量平衡整理成平面

a）在地形图上绘方格网

方格的大小取决于地形的复杂程度、地形图的比例尺和计算的精度要求等。一般是在地形图上取 1cm×1cm 或 2cm×2cm 的正方形（实地边长为 10～50m），并对划分后的方格顶点进行编号（例如纵向编为 A、B、C……横向为 1、2、3……），见图 5-62。该地形图的比例尺为 1∶1000，等高线间距为 0.5m，现取方格实地边长为 20m×20m 进行计算。

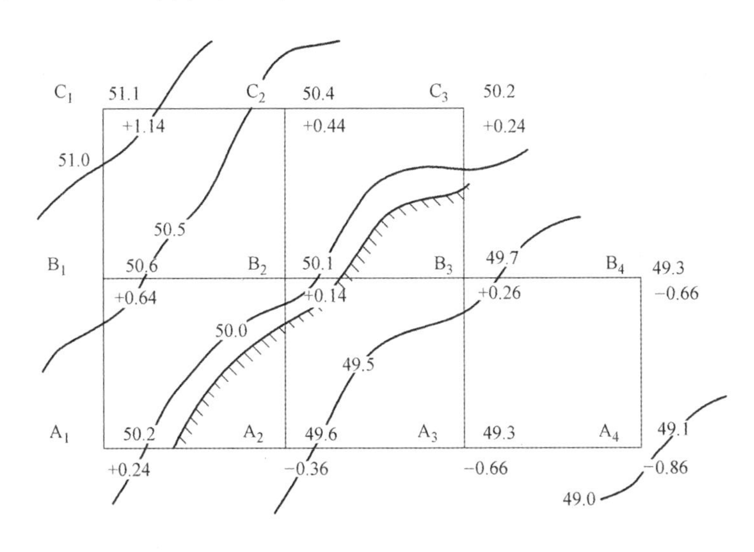

图 5-62　地形图上的方格网

b）计算方格顶点的高度

各方格顶点的地面高程是根据等高线的高程按比例内插法求得的，标注于方格顶点的右上方，如图 5-62 中求出的 C_1 点为 51.1m，C_2 点为 50.4m 等，即为该点地面高程。

c）求设计平面的高程（H_0）

每一方格的平均高程为四个拐角点高程的平均数，即每一拐角点高程控制方格的

1/4，若我们取控制 1/4 方格的高程“权”为 1，则可知中间点 B_2 的“权”为 4，同样，知高程点 C_2 的“权”为 2，B_3 的“权”为 3。为此，可求出加权平均值。其公式为：

$$H_0=\frac{(P_i \cdot H_i)}{P_i}=\frac{P_1\times H_1+P_2\times H_2+\cdots+P_n\times H_n}{P_1+P_2+P_3+\cdots+P_n} \tag{5-18}$$

公式中，P_i 为第 i 点的高程的权，H_i 为第 i 点的实地高程，H_0 为设计平面的高程。

若将图 5-62 中各点的高程代入公式，得：

$$H_0=[(50.2+51.1+50.2+49.3+49.1)\times 1+(50.6+50.4+49.6+49.3)\times 2+(49.7\times 3)+(50.1\times 4)]\div(4\times 5)=49.96\ (\text{m})$$

将各点的地面高程减去设计平面的高程 H_0 即可算出填挖土方的深度，计算值标注于图 5-62 中方格顶点的右下方。

d）确定填挖边界线

计算出的设计平面高程 H_0=49.96m，在地形图上标出它的位置，即为挖填边界线，如图 5-62 中的粗墨线，边界线上画短线的一侧为填方，另一侧为挖方，这条线上的所有点为不填不挖点。

e）计算填挖土方量

按照方格顶点处各高程点所控制的面积列表计算，见表 5-12。

填挖土方量计算表 **表 5-12**

点号	面积(m²)	挖深(m)	挖方(m³)	点号	面积(m²)	填高(m)	填方(m³)
A_1	100	0.24	24	A_2	200	0.36	72
B_1	200	0.64	128	A_3	200	0.66	132
B_2	400	0.14	56	A_4	100	0.86	86
C_1	100	1.14	114	B_3	300	0.26	78
C_2	200	0.44	88	B_4	100	0.66	66
C_3	100	0.24	24				
合计			434				434

（b）要求整理成某一确定的高程平面

这在某些大型体育场或飞机跑道的设计中都是要依据一定高程要求而进行平整的（图 5-63）。假定平整后的平面高程为 50.00m，其计算方法和步骤同前所述，这里仅列出土方量的计算表（表 5-13）。

填挖土方量计算表 **表 5-13**

	面积(m²)	挖深(m)	挖方(m³)	点号	面积(m²)	填高(m)	填方(m³)
A_1	100	0.2	20	A_2	200	0.4	80
B_1	200	0.6	120	A_3	200	0.7	140
B_2	400	0.1	40	A_4	100	0.9	90
C_1	100	1.1	110	B_3	300	0.3	90

续表

	面积(m^2)	挖深(m)	挖方(m^3)	点号	面积(m^2)	填高(m)	填方(m^3)
C_2	200	0.4	80	B_4	100	0.7	70
C_3	100	0.2	20				
合计			390				470

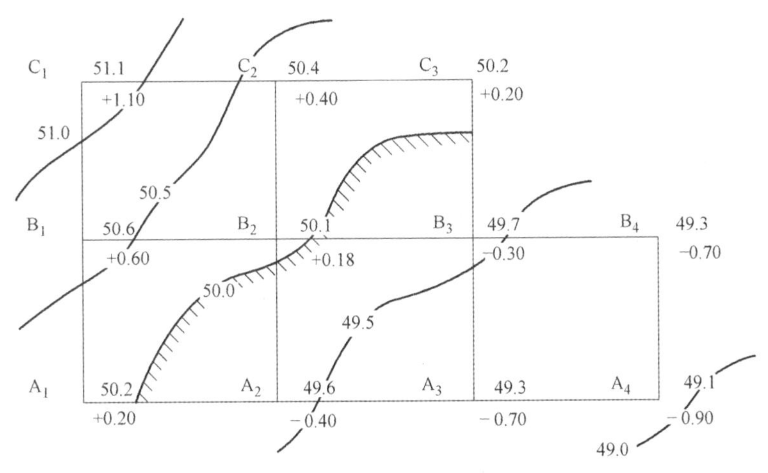

图 5-63　整理成的某一确定的高程平面

2）断面法

横断面法适用于地形起伏变化比较大或形状狭长的地带，如公路、铁路、水渠、大坝等。断面法计算简单，但由于测点一般没有方格网法多，故精度也没有方格网法高。

断面法的计算原理是沿场地长度方向取等值若干个相互平行的断面，先求出各个断面的面积，再利用梯形体或三棱锥的公式求出体积。计算方法如下：

沿场地取若干个相互平行的断面（可利用地形图定出或实地测量定出），将所取的每个断面（包括边坡断面）划分为若干三角形和梯形，如图 5-64 所示，则面积：

$$f_1=\frac{h_1}{2}\times d_1$$

$$f_2=\frac{h_1+h_2}{2}\times d_2$$

……

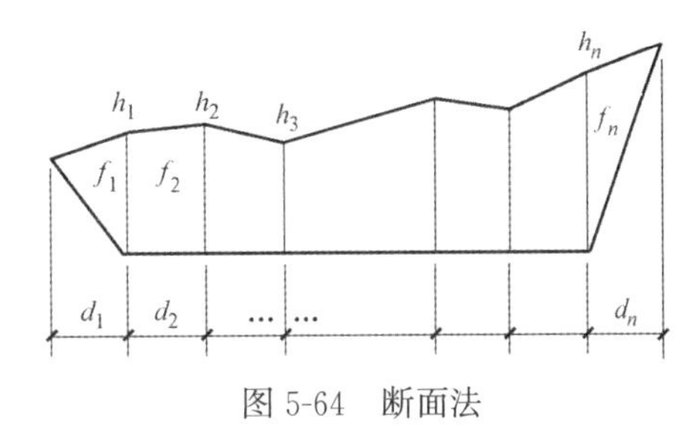

图 5-64　断面法

而某一断面面积为：

$$F_i=f_1+f_2+\cdots+f_n$$

若 $d_1=d_2=\cdots=d_n=d$，则：

$$F_i=d\times(h_1+h_2+\cdots+h_n)$$

断面面积求出后，即可计算土方体积。设各断面面积分别为 F_1、F_2、…、F_n，相邻两断面间的距离依次为 l_1、l_2、…、l_n，则所求土方体积为：

$$V=\frac{F_1+F_2}{2}\times l_1+\frac{F_2+F_3}{2}\times l_2+\cdots+\frac{F_{n-1}+F_n}{2}\times l_n \tag{5-19}$$

四、基础知识

（一）《岩土工程勘察规范》GB 50021—2001（2009 年版）的分类及定名

1. 土壤的分类及定名

（1）土壤的分类：

按颗粒级配分：
- 碎石土
- 砂土
- 粉土（按塑性指数分为：粉土、粉质黏土和黏土，按颗粒级配分为：碎石土、砂土和粉土）

按塑性指数分：
- 粉质黏土
- 黏土

按沉积年代分：
- 老沉积土
- 新近沉积土

按地质成因分：
- 残积土
- 坡积土
- 洪积土
- 冲积土
- 淤积土
- 冰积土
- 风积土

按有机含量分：
- 无机土
- 有机质土
- 泥炭质土
- 泥炭

特殊性土

（2）土壤的定名（定义）：

1）碎石土：粒径大于 2mm 的颗粒质量超过总质量的 50%的土。

2）砂土：粒径大于 2mm 的颗粒质量不超过总质量的 50%，粒径大于 0.075mm 的颗粒质量超过总质量的 50%的土。

3）粉土：粒径大于 0.075mm 的颗粒质量不超过总质量的 50%，且塑性指数等于或小于 10 的土。

4）黏性土：塑性指数大于 10 的土。黏性土根据塑性指数分为粉质黏土和黏土。塑性指数大于 10 且小于或等于 17 的土为粉质黏土；塑性指数大于 17 的土为黏土。

5）老沉积土：晚更新世 Q_3 及其以前沉积的土。

6）新近沉积土：第四纪全新世中近期沉积的土。

7）无机土：有机质含量＜5％的土。

8）有机质土：5％≤有机质含量≤10％的土。

9）泥炭质土：10％＜有机质含量≤60％的土。

10）泥炭：有机质含量＞60％的土。

11）湿陷性土：在 200kPa 压力下浸水荷载试验的附加湿陷量与承压板宽度之比等于或大于 0.023 的土。

12）红黏土：红黏土分原生红黏土与次生红黏土。

原生红黏土：颜色为棕红或褐黄，覆盖于碳酸盐岩系之上，其液限大于或等于 50％的高塑性黏土。

次生红黏土：原生红黏土经搬运、沉积后仍保留其基本特征，且其液限大于 45％的黏土。

13）软土：天然孔隙比大于或等于 1.0，且天然含水量大于液限的细粒土，包括淤泥、淤泥质土、泥炭、泥炭质土等。

14）混合土：由细粒土和粗粒土混杂且缺乏中间粒径的土。

当碎石土中粒径小于 0.075mm 的细粒土质量超过总质量的 25％时，应定名为粗粒混合土；当粉土或黏性土中粒径大于 2mm 的粗粒土质量超过总质量的 25％时，应定名为细粒混合土。

15）填土：填土根据物质组成和堆填方式，可分为下列四类：

a. 素填土：由碎石土、砂土、粉土和黏性土等一种或几种材料组成，不含杂物或含杂物很少；

b. 杂填土：含有大量建筑垃圾、工业废料或生活垃圾等杂物；

c. 冲填土：由水力冲填泥砂形成；

d. 压实填土：按一定标准控制材料的成分、密度、含水量，分层压实或夯实而成。

16）多年冻土：含有固态水，且冻结状态持续两年或两年以上的土。

17）膨胀岩土：含有大量亲水矿物，湿度变化时有较大体积变化，变形受约束时产生较大内应力的岩土。

18）盐渍岩土：易溶盐含量大于 0.3％，并具有溶陷、盐胀、腐蚀等工程特征的岩土。

19）风化岩：在风化营力作用下，结构、成分和性质已产生不同程度变异的岩石。

20）残积土：已完全风化成土而未经搬运的岩土。

21）污染土：由于致污物质的侵入，使土的成分、结构和性质发生了显著变异的土。污染土的定名可在原分类名称前冠以“污染”二字。

22）除按颗粒级配或塑性指数定名外，土的综合定名应符合下列规定：

a. 对特殊成因和年代的土类应结合其成因和年代特征定名。

b. 对特殊性土，应结合颗粒级配或塑性指数定名。

c. 对混合土，应冠以主要含有的土类定名。

d. 同一土层中相间呈韵律沉积，当薄层与厚层的厚度比大于1/3时，宜定为“互层”；厚度比为1/10～1/3时，宜定为“夹层”；厚度比小于1/10，且多次出现时，宜定为“夹薄层”。

e. 当土层厚度大于0.5m时，宜单独分层。

（3）土的描述应符合下列规定：

1）碎石土宜描述颗粒级配、颗粒形状、颗粒排列、母岩成分、风化程度、充填物的性质和充填程度、密实度等；

2）砂土宜描述颜色、矿物组成、颗粒级配、颗粒形状、细粒含量、湿度、密实度等；

3）粉土宜描述颜色、包含物、湿度、密实度等；

4）黏性土宜描述颜色、状态、包含物、土的结构等；

5）特殊性土除应描述上述相应土类规定的内容外，尚应描述其特殊成分和特殊性质，如对淤泥尚应描述嗅味，对填土尚应描述物质成分、堆积年代、密实度和均匀性等；

6）对具有互层、夹层、夹薄层特征的土，尚应描述各层的厚度和层理特征；

7）需要时，可用目力鉴别描述土的光泽反应、摇振反应、干强度和韧性，按表5-14区分粉土和黏性土。

目力鉴别粉土和黏性土 **表5-14**

鉴别项目	摇振反应	光泽反应	干强度	韧性
粉土	迅速、中等	无光泽反应	低	低
黏性土	无	有光泽、稍有光泽	高、中等	高、中等

2. 岩石的分类

岩体基本质量等级、岩石坚硬程度和岩体完整程度的划分，应分别按表5-15～表5-17定量划分执行。

岩体基本质量等级分类 **表5-15**

坚硬程度＼完整程度	完整	较完整	较破碎	破碎	极破碎
坚硬岩	Ⅰ	Ⅱ	Ⅲ	Ⅳ	Ⅴ
较硬岩	Ⅱ	Ⅲ	Ⅳ	Ⅳ	Ⅴ
较软岩	Ⅲ	Ⅳ	Ⅳ	Ⅴ	Ⅴ
软岩	Ⅳ	Ⅳ	Ⅴ	Ⅴ	Ⅴ
极软岩	Ⅴ	Ⅴ	Ⅴ	Ⅴ	Ⅴ

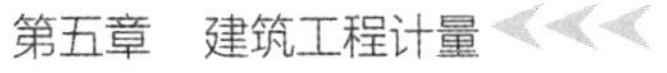

岩石坚硬程度分类 **表 5-16**

坚硬程度	坚硬岩	较硬岩	较软岩	软岩	极软岩
饱和单轴抗压强度(MPa)	$f_r>60$	$60\geqslant f_r>30$	$30\geqslant f_r>15$	$15\geqslant f_r>5$	$f_r\leqslant5$

注：1. 当无法取得饱和单轴抗压强度数据时，可用点荷载试验荷载换算，换算方法按国家标准《工程岩体分级标准》GB/T 50218—2014 执行；

2. 当岩体完整程度为极破碎时，可不进行坚硬程度分类。

岩体完整程度分类 **表 5-17**

完整程度	完整	较完整	较破碎	破碎	极破碎
完整性指数	>0.75	0.75～0.55	0.55～0.35	0.35～0.15	<0.15

注：完整性指数为岩体压缩波速度与岩块压缩波速度之比的平方，选定岩体和岩块测定波速时，应注意其代表性。

当缺乏有关试验数据时，可按《岩土工程勘察规范》GB 50021—2001（2009 年版）附录 A 中表 A.0.1 和表 A.0.2 定性划分岩石的坚硬程度和岩体的完整程度；岩石风化程度的划分可按附录 A 中表 A.0.3 执行。规范附录 A 中表 A.0.1～表 A.0.3 见表 5-18～表 5-20。

岩石坚硬程度等级的定性分类 **表 5-18**

坚硬程度等级		定性鉴定	代表性岩石
硬质岩	坚硬岩	锤击声清脆，有回弹，震手，难击碎，基本无吸水反应	未风化—微风化的花岗岩、闪长岩、辉绿岩、玄武岩、安山岩、片麻岩、石英岩、石英砂岩、硅质砾岩、硅质石灰岩等
	较硬岩	锤击声较清脆，有轻微回弹，稍震手，较难击碎，有轻微吸水反应	1. 微风化的坚硬岩 2. 未风化—微风化的大理岩、板岩、石灰岩、白云岩、钙质砂岩等
软质岩	较软岩	锤击声不清脆，无回弹，较易击碎，浸水后指甲可刻出印痕	1. 中等风化—强风化的坚硬岩或较硬岩 2. 未风化—微风化的凝灰岩、千枚岩、泥灰岩、砂质泥岩等
	软岩	锤击声哑，无回弹，有凹痕，易击碎，浸水后手可掰开	1. 强风化的坚硬岩或较硬岩 2. 中等(弱)风化—强风化的较软岩 3. 未风化—微风化的页岩、泥岩、泥质砂岩等
极软岩		锤击声哑，无回弹，有较深凹痕，手可捏碎，浸水后可捏成团	1. 全风化的各种岩石 2. 各种半成岩

岩体完整程度的定性分类 **表 5-19**

完整程度	结构面发育程序		主要结构面的结合程度	主要结构面类型	相应结构类型
	组数	平均间距(m)			
完整	1～2	>1.0	结合好或结合一般	裂隙、层面	整体状或巨厚层状结构
较完整	1～2	>1.0	结合差	裂隙、层面	块状或厚层状结构
	2～3	1.0～0.4	结合好或结合一般		块状结构

续表

完整程度	结构面发育程度		主要结构面的结合程度	主要结构面类型	相应结构类型
	组数	平均间距(m)			
较破碎	2～3	1.0～0.4	结合差	裂隙、层面、小断层	裂隙块状中厚层状结构
	≥3	0.4～0.2	结合好		镶嵌碎裂结构
			结合一般		中、薄层状结构
破碎	≥3	0.4～0.2	结合差	各种类型结构面	裂隙块状结构
		≤0.2	结合一般或结合差		碎裂状结构
极破碎	无序		结合很差		散体状结构

岩石按风化程度分类 **表 5-20**

风化程度	野外特征	风化程度参数指标	
		波速比 K_v	风化系数 K_f
未风化	岩质新鲜，偶见风化痕迹	0.9～1.0	0.9～1.0
微风化	结构基本未变，仅节理面有渲染或略有变色，有少量风化裂隙	0.8～0.9	0.8～0.9
中等风化	结构部分破坏，沿节理面有次生矿物，风化裂隙发育，岩体被切割成岩块，用镐难挖，岩芯钻方可钻进	0.6～0.8	0.4～0.8
强风化	结构大部分破坏，矿物成分显著变化，风化裂隙很发育，岩体破碎，用镐可挖，干钻不易钻进	0.4～0.6	<0.4
全风化	结构基本破坏，但尚可辨认，有残余结构强度，可用镐挖，干钻可钻进	0.2～0.4	
残积土	组织结构全部破坏，已风化成土状，锹镐易挖掘，干钻易钻进，具可塑性	<0.2	

注：1. 波速比 K_v 为风化岩石与新鲜岩石压缩波速度之比；
2. 风化系数 K_f 为风化岩石与新鲜岩石饱和单轴抗压强度之比；
3. 岩石风化强度，除按表中野外特征和定量指标划分外，也可根据当地经验划分；
4. 花岗岩类岩石，可采用标准贯入试验划分，$N \geq 50$ 为强风化，$50 > N \geq 30$ 为全风化，$N < 30$ 为残积土；
5. 泥岩和半成岩，可不进行风化程度划分。

结构面结合程度依据《工程岩体分级标准》GB/T 50218—2014，按表 5-21 划分。

结构面结合程度的划分 **表 5-21**

名称	结构面特征
结合好	张开度小于 1mm，无充填物； 张开度为 1～3mm，为硅质或铁质胶结； 张开度大于 3mm，结构面粗糙，为硅质胶结
结合一般	张开度为 1～3mm，为钙质或泥质胶结； 张开度大于 3mm，结构面粗糙，为铁质或钙质胶结
结合差	张开度为 1～3mm，结构面平直，为泥质或泥质和钙质胶结； 张开度大于 3mm，多为泥质或岩屑充填
结合很差	泥质充填或泥夹岩屑充填，充填物厚度大于起伏差

岩层厚度分类应按表 5-22 执行。

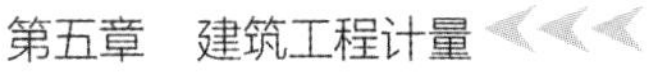

岩层厚度分类　　**表 5-22**

岩层厚度	单层厚度 h(m)
巨厚层	$h>1.0$
厚层	$1.0\geqslant h>0.5$
中厚层	$0.5\geqslant h>0.1$
薄层	$h\leqslant 0.1$

（二）土方施工机械种类、性能和适用范围

常用土方施工机械有推土机、铲运机和挖掘机。

1. 推土机

适用于运距在 100m 以内的平土或移挖作填，尤其是当运距在 30～60m 之间时，最为有效。

（1）推土机的种类：按行走的方式，可分为履带式推土机和轮胎式推土机。

（2）推土机的性能：履带式推土机附着力强，爬坡性能好，适应性强。轮胎式推土机行驶速度快，灵活性好。

2. 铲运机

适用于地形起伏不大，坡度在 20°以内的大面积场地平整，土的含水率不超过 27%，平均运距在 800m 以内时较为适宜。

（1）铲运机的种类：按行走方式分为牵引式铲运机和自行式铲运机；按铲斗操纵系统分，有液压操纵和机械操纵两种。

（2）铲运机的性能：铲运机是一种能综合完成挖土、运土、卸土的土方机械，对行驶道路要求较低。铲土厚度为 30～150mm，卸土厚度为 200mm 左右。

3. 挖掘机

挖掘机的种类：按工作装置的不同，可分为正铲、反铲、拉铲和抓铲四种。

按其操纵机构的不同，可分为机械式和液压式两类。

液压式挖掘机的优点是：能无级调速且调速范围大；快速作业时，惯性小，并能高速反转；转动平稳，可减少强烈的冲击和振动；结构简单，机身轻，尺寸小；附有不同的装置，能一机多用；操纵省力，易实现自动化。

（1）正铲挖土机

1）适用于开挖含水量不大于 27%的一至三类土，且与自卸汽车配合完成整个挖掘运输作业；可以挖掘大型干燥基坑和土丘等。

2）工作特点：前进行驶，铲斗由下向上强制切土，挖掘力大，生产效率高。

（2）反铲挖土机

1）适用于挖掘深度不大于 4m 的基坑、基槽、管沟，也适用于湿土、含水量较大及地下水位以下的土壤开挖。

2）工作特点：机械后退行驶，铲斗由上而下强制切土，用于开挖停机面以下的一至三类土。

（3）拉铲挖土机

1）可以开挖一、二类土壤的基坑、基槽和管沟等地面以下的挖土工程，特别适用于含水量大的水下松软土和普通土的挖掘。拉铲开挖方式与反铲相似，可沟端开挖，也可沟侧开挖。

2）工作特点：利用惯性，把铲斗甩出后靠收紧和放松钢丝绳进行挖土或卸土，铲斗由上而下，靠自重切土。

（4）抓铲挖土机

抓铲挖土机主要用于开挖土质比较松软、施工面比较狭窄的基坑、沟槽、沉井等工程，特别适用于水下挖土。土质坚硬时，不能用抓铲施工。

（三）土方机械的选择

土方机械化开挖应根据基础形式、工程规模、开挖深度、地质、地下水情况、土方量、运距、现场和机具设备条件、工期要求以及土方机械的特点等合理选择挖土机械，以充分发挥机械效率，加速工程进度，节省机械费用。

1. 土方机械选择的原则

（1）施工机械的选择应与施工内容相适应；

（2）土方施工机械的选择与工程实际情况相结合；

（3）主导施工机械确定后，要合理配备完成其他辅助施工过程的机械；

（4）选择土方施工机械要考虑其他施工方法，辅助土方机械化施工。

2. 土方开挖方式与机械选择

（1）平整场地常由土方的开挖、运输、填筑和压实等工序完成。

地势较平坦、含水量适中的大面积平整场地，选用铲运机较适宜。

地形起伏较大，挖方、填方量大且集中的平整场地，运距在1000m以上时，可选择正铲挖土机配合自卸车进行挖土、运土，在填方区配备推土机平整及压路机碾压施工。

挖、填方高度均不大，运距在100m以内时，采用推土机施工，灵活、经济。

（2）地面上的坑式开挖

单个基坑和中小型基础基坑开挖，在地面上作业时，多采用抓铲挖土机和反铲挖土机。抓铲挖土机适用于一、二类土质和较深的基坑；反铲挖土机适于四类以下土质，深度在4m以内的基坑。

（3）长槽式开挖

在地面上开挖具有一定截面、长度的基槽或沟槽，适于开挖大型厂房的柱列基础和管沟，宜采用反铲挖土机。

若为水中取土或土质为淤泥，且坑底较深，则可选择抓铲挖土机挖土。

若土质干燥，槽底开挖不深，基槽长在30m以上，可采用推土机或铲运机施工。

(4) 整片开挖

对于大型浅基坑，若基坑土干燥，可采用正铲挖土机开挖；若基坑内土潮湿，则采用拉铲或反铲挖土机，可在坑上作业。

对于独立柱基础的基坑及小截面条形基础基槽，则采用小型液压轮胎式反铲挖土机配以翻斗车来完成浅基坑（槽）的挖掘和运土。

3. 自卸汽车与挖土机的配套

自卸汽车与挖土机配合完成挖土、运土、卸土的工作。自卸汽车与挖土机配套原则：保证挖土机连续工作。

汽车载重量：以装 3～5 斗土为宜。

汽车数量：

$$N=T(\text{汽车每一工作循环的延续时间})/t(\text{每次装车时间}) \tag{5-20}$$

或：

$$N=(\text{挖土机台班产量}/\text{汽车台班产量})+1 \tag{5-21}$$

（四）土方机械施工一般要求

(1) 大面积基础群基坑底标高不一，机械开挖次序一般为先整片挖至一平均标高，然后再挖个别较深部位。当一次开挖深度超过挖土机最大挖掘高度（5m 以上）时，宜分 2～3 层开挖，并修筑不大于 10 度的坡道，以便挖土及运输车辆进出。

(2) 基坑边角部位，机械开挖不到之处，应用少量人工配合清坡，将松土清至机械作业半径范围内，再用机械掏取运走。人工清土所占比例一般为 1.5%～4%。

(3) 机械开挖应由深而浅，基底及边坡应预留一道 150～300mm 厚土层用于人工清底、修坡、找平，以保证基底标高和边坡坡度正确，避免超挖和土层遭受扰动。

（五）基坑土方开挖

1. 基坑土方开挖施工方案的类型

基坑开挖的施工方案一般有两种：放坡开挖（无支护开挖）和在支护体系保护下开挖（有支护开挖）。前者既简单又经济，在空旷地区有足够的空间供放坡之用或周围环境允许且能保证边坡稳定的条件下应优先选用。

如在此空间内存在邻近建（构）筑物基础、地下管线、运输道路等，都不允许放坡，此时就只能采用在支护结构保护下进行垂直开挖的施工方案。

2. 支护结构

支护结构包括围护墙和支撑。

(1) 围护墙选型

1) 深层搅拌水泥土桩墙

深层搅拌水泥土桩墙是用深层搅拌机就地将土和输入的水泥浆强制搅拌，形成连续搭接的水泥土桩排加固体挡墙（图 5-65）。

水泥土加固体的渗透系数不大于 10^{-7}cm/s，能止水防渗，因此这种围护墙属重力式挡墙，利用其本身重量和刚度进行挡土和防渗，具有双重作用。

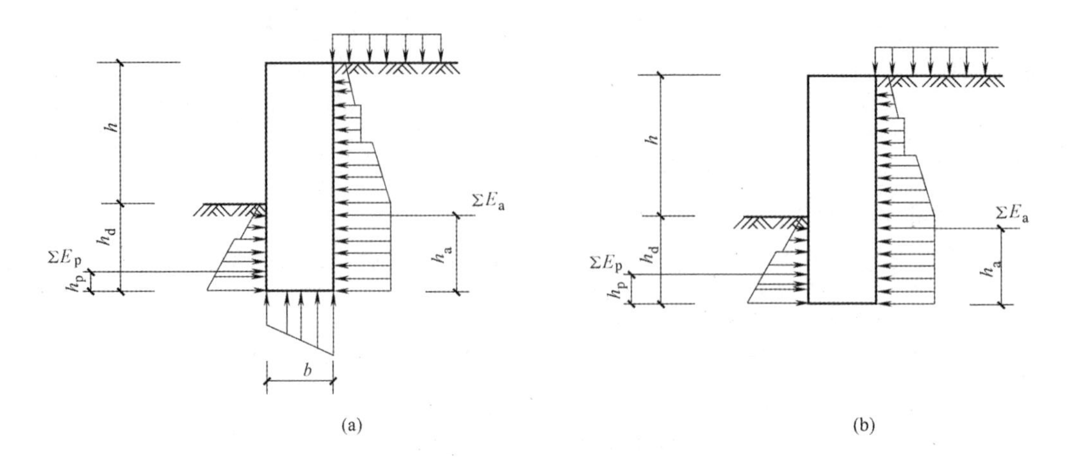

图 5-65 水泥土围护墙

(a) 砂土及碎石土；(b) 黏性土和粉土

围护墙常用的水泥渗入比为 12%～14%。

水泥土围护墙的优点：由于坑内无支撑，便于机械化快速挖土；具有挡土、挡水的双重功能；一般比较经济。其缺点是不宜用于深基坑，基坑深度不宜大于 6m。

2）高压旋喷桩

高压旋喷桩所用的材料亦为水泥浆，它是利用高压通过旋转的喷嘴将水泥浆喷入土层，与土体混合形成连续搭接的水泥土桩排加固体挡墙，用来挡土和止水。高压旋喷桩的施工费用要高于深层搅拌水泥土桩，但它可用于空间较小处。

3）钢板桩

a. 槽钢钢板桩

槽钢钢板桩是一种简易的钢板桩围护墙，由槽钢正反扣搭接或并排组成。槽钢长 6～8m，打入地下后，顶部接近地面处设一道拉锚或支撑。一般用于深度不超过 4m 的基坑。

b. U 形钢板桩

常用的 U 形钢板桩，多用于对周围环境要求不甚高的深 5～8m 的基坑，视支撑（拉锚）加设情况而定。

我国生产的鞍Ⅳ形钢板桩为“拉森式”（U 形）。其缺点是一般的钢板桩刚度不够大，用于较深的基坑时，支撑（或拉锚）工作量大，否则变形较大。

钢板桩的支护结构见图 5-66、图 5-67。

4）钻孔灌注桩

钻孔灌注桩为间隔排列，缝隙不小于 100mm，因此它不具备挡水功能，需另做挡水帷幕。目前我国应用较多的挡水帷幕是厚 1.2m 的水泥土搅拌桩。用于地下水位较低地区，则不需做挡水帷幕。

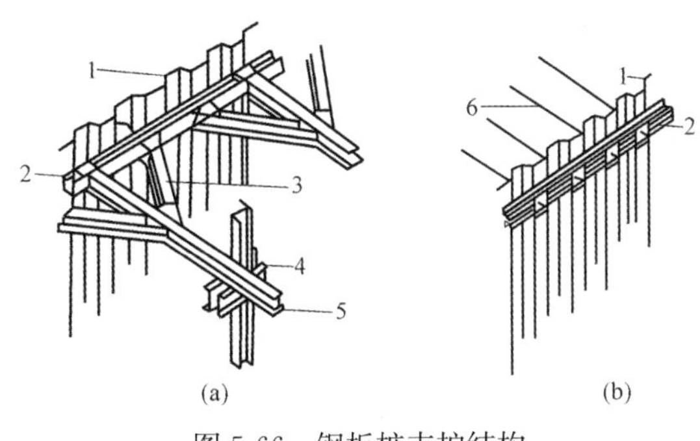

图 5-66 钢板桩支护结构

(a) 内撑方式；(b) 锚拉方式

1—钢板桩；2—围檩；3—角撑；4—立柱与支撑；5—支撑；6—锚拉杆

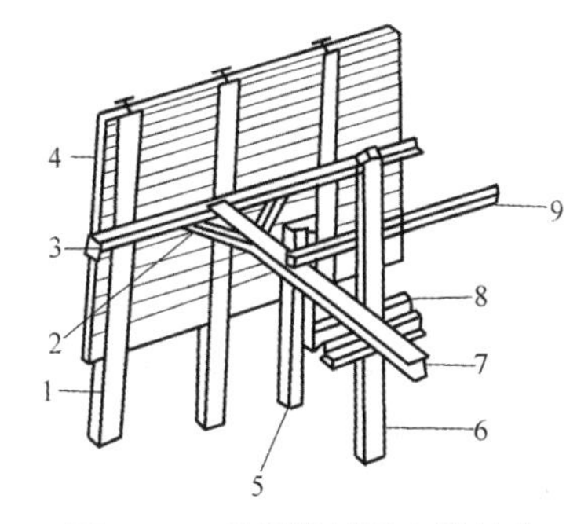

图 5-67 型钢横挡板支护结构

1—工字钢（H 型钢）；2—八字撑；3—腰梁；4—横挡板；5—垂直联系杆件；6—立柱；7—横撑；8—立柱上的支撑件；9—水平联系杆

钻孔灌注桩施工无噪声、无振动、无挤土，刚度大，抗弯能力强，变形较小，几乎在全国都有应用。多用于基坑深 7～15m 的工程，在土质较好地区宜用 8～9m 悬臂桩，在软土地区多加设内支撑（或拉锚），悬臂式结构不宜大于 5m。

钻孔灌注桩见图 5-68、图 5-69。

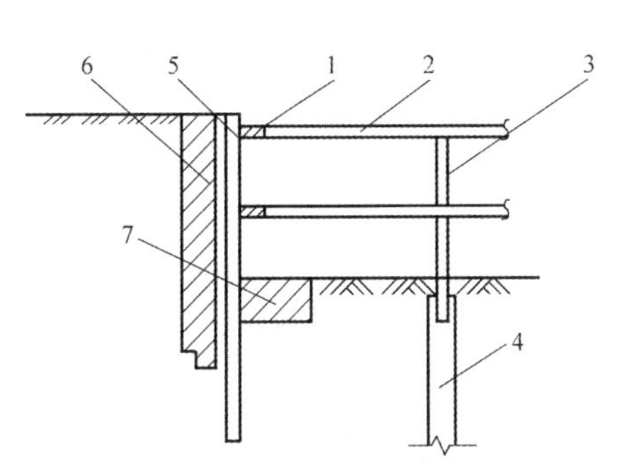

图 5-68 钻孔灌注桩排围护墙

1—围檩；2—支撑；3—立柱；4—工程桩；5—钻孔灌注桩围护墙；6—水泥土搅拌桩挡水帷幕；7—坑底水泥土搅拌桩加固

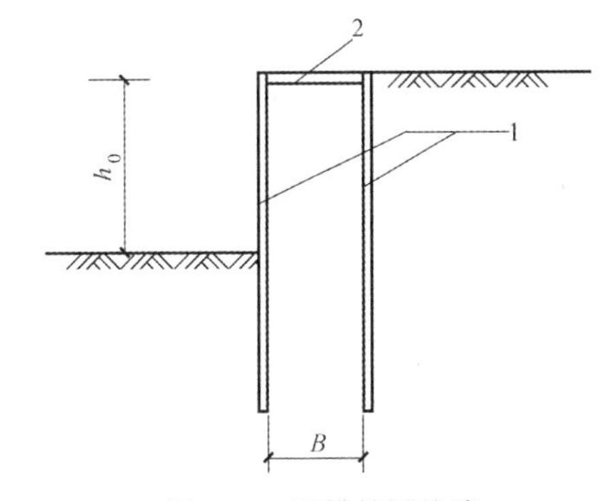

图 5-69 双排桩围护墙

1—钻孔灌注桩；2—连系横梁

如基坑周围狭窄，不允许在钻孔灌注桩后再施工 1.2m 厚的水泥土挡水帷幕时，可考虑在水泥土桩中套打钻孔灌注桩。

5）地下连续墙

地下连续墙是于基坑开挖之前，用特殊挖槽设备，在泥浆护壁之下开挖深槽，然后下钢筋笼浇筑混凝土形成的地下土中的混凝土墙。

目前常用的厚度为 600mm、800mm、1000mm，多用于-12m 以下的深基坑。

地下连续墙用作围护墙的优点是：能紧邻建（构）筑物等进行施工；刚度大，整体性好，变形小，能用于深基坑；如用逆作法施工，可实现两墙合一，能降低成本。地下连续墙单纯用作围护墙，只为施工挖土服务，则成本较高。

注：逆作法是先沿建筑物地下室轴线或周围施工地下连续墙或其他支护结构，同时建筑物内部的有关位置浇筑或打下中间支承桩和柱，作为施工期间于底板封底之前承受上部结构自重和施工荷载的支撑。然后施工地面一层的梁板楼面结构，作为地下连续墙刚度很大的支撑，随后逐层向下开挖土方和浇筑各层地下结构，直至底板封底。同时，由于地面一层的楼面结构已完成，为上部结构施工创造了条件，所以可以同时向上逐层进行地上结构的施工。如此地面上、下同时进行施工，直至工程结束。逆作法施工技术是目前最先进的高层建筑物施工技术方法。

6）加筋水泥土桩（SMW 工法）围护墙

加筋水泥土桩围护墙即在水泥土搅拌桩内插入 H 型钢，使之成为同时具有受力和抗渗两种功能的支护结构围护墙。坑深大时加设支撑，可用于坑深-20m 的基坑。

加筋水泥土桩围护墙见图 5-70。

7）土钉墙

土钉墙（土钉支护）是一种边坡稳定式支护。土钉墙由三个主要部分组成，即土钉体、土钉墙范围内的土体和面层。土钉体由置入土体的金属杆件（钢筋、钢管或角钢等）与外注浆层组成；面层一般采用喷射混凝土配钢筋网结构，见图 5-71。

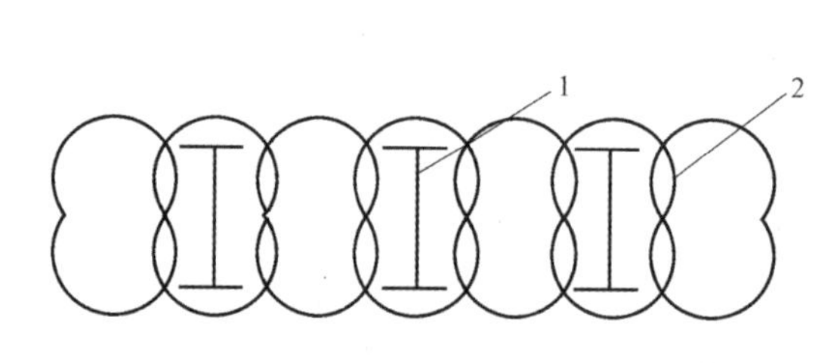

图 5-70 加筋水泥土桩（SMW 工法）围护墙

1—插在水泥土桩中的 H 型钢；2—水泥土桩

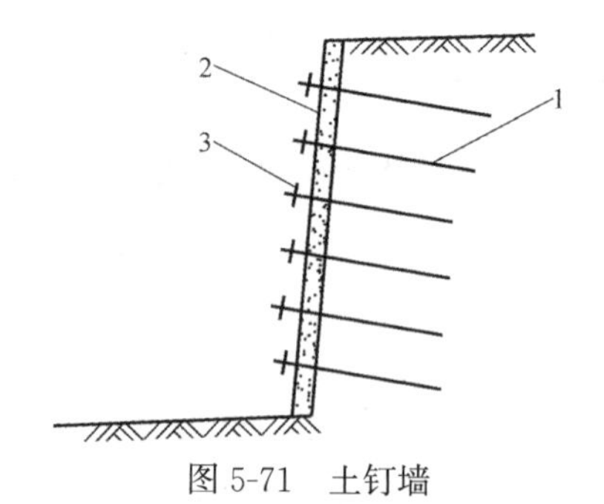

图 5-71 土钉墙

1—土钉；2—喷射细石混凝土面层；3—垫板

a. 基坑开挖。基坑要按设计要求严格分段开挖，在完成上一层作业面土钉与喷射混凝土以前，不得进行下一层深度的开挖。每层开挖的最大深度和水平分段取决于土壁自稳能力。

b. 喷射第一道面层。每步开挖后应尽快做好面层，即对修整后的边壁立即喷上一层薄混凝土或砂浆。若土层地质条件好，可省去该面层。

c. 设置土钉。土钉置入方法包括钻孔置入、打入或射入等，通常的做法是先在土体中成孔，然后置入土钉钢筋并沿全长注浆。

d. 设置锚杆。锚杆由拉杆和锚具组成。锚杆用的拉杆，常用的有钢管（钻杆用作拉杆）、粗钢筋（由一根或数根粗钢筋组合而成）、钢丝束和钢绞线。锚具可按预应力结构锚具选用。

e. 喷射第二道面层。在喷射混凝土之前，先按设计要求绑扎、固定钢筋网。面层内的钢筋网应牢牢固定在边壁上并符合设计规定的保护层厚度要求，钢筋网可用插入土中的钢筋固定。

土钉与面层钢筋网的连接可通过垫板、螺母及土钉端部螺纹杆固定，土钉钢筋也可通过井字加强钢筋直接焊接在钢筋网上。

喷射混凝土从开挖层壁面底部向上进行，但底部钢筋网搭接范围应留着待下层钢筋网搭接绑扎之后与下层壁面同时喷射混凝土。当设计面层厚度超过 100mm 时，混凝土应分两层喷射，每层喷射厚度宜为 50～70mm，且接缝错开。

f. 排水设施的设置。水是土钉支护结构最为敏感的问题，不但要做好降水排水工作，还要充分考虑土钉支护结构工作期间地表水的排水。基坑边壁有透水层或渗水土层时，混凝土面层上要做泄水孔。泄水孔可采用直径不小于 40mm、长度 0.4～0.6m 的塑料管，间距 1.5～2.0m。

土钉墙宜用于基坑侧壁安全等级为二、三级的非软土场地；基坑深度不宜大于 12m；当地下水位高于基坑底面时，应采取降水或截水措施。

(2) 支撑体系选型

对于排桩、板墙式支护结构，当基坑深度较大时，为使围护墙受力合理且受力后变形控制在一定范围内，需沿围护墙竖向增设支承点，以减小跨度。如在坑内对围护墙加设支承，称为内支撑；如在坑外对围护墙设拉支承，则称为拉锚（土锚）。

内支撑安全可靠，易于控制围护墙的变形，但内支撑的设置会给基坑内挖土和地下室结构的支模和浇筑带来一些不便，需通过换撑加以解决。用土锚拉结围护墙，坑内施工无任何阻挡，但位于软土地区，土锚的变形较难控制，且土锚有一定长度，在建筑物密集地区，如超出红线，尚需要专门申请。一般情况下，在土质好的地区，如具备锚杆施工设备和技术，应发展土锚；在软土地区，为便于控制围护墙的变形，应以内支撑为主。

支护结构的内支撑体系包括腰梁或冠梁（围檩）、支撑和立柱。支撑是受压构件，长度超过一定限度时稳定性不好，所以中间需加设立柱，立柱下端需稳固，立柱插入工程桩内，如实在对不准工程桩，只得另外专门设置桩（灌注桩）。支护结构的内支撑见图 5-72。

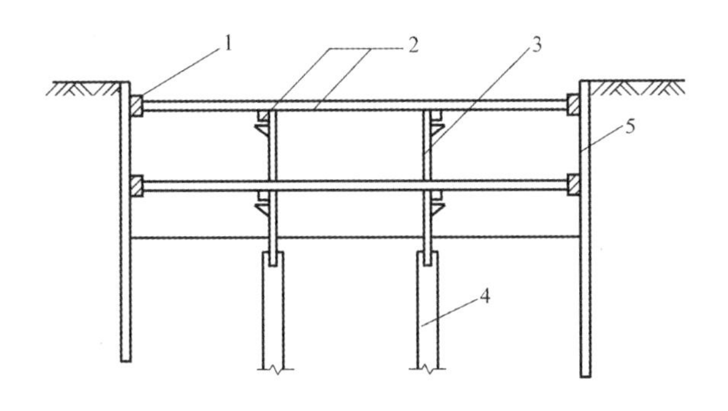

图 5-72 对撑式的内支撑

1—腰梁；2—支撑；3—立柱；4—桩（工程桩或专设桩）；5—围护墙

内支撑按照材料分为钢支撑和混凝土支撑两类。

1）钢支撑：钢支撑常用的为钢管支撑和型钢支撑两种。钢管支撑多用 ϕ609 钢管，有多种壁厚（10mm、12mm、14mm）可供选择。型钢支撑构造见图 5-73。

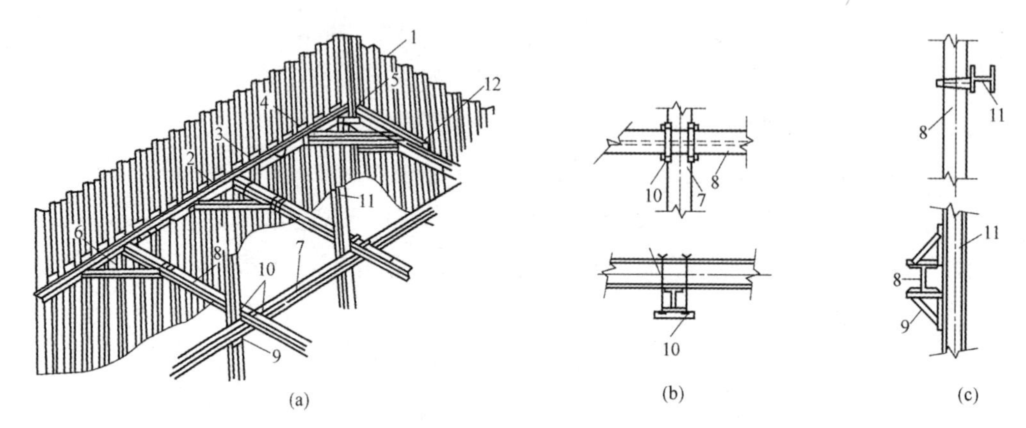

图 5-73　型钢支撑构造

（a）示意图；（b）纵横支撑连接；（c）支撑与立柱连接

1—钢板桩；2—型钢围檩；3—连接板；4—斜撑连接件；5—角撑；6—斜撑；7—横向支撑；8—纵向支撑；9—三角托架；10—交叉部紧固件；11—立柱；12—角部连接件

2）混凝土支撑：整体刚度大，安全可靠，可使围护墙变形小。其缺点是支撑成型时间长，属一次性的，不能重复利用，拆除相对困难。

对于平面尺寸大的基坑，需在支撑交叉点处设立柱，在垂直方向支承平面支撑。

在软土地区，有时在同一个基坑中，上述两种支撑同时应用。上层支撑采用混凝土支撑；基坑下部为了加快支撑的装拆、加快施工速度，采用钢支撑。

在支模浇筑地下结构时，在拆除上面一道支撑前，先设换撑，换撑位置都在底板上表面和楼板标高处。换撑时，需要在换撑达到设计规定的强度、起支撑作用后才能拆除上面一道支撑。

3. 基坑工程现场施工设施

基坑工程在施工过程中有大量机械设备、材料需要堆放及转运，如起重机基础或开行道路、大型设备（如混凝土泵车）的停放点、挖土栈桥或坡道、临时施工平台等，因此，在基坑工程施工前应做好详细的施工布置方案。

（1）塔吊及其基础的布置

如能在基坑工程施工前就将塔吊布置好，则整个基坑工程的施工，包括围护墙、支撑、挖土、凿桩及钢筋、模板等工程均可使用塔吊作为垂直与水平运输工具，从而大大提高工效。

基坑工程的塔吊布置，有两种情况：一是布置在基坑边；二是布置在基坑内。塔吊的基础可做成桩基、混凝土块体基础，也可设在地下室底板上。

1）基坑边塔吊的布置

塔吊基础桩一般可设置 4 根，该桩主要受水平力，桩断面与桩长应计算确定，桩断面一般可取 400mm×400mm 或 ϕ600 左右，桩长 12～18m。

对于排桩式围护墙或地下连续墙，往往塔吊会坐落在围护墙顶上，但直接设置塔吊基础会造成基底软硬严重不均的问题，在塔吊工作时产生倾斜。此时，应在支护墙外侧另行布置桩基，一般布置 2 根即可。

塔式或履带式起重机吊运土方见图 5-74。

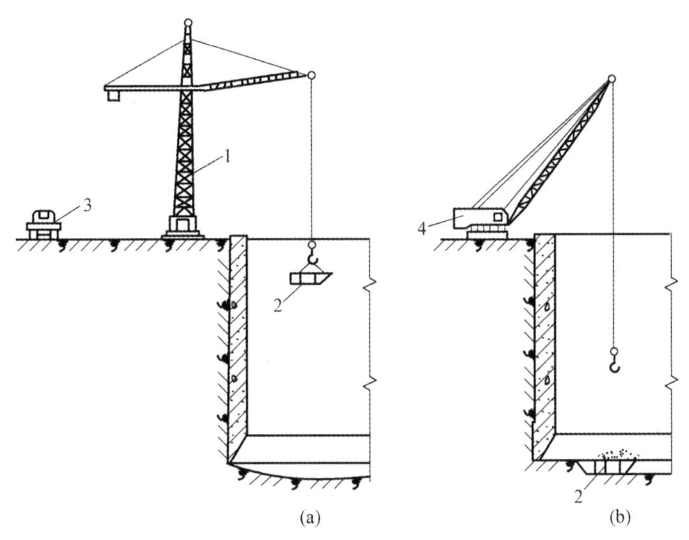

图 5-74 用塔式或履带式起重机吊运土方

(a) 塔式起重机吊运土方；(b) 履带式起重机吊运土方

1—塔式起重机；2—吊斗；3—运输汽车；4—履带式起重机

2) 基坑中央的塔吊布置

随着地下空间的利用，几幢建筑下的地下室连成了一片，基坑面积很大。此时，塔吊往往不能设在基坑边，而需设在基坑中央。此外，采用内爬式塔吊的工程，在基坑施工阶段，塔吊往往也需设在基坑中，以便上部主体结构施工至若干层后，直接改为内爬式，而不再拆装转移。

如采用附着式塔吊，应根据上部结构的施工状况，将塔吊布置在上部结构的外墙外侧的合适位置，塔吊应避免设在地下室墙的部位、支护结构支撑的部位、换撑的部位及其他对支护结构或主体结构施工有影响的部位。

如采用内爬式塔吊，一般根据上部结构电梯井或预留塔吊爬升通道的位置设置塔吊。

(2) 施工栈桥与坡道

1) 挖土栈桥

大型基坑挖土施工时，合理地设置栈桥，对解决施工场地紧张问题，便于挖土机械及运土车辆的开行是十分有效的。当采用抓铲施工时，栈桥的作用更为显著。挖土栈桥一般与上道支撑合二为一，这样可充分利用支撑结构。

栈桥的宽度应考虑机车的最大宽度并增加 1～2m 的行车间隙，一般可取 5m 左右。

2）挖土坡道

在多道支撑条件下开挖土方，由于受支撑的影响，下层土方运输十分困难，有时需用多台反铲挖土机驳运，会大大影响施工效率。设置挖土坡道，使运土车辆下坑，既便于运土，又可大大提高运输效率，但由于卡车爬坡的坡度不能过大，因此坡道需有一定的长度，故在小型基坑中难以实现。

坡道的坡度不宜大于 10°，一般取 6°～8°。

坡道的宽度应保证车辆正常行驶，可取车身宽度加 2m。

4. 基坑地下水控制

基坑工程地下水控制是指在基坑工程施工过程中，地下水要满足土方施工、地下工程施工的要求和地基土的强度不被降低以及不因地下水的变化给基坑周围的设施带来危害。

《建筑基坑支护技术规程》JGJ 120—2012 规定，地下水控制应根据工程地质和水文地质条件、基坑周边环境要求及支护结构形式选用截水、降水、集水明排或其组合方法。集水明排（排水沟及集水坑排水）施工方便、设备简单、费用较低，适用于除细砂外土质较好、水量不大、基坑可扩大者。降水适用于基坑开挖深度较大，地下水的动水压力有可能造成流沙、管涌、基底隆起和边坡失稳者。当降水会对基坑周边建筑物、地下管线、道路等造成危害或对环境造成长期不利影响时，应采用截水方法控制地下水。

（1）地下水的含义和分类

1）地下水的含义

地下水是指赋存于地面以下岩土空隙中的水，狭义上是指地下水面以下饱和含水层中的水。地下水位以下的土是由液态水和固态土粒两部分组成的。土层中的液态水分成结合水和自由水两类。结合水是在分子引力作用下吸附在土粒表面的水，这类水通常只有在加热成蒸汽时才能与土粒分开；自由水是指土粒表面电场影响作用范围之外的重力水和毛细水。降水一般是降低土体中自由水形成的水面高程。

2）地下水的分类

地下水根据埋藏条件分为潜水和层间水两种。潜水是埋藏在地表以下第一层不透水层以上含水层中的水，无压力，属重力水，会作水平方向流动。层间水是两个不透水层之间含水层中所含的地下水。如果层间水未充满含水层，水没有压力，称无压层间水；如果水充满此含水层，水则具有压力，称承压层间水，如图 5-75 所示。

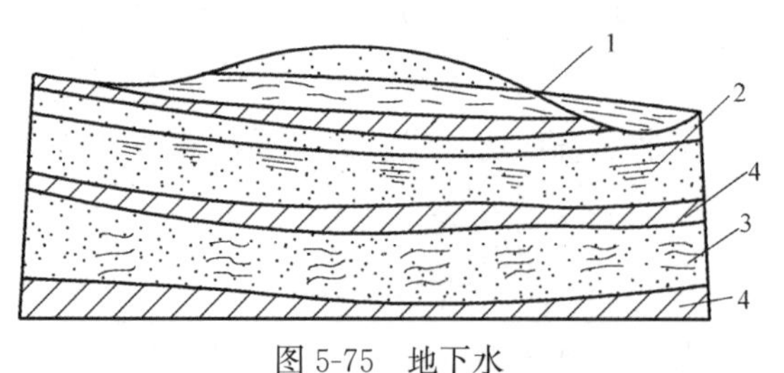

图 5-75　地下水

1—潜水；2—无压层间水；3—承压层间水；4—不透水层

（2）截水

基坑截水方法应根据工程地质条件、水文地质条件及施工条件等，选用水泥土搅拌桩帷幕、高压旋喷或摆喷注浆帷幕、搅拌一喷射注浆帷幕、地下连续墙或咬合式排桩。支护结构采用排桩时，可采用高压喷射注浆与排桩相互咬合的组合帷幕。

（3）降水

1）降水水位的规定

a. 基坑内的设计降水水位应低于基坑底面 0.5m。当主体结构的电梯井、集水井等部位的基坑局部加深时，应按其深度考虑设计降水水位或对其另行采取局部地下水控制措施。基坑采用截水结合坑外减压降水的地下水控制方法时，尚应规定降水井水位的最大降深值。

b. 按地下水位降深确定降水井间距和降水井水位降深时，地下水位降深应符合下式规定：

$$S_0 \geqslant S_d \tag{5-22}$$

式中：S_0——基坑地下水位降深（m）；

S_d——基坑地下水位的设计降深（m）。

降水井间距和井水位设计降深，除应符合式（5-22）的要求外，尚应根据单井流量和单井出水能力并结合当地经验确定。

2）降水的方法

基坑降水可采用管井、真空井点、喷射井点等方法。各种降水方法的适用条件见表 5-23。

各种降水方法的适用条件 **表 5-23**

方法	土类	渗透系数(m/d)	降水深度(m)
管井	粉土、砂土、碎石土	0.1～200.0	不限
真空井点	黏性土、粉土、砂土	0.005～20.0	单级井点<6 多级井点<20
喷射井点	黏性土、粉土、砂土	0.005～20.0	<20

3）降水井的设计单井流量

降水井的设计单井流量可按下式计算：

$$q = 1.1 \times \frac{Q}{n} \tag{5-23}$$

式中：Q——基坑降水的总涌水量（m^3/d）；

n——降水井数量。

4）降水井的单井出水能力

降水井的单井出水能力应大于按式（5-23）计算的设计单井流量。当单井出水能力小于设计单井流量时，应增加井的数量，增大井的直径或深度。

各类井的单井出水能力可按下列规定取值：

a. 真空井点出水能力可取 36～60m^3/d。

b. 喷射井点出水能力可按表 5-24 取值。

喷射井点的出水能力 **表 5-24**

外管直径（mm）	喷射管		工作水压力（MPa）	工作水流量（m^3/d）	设计单井出水流量（m^3/d）	适用含水层渗透系数（m/d）
	喷嘴直径（mm）	混合室直径（mm）				
38	7	14	0.6～0.8	112.8～163.2	100.8～138.2	0.1～5.0
68	7	14	0.6～0.8	110.4～148.8	103.2～138.2	0.1～5.0
100	10	20	0.6～0.8	230.4	259.2～388.8	5.0～10.0
162	19	40	0.6～0.8	720	600～720	10.0～20.0

c. 管井的单井出水能力可按下式计算：

$$q_0 = 120 \times \pi \times r_s \times l \times \sqrt[3]{k} \tag{5-24}$$

式中：q_0——单井出水能力（m^3/d）；

r_s——过滤器半径（m）；

l——过滤器进水部分长度（m）；

k——含水层渗透系数（m/d）。

5）管井、真空井点、喷射井点的构造要求和施工要求

a. 管井的构造要求和施工要求

管井井点就是沿基坑每隔一定距离设置一个管井，或在坑内降水时每一定范围设置一个管井，每个管井单独用一台水泵不断抽取管井内的水来降低地下水位。管井井点具有排水量大、降水较深、排水效果好、设备简单、水泵设在地面易维护等特点，潜水降水大于 15m，承压水降水大于 20m，管井埋设的最大深度可达 100m。

（a）管井的构造要求

a）管井的滤管可采用无砂混凝土滤管、钢筋笼、钢管或铸铁管。

b）滤管内径应按满足单井设计出水量要求而配置的水泵规格确定，滤管内径宜大于水泵外径 50mm，且滤管外径不宜小于 200mm。管井与土壁之间用滤料填充，地面 0.5m 范围内用黏土填充并夯实。管井成孔直径应满足填充滤料的要求（一般钻孔直径比滤水管井外径大 200mm 以上）。

c）管井外滤料宜选用磨圆度好的硬质岩石的圆砾，不宜采用棱角形石渣料、风化料或其他黏质岩石。滤料的规格宜满足要求。

d）采用深水泵或深井潜水泵抽水时，水泵的出水量应根据单井出水内力确定，水泵的出水量应大于单井出水能力的 1.2 倍。

e）井管的底部应设置沉砂段，用于沉淀那些通过滤网的少量砂粒。沉砂段长度不宜小于 3m，沉砂段井管下端用钢板封底。

f）吸水管：采用直径 50～100mm 的钢管或胶皮管，底端装止回阀，插入滤水井管内，沉到管井吸水时的最低水位以下；上端装设带法兰盘的短钢管。

（b）管井的施工要求

a）管井的成孔施工工艺应适合地层特点，对不易塌孔、缩孔的地层宜采用清水钻进；钻孔深度宜大于降水井设计深度 0.3～0.5m。

b）采用泥浆护壁时，钻进到孔底后应清除孔底沉渣并立即置入井管，注入清水，当泥浆比重不大于 1.05 时，方可投入滤料；遇塌孔时，不得置入井管，滤料填充体积不应小于计算量的 95%。

c）填充滤料后，应及时洗井，洗井应充分，直至过滤器及滤料滤水畅通，并应抽水检验降水井的滤水效果。

b. 真空井点的构造要求

（a）井管宜采用金属管，管壁上渗水孔宜按梅花状布置，渗水孔直径宜取 12～18mm，渗水孔的孔隙率应大于 15%，渗水段长度应大于 1.0m。管壁外应根据土层的粒径设置滤网。

（b）真空井管的直径应根据设计出水量确定，可采用直径 38～110mm 的金属管；成孔直径应满足填充滤料的要求，且不宜大于 300mm。

（c）孔壁与井管之间的滤料宜采用中粗砂，滤料上方应使用黏土封堵，封堵至地面的厚度应大于 1m。

c. 喷射井点的构造要求

（a）喷射井点过滤器的构造同真空井点；喷射器混合室直径可取 14mm，喷嘴直径可取 6.5mm。

（b）喷射井点的井孔直径宜取 400～600mm，井孔应比滤管底部深 1m 以上。

（c）对孔壁与井管之间滤料的要求同真空井点。

（d）工作水泵可采用多级泵，水泵压力宜大于 2MPa。

d. 真空井点和喷射井点的施工要求

（a）真空井点和喷射井点的成孔工艺可选用清水或泥浆钻进、高压水套管冲击工艺（钻孔法、冲孔法或射水法），对不易塌孔、缩孔的地层也可选用长螺旋钻机成孔，成孔深度宜大于降水井设计深度 0.5～1.0m。

（b）钻进到设计深度后，应注水冲洗钻孔，稀释孔内泥浆；滤料填充应密实均匀，滤料宜采用粒径 0.4～0.6mm 的纯净中粗砂。

（c）成井后应及时洗孔，并应抽水检验井的滤水效果，抽水系统不应漏水、漏气。

（d）降水时，真空度应保持在 55kPa 以上，且抽水不应间断。

6）抽水系统的使用期应满足主体结构的施工要求。当主体结构有抗浮要求时，停止降水的时间应满足主体结构施工期的抗浮要求。

（4）集水明排

对基底表面汇水、基坑周边地表汇水及降水井抽出的地下水，可采用明沟排水；对坑底以下渗出的地下水，可采用盲沟排水；对降水井抽出的地下水，也可采用管道排水。

明沟排水是在开挖基坑时沿坑底周围开挖排水沟，每隔一定距离设集水井，使基坑内挖土时渗出的水经排水沟流向集水井，然后用水泵抽出基坑。排水沟和集水井应随挖土随加深，以保持水流通畅。

1）排水沟的截面应根据设计流量确定，设计排水流量应符合下式规定：

$$Q \leqslant V/1.5 \tag{5-25}$$

式中：Q——排水沟的设计流量（m^3/d）；

V——排水沟的排水能力（m^3/d）。

2）明沟和盲沟坡度不宜小于0.3%。采用明沟排水时，沟底应采取防渗措施。采用盲沟排出坑底渗出的地下水时，其构造、填充料及其密实度应满足主体结构的要求。

3）沿排水沟宜每隔30～50m设置一口集水井，集水井净截面尺寸应根据排水流量确定。集水井应采取防渗措施。集水井应低于排水边沟1m左右并深于抽水泵进水阀的高度。集水井井壁直径一般为0.6～0.8m，井壁用竹木或砌干砖、水泥管、挡土板等作临时简易加固。井底反滤层铺约0.3m厚的碎石、卵石。采用盲沟时，集水井宜采用钢筋笼外填碎石滤料的构造形式。

4）采用管道排水时，排水管道的直径应根据排水量确定。排水管的坡度不宜小于0.5%。

5）基坑排水与市政管网连接前应设置沉淀池。

（5）地下水控制参数的确定

1）含水层的渗透系数（k）

a. 渗透系数的含义

水在土中的流动称为渗流。水点运动的轨迹称为“流线”。水在土中流动的速度一般不大，水在土中流动的流线基本互不相交，这种流动基本属于“层流”。根据流体力学中的达西定律$V=K\times I$可以看出，水在土中的流动速度V取决于水力坡度I和土的渗透系数K。当水力坡度I一定时，水在土中的流动速度V与土的渗透系数K成正比。因此，渗透系数的物理意义即为水力坡度等于1时的渗透速度。

b. 渗透系数的确定方法

含水层土的渗透系数是计算基坑和井点涌水量的重要参数。含水层的渗透系数应按下列规定确定：

（a）宜按现场抽水试验确定；

（b）对粉土和黏性土，也可通过原状土样的室内渗透试验并结合经验确定；

（c）当缺少试验数据时，可根据土的其他物理指标按工程经验确定。

c. 现场抽水试验确定渗透系数

现场抽水试验确定渗透系数是根据观测水井周围的地下水位的变化来求渗透系数。

（a）试验方法

在现场设置抽水井，抽水井贯穿整个含水层，抽水井直径一般为200～250mm。距抽

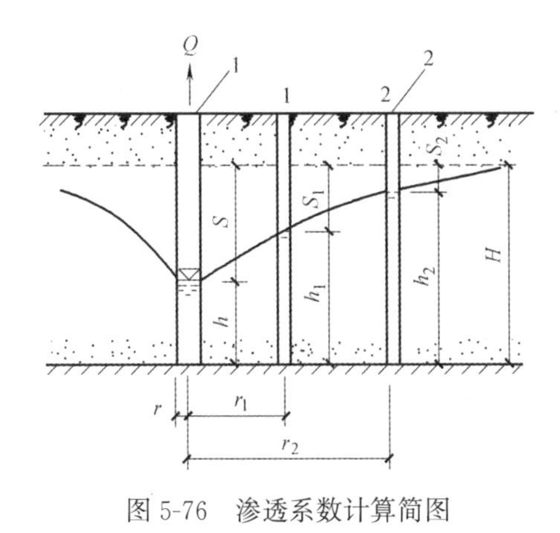

图 5-76 渗透系数计算简图
1—抽水井；2—观测孔

水井直线距离相等的 r_1 与 r_2 处设一个或两个观测孔，观测孔直径一般为 50～75mm。用水泵匀速抽水，当抽水井的水面和观测孔的水位稳定时，测得此时抽水井和观测孔的水位降深（S、S_1、S_2）、涌水量（Q）、降水影响半径（R），见图 5-76。

水位稳定的认定，一般地层中，每小时观测一次水位，如 3 次所得水位相同，或 4 小时内水位变化不超过 20mm，则可视为水位稳定。

抽水井与观测孔的距离可参考表 5-25 选取。

(b) 计算渗透系数

根据所抽水的涌水量（Q）、抽水井和观测孔的水位降深（S、S_1、S_2），按下式计算渗透系数 K 值。

抽水井与观测孔的距离（m） **表 5-25**

土的种类	直线上的钻孔间距			最后一孔与抽水井间距	
	抽水井至孔 1	孔 1 至孔 2	孔 2 至孔 3	最小	最大
粉质黏土	2～3	3～5	5～8	10	16
砂	3～5	5～8	8～12	16	25
砾石	5～10	10～15	15～20	30	45
坚硬裂缝岩石	5～10	15～20	20～30	40	60

设 1 个观测孔时：

$$K=0.73\times Q\times\frac{\lg r_1-\lg r}{h_1^2-h^2}$$

$$=0.73\times Q\times\frac{\lg r_1-\lg r}{(2H-S-S_1)\times(S-S_1)} \quad (5\text{-}26)$$

设 2 个观测孔时：

$$K=0.73\times Q\times\frac{\lg r_2-\lg r_1}{h_2^2-h_1^2}$$

$$=0.73\times Q\times\frac{\lg r_2-\lg r_1}{(2H-S_1-S_2)\times(S_1-S_2)} \quad (5\text{-}27)$$

式中：K——含水层渗透系数（m/d）；

Q——抽水量（m^3/d）；

r——抽水井半径（m）；

r_1、r_2——观测孔 1、观测孔 2 至抽水井的距离（m）；

h——由抽水井底标高算起完整井的动水位（m）；

h_1、h_2——观测孔 1、观测孔 2 的水位（m）；

S——抽水井的水位降低值（m）；

S_1、S_2——观测孔 1、观测孔 2 的水位降低值（m）；

H——含水层厚度（m）。

当无条件做抽水试验时，渗透系数 K 值可参照表 5-26。

土的渗透系数参考表 **表 5-26**

土的名称	渗透系数 K(m/d)
黏土	<0.005
粉质黏土	0.005～0.1
粉土	0.5～1.0
细砂	1.0～5.0
中砂	5～20
粗砂	20～50
砾石	50～100
卵石	100～500

【例 5-23】 某办公楼施工中地下水控制需要测定土的渗透系数，在现场设置抽水井做抽水试验。抽水井半径为 100mm，距离抽水井 5m 和 10m 各设置 1 个观测孔。测得抽水试验稳定后的抽水量 Q 为 $180m^3/d$，抽水井的水位降低值 $S=10m$，观测孔 1 的水位降低值 $S_1=5m$，观测孔 2 的水位降低值 $S_2=3m$。已知含水层的厚度 $H=20.0m$，试求其土的渗透系数 K 值。

解：

1. 求抽水井至观测孔 1 的渗透系数 K_1：

$$K_1=0.73\times Q\times\frac{\lg r_1-\lg r}{(2H-S-S_1)\times(S-S_1)}$$

$$=0.73\times 180\times\frac{\lg 5.0-\lg 0.1}{(2\times 20.0-10.0-5.0)\times(10.0-5.0)}$$

$$=1.79(m/d)$$

2. 求抽水井至观测孔 2 的渗透系数 K_2：

$$K_2=0.73\times Q\times\frac{\lg r_1-\lg r}{(2H-S-S_1)\times(S-S_1)}$$

$$=0.73\times 180\times\frac{\lg 10.0-\lg 0.1}{(2\times 20.0-10.0-3.0)\times(10.0-3.0)}$$

$$=1.39\ (m/d)$$

3. 求观测孔 1 至观测孔 2 的渗透系数 K_3：

$$K_3=0.73\times Q\times\frac{\lg r_2-\lg r_1}{(2H-S_1-S_2)\times(S_1-S_2)}$$

$$=0.73\times180\times\frac{\lg10.0-\lg5.0}{(2\times20.0-5.0-3.0)\times(5.0-3.0)}$$

$$=0.62\ (\text{m/d})$$

4. 求抽水井至观测孔之间土的渗透系数 K：

$$K=\frac{K_1+K_2+K_3}{3}=\frac{1.79+1.39+0.62}{3}=1.27\ (\text{m/d})$$

因此，该办公楼基坑土的渗透系数为 1.27m/d。

2）降水影响半径（R）

井点系统开始抽水后，地下水位受到影响形成降落曲线，从开始形成降落曲线至曲线最后稳定要经过一定的时间，时间的长短取决于土的渗透系数。降落曲线稳定后的半径即降水影响半径 R。

按地下水稳定渗流计算井距、井的水位降深和单井流量时，降水影响半径（R）宜通过试验确定。缺少试验时，可按下列公式计算并结合当地经验取值：

a. 潜水含水层

$$R=2\times s_w\times\sqrt{k\times H} \tag{5-28}$$

b. 承压含水层

$$R=10\times s_w\times\sqrt{k} \tag{5-29}$$

式中：R——影响半径（m）；

s_w——井的水位降深（m），当井的水位降深小于 10m 时，取 $s_w=10$m；

k——含水层的渗透系数（m/d）；

H——潜水含水层厚度（m）。

降水影响半径（R）的经验数据见表 5-27。

降水影响半径（R）的经验数据　　表 5-27

土的种类	主要颗粒粒径(mm)	影响半径(m)
粉砂	0.05～0.1	50～50
细砂	0.1～0.25	50～100
中砂	0.25～0.5	100～200
粗砂	0.5～1.0	300～400
小砾石	2.0～3.0	500～600
中砾石	3.0～5.0	600～1500
大砾石(卵石)	5～10	1500～3000

（6）基坑涌水量计算

根据水井理论，水井根据其井底是否达到不透水层分为完整井与非完整井，井底达到不透水层的称为完整井，否则为非完整井；根据地下水有无压力分为承压井和无压井（潜水井），凡水井布置在两个不透水层之间充满水的含水层内的称为承压井，水井布置在潜水层内的称为无压井。所以，水井分为潜水完整井、潜水非完整井、承压水完整井、承压水非完整井和承压-潜水非完整井，见图 5-77。

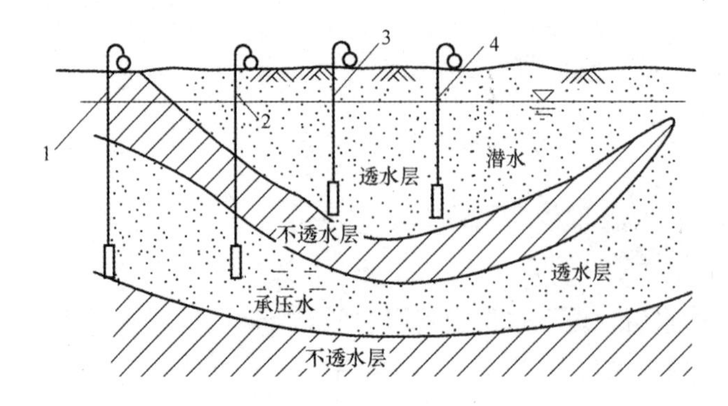

图 5-77 水井种类

1—承压水完整井；2—承压水非完整井；3—无压完整井；4—无压非完整井

这几种井的涌水量计算公式不同，可按《建筑基坑支护技术规程》JGJ 120—2012 附录 E 中的基坑涌水量计算公式确定：

1）群井按大井简化的均质含水层潜水完整井的基坑降水总涌水量可按下列公式计算（图 5-78）：

$$Q=\pi\times k\times\frac{(2H_0-s_0)\times s_0}{\ln\left(1+\frac{R}{r_0}\right)} \tag{5-30}$$

式中：Q——基坑降水的总涌水量（m^3/d）；

k——渗透系数（m/d）；

H_0——潜水含水层厚度（m）；

s_0——基坑水位降深（m）；

R——降水影响半径（m）；

r_0——沿基坑周边均匀布置的降水井群所围面积等效圆的半径（m），可按 $r_0=\sqrt{\frac{A}{\pi}}$ 计算，此处，A 为降水井群连线所围的面积。

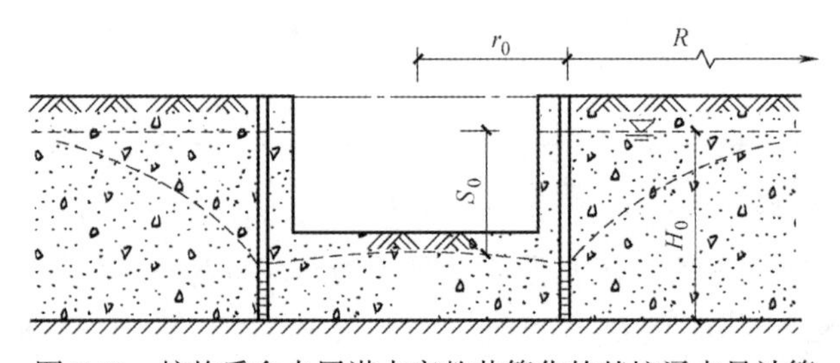

图 5-78 按均质含水层潜水完整井简化的基坑涌水量计算

2）群井按大井简化的均质含水层潜水非完整井的基坑降水总涌水量可按下列公式计算（图 5-79）：

$$Q=\pi\times k\times\frac{H_0^2-h_m^2}{\ln\left(1+\frac{R}{r_0}\right)+\frac{h_m-l}{l}\ln\left(1+0.2\frac{h_m}{r_0}\right)} \tag{5-31}$$

$$h_m=\frac{H_0+h}{2} \tag{5-32}$$

式中：h——基坑动水位置的含水层底面的深度（m）；

l——滤管有效工作部分的长度（m）。

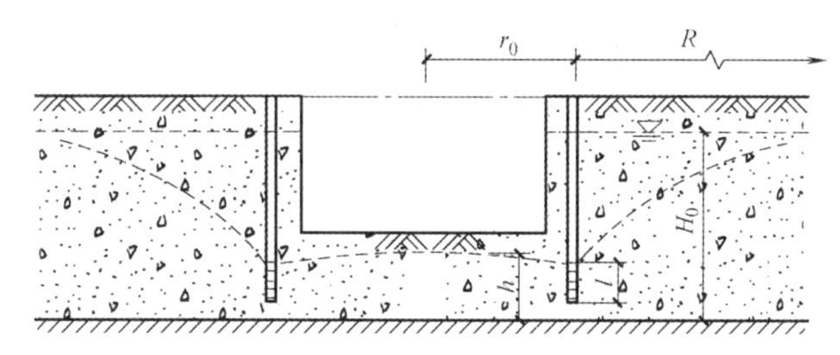

图 5-79　按均质含水层潜水非完整井简化的基坑涌水量计算

3）群井按大井简化的均质含水层承压水完整井的基坑降水总涌水量可按下列公式计算（图 5-80）：

$$Q=2\times\pi\times k\times\frac{M\times s_0}{\ln\left(1+\frac{R}{r_0}\right)} \tag{5-33}$$

式中：M——承压含水层厚度（m）。

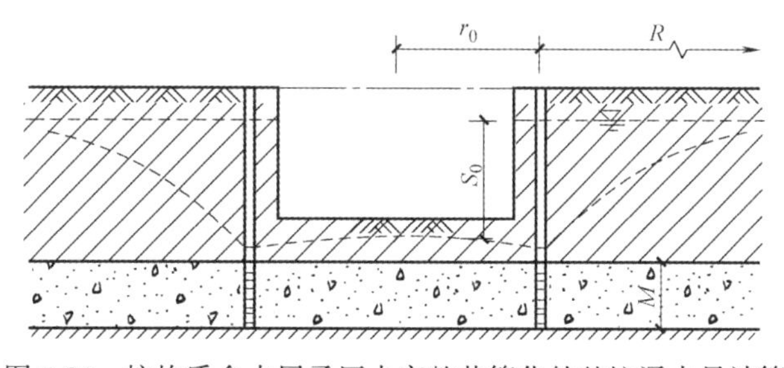

图 5-80　按均质含水层承压水完整井简化的基坑涌水量计算

4）群井按大井简化的均质含水层承压水非完整井的基坑降水总涌水量可按下式计算（图 5-81）：

$$Q=2\times\pi\times k\times\frac{M\times s_0}{\ln\left(1+\frac{R}{r_0}\right)+\frac{M-l}{l}\times\ln\left(1+0.2\frac{M}{r_0}\right)} \tag{5-34}$$

5）群井按大井简化的均质含水层承压-潜水非完整井的基坑降水总涌水量可按下式计算（图 5-82）：

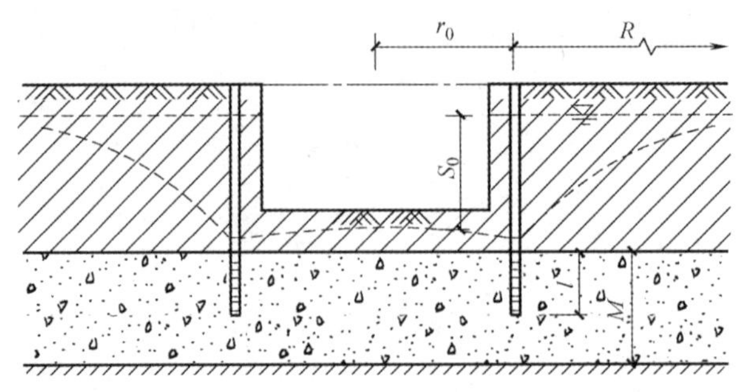

图 5-81　按均质含水层承压水非完整井简化的基坑涌水量计算

$$Q=\pi\times k\times\frac{(2H_0-M)\times M-h^2}{\ln\left(1+\frac{R}{r_0}\right)} \tag{5-35}$$

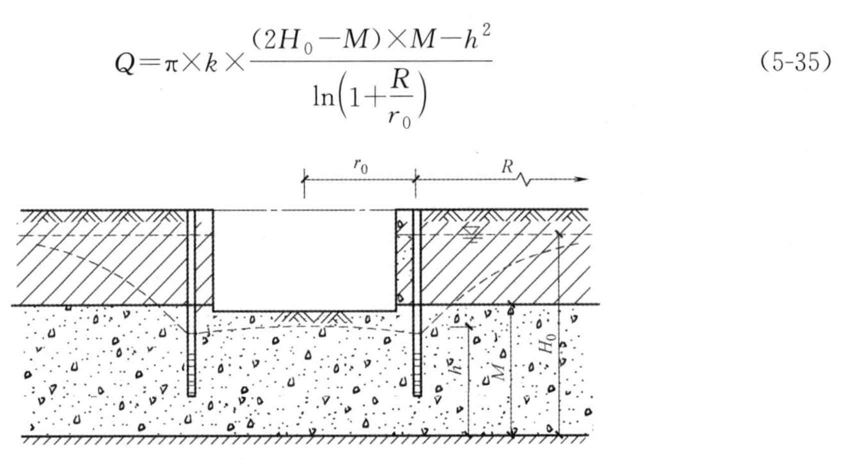

图 5-82　按均质含水层承压-潜水非完整井简化的基坑涌水量计算

【例 5-24】　某办公楼地基为不均匀的细砂层，基坑开挖深度为 10.0m，沿基坑周边布置的降水井群所围面积为 2800m^2，基坑开挖影响范围内地下水稳定水位埋深 2.0m，细砂层的渗透系数 $K=1.27$m/d，含水层为潜水层，含水层厚度 $H_0=20.0$m，基坑水位降深 $S_0(s_w)=9.0$m，抽水井的井底达到不透水层。试求基坑总涌水量。

解：

（1）求 r_0 沿基坑周边布置的降水井群所围面积等效圆的半径 r_0（m）

$$r_0=\sqrt{\frac{A}{\pi}}=\sqrt{\frac{2800}{\pi}}=29.85\text{（m）}$$

（2）求降水影响半径 R

$$R=2s_w\sqrt{k\times H}=2\times 9.0\sqrt{1.27\times 20.0}=90.7\text{（m）}$$

（3）求基坑总涌水量

$$Q=\pi\times k\times\frac{(2H_0-s_0)\times s_0}{\ln\left(1+\frac{R}{r_0}\right)}=1.27\pi\frac{(2\times 20.0-9.0)\times 9.0}{\ln\left(1+\frac{90.7}{29.85}\right)}$$

$$=797.39\text{（}m^3/d\text{）}$$

因此，该办公楼基坑总涌水量为 797.39m^3/d。

（7）抽水设备选用

水泵容量的大小及数量根据用水量而定，一般应为基坑总涌水量的 1.5～2.0 倍。在一般的集水井设置口径为 50～200mm 水泵即可。

1）水泵类型的选择

根据涌水量的不同，选择不同类型的水泵，如表 5-28 所示。

涌水量与水泵选用　　　　**表 5-28**

涌水量	水泵类型	备　　注
$Q<20m^3/h$	隔膜式水泵、潜水泵	隔膜式水泵可排除泥浆水
$20m^3/h<Q<60m^3/h$	隔膜式或离心式水泵、潜水泵	
$Q>60m^3/h$	离心式水泵	

2）常用水泵型号、性能

常用的离心式水泵、潜水泵和泥浆泵型号、性能见有关水泵型号及主要技术性能。

第三节　地基处理与基坑支护工程

一、有关规定

（一）清单计量规定

（1）地层情况根据清单计量规范中表 A.1-1 土壤分类表和表 A.2-1 岩石分类表的规定和岩土工程勘察报告，按单位工程各地层所占比例（包括范围值）进行描述。对无法准确描述的地层情况，可注明由投标人根据岩土工程勘察报告自行决定报价。

（2）项目特征中的桩长应包括桩尖，空桩长度＝孔深－桩长，孔深为自然地面至设计桩底的深度。

（3）泥浆护壁成孔工作内容包括土方、废泥浆外运，沉管灌注成孔工作内容包括桩尖制作、安装。

（4）高压喷射注浆类型包括旋喷注浆、摆喷注浆和定喷注浆，高压喷射注浆方法包括单管法、双重管法和三重管法。

（5）土钉置入方法包括钻孔置入、打入或射入等。

（6）混凝土种类：指清水混凝土、彩色混凝土、水下混凝土等，如在同一地区既使用预拌（商品）混凝土，又允许现场搅拌混凝土时，也应该注明（下同）。

（7）混凝土灌注桩的钢筋笼、咬合灌注桩的钢筋笼、地下连续墙和喷射混凝土边坡支护的钢筋网及钢筋混凝土支撑的钢筋的制作、安装，按清单计量规范“混凝土及钢筋混凝土工程”中相关项目编码列项。混凝土挡土墙按清单计量规范“混凝土及钢筋混凝土工程”中相关项目编码列项。

（二）定额规定

1. 地基处理

（1）填料加固

1）填料加固项目适用于软弱地基挖土后的换填材料加固工程。

2）填料加固夯填灰土就地取土时，应扣除灰土配合比中的黏土。

（2）强夯

1）强夯项目中，单位面积夯点数，指设计文件规定的单位面积内的夯点数量，若设计文件中所规定夯点数量与定额不同，采用内插法计算消耗量。

2）强夯的夯击击数系指强夯机械就位后，夯锤在同一夯点上下起落的次数。

3）强夯工程量应区别不同的夯击能量和夯点密度，按设计图示中的夯击范围及夯击遍数分别计算。

（3）填料桩

碎石桩与砂石桩的充盈系数为1.3，损耗率为2%，实测砂石配合比及充盈系数不同时可以调整。其中灌注砂石桩除上述充盈系数和损耗率外，还包括级配密实系数1.334。

（4）搅拌桩

1）深层搅拌水泥桩项目按1喷2搅的工艺编制，实际施工为2喷4搅时，项目定额的人工、机械乘以系数1.43；实际施工为2喷2搅、4喷4搅时，分别按1喷2搅、2喷4搅计算。

2）水泥搅拌桩的水泥掺入量按加固土重（1800kg/m^3）的13%考虑，设计不同时，按每增减1%定额项目计算。

3）深层水泥搅拌桩项目已综合了正常施工工艺需要的重复喷浆（粉）和搅拌。空搅部分按相应项目的人工及搅拌机台班乘以系数0.5计算。

4）三轴水泥搅拌桩项目的水泥掺入量按加固土重（1800kg/m^3）的18%考虑，设计不同时，按深层水泥搅拌桩每增减1%定额项目计算。施工工艺按2搅2喷考虑，设计不同时，每增（减）1搅1喷，按相应项目定额的人工和机械费增（减）40%计算；空搅部分按相应项目的人工及搅拌机台班乘以系数0.5计算。

5）三轴水泥搅拌桩设计要求全断面套打时，相应项目的人工及机械乘以系数1.5，其余不变。

（5）注浆桩

高压旋喷桩项目已综合了接头处的复喷工料；高压喷射注浆桩的水泥设计用量与定额不同时，应予以调整。

（6）注浆地基

注浆地基所用的浆体材料用量应按设计含量调整。

（7）注浆项目中注浆管消耗量为摊销量，若为一次性使用，可进行调整。废浆处理及外运按定额“第一章　土石方工程”相应项目执行。

(8) 打桩工程按陆地打垂直桩编制。如设计要求打斜桩，斜度不大于 1∶6 时，相应项目定额的人工、机械乘以系数 1.25；斜度大于 1∶6 时，相应项目定额的人工、机械乘以系数 1.43。

(9) 桩间补桩或在地槽（坑）中及强夯后的地基上打桩时，按相应项目定额的人工、机械乘以系数 1.15 计算。

(10) 单独打试桩、锚桩，按相应打桩项目定额的人工及机械乘以系数 1.5 计算。

(11) 单位工程的碎石桩、砂石桩的工程量不大于 $60m^3$ 时，按其相应项目定额的人工、机械乘以系数 1.25 计算。

(12) 定额“第二章　地基处理与基坑支护工程”中凿桩头项目适用于深层水泥搅拌桩、三轴搅拌桩、高压旋喷水泥桩等项目。

2. 基坑支护

(1) 地下连续墙未包括导墙挖土方、泥浆处理及外运、钢筋加工，实际发生时，按相应的规定另行计算。

(2) 钢制桩

1) 打拔槽钢或钢轨，按钢板桩项目执行，其定额机械乘以系数 0.77，其他不变。

2) 现场制作的型钢桩、钢板桩，其制作按定额“第六章　金属结构工程”中钢柱制作相应项目执行。

3) 定额中未包括型钢桩、钢板桩的制作、除锈、刷油。

(3) 挡土板项目分为疏板和密板。疏板是指间隔支挡土板，且板间净空≤150cm 的情况；密板是指满堂支挡土板或板间净空不大于 30cm 的情况。

(4) 单位工程的钢板桩的工程量不大于 50t 时，按其相应项目定额的人工及机械乘以系数 1.25 计算。

(5) 钢支撑仅适用于基坑开挖的大型支撑的安装、拆除。

(6) 注浆项目中注浆管消耗量为摊销量，若为一次性使用，可进行调整。

二、计量规则

1. 地基处理

(1) 换填垫层（填料加固）

按设计图示尺寸，以体积计算。

(2) 铺设土工合成材料

清单计量规则：按设计图示尺寸，以面积计算。

(3) 预压地基、振冲密实（不填料）

清单计量规则：按设计图示处理范围，以面积计算。

(4) 强夯地基

1) 清单计量规则：按设计图示处理范围，以面积计算。

2）定额计量规则：按设计图示强夯处理范围，以面积计算。设计无规定时，按建筑物外围轴线每边各加 4m 计算。

（5）振冲密实（不填料）

清单计量规则：按设计图示处理范围，以面积计算。

（6）振冲桩（填料）

清单计量规则：以米计量，按设计图示尺寸，以桩长计算；以立方米计量，按设计桩截面面积乘以桩长以体积计算。

（7）砂石桩、碎石桩

1）清单计量规则：以米计量，按设计图示尺寸，以桩长（包括桩尖）计算；以立方米计量，按设计桩截面面积乘以桩长（包括桩尖）以体积计算。

2）定额计量规则：按设计桩长（包括桩尖）乘以设计桩外径截面积，以体积计算。

（8）水泥粉煤灰碎石桩、灰土桩（石灰桩、灰土挤密桩）

1）清单计量规则：按设计图示尺寸，以桩长（包括桩尖）计算。

2）定额计量规则：按设计桩长（包括桩尖）乘以设计桩外径截面积，以体积计算。

（9）深层水泥搅拌桩

深层水泥搅拌桩分为粉喷桩和浆喷桩。

1）清单计量规则：按设计图示尺寸，以桩长计算。

2）定额计量规则：按设计桩长加 50cm 后乘以设计桩外径截面积，以体积计算。

3）清单工作内容：

a. 浆喷桩：预搅下钻、水泥浆制作、喷浆搅拌提升成桩；材料运输。

b. 粉喷桩：预搅下钻、喷粉搅拌提升成桩；材料运输。

4）定额工作内容：桩机就位，预搅下沉，拌制水泥浆或筛水泥粉，喷水泥浆或水泥粉并搅拌上升，重复上下搅拌、移位。

（10）高压喷射注浆桩、高压旋喷水泥桩

1）清单计量规则：按设计图示尺寸，以桩长计算。

2）定额计量规则：按设计桩长加 50cm 后乘以设计桩外径截面积，以体积计算。

3）清单工作内容：成孔；水泥浆制作、高压喷射注浆；材料运输。

4）定额工作内容：准备机具，移动桩机，定位，校测，钻孔；调制水泥浆，喷射装置应位，分层喷射注浆；桩头凿除。

（11）三轴搅拌桩

定额计量规则：

1）按设计桩长加 50cm 后乘以设计桩外径截面积，以体积计算。[《福建省建筑工程消耗量定额》FJYD—101—2005 中规定的工程量计算规则：三轴水泥搅拌围护桩按设计圆形截面积乘以桩长以体积计算，不扣除圆形重叠部分体积，套打部分的体积不得重复计算。桩长按设计桩顶标高到桩底标高计算。空孔部分按设计桩顶标高到自然地坪标高减导

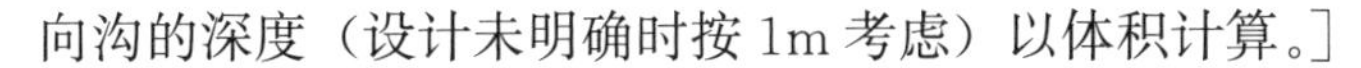

向沟的深度（设计未明确时按 1m 考虑）以体积计算。]

2）三轴水泥搅拌桩中的插、拔型钢工程量，按设计图示型钢以质量计算。

（12）夯实水泥土桩

1）清单计量规则：按设计图示尺寸，以桩长（包括桩尖）计算。

2）清单工作内容：成孔、夯底；水泥土拌合、填料、夯实；材料运输。

（13）桩锤冲扩桩

1）清单计量规则：按设计图示尺寸以桩长计算。

2）清单工作内容：安、拔套管；冲孔、填料、夯实；桩体材料制作、运输。

（14）注浆地基

1）清单计量规则：以米计量，按设计图示尺寸，以钻孔深度计算；以立方米计量，按设计图示尺寸，以加固体积计算。

2）定额计量规则：

a. 分层注浆钻孔数量，按设计图示以钻孔深度计算。注浆数量按设计图纸注明的加固土体的体积计算。

b. 压密注浆钻孔数量，按设计图示以钻孔深度计算。注浆数量按下列规定计算：

（a）设计图纸中明确了加固土体体积的，按设计图纸注明的体积计算。

（b）设计图纸以布点形式图示土体加固范围的，则以两孔间距的一半作为扩散半径，以布点边线各加扩散半径，形成计算面积，计算注浆体积。

（c）如果设计图纸注浆点在钻孔灌注桩之间，则按两注浆孔的一半作为每孔的扩散半径，以此圆柱体积计算注浆体积。

3）清单工作内容：成孔；水泥浆制作、高压喷射注浆；材料运输。

4）定额工作内容：定位、钻孔、注护壁泥浆、配置浆液、插入注浆芯管；分层劈裂注浆，检测注浆效果。

（15）褥垫层

1）清单计量规则：以平方米计量，按设计图示尺寸，以铺设面积计算；以立方米计量，按设计图示尺寸，以体积计算。

2）清单工作内容：材料拌合、运输、铺设、压实。

（16）凿桩头

定额计量规则：凿桩头按凿桩长度乘桩断面以体积计算。

2. 基坑与边坡支护

（1）地下连续墙

1）清单计量规则：按设计图示墙中心线长乘以厚度再乘以槽深，以体积计算。

2）定额计量规则：

a. 现浇导墙混凝土按设计图示，以体积计算。现浇导墙混凝土的模板按混凝土与模板接触面的面积，以面积计算。

b. 成槽工程量按设计长度乘以墙厚再乘以成槽深度（设计室外地坪至连续墙底），以体积计算。

c. 锁口管以“段”为单位（段指槽壁单元槽段），锁口管吊拔按连续墙段数计算，定额中已包括锁口管。

d. 清底置换以“段”为单位（段指槽壁单元槽段）。

e. 浇灌连续墙混凝土工程量按设计长度乘以墙厚再乘以墙深加 0.5m，以体积计算。

f. 凿地下连续墙超灌混凝土，设计无规定时，其工程量按墙体断面面积乘以 0.5m，以体积计算。

3）清单工作内容：导墙挖填、制作、安装、拆除；挖土成槽、固壁、清底置换；混凝土制作、运输、灌注、养护；接头处理；土方、废泥浆外运；打桩场地硬化及泥浆池、泥浆沟。

4）定额工作内容：浇捣混凝土、养护；配模单边立模、拆模、清理、堆放；机具定位，安放跑板导轨，制浆、输送、循环分离泥浆，钻孔，挖土成槽，护壁修整，测量。

（2）咬合灌注桩

1）清单计量规则：以米计量，按设计图示尺寸，以桩长计算；以根计量，按设计图示数量计算。

2）清单工作内容：成孔、固壁；混凝土制作、运输、灌注、养护；套管压拔；土方、废泥浆外运；打桩场地硬化及泥浆池、泥浆沟。

（3）圆木桩

1）清单计量规则：以米计量，按设计图示尺寸，以桩长（包括桩尖）计算；以根计量，按设计图示数量计算。

2）清单工作内容：工作平台搭拆；桩机移位；桩靴安装；沉桩。

（4）预制钢筋混凝土板桩（见第四节桩基础工程）

（5）型钢桩

1）清单计量规则：以吨计量，按设计图示尺寸，以质量计算；以根计量，按设计图示数量计算。

2）清单工作内容：工作平台搭拆；桩机移位；打（拔）桩；接桩；刷防护材料。

（6）钢板桩

1）清单计量规则：以吨计量，按设计图示尺寸，以质量计算；以平方米计量，按设计图示墙中心线长乘以桩长，以面积计算。

2）清单工作内容：工作平台搭拆；桩机移位；打（拔）钢板桩。

3）定额计量规则：

打（拔）钢板桩按设计桩体以质量计算。安、拆导向夹具按设计图示尺寸以长度计算。

（7）锚杆（锚索）、土钉

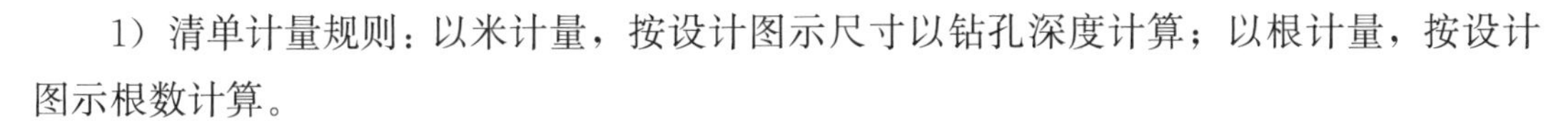

1）清单计量规则：以米计量，按设计图示尺寸以钻孔深度计算；以根计量，按设计图示根数计算。

2）清单工作内容：

a. 锚杆（锚索）：钻孔、浆液制作、运输、压浆；锚杆（锚索）制作、安装；张拉锚固；锚杆（锚索）施工平台搭设、拆除。

b. 土钉：钻孔、浆液制作、运输、压浆；土钉制作、安装；土钉施工平台搭设、拆除。

3）定额计量规则：

砂浆土钉、砂浆锚杆的钻孔、灌浆，按设计文件或施工组织设计规定（设计图示尺寸）的钻孔深度，以长度计算。钢筋、钢管锚杆按设计图示尺寸以质量计算。锚头制作、安装、张拉、锁定，按设计图示数量以"套"计算。

（8）喷射混凝土、水泥砂浆

1）清单计量规则：按设计图示尺寸，以面积计算。

2）清单工作内容：修整边坡；混凝土（砂浆）制作、运输、喷射、养护；钻排水孔、安装排水管；喷射施工平台搭设、拆除。

3）定额计量规则：喷射混凝土护坡区分土层与岩层，按设计文件（或施工组织设计）规定尺寸，以面积计算。

（9）钢筋混凝土支撑

1）清单计量规则：按设计图示尺寸以体积计算。

2）清单工作内容：模板制作、安装、拆除、堆放、运输、刷隔离剂等；混凝土制作、运输、灌筑、振捣、养护。

3）定额计量规则（定额缺项）

（10）钢支撑

1）清单计量规则：按设计图示尺寸，以质量计算。不扣除孔眼质量，焊条、铆钉、螺栓等不另增加质量。

2）清单工作内容：支撑、铁件制作（摊销、租赁）；支撑、铁件安装；探伤；刷漆；拆除；运输。

3）定额计量规则：同清单计量规则。

（11）挡土板

定额计量规则：挡土板按设计文件（或施工组织设计）规定的支挡范围，以面积计算。

三、计量方法

1. 地基强夯

地基强夯工程量区别不同的夯击能量、夯点密度、夯击击数和夯击遍数，按设计图示强夯处理范围，以面积计算。设计无规定时，按建筑物外围轴线每边各加 4m 以面积计算。

地基强夯工程量＝设计图示面积

【例 5-25】 如图 5-83 所示，实线范围为地基强夯处理范围。

（1）设计要求：设计夯击击数为 8 击，夯击密度为 7 夯点/100m^2，一遍夯击，夯击能量为 4000kN·m。求其工程量并确定定额编号。

（2）设计要求：设计击数为 10 击，夯击密度为 7 夯点/100m^2，分两遍夯击，第一遍 5 击，第二遍 5 击，第三遍要求低锤满拍，设计夯击能量为 1000kN·m。求其工程量并确定定额编号。

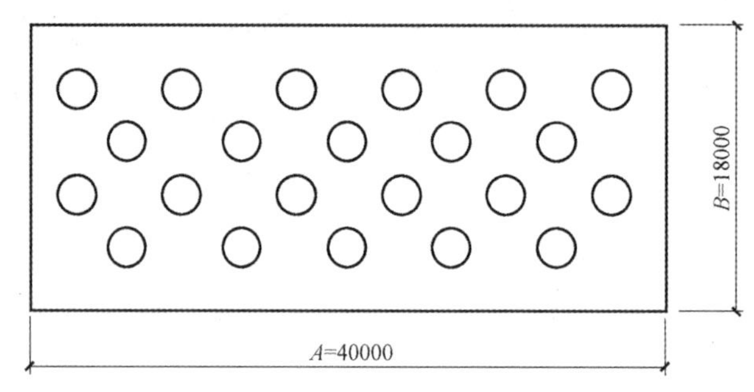

图 5-83　地基强夯示意图

解： 设计要求（1）强夯工程量：40.0×18.0＝720.0m^2

套用定额编号：(2－25)＋(2－26)×4

强夯机械进出场费　　　　　　　　　　套用定额编号 17-135

履带式推土机（135kW）进出场费　　　　套用定额编号 17-132

设计要求（2）强夯工程量：40.0×18.0×2 ＝1440.0m^2

套用定额编号：(2－10)＋(2－11)

低锤满拍工程量：40.0×18.0＝720.0m^2

套用定额编号：2－14

强夯机械进出场费　　　　　　　　　　套用定额编号 17-135

履带式推土机（135kW）进出场费　　　　套用定额编号 17-132

场外运输费根据施工组织设计的机械数量和进出场、安装、拆卸次数计算。

2. 基坑支护

边坡支护分砂浆土钉喷射混凝土护坡和砂浆锚杆喷射混凝土护坡两种。

（1）砂浆土钉喷射混凝土护坡

砂浆土钉喷射混凝土护坡，定额分别套用砂浆土钉（钻孔灌浆）土层、砂浆土钉（钻孔灌浆）入岩增加费（如有发生）、土钉制作安装、喷射混凝土护坡和面层钢筋网等五个子目。

1）砂浆土钉（钻孔灌浆）土层、砂浆土钉（钻孔灌浆）入岩增加费（如有发生）的工程量：分别按设计文件或施工组织设计规定（设计图示尺寸）的钻孔深度，以长度计算。套用定额编号：2-82、2-83。

2）土钉（钢筋、钢管）制作、安装的工程量：按设计图示尺寸，以质量计算。套用定额编号：2-91或2-92。

3）喷射混凝土护坡的工程量：喷射混凝土护坡区分土层与岩层，按设计文件（或施工组织设计）规定尺寸，以面积计算。根据厚度和土类套用定额编号：2-94、2-95、2-96。

4）面层钢筋网的工程量：根据定额第五章混凝土及钢筋混凝土工程量计算规则第二条第9款，钢筋网片按设计图示钢筋长度乘以单位理论质量计算。套用定额编号：5-124。

（2）砂浆锚杆喷射混凝土护坡

砂浆锚杆喷射混凝土护坡，定额分别套用土层锚杆钻孔，土层锚杆钻孔入岩增加费（如有发生），土层锚杆锚孔注浆，锚杆制作安装，喷射混凝土护坡，锚头制作、安装、张拉、锁定和面层钢筋网等七个子目。

1）土层锚杆钻孔、土层锚杆钻孔入岩增加费（如有发生）、土层锚杆锚孔注浆的工程量：分别按设计文件或施工组织设计规定（设计图示尺寸）的钻孔深度，以长度计算。套用定额编号：2-84或2-85或2-86、2-87、2-88或2-89或2-90。

2）锚杆（钢筋、钢管）制作安装的工程量：按设计图示尺寸，以质量计算。套用定额编号：2-91或2-92。

3）喷射混凝土护坡的工程量：喷射混凝土护坡区分土层与岩层，按设计文件（或施工组织设计）规定尺寸，以面积计算并套用定额。根据厚度和土类套用定额编号：2-94、2-95、2-96。

4）锚头制作、安装、张拉、锁定的工程量：按设计图示数量以“套”计算。套用定额编号：2-97。

5）面层钢筋网的工程量：根据定额第五章混凝土及钢筋混凝土工程量计算规则第二条第9款，钢筋网片按设计图示钢筋长度乘以单位理论质量计算。套用定额编号：5-124。

四、基础知识

（一）地基处理

见第四节　桩基础工程“四、地基处理与桩基工程基础知识”。

（二）边坡支护

见第二节　土石方工程“四、基础知识”。

第四节　桩基础工程

一、有关规定

（一）清单计量规定

（1）地层情况按清单计量规范中表A.1-1土壤分类表和表A.2-1岩石分类表的规定，

并根据岩土工程勘察报告，按单位工程各地层所占比例（包括范围值）进行描述。对无法准确描述的地层情况，可注明由投标人根据岩土工程勘察报告自行决定报价。

(2) 项目特征中的桩截面（桩径）、混凝土强度等级、桩类型等可直接用标准图代号或设计桩型号进行描述。

(3) 预制钢筋混凝土方桩、预制钢筋混凝土管桩项目以成品桩编制，应包括成品桩购置费，如果采用现场预制，应包括现场预制桩的所有费用。

(4) 打试验桩和打斜桩应按相应项目单独列项，并应在项目特征中注明试验桩或斜桩（斜率）。

(5) 截（凿）桩头项目适用于地基处理与边坡支护工程和桩基工程所列桩的桩头截（凿）。

(6) 预制钢筋混凝土管桩桩顶与承台的连接构造按清单计量规范中“混凝土及钢筋混凝土工程”相关项目列项。

(7) 项目特征中的桩长应包括桩尖，空桩长度=孔深－桩长，孔深为自然地面至设计桩底的深度。

(8) 泥浆护壁成孔灌注桩是指在泥浆护壁条件下成孔，采用水下灌注混凝土的桩。其成孔方法包括冲击钻成孔、冲抓锥成孔、回旋钻成孔、潜水钻成孔、泥浆护壁的旋挖成孔等。

(9) 沉管灌注桩的沉管方法包括锤击沉管法、振动沉管法、振动冲击沉管法、内夯沉管法等。

(10) 干作业成孔灌注桩是指不用泥浆护壁和套管护壁的情况下，用钻机成孔后，下钢筋笼，灌注混凝土的桩，适用于地下水位以上的土层。其成孔方法包括螺旋钻成孔、螺旋钻成孔扩底、干作业的旋挖成孔等。

(11) 混凝土种类：指清水混凝土、彩色混凝土、水下混凝土等，如在同一地区既使用预拌（商品）混凝土，又允许使用现场混凝土，也应注明（下同）。

(12) 混凝土灌注桩的钢筋笼制作、安装，按清单计量规范中“混凝土及钢筋混凝土工程”中相关项目列项。

（二）定额规定

(1) 本定额适用于陆地上的桩基工程，所列打桩机械的规格、型号是按常规施工工艺和方法综合取定的，施工场地的土质级别也进行了综合取定。

(2) 桩基施工前场地平整、压实地表、地下障碍处理等定额均未考虑，发生时另行计算。

(3) 探桩位已综合考虑在各类桩基定额内，不另行计算。

(4) 单位工程的桩基工程量少于表 5-29 中对应数量时，按相应项目人工、机械乘以系数 1.25 计算。灌注桩单位工程的桩基工程量指灌注混凝土量。

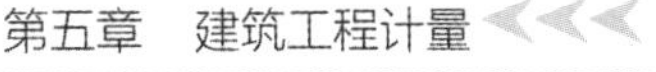

单位工程的桩基工程量表　　表 5-29

项　　目	单位工程的工程量
预制钢筋混凝土方桩	200m^3
预应力钢筋混凝土管桩	1000m^3
预制钢筋混凝土板桩	100m^3
钻孔、旋挖成孔灌注桩	150m^3
沉管、冲孔成孔灌注桩	100m^3
钢管桩	50t

(5) 打桩

1) 单独打试桩、锚桩，按相应打桩项目定额的人工及机械乘以系数 1.5 计算。

2) 打桩工程按陆地打垂直桩编制。如设计要求打斜桩，斜度不大于 1∶6 时，相应项目定额的人工、机械乘以系数 1.25；斜度大于 1∶6 时，相应项目定额的人工、机械乘以系数 1.43。

3) 打桩工程以平地（坡度不大于 15°）打桩为准，坡度大于 15°时，按相应项目定额的人工、机械乘以系数 1.15 计算。如在基坑内（基坑深度＞1.5m，基坑面积不大于 500m^2）打桩或在地坪上打坑槽内（坑槽深度＞1.0m）的桩时，按相应项目定额的人工、机械乘以系数 1.11 计算。

4) 桩间补桩或在强夯后的地基上打桩，按相应项目定额的人工、机械乘以系数 1.15 计算。

5) 打桩工程，如遇送桩，可按打桩相应项目定额人工、机械乘以表 5-30 中的系数计算。

送桩深度系数表　　表 5-30

送桩深度	系数
≤2m	1.25
≤4m	1.43
＞4m	1.67

6) 打、压预制钢筋混凝土桩、预应力钢筋混凝土管桩，定额按购入成品构件考虑，已包含桩位半径在 15m 范围内移动、起吊、就位；超过 15m 时的场内运输，按定额"第五章　混凝土及钢筋混凝土工程"中构件运输 1km 以内的相应项目计算。

7) 桩基定额未包括预应力钢筋混凝土管桩钢桩尖制安项目，实际发生时按定额"第五章　混凝土及钢筋混凝土工程"中预埋铁件项目执行。

8) 预应力钢筋混凝土管桩桩头灌芯部分按人工挖孔桩灌桩芯项目执行。

(6) 灌注桩

1) 钻孔、冲孔、旋挖成孔等灌注桩设计要求进入岩石层时执行入岩子目，入岩指钻入中风化的坚硬岩。

2）旋挖成孔、冲孔桩机带冲抓锤成孔灌注桩项目按湿作业成孔考虑，如采用干作业成孔工艺，则扣除定额项目中的黏土、水和机械中的泥浆泵。

3）定额中各种灌注桩的材料用量，均已包括了充盈系数和材料损耗，见表5-31。

灌注桩的充盈系数和材料损耗表 **表5-31**

项目名称	充盈系数	损耗率(%)
冲孔桩机成孔灌注混凝土桩	1.30	1
旋挖、冲击钻机成孔灌注混凝土桩	1.25	1
回旋、螺旋钻机钻孔灌注混凝土桩	1.20	1
沉管桩机成孔灌注混凝土桩	1.15	1

注：灌注桩充盈系数，各省根据实际情况可适当调整。

4）人工挖孔桩土石方子目中，已综合考虑了孔内照明、通风。桩孔内垂直运输方式按人工考虑，深度超过16m时，按相应定额乘以系数1.2计算；深度超过20m时，按相应定额乘以系数1.5计算。

5）人工清桩孔石渣子目，适用于岩石被松动后的挖除和清理。

6）桩孔空钻部分回填应根据施工组织设计要求套用相应定额，填土者按定额“第一章 土石方工程”中松填土方项目计算，填碎石者按定额“第二章 地基处理与边坡支护工程”中碎石垫层项目乘以系数0.7计算。

7）旋挖桩、螺旋桩、人工挖孔桩等干作业成孔桩的土石方场内、场外运输，按定额“第一章 土石方工程”中相应的土石方装车、运输项目执行。

8）本桩基工程定额内未包括泥浆池制作，实际发生时，按定额“第四章 砌筑工程”的相应项目执行。

9）本桩基工程定额内未包括泥浆场外运输，实际发生时，按定额“第一章 土石方工程”中泥浆罐车运淤泥流砂相应项目执行。

10）本桩基工程定额内未包括桩钢筋笼、铁件制安项目，实际发生时，按定额“第五章 混凝土及钢筋混凝土工程”中的相应项目执行。

11）本桩基工程定额内未包括沉管灌注桩的预制桩尖制安项目，实际发生时，按定额“第五章 混凝土及钢筋混凝土工程”中的小型构件项目执行。

12）灌注桩后压浆注浆管、声测管埋设，注浆管、声测管遇材质、规格不同时，可以换算，其余不变。

13）注浆管埋设定额按桩底注浆考虑，如设计采用侧向注浆，则按人工、机械乘以系数1.2计算。

二、计量规则

（一）打桩

1. 预制钢筋混凝土方桩、管桩

(1) 清单计量规则：以米计量，按设计图示尺寸，以桩长（包括桩尖）计算；以立方

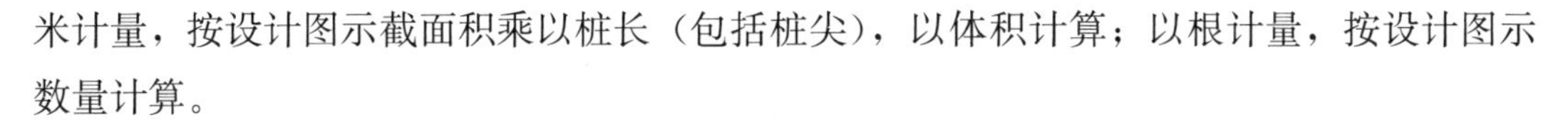

米计量，按设计图示截面积乘以桩长（包括桩尖），以体积计算；以根计量，按设计图示数量计算。

（2）清单工作内容：

1）预制钢筋混凝土方桩：工作平台搭设；桩机竖拆、移位；沉桩；接桩；送桩。

2）预制钢筋混凝土管桩：工作平台搭设；桩机竖拆、移位；沉桩；接桩；送桩；桩尖制作安装；填充材料、刷防护材料。

（3）定额计量规则：

1）打预制钢筋混凝土桩

打、压预制钢筋混凝土桩，按设计桩长（包括桩尖）乘以桩截面面积，以体积计算。

2）打预应力钢筋混凝土管桩

a. 打、压预应力钢筋混凝土管桩，按设计桩长（不包括桩尖），以长度计算。

b. 预应力钢筋混凝土管桩钢桩尖按设计图示尺寸，以质量计算。

c. 预应力钢筋混凝土管桩，如设计要求加注填充材料，填充部分另按本章定额中钢管桩填芯相应项目执行。

d. 桩头灌芯按设计尺寸以灌注体积计算。

（4）定额工作内容：准备打桩机具，探桩位，行走打桩机，吊装定位，安卸桩垫、桩帽，校正，打桩。

2. 预制钢筋混凝土板桩

（1）清单计量规则：以米计量，按设计图示尺寸，以桩长（包括桩尖）计算；以根计量，按设计图示数量计算。

（2）清单工作内容：工作平台搭拆；桩机移位；沉桩；板桩连接。

（3）定额计量规则：

打、压预制钢筋混凝土桩，按设计桩长（包括桩尖）乘以桩截面面积，以体积计算。

（4）定额工作内容：准备打桩机具，移动打桩机及其轨道，吊装就位，安、卸桩帽，测量，校正，打桩。

3. 钢管桩

（1）清单计量规则：以吨计量，按设计图示尺寸，以质量计算；以根计量，按设计图示数量计算。

（2）清单工作内容：工作平台搭设；桩机竖拆、移位；沉桩；接桩；送桩；切割钢管、精割盖帽；管内取土；填充材料、刷防护材料。

（3）定额计量规则：

1）钢管桩按设计要求的桩体质量计算。

2）钢管桩内切割、精割盖帽，按设计要求的数量计算。

3）钢管桩管内钻孔取土、填芯，按设计桩长（包括桩尖）乘以填芯截面积，以体积计算。

（4）定额工作内容：准备打桩机具，移动打桩机，吊装定位，安、卸桩帽，校正，打桩。

4. 接桩

（1）定额计量规则：

预制混凝土桩、钢管桩电焊接桩，按设计要求接桩头的数量计算。

（2）定额工作内容

1）预制混凝土桩接桩：准备接桩工具，对接桩、放置接桩，筒铁，钢板焊制，焊接，安放，拆卸夹箍等。

2）钢管桩电焊接桩：准备工具，磨焊接头，上、下节桩对接，焊接。

5. 送桩

定额计量规则：打桩工程的送桩均按设计桩顶标高至打桩前的自然地坪标高另加0.5m计算相应的送桩工程量。

6. 截（凿）桩头

（1）清单计量规则：以立方米计量，按设计桩截面乘以桩头长度，以体积计算；以根计量，按设计图示数量计算。

（2）清单工作内容：截（切割）桩头；凿平；废料外运。

（3）定额计量规则：

1）截桩。预制混凝土桩截桩，按设计要求的截桩数量计算。截桩长度不大于1m时，不扣除相应的打桩工程量；截桩长度大于1m时，其超过部分按实扣减打桩工程量，但桩体的价格不扣除。

2）凿桩头。预制混凝土桩凿桩头按设计图示桩截面积乘以凿桩头长度，以体积计算。凿桩头长度设计无规定时，桩头长度按40d（d为桩体主筋直径，主筋直径不同时取大值）计算。

3）桩头钢筋整理。桩头钢筋整理，按所整理的桩的数量计算。

（4）定额工作内容：

1）截桩：定位，切割，桩头运至50m内堆放。

2）凿桩头：桩头混凝土凿除，钢筋截断。

3）桩头钢筋整理：桩头钢筋梳理、整形。

（二）灌注桩

1. 泥浆护壁成孔灌注桩、干作业成孔灌注桩和沉管灌注桩

（1）清单计量规则：以米计量，按设计图示尺寸，以桩长（包括桩尖）计算；以立方米计量，按不同截面在桩上的范围以体积计算；以根计量，按设计图示根数计算。

（2）清单工作内容：

1）泥浆护壁成孔灌注桩：护筒埋设；成孔、固壁；混凝土制作、运输、灌注、养护；土方、废泥浆外运；打桩场地硬化及泥浆池、泥浆沟。

2）干作业成孔灌注桩：成孔、扩孔；混凝土制作、运输、灌注、振捣、养护。

3）沉管灌注桩：打（沉）拔钢管；桩尖制作、安装；混凝土制作、运输、灌注、养护。

（3）定额计量规则：

1）钻孔桩、旋挖桩成孔工程量按打桩前自然地坪标高至设计桩底标高的成孔长度乘以设计桩径截面积，以体积计算。入岩增加项目工程量按实际入岩深度乘以设计桩径截面积，以体积计算。

2）冲孔桩基冲击（抓）锤成孔工程量分别按进入土层、岩石层的成孔长度乘以设计桩径截面积，以体积计算。

3）沉管成孔工程量按打桩前自然地坪标高至设计桩底标高（不包括预制桩尖）的成孔长度乘以钢管外径截面积，以体积计算。

4）钻孔桩、旋挖桩、冲孔桩灌注混凝土工程量按设计桩径截面积乘以设计桩长（包括桩尖）另加加灌长度，以体积计算。加灌长度设计有规定者，按设计要求计算，无规定者，按0.5m计算。

5）沉管桩灌注混凝土工程量按钢管外径截面积乘以设计桩长（不包括预制桩尖）另加加灌长度，以体积计算。加灌长度设计有规定者，按设计要求计算，无规定者，按0.5m计算。

（4）定额工作内容：

1）成孔

a. 泥浆护壁成孔

（a）冲击成孔机成孔：护筒埋设及拆除；装、拆钻架，就位，移动；钻进、提钻、造浆、压浆、出渣、清孔；测量孔径、孔深等。

（b）冲孔桩机成孔：护筒埋设及拆除；准备抓锤，桩机就位；冲抓、提锤、出渣、加水、加黏土、清孔等。

（c）回旋钻机成孔：护筒埋设及拆除；安拆泥浆系统；造浆；准备钻具，钻机就位；钻孔、出渣、提钻、压浆、清孔等。

（d）旋挖钻机成孔：护筒埋设及拆除；钻机就位；钻孔、提钻、出渣、渣土清理堆放；造浆、压浆、清孔等。

（e）扩孔成孔：准备挤扩机具，制作泥浆，加泥浆，吊装，就位，挤扩，回钻，清桩孔泥浆。

b. 沉管成孔

沉管成孔：准备打桩机具，移动打桩机，桩位校测，打钢管成孔，拔钢管。

c. 干作业成孔

（a）螺旋钻机成孔：准备打桩机具，移动打桩机，钻孔，测量，校正，清理钻孔泥土，就地弃土5m以内。

(b) 旋挖钻机成孔(定额缺项)。

2) 灌注混凝土

预拌混凝土灌注,安、拆导管及漏斗。

2. 人工挖孔灌注桩

(1) 清单计量规则:

1) 人工挖孔桩土(石)方:按设计图示截面积(含护壁)乘以挖孔深度以立方米计算。

2) 人工挖孔桩灌注混凝土:以立方米计量,按桩芯混凝土体积计算;以根计量,按设计图示根数计算。

(2) 清单工作内容:

1) 人工挖孔桩土(石)方:排地表水;挖土、凿石;基底钎探;运输。

2) 人工挖孔桩灌注混凝土:护壁制作;混凝土制作、运输、灌注、振捣、养护。

(3) 定额计量规则:

1) 人工挖孔桩挖孔工程量分别按进入土层、岩石层的成孔长度乘以设计护壁外围截面积,以体积计算。

2) 人工挖孔桩模板工程量,按现浇混凝土护壁与模板的实际接触面积计算。

3) 人工挖孔桩灌注混凝土护壁和桩芯的工程量分别按设计图示截面积乘以设计桩长另加加灌长度,以体积计算。加灌长度设计有规定者,按设计要求计算,无规定者,按0.25m计算。

(4) 定额工作内容:

1) 挖孔桩土(石)方

a. 人工挖孔桩土方:挖土,弃土于孔口外5m以内,修整边底;桩孔内通风、照明。

b. 人工挖孔桩入岩:凿石,挖渣,提渣,弃渣于孔边5m以内,修整边底;桩孔内通风、照明。

2) 灌注混凝土

a. 复合木模板、木模板制作,模板安装、拆除、整理、堆放及场内运输,清理模板粘接物及模内杂物,刷隔离剂等。

b. 灌注、养护护壁混凝土,预制混凝土护壁安装。

c. 灌注桩芯混凝土或毛石混凝土。

3. 钻(冲)孔灌注桩扩底、人工挖孔桩扩底

定额计量规则:钻(冲)孔灌注桩、人工挖孔桩,设计要求扩底时,其扩底工程量按设计尺寸,以体积计算,并入相应的工程量内。

4. 凿桩头

定额计量规则:灌注混凝土桩凿桩头按设计超灌高度(设计有规定的按设计要求,设计无规定的按0.5m)乘以桩身设计截面积,以体积计算。

5. 桩头钢筋整理

定额计量规则：桩头钢筋整理，按所整理的桩的数量计算。

6. 泥浆运输

定额计量规则：泥浆运输按成孔工程量，以体积计算。

7. 桩孔回填

定额计量规则：桩孔回填工程量按打桩前自然地坪标高至桩加灌长度部分的顶面乘以桩孔截面积，以体积计算。

8. 钻孔压浆桩

(1) 清单计量规则：以米计量，按设计图示尺寸，以桩长计算；以根计量，按设计图示数量计算。

(2) 清单工作内容：钻孔、下注浆管、投放骨料、浆液制作、运输、压浆。

(3) 定额计量规则：钻孔压浆桩工程量按设计桩长，以长度计算。

(4) 定额工作内容：准备机具，移动桩机，定位，钻孔，校测，浆液配制，压浆，投放石子骨料。

9. 灌注桩后压浆

(1) 清单计量规则：按设计图示注浆孔数计算。

(2) 清单工作内容：注浆导管制作、安装；浆液制作、运输、压浆。

(3) 定额计量规则：

1) 注浆管、声测管埋设工程量按打桩前的自然地坪标高至设计桩底标高另加 0.5m，以长度计算。

2) 桩底（侧）后压浆工程量按设计注入水泥用量，以质量计算。如水泥用量差别大，允许换算。

(4) 定额工作内容：

1) 声测管埋设定额工作内容：声测管制作、焊接、埋设安装、清洗管道等全部过程。

2) 注浆管埋设定额工作内容：注浆管制作、焊接、埋设安装、清洗管道等全部过程。

3) 桩底（侧）后压浆定额工作内容：准备机具、浆液配制、压注浆等全部过程。

三、计量方法

（一）预制钢筋混凝土桩（方桩、管桩、板桩等）

预制钢筋混凝土桩（方桩、管桩、板桩等）见图 5-84。

1. 确定工程量清单计价项目和定额计价项目

预制钢筋混凝土方桩，工程量清单计价项目的工程内容包括打桩（包括预制桩费用）、接桩和送桩，定额计价项目的打桩（包括预制桩费用）、接桩和送桩分别为三个子目。预制钢筋混凝土方桩截（凿）桩头，工程量清单计价项目的工程内容包括截桩头和凿桩头，定额计价项目的截桩头、凿桩头和桩头钢筋整理分别为三个子目。大型机械设备进出场及

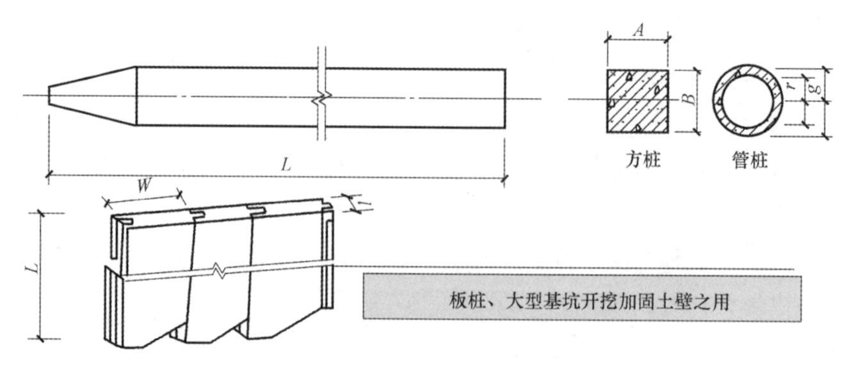

图 5-84　预制钢筋混凝土桩（方桩、管桩、板桩等）

安拆，工程量清单计价项目包括打桩机进出场及安拆和起重机进出场两个子目，定额计价项目包括打桩机进出场、打桩机安拆和起重机进出场三个子目。

2. 确定工程量清单计价项目的计量单位

工程量清单计价项目的计量单位采用立方米，与计价定额计量单位相同，方便组价。

3. 计算工程量

分别根据工程量清单计价的工程量计算规则和定额计价的工程量计算规则计算工程量。

（1）定额计价的工程量

1）打桩

a. 计量：∑设计桩长×桩截面面积

b. 注意事项

（a）桩长包括桩尖长并且计量时不扣除桩尖虚体积。

（b）设计桩长为桩尖至桩顶面长度，可按桩尖至承台底面标高长度+0.1m 考虑。规范规定，桩头混凝土须伸入承台 100mm。

（c）截桩长度不大于 1m 时，不扣除相应的打桩工程量；截桩长度大于 1m 时，其超过部分按实扣减打桩工程量。

（d）打预制钢筋混凝土方桩或管桩项目，应包括成品桩购置费，如果现场预制，应包括现场预制桩的所有费用。桩体的工程量不扣除截桩长度的工程量。打预制钢筋混凝土桩定额包括打桩的损耗率。

2）接桩

a. 含义：有些桩基设计很深，而预制桩因吊装、运输、就位等原因，不能将桩预制很长，因而需连接加长。

b. 计量

（a）浆锚连接：按桩截面积乘以接头数以面计算。

（b）焊接：按接头个数计算。

3）送桩

a. 含义：当桩帽打至自然地坪面，但还未达到设计深度时，就用送桩器加在桩帽上，继续把桩打至设计深度，然后将送桩器拔出的过程。

b. 计量：桩截面积乘以送桩长度。送桩长度见图 5-85。

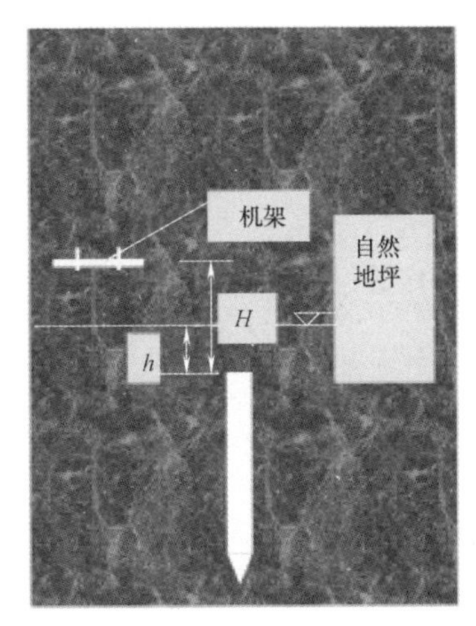

图 5-85　送桩长度

c. 打预制方（管）桩，如遇送桩，可按打（压）桩相应定额人工、机械消耗量乘以表 5-29 中的系数计算。

4）截桩

预制混凝土桩截桩按设计要求（或实际情况）截桩的数量计算。

5）凿桩头

预制混凝土桩凿桩头按设计图示桩截面积乘以凿桩头长度，以体积计算。

6）桩头钢筋整理

桩头钢筋整理，按所整理的桩的数量计算。

7）打桩机进出场

大型机械设备进出场费按台次计算。

8）打桩机安拆

大型机械设备安拆费按台次计算。

9）起重机进出场

大型机械设备进出场费按台次计算。

（2）工程量清单计价工程量

1）打桩工程量

同定额计价的工程量（工程量计算规则相同）。

2）截（凿）桩头工程量

按设计桩截面积乘以截（凿）桩头长度，以体积计算。

3）打桩机进出场及安拆

按使用机械设备的数量计算。

4）起重机进出场

按使用机械设备的数量计算。

【例 5-26】 某工程用打桩机打如图 5-86 所示钢筋混凝土预制方桩，共 100 根，桩断面尺寸为 400mm×400mm，其中 20 根桩因地质原因露出自然地坪 2.0m，其余桩顶面至自然地坪的高差为 0.5m，采用硫磺胶泥接桩，预制方桩采用外购运至工地，桩的主筋直径为 16mm，桩的主筋与承台的锚固为 35d，桩顶钢筋保护层厚度为 40mm，求其工程量并确定定额编号。

解：1. 工程量清单计价法

（1）打桩工程量：$0.4\times0.4\times[(24.0-2.0)\times20+24.0\times80]=377.60$（$m^3$）

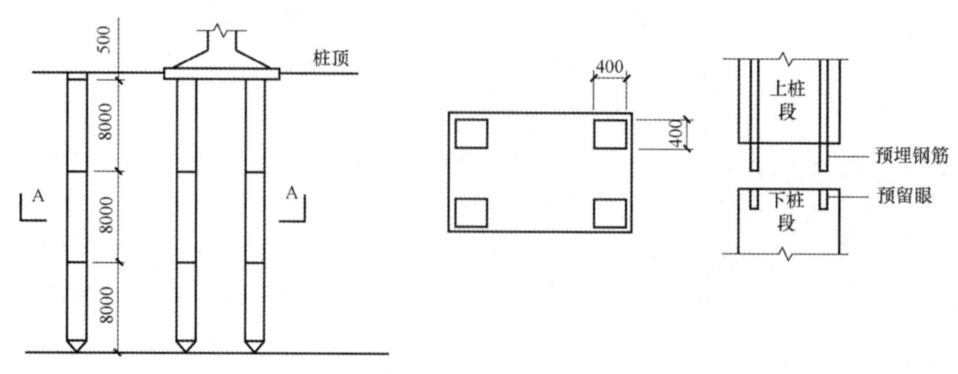

图 5-86 打桩机

清单项目编码：010301001001

外购桩工程量：0.4×0.4×24.0×100=384.00（m^3）

（2）截（凿）桩头工程量：0.4×0.4×[(35×0.016+0.04)×80+(2.0+0.5)×20]=15.68（m^3）

清单项目编码：010301004001

（3）打桩机进出场及安拆（柴油打桩机 5t）

清单项目编码：011705001001

（4）起重机进出场（履带式起重机 15t）

清单项目编码：011705001002

2. 定额计价法

（1）打桩工程量：0.4×0.4×[(24.0−2.0)×20+24.0×80]=377.60（m^3）

套用定额编号：3-2

外购桩工程量：0.4×0.4×24.0×100=384.00（m^3）

（2）送桩工程量：0.4×0.4×[(0.5+0.5)×80]=12.80（m^3）

根据定额编号 3-2 和定额第三章说明第六条第 5 款规定进行换算。

（3）接桩工程量：0.4×0.4×2×100=32.00（m^2）

套用定额：硫磺胶泥接桩，《房屋建筑与装修工程消耗量定额》TY01-31-2015 缺项，可编制补充定额或套用《全国统一建筑工程基础定额》GJD -101-1995 定额编号 2-35 硫磺胶泥接桩。

（4）截桩工程量：20 根

套用定额编号：3-42

（5）凿桩头工程量：0.4×0.4×[35×0.016+0.04]×100=9.60（m^3）

套用定额编号：3-44

（6）桩头钢筋整理工程量：100 根

套用定额编号：3-46

（7）打桩机进出场费（柴油打桩机 5t）

套用定额编号：17-136

（8）打桩机安、拆费

套用定额编号：17-117

（9）起重机进出场费（履带式起重机 15t）

套用定额编号：17-133

场外运输费、安装拆卸费根据已批准施工组织设计的机械数量和进出场、安装拆卸次数计算。

以下项目工程量按定额计价法的工程量计算规则考虑。

（二）冲击钻机成孔混凝土灌注桩

冲孔灌注桩定额分为成孔、灌注混凝土、泥浆外运、凿灌注桩桩头、桩头钢筋整理、桩钢筋笼、冲击式钻机进出场费、安装拆卸费等项目。

（1）成孔工程量，按照按打桩前自然地坪标高至设计桩底标高的成孔长度乘以设计桩径截面积，以体积计算。入岩增加项目工程量按实际入岩深度乘以设计桩径截面积，以体积计算。

（2）灌注混凝土工程量，按设计桩径截面积乘以设计桩长（包括桩尖）另加加灌长度，以体积计算。加灌长度设计有规定者，按设计要求计算，无规定者，按 0.5m 计算，即按（设计桩长＋超灌长度）乘以设计截面面积以体积计算。

定额中各种灌注桩的材料用量，均已包括了充盈系数和材料损耗，见表 5-30。

（3）泥浆场外运输，实际发生时按定额“第一章　土石方工程”中泥浆罐车运淤泥流砂相应项目执行。泥浆场外运输工程量，按成孔工程量，以体积计算。

（4）灌注混凝土桩凿桩头工程量，按设计超灌高度（设计有规定的按设计要求，设计无规定的按 0.5m）乘以桩身设计截面积，以体积计算。

（5）桩头钢筋整理工程量，按所整理的桩的数量计算。

（6）桩钢筋笼按定额“第五章　混凝土及钢筋混凝土工程”中的相应项目执行。

（7）桩孔回填工程量，实际发生时，按打桩前自然地坪标高至桩加灌长度的顶面乘以桩孔截面积，以体积计算。

（8）本桩基工程定额内未包括泥浆池制作，实际发生时，按定额“第四章　砌筑工程”中的相应项目执行。

（9）冲击式钻机进出场：大型机械设备进出场费按台次计算。

（10）冲击式钻机安装拆卸：大型机械设备安拆费按台次计算。

【例 5-27】 某工程桩基采用冲击钻机成孔的混凝土灌注端承桩，共 100 根，桩直径为 1.0m，长度为 30m，桩身混凝土强度等级为 C35，桩身主筋 16Φ16，螺旋箍筋 $\phi 8$，加密区长度 5.0m@100、非加密区@200，加劲箍筋Φ14@2000mm，主筋与承台的锚固长度为 $35d$，主筋搭接采用双面焊，长度为 $5d$，主筋保护层 50mm，桩顶混凝土超灌高度

≥1.0m，桩端持力层进入中风化花岗岩 1.0m，建筑抗震等级二级，桩顶面至自然地坪的高差为 5.0m，混凝土采用泵送商品混凝土，土方类别为二类，泥浆外运 1km，求其工程量并确定定额编号。

解：(1) 冲击钻机土层成孔工程量：π×0.5×0.5×(30.0+5.0−1.0)×100=2670.35 (m^3)

套用定额编号：3-61

冲击钻机岩层成孔工程量：π×0.5×0.5×1.0×100=78.54 (m^3)

套用定额编号：3-63

(2) 桩混凝土工程量：π×0.5×0.5×(30.0+1.0)×100 =2434.73 (m^3)

套用定额编号：3-85

(3) 泥浆直接外运工程量：π×0.5×0.5×(30.0+5.0)×100=2748.89 (m^3)(同成孔工程量)

套用定额编号：1-68

(4) 凿灌注桩桩头工程量：π×0.5×0.5×1.0×100=78.54 (m^3)

套用定额编号：3-45

(5) 桩头钢筋整理工程量：100 (根)

套用定额编号：3-46

(6) 桩钢筋笼工程量

主筋：(30.0+35×0.016+5×0.016×3−0.05)×16×1.58×100=77736 (kg)

螺旋箍筋：{加密区$\sqrt{[\pi(1.0-2\times0.05+0.008)]^2+(0.1)^2}\times[5.0\div0.1]$+非加密区$\sqrt{[\pi(1.0-2\times0.05+0.008)]^2+(0.2)^2}\times[(30.0-0.05\times2-5.0)\div0.2]+2\times1.5\times\pi$(1.0−2×0.05+0.008)(端部水平段)+2×12.9×0.008(弯钩) +0.456×3(搭接)}×0.395(A8)×100 根=20100kg

注：螺旋箍筋搭接：纵向受拉钢筋绑扎搭接长度 l_{lE}=受拉钢筋基本锚固长度 l_{abE} $37d$×受拉钢筋锚固长度修正系数 (ζ_a) 1.1×纵向受拉钢筋搭接长度修正系数 (ζ_l)1.4=37×0.008×1.1×1.4 =0.456m>0.3m，取 0.456m。

加劲箍筋：[π(1.0−2×0.05−2×0.016−0.014)+5×0.014(搭接)]×(30.0÷2.0+1)×1.21(Φ14)×100=5330 (kg)

合计：HRB400 级钢：77736+5330=83066 (kg) =83.066 (t)

HPB235 级钢：20100kg=20.100 (t)

套用定额编号：HRB400 级钢：5-123；HPB235 级钢：5-122

(7) 冲击式钻机进出场费，套用《福建省房屋建筑与装修工程预算定额》FJYD—101—2017 中定额编号 17158，《房屋建筑与装修工程消耗量定额》TY01—31—2015 中没有此项目。

(8) 冲击式钻机安拆费，套用《福建省房屋建筑与装修工程预算定额》FJYD—101—

2017中定额编号17195，《房屋建筑与装修工程消耗量定额》TY01—31—2015中没有此项目。

场外运输费、安装拆卸费根据施工组织设计的机械数量和进出场、安装拆卸次数计算。

四、地基处理与桩基工程基础知识

地基一般分为天然地基和人工地基两种。当天然地基的承载能力能满足设计要求时，不需人工处理即能作为地基使用，这种地基称为天然地基。当天然地基的承载能力不能满足设计要求时，则可将地基进行人工处理，这种经过人工处理的地基叫人工地基。常用的人工加固地基的方法有强夯法、换土法、桩基法等。

（一）强夯法

强夯法即强力夯实法，又称动力固结法，是利用大型履带式起重机将8～30t的重锤从6～30m高度自由落下，对土进行强力夯实，从而提高地基承载力，降低其压缩性的一种有效的地基加固方法，也是我国目前最为常用和最经济的深层地基处理方法之一。

强夯地基的施工技术参数：

(1) 锤重与落距：锤重与落距是影响夯击能和加固深度的重要因素，它直接决定每一击的夯击能量。

(2) 夯击能＝t（重锤质量）×m（重锤落差）

定额夯击能划分为1000kN・m，2000kN・m，…，6000kN・m等六个步距。

(3) 夯击点间距：夯击点间距取决于基础布置、加固土层厚度和土质等条件。通常，夯击点间距取夯锤直径的3倍，一般第一遍夯击点间距为5～9m，以便夯击能向深部传递，以后各遍夯击点可与第一遍相同，也可适当减少。对于处理深度较深或单击夯击能较大的工程，第一遍夯击点间距宜适当增大。

(4) 夯点密度：单位面积内的夯点数量。强夯定额项目的夯点数指每100m^2内的夯点数。

(5) 单点夯击数指单个夯点一次连续夯击次数，也称夯击击数，实际施工时，击数多为2～5击。

(6) 夯击遍数指以一定的连续击数，对整个场地的一批点，完成一个夯击过程叫一遍。单点的夯击遍数加满夯的夯击遍数为整个场地的夯击遍数。

夯击遍数应根据地基土的性质确定，一般采用2～3遍，最后再以低能力（为前几遍能量的1/4～1/5，夯击击数为2～4击）满夯一遍，以加固表面的松土。

(7) 两遍间隔时间：两遍夯击之间应有一定的时间间隔，一般为1～4周。若无地下水或地下水在-5.0m以下，或为含水量较低的碎石类土，或为透水性强的砂性土，可采用1～2天，或在前一遍夯完后，将土推平，接着连续夯击，而不需要间歇。

(8) 强夯处理范围应大于建筑物基础范围，每边超出基础外沿的宽度宜为设计处理深度的 1/2～2/3，并且不少于 3m。

（二）换土法（换填垫层法）

适用于浅层软弱地基及不均匀地基的处理。其主要作用是提高地基承载力，减少沉降量，加速软弱土层的排水固结。

（三）桩基法

1. 桩基的分类

如图 5-87 所示。

（1）按桩身材料分为：

1）混凝土桩：灌注桩、预制桩；

2）钢桩；

3）其他桩：木桩、灰土桩、砂石桩、水泥搅拌桩、高压搅拌桩等。

（2）按承载性状分为：摩擦桩、端承桩。

（3）按成桩方法分为：

1）挤土桩：①预制混凝土桩：锤击法、静压力沉桩；②钢桩：锤击法、振动沉桩、静压力沉桩；③木桩、灰土桩、砂桩、碎石桩。

2）非挤土桩：①泥浆护壁成孔灌注桩：冲击钻成孔、冲抓锥成孔、回旋钻成孔、潜水钻成孔、泥浆护壁旋挖成孔等；②干作业成孔灌注桩：螺旋钻成孔、干作业的旋挖成孔、人工挖孔桩等；③沉管灌注桩：锤击、振动、振动冲击、内夯沉管法。

3）部分挤土桩：部分挤土灌注桩、预钻孔打入式预制桩、打入式敞口桩、水泥搅拌桩、高压搅拌桩、三轴搅拌桩等。

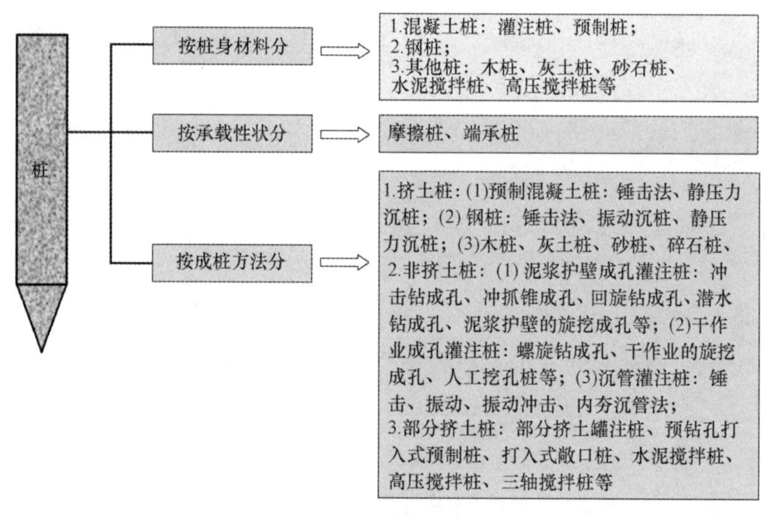

图 5-87　桩的分类

2. 桩的分类及工艺

（1）摩擦型桩

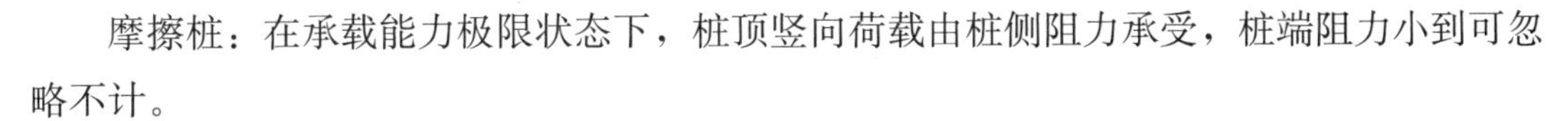

摩擦桩：在承载能力极限状态下，桩顶竖向荷载由桩侧阻力承受，桩端阻力小到可忽略不计。

端承摩擦桩：在承载能力极限状态下，桩顶竖向荷载主要由桩侧阻力承受。

（2）端承型桩

端承桩：在承载能力极限状态下，桩顶竖向荷载由桩端阻力承受，桩侧阻力小到可忽略不计。

摩擦端承桩：在承载能力极限状态下，桩顶竖向荷载主要由桩端阻力承受。

（3）泥浆护壁成孔灌注桩

泥浆护壁成孔灌注桩是指在泥浆护壁条件下成孔，采用水下灌注混凝土的桩。

（4）干作业成孔灌注桩

干作业成孔灌注桩是指不用泥浆护壁和套管护壁的情况下，用钻机成孔后，下钢筋笼，灌注混凝土桩。

（5）锤击法沉桩

锤击法沉桩是利用桩锤的冲击动能使预制桩沉入土中。打桩机主要包括桩锤、桩架和动力装置三个部分。桩锤有落锤、单动汽锤、双动汽锤、柴油打桩锤和振动桩锤等，多采用柴油打桩锤。

锤击法沉桩的连接可采用焊接、法兰连接或机械快速连接。

锤击法沉桩的送桩深度不宜大于 2.0m，超过 2.0m 且不大于 6.0m 时，打桩机应为三点支撑履带自行式或步履式柴油打桩机。

（6）静压法沉桩

静压法沉桩是通过静力压桩机的压桩机构，以压桩机自重和桩机上的配重作为反力而将预制钢筋混凝土桩分节压入地基土层中成桩。

当需要采用引孔法压桩时，应配备螺旋钻孔机，或在压桩机上配备专用的螺旋钻。当桩端持力层进入较坚硬的岩层时，应配备可入岩的钻孔桩机或冲孔桩机。

（7）冲击成孔灌注桩

冲击成孔灌注桩系用冲击式钻机或卷扬机悬吊冲击钻头（又称冲锤）上下往复冲击，将硬质土或岩层破碎成孔，部分碎渣和泥浆挤入孔壁中，大部分成为泥渣，用掏渣筒掏出成孔，然后再灌筑混凝土成桩。

（8）回转钻成孔灌注桩

回转钻成孔灌注桩又称正反循环成孔灌注桩，是用一般地质钻机在泥浆护壁条件下，慢速钻进，通过泥浆排渣成孔，灌筑混凝土成桩，为国内最为常用和应用范围较广的成桩方法。

（9）潜水电钻成孔灌注桩

潜水电钻成孔灌注桩系利用潜水电钻机构中的密封的电动机、变速机构，直接带动钻头在泥浆中旋转削土，同时用泥浆泵压送高压泥浆，使其从钻头底端射出，与切碎的土颗粒混合，以正循环方式不断由孔底向孔口溢出，将泥渣排出，如此连续钻进，直至形成所需要深度的钻孔，浇筑混凝土成桩。

（10）长螺旋钻孔压灌混凝土桩

长螺旋钻孔压灌混凝土桩与普通钻孔桩不同，是采用专用长螺旋钻孔机钻至设计标高，停机后在提钻的同时通过钻头活门向孔内连续泵注压灌超流态混凝土，至桩顶为止，然后插入钢筋笼而形成的桩体。它是一种先泵送超流态混凝土后置钢筋笼的新型灌注桩，不受地下水位限制，所用混凝土流动性强，骨料分散性好，所用螺旋钻机既可钻孔又可压灌混凝土，操作简便，混凝土灌注速度快，成桩质量好，降低造价。

钻孔压浆灌注桩系用长臂螺旋钻机钻孔，在钻杆纵向设有一个从上到下的高压灌筑水泥浆系统，钻孔深度达到设计深度后，开动压浆泵，使水泥浆从钻头底部喷出，借助水泥浆的压力，将钻杆慢慢提起，直至出地面后，移开钻杆，在孔内放置钢筋笼，再另外放入一根直通孔底的压力注浆塑料管或钢管，与高压浆管接通，同时向桩孔内投放粒径 2～4cm 的碎石或卵石直至桩顶，再向孔内胶管进行二次补浆，把带浆的泥浆挤压干净，至浆液溢出孔口，不再下降，桩即告全部完成。

（11）振动沉管灌注桩

振动沉管灌注桩系用振动沉桩机将带有活瓣式桩尖或钢筋混凝土预制桩靴的桩管，利用振动锤产生的定向垂直振动和锤、桩管自重及卷扬机通过钢丝绳施加的拉力，对管桩进行加压，使桩管沉入土中，然后边向桩管内灌筑混凝土，边振动边拔出桩管，使混凝土留在土中而成桩。

振动沉管灌注桩的施工应根据土质情况和荷载要求，选用单打法、复打法、反插法。对于混凝土充盈系数小于 1.0 的桩，宜全长复打，对可能有断桩和缩颈桩的情况应采用局部复打。

（12）锤击沉管灌注桩

锤击沉管灌注桩系用锤击打桩机，将带有活瓣钢桩尖或设置钢筋混凝土预制桩尖（靴）的钢管锤击沉入土中，然后边浇筑混凝土边用卷扬机拔桩管成桩。

锤击沉管灌注桩的施工应根据土质情况和荷载要求，选用单打法、复打法、反插法。对于混凝土充盈系数小于 1.0 的桩，宜全长复打，对可能有断桩和缩颈桩的情况应采用局部复打。

（13）夯压成型灌注桩

夯压成型灌注桩又称夯扩桩，是在普通锤击沉管灌筑桩的基础上加以改进而发展起来的一种新型桩，由于其扩底作用，增大了桩端支撑面积，能够充分发挥桩端持力层的承载潜力。特点是：在桩管内增加了一根与外桩管长度基本相同的内夯管，用桩锤通过内夯管将外桩管中灌入的混凝土挤出外管，迫使其内混凝土向下部和四周基土挤压，形成扩大的端部。

（14）旋挖钻成孔灌注桩

旋挖钻成孔灌注桩是利用旋挖桩机筒式钻头底部的斗齿切削土体，并压入容器内，然

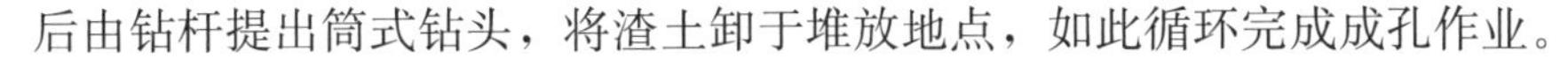

后由钻杆提出筒式钻头，将渣土卸于堆放地点，如此循环完成成孔作业。

旋挖钻成孔灌注桩应根据不同的地层情况和地下水位埋深，采用干作业成孔和泥浆护壁成孔工艺。干作业成孔适用于地下水位以上的素填土、黏性土、粉土、砂土、碎石土及风化岩层等无需护壁措施的地质条件相对较好的场地。湿作业成孔适用于地下水位以下的黏性土、粉土、砂土、填土、碎石土及风化岩层。

旋挖钻成孔灌注桩护筒可采用钢制护筒或钢筋混凝土护筒，护筒内径宜大于钻头直径200～300mm，长度应根据地质和地下水位等情况确定。护筒顶端高出地面不宜小于0.3m；若钻孔内有承压水，护筒顶端应高出稳定后的承压水位1.5m。

（15）挤密桩

1）灰土挤密桩是利用锤击将钢管打入土中侧向挤密成孔，将管拔出后，在桩孔中分层回填2∶8或3∶7灰土夯实而成，与桩间土共同组成复合地基以承受上部荷载。

2）砂桩或砂石桩统称砂石桩，是指用振动、冲击或水冲等方式在软弱地基中成孔后，再将砂或砂卵石（或砾石、碎石）挤压入土孔中，形成大直径的砂或砂卵石（碎石）所构成的密实桩体。

3）水泥粉煤灰碎石桩（Cement Fly-ash Grawel Pile），简称CFG桩，是近年发展起来的处理软弱地基的一种新方法。它是在碎石桩的基础上掺入适量石屑、粉煤灰和少量的水泥，加水拌合后制成的具有一定强度的桩体。

4）夯实水泥复合地基系用洛阳铲或螺旋钻机成孔，在孔中分层填入水泥、土混合料经夯实成桩，与桩间土共同组成复合地基。

（16）水泥搅拌桩

水泥搅拌桩是加固软黏土及粉土的一项新技术，是利用水泥作为固化剂的主剂，通过特制的深层搅拌机械在地基深部就地将软土和固化剂强制拌合，水泥的水解和水化反应所产生的氢氧化钙、水化硅酸钙、水化铝酸钙、水化铁酸钙，通过与颗粒发生离子交换和团化作用，析出大量的钙离子与土中的矿物质（二氧化硅、三氧化硅）进行化学反应，生成不溶于水的结晶化合物，这些物质在水中、空气中逐步硬化，形成具有整体性和一定强度的柱状体，使其与柱状体之间的土共同支承上部荷载，形成复合地基，从而加固软基。深层水泥搅拌桩按水泥掺入方式的不同，分为粉喷桩和浆喷桩。

桩高程的控制：桩底高程超过10～20cm，桩顶高程超过10cm。

1）粉喷桩是通过特制的深层搅拌机械，在地基深处利用压缩空气向软弱土层内输送水泥（或石灰）等粉状加固料，不向地基内注入水分，使其与原位软弱土混合、压密，并通过加固料与软弱土之间的离子交换作用、凝聚作用、化学作用等一系列作用使软弱土硬结成具有整体性、水稳性和一定强度的柱状加固土。它与原位软弱土层组成复合地基。

粉喷桩的施工工艺：

启动搅拌钻机，钻头正循环（正向）旋转，实施钻进作业。粉喷桩在钻进过程中可不喷水泥，只喷射压缩空气，既保证顺利钻进又减小负载扭矩。钻至设计标高后停钻。然后，再启动搅拌钻机，反循环（反向）旋转提升钻头，同时打开发送器前面的控制阀，按需要量向被搅动的疏松土体喷射水泥，边提升，边喷射，边搅拌。当钻头提升至离地面40～50cm时，发送器停止向孔内喷灰，钻头旋转提升至地面。如一次喷灰不能达到设计要求，重复启动搅拌钻机进行复搅（复搅一次是指喷灰结束后，钻头从桩顶下钻搅拌至桩底后提升搅拌至桩顶这一过程）。

2）水泥搅拌桩（浆喷桩）是通过特制的深层搅拌机械在地层深部就地将软土和固化剂强制拌合，使软土硬结而提高地基强度。

水泥搅拌桩施工工艺（二喷二搅）：启动钻机，使搅拌桩机钻杆正循环，边喷浆边旋转下沉，当下沉到设计深度后，喷浆反转提升至桩顶位置，完成二喷二搅。再次将搅拌机钻杆边喷浆边旋转沉入桩底，桩机下沉到桩底后喷浆搅拌提升到桩顶。移机，施工下一搅拌桩。

水泥搅拌桩施工工艺（一喷二搅）：启动钻机，使搅拌桩机钻杆正循环，边旋转切土边下沉到设计深度后，将搅拌机反循环略微提升，开动高压注浆泵，反循环提钻，边喷浆边搅拌，将水泥浆压入软土层中与主体充分拌合，当钻头提升至离地面30cm左右时，送浆阀关闭，提升钻头出地面，完成一喷二搅。再复搅一次，一般来说，复搅次数不得小于两次。

注：一喷二搅：下钻喷浆，上提不喷，即所谓的空搅；二喷二搅：下钻喷浆，上提补浆喷浆；二喷四搅：下钻喷浆，上提不喷，重复一次，完成四搅；四喷四搅：下钻喷浆，上提喷浆，重复一次，完成四喷。无论四喷四搅还是二喷四搅，在未满足水泥掺量时都要补浆，以满足设计要求。

（17）高压旋喷桩

高压旋喷桩是以高压旋转的喷嘴将水泥浆喷入土层与土体混合，形成连续搭接的水泥加固体。

高压喷射注浆法按注浆形式可分为旋喷注浆、摆喷注浆和定喷注浆等3种类别；按加固体形状可分为圆柱状、扇形块状、壁状和板状；按喷射方法可分为单重管法、双重管法和三重管法。单重管就是仅高压浆管，双重管就是高压浆管与高压气管，三重管就是高压浆管、高压水管和高压气管。单重管法是用单重喷射管，仅喷射水泥浆。双重管法又称浆液气体喷射法，是用双重注浆管同时将高压水泥浆和空气两种介质喷射流横向喷射出来，冲击破坏土体，在高压浆液和外圈环绕气流的共同作用下，破坏土体的能量显著增大，最后土中形成较大的固结体。三重管法是一种浆液、水、气体喷射法，使用分别输送水、气体、浆液三种介质的三重注浆管，在以高压泵等高压装置产生高压水流的周围环绕一股圆筒状气流，进行高压水流喷射和气流同轴喷射，冲击破坏土体，形成较大的空隙，再由泥浆泵将水泥浆以较低压力注入被切割的地基中，使水泥浆与土混合，并在土中凝固，形成较大的固结体，其加固体直径可达2m。双重管和单重管设备是一样的，自带引孔功能，双重管相比单重管后台加了一台空气压缩机；与三重管的区别就是：三重管需要另外引孔，且设备比较高大，高约11m、宽约5m、长约9m，单重管、双重管的高约2.5m、宽约 2.5m、长约 3m。单重管、双重管桩机多用于地基加固、止水帷幕桩，三重管桩机一般都是用于止水帷幕桩。桩基质量方面，使用单重管桩机低于双重管桩机低于三重管桩机。桩基价格方面，使用单重管桩机低于双重管桩机低于三重管桩机。

高压喷射注浆法所用灌浆材料主要是水泥和水，必要时加入少量外加剂。一般使用纯水泥浆液，在特殊地质条件下或有特殊要求时，根据工程需要，通过现场注浆试验论证，可使用不同类型浆液，如水泥砂浆等，也可在水泥浆液中加入粉细砂、粉煤灰、早强剂、速凝剂、水玻璃等外加剂。

高压喷射注浆法采用的主要施工机具设备有：①地质成孔设备：地质钻机、潜孔钻机、冲击回转钻机、水井磨盘钻机、振冲设备等。②搅拌制浆设备：搅灌机、搅拌机、灰浆搅拌机、泥浆搅拌机、高速制浆设备等。③供气、供水、供浆设备：空压机、高压水泵、高压浆泵、中压浆泵、灌浆泵等。④喷射注浆设备：高压喷射注浆机、旋摆定喷提升装置、喷射管喷头喷嘴装置等。

高压喷射注浆施工工艺：

钻机造孔：可采用泥浆护壁回转钻进、冲击套管钻进和冲击回转跟管钻进等方法。钻孔经验收合格后，方可进行高压喷射注浆。高压喷射注浆法为自下而上连续作业：①当注浆管下至设计深度，喷嘴达到设计标高时，即可喷射注浆。②开喷送入符合设计要求的水、气、浆，待浆液返出孔口正常后，开始提升。③充填回灌：每一孔的高压喷射注浆完成后，孔内的水泥浆很快会产生析水沉淀，应及时向孔内充填灌浆，直到饱满，孔口浆面不再下沉为止。终喷后，充填灌浆是一项非常重要的工作，回灌的好与差将直接影响工程的质量，必须做好充填回灌工作。

(18) 水泥土桩墙

深层搅拌水泥土桩墙，是采用水泥作为固化剂，通过特制的深层搅拌机械，在地基深部就地将软土和水泥强制搅拌形成水泥土，利用水泥和软土之间所产生的一系列物理-化学反应，使软土硬化成整体性的有一定强度的挡土、防渗墙。

水泥土桩墙施工工艺可采用下述三种方法：

1) 喷浆式深层搅拌（浆法）；

2) 喷粉式深层搅拌（干法）；

3) 高压喷射注浆法（也称高压旋喷法）。

搅拌桩成桩工艺可采用“一次喷浆、二次搅拌”或“二次喷浆、三次搅拌”工艺，即：预搅下沉—提升喷浆搅拌—沉钻复搅—重复提升搅拌。

(19) 三轴搅拌桩

三轴搅拌桩（也称加筋水泥土桩）是高压旋喷桩的一种，也是长螺旋钻孔压灌混凝土桩的一种。从成桩性质来看，它又叫 SMW 工法桩，SMW 意为 soil mixing wall，即水泥土搅拌（连续）墙，即在水泥搅拌桩内插入 H 型钢（或插入拉森式钢板桩、钢管等），使之成为同时具有受力与抗渗两种功能的支护结构的围护墙。三轴搅拌桩采用专门的三轴搅拌桩机，采取三轴套打的方式，入土旋喷水泥浆，在土体中形成暂时的软混凝土桩，在混凝土初凝前，由吊装机械吊起大型 H 型钢，依靠重力沉入软混凝土桩中至设计标高。待混凝土终凝后，形成类似于不配筋的钢骨混凝土柱一样的支护桩。加筋水泥土桩法围护墙的水泥掺入比达 20%，因此水泥土的强度较高，与 H 型钢粘结好，能共同作用。此外，为达成连续墙的效果，一般来说，在每根包芯桩之间，设置 1～2 道冠梁或腰梁相互拉结，以维持整体性。

为了达到基坑的防渗要求，三轴搅拌桩的搭接和桩机的垂直度补正要依靠重复套钻来保证。三轴搅拌桩一般采用重复套钻（全截面）的方式，地下水较少、桩长度较短时，也可采用非重复套钻（非全截面）的方式。三轴搅拌桩直线段重复套钻的搭接又有跳槽式双孔全套复搅连接和单侧挤压式连接两种方式，转角处采用单侧挤压式套钻搭接方式。

1）跳槽式双孔全套复搅连接方式

跳槽式双孔全套复搅连接方式的施工顺序为：先施工第一幅，然后施工第二幅，第三幅的 A 轴和 C 轴插入到第一幅的 C 轴及第二幅的 A 轴孔中（每幅三轴搅拌桩的 A 轴、B 轴 C 轴从左到右、从下到上算起，下同），两端完全重叠，依次类推，完成水泥搅拌桩。施工顺序如图 5-88 所示。

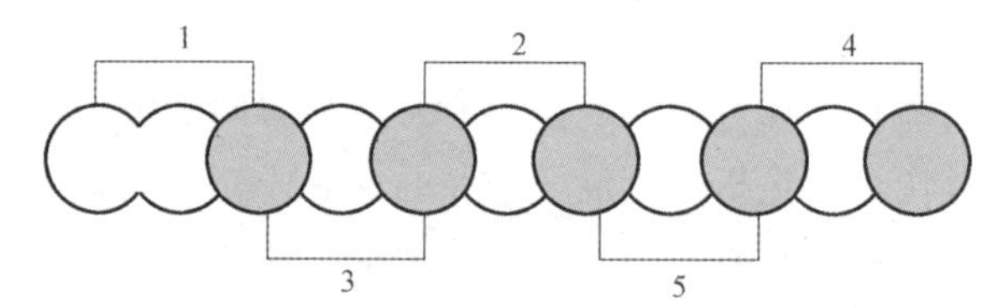

图 5-88　三轴搅拌桩跳槽式双孔全套复搅连接方式的施工顺序

2）单侧挤压式连接方式

单侧挤压式连接方式的施工顺序为：先施工第一幅，第二幅的 A 轴插入到第一幅的 C 轴孔中，两端完全重叠，依次类推，完成水泥搅拌桩。受施工条件的限制，桩机无法来回行走处宜采用此施工顺序。施工顺序如图 5-89 所示。

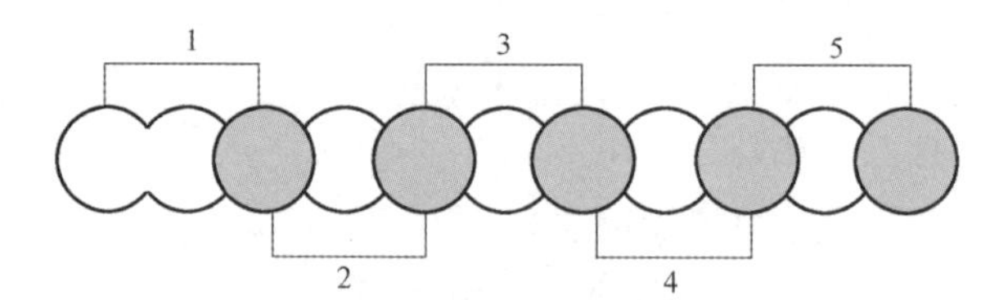

图 5-89　三轴搅拌桩单侧挤压式连接方式的施工顺序

3）非重复套钻的搭接方式

非重复套钻的搭接方式的施工顺序为：先施工第一幅，第二幅的 A 轴插到第一幅的 C 轴旁边且第二幅 A 轴与第一幅 C 轴的钻孔中心距离同每幅轴之间的钻孔中心距离，依次类推，完成水泥搅拌桩。施工顺序如图 5-90 所示。

4）转角处采用单侧挤压式套钻搭接方式

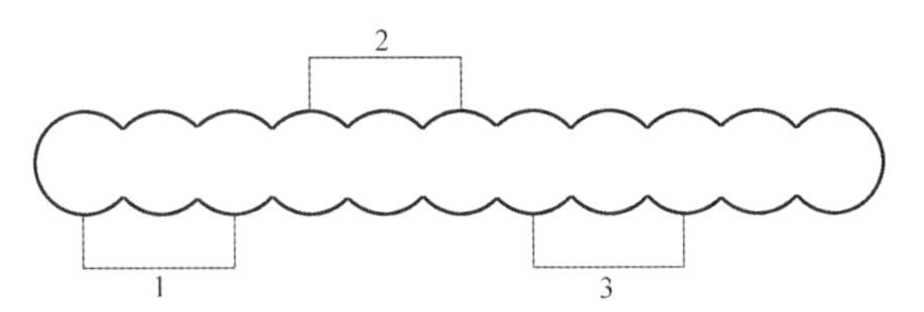

图 5-90 三轴搅拌桩非重复套钻连接方式的施工顺序

先横向施工第一幅，第二幅的 C 轴插入到第一幅的 A 轴孔中，纵向第三幅的 B 轴插入到横向第二幅的 B 轴孔中，第四幅的 A 轴插入到第三幅的 C 轴孔中。施工顺序如图 5-91 所示。

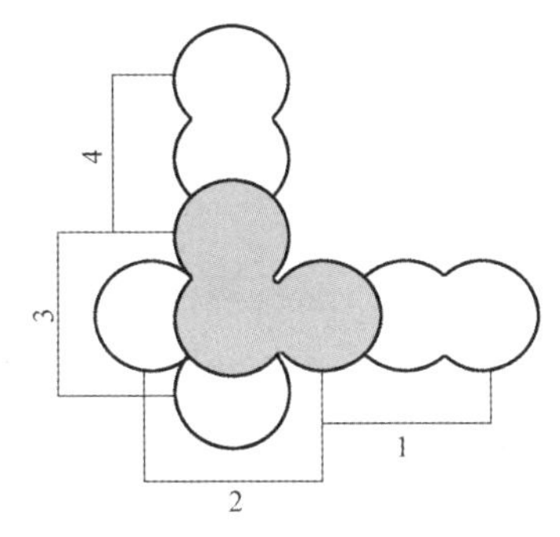

图 5-91 三轴搅拌桩转角处采用单侧挤压式套钻连接方式的施工顺序

先行钻孔套打：当遇到标贯值 30 以上的硬质土层时，在水泥搅拌桩施工前，用大功率的钻孔机先行在局部松散硬质土层钻孔，然后用三轴搅拌机跳动或单侧挤压完成水泥搅拌桩。

搅拌桩直径和现行钻孔直径关系见表 5-32。

(20) 咬合桩

咬合桩是相邻混凝土排桩间部分圆柱相嵌，并于相间后序施工的桩内放入钢筋笼，使之形成具有良好防渗作用的整体连续防水、挡土围护结构。咬合桩是在桩与桩之间形成相互咬合排列的一种基坑围护结构。桩的排列方式为一条不配筋的超缓凝素混凝土桩（A 桩）和一条钢筋混凝土桩（B 桩）（采用全套管钻机施工）间隔布置。施工时，先施工 A 桩，后施工 B 桩，在 A 桩混凝土初凝之前完成 B 桩的施工。A 桩、B 桩均采用全套管钻机施工，切割掉相邻 A 桩相交部分的混凝土，从而实现咬合。

搅拌桩直径与先行钻孔直径关系表 **表 5-32**

搅拌桩直径(mm)	650	850	1000
现行钻孔直径(mm)	400～650	500～850	700～1000

(21) 灌注桩后注浆

灌注桩后注浆工法可用于各类钻、挖、冲孔灌注桩及地下连续墙的沉渣（虚土）、泥皮和桩底、桩侧一定范围内土体的加固。

注浆装置由注浆管、注浆阀和注浆器组成。应符合下列规定：

1）后注浆导管应采用钢管，且应与钢筋笼加劲筋绑扎固定或焊接。

2）桩端后注浆导管及注浆阀数量宜根据桩径大小设置。对于直径不大于 1200mm 的桩，宜沿钢筋笼圆周对称设置 2 根；对于直径大于 1200mm 而不大于 2500mm 的桩，宜对称设置 3 根。

3）对于桩长超过 15m 且承载力增幅要求较高者，宜采用桩端、桩侧复式注浆。桩侧后注浆管阀设置数量应综合地层情况、桩长和承载力增幅要求等因素确定，可在离桩底5～15m 以上、距桩顶 8m 以下，每隔 6～12m 设置一道桩侧注浆阀，当有粗粒土时，宜将注浆阀设置于粗粒土层下部，对于干作业成孔灌注桩，宜设于粗粒土层中部。

4）对于非通长配筋桩，下部应有不少于 2 根与注浆管等长的主筋组成的钢筋笼通底。

5）桩端注浆应对同一根桩的各注浆导管依次实施等量注浆。

是否进行后注浆施工，可结合静载试验的情况另行确定。

3. 不同桩型的适用条件：

（1）泥浆护壁钻孔灌注桩宜用于地下水位以下的黏性土、粉土、砂土、填土、碎石土及风化岩层。

（2）旋挖成孔灌注桩宜用于黏性土、粉土、砂土、填土、碎石土及风化岩层。

（3）冲孔灌注桩除宜用于上述地质情况外，还能穿透旧基础、建筑垃圾填土或大孤石等障碍物。在岩溶发育地区应慎重使用，采用时，应适当加密勘察钻孔。

（4）长螺旋钻孔压灌桩后插钢筋笼宜用于黏性土、粉土、砂土、填土、非密实的碎石类土、强风化岩。

（5）干作业钻、挖孔灌注桩宜用于地下水位以上的黏性土、粉土、填土、中等密实度以上的砂土、风化岩层。

（6）在地下水位较高，有承压水的砂土层、滞水层及厚度较大的流塑状淤泥、淤泥质土层中不得选用人工挖孔灌注桩。

（7）沉管灌注桩宜用于黏性土、粉土和砂土；夯扩桩宜用于桩端持力层为埋深不超过20m 的中、低压缩性黏性土、粉土、砂土和碎石类土。

（8）深层水泥桩适用于软弱地基搅拌的处理，对于淤泥质土、粉质黏土及饱和性土等软土地基的处理效果显著。一般地，粉喷桩宜用于含水量高的软土处理，浆喷桩宜用于含水量较低的软土处理。

1）粉喷桩加固料水泥一般适用于淤泥质土、黏性土、粉土、素填土（包括吹填土）、杂填土、饱和黄土、中粗砂、砂砾等地基加固。根据室内试验，一般认为水泥作加固料，对含有伊里石、氯化物和水铝英石等黏土矿物的黏性土以及有机质含量高、pH 值较低的黏性土加固效果较差。

粉喷桩加固料石灰一般适用于黏性土颗粒含量大于 20％，粉粒及粘粒含量之和大于35％，黏土的塑性指数大于 10、液性指数大于 0.7，土的 pH 值为 4～8、有机质含量小于11％，土的天然含水量大于 30％的偏酸性的土质加固。

2）水泥搅拌桩（浆喷桩）适用于软弱地基的处理，对于淤泥质土、粉质黏土及饱和性土等软土地基的处理效果显著。

（9）高压喷射注浆法适用于处理淤泥、淤泥质土、流塑、软塑或可塑黏性土及粉土、砂土、黄土、素填土和碎石土等地基。对于特殊的不能使喷出浆液凝固的土质，不宜采用。

（10）“三轴搅拌桩”适用于民用建筑基坑支护。

（11）灌注桩后注浆工法可用于各类钻、挖、冲孔灌注桩及地下连续墙的沉渣（虚土）、泥皮和桩底、桩侧一定范围内土体的加固。

（12）强夯法适用于人工填土、湿陷土、黄土。

第五节　砌 筑 工 程

一、有关规定

（一）基础与墙（柱）身的划分

1. 基础与墙（柱）身使用同一种材料时，以设计室内地面为界（有地下室者，以地下室室内设计地面为界），以下为基础，以上为墙（柱）身。基础与墙身使用不同材料时，位于设计室内地面高度不大于±300mm时，以不同材料为分界线，高度大于±300mm时，以设计室内地面为分界线。

（1）当基础和墙身使用同一种材料时，以室内设计地面为分界线，以下为基础，以上为墙身，如图5-92所示。

（2）当基础和墙身使用不同材料时，如两种材料分界处距室内设计地面超过±30cm，以室内设计地面为分界线，如图5-93所示。

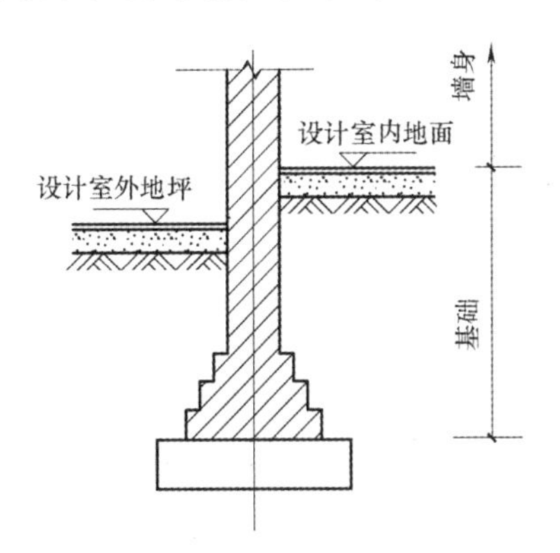

图5-92　基础和墙身使用同一材料时的基础与墙身分界线示意图

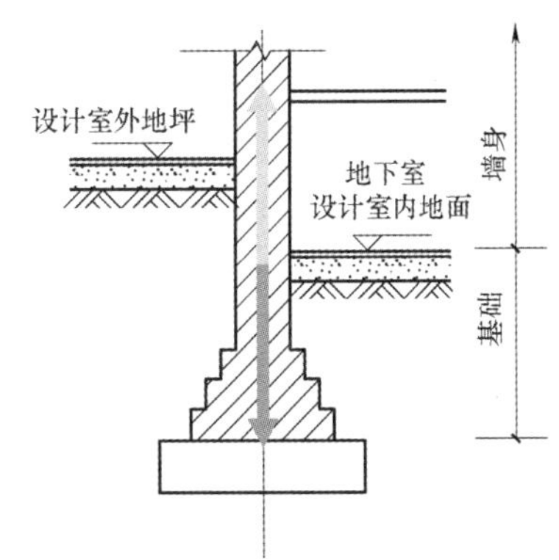

图5-93　基础和墙身使用不同材料时的基础与墙身分界线示意图

（3）两种材料分界处距室内设计地面在±30cm以内时，以不同材料分界处为分界线，如图5-94所示。

2. 砖围墙以设计室外地坪为界，以下为基础，以上为墙身，如图5-95所示。

3. 石基础、石勒脚、石墙身的划分

基础与勒脚应以设计室外地坪为界，勒脚与墙身应以设计室内地面为界。石围墙内、外地坪标高不同时，应以较低地坪标高为界，以下为基础；内、外标高之差为挡土墙时，挡土墙以上为墙身，如图 5-96 所示。

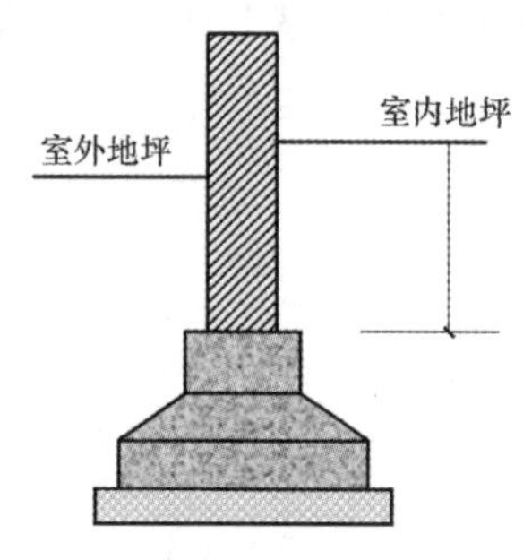

图 5-94　两种材料分界处距室内设计地坪在±30cm 以内时的基础与墙身分界线示意图

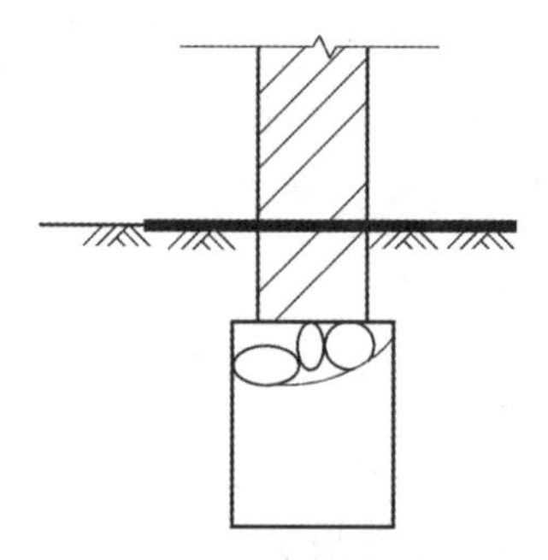

图 5-95　砖围墙的基础与墙身分界线示意图

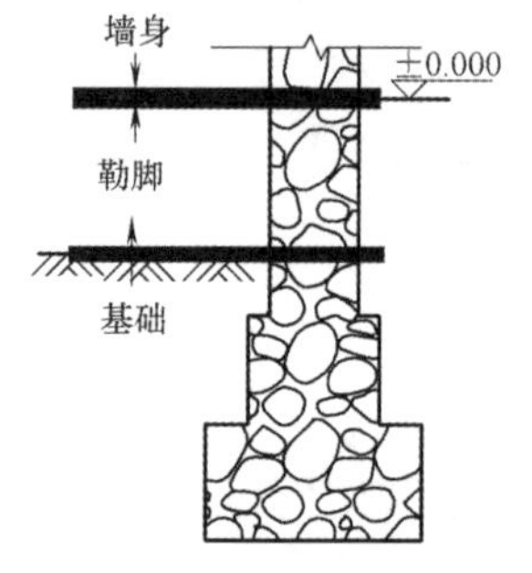

图 5-96　石基础、勒脚、墙身划分示意图

4. 定额规定：砖砌地沟不分墙基和墙身，按不同材质合并工程量套用相应项目。

（二）清单计量规定

(1)“砖基础”项目适用于各种类型的砖基础：柱基础、墙基础、管道基础等。

(2) 框架外表面的镶贴砖部分，按零星项目编码列项。

(3) 附墙烟囱、通风道、垃圾道，应按设计图示尺寸，以体积（扣除孔洞所占体积）计算，并入所依附的墙体体积内。当设计规定孔洞内需抹灰时，应按本规范附录 L 中零星抹灰项目编码列项。

(4) 空斗墙的窗间墙、窗台下、楼板下、梁头下等的实砌部分，按零星砌砖项目编码列项。

(5)“空花墙”项目适用于各种类型的空花墙，使用混凝土花格砌筑的空花墙，实砌墙体与混凝土花格应分别计算，混凝土花格按混凝土及钢筋混凝土中预制构件相关项目编码列项。

(6) 台阶、台阶挡墙、梯带、锅台、炉灶、蹲台、池槽、池槽腿、砖胎模、花台、花池、楼梯栏板、阳台栏板、地垄墙、不大于 0.3m^2 的孔洞填塞等，应按零星砌砖项目编码列项。砖砌锅台与炉灶可按外形尺寸以个计算，砖砌台阶可按水平投影以面积计算，小便槽、地垄墙可按长度计算，其他工程按体积计算。

(7) 砖砌体内加固钢筋的制作、安装，应按清单计量规范附录 E 中相关项目编码列项。

(8) 砖砌体勾缝按清单计量规范附录 M 中相关项目编码列项。

(9) 检查井内的爬梯按清单计量规范附录 E 中相关项目编码列项；井、池内的混凝土构件按清单计量规范附录 E 中混凝土及钢筋混凝土预制构件编码列项。

（10）施工图设计标注做法见标准图集时，应在项目特征描述中注明标准图集的编码、页号及节点大样。

（11）砌块排列应上、下错缝搭砌，如果搭错缝，长度满足不了规定的压搭要求，应采取压砌钢筋网片的措施，具体构造要求按设计规定执行。若设计无规定，应注明由投标人根据工程实际情况自行考虑。钢筋网片按清单计量规范附录 F 中相关项目编码列项。

（12）砌体垂直灰缝宽大于 30mm 时，采用 C20 细石混凝土灌实。灌注的混凝土应按清单计量规范附录 E 中相关项目编码列项。

（13）“石基础”项目适用于各种规格（粗料石、细料石等）、各种材质（砂石、青石等）和各种类型（柱基、墙基、直形、弧形等）的基础。

（14）“石勒脚”“石墙”项目适用于各种规格（粗料石、细料石等）、各种材质（砂石、青石、大理石、花岗石等）和各种类型（直形、弧形等）的勒脚和墙体。

（15）“石挡土墙”项目适用于各种规格（粗料石、细料石、块石、毛石、卵石等）、各种材质（砂石、青石、石灰石等）和各种类型（直形、弧形、台阶形等）的挡土墙。

（16）“石护坡”项目适用于各种石质和各种石料（粗料石、细料石、片石、块石、毛石、卵石等）。

（17）“石柱”项目适用于各种规格、各种石质、各种类型的石柱。

（18）“石栏杆”项目适用于无雕饰的一般石栏杆。

（19）“石台阶”项目包括石梯带（垂带），不包括石梯膀。石梯膀应按清单计量规范附录 C 中石挡土墙项目编码列项。

（20）除混凝土垫层应按清单计量规范附录 E 中相关项目编码列项外，没有包括垫层要求的清单项目应按清单计量规范附录 D.4 中“垫层”项目编码列项。

（三）定额规定

（1）定额中砖、砌块和石料按标准或常用规格编制，设计规格与定额不同时，砌块材料和砌筑（粘结）材料用量应作调整换算。砌筑砂浆按干混预拌砌筑砂浆编制。定额所列砌筑砂浆种类和强度等级、砌块专用砌筑胶粘剂品种，如设计与定额不同，应作调整换算。

（2）定额中的墙体砌筑层高是按 3.6m 编制的，超过 3.6m 时，其超过部分墙体的工程量按相应项目定额人工乘以系数 1.3。

（3）砖基础不分砌筑宽度及有否大放脚，均执行对应品种及规格的砖的同一项目。地下混凝土构件所用砖模及砖砌挡土墙套用砖基础项目。

（4）砖砌体和砌块砌体不分内、外墙，均执行对应品种的砖和砌块项目。其中：

1）定额中均已包括了立门窗框的调直以及腰线、窗台线、挑檐等一般出线用工。

2）清水砖砌体均包括了原浆勾缝用工，设计需加浆勾缝时，应另行计算。

3）轻集料混凝土小型空心砌块墙的门窗洞口等镶砌的同类实心砖部分已包含在定额内，不单独另列计算。

(5) 填充墙以填炉渣、炉渣混凝土为准，设计与定额不同时，应作换算，其余不变。

(6) 加气混凝土类砌块墙项目已包括砌块零星切割改锯的损耗及费用。

(7) 零星砌体系指台阶、台阶挡墙、梯带、锅台、炉灶、蹲台、池槽、池槽腿、花台、花池、楼梯栏板、阳台栏板、地垄墙、不大于 $0.3m^2$ 的孔洞填塞、凸出屋面的烟囱、屋面伸缩缝砌体、隔热板砖墩等。

(8) 贴砌砖（墙）项目适用于地下室外墙外侧防水层的保护墙的贴砌砖（保护墙与防水层间的填缝砂浆，已包括在贴砌砖墙定额项目内，不另行计算）；框架外表面的镶贴砖部分，套用零星砌体项目。

(9) 多孔砖、空心砖及砌块砌筑有防水、防潮要求的墙体时，若以普通（实心）砖作为导墙砌筑，导墙与上部墙身需分别计算，导墙部分套用零星砌体项目。

(10) 围墙套用墙相关项目，双面清水围墙按相应单面清水墙项目人工用量乘以系数1.15计算。

(11) 石墙体项目中粗、细料石（砌体）墙按400mm×220mm×200mm的规格编制。

(12) 毛料石护坡高度超过4m时，定额人工乘以系数1.15计算。

(13) 定额中各类砖、砌块及石砌体的砌筑均按直形砌筑编制，如为圆弧形砌筑，按相应定额人工用量乘以系数1.10，砖、砌块、石料及砂浆用量乘以系数1.03计算。

(14) 砖砌体加固钢筋，砌体内加筋、灌注混凝土，墙体拉结筋的制作、安装以及墙基、墙身的防潮、防水、抹灰等，按定额中其他相关章节的项目及规定执行。

(15) 人工级配砂石垫层是按中（粗）砂15%（不含填充石子空隙）、砾石85%（含填充砂）的级配比例编制的。

二、计量规则

（一）砖基础

按设计图示尺寸以体积计算，包括附墙垛基础宽出部分的体积，扣除地梁（圈梁）、构造柱所占体积，不扣除基础大放脚T形接头处的重叠部分及嵌入基础内的钢筋、铁件、管道、基础砂浆防潮层和单个面积不大于 $0.3m^2$ 的孔洞所占体积，靠墙暖气沟的挑檐不增加。

基础长度：

清单计量规则：外墙按外墙中心线计算，内墙按内墙净长线计算。

定额计量规则：外墙按外墙中心线长度计算，内墙按内墙基净长线计算。

（二）实心砖墙、多孔砖墙、空心砖墙、砌块墙

按设计图示尺寸，以体积计算。扣除门窗、洞口，嵌入墙内的钢筋混凝土柱、梁、圈梁、挑梁、过梁及凹进墙内的壁龛、管槽、暖气槽、消火栓箱所占体积，不扣除梁头、板头、檩头、垫木、木楞头、沿椽木、木砖、门窗走头、砖墙内加固钢筋、木筋、铁件、钢

管及单个面积不大于 0.3m^2 的孔洞所占的体积。凸出墙面的腰线、挑檐、压顶、窗台线、虎头砖、门窗套的体积亦不增加。凸出墙面的砖垛并入墙体体积内计算。

1. 墙长度

外墙按中心线长度、内墙按净长计算。

2. 墙高度

（1）外墙：斜（坡）屋面无檐口顶棚者算至屋面板底；有屋架且室内外均有顶棚者算至屋架下弦底另加 200mm；无顶棚者算至屋架下弦底另加 300mm，出檐宽度超过 600mm 时，按实砌高度计算；有钢筋混凝土楼板隔层者算至板顶。平屋顶算至钢筋混凝土板底。

1）坡屋面无檐口顶棚者，墙高算至屋面板底，如图 5-97 所示；

2）有屋架有檐口顶棚者，墙高算至屋架下弦底面，另加 200mm，如图 5-98 所示；

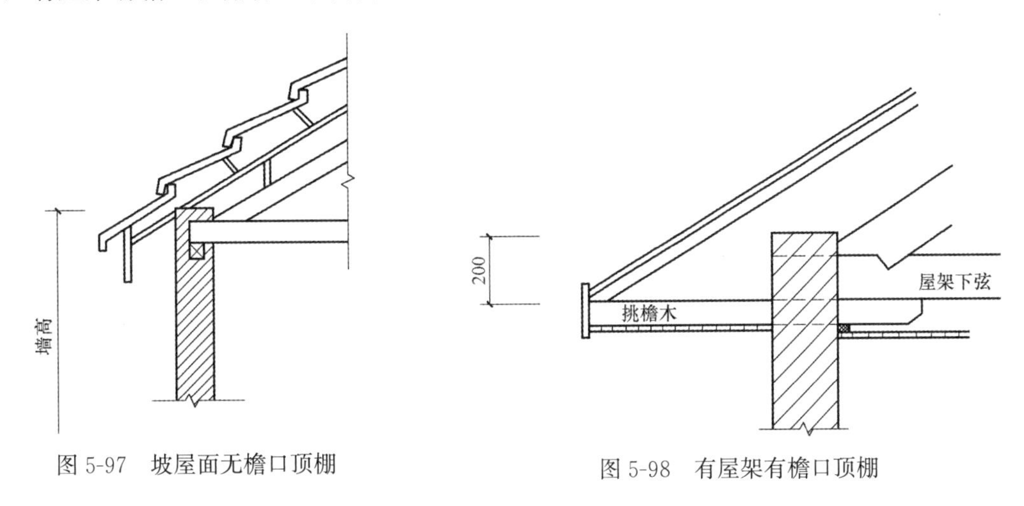

图 5-97　坡屋面无檐口顶棚　　图 5-98　有屋架有檐口顶棚

3）平屋面墙高应算至钢筋混凝土顶板底面；

4）有屋架无顶棚者算至屋架下弦底加 300mm，如图 5-99 所示；

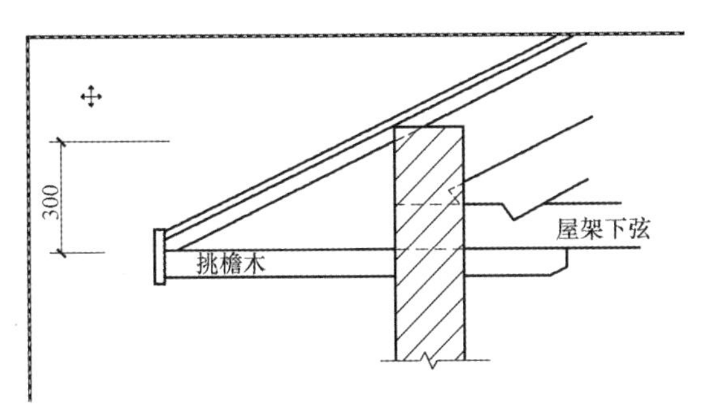

图 5-99　有屋架无顶棚

5）出檐宽度超过 600mm 时，应按实砌高度计算，如图 5-100 所示。

（2）内墙：位于屋架下弦者，算至屋架下弦底；无屋架者算至顶棚底另加 100mm；有钢筋混凝土楼板隔层者算至楼板底；有框架梁时算至梁底。

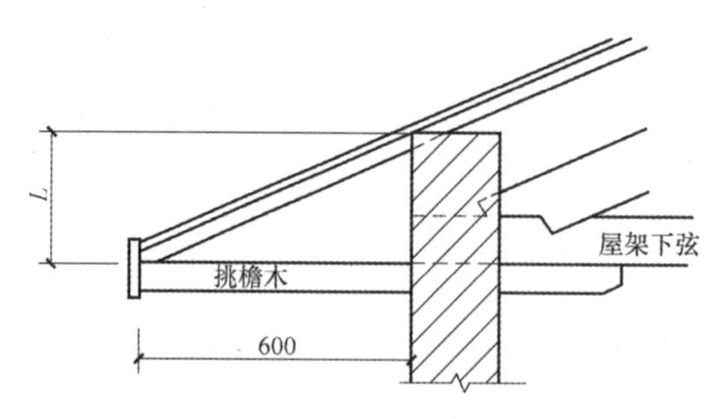

图 5-100　出檐高度超过 600mm 时

1）对于内墙位于屋架下者，内墙高算至屋架下弦底面，如图 5-101 所示；

2）内墙上无屋架而有顶棚者，墙高算至顶棚底面另加 10cm；

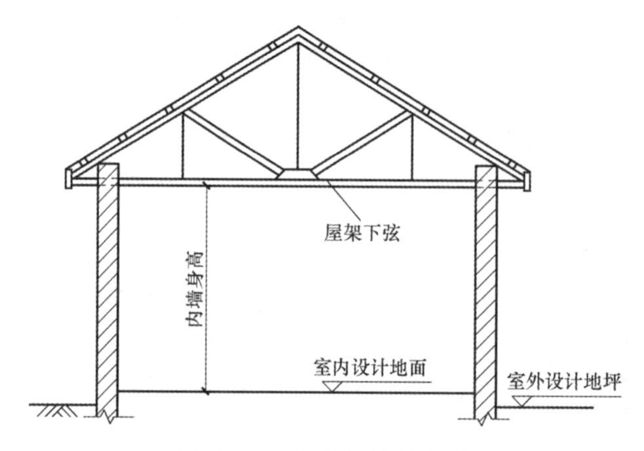

图 5-101　内墙位于屋架下方

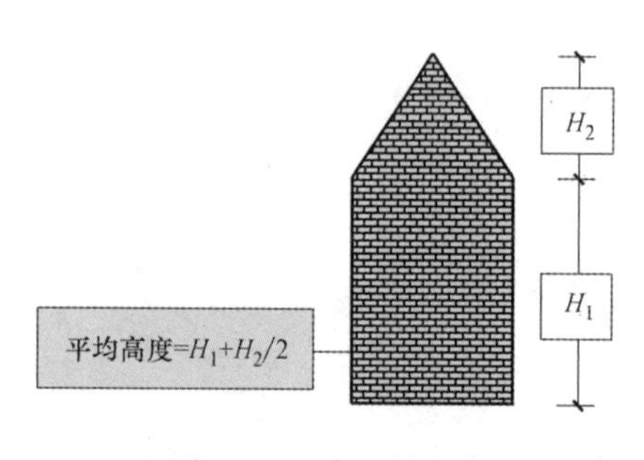

图 5-120　内、外山墙

3）有钢筋混凝土隔层者，墙高算至钢筋混凝土板底面；

4）有框架梁时算至梁底面。

（3）女儿墙：从屋面板上表面算至女儿墙顶面（如有混凝土压顶者算至压顶下表面）。

（4）内、外山墙：按其平均高度计算，如图 5-102 所示。

3. 墙厚度

清单计量规则：标准砖尺寸应为 240mm×115mm×53mm。标准砖墙厚度应按表 5-33 计算。

标准砖墙计算厚度表　　**表 5-33**

砖数(厚度)	$\frac{1}{4}$	$\frac{1}{2}$	$\frac{3}{4}$	1	$1\frac{1}{2}$	2	$2\frac{1}{2}$	3
计算厚度(mm)	53	115	180	240	365	490	615	740

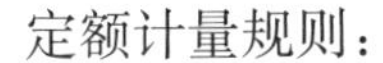
定额计量规则：

（1）标准砖以 240mm×115mm×53mm 为准，其砌体厚度应按表 5-34 计算。

标准砖砌体计算厚度表 **表 5-34**

砖数(厚度)	$\frac{1}{4}$	$\frac{1}{2}$	$\frac{3}{4}$	1	$1\frac{1}{2}$	2	$2\frac{1}{2}$	3
计算厚度(mm)	53	115	178	240	365	490	615	740

（2）使用非标准砖时，其砌体厚度应按砖实际规格和设计厚度计算；如设计厚度与实际规格不同，按实际规格计算。

4. 框架间墙

不分内外墙，按墙体净尺寸，以体积计算。

5. 围墙

高度算至压顶上表面（有混凝土压顶时算至压顶下表面），围墙柱体积并入围墙体积内。

（三）空斗墙

按设计图示尺寸，以空斗墙外形体积计算。墙角、内外墙交接处、门窗洞口立边、窗台砖、屋檐处的实砌部分体积并入（已包括在）空斗墙体积内。空斗墙的窗间墙、窗台下、楼板下、梁头下的实砌部分应另行计算，套用零星砌砖项目。

（四）空花墙

按设计图示尺寸，以空花部分外形体积计算。不扣除空洞部分体积。

（五）填充墙

按设计图示尺寸，以填充墙外形体积计算。

（六）砖柱

按设计图示尺寸，以体积计算。扣除混凝土及钢筋混凝土梁垫、梁头所占体积。

（七）零星砌砖

清单计量规则：

（1）以立方米计量，按设计图示截面积乘以长度以体积计算。

（2）以平方米计量，按设计图示尺寸水平投影以面积计算。

（3）以米计量，按设计图示尺寸以长度计算。

（4）以个计量，按设计图示数量计算。

定额计量规则：

零星砌体按设计图示尺寸，以体积计算。

（八）砖碹

定额计量规则：按设计图示尺寸以体积计算。

（九）砖地沟、明沟

清单计量规则：砖地沟、明沟以米计量，按设计图示尺寸以中心线长度计算。

定额计量规则：砖地沟按设计图示尺寸以体积计算。

（十）砖散水、地坪

按设计图示尺寸，以面积计算。

(1) 清单工作内容：土方挖、运；地基找平、夯实；铺设垫层；砌砖散水、地坪；抹砂浆面层。

(2) 定额工作内容：调、运、铺砂浆，运、砌砖。

（十一）砖检查井

(1) 清单计量规则：按设计图示数量计算。

(2) 清单工作内容：砂浆制作、运输；铺设垫层；底板混凝土制作、运输、浇灌、振捣、养护；砌砖；刮缝；井底、壁抹灰；抹防潮层；材料运输。

（十二）砖砌挖孔桩护壁

(1) 清单计量规则：按设计图示尺寸以体积计算。

(2) 清单工作内容：砂浆制作、运输；砌砖；材料运输。

（十三）附墙烟囱、通风道、垃圾道

定额计量规则：按设计图示尺寸以体积（扣除孔洞所占体积）计算，并入所依附的墙体体积内。当设计规定孔洞内抹灰时，另按定额“第十二章 墙、柱面装饰与隔断、幕墙工程”中相应项目计算。

（十四）轻质砌块L形专用连接件

定额计量规则：按设计数量计算。

（十五）轻质隔墙

定额计量规则：按设计图示尺寸以面积计算。

（十六）石基础

清单计量规则：按设计图示尺寸以体积计算，包括附墙垛基础宽出部分的体积，不扣除基础砂浆防潮层及单个面积不大于 $0.3m^2$ 的孔洞所占体积。靠墙暖气沟的挑檐不增加体积。基础长度：外墙按中心线长度计算，内墙按净长计算。

定额计量规则：参照砖砌体相应规定。

（十七）石墙

(1) 计量规则：同砖墙。

(2) 清单工作内容：砂浆制作、运输；吊装；砌石；石表面加工；勾缝；材料运输。

(3) 定额工作内容：运石，调、运、铺砂浆；砌筑、平整墙角及门窗洞口处的石料加工；毛石墙身包括墙角及门窗洞口处的石料加工等（定额不包括勾缝，墙面勾缝另列项目计算）。

（十八）墙面勾缝

定额计量规则：按设计图示尺寸以面积计算。

（十九）石勒脚

（1）清单计量规则：按设计图示尺寸以体积计算，扣除单个面积大于 $0.3m^2$ 的孔洞所占的体积。

（2）定额计量规则：按设计图示尺寸以体积计算。

（3）清单工作内容：砂浆制作、运输；吊装；砌石；石表面加工；勾缝；材料运输。

（4）定额工作内容：运石，调、运、铺砂浆，砌筑（定额不包括勾缝，墙面勾缝另列项目计算）。

（二十）石挡土墙

（1）按设计图示尺寸以体积计算。

（2）清单工作内容：砂浆制作、运输；吊装；砌石；变形缝、泄水孔、压顶抹灰；滤水层；勾缝；材料运输。

（3）定额工作内容：运石，调、运、铺砂浆；砌筑、平整墙角及门窗洞口处的石料加工；毛石墙身包括墙角及门窗洞口处的石料加工等（定额不包括勾缝，墙面勾缝另列项目计算）。

（二十一）石护坡

按设计图示尺寸以体积计算。

（二十二）石台阶

（1）计量规则：按设计图示尺寸以体积计算。

（2）工作内容：清单计量规范中包括勾缝，定额中不包括勾缝。

（二十三）石坡道

（1）计量规则：按设计图示尺寸以水平投影面积计算。

（2）工作内容：清单计量规范中包括勾缝，定额中不包括勾缝。

（二十四）石柱

清单计量规则：按设计图示尺寸以体积计算。

（二十五）石栏杆

清单计量规则：按设计图示以长度计算。

（二十六）石地沟、明沟

清单计量规则：按设计图示以中心线长度计算。

（二十七）垫层

按设计图示尺寸以体积计算。

三、计量方法

（一）砖石基础

砖石基础工程量，按图示尺寸以立方米为单位计算。扣除地梁（圈梁）、构造柱所占体积，不扣除基础大放脚T形接头处的重叠部分及嵌入基础内的钢筋、铁件、管道、基础砂浆防潮层和单个面积不大于0.3m^{2}的孔洞所占体积。靠墙暖气沟的挑檐不增加体积。附墙垛基础大放脚宽出部分的体积，应并入基础工程量内计算，如图5-103所示。

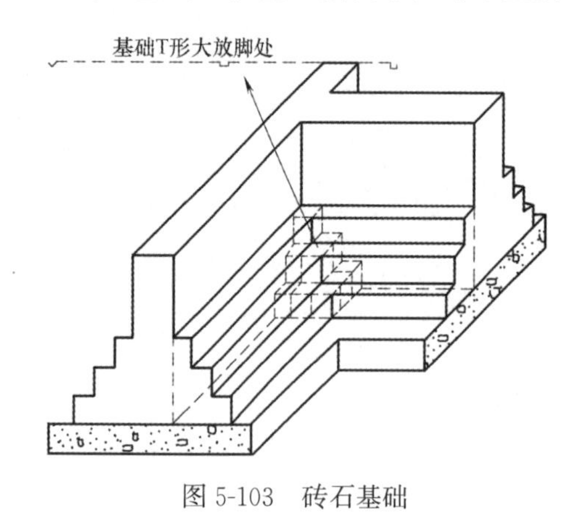

图5-103　砖石基础

砖石基础工程量，通常按下面两个公式计算：

（1）外墙基础体积＝外墙中心线长度×基础断面积

（2）内墙基础体积＝内墙基础净长线长度×基础断面积

【例5-28】 如图5-104所示，计算砖基础的工程量。已知砖基础大放脚的高厚比为125/62.5，基础高度为1500mm。

解：（1）外墙基础体积＝外墙中心线长度×基础断面积

＝[(3.6×2＋4.9)×2]×(0.24×1.5＋0.0625×0.125×12)＝10.98（m^3）

（2）内墙基础体积＝内墙基础净长线长度×基础断面积

＝(4.9－0.24)×(0.24×1.5＋0.0625×0.125×12)＝2.11（m^3）

（二）砖石内外墙

1. 砖石墙体积计算公式

砖石内外墙体积＝(墙长×墙高-门窗洞口面积)×墙厚±有关体积

2. 确定砖石墙尺寸

（1）砖石墙长度

外墙长度，按外墙中心线长度计算；内墙长度，按内墙净长度计算。

（2）砖石墙高度

砖石墙高度，按计量规则规定的高度计算。

（3）砖石墙厚度

砖墙厚度，按定额规定的墙厚计算；石墙厚度，按图示尺寸计算。

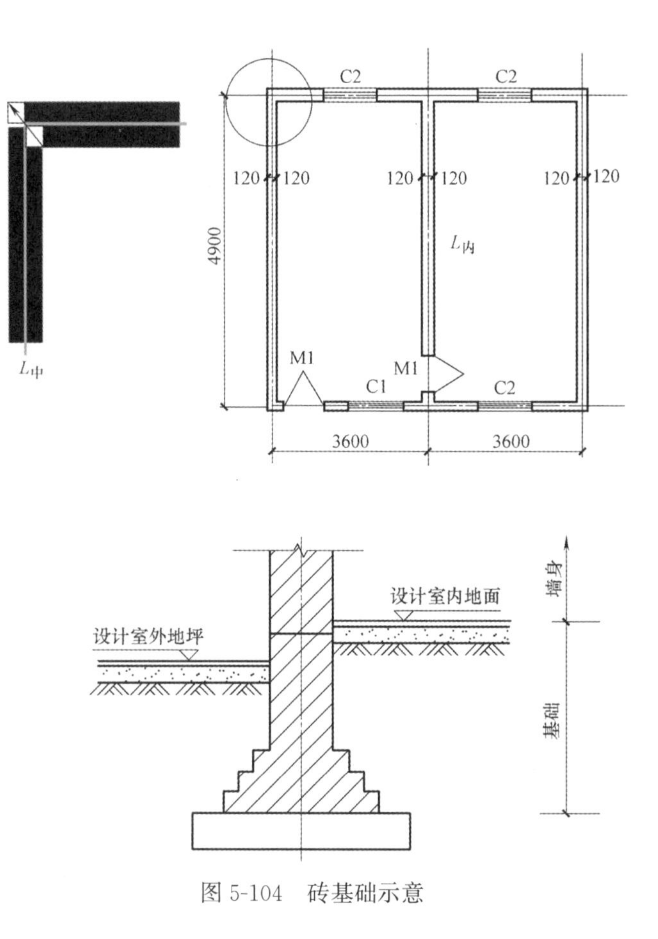

图 5-104　砖基础示意

3. 确定应扣除体积

按定额计量规则应扣除的体积。

【例 5-29】 某房屋平面如图 5-105 所示，其层高为 3.6m，板厚为 100mm，房屋的四角设置构造柱，断面为 240mm×240mm，马牙槎凸出 60mm，圈梁断面为 240mm×

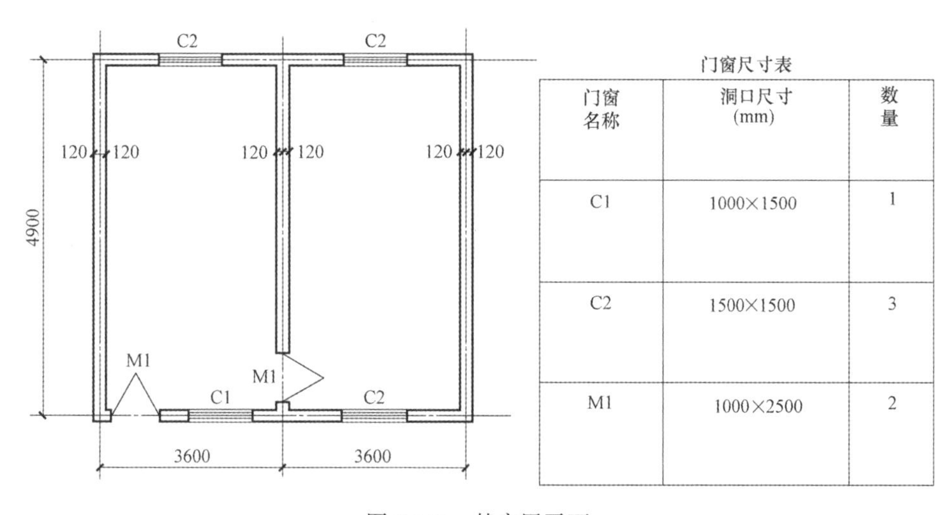

门窗尺寸表

门窗名称	洞口尺寸(mm)	数量
C1	1000×1500	1
C2	1500×1500	3
M1	1000×2500	2

图 5-105　某房屋平面

300mm，过梁断面为 240mm×180mm、伸入墙内 250mm。请用统筹法计算墙体工程量。

解：

（1）基数计算

$$L_{中}=(3.6\times2+4.9)\times2=24.2\ (\mathrm{m})$$

$$L_{内}=4.9-0.24=4.66\ (\mathrm{m})$$

（2）门窗洞口所占面积

外墙上$=1.0\times1.5+1.5\times1.5\times3+1\times2.5=10.75$（$m^2$）

内墙上$=1.0\times2.5=2.5$（m^2）

（3）应扣除墙体内构件体积

外墙：

构造柱$=0.24\times(0.24+0.06)\times(3.6-0.3)\times4=0.95$（$m^3$）

圈梁$=0.24\times0.2\times24.2=1.16$（$m^3$）

过梁$=0.24\times0.18\times(1.5\times2+2.0\times3)=0.39$（$m^3$）

内墙：

圈梁$=0.24\times0.2\times4.66=0.22$（$m^3$）

过梁$=0.24\times0.18\times1.5=0.06$（$m^3$）

（4）墙体工程量

外墙$=[24.2\times(3.6-0.1)-10.75]\times0.24-0.95-1.16-0.39$

$=15.25$（m^3）

内墙$=[4.66\times(3.6-0.1)-2.5]\times0.24-0.22-0.06=3.03$（$m^3$）

（三）石梯膀

石梯膀是指石梯的两侧面形成的两个直角三角形，称为石梯膀（古建筑中称为“象眼”）。

石梯带则是指在石梯的两侧（或一侧），与石梯斜度完全一致的石梯封头的条石。通常与石梯膀一起，作为制作石阶的原料。

石梯膀工程量的计算是以石梯带下边线为斜边，与地坪相交的直线为一直角边，石梯与平台相交的垂线为另一直角边，形成一个三角形，三角形面积乘以砌石的宽度为石梯膀的工程量。

石梯带的工程量应计算在石台阶工程量内。石梯膀按石挡土墙项目编码列项。

四、基础知识

（一）砖石砌体的分类

1. 按砖墙的工艺要求分

（1）清水墙：墙面不抹灰或单面不抹灰而进行原浆勾缝或加浆勾缝者；

（2）混水墙：墙面双面抹灰的统称混水墙。

清水墙操作比混水墙严格，墙面要求平整，灰缝要求平直、秀丽。

2. 按建筑结构分

可分为承重墙、非承重墙和框架结构间砌墙。

3. 按墙体材料分

有砖墙、石墙和砌块墙。

4. 按墙体厚度分

（1）半砖墙，厚度 115mm，通称 12 墙。

（2）3/4 砖墙，厚度 178mm，通称 18 墙。

（3）一砖墙，厚度 240mm，通称 24 墙。

（4）一砖半墙，厚度 365mm，通称 37 墙。

（5）两砖墙，厚度 490mm，通称 50 墙。

5. 按砖的砌叠形式分

（1）眠墙：用砖平砌的墙。

（2）空斗墙：用砖侧砌的墙。每隔一皮斗砖砌一皮眠砖的称一斗一眠；每隔二皮斗砖砌一皮眠砖的称二斗一眠。

（3）空心墙：空心墙一般有两种类型，一种是带有空气隔层的空心墙，一种是轻混凝土（蛭石混凝土、膨胀珍珠岩混凝土等）炉渣或其他轻质材料填充的保温空心墙。这种墙在寒冷地区可用来代替一般厚度的砖墙作外墙保温墙。

（4）空花墙：用砖砌成各种镂空花式的墙。

（二）砖墙构造

1. 砖墙的承重

砖墙主要承受压力。为了分析受压情况，可以用砂浆把砖砌成 490mm×370mm×1000mm 的短柱状的砌体加以试验，砌体的承受能力用强度来表示，即单位所能承受的压力，其单位为千牛/平方毫米（kN/mm^2）。砌体强度取决于砖和砂浆的强度。砖的抗压强度可分为 MU15（$15kN/mm^2$）、MU10、MU7.5，砂浆同样以其抗压强度为其强度等级的名称，有 M10、M7.5、M5。但砖墙与砌体的承载能力不同，砌体试件是个短粗的柱子，而砖墙则是高而薄的一整片。它的承载能力总是不及砖砌体的承载能力。

2. 防潮层

设置防潮层的目的是防止土壤中的水分从基础墙上升和勒脚部分的地面水影响墙身，它对提高建筑物的耐久性、保持室内干燥具有很大的作用。

防潮层一般设置在室外地坪标高之上、室内地坪标高之下，通常设在室内地面混凝土垫层处的墙身上。

防潮层的做法如下：

（1）抹一层 20mm 厚 1∶3 防水砂浆，防水砂浆即在 1∶3 水泥砂浆中掺入适量的防水剂。

（2）用防水砂浆砌三皮砖。

（3）铺油毡。在防潮层部位先抹 20mm 厚水泥砂浆找平层，然后干铺或粘贴油毡。

3. 砖券

砖券又叫做“砖碹”，按其形状可分为平券（又称“平口券”）、半圆券、车棚券（又叫枕头券或穿堂券）和木梳背券等。

4. 过梁

门窗洞处不应采用砖过梁，应采用钢筋混凝土过梁或钢筋砖过梁。梁端伸入墙内的长度：抗震等级 6～8 度时不应小于 240mm，抗震等级 9 度时不应小于 360mm。

（1）钢筋混凝土过梁

洞口较宽，上部荷载较大，用钢筋混凝土过梁。过梁的高度根据荷载大小经计算确定，但应为砖厚的整倍数（60mm、120mm、180mm、240mm、300mm）。

（2）钢筋砖过梁

钢筋砖过梁适用于 1.0m 以内跨度的洞口。砖过梁的砌法同砌一般砖墙一样，只是在过梁高度范围内用不低于 M5 的砂浆砌筑。过梁高度是洞口宽度的 1/5，但不少于四皮砖。为了防止底部砖块的脱落，也为了提高过梁的抗拉能力，在过梁底部埋入 $\phi6$ 钢筋（每 120mm 的墙厚放一根），伸入墙内不小于 240mm，并向上弯起 60mm。施工时，先在模板上铺一层 20～30mm 的砂浆，放入钢筋，再砌过梁，如图 5-106 所示。

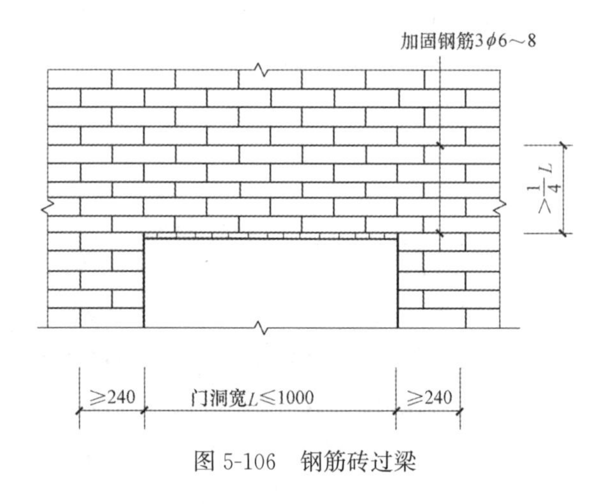

图 5-106 钢筋砖过梁

5. 圈梁

为了增强房屋的整体稳定性，多层砖砌体房屋需要设置现浇钢筋混凝土圈梁。圈梁应闭合，遇到洞口、楼梯错位等部位，圈梁必须搭接，搭接长度不小于 1.5m。圈梁的高度不应小于 120mm，且应为砖的整倍数。

框剪结构，当墙的高度大于 4m 时，在墙中部设置钢筋混凝土水平系梁。

6. 构造柱

为了提高房屋的整体稳定性，根据《建筑抗震设计规范》GB 50011—2010 的要求，当设计抗震设防烈度为 6 度以上时，应设置钢筋混凝土构造柱，如图 5-107 所示。构造柱与墙连接处应砌成马牙槎，沿墙高应设有拉结钢筋，使构造柱与砖墙有良好的整体性。

多层砖砌体房屋在外墙四角和对应转角，内外墙相交处，楼、电梯间四角，楼梯斜梯段上下端对应的墙体处，设置钢筋混凝土构造柱。构造柱的最小断面可采用 180mm×240mm（墙厚 190mm 时为 180mm×190mm）。构造柱与楼层的圈梁连接成整体。

框剪结构，当墙的长度大于 8m 或层高的 2 倍时，应设置间距不大于 4m 的钢筋混凝土构造柱。

施工时，砌体内钢筋混凝土构造柱应先砌砖墙后浇灌构造柱混凝土。

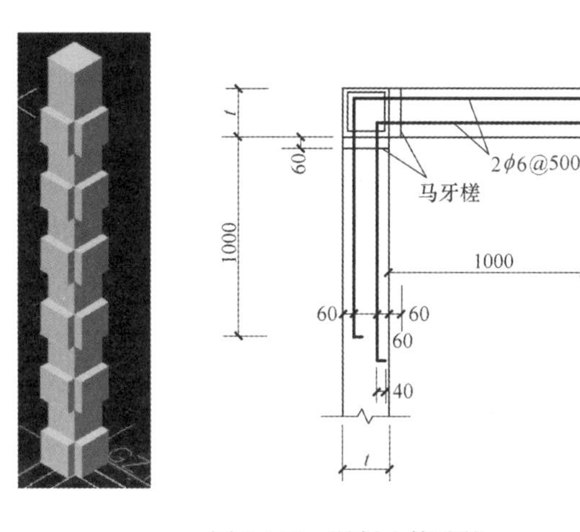

图 5-107　混凝土构造柱

第六节　混凝土及钢筋混凝土工程

一、有关规定

（一）清单计量规定

1. 基础

（1）有肋带形基础、无肋带形基础应分别编码列项，并注明肋高。

（2）箱式满堂基础中柱、梁、墙、板按附录中表 E. 2～表 E. 5 所示柱、梁、墙、板相关项目分别编码列项；箱式满堂基础底板按满堂基础项目列项。

（3）框架式设备基础中柱、梁、墙、板分别按附录中表 E. 2～表 E. 5 所示柱、梁、墙、板相关项目编码列项；基础部分按表 E. 1 所示相关项目编码列项。

（4）如为毛石混凝土基础，项目特征应描述毛石所占比例。

2. 混凝土类别指清水混凝土、彩色混凝土等，如在同一地区既使用预拌（商品）混凝土又允许现场搅拌混凝土，也应注明。

3. 墙

（1）墙肢截面的最大长度与厚度之比小于或等于 6 倍的剪力墙，按短肢剪力墙项目列项。

（2）L 形、Y 形、T 形、十字形、Z 形、一字形等短肢剪力墙的单肢中心线长不大于 0.4m 时，按柱项目列项。

4. 整体楼梯（包括直形楼梯、弧形楼梯）水平投影面积包括休息平台、平台梁、斜梁和楼梯与楼板连接的梁。当整体楼梯与现浇楼板无梯梁连接时，以楼梯的最后一个踏步边缘加 300mm 为界。

5. 其他构件

（1）现浇混凝土小型池槽、垫块、门框等，应按其他构件项目编码列项。

（2）架空式混凝土台阶，按现浇楼梯计算。

6. 预制混凝土柱、梁以根计量，屋架以榀计量，板、楼梯以块计量，其他构件以根、块计量，必须描述单件体积。

7. 预制混凝土三角形屋架应按折线形屋架项目编码列项。

8. 预制板

（1）不带肋的预制遮阳板、雨篷板、挑檐板、拦板等，应按平板项目编码列项。

（2）预制 F 形板、双 T 形板、单肋板和带反挑檐的雨篷板、挑檐板、遮阳板等，应按带肋板项目编码列项。

（3）预制大型墙板、大型楼板、大型屋面板等，应按大型板项目编码列项。

9. 预制钢筋混凝土小型池槽、压顶、扶手、垫块、隔热板、花格等，按其他构件项目编码列项。

10. 钢筋

（1）现浇构件中伸出构件的锚固钢筋工程量应并入钢筋工程量内。除设计（包括规范规定）标明的搭接外，其他施工搭接不计算工程量，在综合单价中综合考虑。

（2）现浇构件中固定位置的支撑钢筋、双层钢筋用的“铁马”在编制工程量清单时，其工程数量可为暂估量，结算时按现场签证数量计算。

11. 螺栓、铁件，编制工程量清单时，其工程数量可为暂估量，实际工程量按现场签证数量计算。

12. 预制混凝土构件或预制钢筋混凝土构件，当施工图设计标注做法见标准图集时，项目特征注明标准图集的编码、页号及节点大样即可。

（二）定额规定

1. 混凝土

（1）混凝土按预拌混凝土编制，采用现场搅拌时，执行相应的预拌混凝土和现场搅拌混凝土调整费项目。现场搅拌混凝土调整费项目中，仅包含了冲洗搅拌机用水量，如需冲洗石子，用水量另行处理。

(2) 预拌混凝土是指在混凝土厂集中搅拌，用混凝土罐车运输到施工现场并入模的混凝土（圈过梁及构造柱项目中已综合考虑了因施工条件限制不能直接入模的因素）。

固定泵、泵车项目适用于混凝土送到施工现场未入模的情况，泵车项目仅适用于高度在15m以内的情况，固定泵项目适用于所有高度。

(3) 混凝土按常用的强度等级考虑，设计强度等级不同时可以换算；混凝土各种外加剂统一在配合比中考虑；调整设计要求增加的外加剂另行计算。

(4) 毛石混凝土，按毛石体积占混凝土体积的20%考虑，设计要求不同时，可以调整。

(5) 混凝土结构物实体积最小几何尺寸大于1m，且按规定需进行温度控制的大体积混凝土，温度控制费用按照经批准的专项施工方案另行计算。

(6) 独立桩承台执行独立基础项目，带形桩承台执行带形基础项目，与满堂基础相连的桩承台执行满堂基础项目。

(7) 设备基础的二次灌浆，当灌注材料与设计不同时，可以换算。

(8) 空心砖内灌注混凝土，执行小型构件项目。

(9) 现浇钢筋混凝土柱、墙项目，均综合了每层底部灌注水泥砂浆的消耗量。

(10) 地下室外墙执行直形墙项目。

(11) 钢管柱制作、安装执行定额“第六章 金属结构工程”相应项目；钢管柱浇筑混凝土使用反顶升浇筑法施工时，增加的材料、机械另行计算。

(12) 斜梁（板）按坡度大于10°且不大于30°综合考虑。斜梁（板）坡度在10°以内的，执行梁、板项目；坡度在30°以上、45°以内时，人工乘以系数1.05；坡度在45°以上、60°以内时，人工乘以系数1.10；坡度在60°以上时，人工乘以系数1.20。

(13) 叠合梁、板分别按梁、板相应项目执行。

(14) 压型钢板上浇捣混凝土，执行平板项目，人工乘以系数1.10。

(15) 型钢组合混凝土构件，执行普通混凝土相应构件项目，人工、机械乘以系数1.20。

(16) 阳台不包括阳台栏板及压顶内容。

(17) 楼梯按建筑物一个自然层双跑楼梯考虑，如单坡直行楼梯（即一个自然层、无休息平台）按相应项目定额乘以系数1.2计算，三跑楼梯（即一个自然层、两个休息平台）按相应项目定额乘以系数0.9计算，四跑楼梯（即一个自然层、三个休息平台）按相应项目定额乘以系数0.75。

当设计板式楼梯梯段底板（不含踏步三角部分）厚度大于150mm、梁式楼梯梯段底板（不含踏步三角部分）厚度大于80mm时，混凝土消耗量按实调整，人工按相应比例调整。

弧形楼梯是指一个自然层旋转弧度小于180°的楼梯，螺旋楼梯是指一个自然层旋转弧度大于180°的楼梯。

（18）台阶混凝土含量是按 1.22m^3/10^2 综合编制的，当设计含量不同时，可以换算；台阶包括了混凝土浇筑及养护的内容，未包括基础夯实、垫层及面层装饰的内容，发生时按定额中其他章节相应项目执行。

（19）散水混凝土按厚度 60mm 编制，当设计厚度不同时，可以换算；散水包括了混凝土浇筑、表面压实抹光及嵌缝的内容，未包括基础夯实、垫层的内容。

（20）预制板间补现浇板缝，适用于板缝小于预制板的模数，但需支模才能浇筑的混凝土板缝。

（21）与主体结构不同时浇捣的厨房、卫生间等处墙体下部的现浇混凝土翻边，执行圈梁相应项目。

（22）独立现浇门框按构造柱项目执行。

（23）凸出混凝土柱、梁的线条，并入相应柱、梁构件内；凸出混凝土外墙面、阳台梁、栏板外侧不大于 300mm 的装饰线条，执行扶手、压顶项目；凸出混凝土外墙、梁外侧大于 300mm 的板，按伸出外墙的梁、板体积合并计算，执行悬挑板项目。

（24）外形体积在 1m^3 以内的独立池槽执行小型构件项目，1m^3 以上的独立池槽及与建筑物相连的梁、板、墙结构式水池，分别执行梁、板、墙相应项目。

（25）小型构件是指单件体积在 0.1m^3 以内且本节未列项目的小型构件。

（26）后浇带包括了与原混凝土接缝处的钢丝网用量。

（27）本节仅按预拌混凝土编制了施工现场预制的小型构件项目，其他混凝土预制构件定额均按外购成品考虑。

（28）预制混凝土隔板，执行预制混凝土架空隔热板项目。

2. 钢筋

（1）钢筋按不同品种和规格以现浇构件、预制构件、预应力构件和箍筋分别列项，钢筋的品种、规格比例按常规工程设计综合考虑。

（2）除定额规定单独列项计算以外，各类钢筋、铁件的制作成型、绑扎、安装、接头、固定所用人工、材料、机械消耗均已综合在相应项目内；设计另有规定者，按设计要求计算。直径 25mm 以上的钢筋连接按机械连接考虑。

（3）钢筋工程中，措施钢筋按设计图纸的规定及施工验收规范的要求计算，按品种、规格执行相应项目。当采用其他材料时，另行计算。

（4）现浇构件冷拔钢丝按 ϕ10 以内钢筋制安项目执行。

（5）型钢组合混凝土构件中，型钢骨架执行定额“第六章　金属结构工程”相应项目；钢筋按现浇构件钢筋相应项目执行，人工乘以系数 1.50、机械乘以系数 1.15。

（6）弧形构件钢筋按钢筋相应项目执行，人工乘以系数 1.05。

（7）混凝土空心楼板（ADS 空心板）中钢筋网片，按现浇构件钢筋相应项目执行，人工乘以系数 1.30、机械乘以系数 1.15。

（8）预应力混凝土构件中的非预应力钢筋按钢筋相应项目执行。

（9）非预应力钢筋未包括冷加工，如设计要求冷加工，应另行计算。

（10）预应力钢筋，设计要求作人工时效处理的，应另行计算。

（11）后张法钢筋的锚固是按钢筋帮条焊、U 形插垫编制的，如采用其他方法锚固时，应另行计算。

（12）预应力钢丝束、钢绞线综合考虑了一端、两端张拉；锚具按单锚、群锚分别列项，单锚按单孔锚具列入，群锚按 3 孔列入。预应力钢丝束、钢绞线长度大于 50m 时，应采用分段张拉；用于地面预制构件时，应扣除项目中张拉平台摊销费。

（13）植筋不包括植入的钢筋制作、化学螺栓。钢筋制作，按钢筋制安相应项目执行；使用化学螺栓的，化学螺栓另行计算，但应扣除植筋胶的消耗量。

（14）地下连续墙的钢筋笼安放，不包括钢筋笼制作，钢筋笼制作按现浇钢筋制安相应项目执行。

（15）固定预埋铁件（螺栓）所消耗的材料按实计算，执行相应项目。

（16）现浇混凝土小型构件，按现浇构件钢筋相应项目执行，人工、机械乘以系数 2。

3. 预制混凝土构件运输与安装

（1）预制混凝土构件运输

1）构件运输适用于构件堆放地或构件加工厂至施工现场的运输。运距按 30km 以内考虑，30km 以上另行计算。

2）构件运输基本运距按场内运输 1km、场外运输 10km 分别列项，实际运距不同时，按场内每增减 0.5km、场外每增减 1km 项目调整。

3）定额已综合考虑施工现场内、外（现场、城镇）运输道路等级、路况、重车上下坡等不同因素。

4）构件运输不包括桥梁、涵洞、道路加固，管线、路灯迁移及因限载、限高而发生的加固、扩宽，公交管理部门要求的措施等因素。

5）预制混凝土构件运输，按表 5-35 所示预制混凝土构件分类。分类表中 1 类、2 类构件的单体体积、面积、长度三个指标，以符合其中一项指标为准（按就高不就低的原则执行）。

预制混凝土构件分类表　　**表 5-35**

类别	项　　目
1	桩、柱、梁、板、墙单体体积≤1m^3、面积≤4m^2、长度≤5m
2	桩、柱、梁、板、墙单体体积＞1m^3、面积＞4m^2、5m＜长度≤6m
3	6～14m 的桩、柱、梁、板、屋架、桁架、托架(14m 以上另行计算)
4	天窗架、侧板、端壁板、天窗上下挡及小型构件

（2）预制混凝土构件安装

1）构件安装不分履带式起重机或轮胎式起重机，综合考虑编制。构件安装是按单机作业考虑的，如因构件超重（以起重机械起重量为限）须双机抬吊时，按相应项目人工、机械乘以系数 1.20 计算。

2）构件安装按机械起吊点中心回转半径 15m 以内距离计算。超过 15m 时，构件须用起重机移运就位，运距在 50m 以内的，起重机械乘以系数 1.25；运距超过 50m 的，应另按构件运输项目计算。

3）小型构件安装是指单体构件体积小于 0.1m^3 的构件安装。

4）构件安装不包括运输、安装过程中起重机械、运输机械场内行驶道路的加固、铺垫工作的人工、材料、机械消耗，发生该费用时另行计算。

5）构件安装高度以 20m 以内为准，安装高度（除塔吊施工外）超过 20m 并小于 30m 时，按相应项目人工、机械乘以系数 1.20 计算。安装高度（除塔吊施工外）超过 30m 时，另行计算。

6）构件安装需另行搭设的脚手架，按批准的施工组织设计要求，按定额“第十七章措施项目”中脚手架相应项目执行。

7）塔式起重机的机械台班均已包括在垂直运输机械费项目中。

8）单层房屋屋盖系统预制混凝土构件，必须在跨外安装的，按相应项目人工、机械乘以系数 1.18 计算；但使用塔式起重机施工的，不乘系数。

（3）装配式建筑构件安装

1）装配式建筑构件按外购成品考虑。

2）装配式建筑构件包括预制钢筋混凝土柱、梁、叠合梁、叠合楼板、叠合外墙板、外墙板、内墙板、女儿墙、楼梯、阳台、空调板、预埋套管、注浆等项目。

3）装配式建筑构件未包括构件卸车、堆放支架及垂直运输机械等内容。

4）构件运输按定额中混凝土构件运输相应项目执行。

5）如预制外墙构件中已包含窗框安装，则计算相应窗扇费用时应扣除窗框安装人工费用。

6）柱、叠合楼板项目中已包括接头、灌浆的工作内容，不再另行计算。

二、计量规则

（一）混凝土

1. 现浇混凝土

定额计量规则：混凝土工程量除另有规定者外，均按设计图示尺寸以体积计算。不扣除构件内钢筋、预埋铁件及墙、板中面积不大于 0.3m^2 的孔洞所占体积。型钢混凝土中型钢骨架所占体积按（密度）7850kg/m^3 扣除。

（1）垫层

清单计量规则：按设计图示尺寸，以体积计算。不扣除伸入承台基础的桩头所占体积。

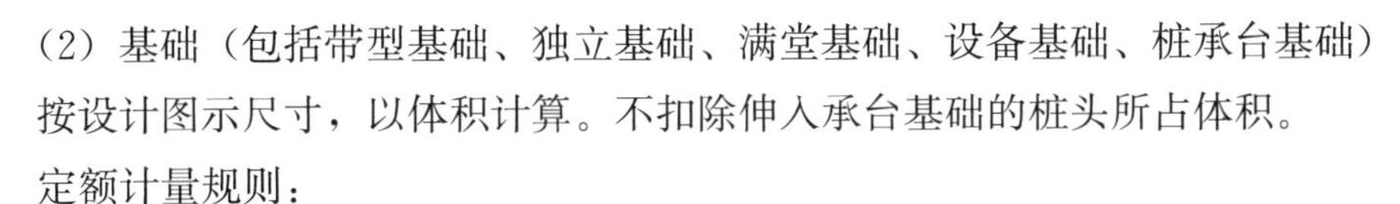

（2）基础（包括带型基础、独立基础、满堂基础、设备基础、桩承台基础）

按设计图示尺寸，以体积计算。不扣除伸入承台基础的桩头所占体积。

定额计量规则：

1）带型基础：不分有肋式与无肋式，均按带型基础项目计算。有肋式带型基础，肋高不大于1.2m时，合并计算；大于1.2m时，扩大顶面以下的基础部分，按无肋式带型基础项目计算，扩大顶面以上部分，按墙项目计算。

2）箱式基础：分别按基础、柱、墙、梁、板等项目有关规定计算。

3）设备基础：除块体（块体设备基础是指没有空间的实心混凝土形状）以外，其他类型设备基础分别按基础、柱、墙、梁、板等项目有关规定计算。

（3）柱

按设计图示尺寸，以体积计算。

柱高：

1）有梁板的柱高，应按柱基上表面（或楼板上表面）至上一层楼板上表面之间的高度计算；

2）无梁板的柱高，应按柱基上表面（或楼板上表面）至柱帽下表面之间的高度计算；

3）框架柱的柱高，应按柱基上表面至柱顶的高度计算；

4）构造柱按全高计算，嵌接墙体部分（马牙槎）并入柱身体积计算；

5）依附柱上的牛腿和升板的柱帽，并入柱身体积内计算。

定额计量规则：钢管混凝土柱以钢管高度乘以钢管内径计算混凝土体积。

（4）梁

按设计图示尺寸，以体积计算。伸入墙内的梁头、梁垫并入梁体积内。梁长：梁与柱连接时，梁长算至柱侧面；主梁与次梁连接时，次梁长算至主梁侧面。

（5）墙

按设计图示尺寸，以体积计算。扣除门窗洞口及单个面积在0.3m^2以上的孔洞所占体积。墙垛及凸出墙面部分并入墙体体积内计算。

定额计量规则：①直形墙中，门窗洞口上的梁并入墙体积；短肢剪力墙结构砌体内门窗洞口上的梁并入梁体积。②墙与柱连接时，墙算至柱边；墙与梁连接时，墙算至梁底；墙与板连接时，板算至墙侧；未凸出墙面的暗梁、暗柱并入墙体积。

（6）板（含有梁板、无梁板、平板、拱板、薄壳板）

按设计图示尺寸，以体积计算，不扣除单个面积在0.3m^2以内的柱、垛以及孔洞所占体积。各类板伸入砖墙内的板头并入板体积内计算。

清单计量规则：

1）有梁板（包括主、次梁与板）按梁、板体积之和计算。

2）无梁板按板和柱帽体积之和计算。

3）薄壳板的肋、基梁并入薄壳体积内计算。

4）压型钢板混凝土楼板扣除构件内压型钢板所占体积。

定额计量规则：

1）有梁板包括梁与板，按梁、板体积之和计算。

2）无梁板按板和柱帽体积之和计算。

3）薄壳板的肋、基梁并入薄壳体积内计算。

4）有梁板及平板的区分见图 5-108。

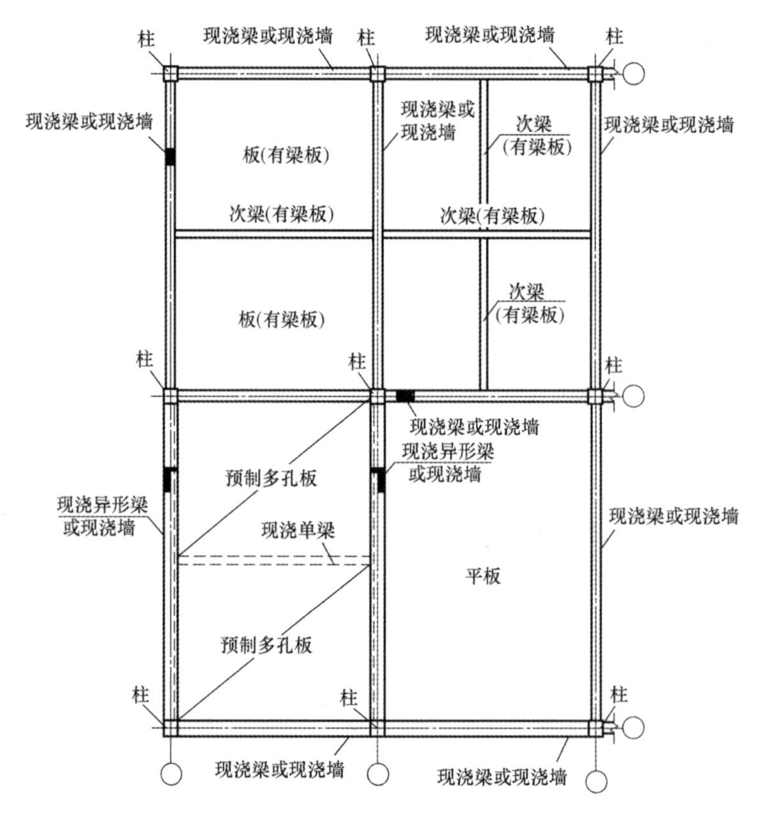

图 5-108　现浇梁、板区分示意图

（7）空心板

清单计量规则：按设计图示尺寸，以体积计算。空心板（GBF 高强薄壁蜂巢芯板等）应扣除空心部分体积。

定额计量规则：按设计图示尺寸，以体积（扣除空心部分）计算。

（8）栏板

按设计图示尺寸，以体积计算，伸入砖墙内的部分并入栏板体积计算。

（9）扶手、压顶

清单计量规则：以米计量，按设计图示尺寸，以长度计算；以立方米计量，按设计图示尺寸，以体积计算。

定额计量规则：扶手按设计图示尺寸，以体积计算，伸入砖墙内的部分并入扶手体积计算。

（10）天沟（檐沟）、挑檐板、雨篷、悬挑板、阳台板

清单计量规则：

1）现浇挑檐、天沟、雨篷、阳台与板（包括屋面板、楼板）连接时，以外墙外边线为分界线；与圈梁（包括其他梁）连接时，以梁外边线为分界线。外边线以外为挑檐、天沟、雨篷或阳台。

2）天沟（檐沟）、挑檐板按设计图示尺寸，以体积计算。

3）雨篷、悬挑板、阳台板按设计图示尺寸，以墙外部分体积计算，包括伸出墙外的牛腿和雨篷反挑檐的体积。

定额计量规则：

1）挑檐、天沟与板（包括屋面板）连接时，以外墙外边线为分界线；与梁（包括圈梁等）连接时，以梁外边线为分界线；外墙外边线以外为挑檐、天沟。

2）挑檐、天沟按设计图示尺寸，以墙外部分体积计算。挑檐、天沟壁高度不大于400mm，执行挑檐项目；挑檐、天沟壁高度大于400mm，按全高执行栏板项目；单体体积在0.1m^3以内，执行小型构件项目。

3）凸阳台（凸出外墙外侧用悬挑梁悬挑的阳台）按阳台项目计算；凹进墙内的阳台，按梁、板项目分别计算；阳台的栏板、压顶分别按栏板、压顶项目计算。

4）雨篷按梁、板工程量合并以体积计算，栏板高度不大于400mm的并入雨篷体积内计算，栏板高度大于400mm时，其超过部分，按栏板计算。

（11）其他板

清单计量规则：按设计图示尺寸，以体积计算。

（12）楼梯（含直形楼梯、弧形楼梯）

清单计量规则：

1）以平方米计量，按设计图示尺寸，以水平投影面积计算。不扣除宽度不大于500mm的楼梯井，伸入墙内部分不计算。

2）以立方米计量，按设计图示尺寸，以体积计算。

定额计量规则：楼梯（包括休息平台、平台梁、斜梁及楼梯与楼板连接的梁）按设计图示尺寸，以水平投影面积计算，不扣除宽度小于500mm的楼梯井，伸入墙内部分不予计算。当整体楼梯与现浇楼板无梯梁连接时，以楼梯的最后一个踏步边缘加300mm为界。

（13）后浇带

按设计图示尺寸，以体积计算。

（14）散水、坡道、室外地坪

清单计量规则：散水、坡道、室外地坪按设计图示尺寸，以水平投影面积计算，不扣除单个面积不大于0.3m^2的孔洞所占面积。

定额计量规则：散水按设计图示尺寸，以水平投影面积计算。

（15）台阶

清单计量规则：

1）以平方米计量，按设计图示尺寸，以水平投影面积计算；

2）以立方米计量，按设计图示尺寸，以体积计算。

定额计量规则：按设计图示尺寸，以水平投影面积计算。台阶与平台连接时，其投影面积应以最上层踏步外加 300mm 计算。

（16）电缆沟、地沟

清单计量规则：以米计量，按设计图示尺寸，以中心线长计算。

（17）化粪池、检查井

清单计量规则：

1）按设计图示尺寸，以体积计算；

2）以座计量，按设计图示数量计算。

（18）其他构件

清单计量规则：按设计图示尺寸，以体积计算。

现浇混凝土清单项目工作内容：模板及支撑制作、安装、拆除、堆放、运输及清理模内杂物、刷隔离剂等；混凝土制作、运输、浇筑、振捣、养护；后浇带混凝土交接面、钢筋等的清理。

现浇混凝土定额项目工作内容：混凝土浇筑、振捣、养护。

2. 预制混凝土构件

清单计量规则：

（1）柱、梁、屋架

1）以立方米计量，按设计图示尺寸，以体积计算；

2）以根（或榀）计量，按设计图示数量计算。

（2）板

1）以立方米计量，按设计图示尺寸，以体积计算，不扣除单个面积不大于 300mm×300mm 的孔洞所占体积，扣除空心板空洞体积；

2）以块计量，按设计图示数量计算。

（3）沟盖板、井盖板、井圈

1）以立方米计量，按设计图示尺寸，以体积计算；

2）以块计量，按设计图示数量计算。

（4）楼梯

1）以立方米计量，按设计图示尺寸，以体积计算，扣除空心踏步板空洞体积；

2）以段计量，按设计图示数量计算。

（5）垃圾道、通风道、烟道

1）以立方米计量，按设计图示尺寸，以体积计算，不扣除道壁单个面积不大于300mm×300mm的孔洞所占体积，扣除道内孔洞所占体积；

2）以根计量，按设计图示数量计算。

（6）其他构件

1）以平方米计量，按设计图示尺寸，以面积计算，不扣除单个面积不大于300mm×300mm的孔洞所占体积；

2）以根计量，按设计图示数量计算。

定额计量规则：

（1）预制混凝土构件制作

预制混凝土均按图示尺寸，以体积计算，不扣除构件内钢筋、铁件及小于0.3m^2的孔洞所占体积。

（2）预制混凝土构件接头灌缝

均按预制混凝土构件体积计算。

（3）预制混凝土构件运输

预制混凝土构件运输，均按构件图示尺寸，以体积计算。

（4）预制混凝土构件安装

预制混凝土构件安装，除另有规定外，均按构件图示尺寸，以体积计算。

1）矩形柱、工形柱、双肢柱、管道支架等的安装，均按柱安装计算。

2）组合屋架安装，以混凝土部分体积计算，钢杆件部分不计算。

3）板安装，按设计图示尺寸，以体积计算，不扣除单个面积不大于0.3m^2的孔洞所占体积，扣除空心板空洞体积。

4）装配式建筑构件安装

a. 装配式建筑构件安装工程量均按设计图示尺寸以体积计算。不扣除构件内钢筋、预埋铁件等所占体积。装配式墙、板安装，不扣除单个面积不大于0.3m^2的孔洞所占体积。装配式楼梯安装，应扣除空心踏步板空洞体积。

b. 预埋套管、套筒注浆按数量计算。

c. 墙间空腔注浆按长度计算。

预制混凝土构件项目工作内容：

（1）预制混凝土构件清单项目工作内容：模板制作、安装、拆除、堆放、运输及清理模内杂物、刷隔离剂等；混凝土制作、运输、浇筑、振捣、养护；构件运输、安装；砂浆制作、运输；接头灌缝、养护。

（2）预制混凝土构件定额项目工作内容：

1）预制混凝土构件制作定额项目工作内容：混凝土浇筑、振捣、养护、起模归堆等。

2）预制混凝土构件运输定额项目工作内容：设置一般支架（垫木条）、装车绑扎、运输、卸车堆放、支架稳固等。

3）预制混凝土构件安装定额项目工作内容：构件翻身、就位、加固、安装、校正、垫实结点、焊接或紧固螺栓等。

4）预制混凝土构件接头灌缝定额项目工作内容：混凝土浇筑、振捣、养护等。

（二）钢筋

1. 钢筋（钢绞线、钢丝束）

按设计图示钢筋长度乘以单位理论质量计算。

2. 钢筋的接头

清单计量规则：

（1）除设计（包括规范规定）标明的搭接外，其他施工搭接不计算工程量。

（2）钢筋机械连接按数量计算。

定额计量规则：

（1）钢筋搭接长度应按设计图示及规范要求计算；设计图示及规范要求未标注搭接长度的，不另计算搭接长度。

（2）钢筋的搭接（接头）数量应按设计图示及规范要求计算；设计图示及规范要求未标注的，按以下规定计算：

1）ϕ10 以内的长钢筋按每 12m 计算一个搭接（接头）。

2）ϕ10 以上的长钢筋按每 9m 计算一个搭接（接头）。

3）当设计要求钢筋接头采用机械连接时，按数量计算，不再计算该处的钢筋搭接长度。

3. 后张法预应力钢筋、钢丝束、钢绞线

（1）低合金钢筋两端均采用螺杆锚具时，钢筋长度按孔道长度减 0.35m 计算，螺杆另行计算。

（2）低合金钢筋一端采用镦头插片，另一端采用螺杆锚具时，钢筋长度按孔道长度计算，螺杆另行计算。

（3）低合金钢筋一端采用镦头插片，另一端采用帮条锚具时，钢筋按孔道长度增加 0.15m 计算；两端均采用帮条锚具时，钢筋长度按孔道长度增加 0.3m 计算。

（4）低合金钢筋采用后张混凝土自锚时，钢筋长度按孔道长度增加 0.35m 计算。

（5）低合金钢筋（钢绞线）采用 JM 型、XM 型、QM 型锚具，孔道长度在 20m 以内时，钢筋长度按孔道长度增加 1m 计算；孔道长度在 20m 以外时，钢筋（钢绞线）长度按孔道长度增加 1.8m 计算。

（6）碳素钢丝采用锥形锚具，孔道长度在 20m 以内时，钢丝束长度按孔道长度增加 1m 计算；孔道长度在 20m 以上时，钢丝束长度按孔道长度增加 1.8m 计算。

（7）碳素钢丝束采用镦头锚具时，钢丝束长度按孔道长度增加 0.35m 计算。

4. 预应力钢丝束、钢绞线锚具

定额计量规则：预应力钢丝束、钢绞线锚具按套数计算。

5. 声测管

清单计量规则：按设计图示尺寸，以质量计算。

6. 预埋铁件、螺栓

按设计图示尺寸，以质量计算。

7. 植筋

定额计量规则：植筋按数量计算，植入钢筋按外露和植入部分之和的长度乘以单位理论质量计算。

三、计量方法

定额中的混凝土按预拌混凝土编制，预拌混凝土是指在混凝土厂集中搅拌，用混凝土罐车运输到施工现场并泵送入模的混凝土（圈过梁及构造柱项目中已综合考虑了因施工条件限制，不能直接入模的因素）。若采用现场搅拌，则按相应的预拌混凝土和现场搅拌混凝土调整费项目执行，并将预拌混凝土换算为现场搅拌混凝土。固定泵、泵车项目适用于混凝土送到施工现场未入模的情况。

1. 独立基础

常用的独立基础有台阶式和台锥式两种形式。

（1）台阶式独立基础

台阶式独立基础见图5-109，其体积是上下两个长方体的体积之和，即：

$$V=a\times b\times h_1+a_1\times b_1\times h_2 \quad (5\text{-}36)$$

（2）台锥式独立基础

如图5-110所示，台锥式独立基础的工程量是下部长方体和上部台锥体的体积之和，计算公式为：

$$V=V_1+V_2 \quad (5\text{-}37)$$

式中：

$$V_1=a\cdot b\cdot h \quad (5\text{-}38)$$

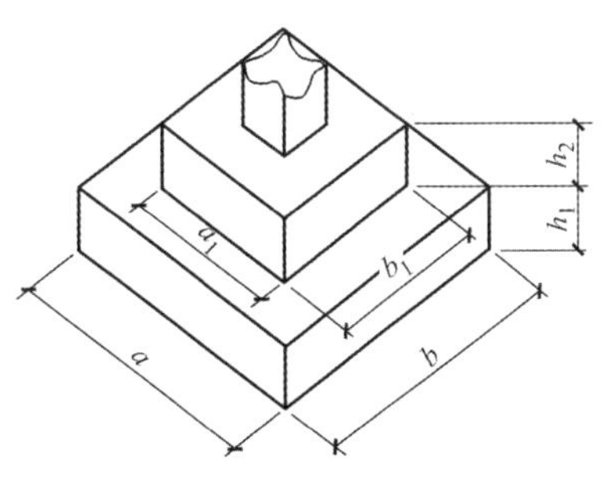

图5-109　台阶式独立基础

常用台锥体有梯形体、四棱台和正四棱台三种形式。

1）梯形体计算公式为：

$$V_2=1/6h[a\times b+a_1\times b_1+(a+a_1)\times(b+b_1)] \quad (5\text{-}39)$$

2）四棱台计算公式为：

$$V_2=1/3h(S_1+S_2+\sqrt{S_1\times S_2}) \quad (5\text{-}40)$$

3）正四棱台计算公式为：

$$V_2=1/3h(a^2+a_1^2+a\times a_1) \quad (5\text{-}41)$$

梯形体、四棱台和正四棱台体积公式及其适用范围详见本章第二节式（5-7）～式（5-9）的推导。

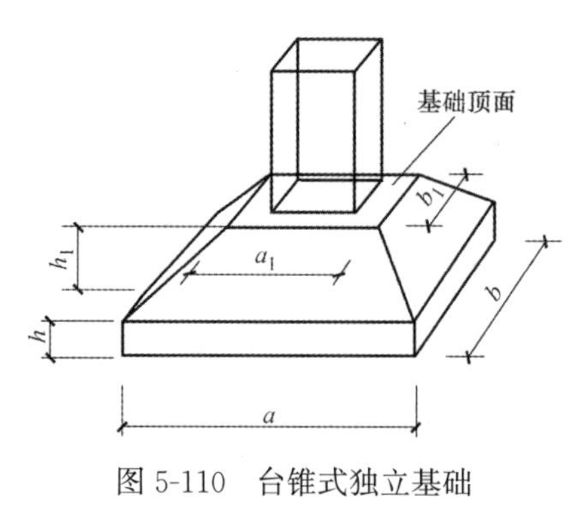

图 5-110 台锥式独立基础

【例 5-30】 图 5-110 所示为梯形体独立基础，计算其混凝土工程量。已知：$a=5\text{m}$，$b=3\text{m}$，$a_1=3.2\text{m}$，$b_1=1.2\text{m}$，$h=0.3\text{m}$，$h_1=0.6\text{m}$。

解： 梯形体独立基础混凝土工程量

$V=a\times b\times h+1/6h[a\times b+a_1\times b_1+(a+a_1)\times(b+b_1)]$

$=5.0\times3.0\times0.3+1/6\times0.6\times[5.0\times3.0+3.2\times1.2+(5.0+3.2)(3.0+1.2)]$

$=9.83\ (\text{m}^3)$

2. 条形基础

条形基础混凝土体积计算公式为：

条形基础混凝土体积＝基础断面面积×基础长度　　(5-42)

注：基础长度，外墙为外墙基中心线长度 $L_{中}$；内墙为基础间净长度 $L_{净}$。

【例 5-31】 图 5-111 所示为有梁式条形基础，计算其混凝土工程量。

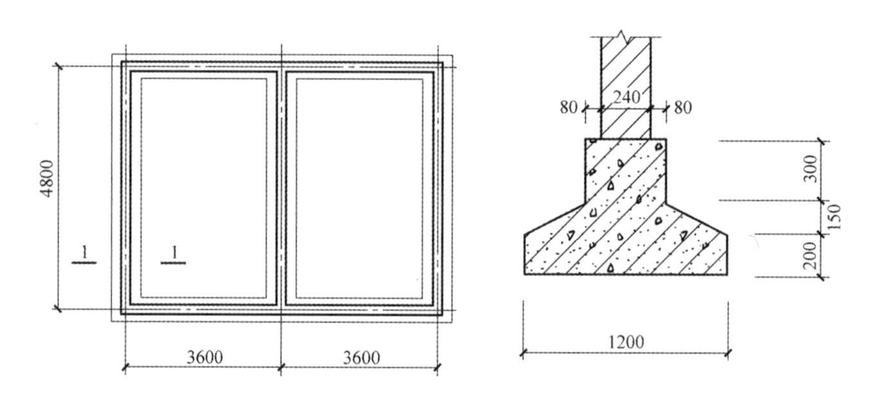

图 5-111 有梁式条形基础

解：

(1) 外墙基础

由图可以看出，该基础的中心线与外墙中心线（也是定位轴线）重合，故外墙基的计算长度可取 $L_{中}$。

外墙基础混凝土工程量 V＝基础断面积×外墙基中心线长度 $L_{中}$

基础断面积＝$0.4\times0.3+(0.4+1.2)\times1/2\times0.15+1.2\times0.2=0.48$

外墙基中心线长度 $L_{中}=(3.6\times2+4.8)\times2=24.0$

$V=0.48\times24.0=11.52\ (\text{m}^3)$

(2) 内墙基础

内墙基础如图 5-112 所示。

内墙基础混凝土工程量 V＝基础断面积×$L_{净}$

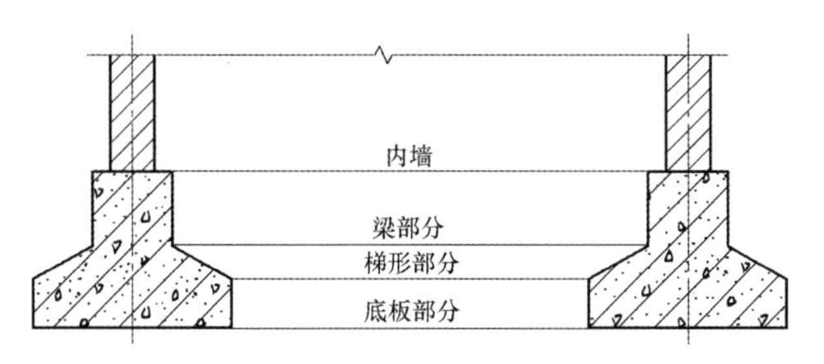

图 5-112　内墙基础

=基础断面积×基础梁间净长度 $L_{净}$

−内外墙基重叠部分体积 V

基础梁间净长度 $L_{净}$ =4.8−0.2×2=4.4（m）

重叠部分如图 5-113 所示。

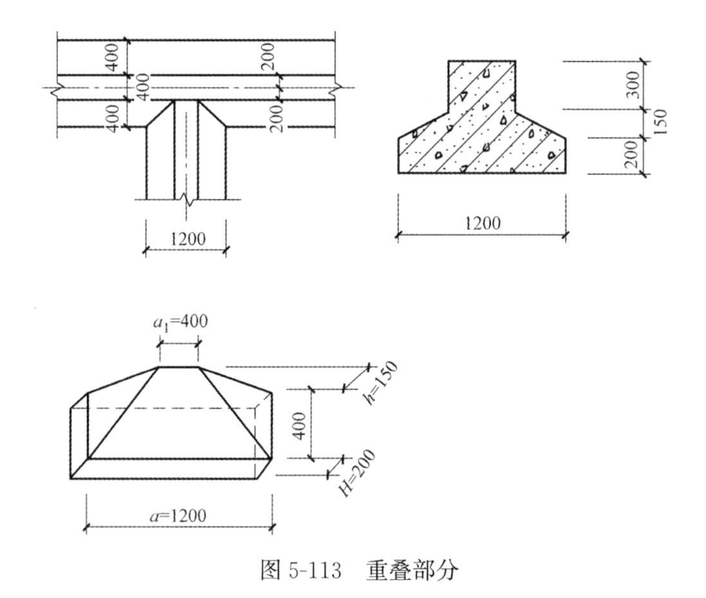

图 5-113　重叠部分

重叠部分体积 V =长方体体积+楔形体体积

$$=a\times b\times H+\frac{1}{6}\times h\times(2a+a_1)\times b$$

$$=1.2\times0.4\times0.2+0.15/6\times(2\times1.2+0.4)\times0.4=0.124$$

内墙基础混凝土工程量 V=0.48×4.4−0.124×2 =1.86（m^3）

条形基础柱头构造如图 5-114 所示。

3. 柱

柱的混凝土体积计算公式为：

$$柱的混凝土体积V=柱断面面积S\times柱高H \tag{5-43}$$

柱高：

（1）有梁板的柱高，应按柱基上表面（或楼板上表面）至上一层楼板上表面之间的高

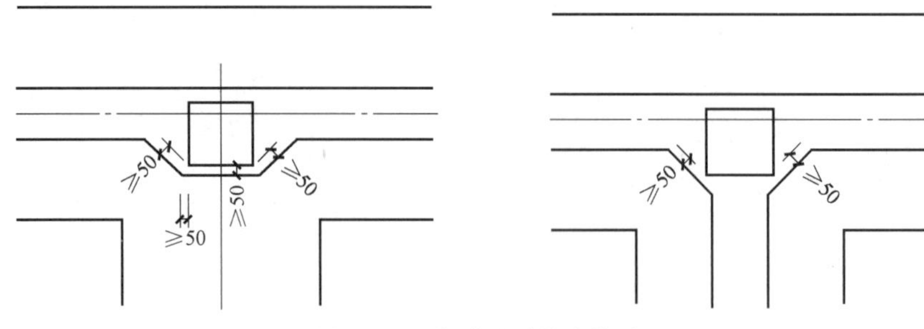

图 5-114　条形基础柱头构造

度计算（柱断面面积大于 $0.3m^2$ 时，在板的工程量中扣除柱板重叠部分的体积）；

（2）无梁板的柱高，应按柱基上表面（或楼板上表面）至柱帽下表面之间的高度计算；

（3）构造柱的柱高算自梁底。

构造柱的嵌接墙体部分（马牙槎）并入柱身体积。马牙槎见图 5-107，每边凸出宽度 60mm，平均宽度按 30mm 计算。由于构造柱的位置不同，有转角柱、一字形柱、丁字形柱、十字形柱四种类型，因此，构造柱马牙槎的边数也不同。

4. 墙

$$墙混凝土工程量=(长度\times设计高度-门窗洞口面积)\times墙厚 \tag{5-44}$$

长度：外墙按外墙中心线长度计算；内墙按墙间净长度计算。

高度：墙高从基础（楼板）上表面算至上一层楼板的梁（板）底（也有定额规定：墙与梁连接时，高度算至梁底；墙与板连接时，外墙高度算至板上皮，即板顶，内墙算至板底）。

扣除门窗洞口及单个面积在 $0.3m^2$ 以上孔洞的体积，墙垛及凸出墙面部分并入墙体体积内计算。

5. 板

板按设计图示尺寸，以体积计算，不扣除单个面积在 $0.3m^2$ 以内的柱、垛以及孔洞所占体积。

板的混凝土体积计算公式为：

$$板的混凝土体积=板面积\times板厚 \tag{5-45}$$

有梁板（包括主、次梁与板）按梁、板体积之和计算。

有梁板的混凝土体积计算公式为：

$$有梁板的混凝土体积=板体积+梁体积 \tag{5-46}$$

式中：梁体积计算公式为：

$$梁的混凝土体积=梁宽\times梁净高\times梁长 \tag{5-47}$$

式中：梁长——按工程量计算规则的规定执行；

梁净高——梁的高度减去板的厚度。

无梁板按板和柱帽体积之和计算。

无梁板的混凝土体积计算公式为：

$$无梁板的混凝土体积=板体积+柱帽体积 \tag{5-48}$$

6. 梁

梁的混凝土体积计算公式为：

$$梁的混凝土体积=梁宽\times梁高\times梁长 \tag{5-49}$$

式中：梁长——按工程量计算规则的规定执行。

伸入墙内的梁头、梁垫并入梁体积内计算。

7. 圈梁

圈梁与梁连接时，圈梁体积应扣除伸入圈梁内的梁体积。梁伸入圈梁内的体积按梁计算。圈梁与板整体现浇时，梁高 H 计算至板底。

圈梁的混凝土体积计算公式为：

$$圈梁的混凝土体积=梁宽\times梁高\times梁长 \tag{5-50}$$

式中：梁高——当圈梁与板整体现浇时，梁高应为净高，即梁的高度减去板的厚度。

8. 现浇挑檐、天沟板、雨篷、阳台与板、圈梁连接的分界线

现浇挑檐、天沟板、雨篷、阳台与板（包括屋面板、楼板）连接时，以外墙为分界线，与圈梁（包括其他梁）连接时，以梁外边线为分界线。

9. 楼梯

整体楼梯，应分层按其水平投影面积计算。楼梯井宽度超过 500mm 时，其面积应扣除。伸入墙内部分的体积已包括在定额内，不另计算。但楼梯基础、栏杆、扶手，应另列项目套用相应定额计算。楼梯水平投影面积包括踏步、休息平台、平台梁、斜梁及楼梯与楼板连接的梁。

如图 5-115 所示，楼梯的混凝土工程量计算公式为：

当 $b\leqslant 500\text{mm}$ 时，$S=A\times B$ (5-51)

当 $b>500\text{mm}$ 时，$S=A\times B-a\times b$ (5-52)

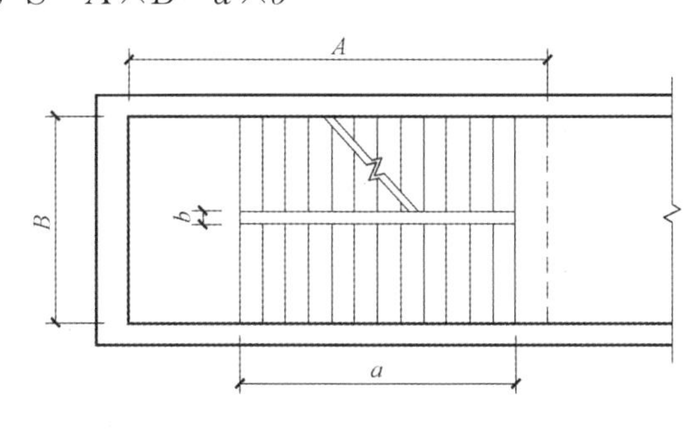

图 5-115 楼梯

10. 钢筋计量方法

（1）钢筋工程量计算的基本原理（基本假设）

按设计图示钢筋中心线长度乘以单位理论质量计算。钢筋弯曲时外皮延伸，内皮缩短，中心线保持不变。钢筋弯曲过程中实际长度的改变（钢筋弯曲调整值），预算不予考虑。

（2）钢筋工程量计量规则

按设计图示钢筋长度乘以单位理论质量计算。

（3）钢筋弯钩、弯折形式

钢筋弯钩、弯折形式如图 5-116 所示。

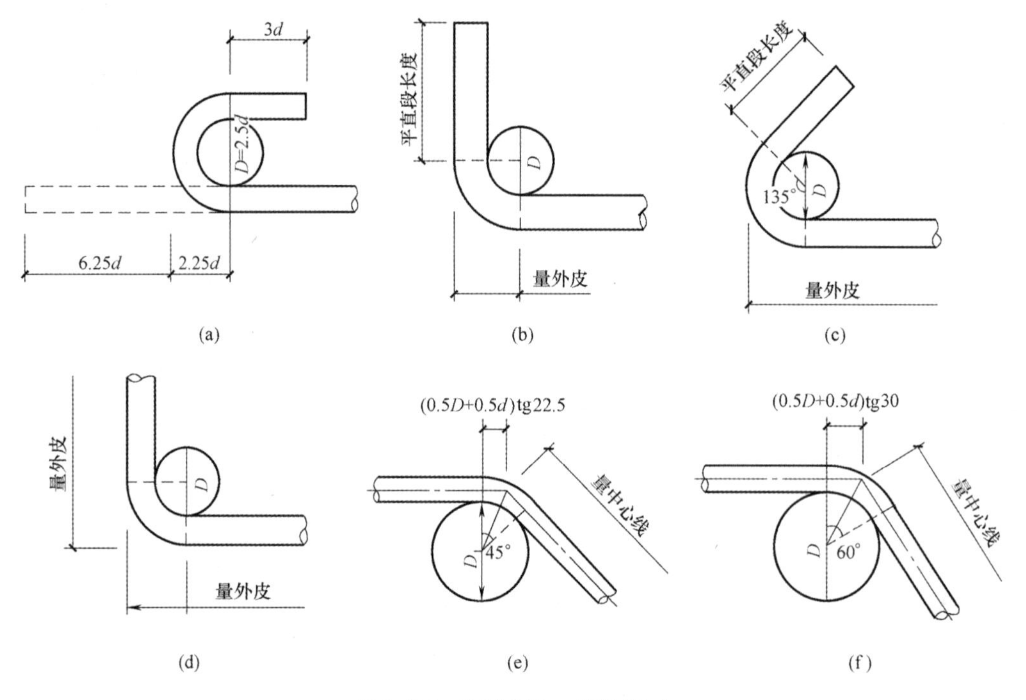

图 5-116　钢筋弯钩、弯折形式

（a）半圆弯钩；（b）90°弯钩；（c）125°弯钩；（d）90°弯折；（e）45°弯折；（f）60°弯折

（4）钢筋弯钩长度

钢筋弯钩需要增加的长度见表 5-36。

钢筋弯钩长度　　**表 5-36**

弯钩形式	钢筋种类	适用部位	抗震设防	弯弧内直径 D	平直段长度	度量方法	弯钩增加长度
半圆弯钩	光圆钢筋	纵向钢筋（板底）		2.5d	3d	外皮	$\pi\times3.5d/2+3d-2.25d=6.25d$
90°弯钩	光圆钢筋	纵向钢筋（板面端部支座）		2.5d	12d	外皮	$\pi\times3.5d/4+12d-2.25d=12.5d$ 注：GB 50010—2010 中 8.3.3

续表

弯钩形式	钢筋种类	适用部位	抗震设防	弯弧内直径 D	平直段长度	度量方法	弯钩增加长度
90°弯钩	带肋钢筋 HRB335 HRB400	纵向钢筋（柱底插筋）		$4d$	$12d$	外皮	$\pi\times5d/4+12d-3d=12.9d$ 注：GB 50010—2010 中 8.3.3
	光圆钢筋 HPB300	箍筋	非抗震	$2.5d$	$5d$	外皮	$\pi\times3.5d/4+5d-2.25d=5.5d$
135°弯钩	光圆钢筋	箍筋	非抗震	$2.5d$	$5d$	外皮	$\pi\times3.5d\times135/360+5d-2.25d=6.87d$
	光圆钢筋	箍筋	抗震	$2.5d$	$10d$、75mm 取大值	外皮	$\pi\times3.5d\times135/360+10d-2.25d=11.9d$
	带肋钢筋 HRB335 HRB400	箍筋	抗震	$4d$	$10d$、75mm 取大值	外皮	$\pi\times5d\times135/360+10d-3d=12.9d$
	光圆钢筋	箍筋	非抗震	$2.5d$	$5d$	中心线	$\pi\times3.5d\times135/360+5d-1.75d=7.37d$
	光圆钢筋	箍筋	抗震	$2.5d$	$10d$、75mm 取大值	中心线	$\pi\times3.5d\times135/360+10d-1.75d=12.4d$
	带肋钢筋 HRB335 HRB400	箍筋	抗震	$4d$	$10d$、75mm 取大值	中心线	$\pi\times5d\times135/360+10d-2.5d=13.4d$

（5）钢筋弯折直、弧长差值

钢筋弯折直、弧长差值见表 5-37。

钢筋弯折直、弧长差值表　　**表 5-37**

弯折形式	钢筋种类	适用部位	弯弧内直径 D	度量方法	弯折增加长度
90°弯折	光圆钢筋	纵向钢筋（板面中间支座）	$2.5d$	外皮	$\pi\times3.5d/4-2\times2.25d=-1.75d$
90°弯折	光圆钢筋	纵向钢筋（板面中间支座）	$2.5d$	中心线	$\pi\times3.5d/4-2\times1.75d=-0.75d$
90°弯折	带肋钢筋 HRB335 HRB400		$4d$	中心线	$\pi\times5d/4-2\times2.5d=-1.07d$
45°弯折			$4d$	中心线	$\pi\times5d\times45/360-2\times2.5d\times\text{tg}22.5=-0.1d$
60°弯折			$4d$	中心线	$\pi\times5d\times60/360-2\times2.5d\times\text{tg}30=-0.26d$

（6）框架梁端支座纵向钢筋锚固长度

梁面纵向钢筋锚固长度＝(柱边长－保护层－柱箍筋直径－柱外侧纵向钢筋直径)＋向下弯锚的钢筋长度　(5-53)

梁底纵向钢筋锚固长度＝(柱边长－保护层－柱箍筋直径－柱外侧纵向钢筋直径－向下弯锚的梁面纵向钢筋直径)＋向上弯锚的钢筋长度　(5-54)

（7）箍筋

1）矩形双肢箍筋

矩形双肢箍筋构造如图 5-117 所示。

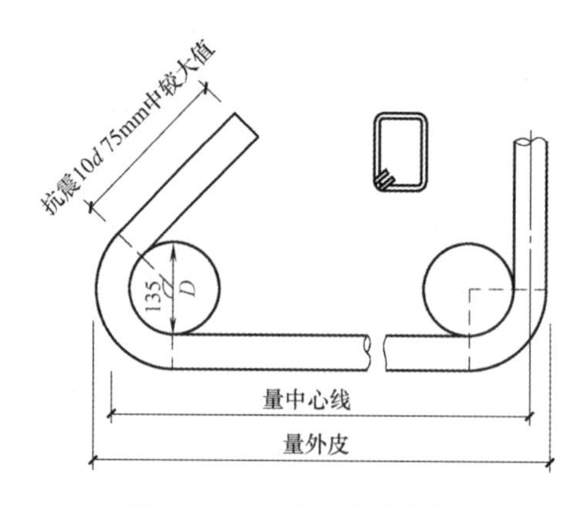

图 5-117　矩形双肢箍筋构造

量外皮矩形双肢箍筋长度＝[$(A-2C)+(B+2C)$]×2＋箍筋锚固长度(量外皮)－箍筋弯折弧长差值(量外皮)　(5-55)

量中心线矩形双肢箍筋长度＝[$(A-2C-d)+(B+2C-d)$]×2＋箍筋锚固长度(量中心线)－箍筋弯折弧长差值(量中心线)　(5-56)

式中：A、B——断面边长；

C——混凝土保护层；

d——箍筋直径。

箍筋个数 ＝布置箍筋范围的距离÷箍筋间距＋1　(5-57)

箍筋个数为整数，计算式得数为小数的均进入取整数。

2）螺旋箍筋

螺旋箍筋构造如图 5-118 所示。

$$\text{每一圈螺旋箍筋长度}=\sqrt{[\pi(D-2C-d)]^2+P^2} \quad (5\text{-}58)$$

螺旋箍筋的圈数＝箍筋范围的距离÷箍筋间距　(5-59)

每个构件螺旋箍筋长度＝每一圈螺旋箍筋长度×螺旋箍筋的圈数＋$2\times1.5\times\pi\times(D-2C-d)$＋2 个弯钩长度　(5-60)

（8）灌注桩钢筋笼的一般要求

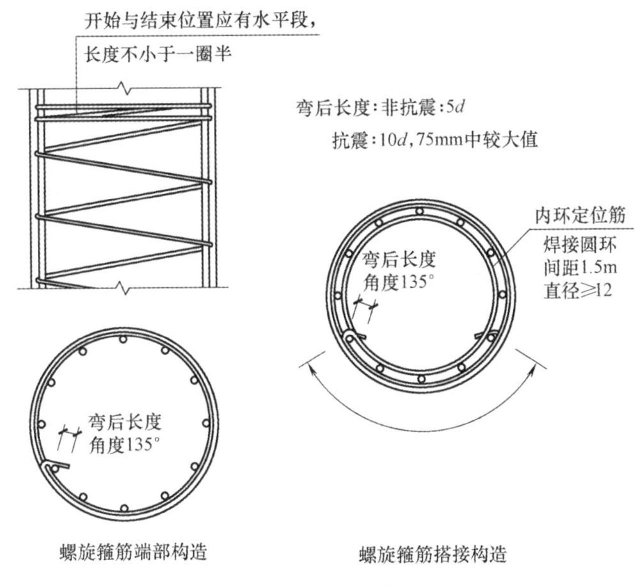

图 5-118 螺旋箍筋构造

1）混凝土灌注桩桩身纵向钢筋的混凝土保护层厚度不应小于 30mm，水下灌注混凝土时，保护层厚度不应小于 50mm。

2）箍筋采用螺旋式箍筋，加密区间距为 100mm，非加密区间距为 200mm，箍筋一般设置在主筋外侧。

3）钢筋笼每隔 2m 设一道焊接加强箍筋，钢筋笼与加强箍筋焊接，加强箍筋一般设置在主筋内侧。

4）11G101-1 中螺旋箍筋构造要求：钢筋笼端部箍筋应有水平段，长度不小于一圈半；螺旋箍筋搭接长度不小于纵向受拉钢筋搭接长度 l_1，且不小于 300mm；箍筋末端弯钩角度为 135°，平直段长度在 10d、75mm 中取大值。

【例 5-32】 图 5-119 所示为框架梁，计算其钢筋工程量。

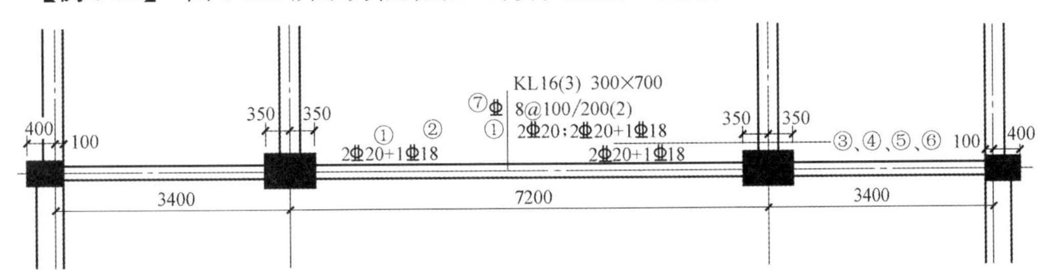

图 5-119 框架梁

已知有关数据：

（1）混凝土强度等级：C30

（2）钢筋类别：HRB400

（3）抗震等级：三级

（4）结构环境类别：一类

（5）保护层厚度：表 5-38。

保护层厚度表　　表 5-38

环境类别	梁、柱	不小于钢筋的公称直径	详见 11G101-1 第 54 页
一类	20mm	20mm	

注：混凝土强度等级不大于 C25 时，表中保护层厚度数值应增加 5mm。

（6）柱箍筋：直径为 $\phi 8$

（7）柱筋：角筋为 4Φ18；B：2Φ16，H：2Φ16

解：计算钢筋工程量

钢筋工程量计算见表 5-39。

钢筋计算表　　表 5-39

构件	钢筋编号	钢筋直径	图形	总根数	单根长度（m）	每米质量	合计质量（kg）	计算式	备注
KL16	①	Φ20	14680；300；300	2	16.125	2.47	79.7	（3400＋7200＋3400－100－100）＋37×20×2（37d 锚固长度）＋1.2×37×20（搭接长度）－1.07×20×2（弯曲弧长差）＝16125（3400＋7200＋3400－100－100）＋（37d－15d）×2＝14680	15d ＝ 300，0.4L_{abE}＝296＜500－20－8－18＝454；300＋296＜L_{abE}37d
	②	Φ18	5033	2	5.03	2.00	20.1	（7200－350－350）/3×2＋700＝5033	跨度值 L_n 为左跨 l_{ni} 和右跨 l_{ni}＋1 之较大值
	③	Φ20	300；3384；740	2×2	4.403	2.47	43.7	3400＋400－20－8－18－20（左伸至梁上部钢筋弯钩段内侧）－350＝3384 3384＋15×20＋37×20（锚固长度）－1.07×20（弯曲弧长差）＝4403	锚固长度≥L_{aE} 且 ≥0.5h_c ＋ 5d；0.5h_c＋5d ＝0.5×700＋5×20 ＝ 450＜L_{aE}
	④	Φ18	270；3384；666	1×2	4.30	2.00	17.2	3400＋400－20－8－18－20（伸至梁上部钢筋弯钩段内侧）＋15×18－350＋37×18－1.07×18（弯曲弧长差）	15d＝15×18＝270 37d＝37×18＝666
	⑤	Φ20	740；6500；740	2	7.98	2.47	39.4	（7200－350－350）＋37×20×2（锚固长度）	
	⑥	Φ18	666；6500；666	1	7.832	2.00	15.7	（7200－350－350）＋37×18×2（锚固长度）	

续表

构件	钢筋编号	钢筋直径	图形	总根数	单根长度(m)	每米质量	合计质量(kg)	计算式	备注
KL16	⑦	⌀8	260　660	100	1.996	0.395	78.8	箍筋长度：300＋700×2－8×20＋2×12.89×8(弯钩)－3×2.07×8(弯曲弧长差) 箍筋根数加密区：[(1.5×700－50)/100＋1]×6＝66 搭接区域：(1.2×37×20)/100＋1＝10 非加密区：[(3400－100－350－1.5×700×2)/200－1]×2＋(7200－350－350－1.5×700×2－1.2×37×20)/200－2＝24 总根数：66＋10＋24＝100	加密区：≥1.5h_b＝1.5×700＝1050且≥500(h_b为梁截面高度)；搭接区内箍筋，间距不应大于100mm及5d(为搭接钢筋最小直径)
合计							295		

参照图集资料：

（1）受拉钢筋抗震锚固长度 l_{aE}＝抗震锚固修正系数×l_a＝37d（详见11G101—1第53页）

（2）受拉钢筋绑扎搭接长度 l_{lE}＝搭接长度修正系数×l_{aE}（详见11G101—1第55页）

（3）三级抗震加密区：≥1.5h_b 且≥500，h_b 为梁截面高度（详见11G101—1第85页）

（4）抗震框架梁钢筋构造

梁钢筋伸至柱外侧纵筋内侧（详见11G101—1第79页）

梁支座上部纵筋的长度规定（详见11G101—1第32页）

（5）纵向受力钢筋搭接区箍筋构造（详见11G101—1第54页）

四、基础知识

（一）钢筋工程

1. 采用的规范

（1）《混凝土结构工程施工规范》GB 50666—2011

（2）《混凝土结构设计规范》GB 50010—2010

（3）《建筑抗震设计规范》GB 50011—2010

2. 钢筋工程的表示方法

包括：构件断面配筋详图表示法和平面整体设计表示法（简称平法）两种。

传统的构件断面配筋详图表示法是将构件从结构平面布置图中索引出来，再逐步绘制配筋详图的方法。平法是把结构构件的尺寸和配筋等，按照平面整体表示方法制图规则，直接表达在各类构件的结构平面布置图上，再与标准构造详图相配合，即构成一套新型的完整的结构设计。构件断面配筋详图表示法表达繁琐，图纸多，但使用直观、明了；平法表达简单，图纸少，但规则繁琐。

目前的平面表示法是根据国家建筑标准设计图集（16G101）的内容来表达混凝土结构施工图。

3. 混凝土保护层的最小厚度

（1）柱、墙、梁、板混凝土保护层的最小厚度见表 5-40。

混凝土保护层的最小厚度（mm）　　表 5-40

环境类别	板、墙	梁、柱
一	15	20
二 a	20	25
二 b	25	35
三 a	30	40
三 b	40	50

注：1. 表中混凝土保护层厚度指最外层钢筋外边缘至混凝土表面的距离，适用于设计使用年限为 50 年的混凝土结构。设计使用年限为 100 年的混凝土结构，一类环境中，最外层筋的保护层厚度不应小于表中数值的 1.4 倍；二、三类环境中，应采取专门的有效措施。
2. 构件中受力钢筋的保护层厚度不应小于钢筋的公称直径。
3. 混凝土强度等级不大于 C25 时，表中保护层厚度数值应增加 5。
4. 基础底面钢筋的保护层厚度，有混凝土垫层时，应从垫层顶面算起，且不小于 40mm。

（2）混凝土灌注桩桩身纵向钢筋的混凝土保护层厚度不应小于 30mm，水下灌注混凝土时，保护层厚度不应小于 50mm。

4. 受拉钢筋基本锚固长度、锚固长度

受拉钢筋基本锚固长度见表 5-41。

受拉钢筋基本锚固长度 l_{ab}、l_{abE}　　表 5-41

钢筋种类	抗震等级	混凝土强度等级								
		C20	C25	C30	C35	C40	C45	C50	C55	≥C60
HPB300	一、二级(l_{abE})	45d	39d	35d	32d	29d	28d	26d	25d	24d
	三级(l_{abE})	41d	36d	32d	29d	26d	25d	24d	23d	22d
	四级(l_{abE}) 非抗震(l_{ab})	39d	34d	30d	28d	25d	24d	23d	22d	21d
HRB335 HRBF335	一、二级(l_{abE})	44d	38d	33d	31d	29d	26d	25d	24d	24d
	三级(l_{abE})	40d	35d	31d	28d	26d	24d	23d	22d	22d
	四级(l_{abE}) 非抗震(l_{ab})	38d	33d	29d	27d	25d	23d	22d	21d	21d
HRB400 HRBF400 RRB400	一、二级(l_{abE})		46d	40d	37d	33d	32d	31d	30d	29d
	三级(l_{abE})		42d	37d	34d	30d	29d	28d	27d	26d
	四级(l_{abE}) 非抗震(l_{ab})		40d	35d	32d	29d	28d	27d	26d	25d

续表

钢筋种类	抗震等级	混凝土强度等级								
		C20	C25	C30	C35	C40	C45	C50	C55	≥C60
HRB500 HRBF500	一、二级(l_{abE})		55d	49d	45d	41d	39d	37d	36d	35d
	三级(l_{abE})		50d	45d	41d	38d	36d	34d	33d	32d
	四级(l_{abE}) 非抗震(l_{ab})		48d	43d	39d	36d	34d	32d	31d	30d

受拉钢筋锚固长度见表 5-42。

受拉钢筋锚固长度 l_a、l_{aE} 表 5-42

非抗震	抗震	注：
$l_a=\zeta_a\times l_{ab}$	$l_{aE}=\zeta_{aE}\times l_a$ $=\zeta_a\times l_{abE}$	1. l_a 不应小于 200。 2. 锚固长度修正系数 ζ_a 按表 5-43 取用，当多于一项时，可按连乘计算，但不应小于 0.6。 3. ζ_{aE} 为抗震锚固长度修正系数，对一、二级抗震等级取 1.15，对三级抗震等级取 1.05，对四级抗震等级取 1.0

受拉钢筋锚固长度修正系数 ζ_a 表 5-43

锚固条件		ζ_a	
带肋钢筋的公称直径大于 25mm		1.1	
环氧树脂涂层带肋钢筋		1.25	
施工过程中易受扰动的钢筋		1.1	
锚固区保护层厚度	3d	0.8	注：中间时按内插值。d 为锚固钢筋直径
	5d	0.7	

注：① HPB300 级钢筋末端应做 180°弯钩，弯后平直段长度不应小于 3d，但用作受压钢筋时可不做弯钩。
② 当锚固钢筋的保护层厚度不大于 5d 时，锚固钢筋长度范围内应设置横向构造钢筋，其直径不应小于 $d/4$（d 为锚固钢筋的最大直径）。

5. 钢筋的连接

钢筋连接可采用绑扎搭接、机械连接或焊接。当受拉钢筋直径大于 25mm 及受压钢筋直径大于 28mm 时，不宜采用绑扎搭接。

纵向受拉钢筋绑扎搭接长度见表 5-44。

纵向受拉钢筋绑扎搭接长度 l_l、l_{lE} 表 5-44

纵向受拉钢筋绑扎搭接长度 l_l、l_{lE}				注：1. 当直径不同的钢筋搭接时，按直径较小的钢筋计算。 2. 任何情况下不应小于 300mm。 3. 式中 ζ_l 为纵向受拉钢筋搭接长度修正系数。当纵向钢筋搭接接头面积百分率为表中的中间值时，可按内插取值
抗震	非抗震			
$l_{lE}=\zeta_l\times l_{aE}$	$l_l=\zeta_l\times l_a$			
纵向受拉钢筋搭接长度修正系数 ζ_l				
纵向钢筋搭接接头面积百分率(%)	≤25	50	100	
ζ_l	1.2	1.4	1.6	

纵向受力钢筋搭接区内箍筋直径不小于 $d/4$（d 为搭接钢筋最大直径），间距不应大于 100mm 及 5d（d 为搭接钢筋最小直径）。

6. 钢筋的弯钩弯折

（1）钢筋弯折的弯弧内直径应符合下列规定：

1）光圆钢筋，不应小于钢筋直径的 2.5 倍。

2）335MPa 级、400MPa 级带肋钢筋，不应小于钢筋直径的 4 倍。

3）500MPa 级带肋钢筋，当直径在 28mm 以下时，不应小于钢筋直径的 6 倍，当直径为 28mm 及以上时，不应小于钢筋直径的 7 倍。

4）位于框架结构顶层端节点处的梁上部纵向钢筋和柱外侧纵向钢筋，在节点角部弯折处，当钢筋直径在 28mm 以下时，不宜小于钢筋直径的 12 倍，当钢筋直径为 28mm 及以上时，不宜小于钢筋直径的 16 倍。

5）箍筋弯折处尚不应小于纵向受力钢筋直径。箍筋弯折处纵向受力钢筋为搭接钢筋或并筋时，应按钢筋实际排布情况确定箍筋弯弧内直径。

（2）纵向受力钢筋的弯折后平直段长度应符合设计要求及现行国家标准《混凝土结构设计规范》GB 50010 的有关规定。光圆钢筋末端做 180°弯钩时，弯钩的弯折后平直段长度不应小于钢筋直径的 3 倍。

（3）箍筋、拉筋的末端应按设计要求做弯钩，并应符合下列规定：

1）对一般结构构件，箍筋弯钩的弯折角度不应小于 90°，弯折后平直段长度不应小于箍筋直径的 5 倍；对有抗震设防要求或设计有专门要求的结构构件，箍筋弯钩的弯折角度不应小于 135°，弯折后平直段长度不应小于箍筋直径的 10 倍和 75mm 两者之中的较大值。

2）圆形箍筋的搭接长度不应小于其受拉锚固长度，且两末端均应做不小于 135°的弯钩，弯折后平直段长度，对于一般结构构件，不应小于箍筋直径的 5 倍，对于有抗震设防要求的结构构件，不应小于箍筋直径的 10 倍和 75mm 中的较大值。

3）拉筋用作梁、柱复合箍筋中单肢箍筋或梁腰筋间拉结筋时，两端弯钩的弯折角度均不应小于 135°，弯折后平直段长度应符合本条第 1 款对箍筋的有关规定；拉筋用作剪力墙、楼板等构件中拉结筋时，两端弯钩可采用一端 135°、另一端 90°，弯折后平直段长度不应小于拉筋直径的 5 倍。

7. 柱、梁、板钢筋构造

柱、梁、板钢筋构造见图 5-120～图 5-124。

8. 梁及柱中箍筋、墙中水平分布钢筋、板中钢筋距构件边缘的起始距离

梁及柱中箍筋、墙中水平分布钢筋、板中钢筋距构件边缘的起始距离宜为 50mm。

9. 构件交接处的钢筋位置

构件交接处的钢筋位置应符合设计要求。当设计无要求时，框架节点处梁纵向受力钢筋宜放在柱纵向钢筋内侧；主次梁底部标高相同时，次梁下部钢筋应放在主梁下部钢筋之上；剪力墙中水平分布钢筋宜放在外侧，并宜在墙端弯折锚固。

10. 桩与承台的连接构造及桩身混凝土保护层

（1）桩嵌入承台内的长度，对于中等直径桩，不宜小于 50mm；对于大直径桩，不宜小于 100mm。

（2）混凝土桩的桩顶纵向主筋应锚入承台内，其锚入长度不宜小于 35 倍纵向主筋直径。对于抗拔桩，桩顶纵向主筋的锚固长度应按现行国家标准《混凝土结构设计规范》GB 50010—2010 确定。

（3）桩身主筋的混凝土保护层厚度不应小于 35mm，水下灌注混凝土，不得小于 50mm。

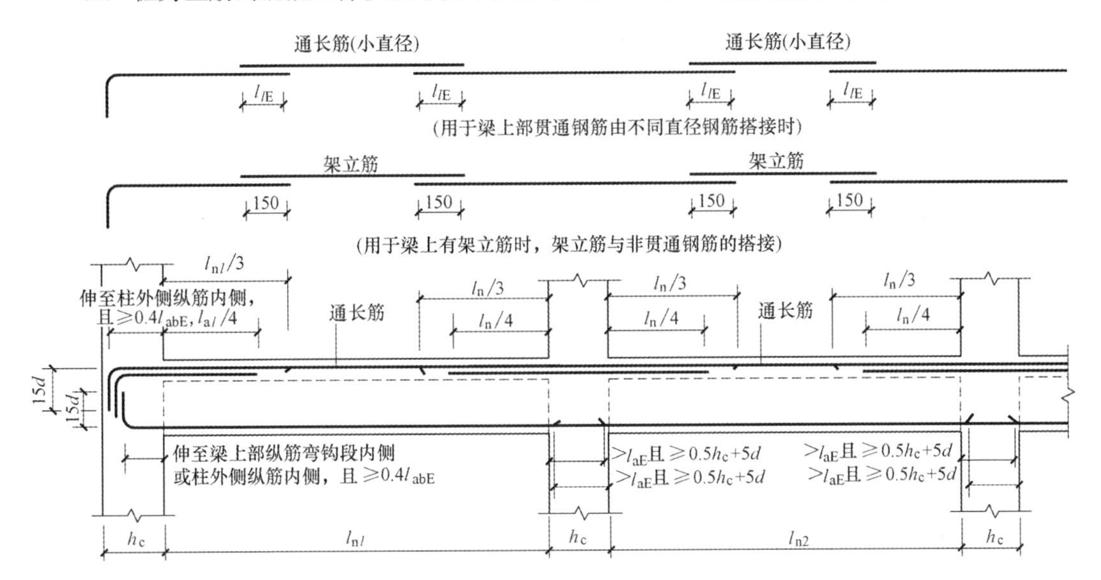

图 5-120　抗震楼层框架梁 KL 纵向钢筋构造

注：1. 跨度值 l_n 为左跨 l_{ni} 和右跨 $l_{ni}+1$ 之较大值；

2. 图中 H_c 为柱截面沿框架方向的高度；

3. 当梁纵向钢筋采用绑扎搭接接长时，搭接区内箍筋直径不小于 $d/4$、间距不应大于 100mm 及 $5d$。

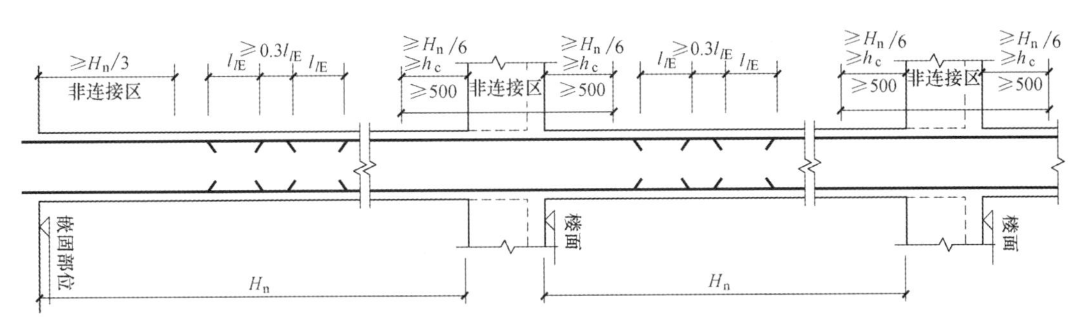

图 5-121　抗震 KZ 纵向钢筋构造：绑扎搭接

注：当某层连接区的高度小于纵向钢筋分两批搭接所需要的高度时，应改用机械连接或焊接连接。

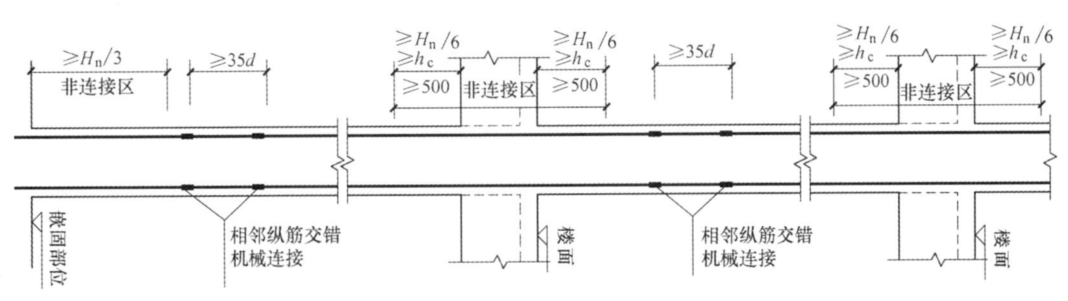

图 5-122　抗震 KZ 纵向钢筋构造：机械连接

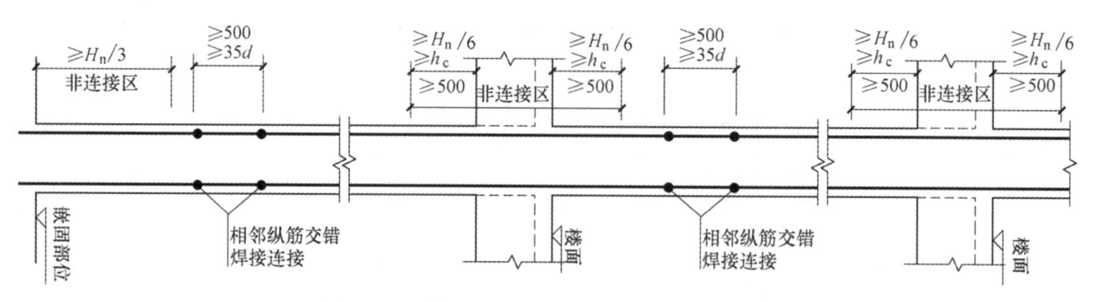

图 5-123　抗震 KZ 纵向钢筋构造：焊接连接

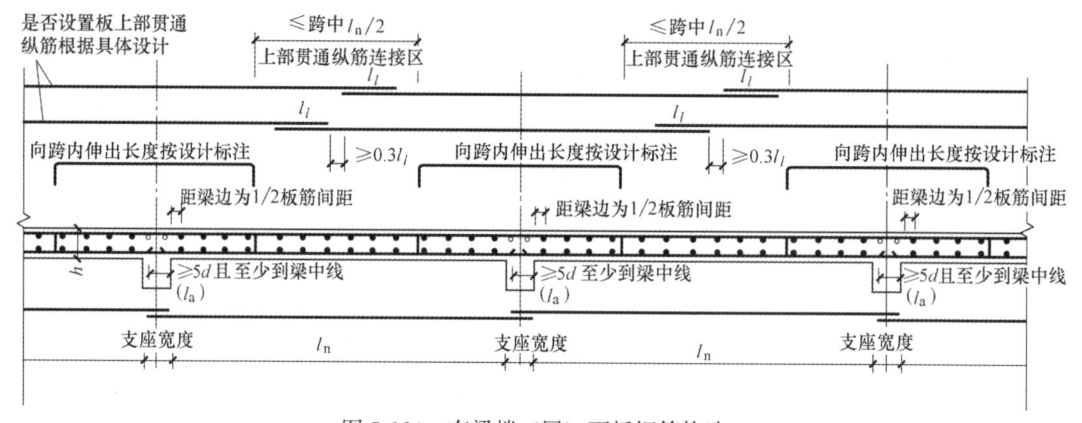

图 5-124　有梁楼（屋）面板钢筋构造

注：1. 当相邻跨的上部贯通纵向钢筋配置不同时，应将配置较大者越过其标注的跨数终点或起点伸出至相邻跨的跨中连接区域连接；

2. 搭接连接接头位置：上部钢筋见本图所示连接区，下部钢筋宜在距支座 1/4 净跨内；

3. 纵向钢筋在端支座应伸至支座（梁、圈梁或剪力墙）外侧纵向钢筋的内侧后弯折，但当直段长度不小于 l_a 时可不弯折。

（二）钢材

1. 建筑常用的钢材

建筑常用的钢材主要有碳素结构钢和低合金高强度结构钢两种。

（1）碳素结构钢

关于碳素结构钢，现行国家标准是《碳素结构钢》GB/T 700—2006。

1）碳素结构钢的牌号表示方法和符号

牌号表示方法：

钢的牌号由代表屈服强度的汉语拼音字母、屈服强度的数值、质量等级符号、脱氧方法符号按顺序组成。其中，屈服强度的数值分为 195、215、235、275（MPa）4 种；质量等级根据硫、磷等杂质含量分为 A、B、C、D 四个等级；脱氧方法，以 F 表示沸腾钢、Z 表示镇静钢、TZ 表示特殊镇静钢，例如 Q235AF。

符号

Q——钢材屈服强度中“屈”字汉语拼音首位字母；

A、B、C、D——质量等级；

F——沸腾钢中“沸”字汉语拼音首位字母；

Z——镇静钢中“镇”字汉语拼音首位字母；

TZ——特殊镇静钢中“特镇”两字汉语拼音首位字母。

在牌号组成表示方法中，“Z”与“TZ”符号可以省略。

2）碳素结构钢的性能

碳素结构钢根据屈服强度的不同划分了4种牌号，牌号越大，含碳量越大，强度和硬度越高，但塑性、冲击韧性和冷弯性能越差。

（2）低合金高强度结构钢

关于低合金高强度结构钢的现行国家标准是《低合金高强度结构钢》GB/T 1591—2018。

1）术语和定义

① 热轧：钢材未经任何特殊轧制和（或）热处理的状态。

② 正火N：钢材加热到高于相变点温度以上的一个合适的温度，然后在空气中冷却至低于某相变点温度的热处理工艺。

③ 正火轧制+N：最终变形是在一定温度范围内的轧制过程中进行，使钢材达到一种正火后的状态，以便即使正火后也可达到规定的力学性能数值的轧制工艺。

注：对于正火轧制，在一些出版物中也称“控制轧制”。

热机械轧制M：钢材的最终变形在一定温度范围内进行的轧制工艺，从而保证钢材获得仅通过热处理无法获得的性能。

2）牌号表示方法

钢的牌号由代表屈服强度（屈）字的汉语拼音首字母Q、规定的最小上屈服强度的数值、交货状态代号、质量等级符号（B、C、D、E、F）四个部分组成。

注1：交货状态为热轧时，交货状态代号AR或WAR可省略；交货状态为正火或正火轧制状态时，交货状态代号均用N表示。

注2：Q+规定的最小上屈服强度的数值+交货状态代号，简称“钢级”。

示例：Q355ND。其中：

Q——钢的屈服强度的“屈”字汉语拼音的首字母；

355——规定的最小上屈服强度数值，单位为兆帕（MPa）；

N——交货状态为正火或正火轧制；

D——质量等级为D级。

当需方要求钢板具有厚度方向性能时，则在上述规定的牌号后加上代表厚度方向（Z向）性能级别的符号，如：Q355NDZ25。

其中，屈服强度的数值分为345、390、420、460、500、550、620和690（MPa）8种；质量等级以硫、磷等杂质含量分为B、C、D、E、F 5个等级。

2. 钢筋混凝土用钢

（1）热轧光圆钢筋

关于热轧光圆钢筋的现行国家标准是《钢筋混凝土用钢　第 1 部分：热轧光圆钢筋》GB/T 1499.1—2017。

1）定义

热轧光圆钢筋：经热轧成型，横截面通常为圆形，表面光滑的成品钢筋。

2）牌号

钢筋的屈服强度特征值为 300 级。

钢筋牌号的构成及其含义见表 5-45。

热轧光圆钢筋牌号的构成及其含义表　　**表 5-45**

成品名称	牌号	牌号构成	英文字母含义
热轧光圆钢筋	HPB300	由 HPB＋屈服强度特征值构成	HPB——热轧光圆钢筋的英文(Hot Rolled Plain Bars)缩写

（2）热轧带肋钢筋

关于热轧带肋钢筋的现行国家标准是《钢筋混凝土用钢　第 2 部分：热轧带肋钢筋》GB/T 1499.2—2017。

1）定义

a. 普通热轧钢筋

按热轧状态交货的钢筋。其金相组织主要是铁素体加珠光体，不得有影响使用性能的其他组织存在。

b. 细晶粒热轧钢筋

在热轧过程中，通过控轧和控冷工艺形成的细晶粒钢筋。其晶粒度为 9 级或更细。

c. 带肋钢筋

横截面通常为圆形，且表面带肋的混凝土结构用钢材。

2）分类

钢筋按屈服强度特征值分为 400 级、500 级、600 级。

3）牌号

钢筋牌号的构成及其含义见表 5-46。

热轧带肋钢筋牌号的构成及其含义表　　**表 5-46**

<table>
<tr><th>类别</th><th>牌号</th><th>牌号构成</th><th>英文字母含义</th></tr>
<tr><td rowspan="5">普通热轧钢筋</td><td>HRB400</td><td rowspan="3">由 HRB＋屈服强度特征值构成</td><td rowspan="5">HRB—热轧带肋钢筋的英文(Hot Rolled Rib-bed Bars)缩写
E—“地震”的英文(Earthquake)首位字母</td></tr>
<tr><td>HRB500</td></tr>
<tr><td>HRB600</td></tr>
<tr><td>HRB400E</td><td rowspan="2">由 HRB＋屈服强度特征值构成＋E 构成</td></tr>
<tr><td>HRB500E</td></tr>
<tr><td rowspan="4">细晶粒热轧钢筋</td><td>HRBF400</td><td rowspan="2">由 HRBF＋屈服强度特征值构成</td><td rowspan="4">HRBF—在热轧带肋钢筋的英文缩写后加“细”的英文(Fine)首位字母。
E—“地震”的英文(Earthquake)首位字母</td></tr>
<tr><td>HRBF500</td></tr>
<tr><td>HRBF400E</td><td rowspan="2">由 HRBF＋屈服强度特征值构成＋E 构成</td></tr>
<tr><td>HRBF500E</td></tr>
</table>

（三）混凝土

混凝土是由胶凝材料、粗细骨料和水，有时掺入外加剂和掺合料，按适当比例配合，经均匀拌合、密实成型、养护硬化而成的人造石材。

1. 混凝土的种类

（1）按胶凝材料分：水泥混凝土、沥青混凝土、水玻璃混凝土。

（2）按用途分：结构混凝土、防水混凝土、耐酸混凝土、耐油混凝土、耐热混凝土。

2. 混凝土的主要性质

（1）混凝土的和易性

混凝土的和易性是保证工程质量好、便于施工的重要条件。和易性良好的混凝土，在运输过程中不容易发生离析现象（水泥、砂、石、水互相分离），而且便于浇捣密实，牢固地粘着于钢筋，不产生蜂窝、麻面等现象，其强度与耐久性都较好。

（2）混凝土的强度

混凝土强度的主要指标是抗压强度，而抗拉、抗剪、抗折、与钢筋的粘结力等物理力学性质，均随混凝土抗压强度的不同而不同。

混凝土的抗压强度主要决定于水泥强度与水灰比。而骨料的强度与级配，砂、石比率，混凝土硬化时的温度、湿度、龄期以及施工条件，捣固密实程度等方面的因素，对混凝土的抗压强度都有影响。

3. 通用硅酸盐水泥（《通用硅酸盐水泥》GB 175—2007 及其第 2 号修改单）

（1）分类

通用硅酸盐水泥按混合材料的品种和掺量分为硅酸盐水泥、普通硅酸盐水泥、矿渣硅酸盐水泥、火山灰质硅酸盐水泥、粉煤灰硅酸盐水泥和复合硅酸盐水泥。

（2）含义

通用硅酸盐水泥是以硅酸盐水泥熟料和适量的石膏及规定的混合材料制成的水硬性胶凝材料。

1）硅酸盐水泥：由硅酸盐水泥熟料、0%或 0%～5%的石灰石或粒化高炉矿渣以及适量石膏磨细制成的水硬性胶凝材料。硅酸盐水泥分为两种类型：一种是在粉磨时不掺加混合材料，称为Ⅰ型硅酸盐水泥，代号 P·Ⅰ；另一种是在粉磨时掺加不超过水泥质量 5%的石灰石或粒化高炉矿渣混合材料，称为Ⅱ型硅酸盐水泥，代号 P·Ⅱ。

2）普通硅酸盐水泥：由硅酸盐水泥熟料、5%～20%的粒化高炉矿渣或粉煤灰或火山灰质混合材料以及适量石膏磨细制成的水硬性胶凝材料，代号 P·O。

3）矿渣硅酸盐水泥：由硅酸盐水泥熟料和 20%～50%或 50%～70%的粒化高炉矿渣以及适量石膏磨细制成的水硬性胶凝材料。矿渣硅酸盐水泥分为两种类型：一种是掺加 20%～50%粒化高炉矿渣，称为 A 型矿渣硅酸盐水泥，代号 P·S·A；另一种是掺加 50%～70%粒化高炉矿渣，称为 B 型矿渣硅酸盐水泥，代号 P·S·B。

4）火山灰质硅酸盐水泥：由硅酸盐水泥熟料和20%～40%的火山灰质混合材料以及适量石膏磨细制成的水硬性胶凝材料，代号P·P。

5）粉煤灰硅酸盐水泥：由硅酸盐水泥熟料和20%～40%的粉煤灰以及适量石膏磨细制成的水硬性胶凝材料，代号P·F。

6）复合硅酸盐水泥：由硅酸盐水泥熟料和20%～50%的高炉矿渣、粉煤灰、石灰石、火山灰质中的两种或两种以上的混合材料以及适量石膏磨细制成的水硬性胶凝材料，代号P·C。

（3）强度等级

1）硅酸盐水泥的强度等级分为42.5、42.5R、52.5、52.5R、62.5、62.5R六个等级。

2）普通硅酸盐水泥的强度等级分为42.5、42.5R、52.5、52.5R四个等级。

3）矿渣硅酸盐水泥、火山灰质硅酸盐水泥、粉煤灰硅酸盐水泥的强度等级分为32.5、32.5R、42.5、42.5R、52.5、52.5R六个等级。

4）复合硅酸盐水泥的强度等级分为32.5R、42.5、42.5R、52.5、52.5R五个等级。

第七节　金属结构工程

一、有关规定

（一）清单计量规定

（1）钢屋架、钢托架、钢桁架、钢桥架以榀计量，按标准图设计的应注明标准图代号，按非标准图设计的项目特征必须描述单榀屋架的质量。

（2）实腹钢柱类型指十字形、T形、L形、H形等；空腹钢柱类型指箱形、格构式等；钢梁类型指H形、L形、T形、箱形、格构式等；钢支撑、钢拉条类型指单式、复式；钢檩条类型指型钢式、格构式；钢漏斗形式指方形、圆形；天沟形式指矩形沟或半圆形沟。

（3）型钢混凝土柱、梁中的钢筋和混凝土，应按规范附录E混凝土及钢筋混凝土工程中相关项目编码列项。

（4）钢板楼板上浇筑钢筋混凝土，其混凝土和钢筋应按规范附录E混凝土及钢筋混凝土工程中相关项目编码列项。

（5）压型钢楼板按钢楼板项目编码列项。

（6）钢墙架项目包括墙架柱、墙架梁和连接杆件。

（7）加工铁件等小型构件，应按零星钢构件项目编码列项。

（8）金属构件的切边，不规则及多边形钢板发生的损耗在综合单价中考虑。

（9）防火要求指耐火极限。

（二）定额规定

1. 金属结构制作、安装

（1）构件制作若采用成品构件，按各省、自治区、直辖市造价管理机构发布的信息价执行；如采用现场制作或施工企业附属加工厂制作，可参照本定额执行。

（2）构件制作项目中钢材按Q235钢编制，构件设计使用的钢材强度等级、型材组成比例与定额不同时，可按设计图纸进行调整；配套焊材单价相应调整，用量不变。

（3）构件制作项目中钢材的损耗量已包括了切割和制作损耗，对于设计有特殊要求的，消耗量可进行调整。

（4）构件制作项目已包括加工厂预装配所需的人工、材料、机械台班用量及预拼装平台摊销费用。

（5）钢网架制作、安装项目按平面网格结构编制，如设计为筒壳、球壳及其他曲面结构，其制作项目人工、机械乘以系数1.3，安装项目人工、机械乘以系数1.2。

（6）钢桁架制作、安装项目按直线形桁架编制，如设计为曲线、折线形桁架，其制作项目人工、机械乘以系数1.3，安装项目人工、机械乘以系数1.2。

（7）构件制作项目中焊接H型钢构件均按钢板加工焊接编制，实际采用成品H型钢的，主材按成品价格进行换算，人工、机械及除主材外的其他材料乘以系数0.6。

（8）定额中圆（方）钢管构件按成品钢管编制，实际采用钢板加工而成的，主材价格调整，加工费用另计。

（9）构件制作按构件种类及截面形式不同套用相应项目，构件安装按构件种类及质量不同套用相应项目。构件安装项目中的质量指按设计图纸所确定的构件单元质量。

（10）轻型屋架是指单榀质量在1t以内，且用角钢或圆钢、管材作为支撑、拉杆的钢屋架。

（11）实腹钢柱（梁）是指H形、箱形、T形、L形、十字形等，空腹钢柱是指格构式等。

（12）制动梁、制动板、车挡套用钢吊车梁相应项目。

（13）柱间、梁间、屋架间的H形或箱形钢支撑，套用相应的钢柱或钢梁制作、安装项目；墙架柱、墙架梁和相配套的连接杆件套用钢墙架相应项目。

（14）型钢混凝土组合结构中的钢构件套用本定额相应的项目，制作项目人工、机械乘以系数1.15。

（15）钢栏杆（钢护栏）定额适用于钢楼梯、钢平台及钢走道板等与金属结构相连的栏杆，其他部位的栏杆、扶手应套用定额“第十五章　其他装饰工程”中相应的项目。

（16）基坑围护中的格构柱套用本定额相应项目，其中制作项目（除主材外）乘以系数0.7，安装项目乘以系数0.5。同时，应考虑钢格构柱拆除、回收残值等因素。

（17）单件质量在25kg以内的加工铁件套用本定额中的零星构件。需埋入混凝土中的铁件及螺栓套用定额“第五章　混凝土及钢筋混凝土工程”中相应项目。

（18）构件制作项目中未包括除锈工作内容，发生时套用相应项目。其中喷砂或抛丸除锈项目按 Sa2.5 除锈等级编制，如设计为 Sa3 级，则按定额乘以系数 1.1，如设计为 Sa2 级或 Sa1 级，则按定额乘以系数 0.75；手工及动力工具除锈项目按 St3 除锈等级编制，如设计为 St2 级，则按定额乘以系数 0.75。

（19）构件制作项目中未包括油漆工作内容，设计有要求时，套用定额“第十四章 油漆、涂料、裱糊工程”中相应项目。

（20）构件制作、安装项目中已包括了按照质量验收规范要求所需的磁粉探伤、超声波探伤等常规检测费用。

（21）钢结构构件，15t 及以下构件按单机吊装编制，其他按双机抬吊考虑吊装机械，网架按分块吊装考虑配置相应机械。

（22）钢构件安装项目按檐高 20m 以内、跨内吊装编制，实际须采用跨外吊装的，应按施工方案进行调整。

（23）钢结构构件，采用塔吊吊装的，将钢构件安装项目中的汽车式起重机 20t、40t 分别调整为自行式塔式起重机 2500kN·m、3000kN·m，人工及起重机械乘以系数 1.2。

（24）钢构件安装项目中已考虑现场拼装费用，但未考虑分块或整体吊装的钢网架、钢桁架地面平台拼装摊销，如发生则套用现场拼装平台摊销定额项目。

2. 金属结构运输

（1）金属结构构件运输定额是按加工厂至施工现场考虑的，运输距离以 30km 为限，运距在 30km 以上时，按照构件运输方案和市场运价调整。

（2）金属结构构件运输按表 5-47 所示分为三类，套用相应项目。

金属结构构件运输分类表 **表 5-47**

类别	构 件 名 称
一	钢柱、屋架、托架、桁架、吊车梁、网架、钢架桥
二	钢梁、檩条、支撑、拉条、栏杆、钢平台、钢走道、钢楼梯、零星构件
三	墙架、挡风架、天窗架、轻钢屋架、其他构件

（3）金属结构构件运输过程中，遇路桥限载（限高）而发生的加固、拓宽的费用及电车线路和公安交通管理部门的保安护送费用，应另行处理。

3. 金属结构楼（墙）面板及其他

（1）金属结构楼面板和墙面板按成品板编制。

（2）压型楼面板的收边板未包括在楼面板项目内，应单独计算。

二、计量规则

（一）清单计量规则

1. 钢网架

按设计图示尺寸，以质量计算。不扣除孔眼的质量，焊条、铆钉等不另增加质量。

2. 钢屋架

（1）以吨计量，按设计图示尺寸，以质量计算。不扣除孔眼的质量，焊条、铆钉、螺栓等不另增加质量。

（2）以榀计量，按设计图示数量计算。

3. 钢托架、桁架、架桥、柱、梁、吊车梁、支撑、拉条、檩条、天窗架、挡风架、墙架、平台、走道、梯、护栏、漏斗、天沟、支架、零星构件

按设计图示尺寸，以质量计算。不扣除孔眼的质量，焊条、铆钉、螺栓等不另增加质量。

（1）依附在钢柱上的牛腿及悬臂梁等并入钢柱工程量内。

（2）钢管柱上的节点板、加强环、内衬管、牛腿等并入钢管柱工程量内。

（3）钢制动梁、制动板、制动桁架、车挡并入钢吊车梁工程量内。

（4）依附漏斗或天沟的型钢并入漏斗或天沟工程量内。

4. 钢板楼板

按设计图示尺寸，以铺设水平投影面积计算，不扣除单个面积不大于 $0.3m^2$ 的柱、垛及孔洞所占面积。

5. 钢板墙板

按设计图示尺寸，以铺挂展开面积计算，不扣除单个面积不大于 $0.3m^2$ 的梁、孔洞所占面积，包角、包边、窗台泛水等不另增加面积。

6. 成品空调金属百叶护栏、成品栅栏、金属网栏

按设计图示尺寸，以框外围展开面积计算。

7. 成品雨篷

（1）以米计量，按设计图示尺寸，以接触边长度计算；

（2）以平方米计量，按设计图示尺寸，以展开面积计算。

8. 砌块墙钢丝网加固、后浇带金属网

按设计图示尺寸，以面积计算。

（二）定额计量规则

1. 金属构件制作

金属构件工程量按设计图示尺寸乘以理论质量计算。不扣除单个面积不大于 $0.3m^2$ 的孔洞质量，焊缝、铆钉、螺栓等不另增加质量。

（1）钢网架的焊接空心球网架质量包括连接钢管杆件、连接球、支托和网架支座等零件的质量，螺栓球节点网架质量包括连接钢管杆件（含高强螺栓、销子、套筒、锥头或封板）、螺栓球、支托和网架支座等零件的质量。

（2）依附在钢柱上的牛腿及悬臂梁等的质量并入钢柱的质量内，钢柱上的柱脚板、加劲板、柱顶板、隔板和肋板并入钢柱工程量内。

（3）钢管柱上的节点板、加强环、内衬板（管）、牛腿等并入钢管柱的质量内。

（4）钢平台的工程量包括钢平台的柱、梁、板、斜撑等的质量；依附于钢平台上的钢扶梯及平台栏杆，应按相应构件另行列项计算。

(5) 钢楼梯的工程量包括楼梯平台、楼梯梁、楼梯踏步等的质量，钢楼梯上的扶手、栏杆另行列项计算。

(6) 钢栏杆包括扶手的质量，合并套用钢栏杆项目。

(7) 机械或手工及动力工具除锈按设计要求以构件质量计算。

2. 金属构件运输、安装

(1) 金属结构构件运输、安装工程量同制作工程量。

(2) 钢构件现场拼装平台摊销工程量按实施拼装构件的工程量计算。

3. 金属结构楼（墙）面板及其他

(1) 楼面板按设计图示尺寸，以铺设面积计算，不扣除单个面积不大于 $0.3m^2$ 的柱、垛及孔洞所占面积。

(2) 墙面板按设计图示尺寸，以铺设面积计算，不扣除单个面积不大于 $0.3m^2$ 的梁、孔洞所占面积。

(3) 钢板天沟按设计图示尺寸，以质量计算，依附天沟的型钢并入天沟的质量内计算；不锈钢天沟、彩钢板天沟按设计图示尺寸，以长度计算。

(4) 金属结构安装使用的高强螺栓、花篮螺栓和剪力栓钉按设计图纸的数量以“套”为单位计算。

(5) 槽铝檐口端面封边包角、混凝土浇捣收边板高度按 150mm 考虑，工程量按设计图示尺寸，以延长米计算；其他材料的封边包角、混凝土浇捣收边板高度按设计图示尺寸以展开面积计算。

（三）金属结构项目工作内容

1. 清单项目工作内容：拼装、安装、探伤、补刷油漆。

清单项目工程内容：制作、运输、拼装、安装。

2. 定额项目工作内容

以钢屋架为例，其他项目见定额项目表的工作内容。

(1) 制作：放样，划线，截料，平直，钻孔，拼装，焊接，成品矫正，成品编号，堆放，探伤检测。

(2) 运输：装车绑扎、运输、按指定地点卸车、堆放。

(3) 安装：放线，卸料，检验，划线，构件拼装，加固，翻身就位，绑扎吊装，校正，焊接，固定，补漆，清理等。

(4) 拼装：钢构件安装项目中已考虑现场拼装费用，但未考虑分块或整体吊装的钢网架、钢桁架地面平台拼装摊销，如发生则套用现场拼装平台摊销定额项目。

三、计量方法

金属结构制作，按图示钢材尺寸以重量计算，不扣除孔眼、切边的重量。焊条、铆钉、螺栓等的重量，已包括在定额内，不另计算。在计算不规则或多边形钢板重量时，均以其最大对角线的矩形面积计算，当最大对角线的尺寸超过钢板的规格时，应按钢板的规格分段计算。

多边形钢板重量=最大对角线长度×最大宽度 ×面积密度(kg/m^2)

不规则或多边形钢板按矩形计算，如图 5-125 所示，即：$S=A\times B$。

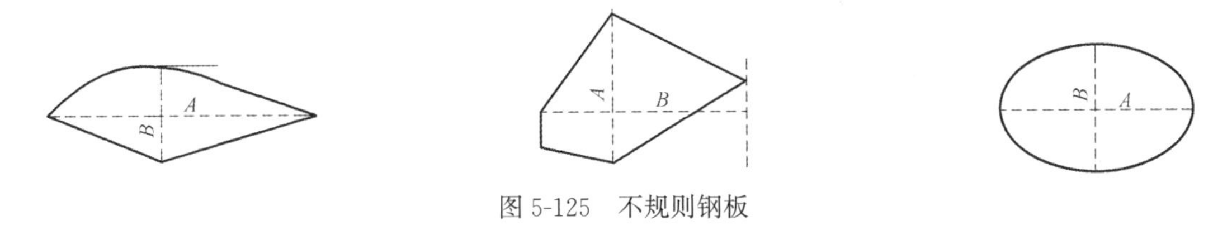

图 5-125　不规则钢板

【例 5-33】 某工程钢屋架如图 5-126 所示，请计算钢屋架工程量并确定定额编号。

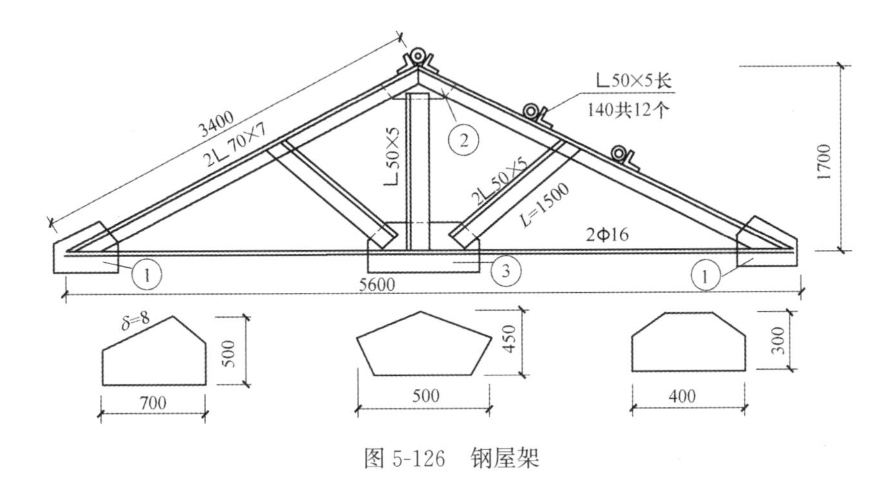

图 5-126　钢屋架

解： 上弦重量=3.40×2×2×7.398=100.61（kg）

下弦重量=5.60×2×1.58=17.70（kg）

立杆重量=1.70×3.77=6.41（kg）

斜撑重量=1.50×2×2×3.77=22.62（kg）

① 号连接板重量=0.7×0.5×2×62.80=43.96（kg）

② 号连接板重量=0.5×0.45×62.80=14.13（kg）

③ 号连接板重量=0.4×0.3×62.80=7.54（kg）

檩托重量=0.14×12×3.77=6.33（kg）

屋架工程量=100.61+17.70+6.41+22.62+43.96+14.13+7.54+6.33=219.30（kg）

屋架制作：根据定额第六章说明第二条第 10 款，单榀质量在 1t 以内的为轻钢屋架，套用定额编号 6-4。

屋架运输 5km：根据定额第六章说明第三条第 2 款，轻钢屋架为三类构件，套用定额编号 6-47。

屋架安装：套用定额编号 6-52。

四、基础知识

钢结构的生产工艺：

1. 放样

放样工作包括：核对图纸的安装尺寸，核对各部分的尺寸，以 1∶1 的大样放出节点，制作样板和样杆。

2. 号料

号料工作包括：检查核对材料，在材料上划出切割、铣、刨、弯曲、钻孔等加工位置，标出零件编号等。

3. 下料

钢材下料的方法有氧割、机切、冲模落料和锯切等。

（1）氧割

氧割或气割系以氧气和燃料燃烧时产生的高温来熔化钢材，并以高压氧气流予以氧化和吹扫，形成割缝，达到切割金属的目的。

常用的氧割和气割的设备如下：

1）手动和自动割枪

2）CG_1-30 型半自动切割机

3）CG_2-150 型仿形切割机

（2）带锯机下料

带锯机用于切断型钢、圆钢、方钢等，其效率高，切断面质量较好。

（3）砂轮锯下料

砂轮锯适用于锯切薄壁型钢，如方管、圆管、z 形和 c 形断面的薄壁型钢等。

（4）无齿锯下料

此法是依靠高速摩擦将工件熔化，形成切口。

（5）冲剪下料

用机械进行下料。

4. 平直

利用型钢矫正机（辊式型钢矫正机、机械顶直矫正机）、辊式平板机和火焰矫正的方法平直。

5. 边缘加工

在钢结构加工中，一般需要边缘加工，但近年来通常以精密切割代替刨铣。

6. 半成品和零件组装成型

7. 拼装

把制备完成的半成品和零件按图纸规定的运输单元，装成构件或其部件，然后连接成为整体。

8. 连接

钢结构的连接是采用一定方式将各个杆件连成整体。连接的方法有焊接、铆接、普通螺栓连接和高强螺栓连接等。目前运用最多的是焊接和高强螺栓连接。

9. 成品矫正

使用翼缘矫平机、撑直机、油压机、压力机等机械进行矫正。

10. 成品表面处理

（1）摩擦面的处理

摩擦面的加工是指使用高强螺栓作连接节点处的钢材表面加工。

摩擦面的处理一般有喷砂、喷丸、酸洗、砂轮打磨等几种方法。

1）喷砂（丸）：喷砂（丸）应选用粒径 1.5～4.0mm 的干石英砂，在风压 0.4～0.6N/mm^2，喷嘴直径 10mm，喷嘴距离钢材表面 100～150mm 的条件下进行喷射处理。但由于喷砂对空气的污染过于严重，在城区不允许使用。目前推广采用的磨料是钢丸。

2）酸洗加工的硫酸浓度为 18%，温度 70～80℃，停留 30～40min。中和用石灰水，温度 60℃左右，停留 1～2min，再继续放入 1～2min 出槽。清洗时水温 60℃左右，清洗 2～3 次。

3）砂轮打磨

用手提式电动砂轮进行打磨。

（2）钢结构表面处理

钢结构在涂层之前应进行除锈处理，绣除得干净则可提高底漆的附着力，直接关系到涂层质量的好坏。

构件表面的除锈方法分喷射、抛射除锈和手工或动力工具除锈两大类。

喷射、抛射除锈设备的种类较多，通过式抛丸清理机是其中的一种，适用于各种型钢和板材的表面清理。

11. 钢结构的油漆

涂料、涂装遍数、涂层厚度均应符合设计文件的要求。当设计文件对涂层厚度无要求时，宜涂装四至五遍，涂层干漆膜总厚度应达到以下要求：室外应大于 150μm，室内应大于 125μm。涂层中有几层在工厂涂装，几层在工地涂装，应在合同中规定。

12. 钢结构的运输

公路运输装运的高度极限为 4.5m，如需通过隧道，则高度极限为 4.0m，构件长出车身不得超过 2m。

13. 钢结构的安装

选择安装机械是钢结构安装的关键。单层工业厂房面积大，宜用移动式起重设备；重型钢结构厂房，可选用起重量大的履带式起重机。高层建筑钢结构安装皆用塔式起重机，要求塔式起重机的臂杆长度具有足够的覆盖面，要有足够的起重能力，满足不同部位构件的起吊要求，起吊速度要有足够档次，满足安装需要。

14. 钢结构构件的连接

钢结构的现场连接，主要采用高强度螺栓和电焊连接。

（1）钢结构的电焊连接

柱与柱、柱与梁之间的焊接多为坡口焊。钢结构焊接的焊条取决于钢结构所用的钢材种类，我国在《焊接 H 型钢》YB 3301—1981 中已有规定。

厚度大于 50mm 的碳素结构钢和厚度大于 36mm 的低合金钢，施焊前应进行预热，焊后应进行后热。

柱与柱的对焊接，应由两名焊工在相对面等温、等速对称焊接。柱与梁接头的焊接，应设长度大于 3 倍焊缝厚度的引弧板。

（2）钢结构的高强度螺栓连接

高强度螺栓连接分为摩擦型连接和承压型连接两种。前者以连接件之间产生相对滑移作为其承载能力极限状态，后者以螺栓或连接件达到最大承载能力作为其承载能力极限状态。

15. 钢网架安装

钢网架安装方法根据其结构形式和施工条件的不同，有高空拼装法、整体安装法和高空滑移法。

（1）高空拼装法

钢网架用高空拼装法进行安装，是先在设计位置处搭设拼装支架，然后用起重机把网架构件分件（或分块）吊至空中的设计位置，在支架上进行拼装。此法有时不需大型起重设备，但拼装支架用量大，高空作业多。因此，对于高强螺栓连接的、用型钢制作的网架或螺栓球节点的钢管网架较适宜。

（2）整体安装法

整体安装法就是先将网架在地面上拼装成整体，然后用起重设备或千斤顶将其整体提升到设计位置上加以固定。这种施工方法不需高大的拼装支架，高空作业少，易保证焊接质量，但需要起重量大的起重设备，技术复杂。根据所用设备的不同，整体安装法又分为多机抬吊法、拔杆提升法、千斤顶提升法等。

1）多机抬吊法

此法适用于高度和重量都不大的中、小型网架结构。

2）拔杆提升法

球节点的大型钢管网架的安装，可用拔杆提升法。

3）提（爬）升法

提升法即利用液压千斤顶、钢绞线和承重支架将网架整体或分块逐步提升至设计位置。液压千斤顶有提升、爬升两种工作方式。

（3）高空滑移法

近年来网架屋盖采用高空平行滑移法施工的情况逐步增多，它尤其适用于影剧院、礼堂等工程。这种施工方法，网架多在建筑物前厅顶板上设拼装平台进行拼装（亦可在观众厅看台上搭设拼装平台进行拼装），待第一个拼装单元（或第一段）拼装完毕，即将其下落至滑移轨道上，用牵引设备（多用人力绞磨）通过滑轮组将拼装好的网架向前滑移一定距离。接下来在拼装平台上拼装第二个拼装单元（或第二段），拼好后连同第一个拼装单元（或第一段）一同向前滑移，如此逐段拼装，不断向前滑移，直至整个网架拼装完毕并滑移至就位位置。

第八节　木结构工程

一、有关规定

（一）清单计量规定

（1）屋架的跨度应按上、下弦中心线两交点之间的距离计算。

（2）带气楼的屋架和马尾、折角以及正交部分的半屋架，按相关屋架项目编码列项。

（3）以榀计量，按标准图设计的，项目特征必须标注标准图代号；按非标准图设计的，项目特征必须按本表要求予以描述。

（4）木楼梯的栏杆（栏板）、扶手，应按规范附录 Q“其他装饰工程”中的相关项目编码列项。

（5）以米计量，项目特征必须描述构件规格尺寸。

（二）定额规定

（1）木材种类均以一、二类木种为准，如采用三、四类木种，相应定额人工和机械应乘以系数 1.35。

（2）设计刨光的屋架、檩条、屋面板在计算木料体积时，应加刨光损耗。方木一面刨光加 3mm，两面刨光加 5mm；圆木直径加 5mm；板一面刨光加 2mm，两面刨光加 3.5mm。

（3）屋架跨度是指屋架两端上、下弦中心线交点之间的距离。

（4）屋面板制作厚度不同时可进行调整。

（5）木屋架、钢木屋架定额项目中的钢板、型钢、圆钢用量与设计不同时，可按设计数量另加 8%的损耗进行换算，其余不再调整。

二、计量规则

（一）木屋架

1. 清单计量规则：

木屋架：以榀计量，按设计图示数量计算；以立方米计量，按设计图示的规格尺寸以体积计算。

钢木屋架：以榀计量，按设计图示数量计算。

2. 定额计量规则：

（1）木屋架工程量按设计图示的规格尺寸，以体积计算。附属于其上的木夹板、垫木、风撑、挑檐木、檩条三角木均按木料体积并入屋架工程量内。

（2）圆木屋架上的挑檐木、风撑等，设计规定为方木时，应将方木木料体积乘以系数1.7折合成圆木，并入圆木屋架工程量内。

（3）钢木屋架工程量按设计图示的规格尺寸，以体积计算。定额内已包括钢构件的用量，不再另行计算。

（4）带气楼的屋架，其气楼屋架并入所依附的屋架工程量内计算。

（5）屋架的马尾、折角和正交部分的半屋架，应并入相连的屋架工程量内计算。

（二）木构件

1. 木柱、木梁

按设计图示尺寸，以体积计算。

2. 木檩

（1）清单计量规则：①以立方米计量，按设计图示尺寸，以体积计算；②以米计量，按设计图示尺寸，以长度计算。

（2）定额计量规则：按设计图示的规格尺寸，以体积计算。单独挑檐木并入檩条工程量内。檩托木、檩垫木已包括在定额项目内，不另计算。

简支檩条长度按设计规定计算，设计无规定时，按相邻屋架或山墙中距增加0.2m接头计算，两端出山墙檩条算至博风板；连续檩的长度按设计长度增加5%的接头长度计算。

3. 木地楞

定额计量规则：按设计图示尺寸以体积计算。定额内已包括平撑、剪刀撑、游檐木的用量，不再另行计算。

4. 木楼梯

木楼梯按设计图示尺寸，以水平投影面积计算，不扣除宽度小于300mm的楼梯井所占面积，伸入墙内部分不计算。

5. 其他木构件

清单计量规则：以立方米计量，按设计图示尺寸，以体积计算；以米计量，按设计图示尺寸，以长度计算。

（三）屋面木基层

（1）清单计量规则：按设计图示尺寸，以斜面积计算。不扣除房上烟囱、风帽底座、风道、小气窗、斜沟等所占面积。小气窗的出檐部分不增加面积。

（2）定额计量规则：

1）屋面椽子、屋面板、挂瓦条、竹帘子的工程量按设计图示尺寸，以屋面斜面积计算，不扣除屋面烟囱、风帽底座、风道、小气窗及斜沟等所占面积。小气窗的出檐部分亦不增加面积。

2）封檐板工程量按设计图示尺寸，以檐口外围长度计算。博风板按斜长度计算，每个大刀头增加长度 0.5m。

三、计量方法

木屋架、钢木屋架、木檩的工程量按设计图示的规格尺寸，以体积计算。附属木屋架上的木夹板、垫木、风撑、挑檐木、檩条三角木均按木料体积并入屋架工程量内。钢木屋架定额内已包括钢构件的用量，不再另行计算。木屋架、钢木屋架定额项目中的钢板、型钢、圆钢用量与设计不同时，可按设计数量另加 8%的损耗进行换算。

原木设计的直径是原木的小头直径（尾径）。原木的体积，能查原木材积表的，可查原木材积表；不能查原木材积表的，应按照原木材积计算公式计算。

2. 屋面板工程量按设计图示尺寸，以屋面斜面积计算。定额屋面板划分为制作和安装两个子目，屋面板制作厚度不同时，可进行调整。

设计刨光的屋架、檩条、屋面板在计算木料体积时，应加刨光损耗。方木一面刨光加 3mm，两面刨光加 5mm；原木直径加 5mm；板一面刨光加 2mm，两面刨光加 3.5mm。

【例 5-34】 某工程钢木屋架如图 5-127 所示，上下弦 ϕ14cm，斜撑 ϕ10cm，方挑檐木 12cm×10cm×120cm，数量 2 榀，请计算其工程量。

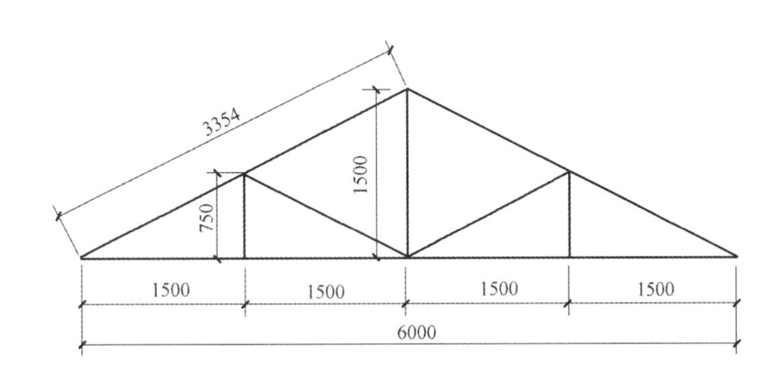

图 5-127　钢木屋架

解： 跨度 4m 以内的原木木屋架工程量：

上弦：$V=0.7854L\times[D+0.5L+0.005L^2+0.000125L\times(14-L)^2\times(D-10)]^2\div 10000\times 2$

$=0.7854\times 3.354\times[14+0.5\times 3.354+0.005\times 3.354^2+0.000125\times 3.354(14-3.354)^2(14-10)]^2\div 10000\times 2$

$=0.134$ （m^3/榀）

下弦：$V=0.7854L\times[D+0.5L+0.005L^2+0.000125L\times(14-L)^2\times(D-10)]^2\div10000$

$=0.7854\times6.6\times[14+0.5\times6.6+0.005\times6.6^2+0.000125\times6.6\times(14-6.6)^2\times(14-10)]^2\div10000\times2$

$=0.162$ （m^3/榀）

斜撑：$V=0.7854L\times(D+0.45L+0.2)^2\div10000\times2$

$=0.7854\times(3.354/2)\times(10+0.45\times1.677+0.2)^2\div10000\times2$

$=0.032$ （m^3/榀）

方挑檐木：$V=0.12\times0.1\times1.2\times2$

$=0.029$ （m^3/榀）

木屋架工程量合计：$V=(0.134+0.162+0.032+0.029\times1.7)\times2$

$=0.755(m^3)$

【例 5-35】 某工程檩条如图 5-128 所示，檩条 ϕ12cm，请计算其工程量。

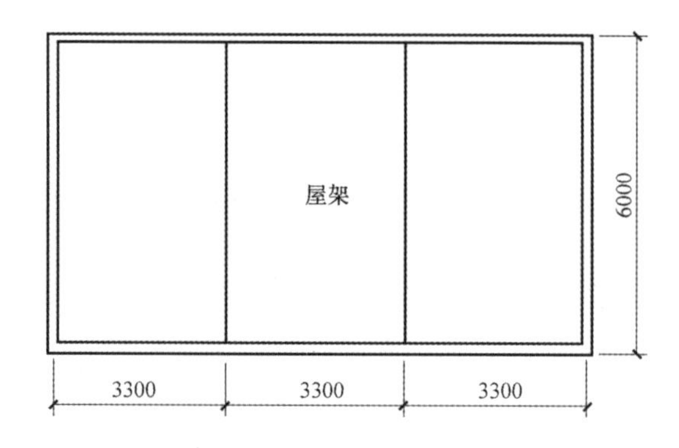

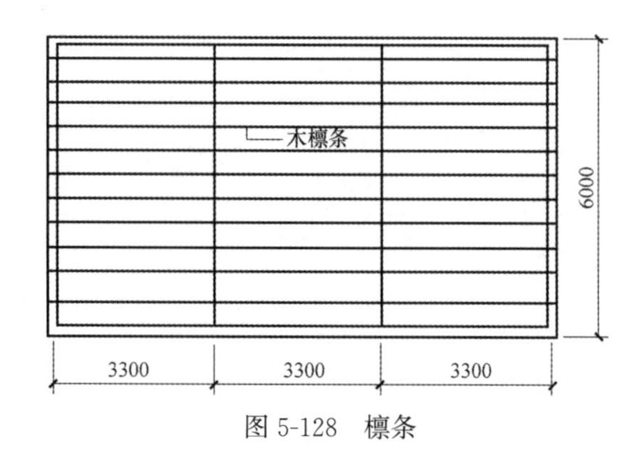

图 5-128　檩条

解：原木檩条工程量：

根据定额计量规则，檩条长度 $L=3.3+0.2=3.5$ （m），查原木材积表，ϕ12cm、L3.5m，材积为 $0.052m^3$。

檩条工程量：$V=0.052\times39=2.028$ （m^3）

四、基础知识

1. 原木材积计算公式

（1）检尺径为 4～12cm 的小径原木材积

$$V=0.7854L\times[D+0.45L+0.005L^2+0.2]^2\div10000 \quad (5\text{-}61)$$

（2）检尺径为 14cm 以上的原木材积

$$V=0.7854L\times[D+0.5L+0.005L^2+0.000125L\times(14-L)^2\times(D-10)]^2\div10000 \quad (5\text{-}62)$$

式中：V——材积（m^3）；

L——检尺长（m）；

D——检尺径（cm）。

2. 木材的树种、材种分类

木材的树种、材种分类见表 5-48。

木材的树种、材种分类表　　表 5-48

分类标准	分类名称	说　　明	主要用途
按树种分类	针叶树	树叶细长如针，多为常绿树。材质一般较软，有的含树脂，故又称软材，如红松、落叶松、云杉、冷杉、杉木、柏木等，都属此类	建筑工程，桥梁，家具，造船，坑木，枕木，桩木，机械模型等
	阔叶树	树叶宽大，叶脉成网状，大都为落叶树，材质较坚硬，故称硬材，如樟木、榉木、水曲柳、青冈、柚木、山毛榉、色木等，都属此类。也有少数质地较软的，如桦木、椴木、山杨等，属于此类	建筑工程，机械制造，造船，车辆，桥梁，枕木，家具，坑木及胶合板等
按材种分类	原条	系指已经除去皮、根、树梢的木料，但尚未按一定尺寸加工成规定的材类	建筑工程的脚手架，建筑用材，家具等
	原木	系指已经除去皮、根、树梢的木料，并已按一定尺寸加工成规定直径和长度的材料	1. 直接使用的原木：用于建筑工程的屋架、檩、椽，桩木，坑木等 2. 加工原木：用于胶合板、造船、车辆、机械模型及一般加工用材等
	锯材	系指已经加工锯解成材的木料。凡宽度为厚度的 3 倍或 3 倍以上的，称为板材，不足 3 倍的称为方材	建筑工程，桥梁，家具，造船，车辆，包装箱板等

注：目前原木、原条，有的去皮，有的不去皮。但不去皮者，其皮不计在木材材积以内。

3. 锯材规格分类

锯材规格分类见表 5-49。

板、方材规格分类表 **表 5-49**

分类名称		规格	
板材	薄板	厚度	≤1.8cm
	中板	厚度	1.9～3.5cm
	厚板	厚度	3.6～6.5cm
	特厚板	厚度	≥6.6cm
方材	小方	断面面积	≤ $54cm^2$
	中方	断面面积	$55～100cm^2$
	大方	断面面积	$101～225cm^2$
	特大方	断面面积	≥$226cm^2$

4. 原木等级指标（标准已作废，仅供参考）

原木等级指标见表 5-50。

原木等级指标表 **表 5-50**

缺陷名称	检量方法	限度		
		一等	二等	三等
活节、死节	最大尺寸不得超过检尺径的(%)	15	40	不限
	任意材长 1m 范围内的个数不得超过	5 个	10 个	不限
漏节	在全材长范围内的个数不得超过	不许有	1 个	2 个
边材腐朽	厚度不得超过检尺径的(%)	不许有	10	20
心材腐朽	面积不得超过检尺径断面面积的(%)	大头允许 小头不许有	16	36
虫眼	任意材长 1m 范围内的个数不得超过	不许有	20 个	不限
纵裂、外夹皮	长度不得超过检尺长的:杉木,其他针叶(%)	20 10	40	不限
弯曲	最大拱高不得超过该弯曲内曲水平长的(%)	1.5	3	6
扭转纹	一头 1m 长范围内的纹理倾斜高(宽度)不得超过检尺径的(%)	20	50	不限
外伤、偏枯	深度不得超过检尺径的(%)	20	40	不限

注：评定原木等级时，有两种或几种缺陷时，以降等最低的一种缺陷为准。缺陷超过针、阔叶原木三等材限度规定者，统按等外原木处理。

5. 锯材的等级指标

锯材的等级指标见表 5-51。

6. 原木的尺寸检量

（1）原木径级

1）原木径级以小头通过断面中心的最小直径为检尺径。

2）检尺径以 2cm 为增进单位。

锯材的等级指标表　　表 5-51

缺陷名称	检量方法	允许限度							
		针叶树				阔叶树			
		特等锯材	普通锯材			特等锯材	普通锯材		
			一等	二等	三等		一等	二等	三等
活节、死节	最大尺寸不得超过材宽的(%)	10	20	40	不限	10	20	40	不限
	任意材长 1m 范围内的个数不得超过	3	5	10	不限	2	4	6	不限
腐朽	面积不得超过所在材面面积的(%)	不许有	不许有	10	25	不许有	不许有	10	25
裂纹、夹皮	长度不得超过材长的(%)	5	10	30	不限	10	15	40	不限
虫害	任意材长 1m 范围内的个数不得超过	不许有	不许有	15	不限	不许有	不许有	8	不限
纯棱	最严重缺角尺寸不得超过材宽的(%)	10	25	50	80	15	25	50	80
弯曲	横弯不得超过(%)	0.3	0.5	2	3	0.5	1	2	4
	顺弯不得超过(%)	1	2	3	不限	1	2	3	不限
斜纹	纹理倾斜高不得超过水平长的(%)	5	10	20	不限	5	10	20	不限

(2) 原木长级

1) 原木实际长度如大于标准规定的长度而又不足较大一级的规定尺寸时，其多余部分不计（如实际长度为 6.7m，而原木标准规定的长度为 6.5m 和 7m，则原木长度即按 6.5m 计算）。

2) 检尺长以 0.2m 为增进单位。

7. 福建省建筑工程木材成材价格计算办法

(1) 锯切用原木等级、规格的取定：

1) 杉木的等级按一等材 70%、二等材 30%，口径按 8～12cm 与 14～18cm，长度按 2～3.8m 与 4～5.8m 各 50%为准。

2) 松木的等级按一等材 70%、二等材 30%，口径按 30～38cm，长度按 2～3.8m 为准。

3) 硬杂木的等级按一等材 70%、二等材 30%，口径按 30～38cm，长度按 2～3.8m 为准。

(2) 原木锯切成材出材率

出材率为成材体积与耗用的原木材积的百分比，表示原木利用的程度。

出材率系数为出材率的倒数。表达式为：

$$出材率系数=\frac{1}{出材率} \tag{5-63}$$

杉木、松木综合出材率不低于68%，硬杂木综合出材率不低于50%。按材种与成材分：

1）杉木、松木

薄板厚度1.4cm以下：　　59%

薄板厚度1.5～1.8cm：　　61%

中板、中小方：　　67.5%

厚板、大方：　　72%

2）硬杂木

薄板：　　47%

中板、中小方：　　52%

厚板、大方：　　55.5%

（3）成材出厂价格

$$成材出厂价格=原木综合价格\times出材率系数+锯木加工费 \tag{5-64}$$

第九节　门窗工程

一、有关规定

（一）清单计量规定

1. 木门

（1）木质门应区分镶板木门、企口木板门、实木装饰门、胶合板门、夹板装饰门、木纱门、全玻门（带木质扇框）、木质半玻门（带木质扇框）等项目，分别编码列项。

（2）木门五金应包括：铰链、插销、门碰珠、弓背拉手、搭机、木螺钉、弹簧铰链（自动门）、管子拉手（自由门、地弹门）、地弹簧（地弹门）、角铁、门轧头（地弹门、自由门）等。

（3）木质门带套计量按洞口尺寸，以面积计算，不包括门套的面积。

（4）单独制作、安装木门框，按木门框项目编码列项。

（5）以樘计量，项目特征必须描述洞口尺寸，以平方米计量，项目特征可不描述洞口尺寸。

2. 金属门

（1）金属门应区分金属平开门、金属推拉门、金属地弹门、全玻门（带金属扇框）、金属半玻门（带扇框）等项目，分别编码列项。

（2）铝合金门五金包括：地弹簧、门锁、拉手、门插、门铰、螺钉等。

（3）金属门五金包括：L形执手插锁（双舌）、执手锁（单舌）、门轨头、地锁、防盗门机、门眼（猫眼）、门碰珠、电子锁（磁卡锁）、闭门器、装饰拉手等。

（4）以樘计量，项目特征必须描述洞口尺寸，如没有洞口尺寸，必须描述门框或扇外围尺寸；以平方米计量，项目特征可不描述洞口尺寸及框、扇的外围尺寸。

（5）以平方米计量，无设计图示洞口尺寸，按门框、扇外围尺寸以面积计算。

3. 金属卷帘（闸）门

以樘计量，项目特征必须描述洞口尺寸，以平方米计量，项目特征可不描述洞口尺寸。

4. 厂库房大门、特种门

（1）特种门应区分冷藏门、冷冻间门、保温门、变电室门、隔声门、放射线门、人防门、金库门等项目，分别编码列项。

（2）以樘计量，项目特征必须描述洞口尺寸，如没有洞口尺寸，必须描述门框或扇外围尺寸；以平方米计量，项目特征可不描述洞口尺寸及框、扇的外围尺寸。

（3）以平方米计量，无设计图示洞口尺寸，按门框、扇外围尺寸以面积计算。

5. 其他门

（1）以樘计量，项目特征必须描述洞口尺寸，如没有洞口尺寸，必须描述门框或扇外围尺寸；以平方米计量，项目特征可不描述洞口尺寸及框、扇的外围尺寸。

（2）以平方米计量，无设计图示洞口尺寸，按门框、扇外围尺寸以面积计算。

6. 木窗

（1）木质窗应区分百叶窗、组合窗、天窗、固定窗、装饰空花窗等项目，分别编码列项。

（2）木窗五金包括：铰链、插销、风钩、木螺钉、滑轮滑轨（推拉窗）等。

（3）木橱窗、木飘（凸）窗以樘计量，项目特征必须描述框截面及外围展开面积。

（4）以樘计量，项目特征必须描述洞口尺寸，如没有洞口尺寸，必须描述窗框外围尺寸；以平方米计量，项目特征可不描述洞口尺寸及框的外围尺寸。

（5）以平方米计量，无设计图示洞口尺寸，按窗框外围尺寸以面积计算。

7. 金属窗

（1）金属窗应区分组合窗、防盗窗等项目，分别编码列项。

（2）金属窗五金包括：铰链、螺钉、执手、卡锁、铰拉、风撑、滑轮、滑轨、拉把、拉手、角码、牛角制等。

（3）金属橱窗、飘（凸）窗以樘计量，项目特征必须描述窗框外围展开面积。

（4）以樘计量，项目特征必须描述洞口尺寸，如没有洞口尺寸，必须描述窗框外围尺寸；以平方米计量，项目特征可不描述洞口尺寸及框的外围尺寸。

（5）以平方米计量，无设计图示洞口尺寸，按窗框外围尺寸以面积计算。

8. 门窗套

（1）以樘计量，项目特征必须描述洞口尺寸、门窗套展开宽度。

（2）以平方米计量，项目特征可不描述洞口尺寸、门窗套展开宽度。

（3）以米计量，项目特征必须描述门窗套展开宽度、筒子板及贴脸宽度。

（4）木门窗套适用于单独门窗套的制作、安装。

9. 窗帘、窗帘盒、轨

（1）窗帘若是双层，项目特征必须描述每层材质。

（2）窗帘以米计量，项目特征必须描述窗帘高度和宽度。

（二）定额规定

1. 木门

成品套装门安装包括门套和门扇的安装。

2. 金属门、窗

（1）铝合金成品门窗安装项目按隔热断桥铝合金型材考虑，当设计为普通铝合金型材时，按相应项目执行，其中人工乘以系数 0.8。

（2）金属门连窗，门、窗应分别执行相应项目。

（3）彩钢板钢窗附框安装执行彩钢板钢门附框安装项目。

3. 金属卷帘（闸）

（1）金属卷帘（闸）项目是按卷帘侧装（即安装在洞口内侧或外侧）考虑的，当设计为中装（即安装在洞口中）时，按相应项目执行，其中人工乘以系数 1.1。

（2）金属卷帘（闸）项目是按不带活动小门考虑的，当设计为带活动小门时，按相应项目执行，其中人工乘以系数 1.07，材料调整为带活动小门金属卷帘（闸）。

（3）防火卷帘（闸）（无机布基防火卷帘除外）按镀锌钢板卷帘（闸）项目执行，并将材料中的镀锌钢板卷帘换为相应的防火卷帘。

4. 厂库房大门、特种门

（1）厂库房大门项目是按一、二类木种考虑的，如采用三、四类木种，制作按相应项目执行，人工和机械乘以系数 1.3；安装按相应项目执行，人工和机械乘以系数 1.35。

（2）厂库房大门的钢骨架制作以钢材质量计量，已包括在定额中，不再另列项目计算。

（3）厂库房大门门扇上所用铁件均已列入定额，墙、柱、楼地面等部位的预埋铁件另按定额“第五章　混凝土及钢筋混凝土工程”中相应项目执行。

（4）冷藏库门、冷藏冻结间门、防辐射门安装项目包括筒子板制作安装。

5. 其他门

（1）全玻璃门扇安装项目按地弹簧考虑，其中地弹簧消耗量可按实际调整。

（2）全玻璃门门框、横梁、立柱钢架的制作安装及饰面装饰，按本定额门钢架相应项目执行。

(3) 全玻璃门有框亮子安装按全玻璃门有框门扇安装项目执行，人工乘以系数 0.75，地弹簧换为膨胀螺栓，消耗量调整为 277.55 个/100m^2；无框亮子安装按固定玻璃安装项目执行。

(4) 电子感应自动门传感装置、伸缩门电动装置安装项目已包括调试用工。

6. 门钢架、门窗套

(1) 门钢架基层、面层项目未包括封边线条，设计要求时，另按定额“第十五章　其他装饰工程”中相应线条项目执行。

(2) 门窗套、门窗筒子板均执行门窗套（筒子板）项目。

(3) 门窗套（筒子板）项目未包括封边线条，设计要求时，另按定额“第十五章　其他装饰工程”中相应线条项目执行。

7. 窗台板

(1) 窗台板与暖气罩相连时，窗台板并入暖气罩，按定额“第十五章　其他装饰工程”中相应暖气罩项目执行。

(2) 石材窗台板安装项目按成品窗台板考虑。实际为非成品，需现场加工时，石材加工另按定额“第十五章　其他装饰工程”中石材加工相应项目执行。

8. 门五金

(1) 成品木门（扇）安装项目中五金配件的安装仅包括合页安装人工和合页材料费，设计要求的其他五金另按本定额“门五金”中门特殊五金相应项目执行。

(2) 成品金属门窗、金属卷帘（闸）、特种门、其他门安装项目包括五金安装人工费用，五金材料费包括在成品门窗价格中。

(3) 成品全玻璃门扇安装项目中仅包括地弹簧安装的人工和材料费，设计要求的其他五金另按本定额“门五金”中门特殊五金相应项目执行。

(4) 厂库房大门项目均包括五金铁件安装人工费用，五金铁件材料费另按本定额“门五金”中相应项目执行，当设计与定额取定不同时，按设计规定计算。

二、计量规则

1. 门窗（除以下另有列项外）

(1) 清单计量规则：除以下另有规定项目外，以樘计量，按设计图示数量计算；以平方米计量，按设计图示洞口尺寸，以面积计算。

1) 木门框：以樘计量，按设计图示数量计算；以米计量，按设计图示框的中心线尺寸以长度计算。

2) 防护铁丝门、钢质花饰大门：以樘计量，按设计图示数量计算；以平方米计量，按设计图示门框或扇的尺寸，以面积计算。

3) 门锁安装：按设计图示数量计算。

4) 彩板窗、复合材料窗：以樘计量，按设计图示数量计算；以平方米计量，按设计图示洞口或框外围尺寸以面积计算。

（2）定额计量规则：除以下另有规定项目外，均按设计图示洞口尺寸，以面积计算。

1）成品木门框安装按设计图示框的中心线长度计算。

2）成品木门扇安装按设计图示扇面积计算。

3）成品套装木门安装按设计图示数量计算。

4）金属门连窗分别计算门、窗面积，其中窗的宽度算至门框的外边线。

5）金属防盗窗按设计图示扇外围面积计算。

6）彩板钢门窗按设计图示洞口尺寸以面积计算。彩板钢门窗附框按设计图示框的中心线长度计算。

7）金属卷帘（闸）按设计图示卷帘门宽度乘以卷帘门高度（包括卷帘箱高度）以面积计算。电动装置安装按设计图示套数计算。

8）全玻有框门扇按设计图示扇边框外边线尺寸以扇面积计算。

9）全玻无框（条夹）门扇按设计图示尺寸以扇面积计算，高度算至条夹外边线、宽度算至玻璃外边线。

10）全玻无框（点夹）门扇按设计图示玻璃外边线尺寸以扇面积计算。

11）其他门的无框亮子按设计图示门框与横梁或立柱内边缘尺寸以玻璃面积计算。

12）全玻转门按设计图示数量计算。

13）不锈钢伸缩门按设计图示尺寸以长度计算。

14）其他门的传感和电动装置按设计图示套数计算。

2. 门钢架

定额计量规则：

（1）门钢架按设计图示尺寸以质量计算。

（2）门钢架基层、面层按设计图示饰面外围尺寸以展开面积计算。

3. 纱门、纱窗

清单计量规则：木纱窗、金属纱窗，以樘计量，按设计图示数量计算；以平方米计量，按框外围尺寸以面积计算。

定额计量规则：金属纱门扇、纱窗扇按设计图示扇外围面积计算。

4. 橱窗、飘（凸）窗、阳台封闭窗

（1）清单计量规则：橱窗、飘（凸）窗，以樘计量，按设计图示数量计算；以平方米计量，按设计图示尺寸以框外围展开面积计算。

（2）定额计量规则：飘窗、阳台封闭窗按设计图示框型材外边线尺寸以展开面积计算。

5. 门窗套、筒子板、成品门窗套

（1）清单计量规则：以樘计量，按设计图示数量计算；以平方米计量，按设计图示尺寸以展开面积计算；以米计量，按设计图示尺寸以长度计算。

（2）定额计量规则：

1）门窗套（筒子板）龙骨、基层、面层均按设计图示饰面外围尺寸以展开面积计算。

2）成品门窗套按设计图示饰面外围尺寸以展开面积计算。

6. 木贴脸

清单计量规则：以樘计量，按设计图示数量计算；以米计量，按设计图示尺寸以长度计算。

7. 窗台板

（1）清单计量规则：按设计图示尺寸以展开面积计算。

（2）定额计量规则：窗台板按设计图示长度乘宽度以面积计算。图纸未注明尺寸的，窗台板长度可按窗框的外围宽度两边共加 100mm 计算。窗台板凸出墙面的宽度按墙面外加 50mm 计算。

8. 窗帘

清单计量规则：以米计量，按设计图示尺寸以成活后长度计算；以平方米计量，按图示尺寸以成活后展开面积计算。

9. 窗帘盒、轨

（1）清单计量规则：按设计图示尺寸以长度计算。

（2）定额计量规则：按设计图示长度计算。

三、计量方法

【例 5-36】 某工程厂库房大门如图 5-129 所示，数量为 2 樘，请计算其工程量。

解： 厂库房大门工程量$=3.0\times3.6\times2=21.6$（$m^2$）

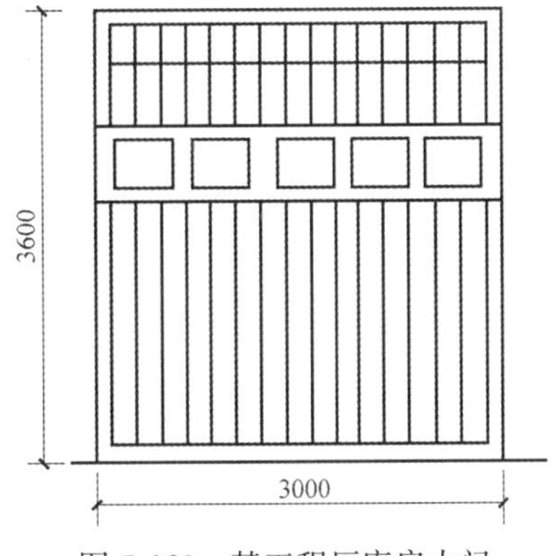

图 5-129 某工程厂库房大门

四、基础知识

（一）木门窗

1. 木门窗的分类

（1）常用木门

1）按门的开启形式分类

可分为平开门、推拉门、弹簧门、转门。

a. 平开门是指将合页（铰链）的一片页板装于门框上，另一片页板装于门扇的边梃上，以门扇装有合页的边梃为轴，作为开启或关闭门扇的门。平开门有单开的平开门和双开的平开门。

b. 推拉门是指用滑轮装于门扇上面（或下面），悬挂（或支承）在轨道上，推动门扇，滑轮随门扇的推动而滑动，则开启或关闭门扇的门。推拉门有悬挂式的推拉门和地轨式的推拉门。

c. 弹簧门有弹簧合页弹簧门和地弹簧弹簧门两种，开启后在弹簧的作用下会自动关闭。

弹簧合页弹簧门是门侧边装有弹簧合页（铰链）的门。

地弹簧弹簧门是在门下面装有地弹簧的门。

d. 转门是指将门扇（三扇或四扇）的一边装于转轴上，连成一个风车形，固定在两个弧形门套内，推动门扇的另一边，门扇以转轴为中心旋转起来实现开、关的门。转门具有开、关能同时进行的特点，它既能保证人们的出入方便，又能始终保持对外界的隔离作用。

2）按门扇的构造形式分类

可分为镶板门、夹板门、拼板门、全玻璃门、半截玻璃门。

a. 镶板门：门扇框全部用梃和冒头结构，框内镶装木板的门。镶板门的构造见图 5-130。

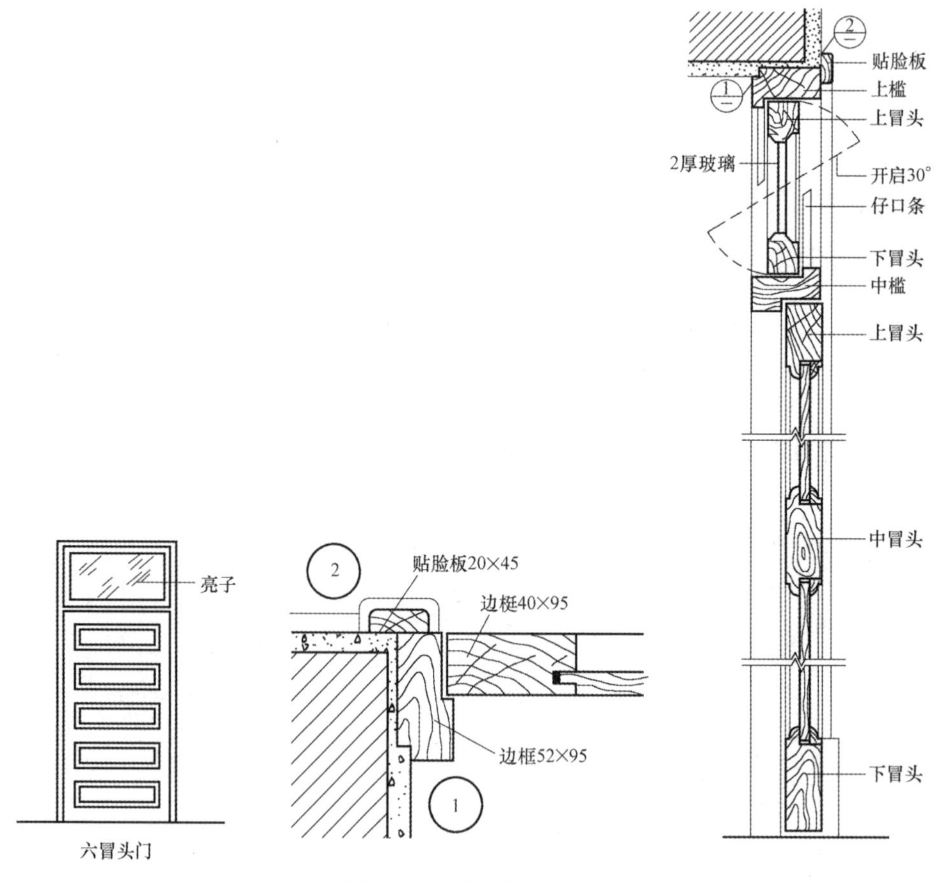

图 5-130　镶板门构造图

b. 夹板门：门扇框全部用梃和冒头结构，两面用胶合板粘压在门扇框上的门。夹板门的构造见图 5-131。

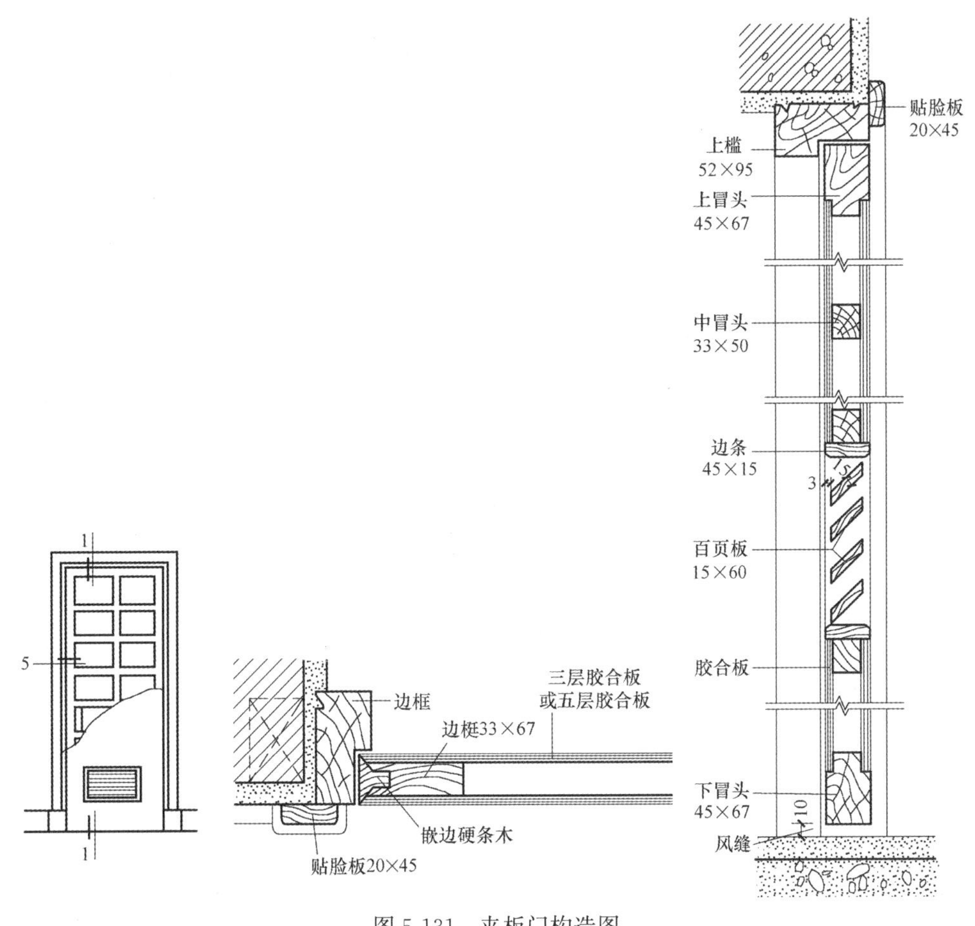

图 5-131　夹板门构造图

c. 拼板门：门扇采用拼板结构的木门。有门扇的板固定在冒头结构的门扇框上，板以斜缝、错缝、企口缝拼接，板面起三角槽的门；或门扇采用实拼板，板用木条榫眼拼接或木条固定拼接的门。

d. 全玻璃门：门扇框全部用梃和冒头结构，框内镶装玻璃的门，分为大玻全玻璃门和小玻全玻璃门。大玻全玻璃门的门扇无中冒头或玻璃棱，门扇框内全部镶玻璃。小玻全玻璃门的门扇有玻璃棱，门扇框棱内镶玻璃。

e. 半截玻璃门：门扇框全部用梃和冒头结构，中冒头以上的门扇框内全部镶玻璃，中冒头以下的门扇框内镶装木板或门扇框两面粘压胶合板的门。分为大玻半玻璃门和小玻半玻璃门，区别为大玻半玻璃门中冒头以上的门扇框内全部镶玻璃，小玻半玻璃门中冒头以上的门扇有玻璃棱，门扇框棱内镶玻璃。

3）常用木门材料

常用木门材料有杉木、松木、核桃木、胡桃木、樱桃木、枫木、榉木、水曲柳、柚木、橡木（橡胶木）、沙比利等。

按照木门材料的加工工艺可以分为：天然原木材料和集成材两种。实木集成材是指接木是原木经锯切、指接（或齿接）后的木材。

4）成品复合门的表面装饰

成品复合门的表面材质有PVC覆膜（真空吸塑机吸塑而成）、木皮、科技木皮、木纹纸、强化三聚氰胺等。PVC覆膜复合门和强化三聚氰胺复合门为免漆门。

5）成品木门的油漆

成品木门的油漆一般有PU漆（聚氨酯漆）和PE漆（聚酯漆）两种。PU漆的优点是易打磨，加工过程省时省力，缺点是漆膜软，轻微磕碰即会产生白影凹痕。如果在漆层中至少有一层是PE漆，就会大大降低这种可能。PE漆（聚酯漆）的优点是漆膜硬，遮盖力强，透明度好，能更好地表现木皮纹理，缺点是难以打磨，加工过程费时费力。

（2）常用木窗

1）按窗的开启形式分类

可分为平开窗、推拉窗、转窗和固定窗。

a. 平开窗：窗扇水平开启的窗。

b. 推拉窗：窗扇上下或左右推拉开启的窗。

根据推拉方向的不同又可分为水平推拉窗和垂直推拉窗两种。

c. 转窗：窗扇绕水平或垂直轴旋转实现开启的窗。

根据转轴位置的不同又可分为上悬窗、下悬窗、中悬窗和立转窗几种形式：

上悬窗的转轴安装在窗扇的上部。

下悬窗的转轴安装在窗扇的下部。

中悬窗的转轴安装在窗扇的高度方向的中部。

立转窗的转轴安装在窗扇的宽度方向的中部。

d. 固定窗：没有活动窗扇的窗。

固定窗又分为固定玻璃窗和固定百叶窗两种基本类型。固定玻璃窗是将玻璃直接镶在窗框上，主要用于采光；固定百叶窗是将木百叶直接镶在窗上，主要供通风用。

2）按窗扇的构造形式分类

可分为玻璃窗和百叶窗。

a. 玻璃窗：木窗扇上镶装玻璃的窗。

b. 百叶窗：镶装木百叶的窗，一般采用固定窗的形式。

（二）铝合金门窗（02J603-1）

1. 铝合金门窗的分类

（1）铝合金门的分类

1）按门的开启形式分类

可分为平开门、推拉门、地弹簧门和转门。转门按驱动方式分为人力推动转门和电动机驱动转门。

2）按门扇的形式分类

可分为全玻璃门和半截玻璃门。

3）按系列名称分类

铝合金门窗系列名称是以门、窗框厚度构造尺寸区分的。例如平开铝合金门的门框厚度构造尺寸为70mm，称70系列平开铝合金门。

a. 平开铝合金门可分为50系列平开铝合金门、55系列平开铝合金门和70系列平开铝合金门。

b. 推拉铝合金门：70系列推拉铝合金门。

c. 铝合金地弹簧门可分为70系列铝合金地弹簧门和100系列铝合金地弹簧门。

（2）铝合金窗的分类

1）按窗的开启形式分类

可分为固定窗、平开窗、滑轴（滑撑）平开窗、上悬窗和推拉窗。

2）按系列名称分类

a. 平开铝合金窗可分为50系列平开铝合金窗和70系列平开铝合金窗。

b. 推拉铝合金窗可分为55系列、60系列、70系列、90系列和90-Ⅰ系列推拉铝合金窗。

2. 铝合金门窗的代号

（1）铝合金门的代号

铝合金门的代号见表5-52。

铝合金门的代号表　　**表5-52**

名称	平开门	推拉门	地弹簧门
代号	PLM	TLM	LDHM

（2）铝合金窗的代号

铝合金窗的代号见表5-53。

铝合金窗的代号表　　**表5-53**

名称	固定窗	平开窗	滑轴平开窗	上悬窗	推拉窗	纱扇
代号	GLC	PLC	HPLC	SLC	TLC	S

3. 铝合金门窗的标记、示例

铝合金门窗标记：

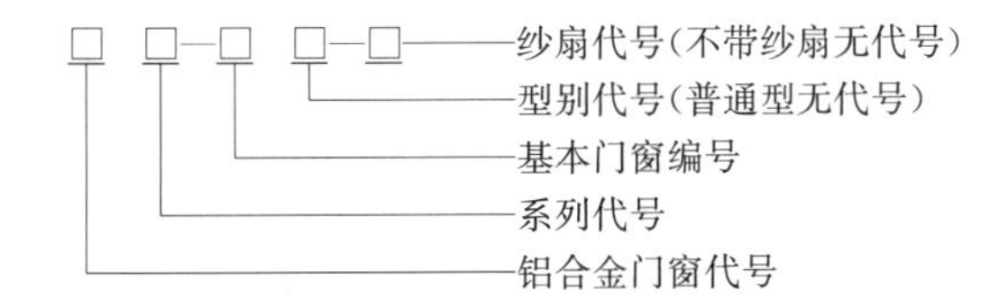

铝合金窗示例：

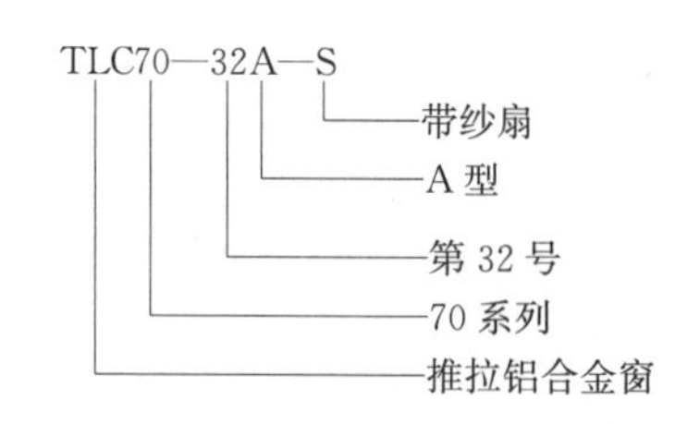

（三）塑料门窗

1. 按门的开启形式分类

可分为平开门和推拉门。

2. 按门扇的形式分类

可分为全玻璃门和半截玻璃门。

（四）防火门（《防火门》GB 12955—2008）

1. 术语和定义

（1）平开式防火门：由门框、门扇和防火铰链、防火锁等防火五金配件构成的，以铰链为轴垂直于地面，该轴可以沿顺时针或逆时针单一方向旋转以开启或关闭门扇的防火门。

（2）木质防火门：用难燃木材或难燃木材制品做门框、门扇骨架、门扇面板，门扇内若填充材料，则填充对人体无毒无害的防火隔热材料，并配以防火五金配件所组成的具有一定耐火性能的门。

（3）钢质防火门：用钢质材料制作门框、门扇骨架和门扇面板，门扇内若填充材料，则填充对人体无毒无害的防火隔热材料，并配以防火五金配件所组成的具有一定耐火性能的门。

（4）钢木质防火门：用钢质和难燃木质材料或难燃木材制品制作门框、门扇骨架、门扇面板，门扇内若填充材料，则填充对人体无毒无害的防火隔热材料，并配以防火五金配件所组成的具有一定耐火性能的门。

（5）其他材质防火门：采用除钢质、难燃木材或难燃木材制品之外的无机不燃材料或部分采用钢质、难燃木材、难燃木材制品制作门框、门扇骨架、门扇面板，门扇内若填充材料，则填充对人体无毒无害的防火隔热材料，并配以防火五金配件所组成的具有一定耐火性能的门。

（6）隔热防火门（A 类）：在规定时间内，能同时满足耐火完整性和隔热性要求的防火门。

（7）部分隔热防火门（B 类）：在规定大于等于 0.50h 内，满足耐火完整性和隔热性要求，在大于 0.50h 后所规定的时间内，能满足耐火完整性要求的防火门。

（8）非隔热防火门（C 类）：在规定时间内，能满足耐火完整性要求的防火门。

2. 分类、代号与标记

（1）按材质分类及代号

1）木质防火门，代号：MFM；

2）钢质防火门，代号：GFM；

3）钢木质防火门，代号：GMFM；

4）其他材质防火门，代号：＊＊FM（＊＊代表其他材质的具体表述大写拼音首字母）。

（2）按门扇数量分类及代号

1）单扇防火门，代号为1。

2）双扇防火门，代号为2。

3）多扇防火门（含有两个以上门扇的防火门），代号为门扇数量，用数字表示。

（3）按结构形式分类及代号

1）门扇上带防火玻璃的防火门，代号为b。

2）防火门门框：门框双槽口代号为s，单槽口代号为d。

3）带亮窗防火门，代号为l。

4）带玻璃带亮窗防火门，代号为bl。

5）无玻璃防火门，代号略。

（4）按耐火性能分类及代号

防火门按耐火性能的分类及代号见表5-54。

按耐火性能分类表 **表5-54**

名称	耐火性能		代号
隔热防火门（A类）	耐火隔热性≥0.50h，耐火完整性≥0.50h		A0.50（丙级）
	耐火隔热性≥1.00h，耐火完整性≥1.00h		A1.00（乙级）
	耐火隔热性≥1.50h，耐火完整性≥1.50h		A1.50（甲级）
	耐火隔热性≥2.00h，耐火完整性≥2.00h		A2.00
	耐火隔热性≥3.00h，耐火完整性≥3.00h		A3.00
部分隔热防火门（B类）	耐火隔热性≥0.50h	耐火完整性≥1.00h	B1.00
		耐火完整性≥1.50h	B1.50
		耐火完整性≥2.00h	B2.00
		耐火完整性≥3.00h	B3.00
非隔热防火门（C类）	耐火完整性≥1.00h		C1.00
	耐火完整性≥1.50h		C1.50
	耐火完整性≥2.00h		C2.00
	耐火完整性≥3.00h		C3.00

（5）其他代号、标记

1）其他代号

a. 下框代号：有下框的防火门代号为k。

b. 平开门门扇关闭方向代号：平开门门扇关闭方向代号见表 5-55。

平开门门扇关闭方向代号表　　　　表 5-55

代号	说明	图示
5	门扇顺时针方向关闭	关面 开面
6	门扇逆时针方向关闭	关面 开面

注：双扇防火门关闭方向代号，以安装锁的门扇关闭方向表示。

2）标记

防火门标记为：

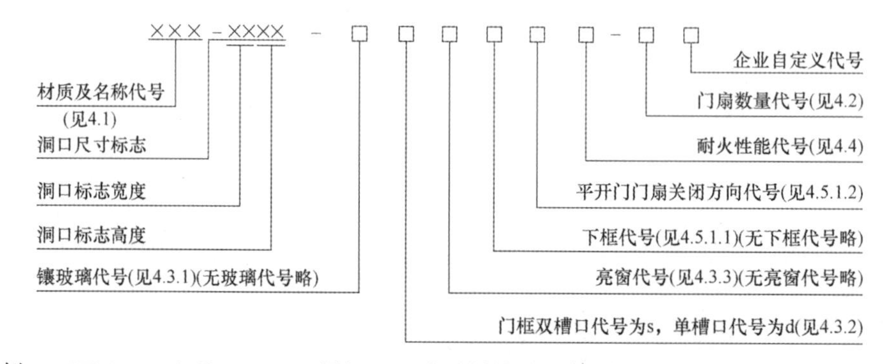

示例 1：GFM-0924-bslk5 A1.50（甲级）-1。表示隔热（A 类）钢质防火门，其洞口宽度为 900mm，洞口高度为 2400mm，门扇镶玻璃，门框双槽口，带亮窗，有下框，门扇顺时针方向关闭，耐火完整性和耐火隔热性的时间均不小于 1.50h 的甲级单扇防火门。

示例 2：MFM-1221-d6B1.00-2。表示半隔热（B 类）木质防火门，其洞口宽度为 1200mm，洞口高度为 2100mm，门扇无玻璃，门框单槽口，无亮窗，无下框，门扇逆时针方向关闭，其耐火完整性的时间不小于 1.00h、耐火隔热性的时间不小于 0.50h 的双扇防火门。

3）规格

防火门规格用洞口尺寸表示，洞口尺寸应符合 GB/T 5824 的相关规定，特殊洞口尺寸可由生产厂方和使用方按需要协商确定。

（五）防火卷帘（《防火卷帘》GB 14102—2005）

1. 定义

（1）钢质防火卷帘：用钢质材料做帘板、导轨、座板、门楣、箱体等，并配以卷门机和控制箱所组成的能符合耐火完整性要求的卷帘。

（2）无机纤维复合防火卷帘：用无机纤维材料做帘面（内配不锈钢丝或不锈钢绳），用钢质材料做导轨、座板、夹板、门楣、箱体等，并配以卷门机和控制箱所组成的能符合耐火完整性要求的卷帘。

（3）特级防火卷帘：用钢质材料或无机纤维材料做帘面，用钢质材料做导轨、座板、夹板、门楣、箱体等，并配以卷门机和控制箱所组成的能符合耐火完整性、隔热性和防烟性能要求的卷帘。

2. 结构示意图

结构示意图及各零部件名称见图 5-132。

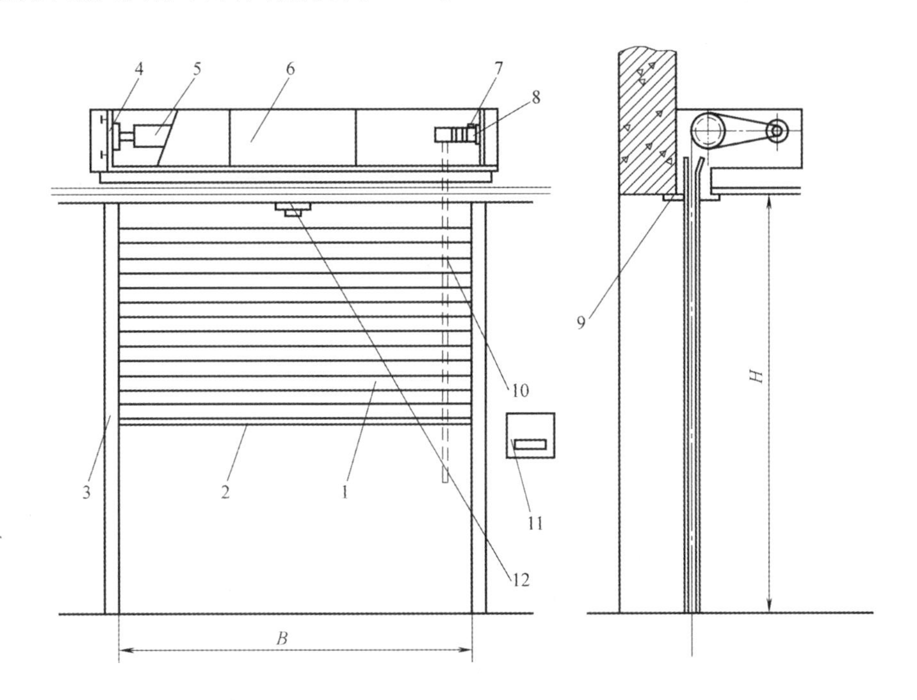

图 5-132 防火卷帘结构示意图及各零部件名称

1-帘门；2-座板；3-导轨；4-支座；5-卷轴；6-箱体；7-限位器；8-卷门机；9-门楣；10-手动拉链；11-控制箱（按钮盒）；12-感温、感烟探测器

3. 名称符号

（1）钢质防火卷帘的名称符号为 GTJ。

（2）无机纤维复合防火卷帘的名称符号为 WFJ。

（3）特级防火卷帘的名称符号为 TFJ。

4. 代号

防火卷帘的代号表示为

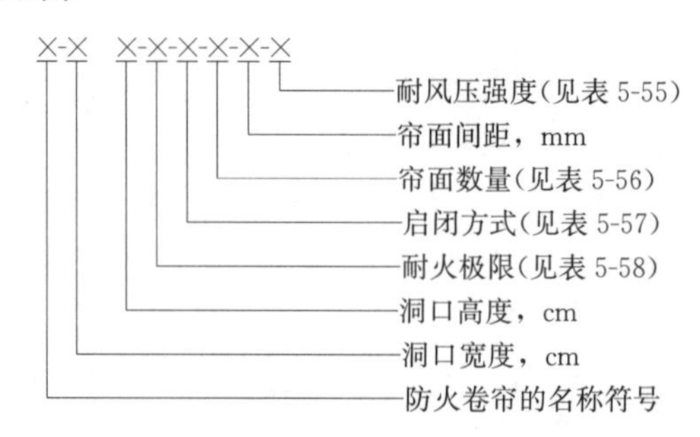

注：1. 防火卷帘的帘面数量为 1 时，代号中帘面间距无要求。

2. 防火卷帘为无机纤维复合防火卷帘时，代号中耐风压强度无要求。

3. 钢质防火卷帘在室内使用，无抗风压要求时，代号中耐风压强度无要求。

4. 特级防火卷帘在名称符号后加字母 G、W、S 和 Q，表示特级防火卷帘的结构特征，其中 G 表示帘面由钢质材料制作，W 表示帘面由无机纤维材料制作，S 表示帘面两侧带有独立的闭式自动喷水保护，Q 表示帘面为其他结构形式。

示例 1：GFJ-300300-F2-C_2-D-80 表示洞口宽度为 300cm，高度为 300cm，耐火极限不小于 2.00h，启闭方式为垂直卷，帘面数量为 1，耐风压强度为 80 型的钢质防火卷帘。

示例 2：TFJ（W）-300300-TF3-C_2-S-240 表示帘面由无机纤维制造，洞口宽度为 300cm，高度为 300cm，耐火极限不小于 3.00h，启闭方式为垂直卷，帘面数量为 2，帘面间距为 240mm 的特级防火卷帘。

5. 分类

（1）按耐风压强度分类

按耐风压强度分类见表 5-56。

防火卷帘按耐风压强度分类表 **表 5-56**

代号	耐风压强度(Pa)	代号	耐风压强度(Pa)
50	490	120	1177
80	784		

（2）按帘面数量分类

按帘面数量分类见表 5-57。

防火卷帘按帘面数量分类表 **表 5-57**

代号	帘面数量	代号	帘面数量
D	1 个	S	2 个

（3）按启闭方式分类

按启闭方式分类见表 5-58。

防火卷帘按启闭方式分类表　　**表 5-58**

代号	启闭方式	代号	启闭方式
C_2	垂直卷	S_p	水平卷
C_x	侧向卷		

（4）按耐火极限分类

按耐火极限分类见表 5-59。

防火卷帘按耐火极限分类表　　**表 5-59**

名称	名称符号	代号	耐火极限(h)	帘面漏烟量 $m^3/(m^2 \cdot min)$
钢质防火卷帘	GFJ	F2	≥2.00	
		F3	≥3.00	
钢质防火、防烟卷帘	GFYJ	FY2	≥2.00	≤0.2
		FY3	≥3.00	
无机纤维复合防火卷帘	WFJ	F2	≥2.00	
		F3	≥3.00	
无机纤维复合防火、防烟卷帘	WFYJ	FY2	≥2.00	≤0.2
		FY3	≥3.00	
特级防火卷帘	TFJ	TF3	≥3.00	≤0.2

（六）人防防护设备（RFJ01-2008）

1. 人防防护设备的种类

人防防护设备的种类见表 5-60。

人防防护设备的种类表　　**表 5-60**

名称	类型	名称	类型
钢筋混凝土防护密闭门、密闭门	钢筋混凝土单扇防护密闭门	防护密闭屏蔽门与密闭屏蔽门	防护密闭屏蔽门
	钢筋混凝土单扇密闭门		密闭屏蔽门
	钢筋混凝土活门槛单扇防护密闭门	电控防护密闭门与密闭门	电控防护密闭门
	钢筋混凝土活门槛单扇密闭门		电控密闭门
钢结构防护密闭门、密闭门	钢结构单扇防护密闭门		电控密闭屏蔽门
	钢结构单扇密闭门	防护防火密闭门与防火密闭门	防护防火密闭门
	钢结构双扇防护密闭门		防火密闭门
	钢结构双扇密闭门	密闭观察窗	密闭观察窗
	钢结构活门槛单扇防护密闭门		密闭屏蔽观察窗
	钢结构活门槛单扇密闭门	防爆波活门	胶管式防爆波活门
	钢结构活门槛双扇防护密闭门		悬摆式防爆波活门
	钢结构活门槛双扇密闭门		悬摆式防爆波屏蔽活门

续表

名称	类型	名称	类型
钢结构防护密闭门、密闭门	降落式双扇防护密闭门	防爆波活门	防爆超压排气活门
	降落式双扇密闭门	密闭阀门	手动双连杆密闭阀门
	新型降落式双扇防护密闭门		手电动双连杆密闭阀门
	新型降落式双扇密闭门	防护密闭封堵板	通风口双向受力防护密闭封堵板
	连通口双向受力双扇防护密闭门		连通口双向受力防护密闭封堵板
	坡道内开式双扇防护密闭门		临空墙防护密闭封堵板

2. 防护设备的特点与编号

（1）钢筋混凝土单扇防护密闭门与密闭门。

此类门的特点是门扇为钢筋混凝土结构，具有固定门槛，采用嵌压梯形海绵胶条密封形式，密闭性能可靠，使用、维护方便，但门扇质量较重。编号示例：

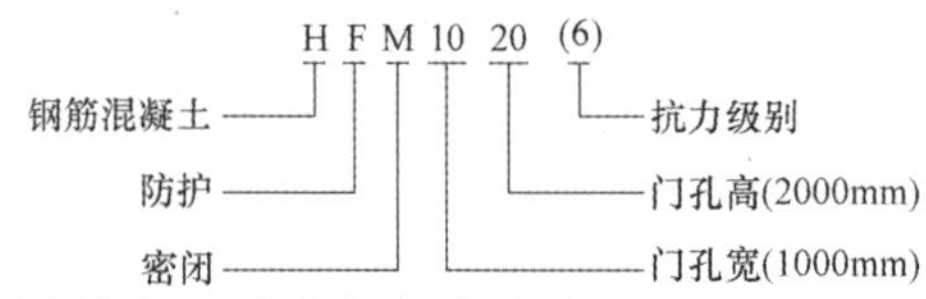

（2）钢筋混凝土活门槛单扇防护密闭门与密闭门。

此类门的特点是平时不设门槛，地面平整，便于人员或车辆通行；战时快速设置门槛，以满足防护、密闭要求。编号示例：

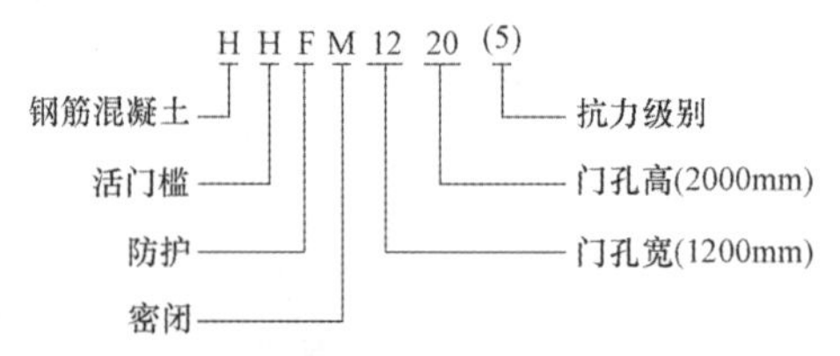

（3）钢结构单、双扇防护密闭门与密闭门。

此类门的特点是具有固定门槛，门扇为梁板结构。编号示例：

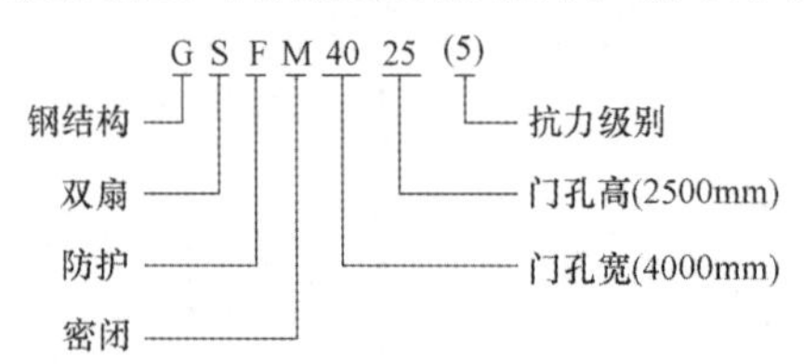

（4）钢结构活门槛单、双扇防护密闭门与密闭门。

此类门的特点是平时不设门槛，地面平整，便于人员或车辆通行；战时快速设置门槛，以满足防护、密闭要求。编号示例：

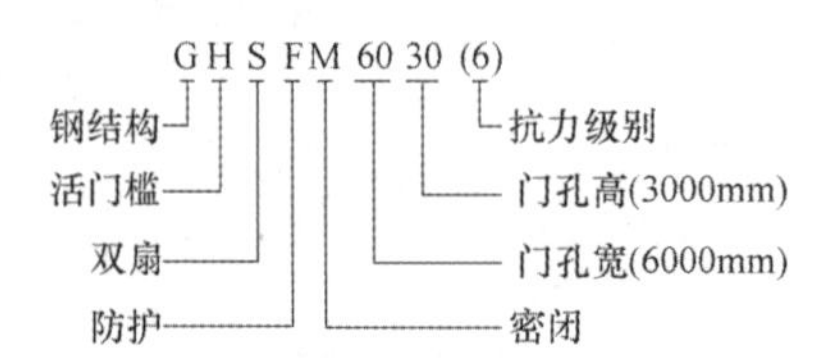

（5）降落式双扇防护密闭门与密闭门。

此类门的特点是平时地面无门槛，便于人员或车辆通行；战时将门扇立转、降落及平移，以满足防护、密闭要求，其上带有方便人员临时出入的小门，平战转换快捷。新型降落式改进了其升降机构，操作更为方便。

编号示例：

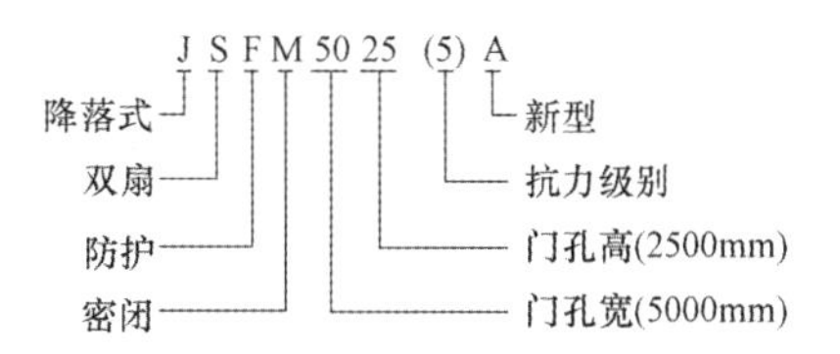

（6）连通口双向受力双扇防护密闭门。

此类门设置在两个相邻防护单元连通口的防护密闭隔墙上。其特点是地面平整无门槛，可双向分别受力，双向密闭，平战转换快捷。编号示例：

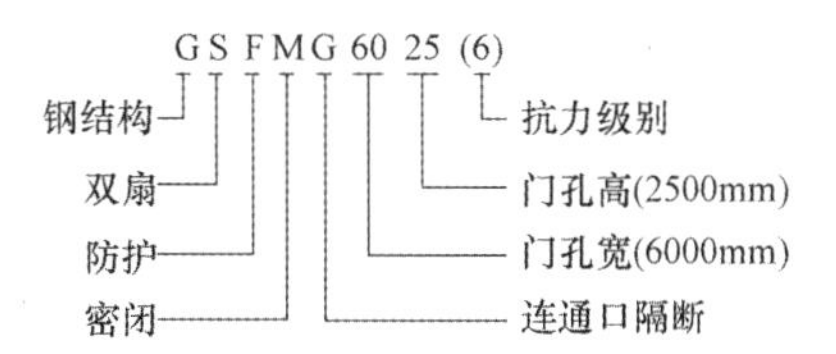

（7）坡道内开式双扇防护密闭门。

此类门适于设置在地下人防工程出入口的坡道终端，门扇设计为反向受力，向工程内部开启，平时没有凸出地面的门槛，平战转换快捷。编号示例：

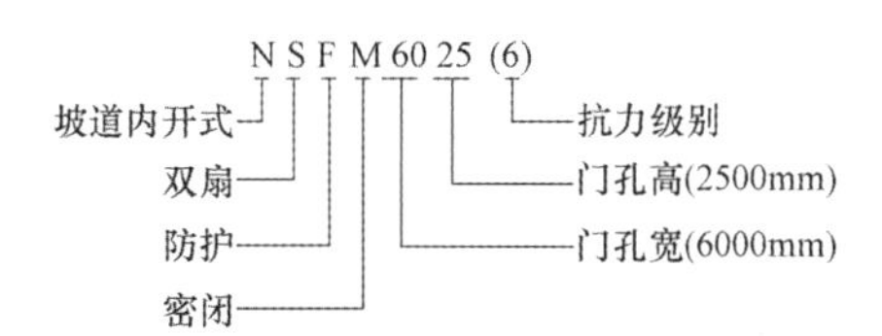

（8）单扇防护密闭屏蔽门与密闭屏蔽门。

此类门具有防护、密闭、屏蔽或密闭与屏蔽的复合功能，其防电磁脉冲能力为Ⅱ级。编号示例：

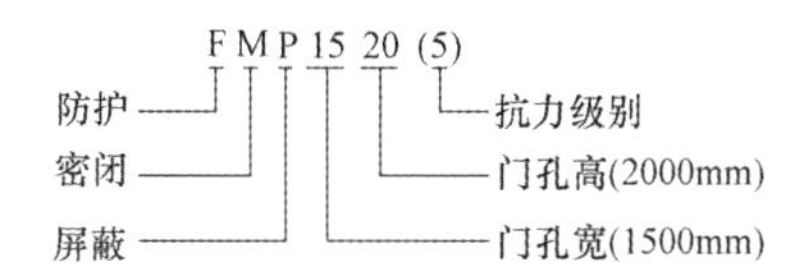

（9）悬摆式防爆波（屏蔽）活门。

此类悬摆式活门为钢结构，使用、维护方便，适用于进、排风口和排烟口。其中悬摆式防爆波屏蔽活门是在普通悬摆式防爆波活门的基础上增加了屏蔽功能，其防电磁脉冲能力为Ⅱ级。编号示例：

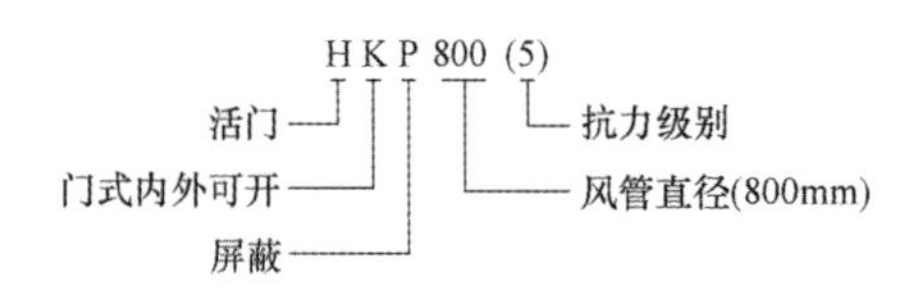

（10）密闭（屏蔽）观察窗。

密闭观察窗是具有一定密闭性能的人员观察设备，一般安装在工程设备房间密闭隔墙的观察孔上，既能密闭，又可透视。密闭屏蔽观察窗是在普通密闭观察窗的基础上增加了屏蔽功能，其防电磁脉冲能力为Ⅱ级。编号示例：

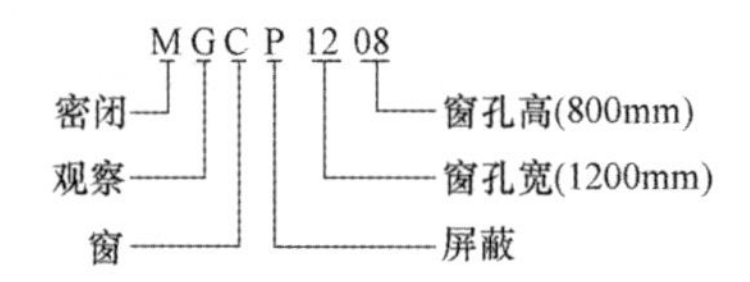

（11）防护、防火、密闭门。

该类门共有防护防火密闭门与防火密闭门两种类型，显著特点是防火能力强，门扇中有防火填料，除具有普通防护密闭门或密闭门功能外还能防火、防烟，其防火等级为甲级。编号示例：

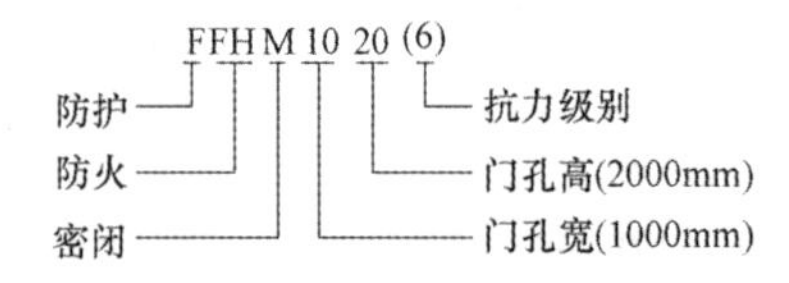

（12）电控门。

电控门分电控防护密闭门、电控密闭门及电控密闭屏蔽门三大类，其中电控密闭屏蔽门的防电磁脉冲能力为Ⅲ级。该类电控门手动轻便灵活，为一机两用电控门，即开关门与开关锁共用一个动力装置，具有就地控制、远程控制及智能控制（门禁系统）三种控制方式。有下列要求之一时，宜采用手动、电动两用的防护设备：

1）安装位置处于手动操作不便的场所；

2）有自动控制、远程控制或智能控制要求；

3）有启闭时间要求。

电控门的编号示例：

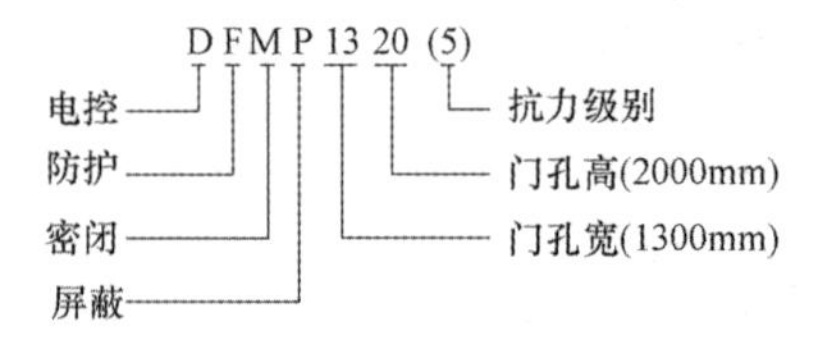

（13）防爆超压排气活门。

此类活门是具有防爆波性能的自动排气活门。其特点是在通风超压作用下可自动开启排气，当隔绝防护时可锁住，以满足防护、密闭要求。编号示例：

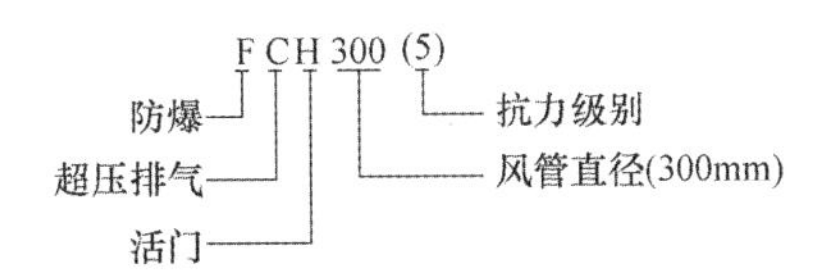

（14）胶管式防爆波活门。

此类活门的特点是消波率高，是一种在冲击波超压作用下能迅速关闭的活门。胶管变形后，将绝大部分冲击波超压堵截在工程外面。当作用在胶管式防爆波活门上的空气冲击波超压设计值不大于0.3MPa时，消波系统可取消扩散室，直接采用胶管式防爆波活门。编号示例：

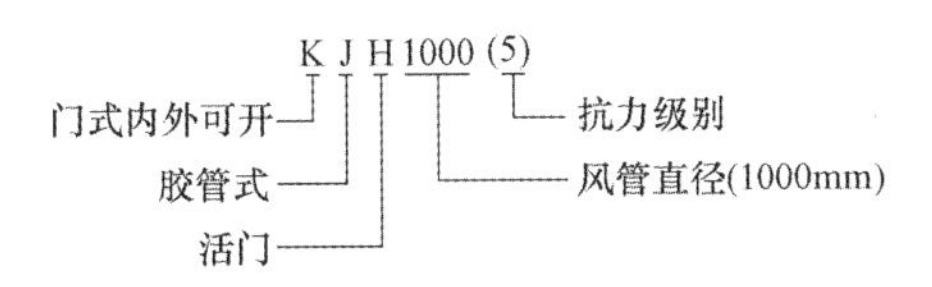

（15）密闭阀门。

此阀门分为手动双连杆密闭阀门和手电动双连杆密闭阀门两类，设置在通风系统中，其特点是能阻止毒剂通过管道进入工程内部，也可用于转换通风方式。编号示例：

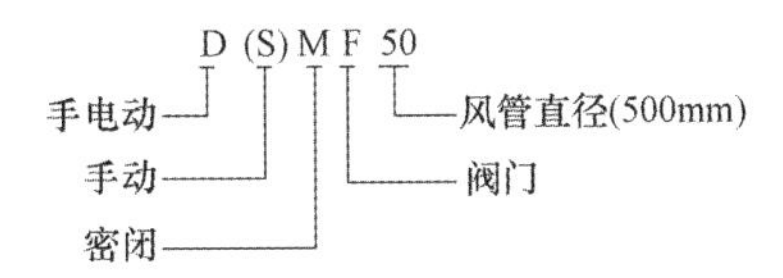

（16）防护密闭封堵板。

此封堵板可用于封堵平时使用、战时不用的孔口。其特点是平时可以不安装封堵板（但要加工好放在附近的指定位置），战时根据事先设定的转换时限将封堵板进行快速安装，以满足防护、密闭的要求。根据其设置位置的不同可分为防护单元通风口或连通用双向受力防护密闭封堵板（编号中无“L”）和临空墙防护密闭封堵板两大类。编号示例：

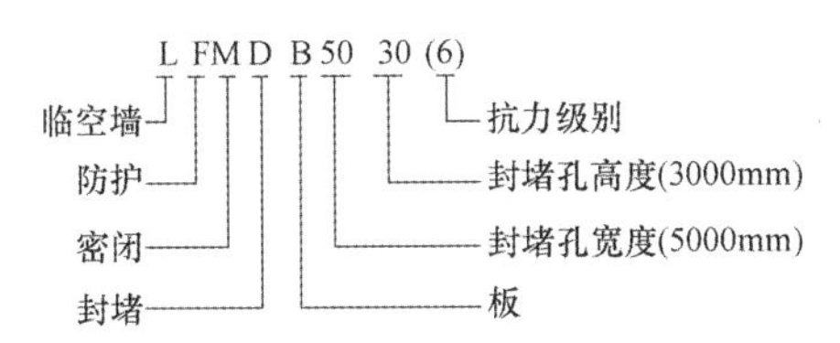

第十节　屋面及防水工程

一、有关规定

（一）清单计量规定

（1）瓦屋面，若是在木基层上铺瓦，项目特征不必描述粘结层砂浆的配合比，瓦屋面铺防水层，按屋面防水相关项目编码列项。

（2）型材屋面、阳光板屋面、玻璃钢屋面的柱、梁、屋架，按清单计量规范中附录 F 金属结构工程、附录 G 木结构工程中相关项目编码列项。

（3）屋面刚性层无钢筋，其钢筋项目特征不必描述。

（4）屋面找平层按清单计量规范中附录 L 楼地面装饰工程“平面砂浆找平层”项目编码列项。

（5）屋面保温找坡层按清单计量规范中附录 K 保温、隔热、防腐工程“保温隔热屋面”项目编码列项。

（6）墙面变形缝，若做双面，工程量乘以系数 2。

（7）墙面找平层按清单计量规范中附录 M 墙、柱面装饰与隔断、幕墙工程“立面砂浆找平层”项目编码列项。

（8）楼（地）面防水找平层按清单计量规范中附录 L 楼地面装饰工程“平面砂浆找平层”项目编码列项。

（二）定额规定

定额中瓦屋面、金属板屋面、采光板屋面、玻璃采光顶、卷材防水、水落管、水口、水斗、沥青砂浆填缝、变形缝盖板、止水带等项目是按标准或常用材料编制的，设计与定额不同时，材料可以换算，人工、机械不变；屋面保温等项目执行定额“第十章　保温、隔热防腐工程”中相应项目，找平层等项目执行定额“第十一章　楼地面装饰工程”中相应项目。

1. 屋面工程

（1）黏土瓦若穿铁丝、钉圆钉，每 100m^2 增加人工 11 工日、镀锌低碳钢丝（22 号）3.5kg、圆钉 2.5kg；若用挂瓦条，每 100m^2 增加人工 4 工日、挂瓦条（尺寸为 25mm×30mm）300.3m、圆钉 2.5kg。

（2）金属板屋面中，一般金属板屋面按彩钢板和彩钢夹心板项目执行；装配式单层金属压型板屋面区分檩距不同执行相应定额项目。

（3）采光板屋面如设计为滑动式采光顶，可以按设计增加 U 形滑动盖帽等部件，材料、人工乘以系数 1.05。

（4）膜结构屋面的钢支柱、锚固支座混凝土基础等按定额中其他章节相应项目执行。

（5）25%＜坡度≤45%及人字形、锯齿形、弧形等不规则瓦屋面，人工乘以系数 1.3；坡度＞45%的，人工乘以系数 1.43。

2. 防水工程

（1）细石混凝土防水层，使用钢筋网时，按定额“第五章　混凝土及钢筋混凝土工程”中相应项目执行。

（2）平（屋）面以坡度≤15%为准，15%＜坡度≤25%的，相应项目的人工乘以系数 1.18；25%＜坡度≤45%及人字形、锯齿形、弧形等不规则的屋面或平面，人工乘以系数

1.3；坡度>45%的，人工乘以系数1.43。

（3）防水卷材、防水涂料及防水砂浆，定额以平面和立面列项，实际施工桩头、地沟、零星部位时，人工乘以系数1.43。单个房间楼地面面积≤8m^2时，人工乘以系数1.3。

（4）卷材防水附加层套用卷材防水相应项目，人工乘以系数1.43。

（5）立面是以直形为依据编制的，弧形者，相应项目的人工乘以系数1.18。

（6）冷粘法是以满铺为依据编制的，点、条铺粘者按其相应项目的人工乘以系数0.91，胶粘剂乘以系数0.7计算。

3. 屋面排水

（1）水落管、水口、水斗均按材料成品、现场安装考虑。

（2）镀锌薄钢板屋面及镀锌薄钢板排水项目内已包括镀锌薄钢板咬口和搭接的工料。

（3）采用不锈钢水落管排水时，执行镀锌钢管项目，材料按实换算，人工乘以系数1.1。

4. 变形缝与止水带

（1）变形缝嵌填缝定额项目中，建筑油膏、聚氯乙烯胶泥设计断面取定为30mm×20mm，油浸木丝板取定为150mm×25mm，其他填料取定为150mm×30mm。

（2）变形缝盖板，木板盖板断面取定为200mm×25mm，铝合金盖板厚度取定为1mm，不锈钢板厚度取定为1mm。

（3）钢板（紫铜板）止水带展开宽度为400mm，氯丁橡胶宽度为300mm，涂刷式氯丁胶贴玻璃纤维止水片宽度为350mm。

二、计量规则

1. 瓦、型材屋面（各种屋面）

（1）清单计量规则：瓦屋面、型材屋面按设计图示尺寸以斜面积计算。不扣除房上烟囱、风帽底座、风道、小气窗、斜沟等所占面积，小气窗的出檐部分不增加面积。

（2）定额计量规则：各种屋面和型材屋面（包括挑檐部分）均按设计图示尺寸以面积计算（斜屋面按斜面面积计算），不扣除房上烟囱、风帽底座、风道、小气窗、斜沟和脊瓦等所占面积，小气窗的出檐部分也不增加。

西班牙瓦、瓷质波形瓦、英红瓦屋面的正斜脊瓦、檐口线，按设计图示尺寸以长度计算。

2. 阳光板屋面、玻璃钢屋面、采光板屋面、玻璃采光顶屋面

（1）清单计量规则：阳光板屋面、玻璃钢屋面按设计图示尺寸以斜面积计算。不扣除单个面积不大于0.3m^2的孔洞所占面积。

（2）定额计量规则：采光板屋面、玻璃采光顶屋面按设计图示尺寸以斜面积计算。不扣除单个面积不大于0.3m^2的孔洞所占面积。

3. 膜结构屋面

(1) 清单计量规则：按设计图示尺寸以需要覆盖的水平投影面积计算。

(2) 定额计量规则：按设计图示尺寸以需要覆盖的水平投影面积计算。膜材料可以调整含量。

(3) 工作内容：

1) 清单工作内容：膜布热压胶接；支柱（网架）制作、安装；膜布安装；穿钢丝绳、锚头锚固；锚固基座挖土、回填；刷防护材料，油漆。

2) 定额工作内容：膜布裁剪、热压胶接，穿高强钢丝拉索（或钢丝绳、钢绞线）、锚头锚固，膜布安装、施加预张力，膜体表面内外清洁。

4. 屋面卷材防水、涂膜防水、屋面刚性层

(1) 清单计量规则：

1) 屋面卷材防水、涂膜防水按设计图示尺寸以面积计算。

a. 斜屋顶（不包括平屋顶找坡）按斜面积计算，平屋顶按水平投影面积计算。

b. 不扣除房上烟囱、风帽底座、风道、屋面小气窗和斜沟所占面积。

c. 屋面的女儿墙、伸缩缝和天窗等处的弯起部分，并入屋面工程量内。

2) 屋面刚性层按设计图示尺寸以面积计算。不扣除房上烟囱、风帽底座、风道所占面积。

(2) 定额计量规则：

屋面防水，按设计图示尺寸以面积计算（斜屋面按斜面面积计算），不扣除房上烟囱、风帽底座、风道、屋面小气窗等所占面积，上翻部分也不另计算。屋面的女儿墙、伸缩缝和天窗等处的弯起部分，按设计图示尺寸计算，设计无规定时，弯起部分的高度按500mm计算，计入立面工程量内。

5. 墙面卷材防水、涂膜防水、砂浆防水（防潮）

按设计图示尺寸以面积计算。

6. 楼（地）面卷材防水、涂膜防水、砂浆防水（防潮）

按设计图示尺寸以面积计算。

楼（地）面防水：按主墙间净空面积计算，扣除凸出地面的构筑物、设备基础等所占面积，不扣除间壁墙及单个面积 $0.3m^2$ 以内的柱、垛、烟囱和孔洞所占面积。

楼（地）面防水反边高度不大于300mm，算作地面防水，反边高度大于300mm，算作墙面防水。

7. 墙基防水、防潮层

定额计量规则：外墙按外墙中心线长度、内墙按墙体净长度，乘以宽度，以面积计算。

8. 基础底板防水、防潮层

定额计量规则：基础底板的防水、防潮层按设计图示尺寸以面积计算，不扣除桩头所

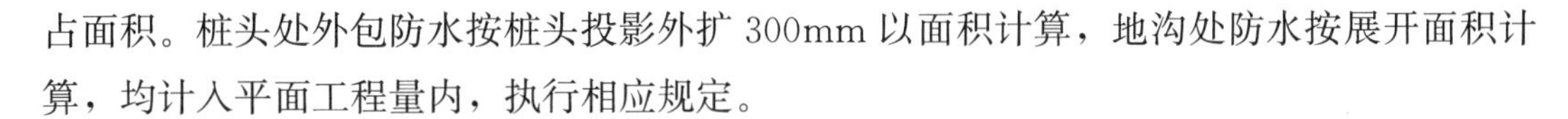

占面积。桩头处外包防水按桩头投影外扩 300mm 以面积计算，地沟处防水按展开面积计算，均计入平面工程量内，执行相应规定。

9. 防水的搭接、拼缝、压边、留槎、附加层

（1）清单计量规则：

屋面、墙面、楼地面的防水搭接及附加层用量不另行计算，在综合单价中考虑。

（2）定额计量规则：

屋面、楼地面、墙面、基础底板等，其防水搭接、拼缝、压边、留槎用量已综合考虑，不另行计算；卷材防水附加层按设计铺贴尺寸以面积计算。

10. 变形缝

按设计图示尺寸，以长度计算。

11. 屋面分格缝（分隔缝）

定额计量规则：按设计图示尺寸，以长度计算。

12. 止水带

定额计量规则：按设计图示尺寸，以长度计算。

13. 屋面排水

（1）清单计量规则：

1）屋面排水管按设计图示尺寸，以长度计算。如设计未标注尺寸，按檐口至设计室外散水上表面垂直距离计算。

清单工作内容：排水管及配件安装、固定；雨水斗、山墙出水口、雨水箅子安装；接缝、嵌缝；刷漆。

2）屋面排（透）气管按设计图示尺寸，以长度计算。

3）屋面（廊、阳台）吐水管按设计图示数量计算。

4）屋面天沟、檐沟按设计图示尺寸，以长度计算。

（2）定额计量规则：

1）水落管、镀锌薄钢板天沟、檐沟按设计图示尺寸，以长度计算。

水落管定额工作内容：埋设管卡，成品水落管安装；排水零件制作、安装。

2）水斗、下水口、雨水口、弯头、短管等均按设计数量计算。

3）种植屋面排水按设计尺寸，以铺设排水层面积计算。不扣除房上烟囱、风帽底座、风道、屋面小气窗、斜沟和脊瓦以及单个面积不大于 $0.3m^2$ 的孔洞等所占面积；屋面小气窗的出檐部分不增加面积。

三、计量方法

1. 屋面坡度系数

屋面坡度系数见表 5-61 和图 5-133。

屋面坡度系数表 **表 5-61**

坡度 $B(A=1)$	坡度 $B/2A$	坡度角度 α	延尺系数 $C(A=1)$	$(A=1)$
1	1/2	45°	1.4142	1.7321
0.75		36°52′	1.2500	1.6008
0.70		35°	1.2207	1.5779
0.666	1/3	33°40′	1.2015	1.5620
0.65		33°01′	1.1926	1.5564
0.60		30°58′	1.1662	1.5362
0.577		30°	1.1547	1.5270
0.55		28°49′	1.1413	1.5170
0.50	1/4	26°34′	1.1180	1.5000
0.45		24°14′	1.0966	1.4839
0.40	1/5	21°48′	1.0770	1.4697
0.35		19°17′	1.0594	1.4569
0.30		16°42′	1.0440	1.4457
0.25		14°02′	1.0308	1.4362
0.20	1/10	11°19′	1.0198	1.4283
0.15		8°32′	1.0112	1.4221
0.125		7°8′	1.0078	1.4191
0.100	1/20	5°42′	1.0050	1.4177
0.083		4°45′	1.0035	1.4166
0.066	1/30	3°49′	1.0022	1.4157

例：已知坡度 $B/2A=1/2$，坡度角度 α，则延尺系数 $C=\sqrt{1^2+1^2}=1.4142$，隅延尺系数 $D=\sqrt{1^2+1.4142^2}=1.7321$。

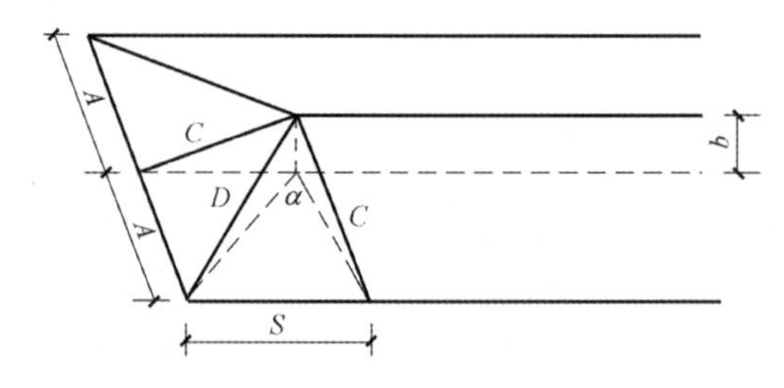

图 5-133 屋面坡度系数示意图

注：1. 两坡排水屋面面积为屋面水平投影面积乘以延尺系数 C；

2. 四坡排水屋面斜脊长度$=A\times D$（当 $s=A$ 时），D 为隅延尺系数；

3. 沿山墙泛水长度$=A\times C$。

2. 坡屋面、屋脊工程量计算公式

$$等坡屋面工程量=屋面水平投影面积\times延尺系数 \tag{5-65}$$

等两坡斜脊工程量＝两外檐之间总宽度×延尺系数×山墙端数　(5-66)

等四坡斜脊工程量＝外檐总宽度×隅延尺系数×2　(5-67)

3. 坡屋面防水工程量计算公式

坡屋面防水工程量＝总长度×总宽度×坡度系数＋弯起部分面积　(5-68)

4. 地面防水、防潮层工程量计算公式

地面防水、防潮层工程量＝主墙间净长度×主墙间净宽度±增减面积　(5-69)

5. 墙基防水、防潮层工程量计算公式

墙基防水、防潮层工程量＝外墙中心线长度×实铺宽度＋内墙净长度×实铺宽度　(5-70)

6. 定额中瓦屋面瓦材的规格与设计不同时，可以换算

$$每平方米瓦材数量=\frac{1}{每块瓦有效长\times每块瓦有效宽}\times(1+损耗率)$$

式中：每块瓦有效长——每块瓦长－长向搭接尺寸；

每块瓦有效宽——每块瓦宽－宽向搭接尺寸。

【例 5-37】　某建筑物英红瓦坡屋面，如图 5-134、图 5-135 所示。求两面坡水、四面坡水（坡度 $B/A=1/2$）屋面的工程量并确定定额编号。

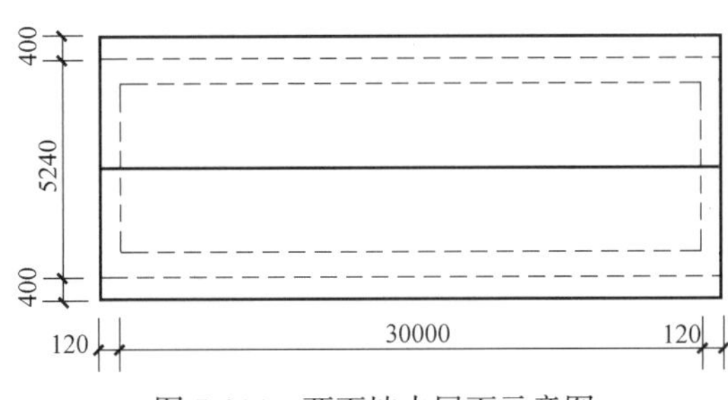

图 5-134　两面坡水屋面示意图

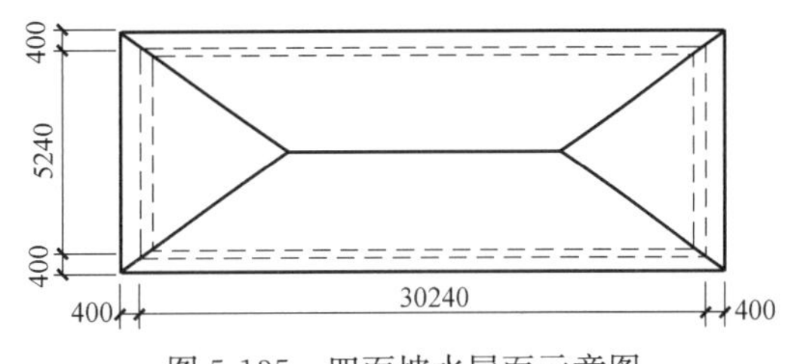

图 5-135　四面坡水屋面示意图

解：利用屋面坡度系数计算。

（1）两面坡水屋面

等坡屋面工程量＝屋面水平投影面积×延尺系数

$=(5.24+0.4\times2)\times(30.00+0.12\times2)\times1.118=204.20(m^2)$

垂脊、正脊工程量：$=(5.24+0.4\times2)\times2\times1.118+(30.00+0.12\times2)=43.75(m)$

（2）四面坡水屋面

等坡屋面工程量＝屋面水平投影面积×延尺系数

$=(5.24+0.4\times2)\times(30.24+0.4\times2)\times1.118=209.60(m^2)$

正斜脊工程量：

正脊工程量$=(30.24+0.4\times2)-(5.24+0.4\times2)\div2\times2=25.0(m)$

等四坡斜脊工程量＝外檐总宽度×隅延尺系数×2$=(5.24+0.4\times2)\times1.50\times2$

$=18.12(m)$

正斜脊工程量合计：44.10（m）

（3）确定定额编号

英红瓦屋面套用定额编号 9-10；

英红瓦正斜脊套用定额编号 9-11。

四、基础知识

（一）屋面防水设防要求

屋面防水等级和设防要求应符合表 5-62 的规定。

屋面防水等级和设防要求表 **表 5-62**

防水等级	建筑类别	设防要求
Ⅰ级	重要建筑和高层建筑	两道防水设防
Ⅱ级	一般建筑	一道防水设防

注：本表摘自《屋面工程技术规范》GB 50345—2012。

（二）防水材料

防水材料主要包括防水卷材和防水涂料。防水卷材主要包括高聚物改性沥青类防水卷材和合成高分子类防水卷材。防水涂料包括无机和有机两大类，无机防水涂料一般属刚性材料，有机防水涂料一般属柔性材料。无机防水涂料可选用水泥基防水涂料、水泥基渗透结晶型防水材料，有机防水涂料可选用反应型、水乳型和聚合物水泥等防水涂料。无机防水涂料可用于结构主体的背水面和迎水面，有机防水涂料宜用于结构主体的迎水面。

1. 沥青

（1）石油沥青

石油沥青是指由石油原油分馏提炼出汽油、煤油、柴油及润滑油等后的残渣，再经过加工炼制而得到的产品。石油沥青主要有建筑石油沥青和道路石油沥青两种。

石油沥青的黏滞性反映的是石油沥青在外力作用下，抵抗变形的能力。石油沥青的黏滞性与其组分及所处环境的温度有关。一般地，沥青质含量增大，其黏滞性增大；温度升高，其黏滞性降低。液态石油沥青的黏滞性用黏滞度表示，半固体或固体沥青的黏滞性用针入度表示。针入度是石油沥青划分牌号的主要依据。

针入度是指在温度为 25℃的条件下，以质量为 100g 的标准针，经 5s 沉入沥青中的深度（每深入 0.1mm 称为 1 度）。针入度值越大，说明半固态或固态沥青的黏滞性越小。

道路石油沥青的牌号分为 200 号、180 号、140 号、100 号甲、100 号乙、60 号甲、60 号乙；建筑石油沥青的牌号分为 30 号和 10 号；普通石油沥青的牌号分为 75 号、65 号、55 号。

（2）改性沥青

建筑上使用的沥青应具备较好的综合性能，具有足够的强度和稳定性、良好的弹性和塑性、抗衰老能力、较强的粘附力、一定的适应性和耐疲劳性。但通常沥青本身不能完全满足这些要求，所以通过对沥青进行氧化、乳化、催化，或加入橡胶、树脂和矿物填充料等对沥青进行改性处理。改性沥青可分为矿物填充料改性沥青、橡胶改性沥青、树脂改性沥青和橡胶树脂共混改性沥青等。

用于石油沥青改性的树脂主要有无规聚丙烯（APP）、聚氯乙烯（PVC）、聚乙烯（PE）、古马隆树脂等。

橡胶改性所用的橡胶有天然橡胶、合成橡胶（如氯丁橡胶、丁基橡胶、丁苯橡胶等）和再生橡胶。

2. 防水卷材

防水卷材是建筑工程重要的防水材料之一。根据其主要组成材料分为沥青防水卷材、高聚物改性沥青防水卷材和合成高分子防水卷材这三大类。高聚物改性沥青防水卷材和合成高分子防水卷材性能优于沥青防水卷材。

（1）沥青基防水卷材

1）沥青防水卷材

传统沥青防水卷材中最具有代表性的是纸胎石油沥青防水卷材，简称油毡，是用低软化点的石油沥青浸渍原纸，然后再用高软化点的石油沥青涂盖油纸的两面，再涂或撒布粉状（称“粉毡”）或片状（称“片毡”）隔离材料制成的。油毡按原纸 $1m^2$ 的质量克数分为 200 号、350 号、500 号三种标号。

2）铝箔面石油沥青卷材（《铝箔面石油沥青防水卷材》JC/T 504—2007）

为了克服纸胎沥青油毡耐久性差、抗拉强度低等缺点，以玻纤毡为胎基，浸涂石油沥青，其上表面用压纹铝箔，下表面采用细砂或聚乙烯膜作隔离处理的防水卷材。产品标记：产品名称、标号和本标准号，例如 30 号铝箔面石油沥青防水卷材，标记为：铝箔面卷材 30 JC/T 504-2007。

规格：卷材幅宽为 1000mm。

3）沥青复合胎柔性防水卷材

沥青复合胎柔性防水卷材（简称复合胎卷材、沥青基）以涤棉无纺布-玻纤网格复合毡为胎基，浸涂胶粉改性沥青，以聚乙烯膜、细砂、矿物粒（片）料等为覆膜面材料制成的沥青复合胎柔性防水卷材，例如 3mm 厚聚乙烯膜覆面涤棉无纺布-玻纤网格复合胎柔性防水卷材，标记为：NK-PE 3CJC/T 690。

《建设部推广应用和限制禁止使用技术》（建设部第 218 号公告）已限制其用于防水等级为Ⅰ、Ⅱ、Ⅲ级的建筑屋面及各类地下工程防水（屋面工程技术规范修订后，防水等级只有Ⅰ、Ⅱ两级）。

（2）高聚物改性沥青防水卷材

高聚物改性沥青防水卷材是指以纤维织物或塑料薄膜为胎体，以合成高分子聚合物改性沥青为涂盖层，以粉状、粒状、片状或薄膜材料为防粘隔离层制成的防水卷材。

1）弹性体改性沥青防水卷材（《弹性体改性沥青防水卷材》GB 18242—2008）

弹性体改性沥青防水卷材是以玻纤毡或聚酯毡为胎基，以苯乙烯-丁二烯-苯乙烯（SBS）热塑性弹性体作为改性剂的改性沥青为涂盖层，两面覆以隔离材料所制成的建筑防水卷材（简称 SBS 卷材）。产品标记：弹性体改性沥青防水卷材、型号、胎基、上表面材料、厚度和本标准号，例如 3mm 厚砂面聚酯胎Ⅰ型弹性体改性沥青防水卷材，标记为：SBS Ⅰ PY S3 GB18242。

SBS 卷材按胎基分为聚酯胎（PY）和玻纤胎（G）两类。按上表面隔离材料分为聚乙烯膜（PE）、细砂（S）与矿物粒（片）料（M）三种。按物理力学性能分为Ⅰ型和Ⅱ型。

SBS 卷材宽 1000mm，聚酯胎卷材厚度为 3mm 和 4mm，玻纤胎卷材厚度为 2mm、3mm 和 4mm，适用于较低气温环境的建筑防水。

2）塑性体改性沥青防水卷材（《塑性体改性沥青防水卷材》GB 18243—2008）

塑性体改性沥青防水卷材，是以聚酯毡或玻纤毡为胎基，以无规聚丙烯（APP）或聚烯烃类聚合物（APAO、APO）作为改性剂的改性沥青为涂盖层，两面覆以隔离材料所制成的建筑防水卷材，统称 APP 卷材。产品标记：塑性体改性沥青防水卷材、型号、胎基、上表面材料、厚度和本标准号，例如：3mm 厚砂面聚酯胎Ⅰ型塑性体改性沥青防水卷材，标记为 APP Ⅰ PY S3 GB 18243。

APP 卷材的品种、规格与 SBS 卷材相同，适用于较高气温环境的建筑防水。

（3）合成高分子防水卷材（《高分子防水材料　第 1 部分：片材》GB 18173.1—2012）

1）定义

a. 均质片：以高分子合成材料为主要材料，各部位截面结构一致的防水片材。

b. 复合片：以高分子合成材料为主要材料，复合织物等保护或增强层，以改变其尺寸稳定性和力学特性，各部位截面结构一致的防水片材。

c. 自粘片：在高分子片材表面复合一层自粘材料和隔离保护层，以改善或提高其与基层的粘结性能，各部位截面结构一致的防水片材。

d. 异形片：以高分子合成材料为主要材料，经特殊工艺加工成表面为连续凹凸壳体或特定几何形状的防（排）水片材。

e. 点（条）粘片：均质片材与织物等保护层多点（条）粘结在一起，粘结点（条）在规定区域内均匀分布，利用粘结点（条）的间距，使其具有切向排水功能的防水片材。

2）合成高分子防水卷材片材的分类

合成高分子防水卷材片材的分类见表 5-63 所示。

3）产品标记

类型代号、材质（简称或代号）、规格（长度×宽度×厚度）、异形片材加入壳体高度。例如均质片，长度为 20.0m，宽度为 1.0m，厚度为 1.2mm 的硫化型三元乙丙橡胶（EPDM）片材标记为：JL 1-EPDM-20.0m×1.0mm×1.2mm。

合成高分子防水卷材片材的分类　　表 5-63

分类		代号	主要原材料
均质片	硫化橡胶类	JL1	三元乙丙橡胶
均质片	硫化橡胶类	JL2	橡塑共混
均质片	硫化橡胶类	JL3	氯丁橡胶、氯磺化聚乙烯、氯化聚乙烯等
均质片	非硫化橡胶类	JF1	三元乙丙橡胶
均质片	非硫化橡胶类	JF2	橡塑共混
均质片	非硫化橡胶类	JF3	氯化聚乙烯
均质片	树脂类	JS1	氯化聚乙烯等
均质片	树脂类	JS2	乙烯-醋酸乙烯共聚物、聚乙烯等
均质片	树脂类	JS3	乙烯-醋酸乙烯共聚物与改性沥青共混等
复合片	硫化橡胶类	FL	（三元乙丙、丁基、氯丁橡胶、氯磺化聚乙烯等）/织物
复合片	非硫化橡胶类	FF	（氯化聚乙烯、三元乙丙、丁基、氯丁橡胶、氯磺化聚乙烯等）/织物
复合片	树脂类	FS1	氯化聚乙烯/织物
复合片	树脂类	FS2	（聚乙烯、乙烯-醋酸乙烯共聚物等）/织物
自粘片	硫化橡胶类	ZJL1	三元乙丙/自粘料
自粘片	硫化橡胶类	ZJL2	橡塑共混/自粘料
自粘片	硫化橡胶类	ZJL3	（氯丁橡胶、氯磺化聚乙烯、氯化聚乙烯等）/自粘料
自粘片	硫化橡胶类	ZFL	（三元乙丙、丁基、氯丁橡胶、氯磺化聚乙烯等）/织物/自粘料
自粘片	非硫化橡胶类	ZJF1	三元乙丙/自粘料
自粘片	非硫化橡胶类	ZJF2	橡塑共混/自粘料
自粘片	非硫化橡胶类	ZJF3	氯化聚乙烯/自粘料
自粘片	非硫化橡胶类	ZFF	（氯化聚乙烯、三元乙丙、丁基、氯丁橡胶、氯磺化聚乙烯等）/织物/自粘料
自粘片	树脂类	ZJS1	聚氯乙烯/自粘料
自粘片	树脂类	ZJS2	（乙烯-醋酸乙烯共聚物、聚乙烯等）/自粘料
自粘片	树脂类	ZJS3	乙烯-醋酸乙烯共聚物与改性沥青共混等/自粘料
自粘片	树脂类	ZFS1	聚氯乙烯/织物/自粘料
自粘片	树脂类	ZFS2	（聚乙烯、乙烯-醋酸乙烯共聚物等）/织物/自粘料
异形片	树脂类（防排水保护板）	YS	高密度聚乙烯、改性聚丙烯、高抗冲聚苯乙烯等
点（条）粘片	树脂类	DS1/TS1	聚氯乙烯/织物
点（条）粘片	树脂类	DS2/TS2	（乙烯-醋酸乙烯共聚物、聚乙烯等）/织物
点（条）粘片	树脂类	DS3/TS3	乙烯-醋酸乙烯共聚物与改性沥青共混物等/织物

4）合成高分子防水卷材的种类

合成高分子防水卷材按基料分为合成橡胶、合成树脂或两者的共混体三类。

a. 三元乙丙橡胶防水卷材是以乙烯、丙烯和少量双环戊二烯三种单体共聚合成的以三元乙丙橡胶为主体，加入适量的助剂和填充料等，经过特定工序制成的。

b. 聚氯乙烯防水卷材是以聚氯乙烯树脂为主要原料，加入适量的助剂和填充料等，经过特定工序制成的。

聚氯乙烯防水卷材根据基料的组成与特性分为S型和P型。S型是以煤焦油与聚氯乙烯树脂混合料为基料的柔性卷材；P型是以增塑聚氯乙烯为基料的塑性卷材。

c. 氯化聚乙烯-橡胶共混防水卷材是以氯化聚乙烯树脂和合成橡胶为主体，加入适量的助剂和填充料等，经过特定工序制成的。

合成高分子防水卷材除以上三个品种外，还有氯丁橡胶、丁基橡胶、氯化聚乙烯、聚乙烯、氯磺化聚乙烯等多种防水卷材。

3. 防水涂料

防水涂料按成膜物质的主要成分分为沥青类防水涂料、高聚物改性沥青防水涂料、合成高分子防水涂料、聚合物水泥防水涂料和水泥基渗透结晶型防水涂料；按涂料的介质不同，又可分为溶剂型、乳剂型和反应型三类。

（1）沥青类

1）冷底子油

冷底子油是用建筑石油沥青加入溶剂配制而成的一种沥青溶剂。冷底子油黏度小，涂刷后能很快渗入混凝土、砂浆或木材等材料的毛细孔隙中，溶剂挥发，沥青颗粒则留在基底的微孔中，与基底表面牢固结合，并使基底具有一定的憎水性，为粘贴同类防水卷材创造有利条件。

2）水乳型沥青防水涂料（《水乳型沥青防水涂料》JC/T 408—2005）

水乳型沥青防水涂料即水性沥青防水涂料，是将石油沥青在乳化剂水溶液作用下，经乳化机（搅拌机）强烈搅拌而成的一种冷施工的防水涂料。沥青在搅拌机的作用下，被分散成1～6μm的微小颗粒，并被乳化剂包裹起来悬浮在水中，涂到基层上后，水分逐渐蒸发，沥青颗粒凝聚成膜，形成了均匀、稳定、粘结牢固的防水层。

分类：产品按性能分为H型和L型。

标记：按产品类型和标准号顺序标记。

示例：H型水乳型沥青防水涂料标记为：

水乳型沥青防水涂料 H JC/T 408—2005

目前，国内用量最大的乳化沥青防水涂料有氯丁胶乳沥青防水涂料，其次是丁苯胶乳沥青防水涂料、丁腈胶乳沥青防水涂料、SBS改性乳化沥青防水涂料、再生胶乳化沥青防水涂料等。

乳化沥青的主要优点是可以冷施工，不需要加热。

（2）高聚物改性沥青防水涂料

高聚物改性沥青防水涂料是以沥青为基料，用合成高分子聚合物进行改性，制成的水乳型或溶剂型防水涂料（高分子化合物又称高聚物，是指那些由众多原子或原子团主要以共价键结合而成的相对分子量在10000以上的化合物，分为天然高分子化合物和合成高分子化合物）。

1）水乳型橡胶沥青防水涂料

水乳型氯丁橡胶沥青防水涂料是以阳离子型氯丁胶乳与阳离子型石油沥青乳液混合，稳定分散在水中而制成的一种乳液型防水涂料。

水乳型氯丁橡胶沥青防水涂料是以环氧树脂的氯丁橡胶乳液为改性剂，以石油乳化沥青为基料，加入表面活性剂、防霉剂等辅助材料制成。

水乳型氯丁橡胶沥青防水涂料执行《水乳型沥青防水涂料》JC/T 408—2005 技术标准。

2）水乳型再生橡胶防水涂料

水乳型再生橡胶防水涂料（简称 JG-2 防水冷胶料）是水乳型双组分（A 液、B 液）防水冷胶结料。A 液为乳化橡胶，B 液为阴离子型乳化沥青。

（3）合成高分子防水涂料

合成高分子防水涂料是以合成橡胶或合成树脂为主要成膜物质，加入其他辅助材料制成的单组分或多组分的防水涂料。比沥青基及改性沥青基防水涂料具有更好的弹性和塑性、耐久性及耐高低温性能。

合成高分子防水涂料按成膜机理和种类分为水乳型和反应型两种。

1）水乳型合成高分子防水涂料的主要成膜物质的高分子材料以极微小的颗粒稳定悬浮在水中成为乳液状材料。

① 定义

聚合物乳液建筑防水涂料是以聚合物乳液为主要原料，加入其他外加剂制得的单组分水乳型防水涂料。

② 分类

产品按物理性能分为Ⅰ型和Ⅱ型两种。Ⅰ类产品不用于外露场合。

③ 标记

产品按下列顺序标记：名称、类型、标准编号。

示例：Ⅰ类聚合物乳液建筑防水涂料标记：

聚合物乳液建筑防水涂料Ⅰ JC/T 864—2008。

2）反应型合成高分子涂料在没有成膜以前是高分子预聚体，为线性结构，以液态或粘液态存放，在一定的条件下高分子预聚体与另一组分混合，分子与分子之间发生化学反应，分子线性结构交联成三维网状结构，材料由液态转化成有一定弹性和强度的固体。目前，反应型防水涂料分为单组分和双组分两类。单组分防水涂料多与空气中的水分发生化学反应，如单组分聚氨酯防水涂料；双组分涂料是将两种预聚体按一定比例混合均匀后，两种预聚体的分子发生交联反应固化成型。

a. 聚氨酯防水涂料（《聚氨酯防水涂料》GB/T 19250—2013）

聚氨酯防水涂料（简称 PU 防水涂料），属反应型涂料。双组分聚氨酯防水涂料，A 组分是以聚醚树脂和二异氰酸酯等经聚合反应制成的预聚物，B 组分是由硫化剂、催化剂、树脂等多种助剂精制而成的防水涂料。A、B 组分按一定配合比例混合搅拌均匀，涂刮在基面上，经固化反应，形成富有弹性的防水涂膜。单组分聚氨酯防水涂料是以异氰酸酯、聚醚为主要原料，配以各种助剂制成的防水涂料。

(a) 分类

a) 按组分分为单组分（S）和多组分（M）两种。

b) 按基本性能分为Ⅰ型、Ⅱ型、Ⅲ型。

c) 按是否暴露使用分为外露（E）和非外露（N）。

d) 按有害物质限量分为A类和B类。

(b) 标记

按产品名称、组分、基本性能、是否暴露、有害物质限量和标准号的顺序标记。

示例：A类、Ⅲ型、外露、单组分聚氨酯防水涂料标记为：

PU防水涂料 S Ⅲ E A GB/T 19250—2013

b. 石油沥青聚氨酯防水涂料

石油沥青聚氨酯防水涂料是双组分反应固化型的高弹性、高延伸的防水涂料。其中甲组分是以聚醚树脂和二异氰酸脂等原料，经氢转移加聚合反应制成的含有端异氰酸酯基的氨基甲酸酯预聚物；乙组分是由硫化剂、催化剂与经调配的石油沥青及助溶剂等材料，经真空脱水、混合搅拌和研磨分散等工序加工制成的。

c. 环氧树脂防水涂料（《环氧树脂防水涂料》JC/T 2217—2014）

(a) 定义

环氧树脂防水涂料（简称EP防水涂料）是以环氧树脂为主要组分，与固化剂反应后生成的具有防水功能的双组分反应型涂料。

(b) 标记

产品按下列顺序标记：名称、标准号。

示例：环氧树脂防水涂料为：

EP防水涂料 JC/T 2217—2014

(4) 聚合物水泥防水涂料（《聚合物水泥防水涂料》GB/T 23445—2009）

1) 定义

聚合物水泥防水涂料（简称JS防水涂料，“J”“S”分别为聚合物、水泥的拼音字头）以丙烯酸酯、乙烯-乙酸乙烯酯等聚合物乳液和水泥为主要原料，加入填料及其他助剂配制而成，经水分挥发和水泥水化反应固化成膜的双组分水性防水涂料。

2) 分类

产品按物理力学性能分为Ⅰ型、Ⅱ型、Ⅲ型。

Ⅰ型适用于活动量较大的基层，Ⅱ型和Ⅲ型适用于活动量较小的基层。

3) 标记

产品按下列顺序标记：产品名称、类型、标准号。

示例：Ⅰ型聚合物水泥防水涂料标记为：

JS防水涂料Ⅰ GB/T 23445—2009

(5) 水泥基渗透结晶型防水材料（《水泥基渗透结晶型防水材料》GB 18445—2012）

1）定义

本标准采用下列定义：

① 水泥基渗透结晶型防水材料

水泥基渗透结晶型防水材料是一种用于水泥混凝土的刚性防水材料。其与水作用后，材料中含有的活性化学物质以水为载体在混凝土中渗透，与水泥水化产物生成不溶于水的针状结晶体，填塞毛细孔道和微细缝隙，从而提高混凝土致密性、防水性。水泥基渗透结晶型防水材料按使用方法分为水泥基渗透结晶型防水涂料和水泥基渗透结晶型防水剂。

② 水泥基渗透结晶型防水涂料

水泥基渗透结晶型防水涂料是以硅酸盐水泥、石英砂为主要成分，掺入一定量活性化学物质制成的粉状材料，经与水拌合可调配成可刷涂或喷涂在水泥混凝土表面的浆料；亦可采用干撒压入未完全凝固的水泥混凝土表面。

③ 水泥基渗透结晶型防水剂

水泥基渗透结晶型防水剂是以硅酸盐水泥和活性化学物质为主要成分制成的粉状材料，掺入水泥混凝土拌合物中使用。

2）分类

按照使用方法分：

① 水泥基渗透结晶型防水涂料（代号 C）；

② 水泥基渗透结晶型防水剂（代号 A）。

3）标记

按照产品名称和类型、型号、标准编号的顺序标记。

示例：水泥基渗透结晶型防水涂料标记为：

CCCW C GB 18445—2012。

第十一节　耐酸防腐、保温、隔热工程

一、有关规定

（一）清单计量规定

（1）保温隔热装饰面层，按规范附录 L、附录 M、附录 N、附录 P、附录 Q 中相关项目编码列项；仅做找平层按规范附录 L 中“平面砂浆找平层”或附录 M 中“立面砂浆找平层”项目编码列项。

（2）柱帽保温隔热应并入天棚保温隔热工程量内。

（3）池槽保温隔热应按其他保温隔热项目编码列项。

（4）保温隔热方式：内保温、外保温、夹心保温。

（5）保温柱、梁适用于不与墙、天棚相连的独立柱、梁。

（6）防腐踢脚线，应按规范附录 L 中“踢脚线”项目编码列项。

（二）定额规定

1. 保温隔热

（1）保温层的保温材料配合比、材质、厚度与设计不同时，可以换算。

（2）弧形墙墙面保温隔热层，按相应项目的人工乘以系数 1.1 计算。

（3）柱面保温按墙面保温定额项目人工乘以系数 1.19、材料乘以系数 1.04 计算。

（4）墙面岩棉板保温、聚苯乙烯板保温及保温装饰一体板保温如使用钢骨架，钢骨架按定额“第十二章　墙、柱面装饰与隔断、幕墙工程”中相应项目执行。

（5）抗裂保护层工程如采用塑料膨胀螺栓固定，每 1m^2 增加：人工 0.03 工日，塑料膨胀螺栓 6.12 套。

（6）保温隔热材料应根据设计规范，必须达到国家规定要求的等级标准。

2. 防腐工程

（1）各种胶泥、砂浆、混凝土配合比及各种整体面层的厚度，当设计与定额取定不同时，可以换算。定额已综合考虑了各种块料面层的结合层胶结料厚度及灰缝宽度。

（2）花岗石板面层以六面剁斧的块料为准，结合层厚度为 15mm，如板底为毛面，其结合层胶结料用量按设计厚度调整（1995 年定额：如板底为毛面，水玻璃砂浆增加 0.0038m^3，耐酸沥青砂浆增加 0.0044m^3）。

（3）整体面层踢脚线按整体面层相应项目执行，块料面层踢脚线按立面砌块相应项目人工乘以系数 1.2 计算。

（4）环氧自流平洁净地面中间层（刮腻子）按每层 1mm 考虑，设计要求厚度不同时，可以调整。

（5）卷材防腐接缝、附加层、收头工料已包括在定额内，不再另行计算。

（6）块料防腐中面层材料的规格、材质与设计不同时，可以换算。

二、计量规则

（一）保温、隔热

1. 保温隔热屋面

（1）清单计量规则：按设计图示尺寸，以面积计算。扣除单个面积大于 0.3m^2 的孔洞所占面积。

（2）定额计量规则：屋面保温隔热层工程量按设计图示尺寸，以面积计算。扣除单个面积大于 0.3m^2 孔洞所占面积。其他项目按设计图示尺寸以定额项目规定的计量单位计算。

2. 保温隔热顶棚

（1）清单计量规则：按设计图示尺寸以面积计算。扣除单个面积大于 0.3m^2 的柱、垛、孔洞所占面积，与顶棚相连的梁按展开面积计算，并入顶棚工程量内。

（2）定额计量规则：按设计图示尺寸，以面积计算。扣除单个面积大于 0.3m^2 的柱、垛、孔洞所占面积，与顶棚相连的梁按展开面积计算，并入顶棚工程量内。

柱帽保温隔热层，并入顶棚保温隔热层工程量内。

3. 保温隔热墙面

（1）清单计量规则：按设计图示尺寸，以面积计算。扣除门窗洞口以及面积大于0.3m^2的梁、孔洞所占面积；门窗洞口侧壁以及与墙相连的柱，并入保温墙体工程量内。

（2）定额计量规则：按设计图示尺寸，以面积计算。扣除门窗洞口以及面积大于0.3m^2的梁、孔洞所占面积；门窗洞口侧壁以及与墙相连的柱，并入保温墙体工程量内。墙体及混凝土板下铺贴隔热层不扣除木框架及木龙骨的体积。其中外墙按隔热层中心线长度计算，内墙按隔热层净长度计算。

大于0.3m^2的孔洞侧壁周围及梁头、连系梁等其他零星工程保温隔热工程量，并入墙面保温隔热工程量内。

4. 保温隔热柱、梁

按设计图示尺寸，以面积计算。柱按设计图示柱断面保温层中心线展开长度乘以保温层高度以面积计算，扣除面积大于0.3m^2的梁所占面积；梁按设计图示梁断面保温层中心线展开长度乘以保温层高度以面积计算。

5. 保温隔热楼地面

（1）清单计量规则：按设计图示尺寸以面积计算。扣除面积大于0.3m^2的柱、垛孔洞等所占面积。门洞、空圈、暖气包槽、壁龛的开口部分不增加面积。

（2）定额计量规则：楼地面保温隔热层工程量按设计图示尺寸以面积计算。扣除柱、垛及单个面积大于0.3m^2的孔洞所占面积。

6. 保温隔热其他面

（1）清单计量规则：按设计图示尺寸，以展开面积计算。扣除单个面积大于0.3m^2的孔洞所占面积。

（2）定额计量规则：

1）其他面保温隔热按设计图示尺寸以展开面积计算，扣除单个面积大于0.3m^2的孔洞所占面积。

2）保温层排气管按设计图示尺寸以长度计算，不扣除管件所占长度；保温层排气孔以数量计算。

3）防火隔离带工程量按设计图示尺寸，以面积计算。

（二）防腐面层

1. 防腐混凝土面层、防腐砂浆面层、防腐胶泥面层、玻璃钢防腐面层、聚氯乙烯板面层、块料防腐面层、隔离层、防腐涂料

（1）清单计量规则：

按设计图示尺寸，以面积计算。

1）平面防腐：扣除凸出地面的构筑物、设备基础以及面积大于0.3m^2的孔洞、柱、垛等所占面积。

2）立面防腐：扣除门窗洞口以及面积大于 0.3m^2 的孔洞、梁所占面积，门窗洞口侧壁、砖垛凸出部分按展开面积并入墙面积内。

（2）定额计量规则：

按设计图示尺寸，以面积计算。

1）平面防腐：扣除凸出地面的构筑物、设备基础以及面积大于 0.3m^2 的孔洞、柱、垛等所占面积，门洞、空圈、暖气包槽、壁龛的开口部分不增加面积。

2）立面防腐：扣除门窗洞口以及面积大于 0.3m^2 的孔洞、梁所占面积，门窗洞口侧壁、砖垛凸出部分按展开面积并入墙面积内。

2. 池、槽块料防腐面层

按设计图示尺寸，以展开面积计算。

3. 砌筑沥青浸渍砖

按设计图示尺寸，以体积计算。

4. 踢脚板防腐

按设计图示长度乘以高度以面积计算，扣除门洞所占面积，并相应增加侧壁展开面积。

5. 混凝土面及抹灰面防腐

按设计图示尺寸，以面积计算。

三、计量方法

【例 5-38】 某工程防水保温平屋面如图 5-136 所示（外墙厚度 240mm），设计采用国标《平屋面建筑构造》12J201Ⓐ2d25 的构造做法，保温层 d25 为挤塑聚苯乙烯泡沫塑料厚 25mm，防水层采用 4mm 厚 SBS 弹性体改性沥青防水卷材，细石混凝土保护层配 ϕ6 双向@150 钢筋网，保护层分格缝采用建筑油膏嵌缝，间距不大于 6m，隔离层砂浆采用 1∶4 石灰砂浆，钢筋混凝土屋面板为结构找坡。请计算工程量并确定定额编号。

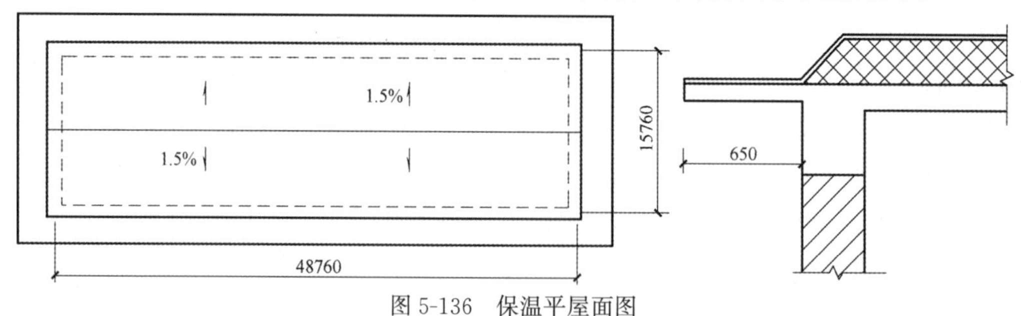

图 5-136　保温平屋面图

解：

（1）25mm 厚挤塑聚苯乙烯泡沫塑料保温层工程量＝(48.76＋0.24)×(15.76＋0.24)＝784.00(m^2)

套用定额编号 10-33 换算，根据定额总说明第八条第 6 款第（2）项进行换算，换出原定额 40mm 厚的聚苯乙烯板，换入 25mm 厚挤塑聚苯乙烯泡沫塑料板，数量不变。

(2) 20mm 厚 1∶3 水泥砂浆找平层工程量＝(48.76＋0.24＋0.65×2)×(15.76＋0.24＋0.65×2)＝50.3×17.3＝870.19(m^2)

套用定额编号 11-2

(3) 4mm 厚 SBS 弹性体改性沥青防水卷材工程量＝870.19 (m^2)

套用定额编号 9-34

(4) 建筑油膏保护层分格缝工程量＝50.3×5＋17.3×8＝389.90 (m)

套用定额编号 9-101

(5) 10mm 厚 1∶4 石灰砂浆隔离层工程量＝870.19 (m^2)

套用定额编号〔(11-1)－(11-3)×10〕换算，材料的品种换算，换出原定额干混地面预拌砂浆，换入 1∶4 石灰砂浆，数量不变。

(6) A6 双向@150 钢筋网工程量＝(50.26×118＋17.26×336)×0.222＝2604(kg)＝2.604(t)

套用定额编号 5-124

(7) 40mm 厚细石混凝土保护层工程量＝870.19 (m^2)

套用定额编号 9-89

四、基础知识

(一) 保温、隔热

建筑节能主要包括建筑围护结构节能和采暖供热系统节能两个方面。建筑围护结构节能主要是提高建筑物外墙、屋顶、楼地面、门窗等的保温、隔热性能，提高门窗和墙体的密闭性能。

建筑节能构造根据建筑节能设计气候分区选用。居住建筑节能设计气候分区为：严寒地区（分 A、B、C 三个区）、寒冷地区（分 A、B 两个区）、夏热冬冷地区、夏热冬暖地区（分南、北两个区）、温和地区（分 A、B 两个区）。居住建筑主要城市所处城市气候分区见表 5-64。

居住建筑主要城市所处城市气候分区　　表 5-64

气候分区	代表性城市	
严寒地区（Ⅰ）区	严寒 A 区	博克图、满洲里、海拉尔、呼玛、海伦、伊春、富锦、大柴旦
	严寒 B 区	哈尔滨、安达、佳木斯、齐齐哈尔、牡丹江
	严寒 C 区	大同、呼和浩特、通辽、沈阳、本溪、阜新、长春、延吉、通化、四平、酒泉、西宁、乌鲁木齐、克拉玛依、哈密、抚顺、张家口、丹东、银川、伊宁、吐鲁番、鞍山
寒冷地区（Ⅱ）区	寒冷 A 区	唐山、太原、大连、青岛、安阳、拉萨、兰州、平凉、天水、喀什
	寒冷 B 区	北京、天津、石家庄、徐州、济南、西安、宝鸡、郑州、洛阳、德州
夏热冬冷地区（Ⅲ）区		南京、蚌埠、盐城、南通、合肥、安庆、九江、武汉、黄石、岳阳、汉中、安康、上海、杭州、宁波、宜昌、长沙、南昌、株洲、永州、赣州、韶关、桂林、重庆、达县、万州、涪陵、南充、宜宾、成都、遵义、凯里、绵阳

续表

气候分区		代表性城市
夏热冬暖地区（Ⅳ）区	北区	福州、莆田、龙岩、梅州、兴宁、龙川、新丰、英德、贺州、柳州、河池
	南区	泉州、厦门、漳州、汕头、广州、深圳、香港、澳门、梧州、茂名、湛江、海口、南宁、北海、百色、凭祥
温和地区（Ⅴ）区	温和地区A区	西昌、贵阳、安顺、遵义、昆明、大理、腾冲
	温和地区B区	攀枝花、临沧、蒙自、景洪、澜沧

公共建筑分为严寒地区A区、严寒地区B区、寒冷地区、夏热冬冷地区、夏热冬暖地区。公共建筑全国主要城市所处的气候分区见《公共建筑节能设计标准》GB 50189—2015。

1. 外墙保温技术

就建筑墙体节能而言，传统的用重质单一材料增加墙体厚度来达到保温的做法已不能适应节能和环保的要求，而复合墙体越来越成为墙体的主流。复合墙体一般用块体材料或钢筋混凝土作为承重结构，与保温隔热材料复合，或在框架结构中用薄壁材料加以保温、隔热材料构成墙体。建筑用保温、隔热材料主要有岩棉、矿渣棉、玻璃棉、聚苯乙烯泡沫、膨胀珍珠岩、膨胀蛭石、加气混凝土及胶粉聚苯颗粒浆料、发泡水泥保温板等。值得一提的是胶粉聚苯颗粒浆料，它是将胶粉料和聚苯颗粒轻骨料加水搅拌成浆料，抹于墙体外表面，形成无空腔保温层。聚苯颗粒骨料是采用回收的废聚苯板经粉碎制成，而胶粉料掺有大量的粉煤灰，这是一种废物利用、节能环保的材料。墙体的复合技术有内附保温层、外附保温层和夹心保温层三种。

（1）外墙外保温技术

1）EPS板（模塑聚苯板）外墙外保温系统（EPS板薄抹灰系统）

a. 构造

用胶粘剂将EPS板粘结在外墙上，EPS板表面做玻纤网增强薄抹面层和饰面层，见图5-137。

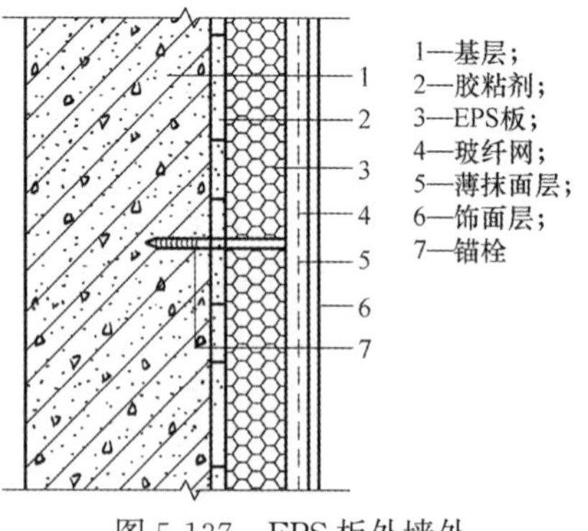

图5-137　EPS板外墙外保温系统图

b. 适用范围

适用于各类气候区混凝土和砌体结构外墙的涂料饰面。

2）胶粉EPS颗粒保温浆料外墙外保温系统（保温浆料系统）

a. 构造

将胶粉EPS颗粒保温浆料经现场拌合后抹在外墙上，表面做玻纤网增强抗裂砂浆薄抹面层和饰面层，见图5-138。

b. 适用范围

适用于夏热冬冷和夏热冬暖地区混凝土和砌体结构外墙的涂料饰面。

3）EPS板现浇混凝土外墙外保温系统（无网现浇系统）

a. 构造

EPS板与现浇混凝土接触的表面开有矩形齿槽，板两面预喷界面砂浆，置于外模板内侧并安装锚栓作为辅助固定件。拆模后EPS板表面用胶粉EPS颗粒保温浆料作局部修补和找平，之后做玻纤网增强抗裂砂浆薄抹面层和饰面层，见图5-139。

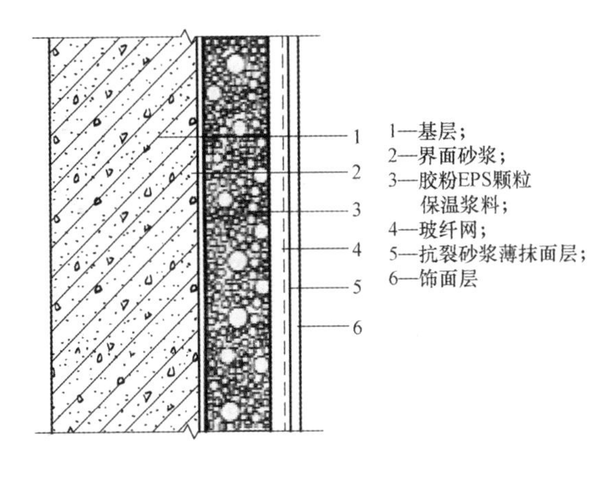

图5-138　胶粉EPS颗粒保温浆料外墙外保温系统图

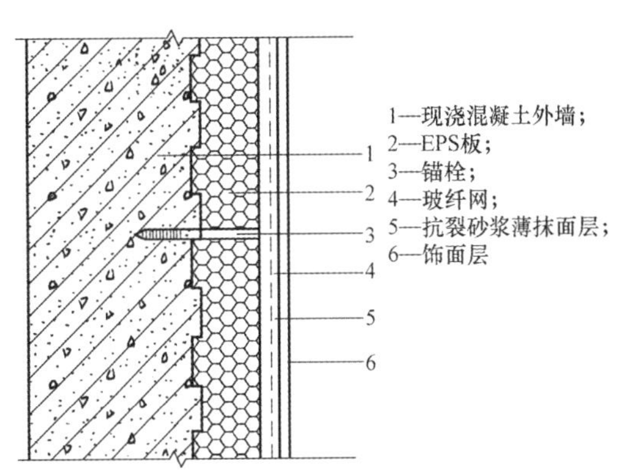

图5-139　EPS板现浇混凝土外墙外保温系统（无网现浇系统）图

b. 适用范围

适用于寒冷和严寒地区现浇混凝土外墙的涂料饰面。

4）EPS钢丝网架板现浇混凝土外墙外保温系统（有网现浇系统）

a. 构造

EPS单面钢丝网架板置于外墙外模板内侧，并安装$\phi 6$钢筋作为辅助固定件。浇筑混凝土后，外抹水泥砂浆厚面层，见图5-140。

b. 适用范围

适用于寒冷地区现浇混凝土外墙的面砖饰面。

5）机械固定EPS钢丝网架板外墙外保温系统（机械固定系统）

a. 构造

用螺栓或预埋钢筋等将腹丝非穿透型EPS钢丝网架板固定在外墙上，外抹水泥砂浆厚面层，见图5-141。

b. 适用范围

适用于寒冷和严寒地区混凝土和砌体结构外墙的面砖饰面。

（2）外墙内保温技术

1）在外墙内侧粘贴或砌筑块状保温板（如膨胀珍珠板、EPS板和XPS板等），并在表面做保护层（如粉刷石膏或聚合物水泥砂浆等）；

2）在外墙内侧拼装GRC聚苯复合板或石膏聚苯复合板，表面刮腻子；

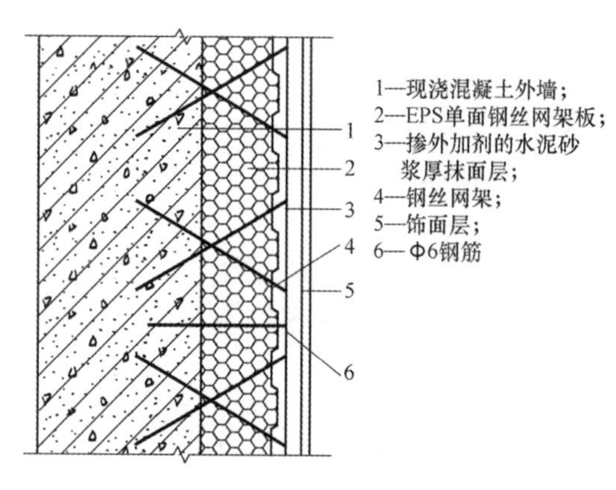

图 5-140　EPS 钢丝网架板现浇混凝土外墙外保温系统（有网现浇系统）图

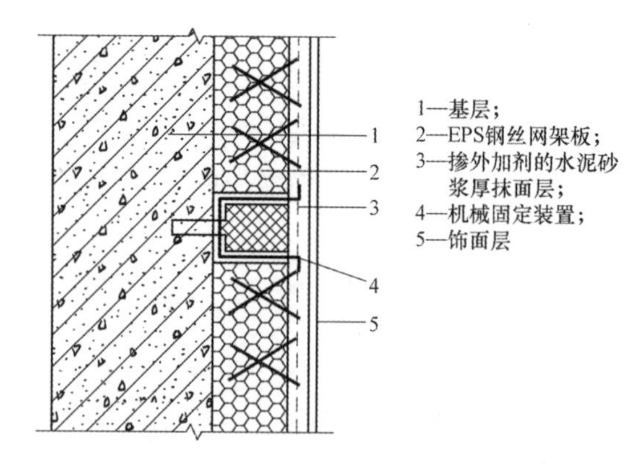

图 5-141　机械固定 EPS 钢丝网架板外墙外保温系统（机械固定系统）图

3）在外墙内侧安装岩棉轻钢龙骨纸面石膏板（或其他板材）；

4）在外墙内侧抹保温砂浆；

5）公共建筑外墙、地下车库顶板采用现场喷涂超细玻璃棉绝热吸声系统。

（3）外墙夹芯保温技术

外墙夹芯保温一般以 240mm 厚砖墙做外页墙，以 120mm 厚砖墙为内页墙，两页墙之间留出空腔，随砌墙随填充保温材料。保温材料可为岩棉、EPS 板或 XPS 板、散装或袋装膨胀珍珠岩等。两页墙之间可采用砖拉接或钢筋拉接，并设钢筋混凝土构造柱和圈梁连接内外页墙。

2. 楼地面保温技术

（1）层间楼板底面的保温层，宜采用强度较高的保温砂浆抹灰。保温层构造见表 5-65。

层间楼板底面保温砂浆保温层构造表　　表 5-65

简图	构造层次（由上至下）
	1. 20mm 厚水泥砂浆找平层
	2. 100mm 厚现浇钢筋混凝土楼板
	3. 保温砂浆
	4. 5mm 厚抗裂石膏（网格布）

（2）在层间楼板上面的保温层，宜采用硬质挤塑聚苯板、泡沫玻璃保温板等板材。保温层构造见表 5-66。

（3）在层间楼板上面铺设木龙骨的空铺木地板，宜在木龙骨间嵌填板状保温材料，使楼板层的保温性能更好。保温层构造见表 5-67。

层间楼板上面硬质挤塑聚苯板保温层构造表　　表 5-66

简图	构造层次(由上至下)
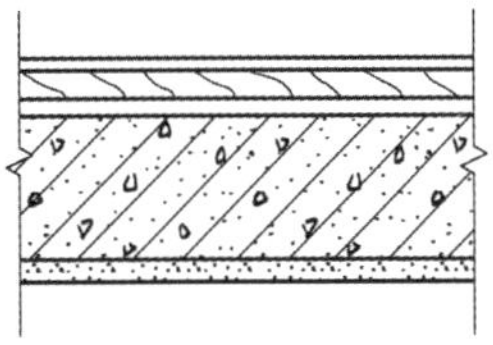	1. 20mm 厚水泥砂浆找平层
	2. 保温层
	(1)挤塑聚苯板(XPS)
	(2)高强度珍珠岩板
	(3)乳化沥青珍珠岩板
	(4)复合硅酸盐板
	3. 20mm 水泥砂浆找平及粘结层
	4. 120mm 现浇钢筋混凝土楼板

层间楼板上面空铺木地板木龙骨间嵌填板状保温材料构造表　　表 5-67

简图	构造层次(由上至下)
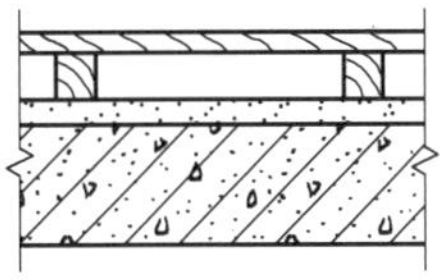	1. 18mm 厚实木地板
	2. 30mm×40mm 杉木龙骨@400
	3. 20mm 厚水泥砂浆找平层
	4. 100mm 厚现浇钢筋混凝土楼板
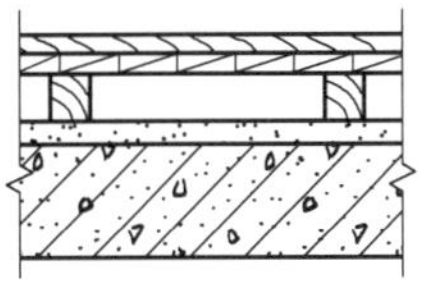	1. 12mm 厚实木地板
	2. 15mm 厚细木工板
	3. 30mm×40mm 杉木龙骨@400
	4. 20mm 厚水泥砂浆找平层
	5. 100mm 厚现浇钢筋混凝土楼板

(4) 底部自然通风架空楼板。保温层构造见表 5-68。

底部自然通风架空楼板底面粘贴挤塑聚苯板保温层构造表　　表 5-68

简图	构造层次(由上至下)
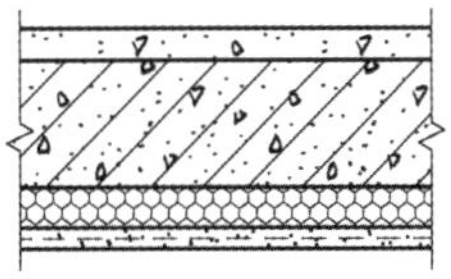	1. 20mm 厚水泥砂浆找平层
	2. 100mm 厚现浇钢筋混凝土楼板
	3. 挤塑聚苯板(胶粘剂粘贴)
	4. 3mm 厚聚合物砂浆(网格布)
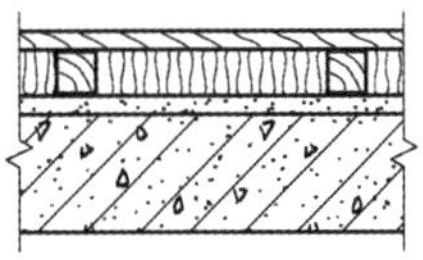	1. 18mm 厚实木地板
	2. 30mm 厚矿(岩)棉或玻璃棉板,30mm×40mm 杉木龙骨@400
	3. 20mm 厚水泥砂浆找平层
	4. 100mm 厚现浇钢筋混凝土楼板

(5) 低温(水媒)辐射采暖地板。保温层构造见表 5-69。

低温（水媒）辐射采暖地板保温层构造表 **表 5-69**

简图	构造层次(由上至下)
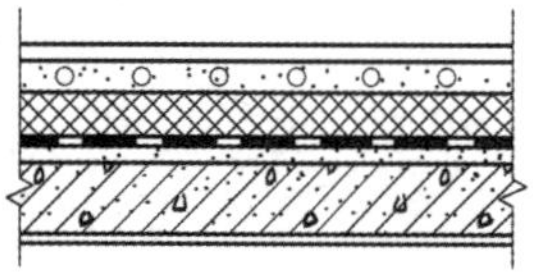	1. 水泥砂浆找平层
	2. 钢筋网 C15 细石混凝土
	3. 埋于细石混凝土层中的循环加热管
	4. 挤塑聚苯板
	5. 防水层
	6. 水泥砂浆找平层
	7. 钢筋混凝土楼板
	8. 水泥砂浆抹灰

3. 屋面保温技术

屋顶的保温、隔热是围护结构节能的重点之一。在寒冷的地区，屋顶设保温层，以阻止室内热量散失；在炎热的地区，屋顶设置隔热降温层以阻止太阳的辐射热传至室内；而在冬冷夏热的地区（黄河至长江流域），建筑节能则要冬、夏兼顾。保温常用的技术措施有正铺法和倒铺法两种。正铺法是在屋顶防水层下设置导热系数小的轻质材料用作保温，如膨胀珍珠岩、玻璃棉等；倒铺法是在屋面防水层以上设置聚苯乙烯泡沫。屋顶隔热降温的方法有：架空通风、屋顶蓄水或定时喷水、屋顶绿化等。

（1）普通屋面

1）构造

普通屋面保温构造见图 5-142。

2）适用范围

适用于各类气候区；不适合室内湿度大的建筑。

（2）倒置式屋面

1）构造

倒置式屋面保温构造见图 5-143。

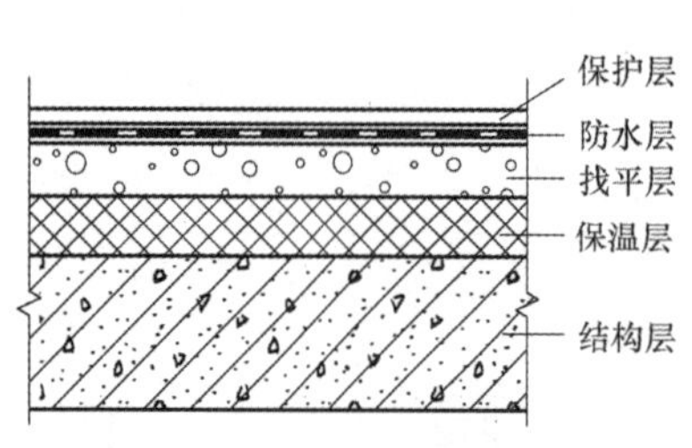

图 5-142 普通屋面保温构造图

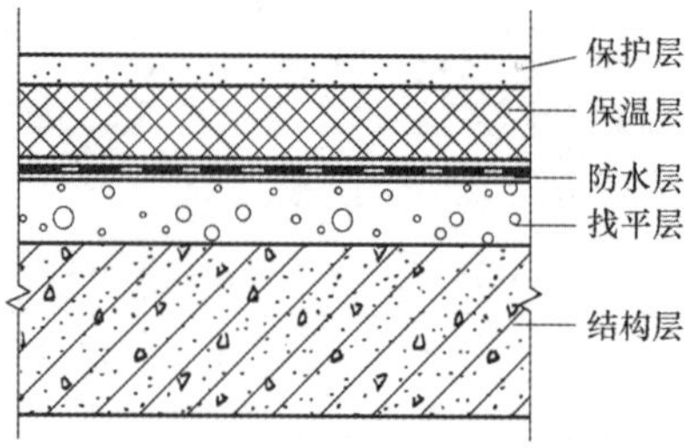

图 5-143 倒置式屋面保温构造图

2）适用范围

适用于夏热冬暖、夏热冬冷、寒冷地区，室内空间湿度大的建筑；不适用于金属屋面。

(3) 架空隔热屋面

1) 构造

架空隔热屋面保温构造见图 5-144。

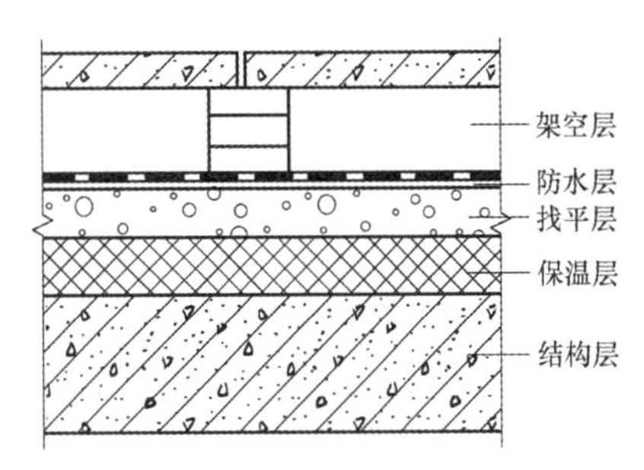

图 5-144 架空隔热屋面保温构造图

2) 适用范围

应与不同保温屋面系统联合使用；严寒、寒冷地区不宜采用。

(4) 种植屋面

1) 构造

种植屋面保温构造见图 5-145。

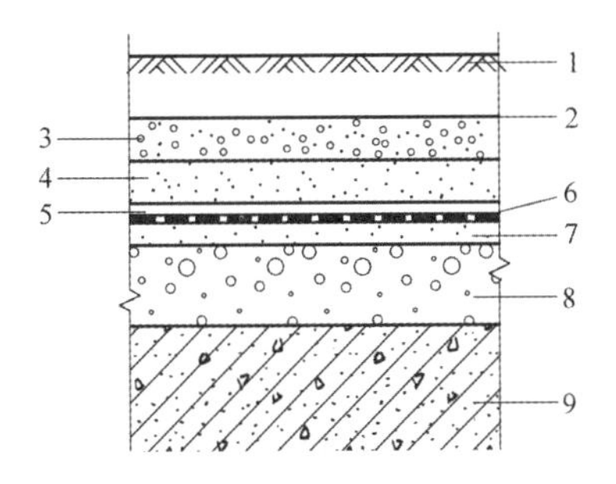

图 5-145 种植屋面保温构造图

1—种植层（人工合成土或覆土），厚度依据绿化要求；2—土工布过滤层；3—蓄排水层（塑料排水板、陶粒、卵石或其他合成土工材料）；4—C25 细石防水混凝土；5—10mm 厚隔离层+根系阻挡层（如需）；6—高分子卷材或涂料防水层；7—水泥砂浆找平层；8—找坡层；9—钢筋混凝土结构层

2) 适用范围

适用于夏热冬冷、夏热冬暖地区；严寒地区不宜采用。

4. 门窗、幕墙保温技术

对门窗的节能处理主要是改善材料的保温隔热性能和提高门窗的密闭性能。从门窗材料来看，近些年出现了铝合金断热型材、铝与木复合型材、钢塑整体挤出型材、塑与木复合型材以及 UPVC 塑料型材等一些技术含量较高的节能产品。

为了解决大面积玻璃造成能量损失过大的问题，人们运用了高新技术，将普通玻璃加工成中空玻璃，镀膜玻璃（包括反射玻璃、吸热玻璃），高强度 Low-E 防火玻璃（高强度低辐射镀膜防火玻璃），采用磁控真空溅射方法镀制含银金属层的玻璃以及最特别的智能玻璃。智能玻璃能感知外界光的变化并作出反应，它有两类：一类是光致变色玻璃，在光照射时，玻璃会感光变暗，光线不易透过；停止光照射时，玻璃复明，光线可以透过。在太阳光强烈时，可以阻隔太阳辐射热；天阴时，玻璃变亮，太阳光又能进入室内。另一类是电致变色玻璃，在两片玻璃上镀有导电膜及变色物质，通过调节电压，促使变色物质变色，调整射入的太阳光（但因其生产成本高，还不能实际使用）。这些玻璃都有很好的节能效果。

（1）提高门窗、幕墙的气密性能

1）门窗、幕墙的面板缝隙应采取良好的密封措施。玻璃或非透明面板四周应采用弹性好、耐久的密封条密封或注密封胶密封。

2）门窗、幕墙的开启扇应采用双道或多道密封，并采用弹性好、耐久的密封条。推拉窗开启扇四周应采用中间带胶片毛条或橡胶密封条密封。

3）单元式幕墙的单元板块间应采用双道或多道密封，并应采取措施对纵横交错缝进行密封，采用的密封条应弹性好、耐久，单元板安装就位后密封条应保持压缩状态。

（2）提高门窗、幕墙的保温性能

1）门窗、幕墙宜采用中空玻璃。当需进一步提高保温性能时，可采用 Low-E 中空玻璃、充惰性气体的 Low-E 中空玻璃、两层或多层中空玻璃等。严寒地区可采用双层外窗、双层玻璃幕墙进一步提高保温性能。

2）采用中空玻璃时，窗用中空玻璃气体间层的厚度不宜小于 9mm；幕墙用中空玻璃气体间层的厚度不宜小于 9mm，宜采用 12mm 或以上，但不宜超过 20mm。

3）门窗型材可采用木-金属复合型材、塑料型材、隔热铝合金型材、隔热钢型材、玻璃钢型材。

4）玻璃幕墙可通过隔热型材、隔热连接紧固件、隐框结构等措施，避免形成热桥。

（3）提高门窗、幕墙的隔热性能

门窗、幕墙可采用吸热玻璃、镀膜玻璃（包括热反射镀膜、Low-E 镀膜等）。进一步降低遮阳系数，可采用吸热中空玻璃、镀膜（包括热反射镀膜、Low-E 镀膜等）中空玻璃等。

（二）耐酸防腐

建筑防腐蚀工程涉及建筑物和构筑物的各个方面，处理方法各异。工业建筑遇到的防腐蚀情况主要包括三个方面：地面的保护、墙面（含结构）的防护、构筑物（如池、槽、设备等）的保护。在建筑工程中常见的防腐蚀施工内容有以下几类：

1. 涂料防腐蚀工程

常用的耐腐蚀涂料有：氯化橡胶涂料、环氧树脂涂料、聚氨酯树脂涂料、高氯化聚乙烯涂料、氟碳涂料、丙烯酸树脂及其改性涂料、氯乙烯-醋酸乙烯共聚涂料、聚苯乙烯涂料、醇酸树脂耐酸涂料、过氯乙烯涂料、聚氯乙烯涂料、氯磺化聚乙烯涂料、沥青类涂料等建筑防腐蚀涂料。玻璃鳞片涂料、环氧树脂自流平涂料、防水防霉涂料、有机硅树脂耐高温涂料等建筑防腐蚀特种功能涂料。乙烯磷化底层涂料、富锌涂料、绣面涂料等建筑防腐蚀工程专用底层涂料。

2. 树脂类防腐蚀工程

树脂类防腐蚀工程一般包括树脂胶泥铺衬玻璃钢整体面层和隔离层；树脂胶泥和砂浆铺砌的块料面层；树脂胶泥灌缝与勾缝的块料面层；树脂稀胶泥或砂浆制作的单一与复合的整体面层和隔离层；树脂玻璃鳞片胶泥面层等。

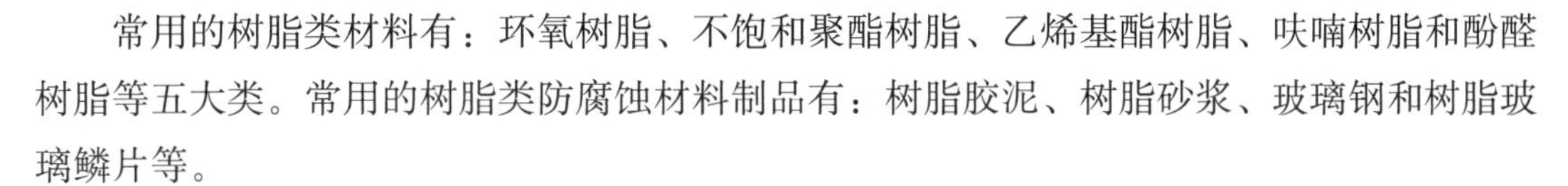

常用的树脂类材料有：环氧树脂、不饱和聚酯树脂、乙烯基酯树脂、呋喃树脂和酚醛树脂等五大类。常用的树脂类防腐蚀材料制品有：树脂胶泥、树脂砂浆、玻璃钢和树脂玻璃鳞片等。

3. 块材防腐蚀工程

块材防腐蚀工程是以各类防腐蚀胶泥或砂浆为胶结材料，铺砌各种耐腐蚀块材。

（1）常用的有树脂胶泥或砂浆、水玻璃胶泥或砂浆、聚合物水泥砂浆、沥青胶泥或砂浆等。

（2）常用的耐腐蚀块材有：

1）耐酸砖和耐酸耐温砖

耐酸砖的主要成分是二氧化硅，它具有很高的耐酸性能。由于耐酸砖密度大，吸水率小，所以可以耐酸、碱、盐类介质的腐蚀，但不耐含氟酸和熔融碱的腐蚀。

2）天然石材

天然石材包括由各种岩石直接加工而成的石材和制品。根据天然石材的化学组成及结构密度分为耐酸和耐碱两大类，其中，二氧化硅含量不低于55%者耐酸，含量越高越耐酸，氧化镁、氧化钙含量越高越耐碱。

3）铸石制品

铸石是用天然岩石或工业废渣为原料加入一定的附加剂（如角闪岩、白云石、萤石等）和结晶剂（如铬铁矿、钛铁矿等）经熔化、浇铸、结晶、退火等工序制成的一种非金属耐腐蚀材料。

铸石板除氢氟酸、含氟介质、热磷酸、熔融碱外，对各类酸、碱、盐类及各种有机介质都是耐蚀的。

4. 水玻璃类防腐蚀工程

水玻璃类防腐蚀工程所用的材料包括水玻璃胶泥、水玻璃砂浆和水玻璃混凝土。这类材料是以水玻璃为胶粘剂，加入固化剂、一定级配的耐酸粉料和粗细骨料配置而成，其特点是耐酸性能好，资源丰富，价格较低，但抗渗性和耐水性较差，不耐碱。其中水玻璃胶泥和水玻璃砂浆常用于铺砌各种耐酸块材面层；水玻璃混凝土常用于浇筑地面整体面层、设备基础及池槽体等防腐蚀工程。

水玻璃类的原材料：

（1）水玻璃

水玻璃品种有钠水玻璃和钾水玻璃及其改性产品。钠水玻璃外观为略带色的透明黏稠状液体；钾水玻璃外观为无色透明液体。

（2）固化剂

钠水玻璃的固化剂一般为氟硅酸钠，钾水玻璃的固化剂为缩合磷酸铝。

（3）粉料

常用的粉料为铸石粉、石英粉、安山岩粉等。

（4）细骨料

常用的细骨料为石英砂。

（5）粗骨料

常用的粗骨料为石英石、花岗石。

5. 聚合物水泥砂浆防腐蚀工程

聚合物水泥砂浆防腐蚀工程所用的材料主要包括氯丁胶乳水泥砂浆和聚丙烯酸酯乳液水泥砂浆。这类材料能耐稀酸、中等浓度以下的氢氧化钠和盐类介质的腐蚀，常用于在混凝土、砖石结构或钢结构表面上铺抹的整体面层和铺砌的块料面层。

6. 聚氯乙烯塑料板防腐蚀工程

聚氯乙烯塑料是在聚氯乙烯树脂中加入增塑剂、稳定剂、润滑剂、填料、颜料等加工而成的一种热塑性塑料。由于其具有良好的耐腐蚀性能和加工性能，因此在建筑防腐蚀工程上得到了广泛的应用。最常用的为硬聚氯乙烯板和软聚氯乙烯板两种。

7. 沥青类防腐蚀工程

沥青类防腐蚀工程所用的材料包括：沥青稀胶泥、沥青胶泥、沥青砂浆、沥青混凝土、碎石灌沥青、沥青卷材等。这类材料的特点是整体性好，能耐中等浓度以下的酸、碱和盐类介质的腐蚀，防水性好，价格低廉，施工简便，但耐候性和耐温性较差，易老化和变形，强度较低。

在防腐蚀工程中，沥青稀胶泥常用于铺贴沥青卷材隔离层或涂覆隔离层；沥青胶泥常用于铺砌块料面层；沥青砂浆、沥青混凝土多用于铺筑整体面层或垫层；碎石灌沥青多用于基础或地坪的垫层；沥青卷材则用于防腐蚀隔离层。

第十二节　楼地面工程

一、有关规定

（一）清单计量规定

（1）水泥砂浆面层处理是拉毛还是提浆压光应在面层做法要求中描述。

（2）平面砂浆找平层只适用于仅做找平层的平面抹灰。

（3）间壁墙指墙厚不大于 120mm 的墙。

（4）楼地面混凝土垫层另按附录 E1 垫层项目编码列项，除混凝土外的其他材料垫层按附录 D. 4 垫层项目编码列项。

（5）石材、块料与粘接材料的结合面刷防渗材料的种类在防护层材料种类中描述。

（6）工作内容中的磨边指施工现场磨边。

（7）橡塑面层如涉及找平层，另按附录表 L. 1 找平层项目编码列项。

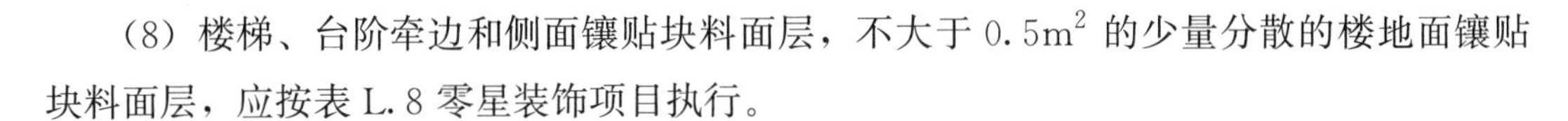

(8) 楼梯、台阶牵边和侧面镶贴块料面层，不大于 0.5m^2 的少量分散的楼地面镶贴块料面层，应按表 L.8 零星装饰项目执行。

(二) 定额规定

(1) 水磨石地面水泥石子浆，设计与定额不同时，可以调整。

(2) 同一铺贴面上有不同种类、材质的材料，应分别按相应项目执行。

(3) 厚度不大于 60mm 的细石混凝土按找平层项目执行，厚度大于 60mm 的按定额"第五章　混凝土及钢筋混凝土工程"垫层项目执行。

(4) 采用地暖的地板垫层，按不同材料执行相应项目，人工乘以系数 1.3，材料乘以系数 0.95。

(5) 块料面层

1) 镶贴块料项目是按规格料考虑的，需现场倒角、磨边者按定额"第十五章　其他装饰工程"相应项目执行。

2) 石材楼地面拼花按成品考虑。

3) 镶嵌规格在 100mm×100mm 以内的石材执行点缀项目。

4) 玻化砖按陶瓷地面砖相应项目执行。

5) 石材楼地面需作分格、分色的，按相应项目人工乘以系数 1.10 执行。

6) 石材螺旋形楼梯，按弧形楼梯项目人工乘以系数 1.2 计算。

7) 圆弧形等不规则地面镶贴面层、饰面面层按相应项目人工乘以系数 1.15 计算，块料消耗量损耗按实调整。

(6) 木地板

1) 木地板安装按成品企口考虑，若采用平口安装，其人工乘以系数 0.85。

2) 木地板填充材料按定额"第十章　保温、隔热、防腐工程"中相应项目执行。

(7) 弧形踢脚线、楼梯段踢脚线按相应项目人工、机械乘以系数 1.15 计算。

(8) 零星项目面层适用于楼梯侧面、台阶的牵边，小便池、蹲台、池槽以及面积在 0.5m^2 以内且未列项目的工程。

(9) 水磨石地面包含酸洗打蜡，其他块料项目如需做酸洗打蜡者，单独执行酸洗打蜡项目。

二、计量规则

1. 平面砂浆找平层

(1) 清单计量规则：按设计图示尺寸，以面积计算。

(2) 定额计量规则：按设计图示尺寸，以面积计算。扣除凸出地面的构筑物、设备基础、室内管道、地沟等所占面积，不扣除间壁墙及面积不大于 0.3m^2 的柱、垛、附墙烟囱及孔洞所占面积。门洞、空圈、暖气包槽、壁龛的开口部分不增加面积。

2. 楼地面整体面层（水泥砂浆、细石混凝土、现浇水磨石、菱苦土、自流坪）

按设计图示尺寸以面积计算。扣除凸出地面的构筑物、设备基础、室内管道、地沟等所占面积，不扣除间壁墙及面积不大于 0.3m^2 的柱、垛、附墙烟囱及孔洞所占面积。门洞、空圈、暖气包槽、壁龛的开口部分不增加面积。

3. 楼地面块料面层（石材、块料）

（1）清单计量规则：按设计图示尺寸，以面积计算。门洞、空圈、暖气包槽、壁龛的开口部分并入相应的工程量内。

（2）定额计量规则：

1）按设计图示尺寸，以面积计算。门洞、空圈、暖气包槽、壁龛的开口部分并入相应的工程量内。

2）石材拼花按最大外围尺寸，以矩形面积计算。有拼花的石材地面，按设计图示尺寸扣除拼花的最大外围尺寸以矩形面积计算。

3）点缀按“个”计算，计算主体铺贴地面面积时，不扣除点缀所占面积。

4）石材底面刷养护液包括侧面涂刷，工程量按设计图示尺寸，以底面积计算。

5）石材表面刷养护液按设计图示尺寸，以表面积计算。

6）石材勾缝按石材设计图示尺寸，以面积计算。

4. 橡塑面层（橡胶板、橡胶板卷材、塑料板、塑料卷材）、其他材料面层（地毯、竹木地板、金属复合地板、防静电活动地板）

按设计图示尺寸，以面积计算，门洞、空圈、暖气包槽、壁龛的开口并入相应的工程量内。

5. 踢脚线（水泥砂浆、石材、块料、塑料板、木质、金属、防静电）

（1）清单计量规则：以平方米计量，按设计图示长度乘以高度，以面积计算；以米计量，按长度计算。

（2）定额计量规则：按设计图示长度乘以高度，以面积计算。楼梯靠墙踢脚线（含锯齿形部分）贴块料按设计图示尺寸以面积计算。

6. 楼梯面层（水泥砂浆、现浇水磨石、石材、块料、橡胶板、塑料板、木板、地毯）

按设计图示尺寸，以楼梯（包括踏步、休息平台及宽度≤500mm 的楼梯井）水平投影面积计算。楼梯与楼地面相连时，算至梯口梁内侧边沿；无梯口梁者，算至最上一层踏步边沿加 300mm。

7. 台阶面层（水泥砂浆、现浇水磨石、石材、块料、剁假石）

按设计图示尺寸，以台阶（包括最上层踏步边沿加 300mm）水平投影面积计算。

8. 零星装饰项目

按设计图示尺寸，以面积计算。

9. 分格嵌条

定额计量规则：按设计图示尺寸，以延长米计算。

10. 块料楼地面酸洗打蜡

定额计量规则：块料楼地面做酸洗打蜡者，按设计图示尺寸，以表面积计算。

三、计量方法

（1）定额楼地面面层工程量的计算方法，对于各房间地面做法种类较多的，可以逐一按照每一房间的净面积来计算工程量；对于各房间地面做法相同的，也可以按照每层的建筑面积作为基数，扣除主墙（不扣除间壁墙，下同）所占面积和楼梯、洞口所占面积来计算工程量；对于各房间地面做法种类较少的，可以先按照每一房间净面积计算少量地面做法的工程量，再以每层的建筑面积作为基数，扣除主墙所占面积和楼梯、洞口所占面积及少量地面做法的工程量，得出大量地面做法的工程量。楼地面面层工程量扣除和增加的规定详见定额的工程量计算规则。

（2）定额楼梯面层按设计图示尺寸，以楼梯（包括踏步、休息平台及宽度≤500mm 的楼梯井）水平投影面积计算。楼梯与楼地面相连时，算至梯口梁内侧边沿（楼梯与楼板连接的梁并入楼梯）；无梯口梁者，算至最上一层踏步边沿加 300mm。

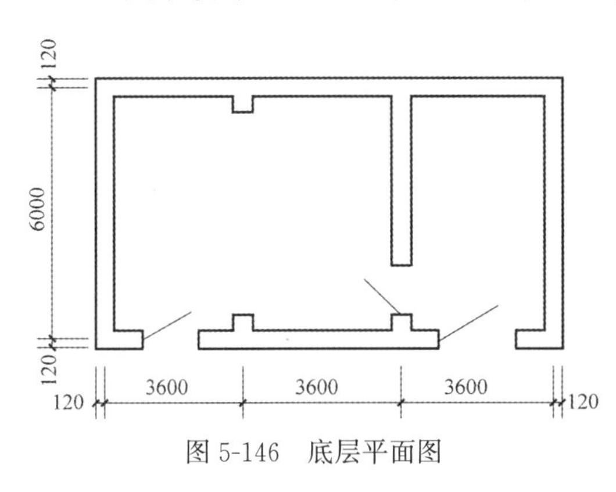

图 5-146　底层平面图

【例 5-39】 某工程底层平面如图 5-146 所示，附墙垛为 240mm×240mm，门洞宽 1000mm，地面面层（包括门洞开口）用水泥砂浆粘贴 600mm×600mm 花岗石板，单一颜色。请计算工程量，并确定定额编号。

解：

方法一

花岗石板地面面层工程量＝(3.6×2－0.24)×(6.0－0.24)＋(3.6－0.24)×(6.0－0.24)＋门口 1.00×0.24×3－附墙垛 0.24×0.24×2＝60.05（m^2）

方法二

建筑面积＝(3.6×3＋0.24)×(6.0＋0.24)＝68.89(m^2)

外墙中心线长度＝(3.6×3＋6.0)×2＝33.6(m)

内墙净长度＝6.0－0.24＝5.76（m）

花岗石板地面面层工程量＝68.89－墙位(33.6＋5.76)×0.24＋1.00×0.24×3－0.24×0.24×2＝60.05(m^2)

套用定额编号 11-17。

四、基础知识

建筑地面工程主要由基层和面层两大基本构造层组成。当基层和面层两大基本构造层还不能满足使用和构造上的要求时，必须增设相应的结合层、找平层、填充层、隔离层等附加的构造层。

（一）基层

基层部分包括结构层和垫层。底层地面的结构层是地面基土，楼层地面的结构层则是楼板，而结构层和垫层结合在一起又统称为垫层。

基土应分层填土、分层夯（压）实。每层压实系数 λ_c 应符合设计要求。根据《建筑地面设计规范》GB 50037—2013、《建筑地基基础设计规范》GB 50007—2011 的规定，地坪垫层以下的压实填土，压实系数不应小于 0.94（《楼地面建筑构造》12J304 规定压实系数不应小于 0.9）。压实系数 λ_c 即为土的控制干密度 ρ_d 与最大干密度 ρ_{max} 的比值。

地面混凝土垫层的厚度不得小于 80mm；混凝土强度等级不应低于 C15，当垫层兼面层时，混凝土强度等级不应低于 C20。

（二）构造层

1. 结合层

结合层是面层与下面构造层之间的连接层。

结合层要求胶凝材料连接牢固，以保证建筑地面工程的整体质量，防止面层空鼓。

块料面层的结合层，一般采用干硬性水泥砂浆、聚合物水泥砂浆等。

2. 找平层

找平层是在垫层、楼板或填充层上起抹平作用的构造层。

找平层应采用水泥砂浆、水泥混凝土拌合料铺设而成。找平层采用水泥砂浆时，其体积比不应小于 1∶3（水泥∶砂）；找平层采用水泥混凝土时，其混凝土强度等级不应小于 C15。

抹找平层前，应先贴灰饼，做冲筋。根据＋50cm 水平线做找平层标高的标志。小房间在四周做灰饼，大房间应增做冲筋，间距为 1.5～2m。抹找平层厚度略高于灰饼，用刮尺刮平，再用木抹刀补平，搓毛。

3. 填充层

填充层是地面中设置的起暗敷管线或隔声、保温、找坡等作用的构造层。

找坡层用 C15 或 C20 细石混凝土，最薄处厚 30mm，厚度不大于 30mm 时宜用 1∶3 水泥砂浆找坡。

暗敷管线、隔声、保温用的填充层材料的密度宜小于 900kg/m^3，常采用水泥炉（矿）渣，也可用水泥陶粒、水泥珍珠岩或细石混凝土代替。

4. 隔离层

隔离层是防止建筑地面面层上的各种液体或水、潮气渗透地面而增设的构造层。

隔离层应采用防水类卷材、防水类涂料铺设而成。

（三）面层

面层是直接承受各种物理和化学作用的建筑地面的表面层。面层不仅具有一定的强度，还要满足各种如耐磨、耐酸、耐碱、防潮、防水、防滑、防爆、防霉、防腐蚀、防油渗、耐高温以及冲击、清洁、洁净、隔热、保温等功能性要求，为此应保证面层的整体性，并应达到一定的平整度（或坡度）。

1. 整体面层

（1）水泥类整体面层

1）水泥砂浆面层

水泥砂浆地面一般是以硅酸盐水泥、普通硅酸盐水泥作为胶凝材料，以中粗砂作为骨料在现场配制抹压而成。影响水泥砂浆地面质量的施工因素主要是：

a. 配合比

水泥砂浆的体积比（强度等级）应符合设计要求，且体积比应为1∶2，强度等级不应小于M15。水泥量偏少时地面强度低，表面粗糙，耐磨性差，容易起砂；水泥量偏多时则收缩量大，地面容易产生裂缝。水泥砂浆的用水量应尽量减少，干硬性砂浆操作费力，但能保证质量；反之，用水量大，会降低地面强度，增加干收缩量，导致开裂或起砂。砂的粒径偏细会降低强度，使地面容易开裂或起砂。

b. 基层

砂浆面层如不能很好地与基层表面结合，会产生空鼓。因此要求基层有足够的强度，表面要清扫干净，洒水湿润，并在抹砂浆前刷一道素水泥浆，以改善面层与基层间的粘附条件。

c. 压光

普通硅酸盐水泥的终凝时间不大于2小时，因此面层的压光工序应在表面初步收水以后，水泥终凝以前完成。实践证明，造成起灰和脱皮的原因往往是压光时间拖得太长，破坏了水泥已经开始形成的结构组织。压光太早则不易做到表面光洁密实。

d. 养护

新抹砂浆脱水过早，会使面层强度降低，加剧其干缩、开裂倾向。因此，面层抹好后，头7～10天内根据气候情况定期浇水养护，确保水泥充分水化。

2）细石混凝土面层

细石混凝土面层可以克服水泥砂浆面层干缩较大的缺点，地面强度高，但厚度较大，不应小于40mm。细石混凝土强度等级不低于C20，耐磨细石混凝土强度等级不低于C30。石子的最大粒径不大于15mm及面层厚度的2/3。为了提高其表面光洁度，可撒1∶1的干拌水泥砂抹压光。但压光不得撒水泥。

3）水磨石面层

水磨石面层是在水泥砂浆垫层上按设计分格抹水泥石子浆，硬化后磨光露出石渣，经补浆、细磨、打蜡后即成水磨石面层。水磨石面层拌合料的体积比应符合设计要求，且水泥与石子的比例应为1∶1.5～1∶2.5。面层的厚度一般为12～18mm，宜按石子的粒径确定。石子应采用白云石、大理石，其粒径一般为6～16mm。白色、浅色的水磨石面层应采用白水泥，深色的水磨石面层可采用硅酸盐、普通硅酸盐或矿渣硅酸盐水泥。颜料可用氧化铬绿、氧化铁红、氧化铁黄等耐光、耐碱的矿物颜料，其掺入量宜为水泥用量的3%～6%或由试验确定。

4）硬化耐磨面层

硬化耐磨面层应采用金属渣、屑、纤维或石英砂、金刚砂等，并应与水泥类胶凝材料拌合铺设或在水泥类基层上撒布铺设。

硬化耐磨面层采用拌合料铺设时，拌合料的配合比应通过试验确定，铺设厚度和拌合料强度应符合设计要求；采用撒布铺设时，耐磨材料的撒布应均匀，且应在水泥类基层初凝前完成撒布，撒布厚度应符合设计要求；当设计无要求时，应符合《建筑地面工程施工质量验收规范》GB 50209—2010 的规定。

（2）树脂类整体面层

树脂胶泥、砂浆面层要求基层强度高，基层常用 C25 或 C30 细石混凝土。树脂类整体面层的种类：

1）环氧：环氧涂料面层、自流平环氧胶泥面层、自流平环氧砂浆面层

2）聚氨酯：聚氨酯面层、自流平聚氨酯胶泥面层

3）丙烯酸涂料面层

4）聚酯砂浆面层

2. 块材面层

块材一般有陶瓷地砖、天然大理石板、花岗石板、超薄石材复合板、人造石板等。

块材面层铺贴方法一般有两种：聚合物水泥砂浆铺贴和环氧胶泥或丁苯胶乳改性水泥基胶粘贴。聚合物有氯丁胶乳液、聚丙酸酯乳液和环氧乳液等。天然石板在铺贴前，应对其各面涂渗透型石材防护剂，防止石材产生湿斑或反碱。

3. 木质地板面层

木质地板楼地面因具有舒适感、亲近感、有弹性等优点而被广泛采用。木质地板有普通杉木、松木地板，实木地板，实木集成地板，实木复合地板，浸渍纸层压木质地板。

实木复合地板是以木材为原料，通过一定的工艺将木材旋切加工成单板，然后将不同树种的多层单板经过胶压复合等工艺生产的实木地板。实木复合地板的表板选用耐磨性高的优质材种，多用柞木、桦木、水曲柳、柚木、菠萝格等；厚度一般为 1.6～1.8mm，有的厚度为 3mm、4mm。

浸渍纸层压木质地板，也称强化复合木地板，俗称“金刚板”，是以一层或多层专用纸浸渍热固性聚氨酯树脂，铺装在刨花板、高密度纤维板等人造板基材表层，背后加平衡层（又称防潮层），正面加耐磨层，经热压、成型的地板。浸渍纸层压木质地板最大的特性是耐磨性好，表面耐磨层加入耐磨的三氧化二铝（Al_2O_3）或碳化硅（SiC）。浸渍纸层压木质地板的基层是主要结构，决定产品的品种；基层采用刨花板、高密度纤维板、中密度纤维板。浸渍纸层压木质地板装饰层的装饰纸图案采用电脑仿真技术印制而成的平光、木纹、凹凸纹。

4. 防静电面层

防静电活动地板的种类根据基材和贴面材料的不同来划分。基材有钢基、铝基、复合基、刨花板基（木基）、硫酸钙基等。贴面材料有防静电瓷砖、三聚氰胺（HPL）、PVC等。另外，还有防静电塑料地板、OA网络地板等。

（1）陶瓷防静电地板（图5-147）

图5-147 陶瓷防静电地板

采用防静电瓷砖作为面层，复合全钢地板或水泥刨花板，四周以导电胶条封边加工而成（没有胶条的陶瓷地板在磕碰时容易掉瓷）。具有防静电、性能稳定、环保、防火、高耐磨、高寿命（使用寿命30年以上）、高承载（均布载荷$1200kg/m^2$以上）、防水、防潮、装饰效果好等优点，适用于各类机房。缺点是地板本身较重（一块地板15kg以上），对楼板承重有一定影响。

（2）全钢防静电地板

采用高耐磨的三聚氰胺（HPL）防火板或PVC作为面层（北方地区由于气候干燥，不宜使用HPL防火板贴面），钢壳结构基材，另外，根据有无黑色胶条还有无边和有边之分。全钢地板的优点是施工方便，安装后也不会存在缝隙问题，更换方便；缺点是面层材料不耐磨，寿命短，容易起皮翘角，过几年就要更换。

（3）铝合金型防静电地板

采用优质铸铝型材，经拉伸成型，面层为高耐磨PVC或HPL贴面，以导电胶粘贴而成，具备基材永久不生锈、可多次使用之功效，从而有效解决了复合地板及全钢地板的产品缺陷，但量身定做的高档防静电地板造价较高。

（四）留缝

地面面层或垫层的混凝土，其边长不小于6m，均须按《建筑地面设计规范》GB 50037—2013的要求分仓灌筑或留缝（伸缝或缩缝）。地面混凝土垫层应分仓灌筑，在纵横向设置缩缝，其间距为3～6m，横向缩缝宜采用假缝，其间距为6～12m，假缝宽度为5～12mm，高度宜为垫层厚度的1/3，缝内应填水泥砂浆。面层应设分格缝，其间距宜为3m，细石混凝土面层的分格缝应与垫层的缩缝对齐。块料面层可不设分格缝。整体面层除与垫层的缩缝对齐外，应缩小间距，并在主梁两侧及柱子四周设置分格缝。

第十三节 墙、柱面装饰与隔断、幕墙工程

一、有关规定

（一）清单计量规定

（1）砂浆找平项目适用于仅做找平层的墙面、柱（梁）面抹灰。

（2）墙面、柱（梁）面、零星项目抹石灰砂浆、水泥砂浆、混合砂浆、聚合物水泥砂浆、麻刀石灰浆、石膏灰浆等按一般抹灰列项，水刷石、斩假石、干粘石、假面砖等按装饰抹灰列项。

（3）飘窗凸出外墙面增加的抹灰并入外墙工程量内。

（4）有吊顶的内墙面抹灰，抹至吊顶以上部分在综合单价中考虑。

（5）墙、柱（梁）面不大于 0.5m^2 的少量分散的抹灰按零星抹灰项目编码列项。墙、柱面不大于 0.5m^2 的少量分散的镶贴块料面层应按零星项目执行。

（6）石材、块料与粘结材料的结合面刷防渗材料的种类在防护层材料种类中描述。

（7）石材、块料安装方式可描述为砂浆或胶粘剂粘贴、挂贴、干挂等，不论哪种安装方式，都要详细描述与组价相关的内容。

（8）干挂石材的钢骨架按清单计量规范中附录 M.4 干挂石材钢骨架编码列项。

（二）定额规定

（1）圆弧形、锯齿形、异形等不规则墙面抹灰、镶贴块料、幕墙按相应项目定额乘以系数 1.15 计算。

（2）干挂石材骨架及玻璃幕墙型钢骨架均按钢骨架项目执行。预埋铁件按定额“第五章　混凝土及钢筋混凝土工程”中铁件制作安装项目执行。

（3）女儿墙（包括泛水、挑砖）内侧、阳台栏板（不扣除花格所占孔洞面积）内侧与阳台栏板外侧抹灰工程量按其投影面积计算，块料按展开面积计算；女儿墙无泛水、挑砖者，人工及机械乘以系数 1.10，女儿墙带泛水、挑砖者，人工及机械乘以系数 1.30，按墙面相应项目执行；女儿墙外侧并入外墙计算。

（4）抹灰面层：

1）抹灰项目中砂浆配合比与设计不同者，按设计要求调整；如设计厚度与定额取定厚度不同，按相应增减厚度项目调整。

2）砖墙中的钢筋混凝土梁、柱侧面抹灰大于 0.5m^2 的并入相应墙面项目执行，不大于 0.5m^2 的按“零星抹灰”项目执行。

3）抹灰工程的零星项目适用于各种壁柜、碗柜、飘窗板、空调搁板、暖气罩、池槽、花台以及面积不大于 0.5m^2 的其他各种零星抹灰。

4）抹灰工程的装饰线条适用于门窗套、挑檐、腰线、压顶、遮阳板外边、宣传栏边框等项目的抹灰以及凸出墙面且展开宽度不大于 300mm 的竖、横线条抹灰。线条展开宽度大于 300mm 且不大于 400mm 者，按相应项目乘以系数 1.33 计算；线条展开宽度大于 400mm 且不大于 500mm 者，按相应项目乘以系数 1.67 计算。

（5）块料面层：

1）墙面贴块料的饰面高度在 300mm 以内者，按踢脚线项目执行。

2）勾缝镶贴面砖子目，面砖消耗量分别按缝宽 5mm 和 10mm 考虑，如灰缝宽度与定额取定不同，其块料及灰缝材料（预拌水泥砂浆）允许调整。

3）玻化砖、干挂玻化砖或玻岩板按面砖相应项目执行。

（6）除已列有挂贴石材柱帽、柱墩的项目外，其他项目的柱帽、柱墩并入相应柱面积内，每个柱帽或柱墩另增人工：抹灰 0.25 工日，块料 0.38 工日，饰面 0.5 工日。

（7）木龙骨基层是按双向计算的，设计为单向时，人工、材料乘以系数 0.55。

（8）隔断、幕墙

1）玻璃幕墙中的玻璃按成品玻璃考虑；幕墙中的避雷装置已综合考虑，但幕墙的封边、封顶的费用另行计算。型钢、挂件设计用量不同时，可以调整。

2）幕墙饰面中的结构胶与耐候胶设计用量与定额取定用量不同时，消耗量按设计用量加 15％的施工损耗计算。

3）玻璃幕墙设计带有平开窗、推拉窗者，窗的型材用量应予以调整，窗的五金用量相应增加，五金施工损耗按 2％计算。

4）面层、隔墙（间壁）、隔断、护壁项目内，除注明者外，均未包括压边、收边、装饰线（板），设计要求时，应按照定额“第十五章　其他装饰工程”中相应项目执行；浴厕隔断已综合了隔断门所增加的工料。

5）隔墙（间壁）、隔断、护壁、幕墙等项目中龙骨间距、规格与设计不同时，允许调整。

（9）墙、柱面装饰与隔断、幕墙工程设计要求作防火处理者，应按定额“第十四章　油漆、涂料、裱糊工程”中相应项目执行。

二、计量规则

（一）抹灰

1. 墙面抹灰、勾缝、立面砂浆找平层

（1）清单计量规则：按设计图示尺寸，以面积计算。扣除墙裙、门窗洞口及单个面积大于 0.3m^2 的孔洞面积，不扣除踢脚线、挂镜线和墙与构件交接处的面积，门窗洞口和孔洞的侧壁及顶面不增加面积。附墙柱、梁、垛、烟囱侧壁并入相应的墙面面积内。

1）外墙面抹灰面积按外墙垂直投影面积计算。

2）外墙裙抹灰面积按其长度乘以高度计算。

3）内墙面抹灰面积按主墙间的净长乘以高度计算。

a. 无墙裙的，高度按室内楼地面至顶棚底面计算；

b. 有墙裙的，高度按墙裙顶至顶棚底面计算；

c. 有吊顶顶棚抹灰的，高度算至顶棚底。

4）内墙裙抹灰面按内墙净长乘以高度计算。

（2）定额计量规则：

1）内墙面、墙裙抹灰面积应扣除门窗洞口及单个面积大于 0.3m^2 的孔洞所占面积，不扣除踢脚线、挂镜线及单个面积不大于 0.3m^2 的孔洞和墙与构件交接处的面积，门窗洞口和孔洞的侧壁亦不增加面积。附墙柱的侧壁抹灰并入墙面、墙裙抹灰工程量内计算。

内墙面、墙裙的长度以主墙间的图示净长计算，高度按室内地面至顶棚底面净高计算。墙面抹灰面积应扣除墙裙抹灰面积，如墙面和墙裙抹灰种类相同，工程量合并计算。

2）外墙面抹灰面积按外墙垂直投影面积计算。应扣除外墙裙（墙面和墙裙抹灰种类相同者应合并计算）和门窗洞口及单个面积大于 $0.3m^2$ 的孔洞所占面积，不扣除单个面积不大于 $0.3m^2$ 的孔洞所占面积，门窗洞口和孔洞的侧壁亦不增加面积。附墙柱侧面抹灰面积应并入外墙面抹灰工程量内。

2. 柱面抹灰、勾缝

按设计图示柱断面周长乘以高（长）度，以面积计算。

3. 梁面抹灰

清单计量规则：按设计图示梁断面周长乘以长度，以面积计算。

4. 零星抹灰

（1）清单计量规则：按设计图示尺寸，以面积计算。

（2）定额计量规则：按设计图示尺寸，以展开面积计算。

5. 装饰线条抹灰

定额计量规则：按设计图示尺寸，以长度计算。

6. 装饰抹灰分格嵌缝

定额计量规则：按抹灰面的面积计算。

（二）块料面层

1. 墙、柱、梁、零星面镶贴块料面层

（1）清单计量规则：按镶贴表面积计算。

（2）定额计量规则：

1）镶贴块料面层，按镶贴表面积计算。

2）柱镶贴块料面层，按设计图示饰面外围尺寸乘以高度以面积计算。

3）挂贴石材零星项目中柱墩、柱帽是按圆弧形成品考虑的，按其圆的最大外径以周长计算；其他类型的柱墩、柱帽工程量按设计图示尺寸以展开面积计算。

2. 干挂石材钢骨架

清单计量规则：按设计图示以质量计算。

（三）饰面

1. 墙饰面

（1）清单计量规则：

1）墙面装饰板：按设计图示墙净长乘净高以面积计算。扣除门窗洞口及单个面积大于 $0.3m^2$ 的孔洞所占面积。

2）墙面装饰浮雕：按设计图示尺寸，以面积计算。

（2）定额计量规则：龙骨、基层面层均按设计图示饰面尺寸以面积计算。扣除门窗洞

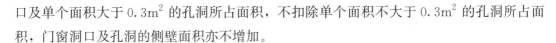

口及单个面积大于 $0.3m^2$ 的孔洞所占面积，不扣除单个面积不大于 $0.3m^2$ 的孔洞所占面积，门窗洞口及孔洞的侧壁面积亦不增加。

2. 柱（梁）饰面

（1）清单计量规则：

1）柱（梁）面装饰：按设计图示饰面外围尺寸以面积计算，柱帽、柱墩并入相应柱饰面工程量内。

2）成品装饰柱：以根计量，按设计数量计算；以米计量，按设计长度计算。

（2）定额计量规则：龙骨、基层面层均按设计图示饰面尺寸以面积计算，柱墩、柱帽并入相应柱面积内计算。

（四）幕墙、隔断

1. 幕墙

（1）清单计量规则：

1）带骨架幕墙：按设计图示框外围尺寸，以面积计算，与幕墙同种材质的窗所占面积不扣除。

2）全玻（无框玻璃）幕墙：按设计图示尺寸，以面积计算，带肋全玻璃幕墙按展开面积计算。

（2）定额计量规则：玻璃幕墙、铝板幕墙以框外围面积计算；全玻璃幕墙有加强肋者，按其展开面积计算。

2. 隔断

（1）清单计量规则：

1）木、金属、玻璃、塑料、其他隔断：按设计图示框外围尺寸，以面积计算。不扣除单个面积不大于 $0.3m^2$ 的孔洞所占面积；木、金属隔断浴厕门的材质与隔断相同时，门的面积并入隔断面积内。

2）成品隔断：以平方米计量，按设计图示框外围尺寸，以面积计算；以间计量，按设计间的数量计算。

（2）定额计量规则：

1）按设计图示框外围尺寸，以面积计算，扣除门窗洞及单个面积大于 $0.3m^2$ 的孔洞所占面积。

2）半玻璃隔断有加强肋者，工程量按其展开面积计算。

三、计量方法

1. 定额内墙面工程量的计算方法

（1）对于各房间墙面做法种类较多的，可以逐一按照每一房间内墙面的净周长乘以净高计算，扣除门窗洞口的面积。计算公式：

$$S=\sum_{i=1}^{n}[(L_{Xi}+L_{Yi})\times2\times H_0-MC]$$

式中：S——内墙面工程量；

L_{Xi}——X 轴内墙面主墙间净长；

L_{Yi}——Y 轴内墙面主墙间净长；

H_0——墙面净高（室内地面至顶棚底面净高）；

MC——门窗洞口面积。

（2）对于各房间墙面做法相同的，可以外墙中心线长度 $L_{中}$ 和内墙净长度 $L_{净}$ 作为基数来计算内墙面工程量。计算公式：

内墙面工程量＝[($L_{中}$－墙厚×4－墙厚×外墙与内墙交接端头数)＋$L_{净}$×2 面－墙厚×内墙与内墙交接端头数＋附墙柱凸出墙面长度×2 面]×墙面净高－门窗洞口面积(外墙门窗洞口面积＋内墙门窗洞口面积×2 面)

（3）对于各房间墙面做法种类较少的，可以先按照每一房间墙面净长、墙面净高计算少量装饰做法的内墙面装饰工程量，再以外墙中心线长度 $L_{中}$ 和内墙净长度 $L_{净}$ 作为基数来计算大量装饰做法的内墙面装饰工程量。大量装饰做法内墙面装饰工程量的计算公式：

大量装饰做法的内墙面装饰工程量＝[($L_{中}$－墙厚×4－墙厚×外墙与内墙交接端头数)＋$L_{净}$×2 面－墙厚×内墙与内墙交接端头数＋附墙柱凸出墙面长度×2 面]×墙面净高－门窗洞口面积(外墙门窗洞口面积＋内墙门窗洞口面积×2 面)－少量装饰做法的内墙面装饰工程量

内墙面工程量扣除和增加的规定详见定额的工程量计算规则。

2. 定额外墙面装饰工程量的计算方法

外墙面装饰工程量按照外墙外边线长度 $L_{外}$ 来计算外墙面装饰工程量。附墙柱侧面抹灰面积应并入外墙面抹灰工程量内计算。

计算公式：

外墙面工程量＝$L_{外}$×墙面高－门窗洞口面积＋附墙柱侧面面积

扣除和增加的规定详见定额的工程量计算规则。

3. 镶贴块料面层，按镶贴表面积（饰面外围尺寸）计算

【例 5-40】 某砖混结构工程如图 5-148 所示，内墙裙采用 16mm 厚 1∶3 水泥砂浆打底，6mm 厚 1∶2.5 水泥砂浆面层，内墙面按照国标 11J930-H3 抹 9mm 厚 1∶0.5∶3 水泥石灰砂浆底，5mm 厚 1∶0.5∶2.5 水泥石灰砂浆面层。请计算内墙裙、内墙面抹灰工程量。

解：

方法一

（1）内墙裙工程量＝{[(4.5＋5.4－0.24)＋(5.4－0.24)]×2＋[(4.5－0.24)＋(5.4－0.24)]×2＋墙垛 0.12×4}×0.90－门 1.0×4×0.9

＝40.46(m^2)

（2）内墙面工程量＝{[(4.5＋5.4－0.24)＋(5.4－0.24)]×2＋[(4.5－0.24)＋(5.4

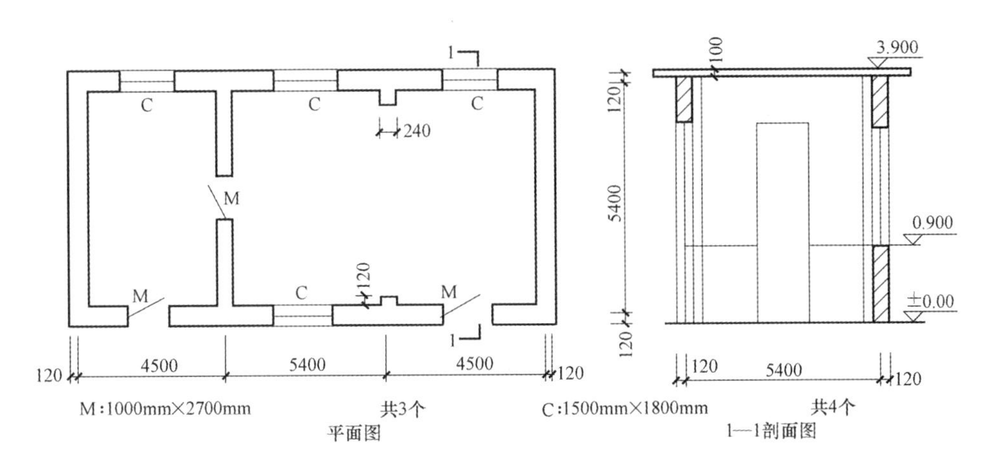

图 5-148　砖混结构工程

−0.24)]×2+墙垛 0.12×4}×(3.90−0.10−0.90)−[1.00×(2.70−0.90)×4+1.50×1.80×4]

=123.98(m²)

方法二

外墙中心线长度 $L_{外}$=[(4.5×2+5.4)+5.4]×2=39.6(m)

内墙净长度 $L_{净}$=5.4−0.24=5.16（m）

门窗洞口：外墙=M1.0×2.7×2+C+1.50×1.80×4=16.2（m²）

内墙=M1.0×2.7=2.7（m²）

(1) 内墙裙工程量=[(39.6−0.24×6)+5.16×2 面+墙垛 0.12×4]×0.90−M1.0×4×0.9=40.46(m²)

(2) 内墙面工程量=[外墙(39.6−0.24×6)+内墙 5.16×2 面+墙垛 0.12×4]×3.8−(MC 外墙 16.2+内墙 2.7×2 面)−内墙裙 40.46

=123.98（m²）

四、基础知识

建筑外墙饰面的功能主要有两方面：一是保护墙体，二是装饰立面。建筑内墙饰面的功能主要有三个方面：一是保护墙体，二是保证室内使用条件和起装饰作用。

(一) 常用的饰面

1. 抹灰

抹灰是分层进行的，如果一次抹得太厚，就很容易脱落，而且容易出现干裂现象。抹灰一般分为两层：底层和面层；可分为三层：底层、中层、面层。底层主要起着与基层粘结的作用，其次也起初步找平的作用。中层主要起找平作用。面层主要起装饰作用，要求大面平整，无裂痕，均匀。

抹底层灰前，应根据墙面平整、垂直情况确定合理抹灰层厚度（总厚度一般不大于20mm），然后吊垂线、拉通线，先贴灰饼。灰饼垂直与水平间距以靠尺两端靠得着为准。贴好灰饼后，再做冲筋。抹底层灰的厚度略高于灰饼，用靠尺靠在两冲筋上把高出冲筋的底灰刮平，再用木抹刀搓毛。

抹灰的种类很多，根据面层的不同可分为一般抹灰和装饰抹灰两类。一般抹灰有石灰砂浆、纸筋灰、水泥砂浆压光或搓毛等，装饰抹灰主要有拉毛、喷毛、喷涂、喷塑、滚涂、弹涂、水刷石、干粘石、斩假石等。

（1）压光

压光是外墙水泥砂浆磨光面采用铁抹子压光的做法。

（2）搓毛

搓毛是外墙水泥砂浆大面积抹面最普通的做法。因为铁抹子压光会形成浆多砂少的表面，在干湿、温差的反复作用下会逐步出现蛛网状裂纹而影响耐久性与美观。为了改善抹灰面的耐久性和提高与涂料等的粘附性能，宜用铁抹子压光后再用木抹子搓平，或用水刷子带出小麻面，即用水刷带表面灰浆，露出砂粒的做法。

（3）拉毛

拉毛是用棕刷子把砂浆向墙面一点一带，带出毛疙瘩来。拉毛的底层与一般抹灰相同。中层砂浆涂抹后，先刮平，再用木抹子搓毛，待六至七成干时，涂抹面层（罩面）拉毛。拉毛面层一般采用普通水泥掺适量石灰膏的素浆或砂浆。

（4）喷毛

喷毛是把1∶1∶6水泥石灰膏混合砂浆，经过振动筛倾入砂浆输送泵，通过管道到喷枪，再借助压缩空气，连续均匀地喷涂于墙体表面所形成的装饰层的做法。

（5）喷涂

喷涂是用挤压式砂浆泵或喷斗将聚合物水泥砂浆喷涂于墙体表面所形成的装饰层的做法。

所谓聚合物水泥砂浆，即在普通砂浆中掺入适量的有机聚合物以改善原来材性方面的某些不足。常用的聚合物水泥砂浆，一般掺入聚醋酸乙烯乳液或聚乙烯醇缩甲醛（108胶）等。

喷涂饰面做法按材料分，有白水泥喷涂和普通水泥掺石灰膏喷涂两种。

（6）喷塑

从广义上讲，喷塑也是一种喷涂，但它们在操作工艺和用料上有许多不同。喷塑后的涂层包括三部分：底层、中间层和面层。底层是涂层与基层之间的结合层，起封底的作用，用来预防硬化后的水泥砂浆抹灰层中可溶性盐渗出而破坏面漆，底层即底漆，常用B882封底漆、917号底漆。

中间层是主体部分，为一种大小颗粒的厚涂层，可分为平面喷涂和花点喷涂两种。花点又有三种，即大压花、中压花和幼点。喷点的大小是用喷枪的喷嘴直径来控制的。中间层的用料主要有两种类型：一种是以白水泥为粘结料的硅酸盐类喷点料（配合比为白水泥：108胶：矿砂＝1：0.2：0.3～0.5）。另一种为以合成乳液（主要成分为丙烯酸酯聚合物或环氧乳液与聚酰胺合成物）为粘结料的合成乳液喷点料。

面层是指罩面漆，一般要喷涂两道以上。面漆则可用水溶性面漆，也可用油性面漆。在罩面漆施工之前，当喷点还未固结时，要用圆辊将喷点压平，使其形成自然花纹，这一施工过程叫压平。

（7）滚涂

滚涂是将聚合物水泥砂浆抹在墙体表面，用滚子滚出花纹，再喷罩甲基硅醇钠疏水剂形成装饰层的做法。

（8）弹涂

聚合物水泥砂浆弹涂饰面是在墙体表面刷一道聚合物水泥色浆后，用弹涂器分几遍将不同色彩的聚合物水泥砂浆弹在已涂刷的涂层上，形成直径为3～5mm大小的扁圆形花点，再喷罩甲基硅树脂或聚乙烯醇缩丁醛酒精溶液，共三道工序组成的饰面层。

（9）水刷石

在1：3水泥砂浆划毛的底灰上，先薄刮一层素水泥浆，随即抹水泥石渣浆。待面层开始凝固时，即用刷子蘸水刷掉（或用喷雾器喷水冲掉）面层水泥浆，至石子外露。

（10）干粘石

在1：3水泥砂浆划毛的底灰上，先薄刮一层素水泥浆，随即抹聚合物水泥砂浆粘结层，然后干粘石渣。干粘石渣操作时，一手拿盛料盘，一手拿木拍，用木拍铲石渣，反手向墙面甩到粘结层上排列密实。

（11）剁假石

剁假石是在1：3水泥砂浆底灰上，刮抹一道素水泥浆，随即抹1：1.25水泥石渣浆罩面层，采取防晒措施养护一段时间，以水泥强度还不大，容易剁得动而石渣又不易剁掉的程度为宜，用剁斧将石渣表面水泥浆皮剁去，形成假石。

2. 贴面

贴面按面层构造分为粘贴、挂贴和干挂三类。

（1）粘贴类饰面的基本构造由底层砂浆、粘结层砂浆和贴面材料面层组成。底层砂浆具有使饰面层与墙体基层粘附和找平的作用，在习惯上称为找平层。粘结层砂浆的作用是与底层形成良好的连接，并将贴面材料粘附在底层上。贴面材料的作用是装饰和保护墙体，延长其使用年限。

（2）挂贴饰面构造是指用较大规格的重质饰面板，背面用铁丝与基体钢筋绑扎牢固，再灌注水泥砂浆粘结，如图5-149所示。

（3）干挂法按不同的主体结构所适合的连接方式一般可分为直接式、骨架式和粘贴式几种。

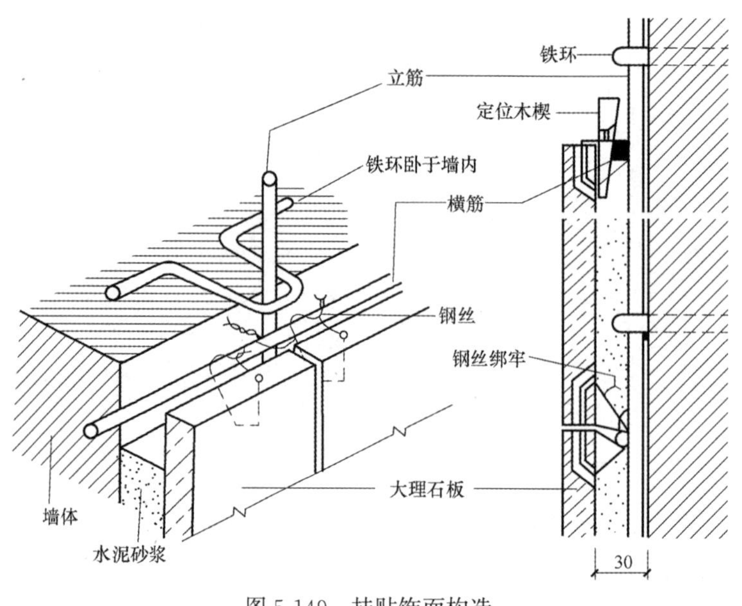

图 5-149　挂贴饰面构造

1）直接式是指将被安装的石材通过金属挂件直接安装固定在主体结构上的方法。这种方法比较简单经济，但要求墙体强度高，最好是钢筋混凝土墙，且墙面垂直度和平整度高，如图 5-150 所示。

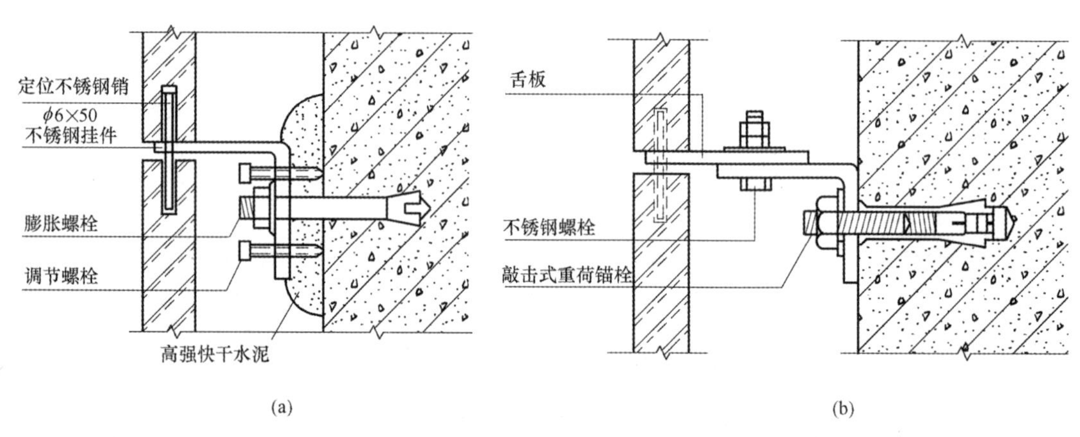

图 5-150　干挂饰面构造、直接式

（a）一次连接法；（b）二次连接法

2）骨架式主要用于主体结构是框架结构的情况，因为填充墙不能作为承重结构。金属骨架体系悬挂在主体结构上，然后通过金属挂件将石材饰面板吊挂在金属骨架上，如图 5-151 所示。

3）粘贴式是使用干挂工程胶来固定石材。该胶按 A、B 等量双组分混合使用，属于环氧树脂聚合物。这种工程胶粘结强度高，抗老化，耐候性能稳定，具有良好的抗震、抗冲击性能。一般每块石材布置 5 个粘贴点，如图 5-152 所示。

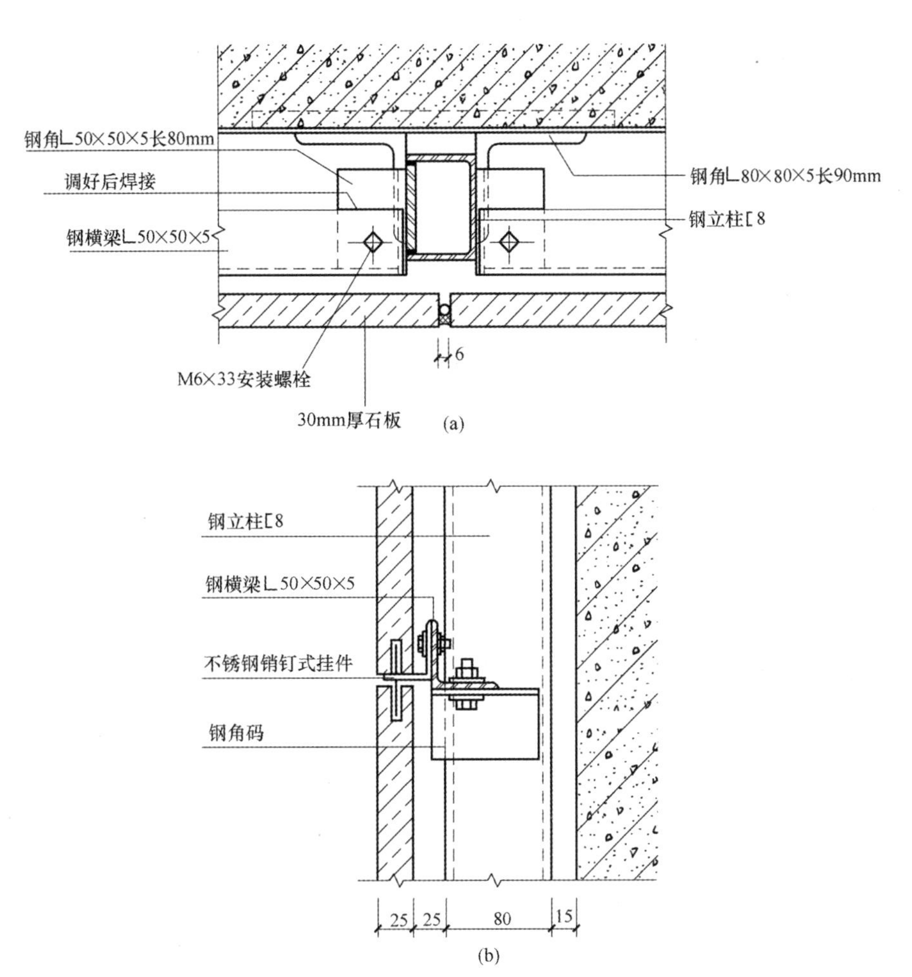

图 5-151 干挂饰面构造、骨架式

（a）横剖面；（b）纵剖面

3. 幕墙

（1）幕墙的定义

根据《建筑幕墙》GB/T 21086—2007，幕墙定义如下：

1）建筑幕墙：由面板与支承结构体系组成，相对主体结构有一定位移能力或自身有一定变形能力，不承受主体结构所受作用的建筑外围护墙。

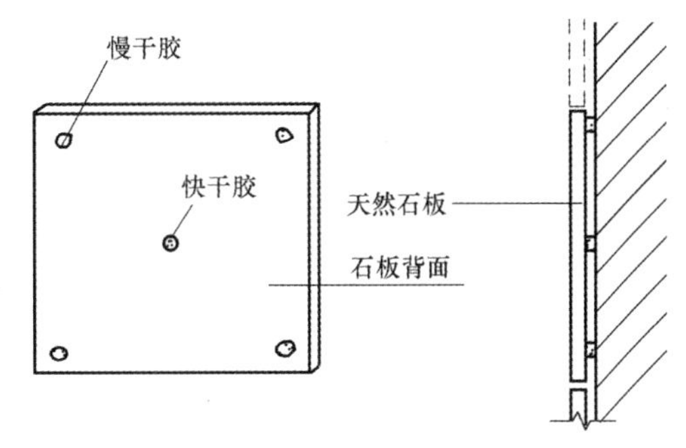

图 5-152 粘贴式饰面构造

2）构件式建筑幕墙：现场在主体结构上安装立柱、横梁和各种面板的建筑幕墙。

3）单元式幕墙：由各种面板与支承框架在工厂制成完整的幕墙结构基本单位，直接安装在主体结构上的建筑幕墙。

4）玻璃幕墙：面板材料是玻璃的建筑幕墙。

5）石材幕墙：面板材料是天然建筑石材的建筑幕墙。

6）金属板幕墙：面板材料外层饰面为金属板材的建筑幕墙。

7）人造板材幕墙：面板材料为人造外墙板（包括瓷板、陶板和微晶玻璃等，不包括玻璃、金属板材）的建筑幕墙。

瓷板幕墙：以瓷板（吸水率平均值$E \leqslant 0.5\%$干压陶瓷板）为面板的建筑幕墙。

陶板幕墙：以陶板（吸水率平均值$3\% < E \leqslant 6\%$和$6\% < E \leqslant 10\%$挤压陶瓷板）为面板的建筑幕墙。

微晶玻璃幕墙：以微晶玻璃板（通体板材）为面板的建筑幕墙。

8）全玻幕墙：由玻璃面板和玻璃肋构成的建筑幕墙。

9）点支承玻璃幕墙：由玻璃面板、点支承装置和支承结构构成的建筑幕墙。

10）双层幕墙：由外层幕墙、热通道和内层幕墙（或门、窗）构成，且在热通道内能够使空气有序流动的建筑幕墙。

（2）幕墙分类

1）按主要支承结构形式分类

幕墙按主要支承结构形式分类见表 5-70。

幕墙按主要支承结构形式分类表 **表 5-70**

主要支承结构	构件式	单元式	点支承	全玻	双层
代号	GJ	DY	DZ	QB	SM

2）按面板材料分类

幕墙按面板材料分类见表 5-71。

幕墙按面板材料分类表 **表 5-71**

面板材料	玻璃幕墙	金属板幕墙	石材幕墙	人造板幕墙	组合面板幕墙
代号	BL	见表 5-72	SC	见表 5-73	ZH

金属板面板材料分类及标记代号见表 5-72。

金属板面板材料分类及标记代号表 **表 5-72**

材料名称	单层铝板	铝塑复合板	蜂窝铝板	彩色涂层钢板	搪瓷涂层钢板	锌合金板	不锈钢板	铜合金板	钛合金板
代号	DL	SL	PW	CG	TG	XB	BG	TN	TB

人造板材材料分类及标记代号见表 5-73。

人造板材材料分类及标记代号表 **表 5-73**

材料名称	瓷板	陶板	微晶玻璃
标记代号	CB	TB	WJ

3）按面板支承形式分类

a. 按构件式玻璃幕墙面板支承形式分类

构件式玻璃幕墙面板支承形式分类见表 5-74。

构件式玻璃幕墙面板支承形式分类表　　表 5-74

材料名称	隐框结构	半隐框结构	明框结构
代号	YK	BY	MK

b. 按石材幕墙、人造板材幕墙面板支承形式分类

石材幕墙、人造板材幕墙面板支承形式分类见表 5-75。

石材幕墙、人造板材幕墙面板支承形式分类表　　表 5-75

支承形式	嵌入	钢销	短槽	通槽	勾托	平挂	穿透	碟形背卡	背栓
代号	DL	SL	PW	CG	TG	XB	BG	TN	TB

c. 按点支承玻璃幕墙面板支承形式分类

点支承玻璃幕墙面板支承形式分类见表 5-76。

点支承玻璃幕墙面板支承形式分类表　　表 5-76

支承形式	钢结构	索杆结构	玻璃肋
标记代号	GG	RG	BLL

d. 按全玻幕墙面板支承形式分类

全玻幕墙面板支承形式分类见表 5-77。

全玻幕墙面板支承形式分类表　　表 5-77

支承形式	落地式	吊挂式
标记代号	LD	DG

4）按单元式幕墙单元部件间接口形式分类

单元式幕墙单元部件间接口形式分类见表 5-78。

单元式幕墙单元部件间接口形式分类表　　表 5-78

接口形式	插接型	对接型	连接型
标记代号	CJ	DJ	LJ

5）双层幕墙按通风方式分类

双层幕墙按通风方式分类见表 5-79。

双层幕墙按通风方式分类表　　表 5-79

通风方式	外通风	内通风
代号	WT	NT

6）按密闭形式分类

幕墙按密闭形式分类见表 5-80。

幕墙按密闭形式分类表 **表 5-80**

密闭形式	封闭式	开放式
代号	FB	KF

（3）幕墙标记方法

幕墙 GB/T 21086 □-□-□-□-□

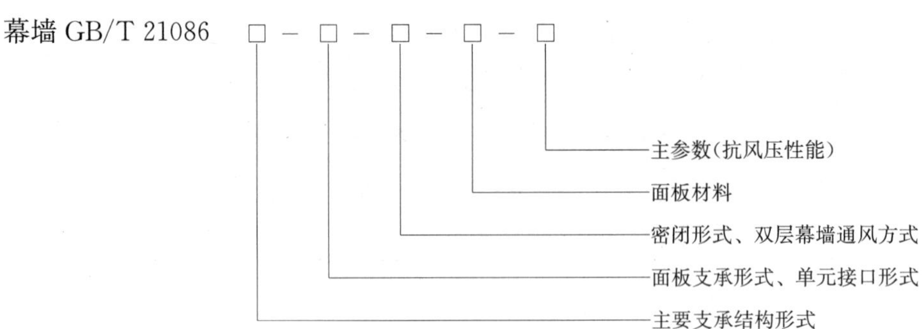

（4）幕墙标记示例

幕墙 GB/T 21086 GJ-YK-FB-BL-3.5（构件式-隐框-封闭-玻璃，抗风压性能 3.5kPa）

幕墙 GB/T 21086 GJ-BS-FB-SC-3.5（构件式-背栓-封闭-石材，抗风压性能 3.5kPa）

幕墙 GB/T 21086 GJ-YK-FB-DL-3.5（构件式-隐框-封闭-单层铝板，抗风压性能 3.5kPa）

幕墙 GB/T 21086 GJ-DC-FB-CB-3.5（构件式-短槽式-封闭-瓷板，抗风压性能 3.5kPa）

幕墙 GB/T 21086 DY-DJ-FB-ZB-3.5（单元式-对接型-封闭-组合，抗风压性能 3.5kPa）

幕墙 GB/T 21086 DZ-SG-FB-BL-3.5（点支式-索杆结构-封闭-玻璃，抗风压性能 3.5kPa）

幕墙 GB/T 21086 QB-LD-FB-BL-3.5（全玻-落地-封闭-玻璃，抗风压性能 3.5kPa）

幕墙 GB/T 21086 SM-MK-NT-BL-3.5（双层-明框-内通风-玻璃，抗风压性能 3.5kPa）

4. 石材养护

石材养护就是为了彰显装饰石材的高贵品质、延长装饰石材的使用寿命，利用先进的科学技术及方法，对装饰石材采取的系列专业、规范的保养和防护措施。石材养护技术包括石材无缝处理、石材釉面处理、石材覆膜、石材改性研磨、石材皮革面处理、石材返碱治理、石材无痕修补、石材空鼓治理、石材抗渗透处理、石材色差调整等。石材养护技术在我国起步晚，还处于石材打磨、石材打蜡、石材晶面处理的初级养护水平，还有待于行业推广。

（二）装饰材料

1. 陶瓷砖

（1）陶瓷的定义

陶瓷砖：由黏土、长石和石英为主要原料制造的用于覆盖墙面和地面的板状或块状建筑陶瓷制品。

瓷质砖：吸水率（*E*）不超过0.5%的陶瓷砖。

炻瓷砖：吸水率（*E*）大于0.5%，不超过3%的陶瓷砖。

细炻砖：吸水率（*E*）大于3%，不超过6%的陶瓷砖。

炻质砖：吸水率（*E*）大于6%，不超过10%的陶瓷砖。

陶质砖：吸水率（*E*）大于10%的陶瓷砖。

挤压砖：将可塑性坯料以挤压方式成型生产的陶瓷砖。

干压砖：将混合好的粉料经压制成型的陶瓷砖。

抛光砖：经过机械研磨、抛光，表面呈镜面光泽的陶瓷砖。

釉面砖：由瓷土经干压成型，先素烧后上釉，再入窑烧成或生坯上釉后一次烧成的陶瓷砖。

（2）陶瓷砖的分类

1）按坯体分为瓷质砖、炻瓷砖、细炻砖、炻质砖和陶质砖五类。

2）按吸水率（*E*）分为：

低吸水率（Ⅰ类），包括：

(a) $E \leqslant 0.5\%$（Ⅰa类、瓷质砖）；

(b) $0.5\% < E \leqslant 3\%$（Ⅰb类、炻瓷砖）。

中吸水率（Ⅱ类），包括：

(a) $3\% < E \leqslant 6\%$（Ⅱa类、细炻砖）；

(b) $6\% < E \leqslant 10\%$（Ⅱb类、炻质砖）。

高吸水率（Ⅲ类）：$E > 10\%$（陶质砖）。

3）按成型方法分为挤压砖和干压砖两类。

4）按表面有没有施釉分为无釉和釉面两类；按表面状况分为釉面、无光和抛光三类。

5）瓷质砖分为有釉和无釉两类，其中无釉瓷质砖包括抛光砖。

陶瓷砖分类详见表5-81。

本表按照国标《陶瓷砖》GB/T 4100—2015定义、分类。

（3）常用的陶瓷砖品种

1）釉面内墙砖又称瓷砖或瓷片。釉面内墙砖不宜用于室外，因其吸水率较大，吸水后坯体产生膨胀，而表面釉层的湿胀很小，会导致釉层产生裂纹或剥落。

2）墙地砖包括建筑物室内外墙柱面和地面装饰用砖，由于这类砖可墙地两用，故称为墙地砖。

陶瓷砖分类表　　　　表 5-81

分类		面砖名称	原料	熔成温度		吸水率	区别				备注
				一次	二次		透明度	温度	密度	强度	
陶质		釉面内墙砖	一种或多种塑性较高、含杂质较少的黏土，配少量的瓷土	1000℃左右	1000～1100℃釉熔	>10%					简称釉面砖，又称瓷砖或瓷片
		釉面墙地砖									
		缸砖									
炻质（半瓷、石胎瓷）	炻质	釉面墙地砖	耐火黏土	（坯烧）素烧 900～1000℃	（施釉后烧）釉烧 1300～1400℃	>6% ≤10%	无半透明性	与瓷质相当	气孔率低，密度略低于瓷质	与瓷质大致相同	
		无釉墙地砖		一次烧成 1100～1200℃							
	细炻	釉面墙地砖	优质瓷土岩石粉和少量黏土	素烧 900～1000℃	釉烧 1300～1400℃	>3% ≤6%					
		无釉墙地砖		一次烧成 1300～1400℃							
		水晶砖									
		锦砖									
炻瓷质						>0.5% ≤3%					
瓷质	玻化砖	无釉	粉碎的岩石粉（瓷土粉、长石粉、石英粉）（瓷土:高岭土）	1300～1400℃		<0.5%	半透明性				吸水率最大值为0,5%的砖是全玻化砖
		有釉									

墙地砖按表面性质分为有釉和无釉墙地砖。釉面墙地砖坯体多为陶质或炻质，表面施釉，吸水率不大于 10%。无釉墙地砖坯体为细炻质，吸水率不大于 6%。

陶瓷劈离砖为墙地砖的一种。陶瓷劈离砖按表面性质分为有釉砖和无釉砖，吸水率不大于 6%。

3）陶瓷锦砖也称马赛克，是用优质瓷土烧制而成，具有多种色彩和不同形状的小块薄片瓷砖。陶瓷锦砖按表面性质分为有釉和无釉锦砖。无釉锦砖吸水率不大于 0.2%，有釉锦砖吸水率不大于 1.0%。

4）玻璃锦砖又称玻璃"马赛克"、玻璃纸砖皮，是内部含有石英砂颗粒的乳浊或半乳浊状彩色玻璃制品。

（4）有釉地砖耐磨性分级

0 级：该级有釉砖不适用于铺贴地面。

1 级：该级有釉砖适用于柔软的鞋袜或不带有划痕灰尘的光脚使用的地面（例如没有直接通向室外通道的卫生间或卧室使用的地面）。

2 级：该级有釉砖适用于柔软的鞋袜或普通鞋袜使用的地面。大多数情况下，偶尔有少量划痕灰尘（例如家中起居室，但不包括厨房、入口处和其他有较多来往的房间），该等级的砖不能用特殊的鞋，例如带平头钉的鞋。

3 级：该级有釉砖适用于平常的鞋袜，带有少量划痕灰尘的地面（例如家庭的厨房、客厅、走廊、阳台、凉廊和平台）。该等级的砖不能用特殊的鞋，例如带平头钉的鞋。

4 级：该级有釉砖适用于有划痕灰尘，行人来往频繁的地面，使用条件比 3 类地砖恶劣（例如入口处、饭店的厨房、旅店、展览馆和商店等）。

5 级：该级有釉砖适用于行人来往非常频繁并能经受划痕灰尘的地面（例如公共场所，如商务中心、机场大厅、旅馆门厅、公共过道和工业应用场所等）。

在交通繁忙和灰尘大的场所，可以使用吸水率 $E \leqslant 3\%$ 的无釉地砖。

2. 天然石材

（1）天然石材的分类

天然石材按商业用途主要分为：花岗石、大理石、石灰石、砂石和板石。

（2）天然石材统一编号由一个英文字母、两位数字和两位数字或英文字母三个部分组成。

第一部分：由一个英文字母组成，代表石材的种类。

1）花岗石（granite）——"G"；

2）大理石（marble）——"M"；

3）石灰石（limestone）——"L"；

4）砂石（sandstone）——"Q"；

5）板石（slate）——"S"

第二部分：由两位数字组成，代表国产石材场地的省市名称，两位数字为《中华人民共和国行政区划代码》GB/T 2260—2007 规定的各省、自治区、直辖市行政区划代码。

第三部分：由两位数字或英文字母组成，各省、自治区、直辖市产区所属的石材品种序号，由数字 0～9 和大写英文字母 A～F 组成。

例如："G3520"——"G" 为石材类别花岗石，"35" 为石材产地福建省，"20" 为石材品种序号，石材品种名称为"红钻麻"。

(3) 成品天然石材的表面一般有磨光面、火烧面、荔枝面和蘑菇面四种。

3. 超薄石材复合板

超薄石材复合板现行的国家标准是《超薄石材复合板》GB/T 29059—2012。

(1) 定义

超薄石材复合板：面材厚度小于 8mm 的石材复合板。它是以薄型天然石材面板与瓷砖、玻璃、铝蜂窝薄板等基材用饰面石材复合用胶粘剂粘合而成的饰面板材。

面材：复合板装饰面材料，指各种天然石材。

基材：复合板底面材料，一般分为硬质基材和柔质基材。

硬质基材：硬质复合板底面材料，常见的有瓷砖、石材、玻璃等。

柔质基材：柔质复合板底面材料，常见的有铝蜂窝、铝塑板、保温材料等。

(2) 分类与代号

1) 石材-瓷砖复合板，代号为 S-CZ；

2) 石材-石材复合板，代号为 S-SC；

3) 石材-玻璃复合板，代号为 S-BL；

4) 石材-铝蜂窝复合板，代号为 S-LF；

5) 石材-铝塑板复合板，代号为 S-LS；

6) 石材-保温材料复合板，代号为 S-BW。

(3) 命名与标记

1) 命名顺序：面材名称、基材名称、复合板类别。

2) 标记顺序：命名、复合板代号、规格尺寸-面材厚度、标准号。

3) 标记示例：

用西班牙米黄大理石和瓷砖复合而成的长度 800mm、宽度 800mm、厚度 15mm、面材厚度 4mm、普型、镜面复合板。

命名：西班牙米黄大理石-瓷砖复合板

标记：西班牙米黄大理石-瓷砖复合板 S-CZ PX JM 800×800×15-4 GB/T 29059

(4) 复合板面材厚度要求

墙面用复合板面材厚度应不小于 1.5mm 且不大于 5.0mm，地面用复合板面材厚度应不小于 3.0mm，特殊用复合板面材厚度根据需方要求确定。

(5) 常用超薄石材复合板的优点

1) 天然石材瓷砖复合板

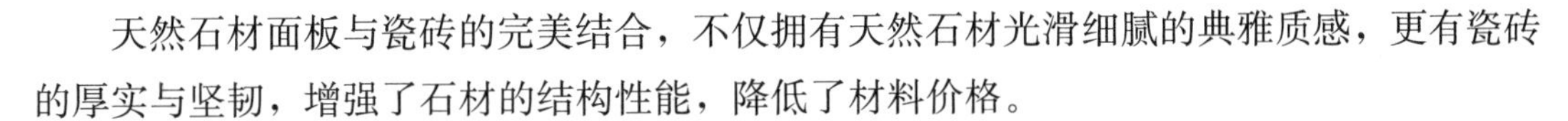

天然石材面板与瓷砖的完美结合，不仅拥有天然石材光滑细腻的典雅质感，更有瓷砖的厚实与坚韧，增强了石材的结构性能，降低了材料价格。

2）大理石玻璃复合板

透彻的玻璃与拥有典雅质感的大理石相互交融，绘出朦胧的画面，色泽柔和饱满，纹理顺滑细腻，为纯粹的大理石增添了几分神秘与高雅。

3）天然石材铝蜂窝复合板

以坚硬的铝合金薄板为衣、以蜂窝结构的铝箔为核的轻盈的身姿，拥有典雅质感的大理石跃然于墙面，升腾出刚柔并济的特质。

4. 人造大理石

人造大理石是以天然大理石或花岗石的碎石为填充料，以水泥、石膏和不饱和聚酯树脂为胶粘剂，经搅拌成型、研磨和抛光后制成。

（1）聚酯型人造大理石

聚酯型大理石是以不饱和聚酯树脂为胶粘剂，与石英砂、大理石、方解石粉等搅拌混合，浇铸成型，在固化剂作用下产生固化作用，经脱模、烘干、抛光等工序而制成。我国多用此法生产人造大理石。

（2）复合型人造大理石

复合型大理石是以无机材料和有机高分子材料复合而成。用无机材料将填料粘结成型后，再将坯体浸渍于有机单体中，使其在一定条件下聚合。对板材而言，底层用价格低廉而性能稳定的无机材料，面层用聚酯和大理石粉制作。

（3）烧结型人造大理石

烧结型人造大理石是以长石、石英、辉石、方解石粉和赤铁矿粉及少量高岭土等混合，用泥浆法制备坯体，用半干压法成型，在窑炉中用1000℃左右的高温烧结而成。

5. 玻璃

玻璃是以石英砂、纯碱、长石和石灰石等为主要原料，在1600℃高温下熔融成液态，经拉制或压制而成的非结晶透明状的无机材料。

建筑中使用的玻璃制品种类很多，其中主要有平板玻璃、安全玻璃、节能玻璃、夹丝玻璃、压花玻璃和磨砂玻璃。

（1）平板玻璃

平板玻璃指未经再加工的、板状的硅酸盐玻璃，也称白片玻璃或净片玻璃。平板玻璃是建筑玻璃中使用最多的一种，也是进一步加工成技术玻璃的原片。

平板玻璃按生产方法分为两种：用垂直引上法和平拉法生产的平板玻璃称为普通平板玻璃，采用浮法工艺生产的平板玻璃为浮法玻璃。浮法比垂直引上法和平拉法的生产工艺先进，浮法玻璃表面平整、厚度均匀，光学等性能都优于普通平板玻璃。

平板玻璃按外观质量分为合格品、一等品和优等品三个等级。

平板玻璃国家标准：《平板玻璃》GB 11614—2009，《平板玻璃术语》GB/T 15764—2008。

(2) 安全玻璃

玻璃是脆性材料，当外力超过一定数值时即碎裂成具有尖锐棱角的碎片。为了降低玻璃的脆性，提高强度，对平板玻璃进行增强处理，或者与其他材料复合，这类玻璃称为安全玻璃。《建筑安全玻璃管理规定》中所称安全玻璃，是指符合现行国家标准的钢化玻璃、夹层玻璃及由钢化玻璃或夹层玻璃组合加工而成的其他玻璃制品，如安全中空玻璃等。单片半钢化玻璃（热增强玻璃）、单片夹丝玻璃不属于安全玻璃。

安全玻璃有钢化玻璃、均质钢化玻璃、夹层玻璃和防火玻璃等四种。

1) 钢化玻璃

钢化玻璃是经热处理工艺之后的玻璃。其特点是在玻璃表面形成压应力层，机械强度和耐热冲击强度得到提高，并形成特殊的碎片状态，即将平板玻璃加热到接近软化温度（约 650℃），然后用冷空气喷吹使其迅速冷却，表面形成均匀的压应力层，从而提高了玻璃的强度和耐热冲击强度。

钢化玻璃一旦受损破坏，便产生应力崩溃，破碎成无数带钝角的小块，不易伤人。

钢化玻璃可用作高层建筑的门窗、幕墙、隔墙。钢化玻璃不能切割、磨削，使用时需按现成尺寸规格选用或按设计要求定制。

钢化玻璃国家标准：《建筑用安全玻璃　第 2 部分：钢化玻璃》GB 15763.2—2005。

2) 均质钢化玻璃

均质钢化玻璃是指经特定工艺处理过的钠钙硅钢化玻璃（简称 HST）。

由于玻璃内部存在硫化镍（NiS）结石，会造成钢化玻璃的自爆，限制了钢化玻璃在建筑幕墙上的应用。研究表明，通过对钢化玻璃进行均质（第二次热处理工艺）处理，可使其成为均质钢化玻璃。均质钢化玻璃可以大大地降低钢化玻璃的自爆率。

均质钢化玻璃国家标准：《建筑用安全玻璃　第 4 部分：均质钢化玻璃》GB 15763.4—2009。

3) 夹层玻璃

夹层玻璃是玻璃与玻璃和/或塑料等材料，用中间层分隔并通过处理使其粘结为一体的复合材料的统称，常见和大多使用的是玻璃与玻璃用中间层分隔并通过处理使其粘结为一体的玻璃构件。

安全夹层玻璃是在破碎时，中间层能够限制其开口尺寸并提供残余阻力以减少割伤或扎伤危险的夹层玻璃。

夹层玻璃的分类：

Ⅰ类夹层玻璃：对霰弹袋冲击性能不作要求的夹层玻璃，该类玻璃不能作为安全玻璃使用。

Ⅱ-1 类夹层玻璃：霰弹袋冲击高度可达 1200mm，冲击结果符合《建筑用安全玻璃　第 3 部分：夹层玻璃》GB 15763.3—2009 中第 6.11 条款规定的安全玻璃。

Ⅱ-2类夹层玻璃：霰弹袋冲击高度可达750mm，冲击结果符合《建筑用安全玻璃 第3部分：夹层玻璃》GB 15763.3—2009中第6.11条款规定的安全玻璃。

Ⅲ类夹层玻璃：霰弹袋冲击高度可达300mm，冲击结果符合《建筑用安全玻璃 第3部分：夹层玻璃》GB 15763.3—2009中第6.11条款规定的安全玻璃。

生产夹层玻璃的原片可选用浮法玻璃、普通平板玻璃、压花玻璃、抛光夹丝玻璃、夹丝压花玻璃等；可以是无色的、本体着色的或镀膜的，透明的或半透明的，退火的、热增强的或钢化的，表面处理的（如喷砂或酸腐蚀的）等。

夹层玻璃的层数有2层、3层、5层、7层，最多可达9层。

夹层玻璃适用于安全性要求高的门窗，如高层建筑的门窗、雨篷、商品陈列柜或橱窗等防撞部位。

夹层玻璃国家标准：《建筑用安全玻璃 第3部分：夹层玻璃》GB 15763.3—2009。

4）防火玻璃

防火玻璃是指经过特殊工艺加工和处理，在规定的耐火试验中能保持其完整性和隔热性的特种玻璃。

a. 防火玻璃的分类

按结构可分为：

（a）复合防火玻璃（以FFB表示）；

（b）单片防火玻璃（以DFB表示）。

按耐火性能可分为：

（a）隔热型防火玻璃（A类）；

（b）非隔热型防火玻璃（C类）。

按耐火极限可分为五个等级：0.5h、1.0h、1.5h、2.0h、3.0h。

b. 各种防火玻璃的定义

（a）复合防火玻璃

复合防火玻璃是由两层或两层以上玻璃复合而成或由一层玻璃和有机材料复合而成，并满足相应耐火性能要求的特种玻璃。

（b）单片防火玻璃

单片防火玻璃是由单层玻璃构成，并满足相应耐火性能要求的特种玻璃。

（c）隔热型防火玻璃（A类）

隔热型防火玻璃（A类）是指耐火性能同时满足耐火完整性、耐火隔热性要求的防火玻璃。

（d）非隔热型防火玻璃（C类）

非隔热型防火玻璃（C类）是指耐火性能仅满足耐火完整性要求的防火玻璃。

c. 防火玻璃的标记

（a）标记方式

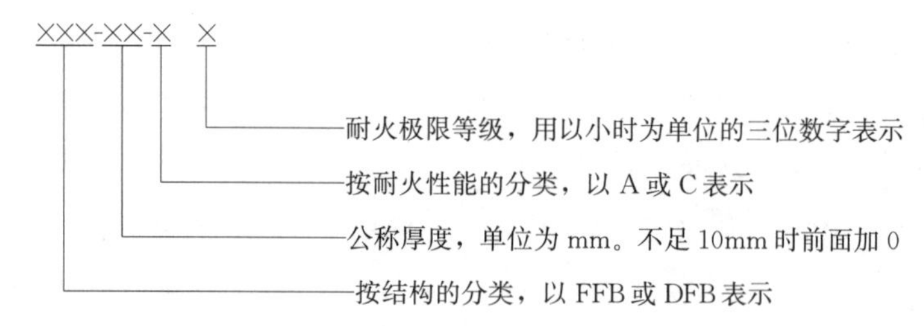

（b）标记示例

一块公称厚度为 25mm、耐火性能为隔热类（A 类）、耐火等级为 1.5h 的复合防火玻璃的标记：

FFB-25-A1.50

防火玻璃原片：

防火玻璃原片可选用镀膜或非镀膜的浮法玻璃、钢化玻璃；复合防火玻璃原片，还可选用单片防火玻璃。

防火玻璃国家标准：《建筑用安全玻璃　第 1 部分：防火玻璃》GB 15763.1—2009。

（3）节能玻璃

节能玻璃通常是指隔热和遮阳性能好的玻璃。节能玻璃主要有吸热玻璃、镀膜玻璃和中空玻璃等三种。

1）吸热玻璃

吸热玻璃是能吸收大量红外线辐射能，并保持较高可见光透过率的平板玻璃。

吸热玻璃是有色的，我国目前生产的主要颜色有蓝色、灰色、茶色三种。其生产方法有两种：一是在玻璃原料中加入一定量的有吸热性能的着色剂，如氧化铁等；另一种是在平板玻璃表面喷镀一层或多层金属氧化物镀膜而制成。

吸热玻璃适用于既需要采光，又需要隔热之处，尤其是大型的公共建筑的门窗、幕墙、商品陈列窗、计算机房。

吸热玻璃还可以进一步加工制成磨光、钢化、夹层或中空玻璃。

吸热玻璃行业规范：《平板玻璃》GB 11614—2009。

2）镀膜玻璃

镀膜玻璃分为低辐射镀膜玻璃和阳光控制镀膜玻璃两部分。

a. 低辐射镀膜玻璃（“Low-E”玻璃）

低辐射镀膜玻璃又称低辐射玻璃、“Low-E”玻璃，是一种对波长范围 4.5～25μm 的远红外线有较高反射比的镀膜玻璃。

“Low-E”玻璃是在浮法玻璃冷却工艺过程中完成的。液体金属粉末直接喷射到热玻璃表面上，随着玻璃的冷却，金属膜层成为玻璃的一部分。

对于住宅用中空玻璃，既要求采光性能好，同时要能阻挡全部紫外线及部分红外线。“Low-E”玻璃具有此功能。

“Low-E”玻璃颜色，有蓝、绿、灰三个基本色调，可以根据不同元素的反映，做出不同的颜色，比如金色、银色、无色透明等。

“Low-E”玻璃可以进一步加工，根据加工的工艺可以分为钢化“Low-E”玻璃、夹层“Low-E”玻璃或中空“Low-E”玻璃。

低辐射镀膜玻璃国家标准：《镀膜玻璃　第 2 部分：低辐射镀膜玻璃》GB/T 18915.2—2013。

b. 阳光控制镀膜玻璃

“Low-E”玻璃还可以复合阳光控制功能，成为阳光控制镀膜玻璃（阳光控制“Low-E”玻璃）。

阳光控制镀膜玻璃又称热反射镀膜玻璃、热反射玻璃、镜面玻璃，是指对波长范围 350～1800nm 的太阳光具有一定控制作用的镀膜玻璃。阳光控制镀膜玻璃对太阳光具有较高的反射能力，反射率可达 20%～40%，在炎热的夏季可节约空调能源消耗。同时，具有较好的遮光功能，使室内光线柔和舒适。

阳光控制镀膜玻璃是典型的半透明玻璃，具有单向透视的特点，当膜层安装在室内一侧时，白天由室外看不见室内，晚上由室内看不见室外。阳光控制镀膜玻璃的膜层牢固度好，可以单片使用。

阳光控制镀膜玻璃是采用热解法、真空蒸镀法、阴极溅射等方法，在玻璃表面镀上一层或几层例如金、银、铜、镍、铬、铁及上述金属的合金或金属氧化物薄膜或采用电浮法等离子交换方法，以金属离子换玻璃表面原有离子而形成热反射膜。

阳光控制镀膜玻璃有金色、茶色、灰色、紫色、褐色、青铜色和浅蓝色等颜色。

阳光控制镀膜玻璃适用于公共或民用建筑的门窗、幕墙、门厅等装饰部位。

阳光控制镀膜玻璃还可以制成夹层玻璃或中空玻璃。阳光控制镀膜玻璃制成中空玻璃，外层使用阳光镀膜玻璃，膜层朝向中空气体层，可以降低玻璃的遮阳系数和传热系数。

阳光控制镀膜玻璃国家标准：《镀膜玻璃　第 1 部分：阳光控制镀膜玻璃》GB/T 18915.1—2013。

3）中空玻璃

中空玻璃是由两片或多片玻璃以有效支撑均匀隔开（四周用间隔框隔开，玻璃相互间隔 6～12mm）并周边粘接密封，使玻璃层间形成有干燥气体空间的玻璃制品。

中空玻璃按中空腔内气体分为普通中空玻璃和充气中空玻璃。普通中空玻璃是中空腔内为空气的中空玻璃。充气中空玻璃是中空腔内充入氩气、氪气等气体的中空玻璃。

中空玻璃的材料：

a. 玻璃可采用平板玻璃、镀膜玻璃、夹层玻璃、钢化玻璃、防火玻璃、半钢化玻璃和压花玻璃等各种不同性能的玻璃原片。

b. 中空玻璃边部密封材料应符合相应标准要求，应满足中空玻璃的水气和气体密封性能并能保持中空玻璃的结构稳定。

c. 中空玻璃间隔材料可为铝间隔条、不锈钢间隔条、复合材料间隔条等。

中空玻璃主要用于需要采暖、空调、防噪声、防结露及要求无直接阳光和特殊光的建筑物。

中空玻璃国家标准：《中空玻璃》GB/T 11944—2012。

(4) 夹丝玻璃

夹丝玻璃是在平板玻璃中嵌入金属丝的玻璃。夹丝玻璃一般采用压延法生产，在玻璃液进入压延辊的同时，将经过热处理的金属丝或金属网嵌入玻璃板中而制成。金属丝分为金属丝网或金属丝线两种。金属丝网分为普通钢丝和特殊钢丝两种。

夹丝玻璃分为夹丝压花玻璃和夹丝磨光玻璃两类。

夹丝玻璃适用于镶嵌在建筑物的门、窗、隔墙上以及防火、防震等用途。

夹丝玻璃行业标准：《夹丝玻璃》JC 433—1991。

(5) 压花玻璃

压花玻璃是将熔融的玻璃液在急冷中通过带图案花纹的辊轴压延而成的制品。由于压花面凹凸不平，当光线通过时产生漫射。所以通过它观察物体时会模糊不清，产生透光不透视的效果。

(6) 磨砂玻璃

磨砂玻璃又称毛玻璃，是指采用手工研磨、机械喷砂或氢氟酸溶蚀等方法加工，使表面处理成均匀毛面的平板玻璃。用硅砂、金刚砂、石榴石粉等作研磨材料，加水研磨制成的，称为磨砂玻璃；用压缩空气将细砂喷射到玻璃表面而制成的，称为喷砂玻璃；用酸溶蚀的称为酸蚀玻璃。磨砂玻璃表面粗糙，可透过光产生漫射而不能透视，灯光透过后变得柔和而不刺目。

6. 铝合金

(1) 铝单板

以铝或铝合金板（带）为基材，经加工成型且装饰表面具有保护性和装饰性涂层或阳极氧化膜的建筑装饰用单层板。

注：本标准中将涂层与阳极氧化膜通称为膜。

1) 膜的定义

a. 氟碳涂层

以氟碳树脂为主的液体或粉末涂料在金属表面经固化而成的涂层。

b. 聚酯涂层

以聚酯树脂为主的液体或粉末涂料在金属表面经固化而成的涂层。

c. 丙烯酸涂层

以丙烯酸树脂为主的涂料在金属表面经固化而成的涂层。

d. 陶瓷涂层

由颜料化的无机树脂经烘烤形成的涂层，其无机树脂是由金属氧化物的溶胶与水解性

金属醇盐经化学反应形成的。

e. 阳极氧化膜

通过阳极氧化处理在铝和铝合金表面形成的氧化物保护膜。

2）铝单板的分类、代号

a. 按膜的材质分

a）氟碳涂层：代号为 FC；

b）聚酯涂层：代号为 PET；

c）丙烯酸涂层：代号为 AC；

d）陶瓷涂层：代号为 CC；

e）阳极氧化膜：代号为 AF。

b. 按成膜工艺分

a）辊涂：代号为 GT；

b）液体喷涂：代号为 YPT；

c）粉末喷涂：代号为 FPT；

d）阳极氧化：代号为 YH。

c. 按使用环境分

a）室外用：代号为 W；

b）室内用：代号为 N。

3）标记方法

按铝单板的产品名称、使用环境、膜材质、成膜工艺、基材厚度和铝材牌号以及执行标准编号顺序进行标记。其中铝材牌号标记按《变形铝及铝合金牌号表示方法》GB/T 16474—2011 的规定进行。

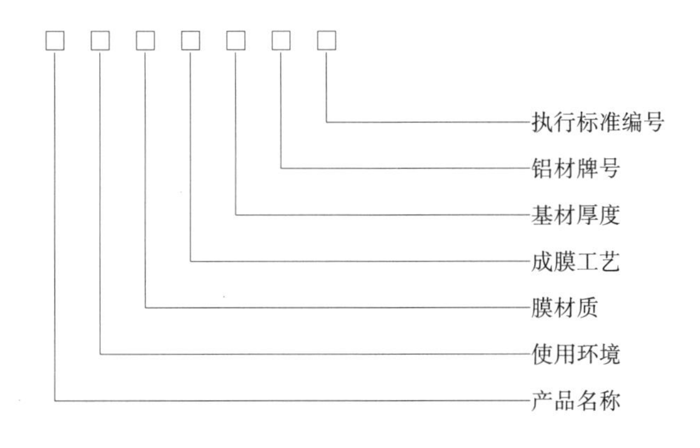

标记示例：

表面氟碳辊涂，厚为 3.0mm，铝材牌号为 3003 的室外建筑装饰用铝单板，其标记为：

建筑装饰用铝单板 W FC GT 3.0 3003 GB/T 23443—2009

4）基材

a. 化学成分及力学性能

铝单板所用铝及铝合金的化学成分应符合《变形铝及铝合金化学成分》GB/T 3190—2008 的要求，力学性能应符合《一般工业用铝及铝合金板、带材　第 2 部分：力学性能》GB/T 3880.2—2012 的要求。室外用铝单板宜采用 3×××系列或 5×××系列铝合金。

b. 室外用铝单板表面宜采用耐候性能优异的氟碳涂层。

5）膜厚

铝单板膜厚应符合表 5-82 的要求。

铝单板膜厚要求　　**表 5-82**

<table>
<tr><th colspan="2">表面种类</th><th colspan="2">膜厚要求(μm)</th></tr>
<tr><td rowspan="3">辊涂</td><td rowspan="2">氟碳</td><td>二涂</td><td>平均膜厚≥25,最小局部膜厚≥23</td></tr>
<tr><td>三涂</td><td>平均膜厚≥32,最小局部膜厚≥30</td></tr>
<tr><td>聚酯、丙烯酸</td><td colspan="2">平均膜厚≥16,最小局部膜厚≥14</td></tr>
<tr><td rowspan="4">液体喷涂</td><td rowspan="3">氟碳</td><td>二涂</td><td>平均膜厚≥30,最小局部膜厚≥25</td></tr>
<tr><td>三涂</td><td>平均膜厚≥40,最小局部膜厚≥34</td></tr>
<tr><td>四涂</td><td>平均膜厚≥65,最小局部膜厚≥55</td></tr>
<tr><td>聚酯、丙烯酸</td><td colspan="2">平均膜厚≥25,最小局部膜厚≥20</td></tr>
<tr><td colspan="2">表面种类</td><td colspan="2">膜厚要求</td></tr>
<tr><td colspan="2" rowspan="2">粉末喷涂</td><td>氟碳</td><td>最小局部膜厚≥30</td></tr>
<tr><td>聚酯</td><td>最小局部膜厚≥30</td></tr>
<tr><td colspan="3">陶瓷</td><td>25～40</td></tr>
<tr><td rowspan="5">阳极氧化</td><td rowspan="2">室内用</td><td>AA5[a]</td><td>平均膜厚≥5,最小局部膜厚≥4</td></tr>
<tr><td>AA10</td><td>平均膜厚≥10,最小局部膜厚≥8</td></tr>
<tr><td rowspan="3">室外用</td><td>AA15</td><td>平均膜厚≥15,最小局部膜厚≥12</td></tr>
<tr><td>AA20</td><td>平均膜厚≥20,最小局部膜厚≥16</td></tr>
<tr><td>AA25</td><td>平均膜厚≥25,最小局部膜厚≥20</td></tr>
<tr><td colspan="4">注：[a]AA 为阳极氧化膜厚度级别的代号。</td></tr>
</table>

（2）铝合金建筑型材

1）基材（《铝合金建筑型材　第 1 部分：基材》GB/T 5237.1—2017）

a. 基材的定义

基材是指表面未经处理的铝合金建筑型材。

b. 产品分类

a）牌号、状态

合金牌号、状态应符合表 5-83 的规定。

b）规格

型材的横截面规格应符合 YS/T 436 的规定或以供需双方签订的技术图样确定，且由

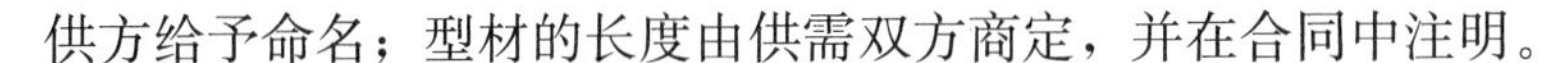

供方给予命名；型材的长度由供需双方商定，并在合同中注明。

合金牌号及供应状态　　　　**表 5-83**

铝合金牌号	供应状态
6005、6060、6063、6063A、6463、6463A	T5、T6
6061	T4、T6

注：1. 订购其他牌号或状态时，需供需双方协商。

2. 如果同一建筑结构型材同时选用 6005、6060、6061、6063 等不同合金（或同一合金不同状态），采用统一工艺进行阳极氧化，将难以获得颜色一致的阳极氧化表面。

c）标记

型材标记按产品名称、合金牌号、供应状态、产品规格（由型材代号与定尺长度两部分组成）和本部分编号的顺序表示。标记示例如下：

用 6063 合金制造的，供应状态为 T5，型材代号为 421001、定尺长度为 6000mm 的铝型材，标记为：

基材　6063-T5　421001×6000　　GB 5237.1—2008

d）化学成分

6463、6463A 牌号的化学成分应符合表 5-84 的规定。其他牌号的化学成分应符合《变形铝及铝合金化学成分》GB/T 3190—2020 的规定。

6463、6463A 牌号的化学成分　　　　**表 5-84**

牌号	质量分数 a/(%)								
	Si	Fe	Cu	Mn	Mg	Zn	其他杂质		AI
							单个	合计	
6463	0.2～0.6	≤0.15	≤0.20	≤0.05	0.45～0.9	≤0.05	≤0.05	≤0.15	余量
6463A	0.2～0.6	≤0.15	≤0.25	≤0.05	0.3～0.9	≤0.05	≤0.05	≤0.15	余量
A 含量有上下限者为合金元素；含量为单个数值者，铝为最低限。									

2）阳极氧化型材（《铝合金建筑型材　第 2 部分：阳极氧化型材》GB/T 5237.2—2017）

a. 型材的合金牌号、供应状态、规格、化学成分、力学性能

型材的合金牌号、供应状态、规格、化学成分、力学性能均应符合《铝合金建筑型材　第 1 部分：基材》GB/T 5237.1—2017 的规定。

b. 阳极氧化膜厚级别、典型用途、表面处理方式

阳极氧化膜厚级别、典型用途、表面处理方式如表 5-85 所示。膜厚级别应在合同中注明，未注明膜厚级别时，按 AA10 供货。

阳板氧化膜　　　　**表 5-85**

膜厚级别	典型用途	表面处理方式
AA10	室内外建筑或车辆部件	阳极氧化
AA15	室外建筑或车辆部件	阳极氧化加电解着色 阳极氧化加有机着色
AA20	室外苛刻环境下使用的建筑部件	
AA25		

c. 标记

型材标记按产品名称、合金牌号、供应状态、产品规格（由型材代号与定尺长度两部分组成）、颜色、膜厚级别和本部分编号的顺序表示，标记示例如下：

用 6063 合金制造的，T5 状态，型材代号为 4221001，定尺长度为 3000mm，表面经阳极氧化电解着色处理，古铜色，膜厚级别为 AA15 的型材，标记为：

阳极氧化型材 6063-T5 421001×3000 古铜 AA15 GB 5237.2—2008。

d. 阳极氧化膜的性能

阳极氧化膜平均膜厚、局部膜厚应符合表 5-86 规定。

阳极氧化膜膜厚 **表 5-86**

膜厚级别	平均膜厚(μm)不小于	局部膜厚(μm)不小于
AA10	10	8
AA15	15	12
AA20	20	16
AA25	25	20

3）电泳涂漆型材（《铝合金建筑型材　第 3 部分：电泳涂漆型材》GB/T 5237.3—2017）

a. 合金牌号、状态、规格、化学成分、力学性能

合金牌号、供应状态、规格、化学成分、室温力学性能均应符合 GB 5237.1 的规定。

b. 阳极氧化复合膜膜厚级别、漆膜类型、典型用途

阳极氧化复合膜膜厚级别、漆膜类型、典型用途如表 5-87 所示。膜厚级别应在合同中注明，未注明膜厚级别时，按 B 级供货。

阳极氧化复合膜各参数 **表 5-87**

膜厚级别	表面漆膜类型	典型用途
A	有光或哑光透明漆	室外苛刻环境下使用的建筑部件
B		室外建筑或车辆部件
C	有光或哑光有色漆	室外建筑或车辆部件

c. 标记

型材标记按产品名称、合金品牌、供应状态、产品规格（由型材代号与定尺长度两部分组成）、颜色、膜厚级别和本部分编号的顺序表示。标记示例如下：

用 6063 合金制造的，供应状态为 T5，型材代号为 421001、定尺长度为 6000mm，表面处理方式为阳极氧化电解着古铜色加电泳涂漆处理，膜厚级别为 A 的型材，标记为：

电泳型材　6063-T5　421001×6000　古铜 A　GB 5237.3—2008

d. 膜厚

膜厚应符合表 5-87 的规定。表 5-88 中的复合膜局部膜厚指标为强制性要求。

膜厚 表 5-88

膜厚级别	膜厚(μm)		
	阳极氧化膜局部膜厚	漆膜局部膜厚	复合膜局部膜厚
A	≥9	≥12	≥21
B	≥9	≥7	≥16
S	≥6	≥15	≥21

4）粉末喷涂型材（《铝合金建筑型材 第 4 部分：喷粉型材》GB/T 5237.4—2017）

a. 合金牌号、状态、规格、化学成分、力学性能

型材的合金牌号、供应状态、规格、化学成分、温室力学性能均应符合 GB 5237.1 的规定。

b. 标记

型材标记按产品名称、合金牌号、供应状态、产品规格（由型材代号与定尺长度两部分组成）、颜色代号和本部分编号的顺序表示。标记示例如下：

用 6063 合金制造的，供应状态为 T5，型材代号为 421001，定尺长度为 6000mm，颜色代号为 3003 的型材，标记为：

喷粉型材 6063-T5 421001×6000 色 3003 GB 5237.4—2008

c. 涂层厚度

装饰面上涂层最小局部厚度不小于 40μm。

5）氟碳漆喷涂型材（《铝合金建筑型材 第 5 部分：喷漆型材》GB/T 5237.5—2017）

a. 合金牌号、状态、规格、化学成分、力学性能

合金牌号、状态、规格、化学成分、力学性能均应符合《铝合金建筑型材 第 1 部分：型材》GB/T 5237.1—2017 的规定。

b. 涂层种类

涂层种类应符合表 5-89 的规定。

涂层种类 表 5-89

二涂层	三涂层	四涂层
底漆加面漆	底漆、面漆加清漆	底漆、阻挡漆、面漆加清漆

c. 标记

型材标记按产品名称、合金牌号、供应状态、型材规格（由型材代号与定尺长度两部分组成）、颜色代号（用色 xxxx 表示）和本部分编号的顺序表示。标记示例如下：

用 6063 合金制造的，供应状态为 T5，型材代号为 421001、定尺长度为 6000mm，涂层颜色为灰色（代号 8399）的型材，标记为：

氟碳喷涂型材 6063-T5 421001×6000 色 8399 GB 5237.5—2008。

d. 涂层厚度

装饰面上的漆膜厚度应符合表5-90的规定。

漆膜厚度 **表5-90**

涂层种类	平均膜厚(μm)	最小局部膜厚(μm)
二涂	≥30	≥25
三涂	≥40	≥34
四涂	≥65	≥55

注：由于挤压型材横截面形状的复杂性，型材某些表面（如内角、横沟等）的漆膜厚度允许低于本表的规定值，但不允许出现露底现象。

6）隔热型材（《铝合金建筑型材　第6部分：隔热型材》GB/T 5237.6—2017）

a. 定义

a）隔热型材（thermal barrier profiles）

以隔热材料连接铝合金型材而制成的具有隔热功能的复合型材。

b）隔热材料

用于连接铝合金型材的低热导率的非金属材料。

b. 合金牌号、状态、规格

铝合金型材的牌号、供应状态和规格应符合GB 5237.1的规定。

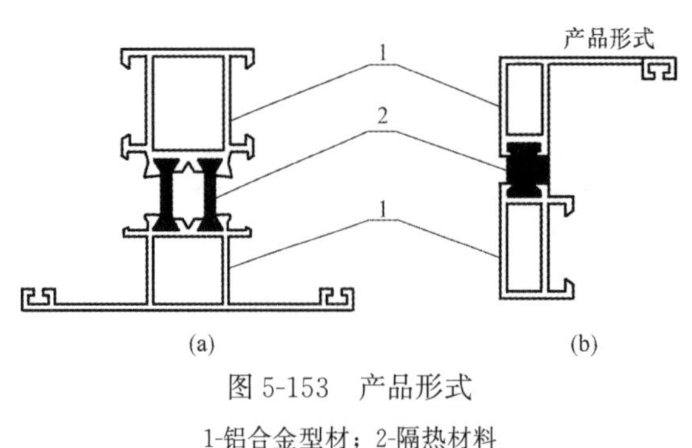

图5-153　产品形式

1-铝合金型材；2-隔热材料

c. 铝合金型材

隔热型材用的铝合金型材应符合GB 5237.1～GB 5237.5的相应规定。

d. 类别

产品按复合方式分为穿条式（图5-153（a））、浇筑式（图5-153（b））两类。

隔热材料：穿条型材用的隔热条、浇筑型材用的原胶。

e. 标记

产品标记按产品名称、本部分标准代号、顺序号、隔热型材截面代号、隔热材料代号、铝合金型材的牌号和状态及表面处理方式（用与该表面处理方式相对应的GB 5237.2～GB 5237.5部分的顺序号表示）、隔热材料高度、产品定尺长度的顺序表示。示例如下：

用6063合金制造的、供应状态为T5、表面分别采用电泳涂漆处理和粉末喷涂处理的两根铝合金型材与聚酰胺隔热条PA66GF25（高度14.8mm）复合制成的穿条型材（截面代号561001、定尺长度6000mm），标记为：

穿条型材GB 5237.6—561001PA66GF25—6063T5/34—14.8×6000

用6063合金制造的、供应状态为T5、表面经阳极氧化处理的铝合金型材与聚氨酯隔热胶PU（由Ⅰ级原胶制成、高度为9.35mm）复合制成的浇筑型材（截面代号561001、定尺长度6000mm），标记为：

浇筑型材GB 5237.6—561001PUI—6063T5/2—9.53×6000

第十四节 顶 棚 工 程

一、有关规定

（一）清单计量规定

采光顶棚骨架不包括在本节中，应单独按清单计量规范附录 F 相关项目编码列项。

（二）定额规定

1. 抹灰项目中砂浆配合比与设计不同时，可按设计要求予以换算；设计厚度与定额取定厚度不同时，按相应项目调整。

2. 如混凝土顶棚刷素水泥浆或界面剂，按定额“第十二章　墙、柱面装饰与隔断、幕墙工程”相应项目人工乘以系数 1.15 计算。

3. 吊顶顶棚

（1）除烤漆龙骨顶棚为龙骨、面层合并列项外，其余均为顶棚龙骨、基层、面层分别列项编制。

（2）龙骨的种类、间距、规格和基层、面层材料的型号、规格是按常用材料和常用做法考虑的，设计要求不同时，材料可以调整，但人工、机械不变。

（3）顶棚面层在同一标高者为平面顶棚，顶棚面层不在同一标高者为跌级顶棚。跌级顶棚面层按相应项目人工乘以系数 1.30 计算。

（4）轻钢龙骨、铝合金龙骨项目中龙骨按双层双向结构考虑，即中、小龙骨紧贴大龙骨底面吊挂，如为单层结构，即大、中龙骨底面在同一水平面上者，人工乘以系数 0.85。

（5）轻钢龙骨、铝合金龙骨项目，如面层规格与定额不同，按相近面积的项目执行。

（6）轻钢龙骨、铝合金龙骨不上人型吊杆长度为 0.6m，上人型吊杆长度为 1.4m。吊杆长度与定额不同时可按实际调整，人工不变。

（7）平面顶棚和跌级顶棚指一般直线形顶棚，不包括灯槽的制作安装。灯光槽制作安装应按定额相应项目执行。吊顶顶棚中的艺术造型顶棚项目中包括灯光槽的制作安装。

（8）顶棚面层不在同一标高，且高差在 400mm 以下、迭级在三级以内的一般直线形平面顶棚按迭级顶棚相应项目执行；高差在 400mm 以上或迭级超过三级以及圆弧形、拱形等造型顶棚按吊顶顶棚中的艺术造型顶棚相应项目执行。

（9）顶棚检查孔的工料已包括在定额项目内，不另计算。

（10）骨架、基层、面层的防火处理及顶棚龙骨的刷防腐油，石膏板刮嵌缝膏、贴绷带，按定额“第十四章　油漆、涂料、裱糊工程”相应项目执行。

（11）顶棚压条、装饰线条按定额“第十五章　其他装饰工程”相应项目执行。

4. 格栅吊顶、吊筒吊顶、藤条造型悬挂吊顶、织物软雕吊顶、装饰网架吊顶，龙骨、面层合并列项编制。

5. 楼梯板底抹灰按定额相应项目执行，其中锯齿形楼梯按相应项目人工乘以系数1.35执行。

二、计量规则

1. 顶棚抹灰

（1）清单计量规则：按设计图示尺寸，以水平投影面积计算。不扣除间壁墙、垛、柱、附墙烟囱、检查口和管道所占的面积，带梁顶棚的梁两侧抹灰面积并入顶棚面积内，板式楼梯底面抹灰按斜面积计算，锯齿形楼梯底板抹灰按展开面积计算。

（2）定额计量规则：按设计结构尺寸，以展开面积计算。不扣除间壁墙、垛、柱、附墙烟囱、检查口和管道所占的面积，带梁顶棚的梁两侧抹灰面积并入顶棚面积内，板式楼梯底面抹灰面积（包括踏步、休息平台以及宽度不大于500mm的楼梯井）按水平投影面积乘以系数1.15计算，锯齿形楼梯底板抹灰面积（包括踏步、休息平台以及宽度不大于500mm的楼梯井）按水平投影面积乘以系数1.37计算。

2. 吊顶顶棚

（1）清单计量规则：按设计图示尺寸，以水平投影面积计算。顶棚面中的灯槽及跌级、锯齿形、吊挂式、藻井式顶棚面积不展开计算。不扣除间壁墙、检查口、附墙烟囱、柱垛和管道所占的面积。扣除单个面积大于$0.3m^2$的孔洞、独立柱及与顶棚相连的窗帘盒所占的面积。

（2）定额计量规则：

1）吊顶顶棚的龙骨按主墙间水平投影面积计算，不扣除间壁墙、垛、柱、附墙烟囱、检查口和管道所占的面积，扣除单个面积大于$0.3m^2$的孔洞、独立柱及与顶棚相连的窗帘盒所占的面积。斜面龙骨按斜面积计算。

2）吊顶顶棚的基层和面层均按设计图示尺寸以展开面积计算。顶棚面中的灯槽及迭级、阶梯式、锯齿形、吊挂式、藻井式面积按展开面积计算。不扣除间壁墙、垛、柱、附墙烟囱、检查口和管道所占的面积，扣除单个面积大于$0.3m^2$的孔洞、独立柱及与顶棚相连的窗帘盒所占的面积。

3. 格栅吊顶、藤条造型悬挂吊顶、织物软雕吊顶、装饰网架吊顶

按设计图示尺寸，以水平投影面积计算。

4. 吊筒吊顶

（1）清单计量规则：按设计图示尺寸，以水平投影面积计算。

（2）定额计量规则：按设计图示尺寸，以最大外围外接矩形水平投影面积计算。

5. 采光顶棚

清单计量规则：按框外围展开面积计算。

6. 灯带（槽）

定额计量规则：按设计图示尺寸，以框外围面积计算。

7. 送风口、回风口及灯光孔

定额计量规则：按设计图示数量计算。

三、计量方法

定额顶棚面层工程量的计算方法，对于各房间顶棚做法种类较多的，可以逐一按照每一房间的净面积来计算工程量；对于各房间顶棚做法相同的，也可以按照每层的建筑面积作为基数，扣除主墙所占面积和楼梯、洞口所占面积，增加梁两侧和吊顶造型侧面的面积来计算工程量；对于各房间顶棚做法种类较少的，可以先按照每一房间净面积计算少量装饰做法的工程量，再以每层的建筑面积作为基数，扣除主墙所占面积和楼梯、洞口所占面积及少量装饰做法的工程量，得出大量装饰做法的工程量。顶棚面层工程量扣除和增加的规定详见定额的工程量计算规则。

定额楼梯顶棚抹灰工程量的计算方法，板式楼梯底面抹灰面积（包括踏步、休息平台以及宽度不大于 500mm 的楼梯井）按水平投影面积乘以系数 1.15 计算，锯齿形楼梯底板抹灰面积（包括踏步、休息平台以及宽度不大于 500mm 的楼梯井）按水平投影面积乘以系数 1.37 计算。

【例 5-41】 某工程现浇井字梁顶棚如图 5-154 所示，麻刀石灰浆面层，请计算工程量。

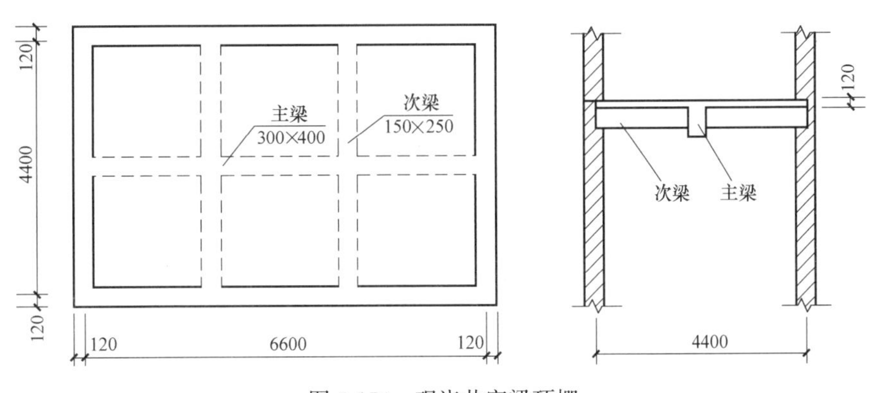

图 5-154　现浇井字梁顶棚

解： 顶棚抹灰工程量

方法一

$S=(6.60-0.24)\times(4.40-0.24)+[(0.40-0.12)\times(6.6-0.24)+(0.25-0.12)\times(4.4-0.24-0.3)\times2]\times2$(梁两侧)$-(0.25-0.12)\times0.15\times4$

（主、次梁交接处重复部分）

$=31.95\ (m^2)$

方法二

建筑面积＝(6.60＋0.24)×(4.40＋0.24)＝31.74(m^2)

外墙中心线长度＝(6.6＋4.4)×2＝22.0(m)

S ＝31.74－墙位 22.0×0.24＋[(0.40－0.12)×(6.6－0.24)＋(0.25－0.12)×(4.4－0.24－0.3)×2]×2(梁两侧) －(0.25－0.12)×0.15×4(主、次梁交接处重复部分)

＝31.95 (m^2)

四、基础知识

(一) 顶棚的分类

顶棚有直接式顶棚和悬吊式顶棚两种。直接式顶棚可分为：直接刷（喷）浆顶棚、直接抹灰顶棚和直接粘贴式顶棚。悬吊式顶棚简称吊顶，可分为：固定式吊顶、活动式吊顶和开敞式吊顶。以下介绍悬吊式顶棚。

(1) 固定式吊顶：指龙骨不外露（暗龙骨），罩面板表面连接成整体，罩面板与龙骨常用螺钉或胶粘剂粘贴固定的吊顶。

固定式吊顶面层常用的材料有：石膏板、纤维水泥加压板、装饰吸声板、金属装饰板、聚氯乙烯（PVC）塑料扣板和木质多层板。石膏板、纤维水泥加压板和装饰吸声板面层吊顶的龙骨常用 U 形、C 形轻钢龙骨，见图 5-155。金属装饰板面层吊顶的龙骨一般采用卡条式轻钢龙骨或夹嵌式轻钢龙骨，见图 5-156、图 5-157。聚氯乙烯（PVC）塑料扣板和木质多层板面层吊顶一般采用木龙骨。

(2) 活动式吊顶：龙骨外露（明龙骨），轻质装饰板明摆浮搁在龙骨上的吊顶。

活动式吊顶面层常用的材料有：活动式金属装饰板、浇筑石膏板、矿棉吸声板和玻璃棉吸声板。活动式吊顶的龙骨一般采用 T 形铝合金龙骨或 T 形轻钢龙骨，见图 5-158。

(3) 开敞式吊顶：饰面是漏空的由格栅构成的吊顶。

开敞式吊顶面层常用的材料有木格栅、金属格栅。

木格栅、金属格栅开敞式吊顶一般直接采用吊、挂件悬挂在楼（屋）面结构上，不再设置龙骨，见图 5-159、图 5-160。

(二) 顶棚的构造

1. 直接式顶棚的构造

(1) 直接刷（喷）浆顶棚：一般做法是刷水泥浆一道，刮腻子，刷（喷）大白浆或可赛银，或涂料。简易做法是直接在顶棚上刷（喷）浆。

(2) 直接抹灰顶棚：一般做法是刷水泥浆一道或喷涂界面剂，分层抹灰，分遍刮腻子，刷（喷）涂料。

(3) 直接粘贴式顶棚：一般做法是刷一道胶水作基层封闭处理，分遍刮腻子，以胶粘剂粘贴面层。

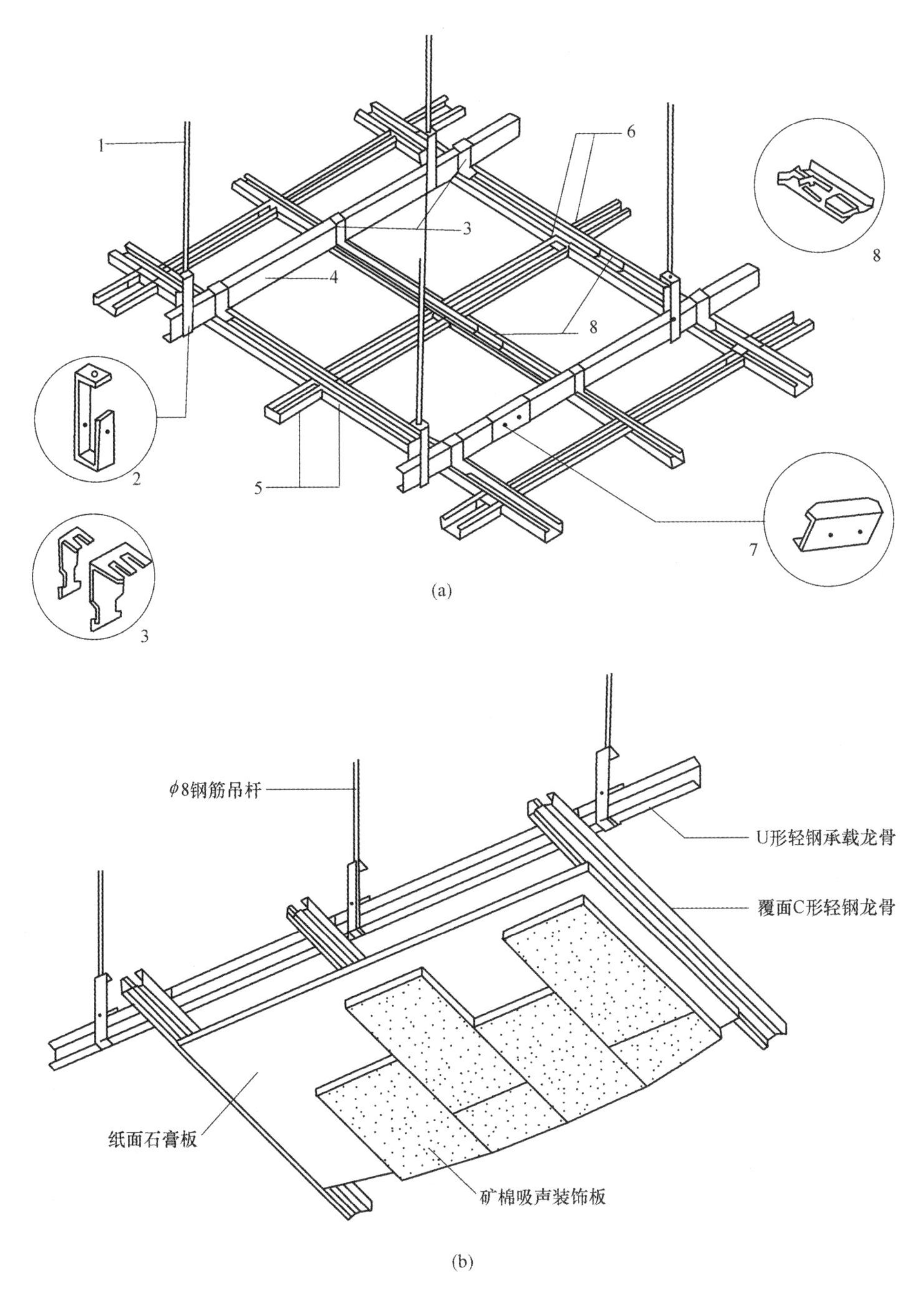

图 5-155　石膏板、装饰吸声板面层，U 形、C 形轻钢龙骨吊顶示意图

1—吊杆；2—吊件；3—挂件；4—U 形承载龙骨；5—C 形覆面龙骨；6—挂插件；7—U 形承载龙骨连接件（接长件）；8—C 形覆面龙骨连接件（接长件）

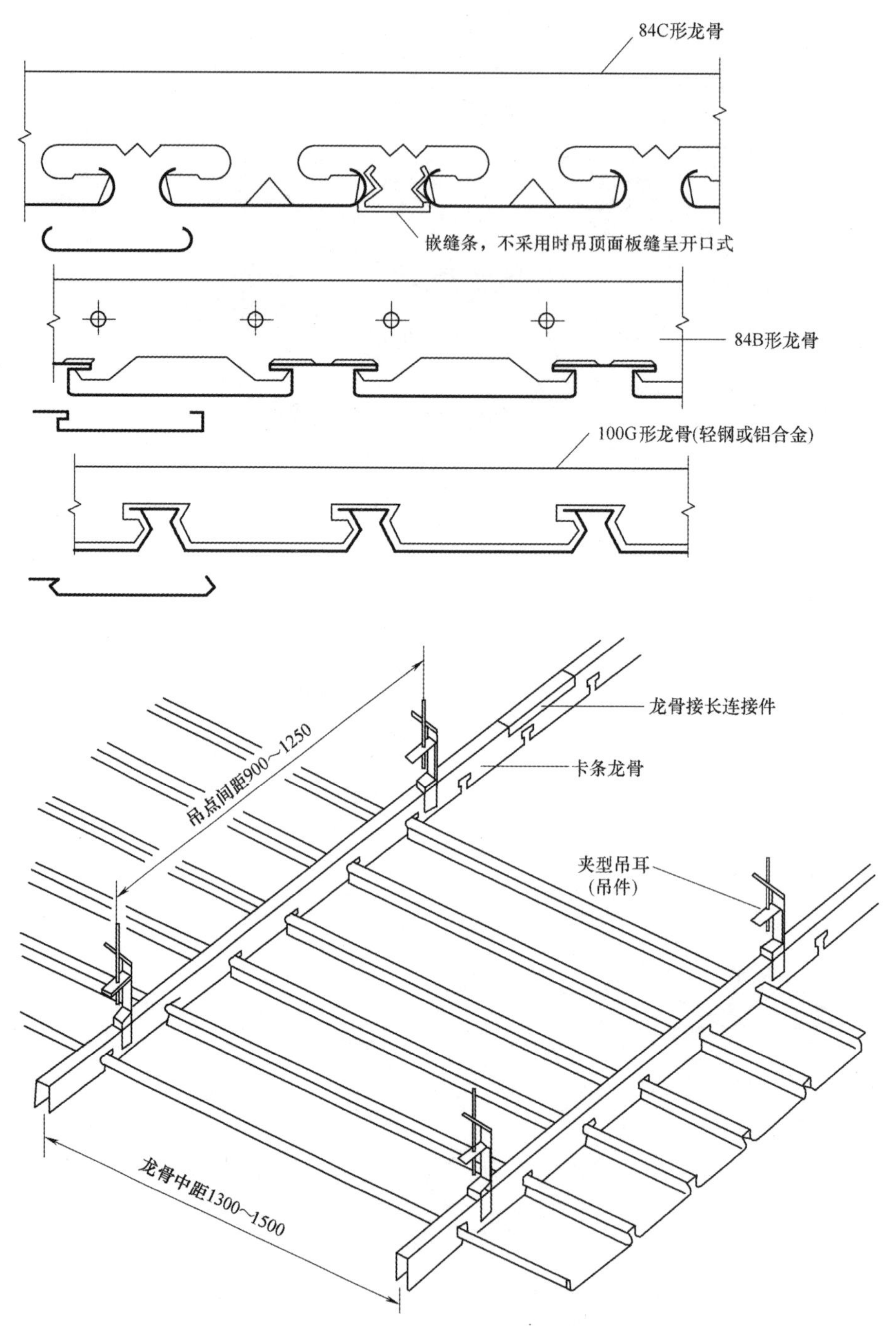

图 5-156　金属条板形面层、卡条式龙骨吊顶示意图

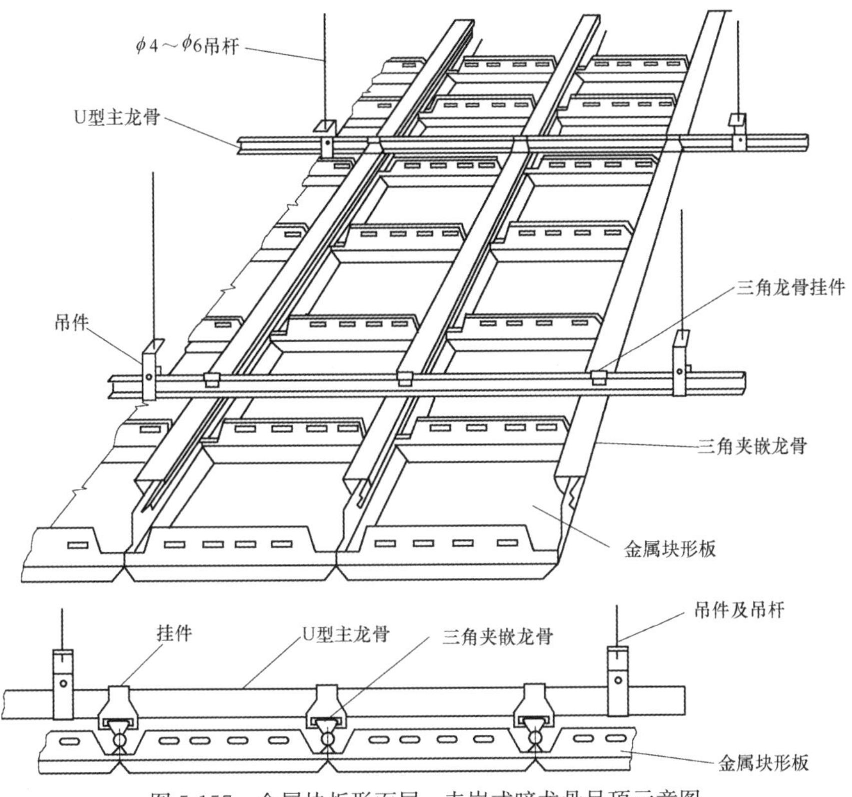

图 5-157　金属块板形面层、夹嵌式暗龙骨吊顶示意图

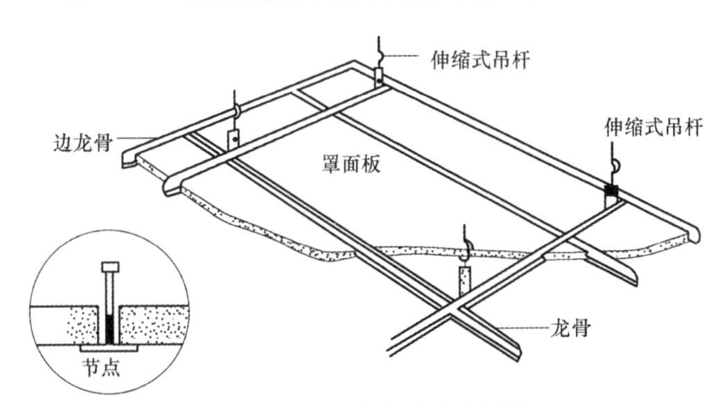

图 5-158　活动式吊顶示意图

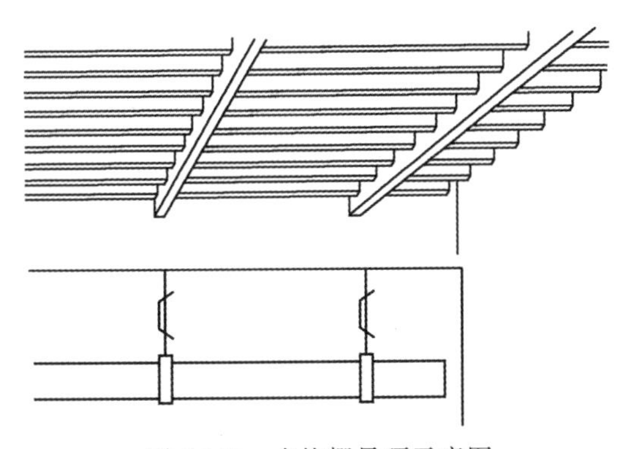

图 5-159　木格栅吊顶示意图

2. 吊顶的构造

吊顶由基层、吊件、龙骨和面层组成。

(1) 基层：建筑物的楼面板、屋面板或屋架。

(2) 吊杆：挂在基层上，连接基层和顶棚，是顶棚的受力构件，一般采用钢筋、型钢、伸缩式吊杆。

(3) 龙骨：固定顶棚面层的构件，承受面层的重量并传递给吊件。龙骨一般为木龙骨、轻钢龙骨和铝合金龙骨。

木龙骨骨架的主龙骨截面一般采用 60mm×100mm 或 50mm×70mm，次龙骨一般采用 50mm×50mm 或 40mm×60mm 的木方。

轻钢龙骨：根据《建筑用轻钢龙骨》GB/T 11981—2008，建筑用轻钢龙骨是以连续热镀锌钢板（带）或以连续热镀锌钢板（带）为基材的彩色涂层钢板（带）作为原料，采用冷弯工艺生产的薄壁型钢，分为墙体轻钢龙骨和吊顶轻钢龙骨。吊顶轻钢龙骨按截面形状分为 U 形、C 形、T 形、H 形、V 形和 L 形。如图 5-161～图 5-164 所示，其中轻钢 U 形龙骨为承载龙骨，是吊顶龙骨的主要受力构件；C 形龙骨为覆面龙骨，是固定吊顶饰面板的构件；L 形龙骨通常用作吊顶边缘固定饰面板的龙骨，为边龙骨，也属于吊顶的覆面龙骨。

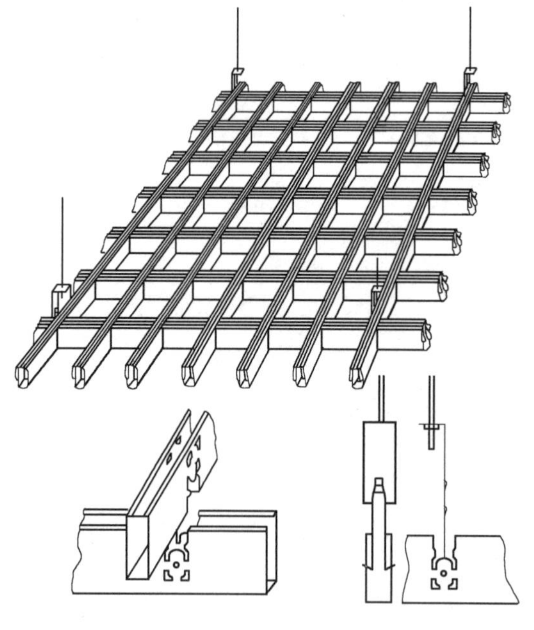

图 5-160　金属格栅吊顶示意图

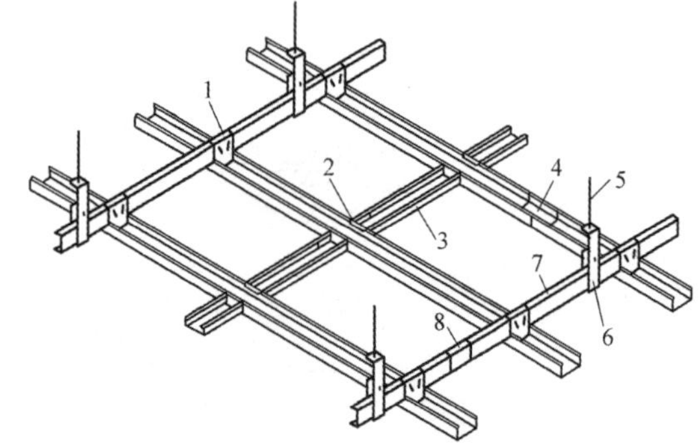

图 5-161　U 形、C 形龙骨吊顶示意图

1—挂件；2—挂插件；3—覆面龙骨；4—覆面龙骨连接件；5—吊杆；6—吊件；7—承载龙骨；8—承载龙骨连接件

铝合金龙骨：其截面形状与吊顶轻钢龙骨的 T 形品种大致相同，分为 T 形、L 形、LT 形。

(4) 面层：顶棚的装饰层。

常用的面层材料有：石膏板、纤维水泥加压板、装饰吸声板、聚氯乙烯（PVC）塑料扣板、金属装饰板和木质多层板。

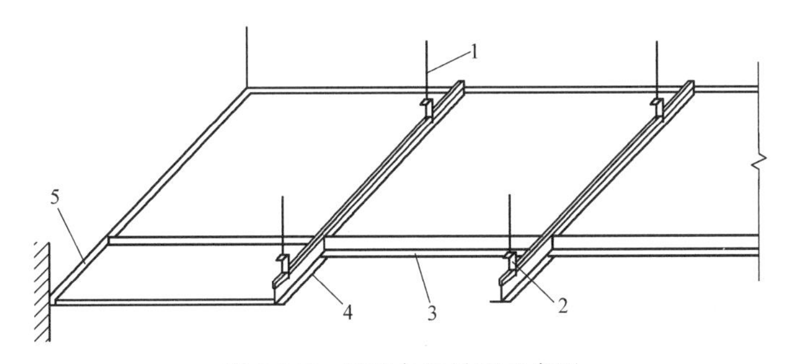

图 5-162　T 形龙骨吊顶示意图

1—吊杆；2—吊件；3—次龙骨；4—主龙骨；5—边龙骨

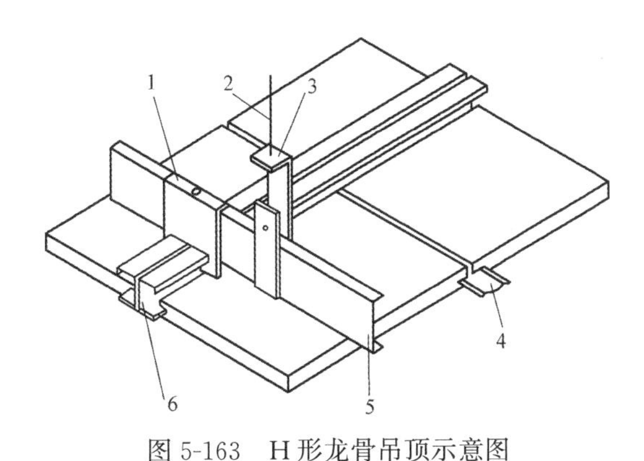

图 5-163　H 形龙骨吊顶示意图

1—挂件；2—吊杆；3—吊件；4—插片；5—承载龙骨；6—H 形龙骨

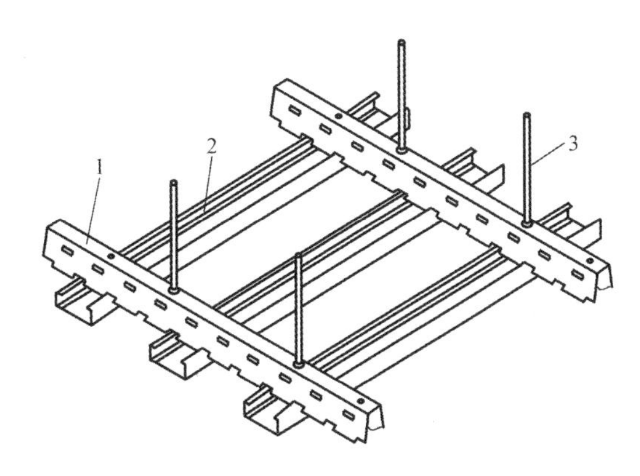

图 5-164　V 形直卡式龙骨吊顶示意图（L 形替换 V 形为 L 形直卡式龙骨吊顶）

1—承载龙骨；2—覆面龙骨；3—吊件

1）石膏板

石膏板根据《纸面石膏板》GB/T 9775—2008、《装饰石膏板》JC/T 799—2016、《复合保温石膏板》JC/T 2077—2011 分类如下：

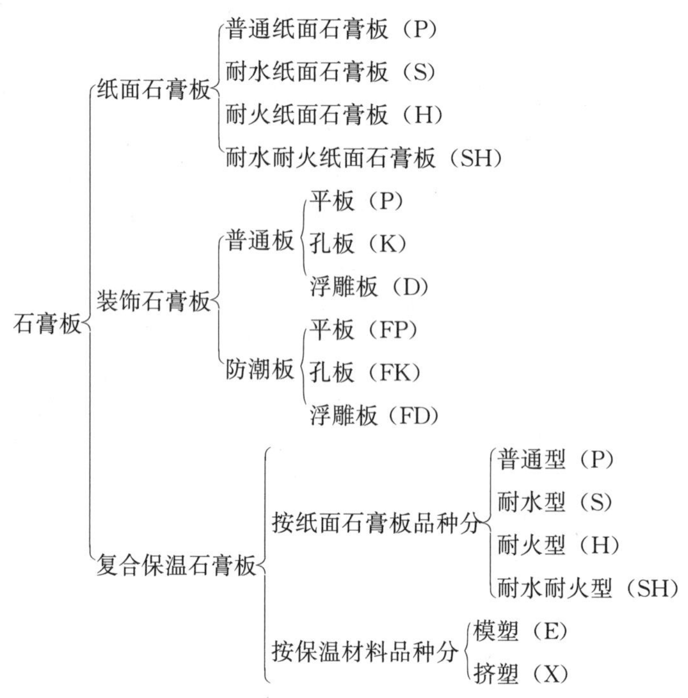

2）纤维水泥加压板

纤维水泥加压板分类如下：

- 纤维水泥加压板
  - 纤维增强硅酸钙板
    - 无石棉硅酸钙板（NA）
    - 温石棉硅酸钙板（A）
  - 水泥纤维加压板（FC）
  - 中碱玻纤、短石棉纤维低碱度水泥平板（TK）
  - 无石棉大幅面纤维水泥加压板（NAFC）
  - 玻璃纤维增强水泥板（S-GRC）
  - 埃特尼特纤维水泥不燃平板（NT）
  - 无石棉轻质纤维水泥平板（NAL）

注：纤维增强硅酸钙板根据《纤维增强硅酸钙板》JC/T 564—2018 分类。

3）装饰吸声板

装饰吸声板分类如下：

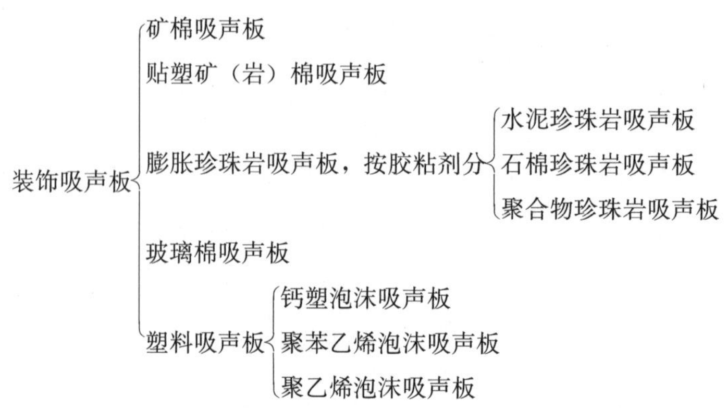

4）聚氯乙烯（PVC）塑料扣板

5）金属装饰板

金属装饰板根据《金属吊顶》QB/T 1561—1992 分类如下：

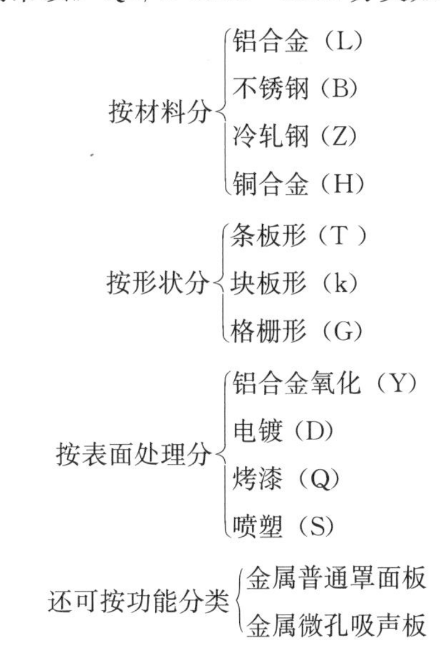

6）木质多层板

木质多层板即木质胶合板，由旋切树材单板胶合而成。装饰木质胶合板有普通胶合板和装饰单板贴面胶合板（饰面胶合板）。饰面胶合板以饰面的树种命名胶合板。

（三）顶棚施工工艺

1. 抹灰顶棚施工工艺

抹找平层前，用墨斗线在顶棚四周墙上弹出水平线，作为顶棚抹灰水平控制线。顶棚抹灰的厚度以找平基层为原则，一般不大于 8mm。顶棚抹灰四周要与水平控制线平。抹完后用刮尺抹至表面顺平，再用木抹刀压实、搓毛。

2. 悬吊式吊顶施工工艺

这里介绍装饰石膏板面层 UC 形轻钢龙骨吊顶。

（1）确定顶棚标高。根据顶棚的设计标高，沿墙面和柱面四周弹出顶棚标高水平线。

（2）确定吊点和龙骨位置。沿着已弹好的顶棚标高水平线，按设计要求划吊点和龙骨位置线。

（3）将吊杆与基层（楼板）的吊点预埋件或射钉固定。

（4）龙骨的安装与调平。龙骨安装顺序：应先安装 U 形主龙骨，后安装 C 形次龙骨。先将大龙骨用吊挂件与吊杆连接固定。与吊杆固定时，根据标高线应用双螺母在螺杆上调整大龙骨的标高，使其在同一水平面上。然后，安装次龙骨。次龙骨的位置，一般应按装饰板材的尺寸在大龙骨底部弹线，用挂件固定。

（5）安装装饰石膏板。装饰石膏板用自攻螺钉与 C 形次龙骨固定。

第十五节　油漆、涂料、裱糊工程

一、有关规定

（一）清单计量规定

（1）木门油漆应区分木大门、单层木门、双层（一玻一纱）木门、双层（单裁口）木门、全玻自由门、半玻自由门、装饰门及有框门或无框门等项目（类型），分别编码列项。

（2）金属门油漆应区分平开门、推拉门、钢制防火门等项目，分别编码列项。

（3）木窗油漆应区分单层木窗、双层（一玻一纱）木窗、双层框扇（单裁口）木窗、双层框三层（二玻一纱）木窗、单层组合窗、双层组合窗、木百叶窗、木推拉窗等项目，分别编码列项。

（4）金属窗油漆应区分平开窗、推拉窗、固定窗、组合窗、金属隔栅窗等项目，分别编码列项。

（5）以平方米计量，项目特征可不描述洞口尺寸。

（6）木扶手应区分带托板与不带托板，分别编码列项，若是木栏杆带扶手，木扶手不应单独列项，应包含在木栏杆油漆中。

（7）喷刷墙面涂料部位要注明内墙或外墙。

（二）定额规定

（1）当设计与定额取定的喷、涂、刷遍数不同时，可按定额相应每增加一遍项目进行调整。

（2）油漆、涂料定额中均已考虑刮腻子。当抹灰面油漆、喷刷涂料设计与定额取定的刮腻子遍数不同时，可按定额“喷刷涂料”一节中刮腻子每增减一遍项目进行调整。喷刷涂料一节中刮腻子项目仅适用于单独刮腻子工程。

（3）附着安装在同材质装饰面上的木线条、石膏线条等油漆、涂料，与装饰面同色者，并入装饰面计算；与装饰面分色者，单独计算。

（4）门窗套、窗台板、腰线、压顶、扶手（栏板上扶手）等抹灰面刷油漆、涂料，与整体墙面同色者，并入墙面计算；与整体墙面分色者，单独计算，按墙面相应项目执行，其中人工乘以系数 1.43。

（5）纸面石膏板等装饰板材面刮腻子和刷油漆、涂料，按抹灰面刮腻子和刷油漆、涂料相应项目执行。

（6）附墙柱抹灰面刷油漆、涂料、裱糊，按墙面相应项目执行；独立柱抹灰面刷油漆、涂料、裱糊，按墙面相应项目执行，其中人工乘以系数 1.2。

(7) 油漆：

1) 油漆浅、中、深各种颜色已在定额中综合考虑，颜色不同时，不另行调整。

2) 定额中综合考虑了同一平面上的分色，但美术图案需另外计算。

3) 木材面硝基清漆项目中每增、减刷理漆片一遍子目和每增、减硝基清漆一遍子目均适用于油漆遍数三遍以内的做法。

4) 木材面聚酯清漆、聚酯色漆项目，当设计与定额取定的底漆遍数不同时，可按每增加聚酯清漆（或聚酯色漆）一遍项目进行换算调整，其中聚酯清漆（或聚酯色漆）换算为聚酯底漆，消耗量不变。

5) 木材面刷底油一遍、清油一遍可按相应底油一遍、熟桐油一遍项目执行，其中熟桐油调整为清油，消耗量不变。

6) 木门、木扶手、其他木材面等刷漆，按熟桐油、底油、生漆两遍项目执行。

7) 当设计要求金属面刷两遍防锈漆时，按金属面刷一遍防锈漆项目执行，其中人工乘以系数 1.74，材料乘以系数 1.90。

8) 金属面油漆项目均考虑了手工除锈，如实际为机械除锈，另按定额“第六章　金属结构工程”中相应项目执行，油漆项目中的除锈用工亦不扣除。

9) 喷塑（一塑三油）：底油、装饰漆、面油，其规格划分如下：

大压花：喷点压平，点面积在 1.2cm^2 以上；

中压花：喷点压平，点面积为 1～1.2cm^2；

喷中点、幼点：喷点面积在 1cm^2 以下。

10) 墙面真石漆、氟碳漆项目不包括分格嵌缝，当设计要求做分格嵌缝时，费用另行计算。

(8) 涂料

1) 木龙骨刷防火涂料按四面涂刷考虑，木龙骨刷防腐涂料按一面（接触结构基层面）涂刷考虑。

2) 金属面防火涂料项目按涂料密度 500kg/m^3 和项目中注明的涂刷厚度计算，当设计与定额取定的涂料密度、涂料厚度不同时，防火涂料消耗量可作调整。

3) 艺术造型顶棚吊顶、墙面装饰的基层板缝粘贴胶带，按定额相应项目执行，人工乘以系数 1.2。

二、计量规则

1. 门窗油漆

(1) 清单计量规则：以樘计量，按设计图示数量计算；以平方米计量，按设计图示洞口尺寸以面积计算。

(2) 定额计量规则：执行单层木门油漆项目，其工程量计算规则及相应系数见表 5-91。

执行单层木门油漆项目工程量计算规则和系数表 **表 5-91**

项目		系数	工程量计算规则（设计图示尺寸）
1	单层木门	1.00	按门洞口面积计算
2	单层半玻门	0.85	
3	单层全玻门	0.75	
4	半截百叶门	1.50	
5	全百叶门	1.70	
6	厂库房大门	1.10	
7	纱门扇	0.80	
8	特种门(包括冷藏门)	1.00	
9	装饰门扇	0.90	按扇外围尺寸面积计算
10	间壁、隔断	1.00	单面外围面积
11	玻璃间壁露明墙筋	0.8	
12	木栅栏、木栏杆(带扶手)	0.9	

注：多面涂刷按单面计算工程量。

2. 木扶手及其他板条、线条油漆

（1）清单计量规则：按设计图示尺寸以长度计算。

（2）定额计量规则：按设计图示尺寸以长度计算。

1）执行木扶手（不带托板）油漆的项目，其工程量计算规则及相应系数见表 5-92。

执行木扶手（不带托板）油漆的项目工程量计算规则和系数表 **表 5-92**

项目		系数	工程量计算规则（设计图示尺寸）
1	木扶手(不带托板)	1.00	以延长米计量
2	木扶手(带托板)	2.50	
3	封檐板、博风板	1.70	
4	黑板框、生活园地框	0.50	

2）木线条油漆按设计图示尺寸以长度计算。

3. 其他木材面油漆

（1）清单计量规则：

1）顶棚、护墙、墙裙、墙面、窗台板、筒子板、门窗套、地板、踢脚线、暖气罩、其他木材面：按设计图示尺寸，以面积计算。

2）间壁、隔断，玻璃间壁露明墙筋，栅栏、栏杆（带扶手）：按设计图示尺寸，以单面外围面积计算。

3）衣柜、壁柜，梁柱饰面，零星装修：按设计图示尺寸，以油漆部位展开面积计算。

4）地板：按设计图示尺寸，以面积计算。空洞、空圈、暖气包槽、壁龛的开口部分并入相应的工程量内。

（2）定额计量规则：长×宽

1）执行其他木材面油漆的项目，其工程量计算规则及相应系数见表 5-93。

执行其他木材面油漆的项目工程量计算规则和系数表　　　　表 5-93

项目		系数	工程量计算规则（设计图示尺寸）
1	木板、胶合板顶棚	1.00	长×宽
2	屋面板带檩条	1.10	斜长×宽
3	清水板条檐口顶棚	1.10	长×宽
4	吸声板（墙面或顶棚）	0.87	
5	鱼鳞板墙	2.40	
6	木护墙、墙裙、踢脚	0.83	
7	窗台板、窗帘盒	0.83	
8	出入口盖板、检查口	0.87	
9	壁橱	0.83	展开面积
10	木屋架	1.77	跨度（长）×中高×1/2
11	以上未包括的其余木材面	0.83	展开面积

2）木地板油漆按设计图示尺寸，以面积计算，空洞、空圈、暖气包槽、壁龛的开口部分并入相应的工程量内。

3）木龙骨刷防火、防腐涂料按设计图示尺寸以龙骨架投影面积计算。

4）基层板刷防火、防腐涂料按实际涂刷面积计算。

5）油漆面抛光打蜡按相应刷油部位油漆工程量计算规则计算。

4. 金属面油漆

（1）清单计量规则：以吨计量，按设计图示尺寸，以质量计算；以平方米计量，按设计图示尺寸，以展开面积计算。

（2）定额计量规则：

1）执行金属面油漆、涂料项目，其工程量按设计图示尺寸以展开面积计算。质量在 500kg 以内的单个金属构件，可参考表 5-94 中相应的系数，将质量（t）折算为面积。

质量折算面积参考系数表　　　　表 5-94

项目		系数
1	钢栅栏门、栏杆、窗栅	64.98
2	钢爬梯	44.84
3	踏步式钢扶梯	39.90
4	轻钢屋架	53.20
5	零星铁件	58.00

2）执行金属平板屋面、镀锌薄钢板面（涂刷磷化、锌黄底漆）油漆的项目，其工程量计算规则及相应的系数见表 5-95。

执行金属平板屋面、镀锌薄钢板面工程量计算规则和系数表　　表 5-95

项目		系数	工程量计算规则（设计图示尺寸）
1	平板屋面	1.00	斜长×宽
2	瓦垄板屋面	1.20	斜长×宽
3	排水、伸缩缝盖板	1.05	展开面积
4	吸气罩	2.20	水平投影面积
5	包镀锌薄钢板门	2.20	门窗洞口面积

注：多面涂刷按单面计算工程量。

5. 抹灰面油漆、涂料

清单计量规则：

1）抹灰面油漆，满刮腻子，墙面、顶棚喷刷涂料：按设计图示尺寸，以面积计算。

2）抹灰线条油漆、涂料：按设计图示尺寸，以长度计算。

3）空花格、栏杆刷涂料：按设计图示尺寸，以单面外围面积计算。

4）金属构件刷防火涂料：

a. 以吨计量，按设计图示尺寸，以质量计算。

b. 以平方米计量，按设计图示尺寸，以展开面积计算。

5）木材构件喷刷防火涂料：以平方米计量，按设计图示尺寸，以面积计算。

定额计量规则：

1）抹灰面油漆、涂料（另有说明的除外）按设计图示尺寸，以面积计算。

2）踢脚线刷耐磨漆按设计图示尺寸，以长度计算。

3）槽形底板、混凝土折瓦板、有梁板底刷油漆、涂料按设计图示尺寸，以展开面积计算。

4）墙面及顶棚面刷石灰油浆、白水泥浆、石灰浆、石灰大白浆、普通水泥浆、可赛银浆、大白浆等涂料的工程量按抹灰面积工程量计算规则计算。

5）混凝土花格窗、栏杆花饰刷（喷）油漆、涂料按设计图示洞口面积计算。

6）顶棚、墙、柱面基层板缝粘贴胶带纸按相应顶棚、墙、柱面基层板面积计算。

6. 裱糊

（1）清单计量规则：

墙纸、织锦缎裱糊按设计图示尺寸，以面积计算。

（2）定额计量规则：

墙面、顶棚面裱糊按设计图示尺寸，以面积计算。

三、计量方法

油漆、涂料项目区分不同的油漆种类（磁漆、聚氨酯漆、清漆）、不同的基层（如木材面、金属面、抹灰面油漆）、不同的构件（如门、窗、扶手）分别编码列项；同一构件不同类型［如木门中的单层木门、双层（一板一纱）木门、木大门］清单计量规则也分别编码列项，但定额计量规则采用工程量系数套用同一编号项目。

【例 5-42】 门连窗 10 樘，尺寸如图 5-165 所示，油漆为底油一遍，调和漆两遍，磁漆一遍，请计算工程量并确定定额编号。

解：根据定额“第十四章 油漆、涂料、裱糊工程工程量计算规则”第一条的规定，单层半玻门油漆执行单层木门油漆项目，系数为 0.85。工程量计算规则：按门洞口面积计算。

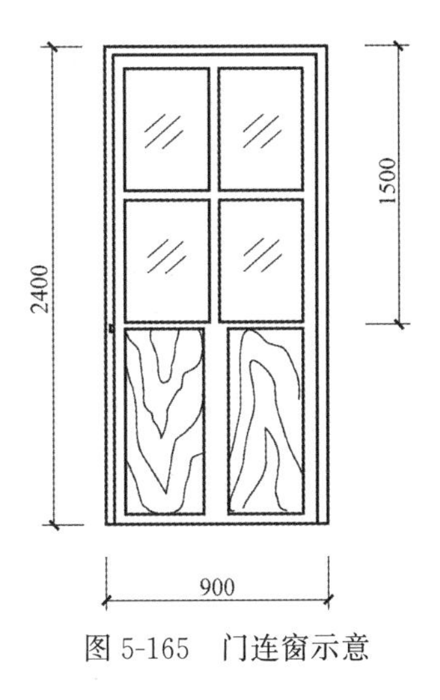

图 5-165 门连窗示意

半截玻璃门刷油漆工程量：

$S=0.90\times2.4\times10=21.60$（$m^2$）

套用定额编号：(14－4)×0.85（系数）

四、基础知识

（一）裱糊工程壁纸、墙布

1. 壁纸

壁纸的种类繁多，大体上可分为以下几类：

（1）普通壁纸（纸基涂塑壁纸）

这类壁纸，是以纸为基底，用高分子乳液涂布面层，再进行印花、压纹等工序制成的卷材。

1）印花涂塑壁纸

通过两次涂布、两次印花而成的产品。纸基重量为 105g/m^2，涂布重量为 40～45g/m^2。

2）压花涂塑壁纸

是在压花涂塑壁纸的工艺基础上，适当加厚涂层，用有两个轧纹辊的模压机械，压制而成。

3）复塑壁纸

将聚氯乙烯树脂与增塑剂、颜料、填充料等材料混炼，压延成膜，然后与纸基热压复合，再进行印刷、压纹而成。

（2）发泡壁纸

又称浮雕壁纸，是以 100g/m^2 的纸作为基材，涂塑 300～400g/m^2 掺有发泡剂的聚氯乙烯（PVC）糊状料，印花后，再经加热发泡而成，其表面呈凹凸花纹。

（3）麻草壁纸

以纸为基层，以编织的麻草为面层，经复合加工而成的一种室内装饰墙纸。

（4）纺织纤维壁纸

它是由棉、麻、丝等天然纤维或化学纤维制成各种色泽、花式的粗细纱或织物，用不同的纺纱工艺和花色粘线加工方式，将纱线粘到基层纸上，从而制成花样繁多的纺织纤维壁纸。

（5）特种壁纸

1）耐水壁纸，是以玻璃纤维毡纸作为基材，可适应卫生间、浴室等墙面的装饰。一般用于卫生间墙面上部和顶棚。墙面下部仍需镶贴瓷砖。

2）防火壁纸，是以 100～200g/m^2 的石棉纸作为基材，在面层 PVC 涂塑材料中掺有阻燃剂，使壁纸具有一定的阻燃防火性能，适用于防火要求较高的建筑和木板面装饰，并且要求壁纸燃烧后，无有毒气体产生。

3）彩色砂粒壁纸，是在基材上撒布彩色砂粒，再喷涂胶粘剂，使表面具有砂粒毛面。

4）自粘型壁纸。在裱糊时，不用刷胶粘剂，只要将壁纸背后的保护膜撕掉，像胶布一样贴于墙面。

5）金属面壁纸。其装饰效果像安装了金属装饰板一样，具有不锈钢面、黄铜面等多种质感与光泽，这种壁纸裱糊后，有时可以达到以假乱真的地步。

6）图景画壁纸。这是一种将塑料壁纸的表面图案同图画或风景照结合起来制成的壁纸。为了便于裱糊，生产时将一幅壁纸划分成若干小块，裱糊时按标准的顺序拼贴即可。

2. 墙布

（1）玻璃纤维墙布

玻璃纤维墙布是以中碱玻璃纤维织成的坯布为基材，以聚丙烯酸甲酯、聚丙烯酸乙酯、增塑剂、着色颜料等为原料进行染色及挺括处理，形成彩色坯布，再以醋酸乙酯、醋酸丁酯、环已酮、聚醋酸乙烯酯及聚氯乙烯树脂配置适量色浆作印花处理等制成。

（2）纯棉装饰墙布

以纯棉平布经过处理和印花、涂层等工序制成。

（3）化纤装饰墙布

化纤装饰墙布是以化纤布为基材，经一定处理后印花而成。

（4）无纺墙布

无纺墙布是采用棉、麻等天然纤维或涤纶、腈纶等合成纤维，经过无纺成型、上树脂、印制彩色花纹而成。

（5）无缝墙布

无缝墙布底面为固体胶，在裱糊时用电熨斗加热使固体胶熔化将无缝墙布贴于墙面。

（二）建筑涂料

建筑涂料系指涂敷于建筑物表面，并能与建筑物表面材料很好地粘结，形成完整涂膜的材料。早期使用的涂料，其主要原料是天然油脂和天然树脂，如亚麻仁油、桐油、松香和生漆等，故称为油漆。随着石油化工和有机合成工业的发展，许多涂料不再使用油脂，主要使用合成树脂及其乳液、无机硅酸盐和硅溶胶，故改为涂料。

1. 建筑涂料的组成

按涂料中各组成分起的作用和成膜原理，可分为主要成膜物质、次要成膜物质和辅助成膜物质。

主要成膜物质又称胶粘剂或固着剂。它的主要成分包括油脂、天然树脂、人造树脂、合成树脂。它的作用是将其他组分粘结成整体，并能附着在被涂基层表面形成坚韧的保护膜。它是形成涂料的基础，也是决定涂膜主要性能的成分。

次要成膜物质也是构成涂膜的重要组成部分，但是它不能离开主要成膜物质单独构成涂膜。它的主要成分是颜料。颜料的作用是遮盖被涂面，使涂膜呈现绚丽多彩的颜色。

辅助成膜物质不能构成涂膜，即不是构成涂料的主体，但对涂料的成膜过程有较大影响，对涂膜性能起一些辅助作用。辅助成膜物质主要包括助剂（辅助材料）和溶剂。

2. 涂料的分类和命名

现行国家标准《涂料产品分类和命名》GB/T 2705—2003 对涂料分类和命名的规定如下：

（1）建筑涂料的分类

以涂料产品的用途为主线，并辅以主要成膜物的分类方法。

1）按建筑涂料的用途分为：墙面涂料、防水涂料、地坪涂料和功能性建筑涂料。墙面涂料又分为内墙涂料和外墙涂料。功能性建筑涂料又分为防火涂料、防霉涂料、保温隔热涂料和其他功能性建筑涂料等。

2）按主要成膜物质的组成分为：

a. 油性涂料：以干性油为基础的涂料，也称油漆。

b. 水溶性涂料：以水溶性合成树脂为主要的成膜物质，以水为稀释剂，并加入适量颜料、填料及辅助材料，经研磨而成的涂料。如聚醋酸乙烯乳液、丙烯酸乳液、苯-丙乳液等。此类涂料以水为溶剂，无毒，不污染环境，有一定的透气性，且价格便宜，阻燃，但不宜在潮湿的场所使用，否则容易生霉。

c. 溶剂型涂料：以有机高分子合成树脂为主要成膜物质，有机溶剂为稀释剂，加入适量的颜料、填料及辅助材料，经研磨而成的涂料。如环氧树脂系、聚氨酯系、氯化橡胶、过氯乙烯、苯乙烯焦油、聚乙烯醇缩甲醛、聚乙烯醇缩丁醛涂料等。缺点是易燃，溶剂挥发时对人体有害，施工时要求基层干燥，且价格较贵。

d. 无溶剂型涂料：无溶剂型涂料是一种无溶剂无焦油的涂料。由于它不含溶剂，其干燥、固化不是靠溶剂的挥发，而是完全依赖自身的固化反应，其反应过程较快，因此，双组分混合后具有较短的使用期，如无溶剂环氧涂料。

e. 固体粉末涂料：粉末涂料是一种不含溶剂的 100％固体粉末状涂料。

固体粉末涂料有三大类：热塑性粉末涂料（PE）、热固性粉末涂料、建筑粉末涂料。

粉末涂料由特制树脂、颜填料、固化剂及其他助剂，以一定的比例混合，再通过热挤塑和粉碎过筛等工艺制备而成。他们在常温下，贮存稳定，经静电喷涂、摩擦喷涂（热固方法）或流化床浸涂（热塑方法），再加热烘烤，熔融固化，使形成平整光亮的永久性涂膜。

建筑用的粉末涂料加水搅拌及时批刮在墙面，通过不同的工法做出肌理图案。较传统的涂料来说，不再加入对人体有害的各种液体辅助剂。

（2）涂料的命名

1）命名原则

涂料全名一般是由颜色或颜料名称加上成膜物质名称，再加上基本名称（特性或专业用途）而组成。对于不含颜料的清漆，其全名一般是由成膜物质名称加上基本名称而组成，即：

涂料全名＝颜色或颜料名称＋成膜物质名称＋基本名称

2）颜色名称通常由红、黄、蓝、白、黑、绿、紫、棕、灰等颜色，有时再加上深、中、浅（淡）等词构成。

3）成膜物质名称可适当简化，例如聚氨基甲酸酯简化成聚氨酯，环氧树脂简化成环氧，硝酸纤维素（酯）简化为硝基等。漆基中含有多种成膜物质时，选取起主要作用的一种成膜物质命名，必要时也可选取两或三种成膜物质命名。主要成膜物质名称在前，次要成膜物质名称在后，例如红环氧硝基磁漆。

4）基本名称表示涂料的基本品种、特性和专业用途，例如清漆、磁漆、底漆、锤纹漆、甲板漆等。

5）在成膜物质名称和基本名称之间，必要时可插入适当词语来标明专业用途和特性等，例如白硝基球台磁漆、绿硝基外用磁漆、红过氯乙烯静电磁漆等。

6）需烘烤干燥的漆，名称中（成膜物质名称或基本名称之间）应有“烘干”字样，例如银灰氨基烘干磁漆、铁红环氧聚酯酚醛烘干绝缘漆。如名称中无“烘干”字，则表明该漆是自然干燥，或自然干燥、烘烤干燥均可。

7）凡双（多）组分的涂料，在名称后应增加“（双组分）”或“（三组分）”等字样，例如聚氨酯木器漆（双组分）。

第十六节　其他装饰工程

一、有关规定

（一）清单计量规定（无）

（二）定额规定

1. 柜类、货架

（1）柜、台、架以现场加工，手工制作为主，按常用规格编制。设计与定额不同时，应进行调整换算。

(2) 柜、台、架项目包括五金配件（设计有特殊要求者除外），未考虑压板拼花及饰面板上贴其他材料的花饰、造型艺术品。

(3) 木质柜、台、架项目中板材按胶合板考虑，如设计为生态板（三聚氰胺板）等其他板材，可以换算。

2. 压条、装饰线

(1) 压条、装饰线均按成品安装考虑。

(2) 装饰线条（顶角装饰线除外）按直线形在墙面安装考虑。墙面安装圆弧形装饰线条，顶棚面安装直线形、圆弧形装饰线条，按相应项目乘以系数执行：

1) 墙面安装圆弧形装饰线条，人工乘以系数 1.2，材料乘以系数 1.1；

2) 顶棚面安装直线形装饰线条，人工乘以系数 1.34；

3) 顶棚面安装圆弧形装饰线条，人工乘以系数 1.6，材料乘以系数 1.1；

4) 装饰线条直接安装在金属龙骨上，人工乘以系数 1.68。

3. 扶手、栏杆、栏板装饰

(1) 扶手、栏杆、栏板项目（护窗栏杆除外）适用于楼梯、走廊、回廊及其他装饰性扶手、栏杆、栏板。

(2) 扶手、栏杆、栏板项目已综合考虑扶手弯头（非整体弯头）的费用。如遇木扶手、大理石扶手为整体弯头，弯头另按定额相应项目执行。

(3) 当设计栏杆、栏板的主材消耗量与定额不同时，其消耗量可以调整。

4. 暖气罩

(1) 挂板式是指暖气罩直接钩挂在散热器上；平墙式是指散热器凹嵌入墙中，暖气罩与墙面平齐；明式是指散热器全凸或半凸出墙面，暖气罩凸出于墙外。

(2) 暖气罩项目未包括封边线、装饰线，另按定额相应装饰线条项目执行。

5. 浴厕配件

(1) 大理石洗漱台项目不包括石材磨边、倒角及开面盆洞口，另按定额相应项目执行。

(2) 浴厕配件项目按成品安装考虑。

6. 雨篷、旗杆

(1) 点支式、托架式雨篷的型钢、爪件的规格、数量是按常用做法考虑的，当设计要求与定额不同时，材料消耗量可以调整，人工、机械不变。托架式雨篷的斜拉杆费用另计。

(2) 铝塑板、不锈钢面层雨篷项目按平面雨篷考虑，不包括雨篷侧面。

(3) 旗杆项目按常用做法考虑，未包括旗杆基础、旗杆台座及其饰面。

7. 招牌、灯箱

(1) 招牌、灯箱项目，当设计与定额考虑的材料品种、规格不同时，材料可以换算。

(2) 一般平面广告牌是指正立面平整无凹凸面的广告牌，复杂平面广告牌是指正立面平整有凹凸面造型的广告牌，箱（竖）式广告牌是指具有多面体的广告牌。

(3) 广告牌基层以附墙方式考虑，当设计为独立式时，按相应项目执行，人工乘以系数1.1。

(4) 招牌、灯箱项目均不包括喷绘、灯饰、灯光、店徽、其他艺术装饰及配套机械。

8. 美术字

(1) 美术字项目均按成品安装考虑。

(2) 美术字按最大外接矩形面积区分规格，按相应项目执行。

9. 石材、瓷砖加工

石材瓷砖倒角、磨制圆边、开槽、开孔等项目均按现场加工考虑。

二、计量规则

1. 柜类、货架

(1) 清单计量规则：

1) 以个计量，按设计图示数量计算；

2) 以米计量，按设计图示尺寸，以长度计算；

3) 以立方米计量，按设计图示尺寸，以体积计算。

(2) 定额计量规则：

柜类、货架工程量按相应项目计算。其中以“m^2”为计量单位的项目，其工程量均按正立面的高度（包括脚的高度在内）乘以宽度计算。

2. 压条、装饰线

(1) 清单计量规则：按设计图示尺寸，以长度计算。

(2) 定额计量规则：

1) 压条、装饰线按线条中心线长度计算。

2) 石膏角花、灯盘按设计图示数量计算。

3. 扶手、栏杆、栏板

(1) 清单计量规则：按设计图示尺寸，以扶手中心线长度（包括弯头长度）计算。

(2) 定额计量规则

1) 扶手、栏杆、栏板、成品栏杆（带扶手）均按其中心线长度计算。遇木扶手、大理石扶手为整体弯头时，扶手消耗量需扣除整体弯头的长度，设计不明确者，每只整体弯头按400mm扣除。

2) 单独弯头按设计图示数量计算。

4. 暖气罩

(1) 清单计量规则：按设计图示尺寸，以垂直投影面积（不展开）计算。

(2) 定额计量规则：暖气罩（包括脚的高度在内）按边框外围尺寸，以垂直投影面积计算，成品暖气罩安装按设计图示数量计算。

5. 浴厕配件

（1）清单计量规则：

1）洗漱台

a. 以平方米计量，按设计图示尺寸，以台面外接矩形面积计算。不扣除孔洞、挖弯、削角所占面积，挡板、吊沿板面积并入台面面积内。

b. 以个计量，按设计图示数量计算。

2）晒衣架、帘子杆、浴缸拉手、卫生间扶手、毛巾杆（架）、毛巾环、卫生纸盒、肥皂盒

按设计图示数量计算。

3）镜面玻璃

按设计图示尺寸，以边框外围面积计算。

4）镜箱

按设计图示数量计算。

（2）定额计量规则：

1）大理石洗漱台

按设计图示尺寸，以展开面积计算，挡板、吊沿板面积并入其中，不扣除孔洞、挖弯、削角所占面积。

2）大理石台面面盆开孔

按设计图示数量计算。

3）盥洗室台镜（带框）、盥洗室木镜箱

按边框外围面积计算。

4）盥洗室塑料镜箱、毛巾杆、毛巾环、浴帘杆、浴缸拉手、肥皂盒、卫生纸盒、晒衣架、晾衣绳

按设计图示数量计算。

6. 雨篷

（1）清单计量规则：

1）玻璃雨篷

按设计图示尺寸，以水平投影面积计算。

2）雨篷吊挂饰面

按设计图示尺寸，以水平投影面积计算。

（2）定额计量规则：

按设计图示尺寸，以水平投影面积计算。

7. 金属旗杆

（1）清单计量规则：按设计图示数量计算。

（2）定额计量规则：

1）不锈钢旗杆按设计图示数量计算。

2）电动升降系统和风动系统按套数计算。

8. 招牌、灯箱

（1）清单计量规则：

1）平面、箱式招牌：按设计图示尺寸，以正立面边框外围面积计算，复杂形的凸凹造型部分不增加面积。

2）竖式标箱、灯箱、信报箱：按设计图示数量计算。

（2）定额计量规则：

1）柱面、墙面灯箱基层，按设计图示尺寸，以展开面积计算。

2）一般平面广告牌基层，按设计图示尺寸，以正立面边框外围面积计算。复杂平面广告牌基层，按设计图示尺寸，以展开面积计算。

3）箱（竖）式广告牌基层，按设计图示尺寸，以基层外围体积计算。

4）广告牌面层，按设计图示尺寸，以展开面积计算。

9. 美术字

按设计图示数量计算。

10. 石材、瓷砖加工

定额计量规则：

（1）石材、瓷砖倒角按设计倒角长度计算。

（2）石材磨边按成型圆边长度计算。

（3）石材开槽按块料成型开槽长度计算。

（4）石材、瓷砖开孔按成型孔洞数量计算。

第十七节　措 施 项 目

有关规定 ：

（1）清单计量规定

建筑物的檐口高度按设计室外地坪至檐口滴水高度（平屋顶系指屋面板底高度）计算，凸出主体建筑屋顶的电梯机房、楼梯出口间、水箱间、瞭望间、排烟机房等不计入檐口高度。

同一建筑物有不同檐高时，按建筑物的不同檐高作竖向分割，分别计算建筑面积，以不同檐高分别编码列项。

（2）定额规定：

建筑物檐高以设计室外地坪至檐口滴水高度（平屋顶系指屋面板底高度，斜屋面系指外墙外边线与斜屋面板底的交点的高度）为准。凸出主体建筑屋顶的楼梯间、电梯间、水箱间、屋面天窗等不计入檐口高度之内。

同一建筑物有不同檐高时，按建筑物的不同檐高竖向分割，分别计算建筑面积，并按各自的檐高执行相应项目。建筑物有多种结构时，按不同结构分别计算。

一、混凝土与钢筋混凝土模板及支架

（一）有关规定

1. 清单计量规定

（1）原槽浇灌的混凝土基础，不计算模板。

（2）混凝土模板及支撑（架）项目，只适用于以平方米计量，按模板与混凝土构件的接触面积计算。以立方米计量的模板及支撑（支架），按混凝土及钢筋混凝土实体项目执行，其综合单价中应包含模板及支撑（支架）。

（3）采用清水模板时，应在特征中说明。

（4）若现浇混凝土梁、板支撑高度超过 3.6m，项目特征应描述支撑高度。

2. 定额规定

（1）模板按企业自有编制的定额执行。

（2）模板分组合钢模板、大钢模板、复合模板、木模板，定额未注明模板类型的，均按木模板考虑。

（3）组合钢模板包括装箱，且已包括回库维修损耗量。

（4）复合模板适用于竹胶、木胶等品种的胶合板。

（5）圆弧形带形基础模板执行带形基础相应项目，人工、材料、机械乘以系数 1.15。

（6）地下室底板模板执行满堂基础，满堂基础模板已包括集水坑模板杯壳。

（7）满堂基础下翻构件的砖胎模，砖胎模中砌体执行定额“第四章　砌筑工程”中砖基础相应项目；抹灰执行定额“第十二章　墙、柱面装饰与隔断、幕墙工程”中抹灰的相应项目。

（8）独立桩承台执行独立基础项目，带形桩承台执行带形基础项目，与满堂基础相连的桩承台执行满堂基础项目。高杯基础杯口高度大于杯口大边长度 3 倍以上时，杯口高度部分执行柱项目，杯形基础执行独立基础项目。

（9）现浇混凝土柱（不含构造柱）、墙、梁（不含圈、过梁）、板是按高度（板面或地面、垫层面至上层板面的高度）3.6m 综合考虑的。遇斜板面结构时，柱分别以各柱的中心高度为准；墙以分段墙的平均高度为准；框架梁以每跨两端的支座平均高度为准；板（含梁板合计的梁）以高点与低点的平均高度为准。

拱形结构按板顶平均高度确定支撑高度。电梯井壁按建筑物自然层层高确定支撑高度。

（10）斜梁（板）按坡度大于 10°且不大于 30°综合考虑。斜梁（板）坡度在 10°以内的执行梁、板项目；坡度在 30°以上、45°以内时，人工乘以系数 1.05；坡度在 45°以上、60°以内时，人工乘以系数 1.10；坡度在 60°以上时，人工乘以系数 1.20。

（11）混凝土梁、板应分别计算、执行相应项目，混凝土板适用于截面厚度不大于 250mm 的情况，板中暗梁并入板内计算。

（12）墙、梁为弧形且半径不大于 9m 时，执行弧形墙、梁项目。

（13）异形柱、梁，是指柱、梁的断面形状为L形、十字形、T形、Z形的柱、梁。

（14）柱模板遇弧形和异形组合时，执行圆柱项目。

（15）短肢剪力墙是指断面厚度不大于300mm，各肢截面高度与厚度之比的最大值大于4但不大于8的剪力墙；各肢截面高度与厚度之比的最大值不大于4的剪力墙执行柱项目。

（16）外墙设计采用一次摊销止水螺杆方式支模时，将定额中的对拉螺栓材料换为止水螺杆，其消耗量按对拉螺栓乘以系数12计算，取消塑料套管消耗量，其余不变。墙面模板未考虑定位支撑因素。

柱、梁面对拉螺栓堵眼增加费，执行墙面螺栓堵眼增加费项目，柱面螺栓堵眼，人工、机械乘以系数0.3、梁面螺栓堵眼，人工、机械乘以系数0.35。

（17）现浇空心板执行平板项目，内模安装另行计算。

（18）薄壳板模板不分筒式、球形、双曲形等，均执行同一项目。

（19）型钢组合混凝土构件模板，按构件相应项目执行。

（20）屋面混凝土女儿墙高度大于1.2m时执行相应墙项目，不大于1.2m时执行相应栏板项目。

（21）混凝土栏板高度（含压顶、扶手及翻沿），净高按1.2m以内考虑，超过1.2m时执行相应墙项目。

（22）现浇混凝土阳台板、雨篷板按三面悬挑形式编制，当一面为弧形栏板且半径不大于9m时，执行圆弧形阳台板、雨篷板项目；非三面悬挑形式的阳台、雨篷，则执行梁、板相应项目。

（23）挑檐、天沟壁高度不大于400mm，执行挑檐项目；挑檐、天沟壁高度大于400mm，按全高执行栏板项目。单件体积在0.1m^3以内时，执行小型构件项目。

（24）混凝土凸出柱、梁、墙面的线条，并入相应构件内计算，再按凸出的线条道数执行模板增加费项目；但单独窗台板、栏板扶手、墙上压顶的单阶挑沿不另计算模板增加费；其他单阶线条凸出宽度大于200mm的执行挑檐项目。

（25）现浇飘窗板、空调板执行悬挑板项目。

（26）楼梯按建筑物一个自然层双跑楼梯考虑。单坡直行楼梯（即一个自然层，无休息平台）按相应项目定额人工、材料、机械乘以系数1.2计算；三跑楼梯（即一个自然层，两个休息平台）按相应项目定额人工、材料、机械乘以系数0.9计算；四跑楼梯（即一个自然层，三个休息平台）按相应项目定额人工、材料、机械乘以系数0.75计算。剪刀形式楼梯执行单坡直行楼梯相应系数。

（27）预制板间补现浇板缝执行平板项目。

（28）与主体结构不同时浇灌的厨房、卫生间等处墙体下部现浇混凝土底座的模板执行圈梁相应项目。

（29）散水模板执行垫层相应项目。

（30）外形体积在1m^3以内的独立池槽执行小型构件项目，1m^3以上的独立池槽及与

建筑物相连的梁、板、墙结构式水池，分别执行梁、板、墙相应项目。

（31）小型构件是指单件体积在 0.1m^3 以内且本节未列项的小型构件。

（32）当设计要求为清水混凝土模板时，执行相应模板项目，并作如下调整：复合模板材料换算为镜面胶合板，机械不变，其人工按表 5-96 增加工日。

清水混凝土模板增加工日表（单位：100m^2）　　表 5-96

项目	柱			梁			墙		有梁板、无梁板平板
	矩形柱	圆形柱	异形柱	矩形梁	异形梁	弧形梁、拱形梁	直形墙、弧形墙、电梯井壁墙	短肢剪力墙	
工日	4.0	5.2	6.2	5.0	5.2	5.8	3.0	2.4	4.0

（33）预制构件地模的摊销，已包括在预制构件的模板中。

（二）计量规则

现浇混凝土构件模板，除另有规定者外，均按模板与混凝土的接触面积计算。预制混凝土模板定额计量规则：按模板与混凝土的接触面积计算，地模不计算接触面积。以下各项目模板计量规则均指现浇混凝土构件模板的计算规则。

1. 基础、柱、梁、板、栏板

（1）清单计量规则：

1）墙、板单孔面积不大于 0.3m^2 的孔洞不予扣除，洞侧壁模板亦不增加面积；单孔面积大于 0.3m^2 时应予扣除，洞侧壁模板面积并入墙、板工程量内计算。

2）框架分别按梁、板、柱有关规定计算，附墙柱、暗梁、暗柱并入墙的工程量内计算。

3）柱、梁、墙、板相互连接的重叠部分，均不计算模板面积。

4）构造柱按图示外露部分计算模板面积。

（2）定额计量规则：

1）基础：

a. 带形基础：有肋式带形基础，肋高（指基础扩大顶面至梁顶面的高）不大于 1.2m 时，合并计算；大于 1.2m 时，基础底板模板按无肋带形基础模板项目计算，扩大顶面以上部分模板按混凝土墙模板项目计算。

b. 独立基础：高度从垫层上表面计算到柱基上表面。

c. 满堂基础：无梁式满堂基础的扩大或角锥形柱墩，并入无梁式满堂基础内计算。有梁式满堂基础梁高（梁高不含板厚）不大于 1.2m 时，基础和梁合并计算；大于 1.2m 时，底板按无梁式满堂基础模板项目计算，梁按混凝土墙模板项目计算。箱式满堂基础应分别按无梁式满堂基础、柱、墙、梁、板项目的有关规定计算。地下室底板按无梁式满堂基础模板项目计算。

d. 设备基础：块体设备基础按不同体积分别计算模板工程量。框架设备基础应分别按基础、柱以及墙项目计算；楼层面上的设备基础并入梁、板项目计算；在同一设备基础中部分为块体、部分为框架时，应分别计算。框架设备基础的柱模板高度应由底板或柱基的上表面算至板的下表面；梁的长度按净长计算，梁的悬臂部分应并入梁内计算。

e. 设备基础地脚螺栓套孔以不同深度按数量计算。

2）墙、板上单孔面积不大于 $0.3m^2$ 的孔洞不予扣除，洞侧壁模板亦不增加面积；单孔面积大于 $0.3m^2$ 时应予扣除，洞侧壁模板面积并入墙、板工程量内计算。

3）框架分别按柱、梁、板有关规定计算，附墙柱凸出墙面部分按柱的工程量计算，暗梁、暗柱并入墙的工程量内计算。

4）柱、墙、梁、板、栏板相互连接的重叠部分，均不扣除模板面积。

5）构造柱均应按图示外露部分计算模板面积。带马牙槎构造柱的宽度按马牙槎处的宽度计算。

6）对拉螺栓堵眼增加费按墙面、柱面、梁面模板接触面积分别计算工程量。

2. 天沟、檐沟、挑檐

（1）清单计量规则：按模板与现浇混凝土构件的接触面积计算。

（2）定额计量规则：挑檐、天沟与板（包括屋面板、楼板）连接时，以外墙外边线为分界线；与梁（包括圈梁等）连接时，以梁外边线为分界线。外墙外边线以外或梁外边线以外为挑檐、天沟。

3. 悬挑板、雨篷、阳台

按图示外挑部分的水平投影面积计算，挑出墙外的悬臂梁及板边不另计算。

4. 楼梯

（1）清单计量规则：按楼梯（包括休息平台、平台梁、斜梁和与楼层板连接的梁）的水平投影面积计算，不扣除宽度不大于 500mm 的楼梯井所占面积，楼梯的踏步、踏步板、平台梁等侧面模板不另计算，伸入墙内部分亦不增加面积。

（2）定额计量规则：按楼梯（包括休息平台、平台梁、斜梁和与楼层板连接的梁）的水平投影面积计算，不扣除宽度小于 500mm 的楼梯井所占面积，楼梯的踏步、踏步板、平台梁等侧面模板不另行计算，伸入墙内部分亦不增加。当整体楼梯与现浇楼板无梯梁连接时，以楼梯的最后一个踏步边缘加 300mm 为界。

5. 台阶

按图示台阶的水平投影面积计算，台阶端头两侧不另计算模板面积。架空式混凝土台阶，按现浇楼梯计算。

6. 场馆看台

定额计量规则：场馆看台按设计图示尺寸，以水平投影面积计算。

7. 后浇带

按模板与后浇带的接触面积计算。

8. 凸出的线条模板增加费

定额计量规则：以凸出棱线的道数分别按长度计算，两条及多条线条相互之间净距小于 100mm 的，每两条按一条计算。

9. 散水

清单计量规则：按模板与散水的接触面积计算。

10. 扶手

清单计量规则：按模板与扶手的接触面积计算。

11. 化粪池、检查井

清单计量规则：按模板与混凝土的接触面积计算。

（三）计量方法

模板除另有规定者外，按混凝土与模板的接触面积计算。

【例 5-43】 图 5-166 所示的独立基础，求其模板工程量。

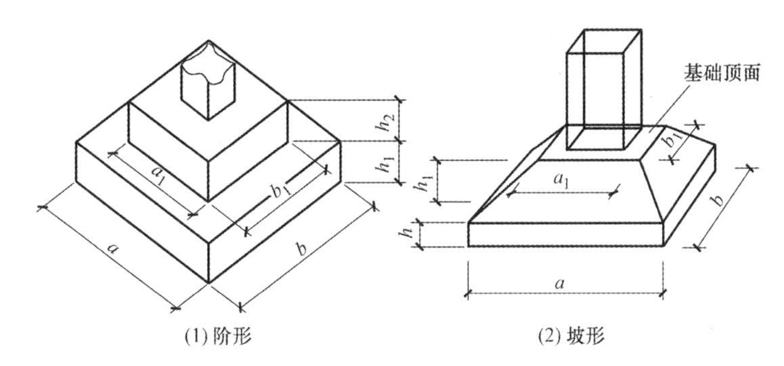

图 5-166　独立基础

解：（1）阶形独立基础

$$S=(a+b)\times 2\times h_1+(a_1+b_1)\times 2\times h_2$$

（2）坡形独立基础

$$S=(a+b)\times 2\times h$$

【例 5-44】 图 5-167 所示为有梁式条形基础，求其模板工程量。

解：

（1）外墙基础中心线长度

由图可以看出，该基础的中心线与外墙中心线（也是定位轴线）重合，故外墙基的计算长度可取 $L_{中}$。

外墙基中心线长度：$L_{中}=(3.6\times 2+4.8)\times 2=24.0(\mathrm{m})$

（2）内墙基础基础上口净长度

内墙有梁式条形基础净长度见图 5-168。

基础梁间净长度 $L_{净}=4.8-0.2\times 2=4.4$（m）

（3）模板工程量

$$S=(24.0+4.4)\times(0.2\times 2+0.3\times 2)-(1.2\times 0.2\times 2+0.4\times 0.3\times 2)=28.4-0.72=27.68(\mathrm{m}^2)$$

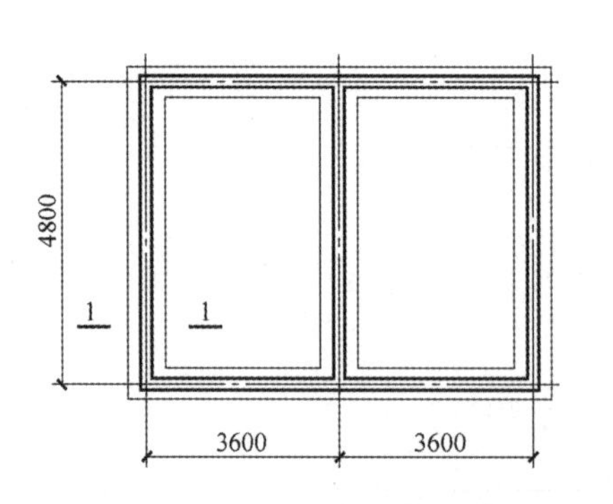

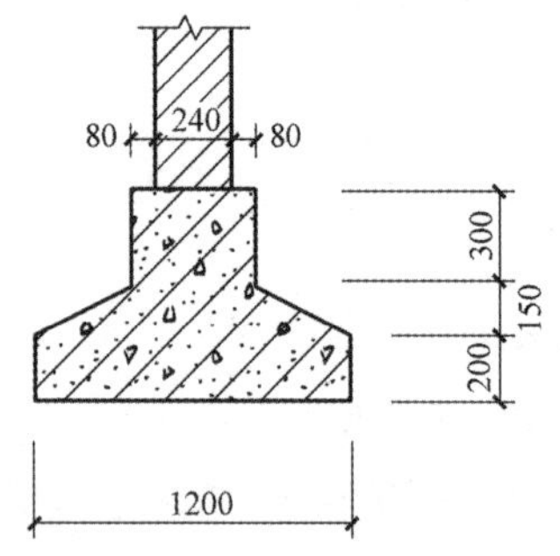

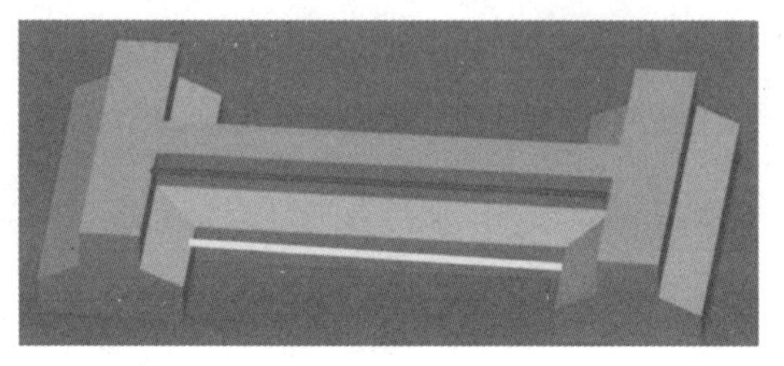

图 5-167 有梁式条形基础

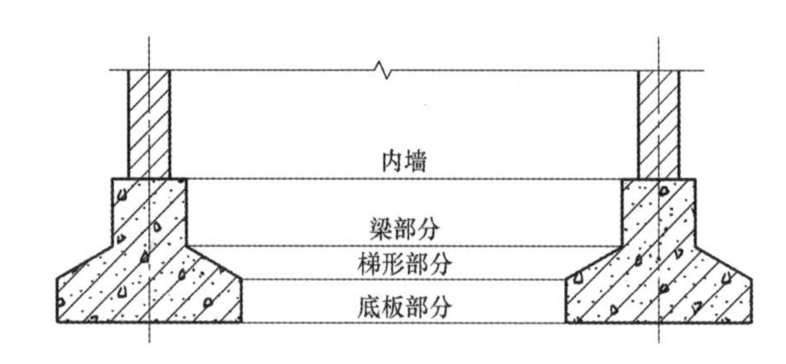

图 5-168 内墙有梁式条形基础净长度示意图

（四）基础知识

1. 建筑工程模板

建筑工程模板是周转材料。

周转材料是指能够多次使用、逐渐转移摊销其价值但仍保持原有形态且不确认为固定资产的材料。

周转材料的摊销方法一般有一次摊销法、分期摊销法、分次摊销法和定额摊销法几种。

一次摊销法是指将周转材料的全部价值一次计入成本、费用的方法。

分期摊销法是根据周转材料的预计使用期限分期摊入成本、费用的方法。

分次摊销法是根据周转材料的预计使用次数将其价值分次摊入成本、费用的方法。

定额摊销法是根据消耗量定额规定的周转材料消耗量计算确定摊入成本、费用的方法。

2. 建筑工程木模板定额摊销量的计算

（1）预制构件

由于预制构件模板周转次数较多，计算定额摊销量时不考虑材料的“补损”和回收，按周转次数摊销。即：

$$摊销量=\frac{一次使用量}{周转次数}$$

（2）现浇构件

现浇混凝土构件模板定额用量的计算，对于木琵琶撑、木顶撑、钢支撑，由于周转次数较多，不考虑模板的“补损”和回收，按周转次数计算摊销量。对其余的模板（木板、木方、胶合板），由于周转次数较少，考虑模板的“补损”和“回收”，按周转次数计算摊销量。

1）木琵琶撑、木顶撑、钢支撑

$$摊销量=\frac{一次使用量}{周转次数}$$

2）胶合板、木板、木方

a. 模板的“补损”

模板的“补损”是指模板使用一次后，一部分模板已损坏，模板再一次使用时，需要用新的模板去补充已损坏的模板。补充这部分新的模板占全部模板的百分比叫补损率。

补损率根据混凝土构件的情况而定，一般取定10％和15％两种。

b. 模板的“回收”

模板的“回收”是对使用次数达到周转次数的模板进行回收折价。回收的价值占模板价值的百分比叫回收折价率。

c. 模板的摊销

（a）原定额模板摊销量计算公式

$$一次使用量=模板净用量\times(1+制作损耗率 1.05)$$

$$周转使用量=一次使用量\times\frac{1+(周转次数-1)\times补损率}{周转次数}$$

设 $K_1=周转使用系数=\frac{1+(周转次数-1)\times补损率}{周转次数}$

则：周转使用量＝一次使用量×K_1

$$\begin{aligned}摊销量&=周转使用量-\frac{(1-补损率)\times回收折价率}{周转次数\times(1+间接费率)}\\&=一次使用量\times\left[周转使用系数-\frac{(1-补损率)\times回收折价率}{周转次数\times(1+间接费率)}\right]\end{aligned}$$

设 $K_2=摊销量系数=K_1-\frac{(1-补损率)\times回收折价率}{周转次数\times(1+间接费率)}$

则：摊销量＝一次使用量×K_2

回收折价率按50％计算。

（b）定额模板摊销量计算的改进思考

a）改进内容

模板的制作损耗率：

模板是周转材料。模板周转再次使用，一般都要重新制作。所以，模板每使用一次，要计算一次制作损耗。

模板的回收折价率：

模板的回收折价率与模板的周转次数和补损率有关，不同的周转次数、不同的补损率，其模板的回收折价率不同。

假设模板周转周期中，第一次投入的模板全部为新模板，模板使用达到周转次数后的回收量中，一部分已达到规定的周转次数，一部分尚未达到规定的周转次数，见表 5-97。

下面按两种方案考虑模板的回收折价率，一种是已达到规定的周转次数的模板有计算回收残值，另一种是已达到规定的周转次数的模板没有计算回收残值。

① 已达到规定的周转次数的模板有计算回收残值的回收折价率。

已达到规定的周转次数的模板，要计算残值回收。尚未达到规定的周转次数的模板，仍可继续投入使用，具有模板使用价值。因此，模板的回收价值为模板残值和模板使用价值之和。

计算模板的回收折价率，应首先确定模板残值率。模板残值率为模板残值与模板原值之比，计算公式为：

$$模板残值率=\frac{模板残值}{模板原值}$$

其次是确定模板使用价值率。确定模板使用价值率，首先确定模板折旧率。

模板折旧率可以按照模板的周转次数平均计算，计算公式为：

$$模板折旧率=\frac{1-模板残值}{周转次数}$$

模板使用价值率计算公式为：

$$模板使用价值率=1-模板折旧率$$

模板的回收折价率的计算公式为：

$$模板的回收折价率=模板残值率+模板使用价值率$$

有计算回收残值的模板回收折价率详见表 5-98、表 5-99。

② 已达到规定的周转次数的模板没有计算回收残值的回收折价率。

已达到规定的周转次数的模板没有计算回收残值，其回收折价率只计算补损部分模板的使用价值。

首先确定模板折旧率。模板折旧率可以按照模板的周转次数平均计算，计算公式为：

$$模板折旧率=\frac{1}{周转次数}$$

模板回收折价率计算公式为：

$$模板回收折价率=模板使用价值率$$

没有计算回收残值的回收折价率详见表 5-100、表 5-101。

由此可见，原定额模板摊销量计算回收折价率按 50％偏高。

模板回收的间接费：

模板每使用周转一次，就发生管理费一次。因此，模板周转已发生的管理费应在定额中考虑。原定额模板周转已发生的管理费在直接费定额的模板回收折价中考虑。由于现在

模板周转情况表　　　　表 5-97

周转次数	第一次投入量	补损量														备注
		第 1 次	第 2 次	第 3 次	第 4 次	第 5 次	第 6 次	第 7 次	第 8 次	第 9 次	第 10 次	第 11 次	第 12 次	第 13 次	第 14 次	
补损率 10%																
第 1 次	100															为了便于说明，假定一次使用量为 $100m^3$
第 2 次	90	10														90×90%=81　10×90%=9
第 3 次	81	9	10													81×90%=72.9　9×90%=8.1
第 4 次	72.9	8.1	9	10												72.9×90%=65.61　8.1×90%=7.29
第 5 次	65.61	7.29	8.1	9	10											65.61×90%=59.05　7.29×90%=6.56
第 6 次	59.05	6.56	7.29	8.1	9	10										59.05×90%=53.15　6.56×90%=5.9
第 7 次	53.15	5.9	6.56	7.29	8.1	9	10									53.15×90%=47.84　5.9×90%=5.31
第 8 次	47.84	5.31	5.9	6.56	7.29	8.1	9	10								47.8×90%=43.06　5.31×90%=4.78
第 9 次	43.06	4.78	5.31	5.9	6.56	7.29	8.1	9	10							43.06×90%=38.75　4.78×90%=4.3
第 10 次	38.75	4.3	4.78	5.31	5.9	6.56	7.29	8.1	9	10						38.75×90%=34.88　4.3×90%=3.78
第 11 次	34.88	3.87	4.3	4.78	5.31	5.9	6.56	7.29	8.1	9	10					34.88×90%=31.39　3.78×90%=3.48
第 12 次	31.39	3.48	3.87	4.3	4.78	5.31	5.9	6.56	7.29	8.1	9	10				31.39×90%=28.25　3.48×90%=3.13
第 13 次	28.25	3.13	3.48	3.87	4.3	4.78	5.31	5.9	6.56	7.29	8.1	9	10			28.25×90%=25.43　3.13×90%=2.82
第 14 次	25.4	2.82	3.13	3.48	3.87	4.3	4.78	5.31	5.9	6.56	7.29	8.1	9	10		25.43×90%=22.89　2.82×90%=2.54
第 15 次	22.89	2.54	2.82	3.13	3.48	3.87	4.3	4.78	5.31	5.9	6.56	7.29	8.1	9	10	22.89×90%=20.60　2.54×90%=2.29
补损率 15%																
第 1 次	100															为了便于说明，假定一次使用量为 $100m^3$
第 2 次	85	15														85×85%=72.25　15×85%=12.75
第 3 次	72.25	12.75	15													72.25×85%=61.41　12.75×85%=10.84
第 4 次	61.41	10.84	12.75	15												61.41×85%=52.2　10.84×85%=9.21
第 5 次	52.2	9.21	10.84	12.75	15											52.2×85%=44.37　9.21×85%=7.83
第 6 次	44.37	7.83	9.21	10.84	12.75	15										44.37×85%=37.71　7.83×85%=6.66
第 7 次	37.71	6.66	7.83	9.21	10.84	12.75	15									37.71×85%=32.05　6.66×85%=5.66
第 8 次	32.05	5.66	6.66	7.83	9.21	10.84	12.75	15								32.05×85%=27.24　5.66×85%=4.81
第 9 次	27.24	4.81	5.66	6.66	7.83	9.21	10.84	2.75	15							27.24×85%=23.15　4.81×85%=4.09
第 10 次	23.15	4.09	4.81	5.66	6.66	7.83	9.21	10.84	12.75	15						23.15×85%=19.68　4.09×85%=3.48
第 11 次	19.68	3.48	4.09	4.81	5.66	6.66	7.83	9.21	10.84	12.75	15					19.68×85%=16.73　3.48×85%=2.96
第 12 次	16.73	2.96	3.48	4.09	4.81	5.66	6.66	7.83	9.21	10.84	2.75	15				16.73×85%=14.22　2.96×85%=2.52
第 13 次	14.22	2.52	2.96	3.48	4.09	4.81	5.66	6.66	7.83	9.21	10.84	12.75	15			14.22×85%=12.09　2.52×85%=2.14
第 14 次	12.09	2.14	2.52	2.96	3.48	4.09	4.81	5.66	6.66	7.83	9.21	10.84	12.75	15		12.09×85%=10.28　2.14×85%=1.82
第 15 次	10.28	1.82	2.14	2.52	2.96	3.48	4.09	4.81	5.66	6.66	7.83	9.21	10.84	12.75	15	10.28×85%=8.74　1.82×85%=1.55

模板回收折价率计算表（模板残值回收）（单位：%） **表 5-98**

补损率：10%

序号	项目	模板残值	未达到规定周转次数的模板的使用价值															合计
			周转次数															
			15	14	13	12	11	10	9	8	7	6	5	4	3	2	1	
1	周转次数	4																
	回收量	130.00													7.29	8.1	9	
	残(折)值率	1.00%													24.75%	49.50%	74.25%	
	回收折价率	1.30													1.8	4.01	6.68	13.79
2	周转次数	5																
	回收量	140.00												6.56	7.29	8.1	9	
	残(折)值率	1.00%												19.80%	39.60%	59.40%	79.20%	
	回收折价率	1.40												1.3	2.89	4.81	7.13	17.53
3	周转次数	6																
	回收量	150.00											5.90	6.56	7.29	8.1	9	
	残(折)值率	1.00%											16.50%	33.00%	49.50%	66.00%	82.50%	
	回收折价率	1.50											0.97	2.17	3.61	5.35	7.43	21.03
4	周转次数	7																
	回收量	160.00										5.31	5.90	6.56	7.29	8.1	9	
	残(折)值率	1.00%										14.14%	28.28%	42.42%	56.56%	70.70%	84.84%	
	回收折价率	1.60										0.75	1.67	2.78	4.12	5.73	7.64	24.29
5	周转次数	8																
	回收量	170.00									4.78	5.31	5.90	6.56	7.29	8.1	9	
	残(折)值率	1.00%									12.38%	24.76%	37.14%	49.52%	61.90%	74.28%	56.66%	
	回收折价率	1.70									0.59	1.32	2.19	3.25	4.51	6.02	7.8	27.38
6	周转次数	9																
	回收量	180.00								4.30	4.78	5.31	5.90	6.56	7.29	8.1	9	
	残(折)值率	1.00%								11.00%	22.00%	33.00%	44.00%	55.00%	66.00%	77.00%	88.00%	
	回收折价率	1.80								0.47	1.05	1.75	2.6	3.61	4.81	6.24	7.92	30.25

续表

序号	项目	模板残值	未达到规定周转次数的模板的使用价值															合计
			周转次数															
			15	14	13	12	11	10	9	8	7	6	5	4	3	2	1	
7	周转次数	10																
	回收量	190.00							3.87	4.30	4.78	5.31	5.90	6.56	7.29	8.1	9	
	残(折)值率	1.00%							9.90%	19.80%	29.70%	39.60%	49.50%	59.40%	69.30%	79.20%	89.10%	
	回收折价率	1.90							0.38	0.85	1.42	2.1	2.92	3.9	5.05	6.42	8.02	32.96
8	周转次数	11																
	回收量	200.00						3.49	3.87	4.30	4.78	5.31	5.90	6.56	7.29	8.1	9	
	残(折)值率	1.00%						9.00%	18.00%	27.00%	36.00%	45.00%	54.00%	63.00%	72.00%	81.00%	90.00%	
	回收折价率	2.00						0.31	0.7	1.16	1.72	2.39	3.19	4.13	5.25	6.56	8.1	35.51
9	周转次数	12																
	回收量	210.00					3.14	3.49	3.87	4.30	4.78	5.31	5.90	6.56	7.29	8.1	9	
	残(折)值率	1.00%					8.25%	16.50%	24.75%	33.00%	41.25%	49.50%	57.75%	66.00%	74.25%	82.50%	90.75%	
	回收折价率	2.10					0.26	0.58	0.96	1.42	1.97	2.63	3.41	4.33	5.41	6.68	8.17	37.92
10	周转次数	13																
	回收量	220.00				2.82	3.14	3.49	3.87	4.30	4.78	5.31	5.90	6.56	7.29	8.1	9	
	残(折)值率	1.00%				7.62%	15.24%	22.86%	30.48%	38.10%	45.72%	53.34%	60.96%	68.58%	76.20%	83.82%	91.44%	
	回收折价率	2.20				0.22	0.48	0.8	1.18	1.64	2.19	2.63	3.6	4.5	5.55	6.79	8.23	40.21
11	周转次数	14																
	回收量	230.00			2.54	2.82	3.14	3.49	3.87	4.30	4.78	5.31	5.90	6.56	7.29	8.1	9	
	残(折)值率	1.00%			7.07%	14.14%	21.21%	28.28%	35.35%	42.42%	49.49%	56.56%	63.63%	70.70%	77.77%	84.84%	91.91%	
	回收折价率	2.30			0.18	0.4	0.67	0.99	1.37	1.83	2.37	3.01	3.76	4.64	5.67	6.87	8.27	42.33
12	周转次数	15																
	回收量	240.00		2.29	2.54	2.82	3.14	3.49	3.87	4.30	4.78	5.31	5.90	6.56	7.29	8.1	9	
	残(折)值率	1.00%		6.60%	13.20%	19.80%	26.40%	33.00%	39.60%	46.20%	52.80%	59.40%	66.00%	72.60%	79.20%	85.80%	92.40%	
	回收折价率	2.40		0.15	0.34	0.56	0.83	1.15	1.53	1.99	2.53	3.16	3.90	4.76	5.77	6.95	8.32	44.34

模板回收折价率计算表（模板残值回收）（单位：%）

表 5-99

补损率：15%

序号	项目	折旧后模板	未达到规定周转次数的模板的使用价值														合计
			周转次数														
			14	13	12	11	10	9	8	7	6	5	4	3	2	1	
1	周转次数	4															
	回收量	145.00												9.21	10.84	12.75	
	残(折)值率	1.00%												24.75%	49.50%	74.25%	
	回收折价率	1.45												2.28	5.36	9.47	18.56
2	周转次数	5															
	回收量	160.00											7.83	9.21	10.84	12.75	
	残(折)值率	1.00%											19.80%	39.60%	59.40%	79.20%	
	回收折价率	1.60											1.55	3.65	6.44	10.1	23.24
3	周转次数	6															
	回收量	175.00										6.66	7.83	9.21	10.84	12.75	
	残(折)值率	1.00%										16.50%	33.00%	49.50%	66.00%	82.50%	
	回收折价率	1.75										1.1	2.58	4.56	7.15	10.52	27.66
4	周转次数	7															
	回收量	190.00									5.66	6.66	7.83	9.21	10.84	12.75	
	残(折)值率	1.00%									14.14%	28.29%	42.43%	56.57%	70.71%	84.86%	
	回收折价率	1.90									0.8	1.88	3.32	5.21	7.66	10.82	31.59
5	周转次数	8															
	回收量	205.00								4.81	5.66	6.66	7.83	9.21	10.84	12.75	
	残(折)值率	1.00%								12.38%	24.75%	37.13%	49.50%	61.88%	74.25%	86.66%	
	回收折价率	2.05								0.6	1.4	2.47	3.88	5.7	8.05	11.05	35.20
6	周转次数	9															
	回收量	220.00							4.09	4.81	5.66	6.66	7.83	9.21	10.84	12.75	
	残(折)值率	1.00%							11.00%	22.00%	33.00%	44.00%	55.00%	66.00%	77.00%	88.00%	
	回收折价率	2.20							0.45	1.06	1.87	2.93	4.31	6.08	8.34	11.22	38.46

续表

序号	项目	折旧后模板	未达到规定周转次数的模板的使用价值														合计
			周转次数														
			14	13	12	11	10	9	8	7	6	5	4	3	2	1	
7	周转次数	10															
	回收量	235.00						3.47	4.09	4.81	5.66	6.66	7.83	9.21	10.84	12.75	
	残(折)值率	1.00%						9.90%	19.80%	29.70%	39.60%	49.50%	59.40%	69.30%	79.20%	89.10%	
	回收折价率	2.35						0.34	0.81	1.43	2.24	3.29	4.65	6.38	8.58	11.36	41.43
8	周转次数	11															
	回收量	250.00					2.95	3.47	4.09	4.81	5.66	6.66	7.83	9.21	10.84	12.75	
	残(折)值率	1.00%					9.00%	18.00%	27.00%	36.00%	45.00%	54.00%	63.00%	72.00%	81.00%	90.00%	
	回收折价率	2.50					0.27	0.63	1.1	1.73	2.55	3.59	4.93	6.63	8.78	11.48	44.19
9	周转次数	12															
	回收量	265.00				2.51	2.95	3.47	4.09	4.81	5.66	6.66	7.83	9.21	10.84	12.75	
	残(折)值率	1.00%				8.25%	16.50%	24.75%	33.00%	41.25%	49.50%	57.75%	66.00%	74.25%	82.50%	90.75%	
	回收折价率	2.65				0.21	0.49	0.86	1.35	1.98	2.8	3.84	5.17	6.84	8.94	11.57	46.70
10	周转次数	13															
	回收量	280.00			2.13	2.51	2.95	3.47	4.09	4.81	5.66	6.66	7.83	9.21	10.84	12.75	
	残(折)值率	1.00%			7.62%	15.23%	22.85%	30.46%	38.08%	45.69%	53.31%	60.93%	68.54%	76.16%	83.78%	91.39%	
	回收折价率	2.80			0.16	0.38	0.67	1.06	1.56	2.2	3.02	4.06	5.37	7.02	9.08	11.65	49.03
11	周转次数	14															
	回收量	295.00		1.81	2.13	2.51	2.95	3.47	4.09	4.81	5.66	6.66	7.83	9.21	10.84	12.75	
	残(折)值率	1.00%		7.07%	14.14%	21.21%	28.29%	35.36%	42.43%	49.50%	56.57%	63.64%	70.71%	77.78%	84.85%	91.92%	
	回收折价率	2.95		0.13	0.3	0.53	0.84	1.23	1.73	2.38	3.2	4.24	5.54	7.16	9.2	11.72	51.15
12	周转次数	15															
	回收量	310.00	1.54	1.81	2.13	2.51	2.95	3.47	4.09	4.81	5.66	6.66	7.83	9.21	10.84	12.75	
	残(折)值率	1.00%	6.60%	13.20%	19.80%	26.40%	33.00%	39.60%	46.20%	52.80%	59.40%	66.00%	72.60%	79.20%	85.80%	92.40%	
	回收折价率	3.10	0.1	0.24	0.42	0.66	0.97	1.38	1.89	2.54	3.36	4.39	5.68	7.3	9.3	11.78	53.11

模板回收折价率计算表（模板残值不回收）（单位:%） **表 5-100**

补损率:10%

序号	项目	模板残值	未达到规定周转次数的模板的使用价值															合计
			周转次数															
			15	14	13	12	11	10	9	8	7	6	5	4	3	2	1	
1	周转次数	4																
	回收量	130.00													7.29	8.1	9	
	残(折)值	0.00%													25.00%	50.00%	75.00%	
	回收折价率	0.00													1.82	4.05	6.75	12.62
2	周转次数	5																
	回收量	140.00												6.56	7.29	8.1	9	
	残(折)值	0.00%												20.00%	40.00%	60.00%	80.00%	
	回收折价率	0.00												1.31	2.92	4.86	7.2	16.29
3	周转次数	6																
	回收量	150.00											5.90	6.56	7.29	8.1	9	
	残(折)值	0.00%											16.67%	33.33%	50.00%	66.67%	83.33%	
	回收折价率	0.00											0.98	2.19	3.65	5.4	7.5	19.72
4	周转次数	7																
	回收量	160.00										5.31	5.90	6.56	7.29	8.1	9	
	残(折)值	0.00%										14.29%	28.57%	42.86%	57.14%	71.43%	85.71%	
	回收折价率	0.00										0.76	1.69	2.81	4.17	5.79	7.71	22.93
5	周转次数	8																
	回收量	170.00									4.78	5.31	5.90	6.56	7.29	8.1	9	
	残(折)值	0.00%									12.50%	25.00%	37.50%	50.00%	62.50%	75.00%	87.50%	
	回收折价率	0.00									0.6	1.33	2.21	3.28	4.56	6.08	7.88	25.94
6	周转次数	9																
	回收量	180.00								4.30	4.78	5.31	5.90	6.56	7.29	8.1	9	
	残(折)值	0.00%								11.11%	22.22%	33.33%	44.44%	55.56%	66.67%	77.78%	88.89%	
	回收折价率	0.00								0.48	1.06	1.77	2.62	3.65	4.86	6.3	8	28.74

续表

序号	项目	模板残值	未达到规定周转次数的模板的使用价值															合计
			周转次数															
			15	14	13	12	11	10	9	8	7	6	5	4	3	2	1	
7	周转次数	10																
	回收量	190.00							3.87	4.30	4.78	5.31	5.90	6.56	7.29	8.1	9	
	残(折)值	0.00%							10.00%	20.00%	30.00%	40.00%	50.00%	60.00%	70.00%	80.00%	90.00%	
	回收折价率	0.00							0.39	0.86	1.43	2.13	2.95	3.94	5.1	6.48	8.1	31.38
8	周转次数	11																
	回收量	200.00						3.49	3.87	4.30	4.78	5.31	5.90	6.56	7.29	8.1	9	
	残(折)值	0.00%						9.09%	18.18%	27.27%	36.36%	45.45%	54.55%	63.64%	72.73%	81.82%	90.91%	
	回收折价率	0.00						0.32	0.7	1.17	1.74	2.42	3.22	4.16	5.3	6.63	8.18	33.86
9	周转次数	12																
	回收量	210.00					3.14	3.49	3.87	4.30	4.78	5.31	5.90	6.56	7.29	8.1	9	
	残(折)值	0.00%					8.33%	16.67%	25.00%	33.33%	41.67%	50.00%	58.33%	66.67%	75.00%	83.33%	91.67%	
	回收折价率	0.00					0.26	0.58	0.97	1.43	1.99	2.66	3.44	4.37	5.47	6.75	8.25	36.17
10	周转次数	13																
	回收量	220.00				2.82	3.14	3.49	3.87	4.30	4.78	5.31	5.90	6.56	7.29	8.1	9	
	残(折)值	0.00%				7.69%	15.38%	23.08%	30.77%	38.46%	46.15%	53.85%	61.54%	69.23%	76.92%	84.62%	92.31%	
	回收折价率	0.00				0.22	0.48	0.8	1.19	1.66	2.21	2.86	3.63	4.54	5.61	6.85	8.31	38.36
11	周转次数	14																
	回收量	230.00			2.54	2.82	3.14	3.49	3.87	4.30	4.78	5.31	5.90	6.56	7.29	8.1	9	
	残(折)值	0.00%			7.14%	14.29%	21.43%	28.57%	35.71%	42.86%	50.00%	57.14%	64.29%	71.43%	78.57%	85.71%	92.86%	
	回收折价率	0.00			0.18	0.4	0.67	1	1.35	1.84	2.39	3.04	3.8	4.69	5.73	6.94	8.36	40.42
12	周转次数	15																
	回收量	240.00		2.29	2.54	2.82	3.14	3.49	3.87	4.30	4.78	5.31	5.90	6.56	7.29	8.1	9	
	残(折)值	0.00%		6.67%	13.33%	20.00%	26.67%	33.33%	40.00%	46.67%	53.33%	60.00%	66.67%	73.33%	80.00%	86.67%	93.33%	
	回收折价率	0.00		0.15	0.34	0.56	0.84	1.16	11.55	2.01	2.55	3.19	3.94	4.81	5.83	7.02	8.4	42.35

模板回收折价率计算表（模板残值不回收）（单位:%） **表 5-101**

补损率:15%

序号	项目	模板残值	未达到规定周转次数的模板的使用价值														合计
			周转次数														
			14	13	12	11	10	9	8	7	6	5	4	3	2	1	
1	周转次数	4															
	回收量	145.00												9.21	10.84	12.75	
	残(折)值率	0.00%												25.00%	50.00%	75.00%	
	回收折价率	0.00												2.3	5.42	9.56	17.28
2	周转次数	5															
	回收量	160.00											7.83	9.21	10.84	12.75	
	残(折)值率	0.00%											20.00%	40.00%	60.00%	80.00%	
	回收折价率	0.00											1.57	3.68	6.5	10.2	21.95
3	周转次数	6															
	回收量	175.00										6.66	7.83	9.21	10.84	12.75	
	残(折)值率	1.00%										16.50%	33.00%	49.50%	66.00%	82.50%	
	回收折价率	1.75										1.1	2.58	4.56	7.15	10.52	27.66
4	周转次数	7															
	回收量	190.00									5.66	6.66	7.83	9.21	10.84	12.75	
	残(折)值率	0.00%									14.29%	28.57%	42.86%	57.14%	71.43%	85.71%	
	回收折价率	0.00									0.81	1.9	3.36	5.26	7.74	10.93	30.00
5	周转次数	8															
	回收量	205.00								4.81	5.66	6.66	7.83	9.21	10.84	12.75	
	残(折)值率	0.00%								12.50%	25.00%	37.50%	50.00%	62.50%	75.00%	86.66%	
	回收折价率	0.00								0.6	1.41	2.5	3.92	5.76	8.13	11.05	33.37
6	周转次数	9															
	回收量	220.00							4.09	4.81	5.66	6.66	7.83	9.21	10.84	12.75	
	残(折)值率	0.00%							11.11%	22.22%	33.33%	44.44%	55.56%	66.67%	77.78%	88.89%	
	回收折价率	0.00							0.45	1.07	1.89	2.96	4.35	6.14	8.43	11.33	36.62

续表

序号	项目	模板残值	未达到规定周转次数的模板的使用价值														合计
			周转次数														
			14	13	12	11	10	9	8	7	6	5	4	3	2	1	
7	周转次数	10															
	回收量	235.00						3.47	4.09	4.81	5.66	6.66	7.83	9.21	10.84	12.75	
	残(折)值率	0.00%						10.00%	20.00%	30.00%	40.00%	50.00%	60.00%	70.00%	80.00%	90.00%	
	回收折价率	0.00						0.35	0.82	1.44	2.26	3.33	4.7	6.45	8.67	11.48	39.50
8	周转次数	11															
	回收量	250.00					2.95	3.47	4.09	4.81	5.66	6.66	7.83	9.21	10.84	12.75	
	残(折)值率	0.00%					9.00%	18.00%	27.00%	36.00%	45.00%	54.00%	63.00%	72.00%	81.00%	90.00%	
	回收折价率	2.50					0.27	0.63	1.1	1.73	2.55	3.59	4.93	6.63	8.78	11.48	44.19
9	周转次数	12															
	回收量	265.00				2.51	2.95	3.47	4.09	4.81	5.66	6.66	7.83	9.21	10.84	12.75	
	残(折)值率	0.00%				8.33%	16.67%	25.00%	33.33%	41.67%	50.00%	58.33%	66.67%	75.00%	83.33%	91.67%	
	回收折价率	0.00				0.21	0.49	0.87	1.36	2	2.83	3.88	5.22	6.91	9.03	11.69	44.49
10	周转次数	13															
	回收量	280.00			2.13	2.51	2.95	3.47	4.09	4.81	5.66	6.66	7.83	9.21	10.84	12.75	
	残(折)值率	0.00%			7.69%	15.38%	23.08%	30.77%	38.46%	46.15%	53.77%	61.47%	69.16%	76.78%	84.47%	92.16%	
	回收折价率	0.00			0.16	0.39	0.68	1.07	1.57	2.22	3.04	4.09	5.42	7.07	9.15	11.75	46.61
11	周转次数	14															
	回收量	295.00		1.81	2.13	2.51	2.95	3.47	4.09	4.81	5.66	6.66	7.83	9.21	10.84	12.75	
	残(折)值率	0.00%		7.14%	14.29%	21.43%	28.57%	35.71%	42.78%	49.85%	56.92%	63.99%	71.06%	78.13%	85.20%	92.27%	
	回收折价率	0.00		0.13	0.3	0.54	0.84	1.24	1.75	2.4	3.22	4.26	5.56	7.2	9.23	11.76	48.43
12	周转次数	15															
	回收量	310.00	1.54	1.81	2.13	2.51	2.95	3.47	4.09	4.81	5.66	6.66	7.83	9.21	10.84	12.75	
	残(折)值率	0.00%	6.67%	13.33%	20.00%	26.67%	33.33%	40.00%	46.67%	53.33%	60.00%	66.67%	73.33%	80.00%	86.67%	93.33%	
	回收折价率	0.00	0.1	0.24	0.43	0.67	0.98	1.39	1.91	2.56	3.39	4.44	5.74	7.37	9.39	11.9	50.51

管理费的计算基础有人工费、人工费和机械费、工程费三种，因此，模板周转已发生的管理费不宜在直接费定额的模板回收折价中考虑，宜在管理费定额中考虑。

b）定额模板摊销量计算公式

$$一次使用量=模板净用量$$

$$周转使用量=一次使用量\times\left[\frac{1+(周转次数-1)\times补损率}{周转次数}+制作损耗率\right]$$

$$周转使用系数K_1=\frac{1+(周转次数-1)\times补损率}{周转次数}+制作损耗率$$

$$摊销量=一次使用量\times\left[周转使用系数-\frac{回收折价率}{周转次数}\right]$$

$$摊销量系数K_2=K_1-\frac{回收折价率}{周转次数}$$

$$摊销量=一次使用量\times K_2$$

二、脚手架

（一）有关规定

1. 清单计量规定

（1）使用综合脚手架时，不再使用外脚手架、里脚手架等单项脚手架；综合脚手架适用于能够按“建筑面积计算规则”计算建筑面积的建筑工程脚手架，不适用于房屋加层、构筑物及附属工程脚手架。

（2）同一建筑物有不同檐高时，根据建筑物竖向切面分别按不同檐高编列清单项目。

（3）整体提升架包括 2m 高的防护架体设施。

（4）脚手架材质可以不描述，但应注明由投标人根据工程实际情况按照国家现行标准《建筑施工扣件式钢管脚手架安全技术规范》JGJ 130—2011、《建筑施工附着升降脚手架管理暂行规定》（建建〔2000〕230 号）等规范自行确定。

2. 定额规定

（1）一般说明

1）本定额脚手架措施项目是指施工需要的脚手架搭、拆、运输及脚手架摊销的工料消耗。

2）本定额脚手架措施项目材料均按钢管式脚手架编制。

3）各项脚手架消耗量中未包括脚手架基础加固。基础加固是指脚手架立杆下端以下或脚手架底座下皮以下的一切做法。

4）高度在 3.6m 以上的墙面装饰不能利用原砌筑脚手架，可计算装饰脚手架。装饰脚手架按双排脚手架定额乘以系数 0.3 执行。室内若计算了满堂脚手架，墙面装饰不再计算墙面粉刷脚手架，只按每 $100m^2$ 墙面垂直投影面积增加改架一般技工 1.28 工日计算。

（2）综合脚手架

1）单层建筑综合脚手架适用于檐高 20m 以内的单层建筑工程。

2）单层建筑工程执行单层建筑综合脚手架项目，层数二层及二层以上的建筑工程执行多层建筑综合脚手架项目，地下室部分执行地下室建筑综合脚手架项目。

3）综合脚手架中包括外墙砌筑及外墙粉刷、高度在 3.6m 以下的内墙砌筑及混凝土浇捣、内墙面和顶棚粉刷脚手架。

4）执行综合脚手架，有下列情况者，可另执行单项脚手架项目：

a. 满堂基础或者高度（垫层上皮至基础顶面）在 1.2m 以上的混凝土或钢筋混凝土基础，按满堂脚手架基本层定额乘以系数 0.3 计算；如高度超过 3.6m，每增加 1m 按满堂脚手架增加层定额乘以系数 0.3 计算。

b. 砌筑高度在 3.6m 以上的砖内墙，按单排脚手架定额乘以系数 0.3 计算；砌筑高度在 3.6m 以上的砌块内墙，按双排外脚手架定额乘以系数 0.3 计算。

c. 砌筑高度在 1.2m 以上的屋顶烟囱的脚手架，按设计图示烟囱外围周长另加 3.6m 乘以烟囱出屋顶高度，以面积计算，执行里脚手架项目。

d. 砌筑高度在 1.2m 以上的管沟墙及砖基础的脚手架，按设计图示砌筑长度乘以高度，以面积计算，执行里脚手架项目。

e. 墙面粉刷高度在 3.6m 以上的执行内墙面粉刷脚手架项目。

f. 按照建筑面积计算规范的有关规定未计算建筑面积，但施工过程中需搭设脚手架的施工部位。

5）凡不适宜使用综合脚手架的项目，可按相应的单项脚手架项目执行。

（3）单项脚手架

1）建筑物外墙脚手架，设计室外地坪至檐口的砌筑高度在 15m 以下的按单排脚手架计算；砌筑高度在 15m 以上或砌筑高度虽不足 15m，但外墙门窗及装饰面积超过外墙表面积 60%的，执行双排脚手架项目。

2）外脚手架消耗量中已综合斜道、上料平台、护卫栏杆等。

3）建筑物内墙脚手架，设计室内地坪至板底（或山墙高度的 1/2 处）的砌筑高度在 3.6m 以下的，执行里脚手架项目。

4）围墙脚手架，室外地坪至围墙顶面的砌筑高度在 3.6m 以下的，按里脚手架计算；砌筑高度在 3.6m 以上的，执行单排脚手架项目。

5）石砌墙体，砌筑高度在 1.2m 以上的，执行外双排脚手架项目。

6）大型设备基础，凡距地坪高度在 1.2m 以上的，执行外双排脚手架项目。

7）悬挑脚手架适用于外檐、挑檐等部位的局部装饰。

8）悬空脚手架适用于有露明屋架的屋面板勾缝、油漆或喷浆等部位。

9）整体提升架适用于高层建筑的外墙施工。

10）独立柱、现浇混凝土单（连续）梁按外双排脚手架定额项目乘以系数 0.3 执行。

（4）其他脚手架

电梯井架，每一台电梯为一孔。

（二）计量规则

1. 综合脚手架

（1）清单计量规则：按建筑面积计算。

（2）定额计量规则：按设计图示尺寸，以建筑面积计算。

2. 单项脚手架

定额计量规则：计算内、外墙脚手架时，均不扣除门窗、洞口空圈等所占面积。

（1）外脚手架、整体提升架

1）清单计量规则：按所服务对象的垂直投影面积计算。

2）定额计量规则：按外墙外边线长度（含墙垛及附墙井道）乘以外墙高度以面积计算。

（2）里脚手架

1）清单计量规则：按所服务对象的垂直投影面积计算。

2）定额计量规则：按墙面垂直投影面积计算。

（3）悬空脚手架

按搭设的水平投影面积计算。

（4）挑脚手架

1）清单计量规则：按搭设长度乘以搭设层数以延长米计算。

2）定额计量规则：按搭设长度乘以层数以长度计算。

（5）满堂脚手架

1）清单计量规则：按搭设的水平投影面积计算。

2）定额计量规则：按室内净面积计算，其高度在3.6～5.2m之间时计算基本层，5.2m以上的，每增加1.2m计算一个增加层，不足0.6m的按一个增加层乘以系数0.5计算。计算公式为：满堂脚手架增加层=(室内净高−5.2m)/1.2m。

（6）外装饰吊篮

1）清单计量规则：按所服务对象的垂直投影面积计算。

2）定额计量规则：按外墙垂直投影面积计算，不扣除门窗洞口所占面积。

（7）独立柱脚手架

定额计量规则：按设计图示尺寸，以结构外围周长另加3.6m乘以高度以面积计算，按双排外脚手架定额项目乘以系数（0.3）执行。

（8）现浇钢筋混凝土单梁（连续梁）脚手架

定额计量规则：按梁顶面至地面（或楼面）间的高度乘以梁净长以面积计算，按双排外脚手架定额项目乘以系数（0.3）执行。

（9）内墙面粉饰脚手架

定额计量规则：按内墙面垂直投影面积计算，不扣除门窗洞口所占面积。

（10）立挂式安全网

定额计量规则：按架网部分的实挂长度乘以实挂高度以面积计算。

（11）挑出式安全网

定额计量规则：按挑出的水平投影面积计算。

3. 其他脚手架

定额计量规则：电梯井架按单孔以“座”计算。

（三）计量方法

建筑物脚手架应按综合脚手架计算。凡不适宜使用综合脚手架的项目，可按相应的单项脚手架项目执行。

1. 综合脚手架

综合脚手架中包括外墙砌筑及外墙粉刷、高度在 3.6m 以内的内墙砌筑及混凝土浇捣、内墙面和顶棚粉刷脚手架。有下列情况者，可另执行单项脚手架项目。

（1）满堂基础或者高度（垫层上皮至基础顶面）在 1.2m 以上的混凝土或钢筋混凝土基础，按满堂脚手架基本层定额乘以系数 0.3 计算；高度超过 3.6m 的，每增加 1m 按满堂脚手架增加层定额乘以系数 0.3 计算。

（2）砌筑高度在 3.6m 以上的砖内墙，按单排脚手架定额乘以系数 0.3 计算；砌筑高度在 3.6m 以上的砌块内墙，按双排外脚手架定额乘以系数 0.3 计算。

（3）砌筑高度在 1.2m 以上的屋顶烟囱的脚手架，按设计图示烟囱外围周长另加 3.6m 乘以烟囱出屋顶高度以面积计算，执行里脚手架项目。

（4）砌筑高度在 1.2m 以上的管沟墙及砖基础的脚手架，按设计图示砌筑长度乘以高度以面积计算，执行里脚手架项目。

（5）墙面粉刷高度在 3.6m 以上的执行内墙面粉刷脚手架项目。

（6）按照建筑面积计算规范的有关规定未计算建筑面积，但施工过程中需搭设脚手架的施工部位。

2. 单项脚手架

有下列情况者，可执行单项脚手架项目。

（1）建筑物外墙脚手架。

（2）建筑物内墙脚手架，设计室内地坪至板底的砌筑高度在 3.6m 以内的，执行里脚手架项目；砌筑高度在 3.6m 以上的，执行单排脚手架项目。

（3）独立柱、现浇混凝土单（连续）梁脚手架。

（4）大型设备基础，距地坪高度在 1.2m 以上的脚手架。

（5）满堂基础或者高度（垫层上皮至基础顶面）在 1.2m 以上的混凝土基础。

（6）砌筑高度在 1.2m 以上的管沟墙及砖基础的脚手架。

（7）砌筑高度在 1.2m 以上的屋顶烟囱的脚手架。

（8）顶棚装饰脚手架。

（9）墙面粉刷高度在 3.6m 以上的粉刷脚手架，室内若计算了满堂脚手架，墙面装饰不再计算墙面粉刷脚手架。

（10）挑脚手架，适用于外檐、挑檐等部位的局部装饰。

（11）悬空脚手架，适用于有露明屋架的屋面板勾缝、油漆或喷浆等部位。

（12）围墙脚手架。

（13）石砌墙体，砌筑高度在 1.2m 以上的脚手架。

（14）整体提升架，适用于高层建筑的外墙施工。

【例 5-45】 某工程如图 5-169 所示，女儿墙高 2m。请计算单项外脚手架工程量并套用定额编号。

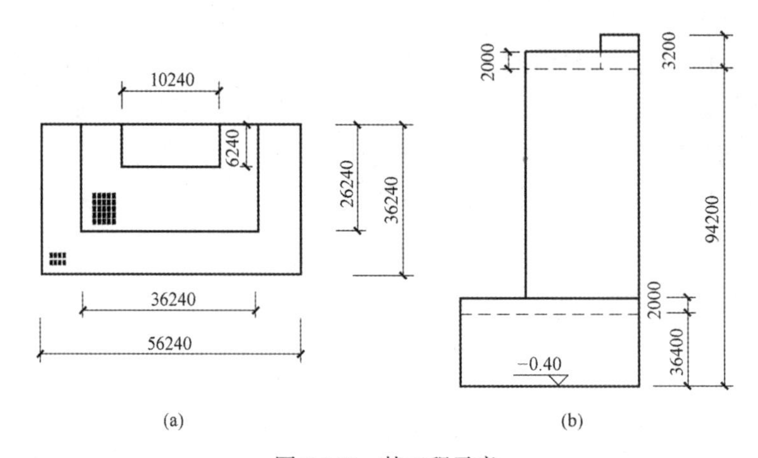

图 5-169　某工程示意

（a）屋面平面图；（b）侧立面图

解：根据定额“第十七章　工程量计算规则”第一条第 2 项的规定，同一建筑物高度不同时，应按不同高度分别计算外脚手架；外脚手架按外墙外边线长度（含墙垛及附墙井道）乘以外墙高度以面积计算。根据定额第十七章说明第四条第 3 项第（1）目的规定，建筑物外脚手架，设计室外地坪至檐口的砌筑高度在 15m 以内的按单排脚手架计算；砌筑高度在 15m 以上或砌筑高度虽不足 15m，但外墙门窗及装饰面积超过外墙表面积 60％时，执行双排脚手架项目。双排脚手架项目划分为 20m 以内、30m 以内、50m 以内、70m 以内、90m 以内和 110m 以内六个子目。

（1）双排外脚手架 H38.4m 工程量

裙楼部分∇（-0.4～38.0m）＝[（36.24＋56.24）×2－36.24]×（36.40＋2.00）＝5710.85(m^2)

套用定额编号：17-52

（2）双排外脚手架 H96.2m、H97.4.2m 工程量

塔楼部分∇（-0.4～95.8m）＝36.24×（94.20＋2.00）＝3486.29(m^2)

∇（95.8～97.0m）＝10.24×（3.20－2.00）＝12.29(m^2)

合计:3498.58(m^2)

套用定额编号：17-55

（3）双排外脚手架 H59.8m 工程量

塔楼部分∇（36.0～95.8m）＝（36.24＋26.24×2）×（94.20－36.40＋2.00）

＝5305.46（m^2）

套用定额编号：17-53

（4）单排外脚手架 H3.2m 工程量

出屋面部分∇（93.8～97.0m）＝（10.24＋6.24×2）×3.20＝72.70（m^2）

套用定额编号：17-48

（四）基础知识

脚手架是为建筑施工或安装施工而搭设的上料、堆料以及施工作业用的临时结构架。

1. 脚手架分类

（1）按所用的材料分为：竹脚手架、木脚手架和钢脚手架。

（2）按脚手架结构形式分为：

1）单排脚手架：只有一排立杆，横向水平杆的一端搁置固定在墙体上的脚手架，简称单排架。

2）双排脚手架：由内外两排立杆和水平杆等构成的脚手架，简称双排架。

3）多排脚手架：由 3 排立杆和水平杆等构成的脚手架。

4）满堂脚手架：按施工作业范围满设的、两个方向各有 3 排以上立杆的脚手架。

5）满高脚手架：按墙体或施工作业最大高度，由地面起满高度设置的脚手架。

（3）按脚手架平、立杆的连接方式分为：

1）扣件式钢管脚手架：采用扣件连接脚手架主要杆件的钢管脚手架和支撑架。

2）碗扣式钢管脚手架：采用碗扣方式连接的钢管脚手架和模板支撑架。

（4）按使用用途分为：

1）结构脚手架：用于砌筑和结构工程施工作业的脚手架。

2）装修脚手架：用于装修工程施工作业的脚手架。

3）安装脚手架：用于设备管道安装施工作业的脚手架。

4）模板支架：用于支撑模板的由多排立杆及横杆、斜杆等构配件组成的支撑架。

（5）按建筑物的位置分为：

1）外脚手架

外脚手架统指在建筑物外围所搭设的脚手架。外脚手架使用广泛，各种落地式外脚手架、悬挂脚手架、悬挑脚手架、悬吊脚手架等，一般均在建筑物外围搭设。外脚手架多用于外墙砌筑、外立面装修以及钢筋混凝土工程。

2）里脚手架

里脚手架是指建筑物内部使用的脚手架。里脚手架有各种形式，常见的有凳式里脚手架、支柱式里脚手架、梯式里脚手架、组合式操作平台等。里脚手架用于内墙砌筑、外墙砌筑、内部装修工程以及安装和钢筋混凝土工程。

(6) 按脚手架的支固方式分

1) 落地式外脚手架

它是搭设(支座)在地面、楼面、屋面之上的脚手架。落地式外脚手架中有多立杆式钢管脚手架、门式钢管脚手架、桥式脚手架等，它们的结构均支承于地面。

2) 悬挂脚手架

悬挂脚手架是指挂置于建筑物的柱、墙等结构上，并随建筑物的外高而移动的脚手架。悬挂脚手架在高层建筑外装修工程中较多地采用。悬挂脚手架有两种方式，如图 5-170 所示。

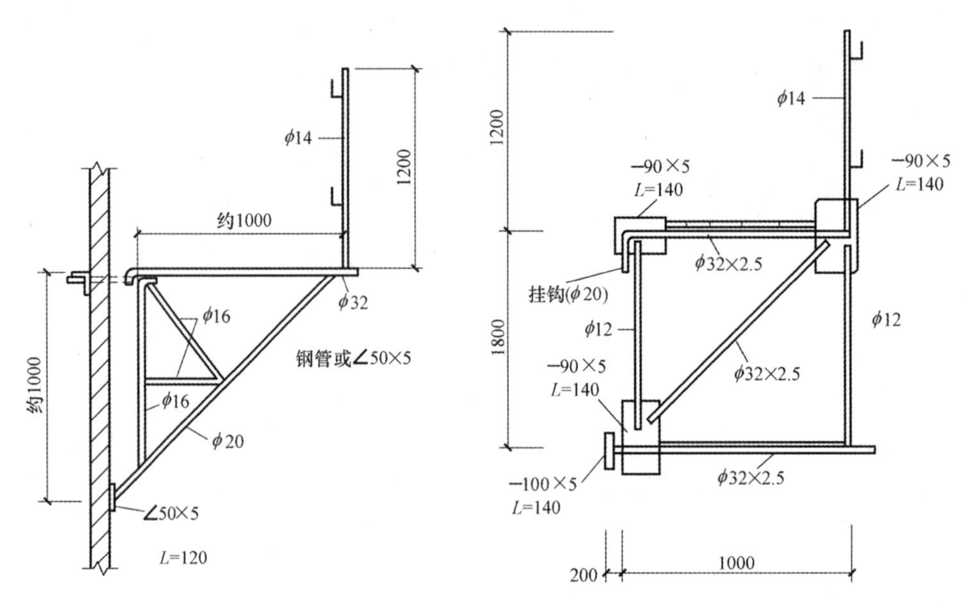

图 5-170　附墙挂架的两种方式

3) 悬挑脚手架

悬挑脚手架是采用悬挑方式支固的脚手架。

悬挑脚手架可以将建筑物下部空间割让出来，为其他施工活动提供方便，并使得在地面狭窄而难以搭设落地式脚手架的情况下搭设外脚手架成为可能。悬挑脚手架如图 5-171 所示。

4) 悬吊脚手架

悬吊脚手架是指从建筑物顶部或楼板上设置悬吊结构，利用吊索悬吊吊架或吊篮，由起重机具来提升或下降的脚手架，称为“吊篮”。悬吊脚手架在高层建筑装修施工中广泛使用，并用于维修。

5) 升降式附壁脚手架

升降式附壁脚手架是附着于建筑物外墙、柱、梁等结构上的，依靠自身提升设备实现升降的悬空脚手架(其中实现整体提升者，也称“整体提升脚手架”)。升降式附壁脚手架成本低，使用灵活方便，操作简单安全，它多用于高层建筑的外墙砌筑、外立面装修以及钢筋混凝土工程。

6) 水平移动脚手架

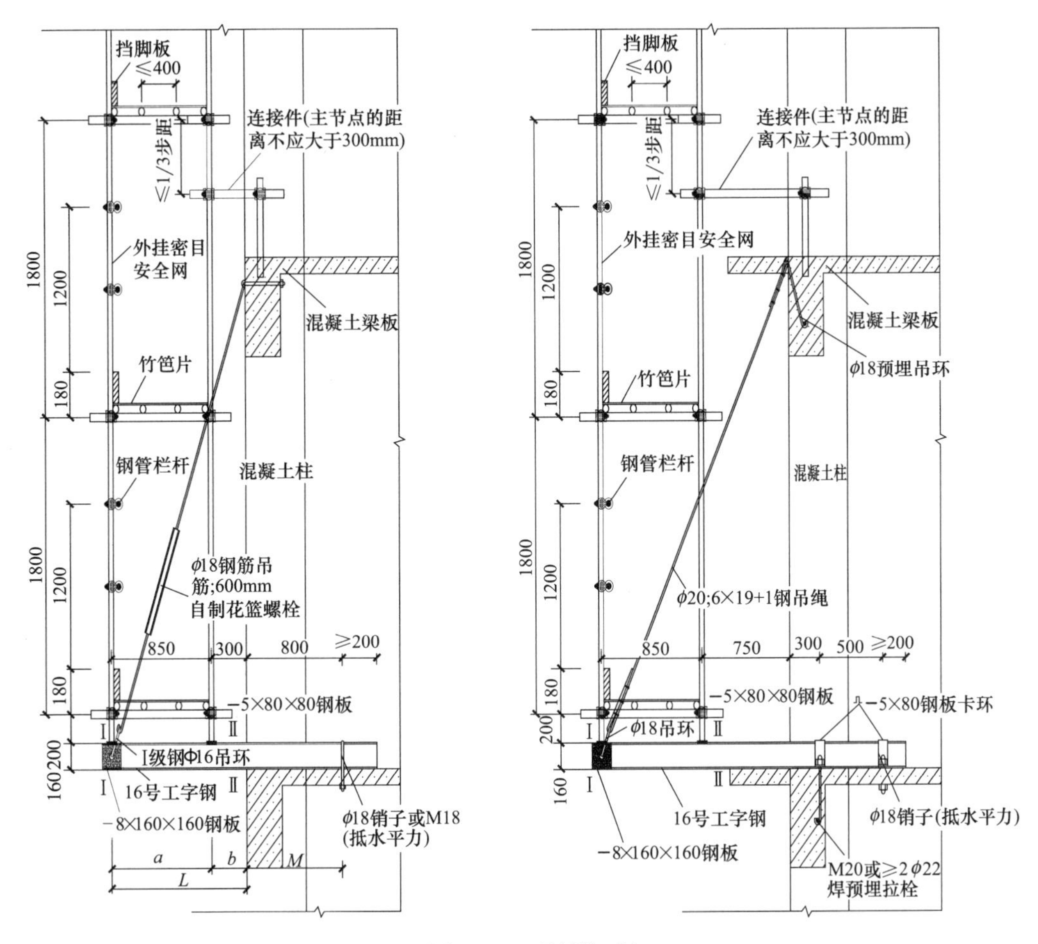

图 5-171　悬挑脚手架

水平移动脚手架是带行走装置的脚手架。

（7）按脚手架结构形式分

1）多立杆式脚手架

多立杆式脚手架是通过众多的立杆与大横杆、斜杆、小横杆等杆件，采用扣件、螺栓、碗扣、绑扎等连接方式而构成的脚手架。多立杆式脚手架如图 5-172 所示。

多立杆式脚手架的杆件主要采用钢管、木杆、竹竿，是一种广泛使用的脚手架。根据立杆排数又可分为双排和单排脚手架。

钢管脚手架采用多立杆形式搭设，根据主要杆件的连接方式可分为：扣件式、碗扣式、螺栓式钢管脚手架。

2）桥式脚手架

桥式脚手架是指采用支承架作为竖向支承结构，在支承架之间安装可以升、降的桁架工作平台而组成的脚手架。

3）门式钢管脚手架

门式钢管脚手架也称门式脚手架，是由门架、交叉支撑、连接棒、挂扣式脚手板、锁

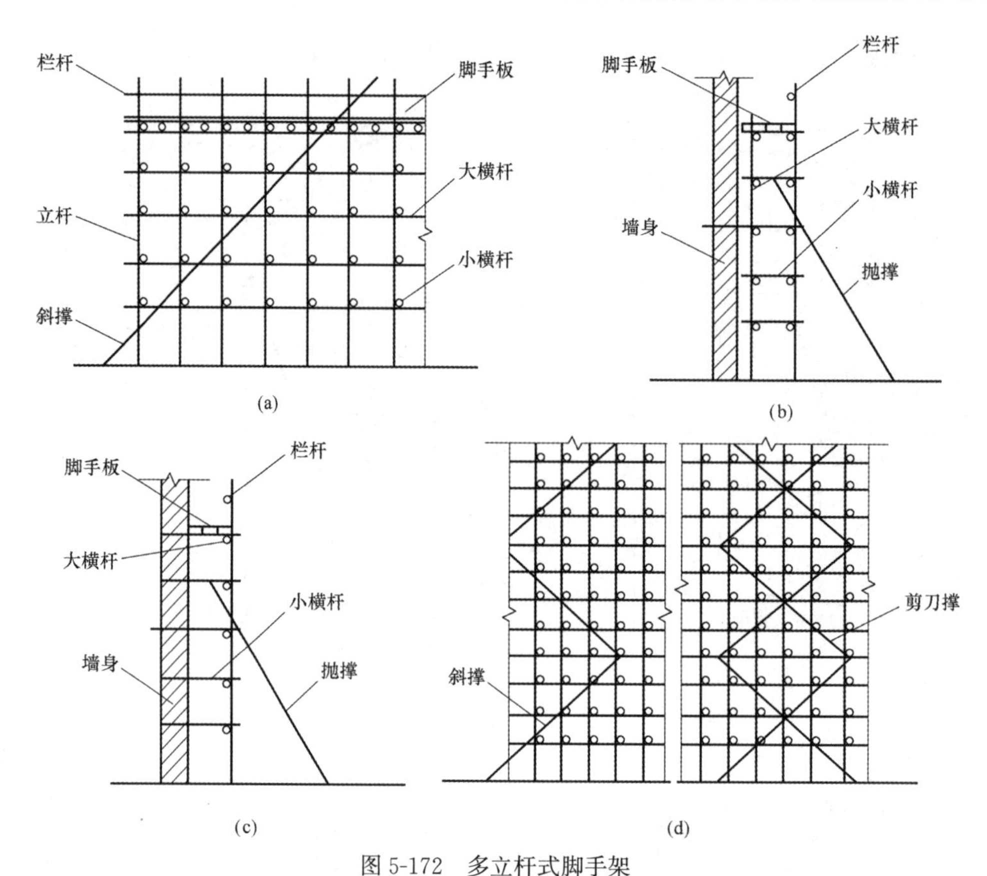

图 5-172　多立杆式脚手架

（a）立面；（b）侧面（双排）；（c）侧面（单排）；（d）多立杆式脚手架的基本构造

臂、底座等组成基本结构，再以水平加固杆、剪刀撑、扫地杆加固，并采用连墙件与建筑物主体结构相连的一种定型化钢管脚手架。

2. 脚手架术语

（1）脚手架连接件、垫件

1）扣件：采用螺栓紧固的扣接连接件，包括直角扣件、旋转扣件、对接扣件。

2）直角扣件：用于垂直交叉杆件间连接的扣件。

3）旋转扣件：用于平行或斜交杆件间连接的扣件。

4）对接扣件：用于杆件对接连接的扣件。

5）防滑扣件：根据抗滑要求增设的非连接用途扣件。

6）上碗扣：沿立杆滑动起锁紧作用的碗扣节点零件。

7）下碗扣：焊接于立杆上的碗形节点零件。

8）立杆连接销：立杆竖向接长连接的专用销子。

9）限位销：焊接在立杆上，能锁紧碗扣，用于定位的销子。

10）横杆接头：焊接于横杆两端的连接件。

11）连墙件：连接脚手架架体与建筑主体结构，能够传递拉力和压力的构件。

12）刚性连墙件：采用钢管、扣件或预埋件组成的连墙件。

13）柔性连墙件：采用钢筋作拉结筋构成的连墙件。

14）底座：设于立杆底部的垫座，包括固定底座、可调底座。

15）固定底座：不能调节支垫高度的底座。

16）可调底座：能够调节支垫高度的底座。

17）垫板：设于底座下的支承板。

18）插入立杆钢管顶部，可调节高度的顶撑。

（2）脚手架杆件

1）立杆：脚手架的竖向支撑杆。

2）外立杆：双排脚手架中离开墙体一侧的立杆，或单排架立杆。

3）内立杆：双排脚手架中贴近墙体一侧的立杆。

4）角杆：位于脚手架转角处的立杆。

5）双管立杆：两根并列紧靠的立杆。

6）主立杆：双管立杆中直接承受顶部荷载的立杆。

7）副立杆：双管立杆中分担主立杆荷载的立杆。

8）水平杆：脚手架中的水平杆件。

9）纵向水平杆：沿脚手架纵向设置的水平杆。

10）横向水平杆：沿脚手架横向设置的水平杆。

11）扫地杆：贴近楼（地）面，连接立杆根部的纵、横水平杆件。

12）纵向扫地杆：沿脚手架纵向设置的扫地杆。

13）横向扫地杆：沿脚手架横向设置的扫地杆。

14）横向斜撑：与双排脚手架内、外立杆或水平杆斜交呈之字形的斜杆。

15）剪刀撑：在脚手架外侧面竖向或水平向成对设置的交叉斜杆。

16）抛撑：用于脚手架侧面支撑，与脚手架外侧面斜交的杆件。

（3）脚手架节点

1）主节点：立杆、纵向水平杆、横向水平杆三杆紧靠的扣接点。

2）碗扣节点：由上碗扣、下碗扣、限位销和横杆接头等形成的盖固式承插节点。

（4）脚手架几何参数

1）连墙件间距：脚手架相邻连墙件之间的距离。

2）连墙件竖距：上下相邻连墙件之间的垂直距离。

3）连墙件横距：左右相邻连墙件之间的垂直距离。

4）脚手架高度：自立杆底座下皮至架顶栏杆上皮之间的垂直距离。

5）脚手架长度：脚手架纵向两端立杆外皮间的水平距离。

6）脚手架宽度：双排脚手架为横向两侧立杆外皮之间的水平距离，单排脚手架为外立杆外皮至墙面的距离。

7）步距：上下水平杆轴线间的距离。

8）立杆纵（跨）距：脚手架纵向相邻立杆之间的轴线距离。

9）立杆横距：脚手架横向相邻立杆之间的轴线距离，单排脚手架为外立杆轴线至墙面的距离。

10）作业层：上人作业的脚手架铺板层。

3. 常用脚手架

（1）扣件式钢管脚手架

扣件式钢管落地脚手架是当前采用比较普遍的一种脚手架，这种脚手架是由钢管和专用扣件组成的，承载力大，装拆方便，搭设灵活，也比较经济适用，这种脚手架不受施工结构形体的限制，所以适用范围比较广。

扣件式钢管脚手架由立杆、水平杆、剪刀撑、抛撑、扫地杆、连墙件、扣件以及脚手板等组成。通过扣件将立杆、水平杆、剪刀撑、抛撑、扫地杆、连墙件连接起来。图 5-173 所示为双排扣件式钢管脚手架。

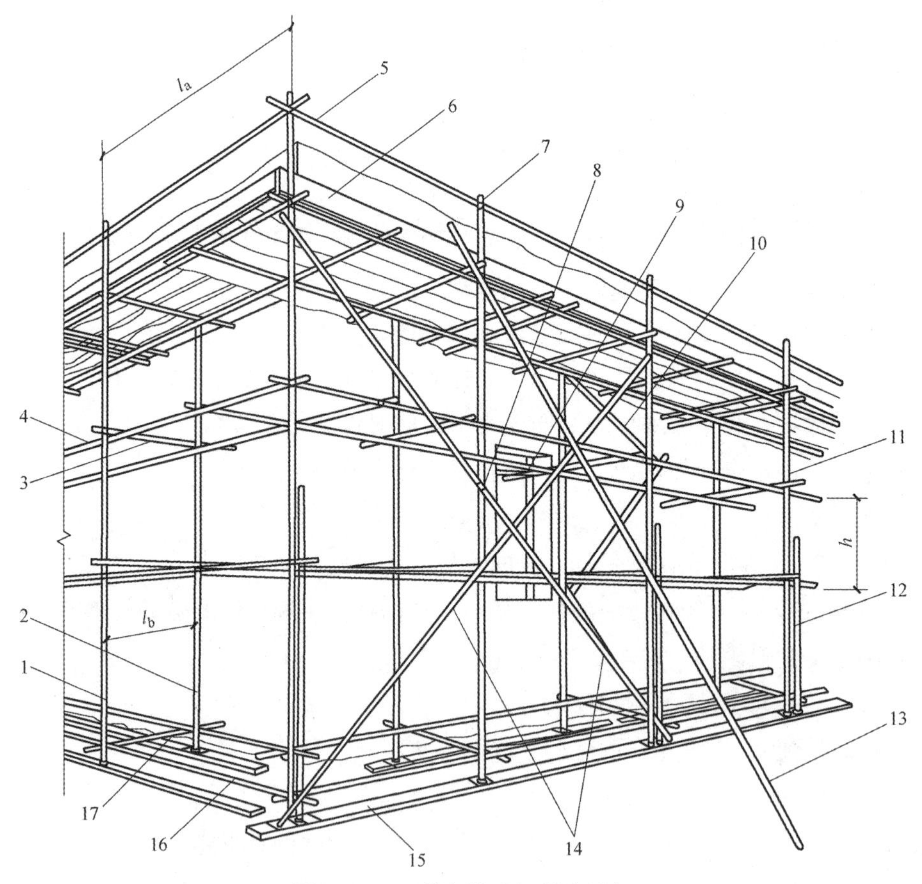

图 5-173　双排扣件式钢管脚手架

1—外立杆；2—内立杆；3—横向水平杆；4—纵向水平杆；5—栏杆；6—挡脚板；7—直角扣件；8—旋转扣件；9—连墙件；10—横向斜撑；11—主立杆；12—副立杆；13—抛撑；14—剪刀撑；15—垫板；16—纵向扫地杆；17—横向扫地杆

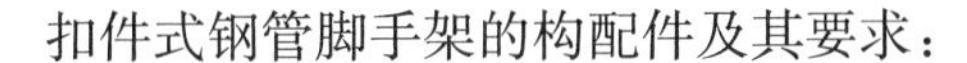

扣件式钢管脚手架的构配件及其要求：

1）钢管

脚手架钢管宜采用外径 48mm、壁厚 3.5mm 的焊接钢管，也可采用外径 51mm，壁厚 3.1mm 的焊接钢管。用于横向水平杆的钢管最大长度不应大于 2m，其他杆不应大于 6.5m，每根钢管最大质量不应超过 25kg，以便于人工搬运。

2）扣件

扣件式钢管脚手架应采用可锻铸铁铸造的扣件，其基本形式有三种：用于垂直交叉杆件间连接的直角扣件；用于平行或斜交杆件间连接的旋转扣件以及用于杆件对接连接的对接扣件，如图 5-174 所示。

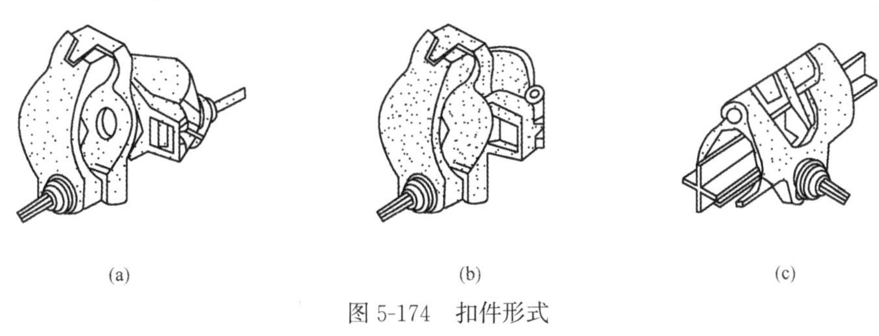

(a)　　(b)　　(c)

图 5-174　扣件形式

(a) 直角扣件；(b) 旋转扣件；(c) 对接扣件

3）脚手板

脚手板可用钢、木、竹等材料制作，每块质量不宜大于 30kg。冲压钢脚手板是常用的一种脚手板一般用厚 2mm 的钢板压制而成，长度为 2～4m，宽度为 250mm，表面应有防滑措施。木脚手板可采用厚度不小于 50mm 的杉木板或松木制作，长度为 3～4m，宽度为 200～250mm，两端均应设镀锌钢丝箍两道，以防止木脚手板端部破坏。竹脚手板则应用毛竹或楠竹制成竹串片板及竹笆板。

4）连墙件

连墙件将立杆与主体结构连接在一起，可用钢管、扣件或预埋件组成刚性连墙件，也可采用以钢筋作为拉结筋的柔性连墙件。

5）底座

底座的基本形式有标准底座和焊接底座两种，如图 5-175 所示。

扣件式钢管脚手架基本要求见《建筑施工扣件式钢管脚手架安全技术规范》JGJ 130—2011。

（2）碗扣式脚手架

碗扣式钢管脚手架是一种多功能脚手架，其立杆与横杆节点处采用碗扣连接，由于碗扣是固定在钢管上的，构件全部轴向连接，力学性能好，连接可靠，组成的脚手架整体性好，不存在扣件丢失问题。

碗扣式钢管脚手架由钢管立杆、横杆、斜杆、碗扣接头、底座等组成。其基本构造和

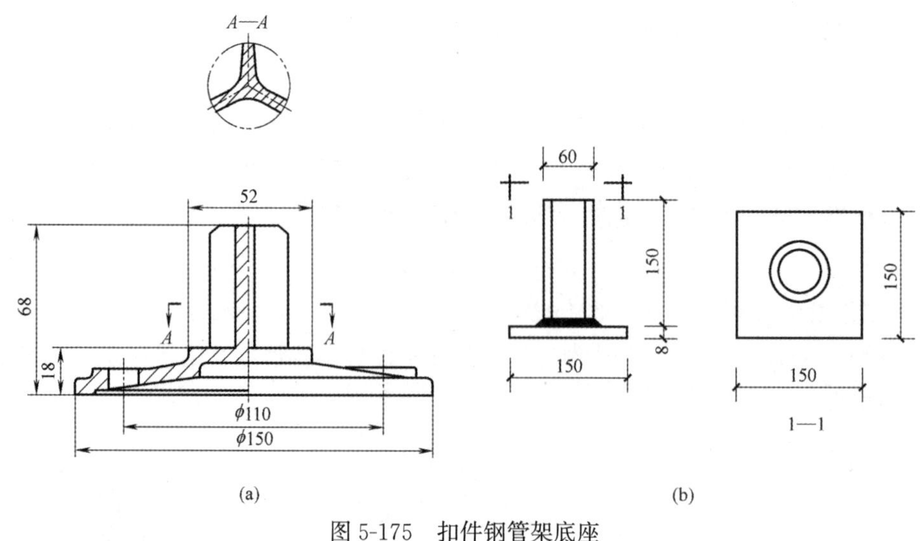

图 5-175　扣件钢管架底座

(a) 标准底座；(b) 焊接底座

搭设要求与扣件式钢管脚手架类似，不同之处主要在于碗扣接头。

碗扣接头由上、下碗扣，横杆扣以及上碗扣限位销组成。脚手架的立杆上每间隔 600mm 安装一副带齿碗扣接头。碗扣接头分为上碗扣与下碗扣，下碗扣直接焊于立杆上，是固定的；上碗扣可以沿立杆滑动，用限位销限位。当上碗扣的缺口对准限位销时，上碗扣即能沿立杆上下滑动。碗扣接头可同时连接 4 根横杆，既可相互垂直又可偏转一定角度。其构造见图 5-176。

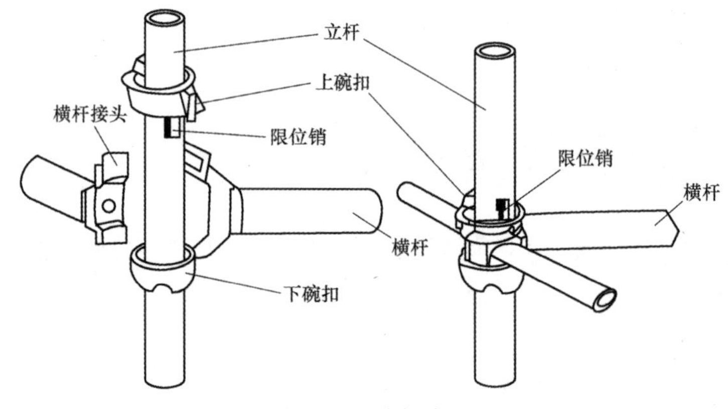

图 5-176　碗扣接头

搭设要求：

碗扣式钢管脚手架立柱横距为 1.2m，纵距根据脚手架荷载可为 1.2m、1.5m、1.8m、2.4m，步距为 1.8m、2.4m。搭设时立杆的接长缝应错开，第一层应用长 1.8m 和 3.0m 的立杆错开布置，往上均用 3.0m 长杆，至顶层再用 1.8m 和 3.0m 两种长度找平。高 30m 以下的脚手架垂直度偏差应控制在 1/200 以内，高 30m 以上的脚手架应控制在 1/400～1/600，总高垂直度偏差应不大于 100mm。

碗扣式钢管脚手架基本要求见《建筑施工碗扣式钢管脚手架安全技术规范》JGJ 166—2016。

(3) 门式钢管脚手架

1) 门式钢管脚手架的组成

门式钢管脚手架的组成见图 5-177。

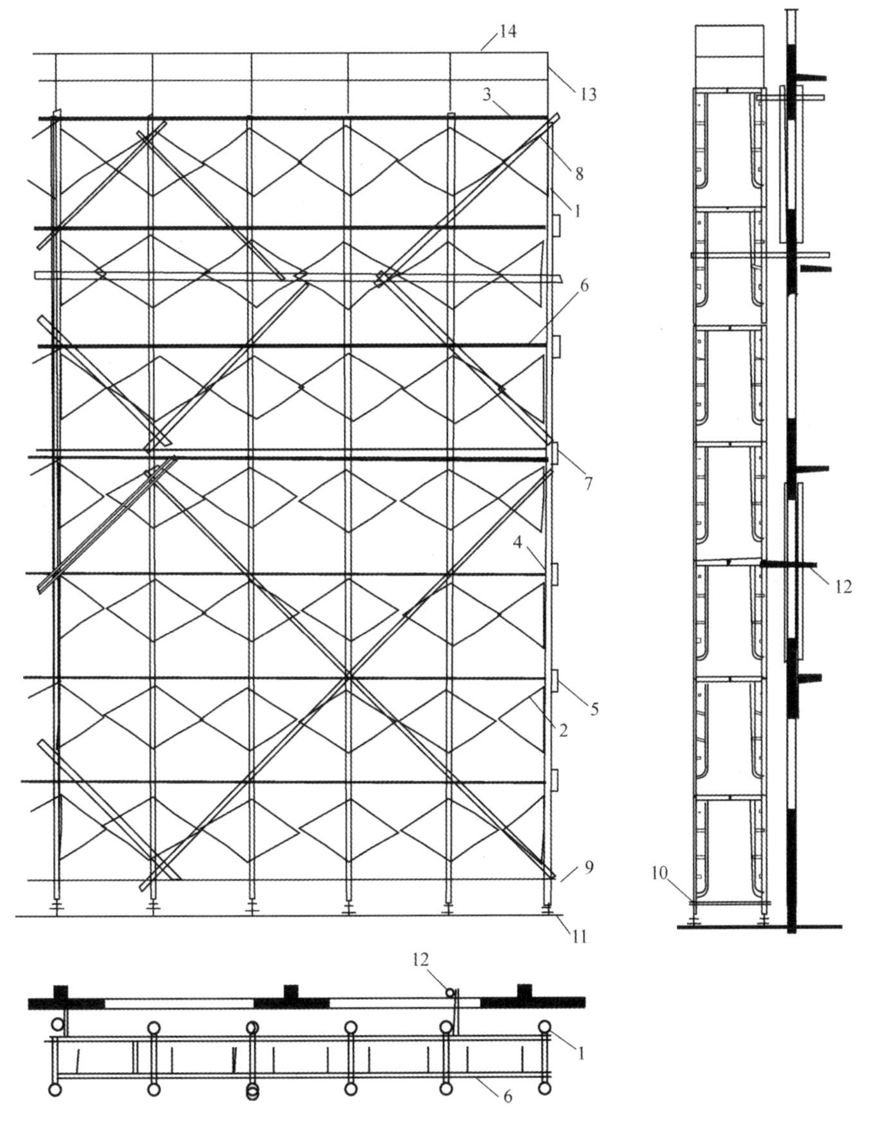

图 5-177 门式钢管脚手架的组成

1—门架；2—交叉支撑；3—脚手架；4—连接棒；5—锁臂；6—水平架；7—水平加固杆；8—剪刀撑；9—扫地杆；10—封口杆；11—底座；12—连墙件；13—栏杆；14—扶手

2) 门式脚手架基本组合单元

门式脚手架基本组合单元见图 5-178。

3）门架的组成

门架的组成见图 5-179。

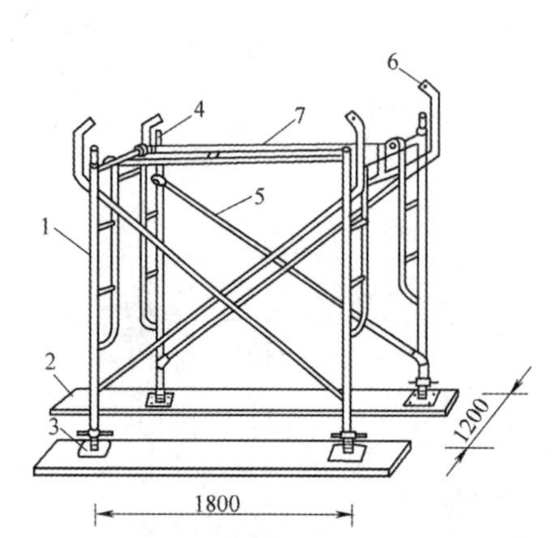

图 5-178 门式脚手架基本组合单元

1—门架；2—垫木；3—可调底座；4—连接棒；5—交叉支撑；6—锁臂；7—水平架

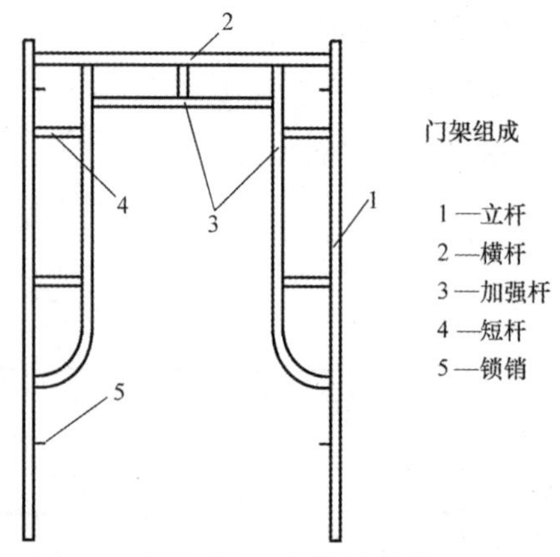

图 5-179 门架的组成

门架是门式钢管脚手架的主要构件，标准门架由立杆、横杆、加强杆、短杆和锁销焊接组成。立杆为上、下层门架之间传递荷载的主要杆件；横杆为放置、搭挂水平架和脚手板的横向杆件，与立杆焊接连接；加强杆包括立杆加强杆和横杆加强杆，用于加强门架的刚度；短杆用于连接加强杆和立杆、横杆。锁销是焊接在门架立杆上，用于连接交叉支撑和锁臂的部件，端部设有止退锁片。

4）门式钢管脚手架的其他构件，包括连接棒、销臂、交叉支撑、水平架、挂扣式脚手板底座与托座。门式脚手架支承结构如图 5-180 所示。

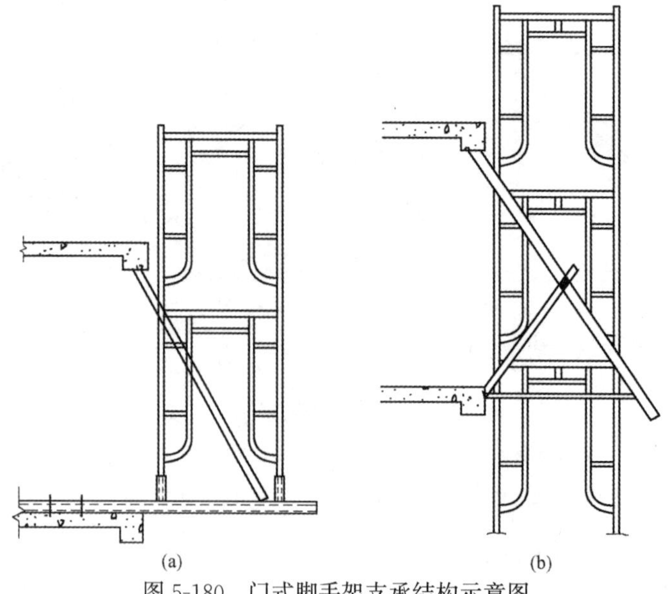

图 5-180 门式脚手架支承结构示意图

（a）分段塔设构造；（b）分段卸荷构造

门式钢管脚手架为多功能脚手架，应用范围十分广泛，它不仅可作为外脚手架，也可作为内脚手架或满堂脚手架。若门架下部安装轮子，也可作为机电安装、油漆粉刷、设备维修的活动工作平台，如图 5-181 所示。

门式钢管脚手架基本要求见《建筑施工门式钢管脚手架安全技术规范》JGJ 128—2010。

（4）升降式脚手架

升降式脚手架主要特点是：①脚手架不需满搭，只搭设满足施工操作及安全各项要求的高度；②地面不需做支承脚手架的坚实地基，也不占施工场地；③脚手架及其上承担的荷载传给与之相连的结构，对这部分结构的强度有一定要求；④随施工进程，脚手架可随之沿外墙升降，结构施工时由下往上逐层提升，装修施工时由上往下逐层下降。

1）自升降式脚手架

自升降式脚手架的升降运动是通过手动或电动倒链交替对活动架和固定架进行升降来实现的。从升降架的构造来看，活动架和固定架之间能够进行上下相对运动。当脚手架工作时，活动架和固定架均用附墙螺栓与墙体锚固，两架之间无相对运动；当脚手架需要升降时，活动架与固定架中的一个架子仍然锚固在墙体上，使用倒链对另一个架子进行升降，两架之间便产生相对运动。通过活动架和固定架交替附墙，互相升降，脚手架即可沿着墙体上的预留孔逐层升降，如图 5-182 所示。

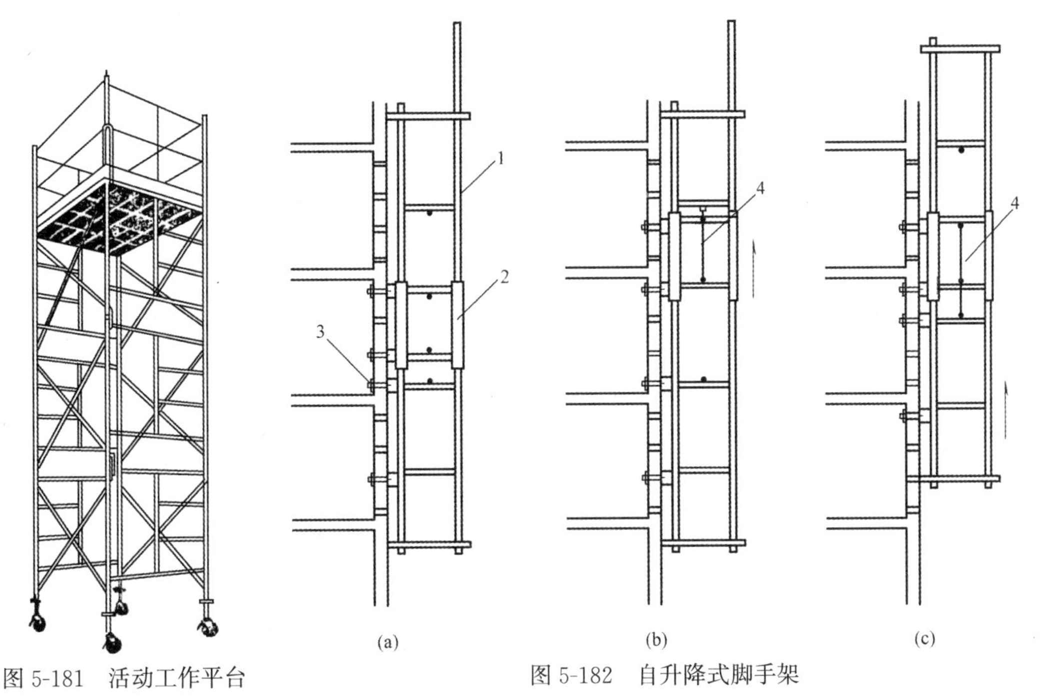

图 5-181　活动工作平台

图 5-182　自升降式脚手架

（a）爬升前的位置；（b）活动架爬升（半个层高）；（c）固定架爬升（半个层高）

1—活动架；2—固定架；3—附墙螺栓；4—捯链

2）互升降式脚手架

互升降式脚手架将脚手架分为甲、乙两个单元，通过倒链交替对甲、乙两单元进行升降。当脚手架需要工作时，甲单元与乙单元均用附墙螺栓与墙体锚固，两架之间无相对运动；当脚手架需要升降时，一个单元仍然锚固在墙体上，使用倒链对相邻一个架子进行升降，两架之间便产生相对运动。通过甲、乙两单元交替附墙，相互升降，脚手架即可沿着墙体上的预留孔逐层升降，如图 5-183 所示。

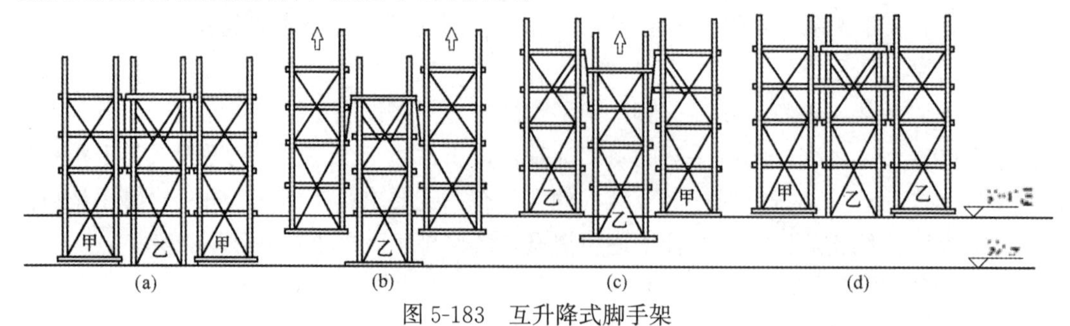

图 5-183 互升降式脚手架

(a) 第 n 层作业；(b) 提升甲单元；(c) 提升乙单元；(d) 第 $n+1$ 层作业

3）整体升降式脚手架

整体升降式外脚手架以电动倒链为提升机，使整个外脚手架沿建筑物外墙或柱整体向上爬升。搭设高度依建筑物施工层的层高而定，一般取建筑物标准层 4 个层高加 1 步安全栏的高度为架体的总高度。脚手架为双排，宽以 0.8～1m 为宜，里排杆离建筑物净距 0.4～0.6m。脚手架的横杆和立杆间距都不宜超过 1.8m，可将 1 个标准层高分为 2 步架，以此步距为基数确定架体横、立杆的间距，如图 5-184 所示。

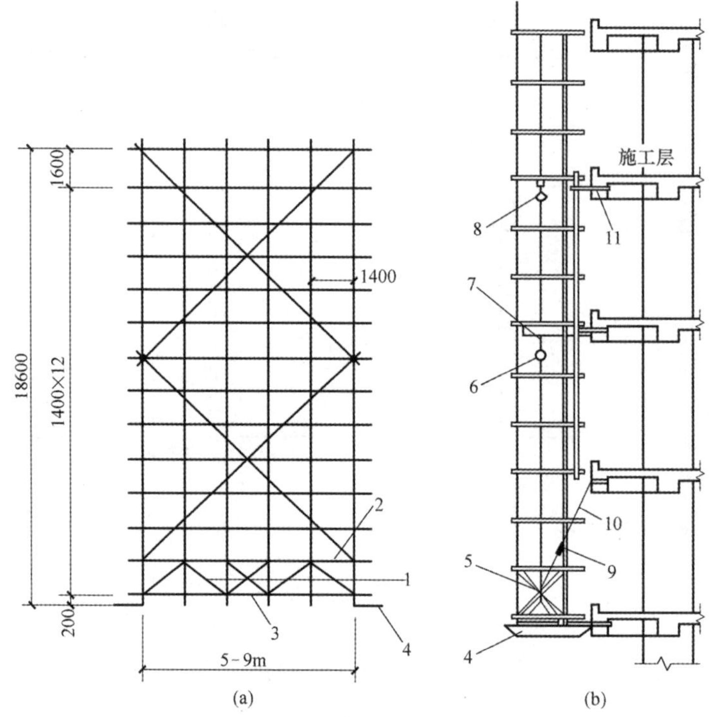

图 5-184 整体升降式脚手架

(a) 立面图；(b) 侧面图

1—承力桁架；2—上弦杆；3—下弦杆；4—承力架；5—斜撑；6—电动捯链；7—挑梁；8—捯链；9—花篮螺栓；10—拉杆；11—螺栓

三、垂直运输工程

（一）有关规定

1. 清单计量规定

垂直运输指施工工程在合理工期内所需垂直运输机械。

2. 定额规定

（1）垂直运输工作内容，包括单位工程在合理工期内完成全部工程项目所需的垂直运输机械台班，不包括机械的场外往返运输、一次安拆及路基铺垫和轨道铺拆等的费用。

（2）檐高 3.6m 以内的单层建筑，不计算垂直运输机械台班。

（3）本定额层高按 3.6m 考虑，超过 3.6m 者，应另计层高超高垂直运输增加费，每超过 1m，其超高部分按相应定额增加 10%，超高不足 1m 按 1m 计算。

（4）垂直运输是按现行工期定额中规定的Ⅱ类地区标准编制的，Ⅰ、Ⅲ类地区按相应定额分别乘以系数 0.95 和 1.1 计算。

（二）计量规则

1. 清单计量规则：

（1）按建筑面积计算；

（2）按施工工期日历天数计算。

2. 定额计量规则：

（1）建筑物垂直运输机械台班用量，区分不同建筑物结构及檐高按建筑面积计算。地下室面积与地上面积合并计算，独立地下室由各地根据实际自行补充。

（2）本定额按泵送混凝土考虑，如采用非泵送，垂直运输费按以下方法增加：相应项目乘以调增系数（5%～10%），再乘以非泵送混凝土数量占全部混凝土数量的百分比。

（三）计量方法

【例 5-46】 福建省某综合楼，±0.00 以下为 2 层地下室，建筑面积 10000m^2。桩基为机械钻孔灌注桩，桩长 15m，直径为 80cm，工程量为 890 根。±0.00 以上分为三个独立部分：12 层全现浇结构住宅工程，建筑面积 9500m^2，檐口高度 36m；18 层现浇框架结构写字楼，建筑面积 13000m^2，檐口高度 63m；6 层现浇框架结构商场，建筑面积 4800m^2，檐口高度 26m。土壤类别为Ⅲ类土；采用泵送混凝土。施工组织设计配置塔式起重机 3 台，施工电梯 3 部。请计算垂直运输机械台班工程量并确定垂直运输机械定额编号。

解：

方法一：按照国家《房屋建筑与装饰工程消耗量定额》TY01—31—2015 的规定计算。

根据第十七章措施项目工程量计算规则第二条第一款的规定，建筑物垂直运输机械台班用量区分不同建筑物结构及檐高按建筑面积计算，地下室面积与地上面积合并计算。根据第十七章措施项目说明第五条第 4 款，垂直运输是按现行工期定额中规定的Ⅱ类地区标准编制的，Ⅰ、Ⅲ类地区按相应定额分别乘以系数 0.95 和 1.1 计算；第七条第 3 款第（4）项，自升式塔式起重机安拆费按塔高 45m 确定，大于 45m 且檐高不高于 200m 时，塔高每增高 10m，按相应定额增加费用的 10%计算，尾数不足 10m 按 10m 计算。

地上部分总建筑面积＝9500＋13000＋4800＝27300（m^2），地下室面积按照地上各塔楼建筑面积分摊计算，求得各塔楼建筑面积：

全现浇结构住宅建筑面积＝地下室 $10000\times\frac{9500}{27300}$ ＋地上 9500＝12980（m^2）

套用定额编号：(17-80)×0.95(系数,福建省为Ⅰ类地区)

现浇框架结构写字楼建筑面积＝$10000\times\frac{13000}{27300}+13000=17762$（$m^2$）

套用定额编号：(17-81)×0.95

现浇框架结构商场＝$10000\times\frac{4800}{27300}+4800=6558$（$m^2$）

套用定额编号：(17-80)×0.95

塔吊和施工电梯进出场及安拆：

(1) 塔吊固定式基础工程量＝3（座）

套用定额编号：17-113

(2) 塔吊安拆工程量＝3（台次）

塔吊安拆、塔高 45m 以内（塔高比建筑物高 5m)＝2（台次）

套用定额编号：17-116

塔吊安拆塔高 68m（塔高比建筑物高 5m)＝1（台次）

套用定额编号：(17-116)×1.3（塔高系数）

(3) 塔吊进出场工程量＝3（台次）

套用定额编号：17-147

(4) 施工电梯固定式基础工程量＝3（座）

套用定额编号：17-114

(5) 施工电梯安拆（75m 以内，施工电梯比建筑物高 3m)工程量＝3（台次）

套用定额编号：17-124

(6) 施工电梯进出场（75m 以内)工程量＝3（台次）

套用定额编号：17-149

方法二：按照《福建省房屋建筑与装饰工程预算定额》FJYD—101—2017 的规定计算。

已知《福建省房屋建筑与装饰工程预算定额》FJYD—101—2017 中垂直运输机械的工程量计算规则为：垂直运输机械使用费应根据建筑物高度和外形尺寸，施工组织设计配置的机械种类、数量以及甲乙双方确认的实际使用时间计算。编制预算时，施工组织设计未明确的，可参考以下一般配置和使用时间计算：采用塔吊施工的，一个单位工程配置 1

台塔吊，施工至6层时加设1部施工电梯。檐口高度24m以内或层数6层以内的建筑物，塔吊使用时间一般为土方开挖至屋面完成的时间；檐口高度超过24m或层数超过6层的建筑物，塔吊一般从土方开挖起至外墙面装饰完成时间（按要求高层建筑塔式起重机须待脚手架拆除完毕时方可报停并组织拆除），即按总工期扣除桩基工程工期减去30天计算。施工电梯按照合同工期的正负零以上工期减去60天计算。地下室、裙楼、群体工程及特殊工程塔吊的配置按臂长覆盖范围综合考虑布置台数。

1. 工期

（1）查定额编号：

桩基：	6-489			143天
地下室：	1-16	2层	3000m^{2}以外	195天
全现浇结构住宅：	1-122	12层	10000m^{2}以内	280天
现浇框架结构写字楼：	1-752	18层	15000m^{2}以内	560天
现浇框架结构商场：	1-724	6层	5000m^{2}以内	260天

（2）该工程总工期：143＋195＋560＋(280＋260)×25％＝1033（天）

2. 垂直运输机械台班工程量

（1）塔式起重机

(195＋280－30)＋(195＋560－30)＋(195＋260－30)＝1595(台班)

套用定额编号：17089

（2）施工电梯

1）檐口高度50m以内：(280－60)＋(260－60)＝420（台班）

套用定额编号：17093

2）檐口高度63m：(560－60)＝500（台班）

套用定额编号：17094

3. 塔吊和施工电梯进出场及安拆

（1）塔吊固定式基础工程量＝3（座）

套用定额编号：17204

（2）塔吊安拆

1）塔吊安拆、塔高31m（塔高比建筑物高5m)工程量＝1（台次）

套用定额编号：(17169)-(17170)×6

2）塔吊安拆、塔高41m（塔高比建筑物高5m）工程量＝1（台次）

套用定额编号：(17169)-(17170)×5

3）塔吊安拆、塔高68m（塔高比建筑物高5m)工程量＝1（台次）

套用定额编号：(17169)-(17170)×3

（3）塔吊进出场

1）塔吊安拆、塔高31m（塔高比建筑物高5m）工程量＝1（台次）

套用定额编号：(17130)-(17170)×6

2）塔吊安拆、塔高 41m（塔高比建筑物高 5m）工程量=1（台次）

套用定额编号：(17130)-(17170)×5

3）塔吊安拆、塔高 68m（塔高比建筑物高 5m）工程量=1（台次）

套用定额编号：(17130)-(17170)×3

（4）施工电梯固定式基础工程量=3 座

套用定额编号：17206

（5）施工电梯安拆

施工电梯安拆、50m 以内（施工电梯比建筑物高 3m）工程量=2（台次）

套用定额编号：17177

施工电梯安拆、66m（施工电梯比建筑物高 3m）工程量=1（台次）

套用定额编号：17178

（6）施工电梯进出场

施工电梯安拆、50m 以内工程量=2（台次）

套用定额编号：171138

施工电梯安拆、66m 工程量=1（台次）

套用定额编号：17139

（四）基础知识

垂直运输机械是指承担建筑工程施工过程中垂直运输建筑材料或供施工人员上下的机械设备。最为常见的垂直运输机械有塔式起重机、施工电梯（施工升降机）。

1. 塔式起重机

塔式起重机是臂架安置在垂直的塔身顶部的可回转臂架型起重机，具有提升、回转、水平输送（通过滑轮车移动和臂杆仰俯）功能。塔式起重机在建筑安装工程中得到了非常广泛的应用。它的主要作用是重物的垂直运输和施工现场内的短距离水平运输。

（1）塔式起重机的分类

1）按结构形式分

a. 固定式塔式起重机：通过连接件（《起重机　术语　第 3 部分：塔式起重机》GB/T 6974.3—2008）将塔身基架固定在地基基础或结构物上，进行起重作业的塔式起重机。

b. 移动式塔式起重机：具有运行装置，可以行走的塔式起重机。根据运行装置的不同，又可分为轨道式、轮胎式、汽车式、履带式。

c. 自升式塔式起重机：依靠自身的专门装置，增、减塔身标准或自行整体爬升的塔式起重机。根据升高方式的不同又分为附着式和内爬式两种。

附着式塔式起重机：按一定间隔距离，通过支撑装置将塔身锚固在建筑物上的自升塔式起重机。

内爬式塔式起重机：设置在建筑物内部，通过支承在结构物上的专门装置，使整机能随着建筑物的高度增加而升高的塔式起重机。

2）按回转形式分

a. 上回转塔式起重机（图 5-185）：回转支承设置在塔身上部的塔式起重机，又可分为塔帽回转式、塔顶回转式、上回转平台式、转柱式等形式。

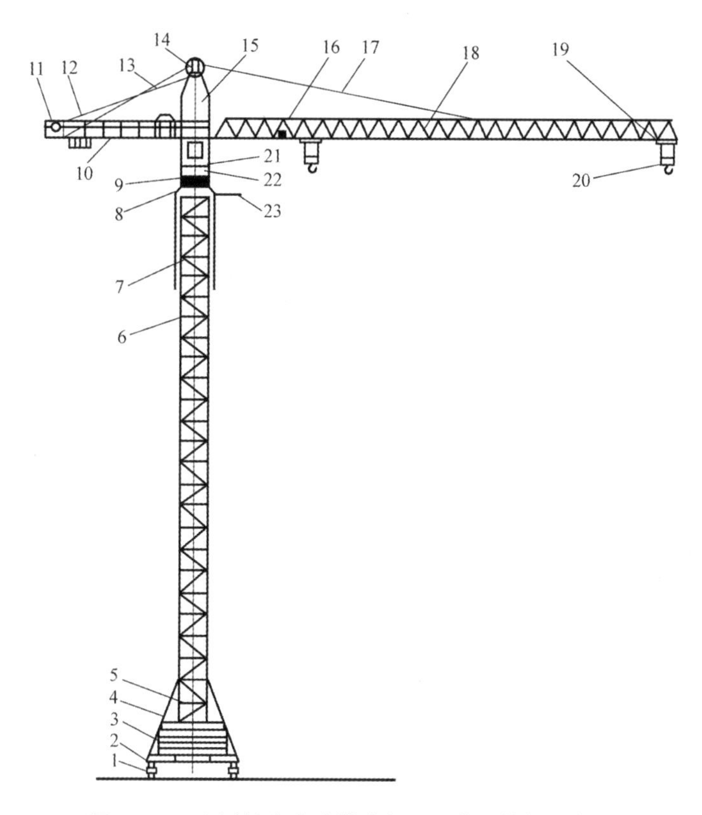

图 5-185　上回转自升式塔式起重机外形结构示意图

1—台车；2—底架；3—压重；4—斜撑；5—塔身基础节；6—塔身标准节；7—顶升套架；8—承座；9—转台；10—平衡臂；11—起升机构；12—平衡重；13—平衡臂拉索；14—塔帽操作平台；15—塔帽；16—小车牵引机构；17—起重臂拉索；18—起重臂；19—起重小车；20—吊车滑轮；21—司机室；22—回转机构；23—引进轨道

b. 下回转塔式起重机（图 5-186）：同转支承设置于塔身底部，塔身相对于底架转动的塔式起重机。

3）按架设方法分

a 非自行架设塔式起重机：依靠其他起重设备组装架设成整机的塔式起重机。

b 自行架设塔式起重机：依靠自身的动力装置和机构能实现运输状态与工作状态相互转换的塔式起重机。

4）按变幅方式分

a. 小车变幅塔式起重机：起重小车沿起重臂运行进行变幅的塔式起重机。

b. 动臂变幅塔式起重机：臂架做俯仰运动进行变幅的塔式起重机。

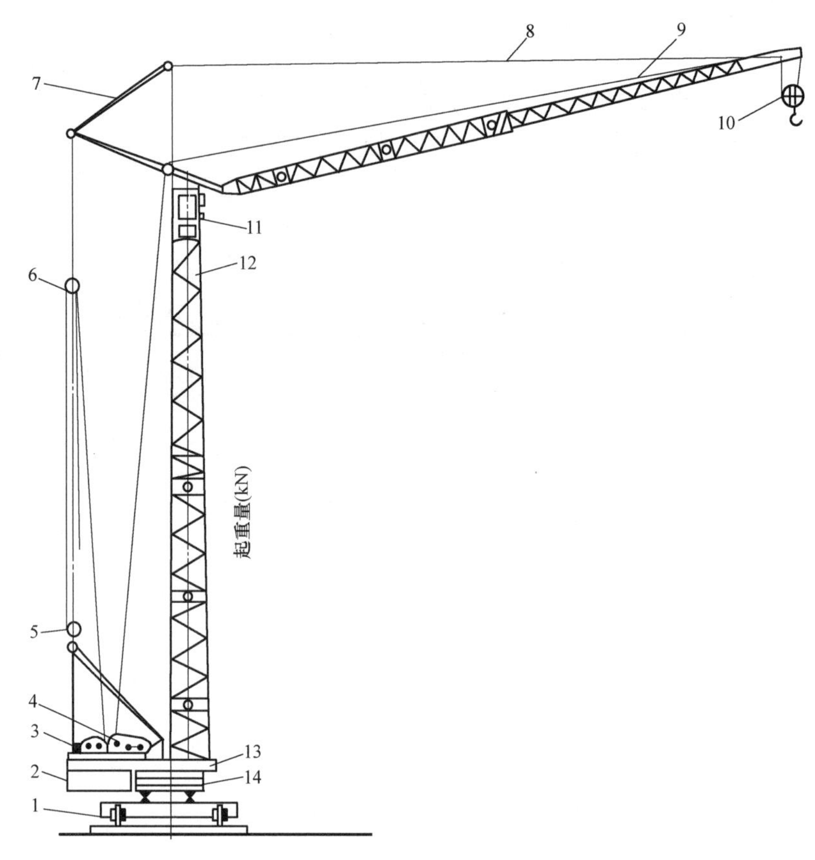

图 5-186　下回转自升式塔式起重机外形结构示意图

1—底架即行走机构；2—压重；3—架设及变幅机构；4—起升机构；5—变幅定滑轮组；6—变幅动滑轮组；7—塔顶撑架；8—臂架拉绳、承座；9—起重臂；10—吊钩滑轮；11—司机室；12—塔身；13—转台；14—回转支撑装置

c. 折臂式塔式起重机：根据起重作业的需要，臂架可以弯折的塔式起重机。它同时具备动臂变幅和小车变幅的性能。

塔式起重机型号分类及表示方法具体见表 5-102。

塔式起重机型号分类及表示方法（ZBJ04008）　　表 5-102

类	组	型		代号	代号含义	主要参数	
						名称	单位表示
建筑起重机	塔式起重机	轨道式	—	QT	上回转式塔式起重机	额定起重力矩	kN·m ×10^{-1}
			Z(自)	QTZ	上回转自升式塔式起重机		
			A(下)	QTA	下回转式塔式起重机		
			K(快)	QTK	快速安装式塔式起重机		
		固定式 G(固)		QTG	固定式塔式起重机		
		内爬升式 P(爬)		QTP	内爬升式塔式起重机		
		轮胎式 L(轮)		QTL	轮胎式塔式起重机		
		汽车式 Q(汽)		QTQ	汽车式塔式起重机		
		履带式 U(履)		QTU	履带式塔式起重机		

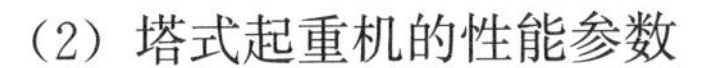

（2）塔式起重机的性能参数

塔式起重机的技术性能用各种数据来表示，即性能参数。

1）主参数

根据《塔式起重机　分类》JG/T 5037—1993，塔式起重机以公称起重力矩为主参数。公称起重力矩是指起重臂为基本臂长时的最大幅度与相应起重量的乘积。

2）基本参数

a. 起升高度（最大起升高度）：塔式起重机运行或固定状态时，空载、塔身处于最大高度、吊钩位于最大幅度外，吊钩支承面对塔式起重机支承面的允许最大垂直距离。

b. 工作速度：塔式起重机的工作速度参数包括起升速度、同转速度、小车变幅速度、整机运行速度和稳定下降速度等。

最大起升速度：塔式起重机空载，吊钩上升至起升高度（最大起升高度）过程中稳定运动状态下的最大平均上升速度。

回转速度：塔式起重机空载，风速小于 3m/s，吊钩位于基本臂最大幅度和最大高度时的稳定回转速度。

小车变幅速度：塔式起重机空载，风速小于 3m/s，小车稳定运行的速度。

整机运行速度：塔式起重机空载，风速小于 3m/s，起重臂平行于轨道方向稳定运行的速度。

最低稳定下降速度：吊钩滑轮组为最小钢丝绳倍率，吊有该倍率允许的最大起重量，吊钩稳定下降时的最低速度。

c. 工作幅度：塔式起重机置于水平场地时，吊钩垂直中心线与回转中心线的水平距离。

d. 起重量：起重机吊起重物和物料，包括吊具（或索具）质量的总和。起重量又包括两个参数，一个是基本臂幅度时的起重量，另一个是最大起重量。

e. 轨距：两条钢轨中心线之间的水平距离。

f. 轴距：前后轮轴的中心距。

g. 自重：不包括压重，平衡重塔机全部自身的重量。

（3）塔式起重机的主要机构

塔式起重机是一种塔身直立、起重臂回转的起重机械（图 5-185）。塔机主要由金属结构、工作机构和安全装置系统部分以及外部支承设施组成。

1）金属结构

塔机金属结构基础部件包括底架、塔身、转台、塔帽、起重臂、平衡臂等部分。

a. 底架

塔机底架结构的构造形式由塔机的结构形式（上回转和下回转）、行走方式（轨道式或轮胎式）及相对于建筑物的安装方式（附着及自升）而定。下回转轻型快速安装塔机多采用平面框架式底架，而中型或重型下回转塔机则多用水母式底架。上回转塔机，轨道中央要求用作临时堆场或作为人行通道时，可采用门架式底架。自升式塔机的底架多采用平面框架加斜撑式底架。轮胎式塔机则采用箱形梁式结构。

b. 塔身

塔身结构形式可分为两大类：固定高度式和可变高度式。轻型吊钩高度不大的下旋转塔机一般均采用固定高度塔身结构，而其他塔机的塔身高度多是可变的。可变高度塔身结构又可分为五种不同形式：折叠式塔身；伸缩式塔身；下接高式塔身；中接高式塔身和上接高式塔身。

c. 塔帽

塔帽结构形式多样，有竖直式、前倾式及后倾式之分。同塔身一样，主弦杆采用无缝钢管、圆钢、角钢或组焊方钢管制成，腹杆用无缝钢管或角钢制作。

d. 起重臂

起重臂为小车变幅臂架，一般采用正三角形断面。

俯仰变幅臂架多采用矩形断面格桁结构，由角钢或钢管组成，节与节之间采用销轴连接、法兰盘连接或盖板螺栓连接。臂架结构钢材选用 16Mn 或 Q235。

e. 平衡臂

上回转塔机的平衡臂多采用平面框架结构，主梁采用槽钢或工字钢，连系梁及腹杆采用无缝钢管或角钢制成。重型自升塔机的平衡臂常采用三角断面格桁结构。

f. 转台

2）工作机构

塔机一般设置有起升机构、变幅机构、同转机构和行走机构。这四个机构是塔机最基本的工作机构。

a. 起升机构

塔机的起升机构绝大多数采用电动机驱动。常见的驱动方式是：

a）滑环电动机驱动；

b）双电机驱动（高速电动机和低速电动机，或负荷作业电机及空钩下降电机）。

b. 变幅机构

a）动臂变幅式塔机的变幅机构用以完成动臂的俯仰变化。

b）水平臂小车变幅式塔机：

小车牵引机构的构造原理同起升机构，采用的传动方式是：变极电机→少齿差减速器或圆柱齿轮减速器、圆锥齿轮减速器→钢绳卷筒。

c. 回转机构

塔机回转机构目前常用的驱动方式是：滑环电机→液力耦合器→少齿差行星减速器→开式小齿轮→大齿圈。

轻型和中型塔机只装 1 台回转机构，重型的一般装设 2 台回转机构，而超重型塔机则根据起承能力和转动质量的大小，装设 3 台或 4 台回转机构。

d. 大车行走机构

轻、中型塔机采用 4 轮式行走机构，重型采用 8 轮或 12 轮行走机构，超重型塔机采用 12～16 轮式行走机构。

3）安全装置

为了保证塔机的安全作业，防止发生各项意外事故，根据《塔式起重机设计规范》GB/T 13752—2017、《塔式起重机》GB/T 5031—2019 和《塔式起重机安全规程》GB 5144—2006 的规定，塔机必须配备各类安全保护装置。安全装置有下列几个：

a. 起重力矩限制器

起重力矩限制器的主要作用是防止塔机起重力矩超载，避免由于严重超载而引起塔机的倾覆等恶性事故。力矩限制器仅对塔机臂架的纵垂直平面内的超载力矩起防护作用，不能防护风载、轨道的倾斜或陷落等引起的倾翻事故。对于起重力矩限制器，除了要求一定的精度外，还要有高可靠性。

力矩限制器是塔机最重要的安全装置，它应始终处于正常工作状态。在现场条件不完全具备的情况下，至少应在最大工作幅度下进行力矩限制器试验，可以将现场重物经台秤标定后，用作试验载荷，使力矩限制器的工作符合要求。

b. 重量限制器

起重量限制器的作用是控制起吊物品的重量不超过塔机允许的最大起重量，防止塔机的吊物重量超过最大额定荷载，避免发生结构、机构及钢丝绳损坏事故。起重量限制器根据构造不同可设在起重臂头部、根部等部位。

当起重量大于相应档位的额定值并小于额定值的 110％时，应切断上升方向的电源，但机构可做下降方向运动。具有多档变速的起升机构，限制器应对各档位具有防止超载的作用。

c. 起升高度限位器

起升高度限位器是用来限制吊钩接触到起重臂头部或载重小车之前，或是下降到最低点（地面或地面以下若干米）以前，使起升机构自动断电并停止工作，防止因起重钩起升过度而碰坏起重臂的装置。

对动臂变幅的塔机，当吊钩装置顶部升至起重臂下端的最小距离为 800mm 处时，应能立即停止起升运动。对小车变幅的塔机，吊钩装置顶部至小车架下端的最小距离根据塔机形式及起升钢丝绳的倍率而定。上回转式塔机 2 倍率时为 1000mm，4 倍率时为 700mm，下回转塔机 2 倍率时为 800mm，4 倍率时为 400mm，此时应能立即停止起升运动。

d. 幅度限位器

用来限制起重臂在俯仰时不超过极限位置的装置。在起重臂俯仰到一定限度之前发出警报，当达到限定位置时，则自动切断电源。

e. 行程限位器

（a）小车行程限位器：设于小车变幅式起重臂的头部和根部，包括终点开关和缓冲器

（常用的有橡胶和弹簧两种），用来切断小车牵引机构的电路，防止小车越位而造成安全事故。

（b）大车行程限位器：包括设于轨道两端尽头的制动缓冲装置和制动钢轨以及装在起重机行走台车上的终点开关，用来防止起重机脱轨。

f. 回转限位器

无集电器的起重机，应安装回转限位器且工作可靠。塔机回转部分在非工作状态下应能自由旋转；对有自锁作用的回转机构，应安装安全极限力矩联轴器。

g. 夹轨钳

装设于行走底架（或台车）的金属结构上，用来夹紧钢轨，防止起重机在大风情况下被风力吹动而行走造成塔机出轨倾翻事故的装置。

h. 风速仪

自动记录风速，当风速超过 6 级以上时自动报警，使操作司机及时采取必要的防范措施，如停止作业、放下吊物等。

臂架根部铰点高度大于 50m 的塔机，应安装风速仪。当风速大于工作极限风速时，应能发出停止作业的警报。风速仪应安装在起重机顶部至吊具最高位置间的不挡风处。

i. 障碍指示灯

塔顶高度大于 30m 且高于周围建筑物的塔机，必须在起重机的最高部位（臂架、塔帽或人字架顶端）安装红色障碍指示灯，并保证供电不受停机影响。

j. 钢丝绳防脱槽装置

主要用以防止钢丝绳在传动过程中脱离滑轮槽而造成钢丝绳卡死和损伤。

k. 吊钩保险

吊钩保险是安装在吊钩挂绳处的一种防止由于起吊钢丝绳角度过大或挂钩不妥，使得起吊钢丝绳脱钩，造成吊物坠落事故的装置。吊钩保险一般采用机械卡环式，用弹簧来控制挡板，阻止钢丝绳的滑脱。

4）与外部支承设施

外部支承设施包括基础及附着支撑等。

2. 施工电梯

建筑施工电梯是一种使用工作笼（吊笼）沿导轨架做垂直（或倾斜）运动用以运送人员和物料的机械。

施工电梯可根据需要的高度到施工现场进行组装，一般架设可达 100m，用于超高层建筑施工时可达 200m。由于梯笼和平衡重对称布置，故倾覆力矩很小，立柱又通过附壁与建筑结构牢固连接（不需缆风绳），所以受力合理可靠。

（1）施工电梯的分类

1）建筑施工电梯按驱动方式分为：齿轮齿条驱动（SC 型）、卷扬机钢丝绳驱动（SS 型）和混合驱动（SH 型）三种。SC 型升降机的吊笼内装有驱动装置，驱动装置的输出

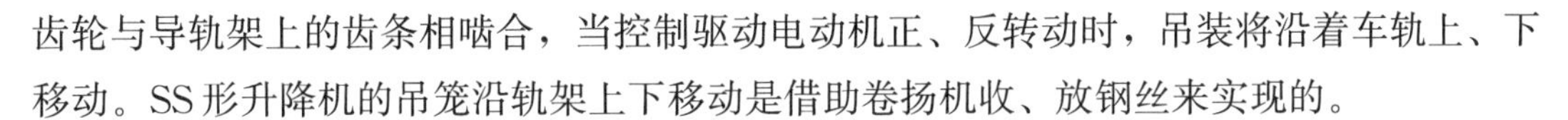

齿轮与导轨架上的齿条相啮合，当控制驱动电动机正、反转动时，吊装将沿着车轨上、下移动。SS 形升降机的吊笼沿轨架上下移动是借助卷扬机收、放钢丝来实现的。

2）按导轨架的结构可分为单柱和双柱两种。

一般情况下，SC 型建筑施工电梯多采用单柱式导轨架，而且采取上接节方式。SC 型建筑施工电梯按其吊笼数又分单笼和双笼两种。单导轨架双吊笼的 SC 型建筑施工电梯，在导轨架的两侧各装一个吊笼，每个吊笼各有自己的驱动装置，并可独立地上、下移动，从而提高了运送客货的能力。

（2）施工电梯的构造

施工电梯主要由金属结构、驱动机构、安全保护装置和电气控制系统等部分组成。

1）金属结构

金属结构由吊笼、底笼、导轨架、对（配）重、天轮架及小起重机构、附墙架等组成。

2）驱动机构

施工电梯的驱动机构一般有两种形式。一种为齿轮齿条式，一种为卷扬机钢丝绳式。

3）安全保护装置

a. 防坠安全器

防坠安全器是施工升降机主要的安全装置，它可以限制梯笼的运行速度，防止坠落。

b. 缓冲弹簧

在施工电梯的底架上有缓冲弹簧，以便当吊笼发生坠落事故时，减轻吊笼的冲击。

c. 上、下限位开关

为防止吊笼上、下超过需停位置时，因司机误操作和电气故障等原因继续上升或下降引发事故而设置。上、下限位开关必须为自动复位型，上限位开关的安装位置应保证吊笼触发限位开关后，留有的上部安全距离不小于 1.8m，与上极限开关的越程距离为 0.15m。

d. 上、下极限开关

上、下极限开关是在上、下限位开关一旦不起作用，吊笼继续上行或下降到设计规定的最高极限或最低极限位置时能及时切断电源，以保证吊笼安全的装置。极限开关为非自动复位型，其动作后必须手动复位才能使吊笼重新启动。

e. 安全钩

安全钩是为防止吊笼到达预先设定位置，上限位器和上极限限位器因各种原因不能及时动作，吊笼继续向上运行，导致吊笼冲击导轨架顶部以致发生倾翻坠落事故而设置的。安全钩是安装在吊笼上部的重要也是最后一道安全装置，它能在吊笼上行到导轨架顶部的时候，钩住导轨架，保证吊笼不发生倾翻坠落事故。

f. 吊笼门、底笼门连锁装置

施工电梯的吊笼门、底笼门均装有电气连锁开关，它们能有效地防止因吊笼门或底笼门未关闭就启动运行而造成人员坠落和物料滚落，只有当吊笼门和底笼门完全关闭时才能启动行运。

g. 急停开关

当吊笼在运行过程中发生各种原因的紧急情况时，司机应能及时按下急停开关，使吊笼立即停止，防止事故的发生。急停开关必须是非自行复位的电气安全装置。

h. 楼层通道门

施工电梯与各楼层均搭设了运料和人员进出的通道，在通道口与升降机结合部必须设置楼层通道门。此门在吊笼上下运行时处于常闭状态，只有在吊笼停靠时才能由吊笼内的人打开。应做到楼层内的人员无法打开此门，以确保通道口处在封闭的条件下不出现危险。

4）电气控制系统

施工电梯的每个吊笼都有一套电气控制系统。施工电梯的电气控制系统包括：电源箱、电控箱、操作台和安全保护系统等。

四、建筑物超高增加费

（一）有关规定

（1）清单计量规定：单层建筑物檐口高度超过20m，多层建筑物超过6层时，可按超高部分的建筑面积计算超高施工增加费。计算层数时，地下室不计层数。

（2）定额规定：建筑物超高增加人工、机械定额适用于单层建筑物檐口高度超过20m，多层建筑物超过6层的项目。

（二）计量规则

（1）清单计量规则：按建筑物超高部分的建筑面积计算。

（2）定额计量规则：

1）各项定额中包括的内容指单层建筑物檐口高度超过20m，多层建筑物超过6层的全部工程项目，但不包括垂直运输、各类构件的水平运输及各项脚手架。

2）建筑物超高增加费的人工、机械按超高部分的建筑面积计算。

五、大型机械设备进出场及安拆

（一）有关规定

定额规定：

（1）大型机械设备进出场及安拆费是指机械整体或分体自停放场地运至施工现场或由一个施工地点运至另一个施工地点，所发生的机械进出场运输和转移费用以及机械在施工现场进行安装、拆卸所需的人工费、材料费、机械费、试运转费和安装所需的辅助设施的费用。

（2）塔式起重机及施工电梯基础：

1）塔式起重机轨道铺拆以直线形为准，铺拆弧线形时，定额乘以系数1.15。

2）固定式基础适用于混凝土体积在$10m^3$以内的塔式起重机基础，超过者按实际混凝土工程、模板工程、钢筋工程分别计算工程量，按定额“第五章　混凝土及钢筋混凝土工程”相应项目执行。

3）固定式基础需打桩时，打桩费用另行计算。

（3）大型机械设备安拆费：

1）机械安拆费是安装、拆卸的一次性费用。

2）机械安拆费中包括机械安装完毕后的试运转费用。

3）柴油打桩机的安拆费中已包括轨道的安拆费用。

4）自升式塔式起重机安拆费按塔高45m确定，大于45m且檐高不高于200m时，塔高每增高10m，按相应定额增加费用的10%计算，尾数不足10m按10m计算。

（4）大型机械设备进出场费：

1）进出场费中已包括往返一次的费用，其中回程费按单程运费的25%考虑。

2）进出场费中已包括了臂杆、铲斗及附件、道木、道轨的运费。

3）机械运输途中的台班费，不另计取。

（5）大型机械设备现场的行驶路线需修整铺垫时，其人工修整可按实际计算。同一施工现场各建筑物之间的运输，定额按100m以内综合考虑。如转移距离超过100m，在300m以内的，按相应场外运输费用乘以系数0.3计算；在500m以内的，按相应场外运输费用乘以系数0.6计算。使用道木铺垫按15次摊销，使用碎石零星铺垫按1次摊销。

（二）计量规则

（1）清单计量规则：按使用机械设备的数量计算。

（2）定额计量规则：

1）大型机械设备安拆费按台次计算。

2）大型机械设备进出场费按台次计算。

六、施工排水、降水

（一）有关规定

（1）清单计量规定：相应专项设计不具备时，可按暂估量计算。

（2）定额规定：

1）轻型井点以50根为一套，喷射井点以30根为一套，使用时累计根数：轻型井点少于25根，喷射井点少于15根。使用费按相应定额乘以系数0.7计算。

2）井管间距应根据地质条件和施工降水要求，按施工组织设计确定，施工组织设计未考虑时，可按轻型井点管距1.2m、喷射井点管距2.5m确定。

3）直流深井降水成孔直径不同时，只调整相应的黄砂含量，其余不变；PVC-U 加筋管直径不同时，调整管材价格的同时，按管子周长的比例调整相应的密目网及铁丝。

4）排水井分集水井和大口井两种。集水井定额按基坑内设置考虑，井深在 4m 以内，按本定额计算。如井深超过 4m，定额按比例调整。大口井按井管直径分两种规格，抽水结束时回填大口井的人工和材料未包括在消耗量内，实际发生时应另行计算。

(3) 工作内容

清单项目工作内容：

1）成井：

a. 准备钻孔机械、埋设护筒、钻机就位；泥浆制作、固壁；成孔、出渣、清孔等。

b. 对接上、下井管（滤管），焊接，安放，下滤料，洗井，连接试抽等。

2）排水、降水：

a. 管道安装、拆除，场内搬运等。

b. 抽水，值班，降水设备维修等。

定额项目工作内容：

1）成井：

a. 钻孔、安装井管、地面管线连接、装水泵、滤砂、孔口封土及拆管、清洗、整理等全部操作过程。

b. 槽坑排水，抽水机具的安装、移动、拆除。

2）排水、降水：

抽水、值班、降水设备维修等。

（二）计量规则

(1) 清单计量规则：

1）成孔：按设计图示尺寸以钻孔深度计算。

2）排水、降水：按排、降水日历天数计算。

(2) 定额计量规则：

1）轻型井点、喷射井点排水的井管安装、拆除以“根”为单位计算，使用以“套·天”为单位计算；真空深井、直流深井排水的安装、拆除以“每口井”为单位计算，使用以“每口井·天”计算。

2）使用天数以每昼夜（24h）为一天，按施工组织设计要求的使用天数计算。

3）集水井按设计图示数量以“座”为单位计算，大口井按累计井深以长度计算。

（三）基础知识

基坑降低地下水的方法见本章第二节。

参 考 文 献

[1] 中华人民共和国住房和城乡建设部．建设工程工程量清单计价规范 GB 50500—2013 [S]．北京：中国计划出版社，2013.

[2] 中华人民共和国住房和城乡建设部．房屋建筑与装饰工程工程量计算规范 GB 50854—2013 [S]．北京：中国计划出版社，2013.

[3] 中华人民共和国住房和城乡建设部．房屋建筑与装饰工程消耗量定额 TY01-31-2015 [S]．北京：中国计划出版社，2015.

[4] 全国造价工程师执业资格考试培训教材编审委员会．建设工程计价 [M]．北京：中国计划出版社，2017.

[5] 中国建设工程造价管理协会．建设工程造价管理基础知识 [M]．北京：中国计划出版社，2014.

[6] 《建筑施工》编写组．建筑施工．北京：中国建筑工业出版社，1979.

[7] 《建筑施工手册》(第四版) 编写组．建筑施工手册．北京：中国建筑工业出版社，2003.

[8] 赵志缙，应惠清．简明深基坑工程设计施工手册 [M]．北京：中国建筑工业出版社，2001.

[9] 范文昭，宋岩丽．建筑材料 [M]．北京：中国建筑工业出版社，2004.

[10] 陈荣臻．介绍一种土方计算的新方法加权平均法 [J]．建筑知识，1990 (2).

[11] 原建设部工程质量安全监督与行业发展司，中国建筑标准设计研究院．全国民用建筑工程设计技术措施节能专篇 (2007) 建筑 [M]．北京：中国计划出版社，2007.

[12] 中国建筑装饰协会工程委员会．实用建筑装饰施工手册 [M]．第二版．北京：中国建筑工业出版社，2004.